Bergische Universität Wuppertal
Univ.-Prof. Dr.-Ing. C.J. Diederichs
LuF Bauwirtschaft, IO-Bau, GCC-Bau
Pauluskirchstr. 7 - 42285 Wuppertal
Tel. 02 02/439 4190 - Fax 02 02/280 1332
www.bau.uni-wuppertal.de

D1688687

Honorar-Handbuch für Architekten und Ingenieure

Texte, Rechtsprechung, Materialien, Beispiele, Honorarvorschläge

Herausgegeben von
Manfred v. Bentheim und Karsten Meurer

Ernst & Sohn
A Wiley Company

Honorar-Handbuch für Architekten und Ingenieure

Texte, Rechtsprechung, Materialien, Beispiele, Honorarvorschläge

Herausgegeben von
Manfred v. Bentheim und Karsten Meurer

Ernst & Sohn
A Wiley Company

Dipl.-Ing. Manfred v. Bentheim
ö.b.u.v. Sachverständiger für die HOAI
Heerstraße 21
D-52391 Vettweiß

Rechtsanwalt Karsten Meurer
Schillerstraße 20
70794 Filderstadt

Die Deutsche Bibliothek – CIP-Einheitsaufnahme
Ein Titeldatensatz für diese Publikation ist bei
der Deutschen Bibliothek erhältlich

ISBN 3-433-01618-6

© 2002 Ernst & Sohn
Verlag für Architektur und technische Wissenschaften GmbH, Berlin

Alle Rechte, insbesondere die der Übersetzung in andere Sprachen, vorbehalten. Kein Teil dieses Buches darf ohne schriftliche Genehmigung des Verlages in irgendeiner Form – durch Fotokopie, Mikrofilm oder irgendein anderes Verfahren – reproduziert oder in eine von Maschinen, insbesondere von Datenverarbeitungsmaschinen, verwendbare Sprache übertragen oder übersetzt werden.

All rights reserved (including those of translation into other languages). No part of this book may be reproduced in any form – by photoprint, microfilm, or any other means – nor transmitted or translated into a machine language without written permission from the publisher.

Die Wiedergabe von Warenbezeichnungen, Handelsnamen oder sonstigen Kennzeichen in diesem Buch berechtigt nicht zu der Annahme, daß diese von jedermann frei benutzt werden dürfen. Vielmehr kann es sich auch dann um eingetragene Warenzeichen oder sonstige gesetzlich geschützte Kennzeichen handeln, wenn sie als solche nicht eigens markiert sind.

Umschlaggestaltung: herstellungsbüro, Berlin; Frank Lange, Berlin
Satz: Günter Schulz, Hambühren
Druck: Strauss Offsetdruck, Mörlenbach
Bindung: Großbuchbinderei J. Schäffer GmbH & Co. KG, Grünstadt
Printed in Germany

Vorwort

Die überwiegende Anzahl der typischen Leistungsbilder der Architekten und Ingenieure sind in der HOAI geregelt. Obwohl die Honorarordnung für Architekten und Ingenieure (HOAI) genauso wie die Honorarordnung anderer Freiberufler, wie z. B. der Ärzte und der Rechtsanwälte, Gesetz ist und damit unmittelbar angewandt werden muss, wird sie vielfach von Auftraggebern aber auch von Auftragnehmern nicht oder nur ungern angewandt. Dies liegt zum einen an dem häufig geäußerten Wunsch des Auftraggebers nach einer (unzulässigen) Unterschreitung der Mindestsätze, aber auch daran, dass die Vertragsparteien die HOAI nicht mehr richtig anzuwenden wissen oder bei Streitfragen Rechtsprechung nicht bekannt ist. Hierdurch kommt es immer wieder zu Honorarverlusten.

Durch vorliegendes Werk sollen dem Leser daher insbesondere die Rechtsprechung, aber auch die wesentlichen Inhalte einer Honorarklage, die richtige Ermittlung der anrechenbaren Kosten und die Anforderungen einer prüffähigen Honorarschlussrechnung durch verschiedene Beiträge erläutert werden. Bewusst werden hierbei gewisse Themenkomplexe aus verschiedenen Blickwinkeln mehrfach erörtert.

Zunehmend gibt es Leistungen, die Auftraggeber von Architekten und Ingenieuren fordern, deren Vergütung nicht in der HOAI geregelt ist. Da es eine gesetzliche Grundlage für die Honorierung dieser Leistungen somit nicht gibt, muss auf Honorarempfehlungen der Kammern und Verbände zurückgegriffen werden. Diese sind vielfach sowohl bei Auftraggebern als auch bei Auftragnehmern nicht bekannt. Zudem bereitet die juristische Bewertung solcher Honorarempfehlungen immer wieder Probleme. Erstmalig wird hier nun dem interessierten Architekten und Ingenieur, aber auch dem Juristen, dem öffentlichen und privaten Auftraggeber sowie allen anderen am Baugeschehen Beteiligten die Honorarvorschläge für andere und neue Leistungsbilder systematisch und in kompakter Form vorgestellt. Die komplexe Vielfalt des Themas bringt es mit sich, dass nicht alle derzeit aktuellen Honorarvorschläge berücksichtigt werden konnten. Gleichwohl haben sich die Herausgeber bemüht, die Wichtigsten in das Buch aufzunehmen.

Soweit schon die entsprechenden Angaben und Unterlagen vorliegen, sind die Beiträge und Währungsangaben an den EURO angepasst; auf jeden Fall wurde die neue Währung bei der „prüffähigen Honorarschlussrechnung" und bei den „anrechenbaren Kosten" berücksichtigt.

Dank geht für das Gelingen des vorliegenden Werkes vor allem an die einzelnen Autoren, Kammern und Verbände, die durch die Genehmigung des Abdruckes ihrer Honorarempfehlungen das Entstehen des Werkes überhaupt erst möglich gemacht haben. Auch dem Verlag Ernst & Sohn, der das Werk durch kompetente Ansprechpartner maßgeblich unterstützt hat, sei an dieser Stelle herzlich gedankt.

Dezember 2001   Die Herausgeber

Inhalt

I	Verordnung über die Honorare für Leistungen der Architekten und der Ingenieure	1
II	Rechtsprechung zur HOAI und ausgewählter Bereiche des Architektenrechts	151
III	Die Honorarklage des Architekten	283
IV	Die anrechenbaren Kosten nach DIN 276 in der HOAI	325
V	Die prüffähige Honorarschlußrechnung	367
VI	Aktuelle Honorarvorschläge	
	A Die juristische Bewertung von Honorarvoschlägen	391
	B Leistungs- und Honorarvorschlag Projektsteuerung	407
	C Ingenieurleistungen für den vorbeugenden baulichen Brandschutz	433
	D Städtebaulicher Entwurf als informelle Planung nach § 42 HOAI	475
	E Dorfentwicklungsplanung im Freistaat Thüringen	487
	F Vermessungstechnische Leistungen	509
	G Leistungen nach der Baustellenverordnung – Ergebnisse einer Marktuntersuchung zur Vergütungssituation	521
	H Honorarvorschläge für Sicherheits- und Gesundheitskoordinatoren	
	1. Architektenkammer Nordrhein-Westfalen	557
	2. Orientierungshilfe zum Vergütungsanspruch Architektenkammer Hessen	571
	3. Architektenkammer Thüringen	581
	4. Ingenieurkammer Baden Württemberg	589
	5. Bauatelier	593
	I Die Fortschreibung der Honorartafeln	
	1. Erweiterte RifT-Honorartabellen	597
	2. Nordrhein-Westfalen	611
	3. Fortschreibsvorschlag der AK Baden-Württemberg des § 17 HOAI Freianlagen	633

Inhalt der CD-ROM

1 MS-Excel Arbeitsblätter
Honorar-Schlussrechnung nach HOAI 1996 für Gebäude
Honorar-Schlussrechnung nach HOAI 1996 (§ 62 Tragwerksplanung)
Honorar-Schlussrechnung nach HOAI 1996 (§ 68 Technische Ausrüstung)
Anrechenbare Kosten DIN 276 (1993-1981)
Ermittlung der anrechenbaren Kosten nach § 10 HOAI für Freianlagen
Ermittlung der anrechenbaren Kosten nach § 10 HOAI für Objektplanung Gebäude
Einordnung in die Honorarzone bei Gebäuden
Einordnung in die Honorarzone bei Freianlagen
Ermittlung der anrechenbaren Kosten der technisch und gestalterisch mitverarbeiteten Bausubstanz nach § 10 (3 a) HOAI
Anlagen zu einer Honorar-Schlussrechnung

2 PDF-Dateien
HOAI Text
Honorarvorschläge
Baustellenverordnung
Fragebogen zur Baustellenverordnung

I
Verordnung über die Honorare für Leistungen der Architekten und der Ingenieure

in der Fassung der Fünften ÄnderungsVO
und den Änderungen nach dem 9. EURO-Einführungsgesetz
vom 10.11.2001 (BGBl. I. S. 2994)

Inhalt

Teil I Allgemeine Vorschriften

§ 1	Anwendungsbereich	9
§ 2	Leistungen	9
§ 3	Begriffsbestimmungen	9
§ 4	Vereinbarung des Honorars	10
§ 4 a	Abweichende Honorarermittlung	10
§ 5	Berechnung des Honorars in besonderen Fällen	10
§ 5 a	Interpolation	11
§ 6	Zeithonorar	11
§ 7	Nebenkosten	12
§ 8	Zahlungen	12
§ 9	Umsatzsteuer	13

Teil II Leistungen bei Gebäuden, Freianlagen und raumbildenden Ausbauten

§ 10	Grundlagen des Honorars	14
§ 11	Honorarzonen für Leistungen bei Gebäuden	16
§ 12	Objektliste für Gebäude	17
§ 13	Honorarzonen für Leistungen bei Freianlagen	18
§ 14	Objektliste für Freianlagen	20
§ 14 a	Honorarzonen für Leistungen bei raumbildenden Ausbauten	20
§ 14 b	Objektliste für raumbildende Ausbauten	22
§ 15	Leistungsbild Objektplanung für Gebäude, Freianlagen und raumbildende Ausbauten	23
§ 16	Honorartafel für Grundleistungen bei Gebäuden und raumbildenden Ausbauten	30
§ 17	Honorartafel für Grundleistungen bei Freianlagen	30
§ 18	Auftrag über Gebäude und Freianlagen	30
§ 19	Vorplanung, Entwurfsplanung und Objektüberwachung als Einzelleistung	31
§ 20	Mehrere Vor- oder Entwurfsplanungen	31
§ 21	Zeitliche Trennung der Ausführung	31
§ 22	Auftrag für mehrere Gebäude	34
§ 23	Verschiedene Leistungen an einem Gebäude	34
§ 24	Umbauten und Modernisierungen von Gebäuden	34

§ 25	Leistungen des raumbildenden Ausbaus	35
§ 26	Einrichtungsgegenstände und integrierte Werbeanlagen	35
§ 27	Instandhaltungen und Instandsetzungen	35

Teil III Zusätzliche Leistungen

§ 28	Entwicklung und Herstellung von Fertigteilen	36
§ 29	Rationalisierungswirksame besondere Leistungen	36
§ 30	(weggefallen)	36
§ 31	Projektsteuerung	36
§ 32	Winterbau	37

Teil IV Gutachten und Wertermittlungen

| § 33 | Gutachten | 38 |
| § 34 | Wertermittlungen | 38 |

Teil V Städtebauliche Leistungen

§ 35	Anwendungsbereich	41
§ 36	Kosten von EDV-Leistungen	41
§ 36 a	Honorarzonen für Leistungen bei Flächennutzungsplänen	41
§ 37	Leistungsbild Flächennutzungsplan	43
§ 38	Honorartafel für Grundleistungen bei Flächennutzungsplänen	47
§ 39	Planausschnitte	49
§ 39 a	Honorarzonen für Leistungen bei Bebauungsplänen	49
§ 40	Leistungsbild Bebauungsplan	49
§ 41	Honorartafel für Grundleistungen bei Bebauungsplänen	52
§ 42	Sonstige städtebauliche Leistungen	54

Teil VI Landschaftsplanerische Leistungen

§ 43	Anwendungsbereich	55
§ 44	Anwendung von Vorschriften aus den Teilen II und V	55
§ 45	Honorarzonen für Leistungen bei Landschaftsplänen	55
§ 45 a	Leistungsbild Landschaftsplan	56
§ 45 b	Honorartafel für Grundleistungen bei Landschaftsplänen	60
§ 46	Leistungsbild Grünordnungsplan	61
§ 46 a	Honorartafel für Grundleistungen bei Grünordnungsplänen	65
§ 47	Leistungsbild Landschaftsrahmenplan	67
§ 47 a	Honorartafel für Grundleistungen bei Landschaftsrahmenplänen	70
§ 48	Honorarzonen für Leistungen bei Umweltverträglichkeitsstudien	71
§ 48 a	Leistungsbild Umweltverträglichkeitsstudie	72
§ 48 b	Honorartafel für Grundleistungen bei Umweltverträglichkeitsstudien	75

Inhalt

§ 49	Honorarzonen für Leistungen bei Landschaftspflegerischen Begleitplänen	76
§ 49 a	Leistungsbild Landschaftspflegerischer Begleitplan	76
§ 49 b	Honorarzonen für Leistungen bei Pflege- und Entwicklungsplänen ...	79
§ 49 c	Leistungsbild Pflege- und Entwicklungsplan	80
§ 49 d	Honorartafel für Grundleistungen bei Pflege- und Entwicklungsplänen	82
§ 50	Sonstige landschaftsplanerische Leistungen	83

Teil VII Leistungen bei Ingenieurbauwerken und Verkehrsanlagen

§ 51	Anwendungsbereich	84
§ 52	Grundlagen des Honorars	84
§ 53	Honorarzonen für Leistungen bei Ingenieurbauwerken und Verkehrsanlagen	86
§ 54	Objektliste für Ingenieurbauwerke und Verkehrsanlagen	87
§ 55	Leistungsbild Objektplanung für Ingenieurbauwerke und Verkehrsanlagen	92
§ 56	Honorartafeln für Grundleistungen bei Ingenieurbauwerken und Verkehrsanlagen	99
§ 57	Örtliche Bauüberwachung	99
§ 58	Vorplanung und Entwurfsplanung als Einzelleistung	102
§ 59	Umbauten und Modernisierung von Ingenieurbauwerken und Verkehrsanlagen	102
§ 60	Instandhaltungen und Instandsetzungen	103
§ 61	Bau- und landschaftsgestalterische Beratung	103

Teil VII a Verkehrsplanerische Leistungen

§ 61 a	Honorar für verkehrsplanerische Leistungen	104

Teil VIII Leistungen bei der Tragwerksplanung

§ 62	Grundlagen des Honorars	105
§ 63	Honorarzonen für Leistungen bei der Tragwerksplanung	106
§ 64	Leistungsbild Tragwerksplanung	108
§ 65	Honorartafel für Grundleistungen bei der Tragwerksplanung	113
§ 66	Auftrag über mehrere Tragwerke und bei Umbauten	113
§ 67	Tragwerksplanung für Traggerüste bei Ingenieurbauwerken	115

Teil IX Leistungen bei der Technischen Ausrüstung

§ 68	Anwendungsbereich	116
§ 69	Grundlagen des Honorars	116
§ 70	(weggefallen)	117

§ 71	Honorarzonen für Leistungen bei der Technischen Ausrüstung	117
§ 72	Objektliste für Anlagen der Technischen Ausrüstung	117
§ 73	Leistungsbild Technische Ausrüstung	119
§ 74	Honorartafel für Grundleistungen bei der Technischen Ausrüstung	124
§ 75	Vorplanung, Entwurfsplanung und Objektüberwachung als Einzelleistung	124
§ 76	Umbauten und Modernisierungen von Anlagen der Technischen Ausrüstung	124

Teil X Leistungen für Thermische Bauphysik

§ 77	Anwendungsbereich	126
§ 78	Wärmeschutz	126
§ 79	Sonstige Leistungen für Thermische Bauphysik	127

Teil XI Leistungen für Schallschutz und Raumakustik

§ 80	Schallschutz	128
§ 81	Bauakustik	128
§ 82	Honorarzonen für Leistungen bei der Bauakustik	129
§ 83	Honorartafel für Leistungen bei der Bauakustik	130
§ 84	Sonstige Leistungen für Schallschutz	130
§ 85	Raumakustik	131
§ 86	Raumakustische Planung und Überwachung	131
§ 87	Honorarzonen für Leistungen bei der raumakustischen Planung und Überwachung	132
§ 88	Objektliste für raumakustische Planung und Überwachung	132
§ 89	Honorartafel für Leistungen bei der raumakustischen Planung und Überwachung	133
§ 90	Sonstige Leistungen für Raumakustik	133

Teil XII Leistungen für Bodenmechanik, Erd- und Grundbau

§ 91	Anwendungsbereich	135
§ 92	Baugrundbeurteilung und Gründungsberatung	135
§ 93	Honorarzonen für Leistungen bei der Baugrundbeurteilung und Gründungsberatung	136
§ 94	Honorartafel für Leistungen bei der Baugrundbeurteilung und Gründungsberatung	137
§ 95	Sonstige Leistungen für Bodenmechanik, Erd- und Grundbau	137

Teil XIII Vermessungstechnische Leistungen

§ 96	Anwendungsbereich	139
§ 97	Grundlagen des Honorars bei der Entwurfsvermessung	139
§ 97 a	Honorarzonen für Leistungen bei der Entwurfsvermessung	140
§ 97 b	Leistungsbild Entwurfsvermessung	141
§ 98	Grundlagen des Honorars bei der Bauvermessung	143
§ 98 a	Honorarzonen für Leistungen bei der Bauvermessung	144
§ 98 b	Leistungsbild Bauvermessung	145
§ 99	Honorartafel für Grundleistungen bei der Vermessung	147
§ 100	Sonstige vermessungstechnische Leistungen	147

Teil XIV Schluß- und Überleitungsvorschriften

§ 101	(Aufhebung von Vorschriften)	149
§ 102	Berlin-Klausel	149
§ 103	Inkrafttreten und Überleitungsvorschriften	149

Teil I Allgemeine Vorschriften

§ 1 Anwendungsbereich
Die Bestimmungen dieser Verordnung gelten für die Berechnung der Entgelte für die Leistungen der Architekten und der Ingenieure (Auftragnehmer), soweit sie durch Leistungsbilder oder andere Bestimmungen dieser Verordnung erfaßt werden.

§ 2 Leistungen
(1) Soweit Leistungen in Leistungsbildern erfaßt sind, gliedern sich die Leistungen in Grundleistungen und Besondere Leistungen.
(2) Grundleistungen umfassen die Leistungen, die zur ordnungsgemäßen Erfüllung eines Auftrags im allgemeinen erforderlich sind. Sachlich zusammengehörige Grundleistungen sind zu jeweils in sich abgeschlossenen Leistungsphasen zusammengefaßt.
(3) Besondere Leistungen können zu den Grundleistungen hinzu- oder an deren Stelle treten, wenn besondere Anforderungen an die Ausführung des Auftrags gestellt werden, die über die allgemeinen Leistungen hinausgehen oder diese ändern. Sie sind in den Leistungsbildern nicht abschließend aufgeführt. Die Besonderen Leistungen eines Leistungsbildes können auch in anderen Leistungsbildern oder Leistungsphasen vereinbart werden, in denen sie nicht aufgeführt sind, soweit sie dort nicht Grundleistungen darstellen.

§ 3 Begriffsbestimmungen
Im Sinne dieser Verordnung gelten folgende Begriffsbestimmungen:
1. Objekte sind Gebäude, sonstige Bauwerke, Anlagen, Freianlagen und raumbildende Ausbauten.
2. Neubauten und Neuanlagen sind neu zu errichtende oder neu herzustellende Objekte.
3. Wiederaufbauten sind die Wiederherstellung zerstörter Objekte auf vorhandenen Bau- oder Anlageteilen. Sie gelten als Neubauten, sofern eine neue Planung erforderlich ist.
4. Erweiterungsbauten sind Ergänzungen eines vorhandenen Objekts, zum Beispiel durch Aufstockung oder Anbau.
5. Umbauten sind Umgestaltungen eines vorhandenen Objekts mit wesentlichen Eingriffen in Konstruktion oder Bestand.
6. Modernisierungen sind bauliche Maßnahmen zur nachhaltigen Erhöhung des Gebrauchswertes eines Objekts, soweit sie nicht unter die Nummern 4, 5 oder 10 fallen, jedoch einschließlich der durch diese Maßnahmen verursachten Instandsetzungen.
7. Raumbildende Ausbauten sind die innere Gestaltung oder Erstellung von Innenräumen ohne wesentliche Eingriffe in Bestand oder Konstruktion. Sie können im Zusammenhang mit Leistungen nach den Nummern 2 bis 6 anfallen.
8. Einrichtungsgegenstände sind nach Einzelplanung angefertigte nicht serienmäßig bezogene Gegenstände, die keine wesentlichen Bestandteile des Objekts sind.

9. Integrierte Werbeanlagen sind der Werbung an Bauwerken dienende Anlagen, die fest mit dem Bauwerk verbunden sind und es gestalterisch beeinflussen.
10. Instandsetzungen sind Maßnahmen zur Wiederherstellung des zum bestimmungsmäßigen Gebrauch geeigneten Zustandes (Soll-Zustandes) eines Objekts, soweit sie nicht unter Nummer 3 fallen oder durch Maßnahmen nach Nummer 6 verursacht sind.
11. Instandhaltungen sind Maßnahmen zur Erhaltung des Soll-Zustandes eines Objekts.
12. Freianlagen sind planerisch gestaltete Freiflächen und Freiräume sowie entsprechend gestaltete Anlagen in Verbindung mit Bauwerken oder in Bauwerken.

§ 4 Vereinbarung des Honorars

(1) Das Honorar richtet sich nach der schriftlichen Vereinbarung, die die Vertragsparteien bei Auftragserteilung im Rahmen der durch diese Verordnung festgesetzten Mindest- und Höchstsätze treffen.
(2) Die in dieser Verordnung festgesetzten Mindestsätze können durch schriftliche Vereinbarung in Ausnahmefällen unterschritten werden.
(3) Die in dieser Verordnung festgesetzten Höchstsätze dürfen nur bei außergewöhnlichen oder ungewöhnlich lange dauernden Leistungen durch schriftliche Vereinbarung überschritten werden. Dabei haben Umstände, soweit sie bereits für die Einordnung in Honorarzonen oder Schwierigkeitsstufen, für die Vereinbarung von Besonderen Leistungen oder für die Einordnung in den Rahmen der Mindest- und Höchstsätze mitbestimmend gewesen sind, außer Betracht zu bleiben.
(4) Sofern nicht bei Auftragserteilung etwas anderes schriftlich vereinbart worden ist, gelten die jeweiligen Mindestsätze als vereinbart.

§ 4 a Abweichende Honorarermittlung

Die Vertragsparteien können abweichend von den in der Verordnung vorgeschriebenen Honorarermittlungen schriftlich bei Auftragserteilung vereinbaren, daß das Honorar auf der Grundlage einer nachprüfbaren Ermittlung der voraussichtlichen Herstellungskosten nach Kostenberechnung oder nach Kostenanschlag berechnet wird. Soweit auf Veranlassung des Auftraggebers Mehrleistungen des Auftragnehmers erforderlich werden, sind diese Mehrleistungen zusätzlich zu honorieren. Verlängert sich die Planungs- und Bauzeit wesentlich durch Umstände, die der Auftragnehmer nicht zu vertreten hat, kann für die dadurch verursachten Mehraufwendungen ein zusätzliches Honorar vereinbart werden.

§ 5 Berechnung des Honorars in besonderen Fällen

(1) Werden nicht alle Leistungsphasen eines Leistungsbildes übertragen, so dürfen nur die für die übertragenen Phasen vorgesehenen Teilhonorare berechnet werden.
(2) Werden nicht alle Grundleistungen einer Leistungsphase übertragen, so darf für die übertragenen Leistungen nur ein Honorar berechnet werden, das dem Anteil der übertragenen Leistungen an der gesamten Leistungsphase entspricht. Das gleiche gilt, wenn wesentliche Teile von Grundleistungen dem Auftragnehmer nicht über-

tragen werden. Ein zusätzlicher Koordinierungs- und Einarbeitungsaufwand ist zu berücksichtigen.

(3) Werden Grundleistungen im Einvernehmen mit dem Auftraggeber insgesamt oder teilweise von anderen an der Planung und Überwachung fachlich Beteiligten erbracht, so darf nur ein Honorar berechnet werden, das dem verminderten Leistungsumfang des Auftragnehmers entspricht. § 10 Abs. 4 bleibt unberührt.

(4) Für Besondere Leistungen, die zu den Grundleistungen hinzutreten, darf ein Honorar nur berechnet werden, wenn die Leistungen im Verhältnis zu den Grundleistungen einen nicht unwesentlichen Arbeits- und Zeitaufwand verursachen und das Honorar schriftlich vereinbart worden ist. Das Honorar ist in angemessenem Verhältnis zu dem Honorar für die Grundleistung zu berechnen, mit der die Besondere Leistung nach Art und Umfang vergleichbar ist. Ist die Besondere Leistung nicht mit einer Grundleistung vergleichbar, so ist das Honorar als Zeithonorar nach § 6 zu berechnen.

(4 a) Für Besondere Leistungen, die unter Ausschöpfung der technisch-wirtschaftlichen Lösungsmöglichkeiten zu einer wesentlichen Kostensenkung ohne Verminderung des Standards führen, kann ein Erfolgshonorar zuvor schriftlich vereinbart werden, das bis zu 20 v. H. der vom Auftragnehmer durch seine Leistungen eingesparten Kosten betragen kann.

(5) Soweit Besondere Leistungen ganz oder teilweise an die Stelle von Grundleistungen treten, ist für sie ein Honorar zu berechnen, das dem Honorar für die ersetzten Grundleistungen entspricht.

§ 5 a Interpolation
Die zulässigen Mindest- und Höchstsätze für Zwischenstufen der in den Honorartafeln angegebenen anrechenbaren Kosten, Werte und Verrechnungseinheiten (VE) sind durch lineare Interpolation zu ermitteln.

§ 6 Zeithonorar
(1) Zeithonorare sind auf der Grundlage der Stundensätze nach Absatz 2 durch Vorausschätzung des Zeitbedarfs als Fest- oder Höchstbetrag zu berechnen. Ist eine Vorausschätzung des Zeitbedarfs nicht möglich, so ist das Honorar nach dem nachgewiesenen Zeitbedarf auf der Grundlage der Stundensätze nach Absatz 2 zu berechnen.

(2) Werden Leistungen des Auftragnehmers oder seiner Mitarbeiter nach Zeitaufwand berechnet, so kann für jede Stunde folgender Betrag berechnet werden:

1. für den Auftragnehmer   38 bis 82 Euro,
2. für Mitarbeiter, die technische oder wirtschaftliche Aufgaben erfüllen, soweit sie nicht unter Nummer 3 fallen,   36 bis 59 Euro,
3. für Technische Zeichner und sonstige Mitarbeiter mit vergleichbarer Qualifikation, die technische oder wirtschaftliche Aufgaben erfüllen,   31 bis 43 Euro.

§ 7 Nebenkosten

(1) Die bei der Ausführung des Auftrages entstehenden Auslagen (Nebenkosten) des Auftragnehmers können, soweit sie erforderlich sind, abzüglich der nach § 15 Abs. 1 des Umsatzsteuergesetzes abziehbaren Vorsteuern neben den Honoraren dieser Verordnung berechnet werden. Die Vertragsparteien können bei Auftragserteilung schriftlich vereinbaren, daß abweichend von Satz 1 eine Erstattung ganz oder teilweise ausgeschlossen ist.

(2) Zu den Nebenkosten gehören insbesondere:
1. Post- und Fernmeldegebühren,
2. Kosten für Vervielfältigungen von Zeichnungen und von schriftlichen Unterlagen sowie Anfertigung von Filmen und Fotos,
3. Kosten für ein Baustellenbüro einschließlich der Einrichtung, Beleuchtung und Beheizung,
4. Fahrtkosten für Reisen, die über den Umkreis von mehr als 15 Kilometer vom Geschäftssitz des Auftragnehmers hinausgehen, in Höhe der steuerlich zulässigen Pauschalsätze, sofern nicht höhere Aufwendungen nachgewiesen werden,
5. Trennungsentschädigungen und Kosten für Familienheimfahrten nach den steuerlich zulässigen Pauschalsätzen, sofern nicht höhere Aufwendungen an Mitarbeiter des Auftragnehmers aufgrund von tariflichen Vereinbarungen bezahlt werden,
6. Entschädigungen für den sonstigen Aufwand bei längeren Reisen nach Nummer 4, sofern die Entschädigungen vor der Geschäftsreise schriftlich vereinbart worden sind,
7. Entgelte für nicht dem Auftragnehmer obliegende Leistungen, die von ihm im Einvernehmen mit dem Auftraggeber Dritten übertragen worden sind,
8. im Falle der Vereinbarung eines Zeithonorars nach § 6 die Kosten für Vermessungsfahrzeuge und andere Meßfahrzeuge, die mit umfangreichen Meßinstrumenten ausgerüstet sind, sowie für hochwertige Geräte, die für Vermessungsleistungen und für andere meßtechnische Leistungen verwandt werden.

(3) Nebenkosten können pauschal oder nach Einzelnachweis abgerechnet werden. Sie sind nach Einzelnachweis abzurechnen, sofern nicht bei Auftragserteilung eine pauschale Abrechnung schriftlich vereinbart worden ist.

§ 8 Zahlungen

(1) Das Honorar wird fällig, wenn die Leistung vertragsgemäß erbracht und eine prüffähige Honorarschlußrechnung überreicht worden ist.

(2) Abschlagszahlungen können in angemessenen zeitlichen Abständen für nachgewiesene Leistungen gefordert werden.

(3) Nebenkosten sind auf Nachweis fällig, sofern nicht bei Auftragserteilung etwas anderes schriftlich vereinbart worden ist.

(4) Andere Zahlungsweisen können schriftlich vereinbart werden.

§ 9 Umsatzsteuer

(1) Der Auftragnehmer hat Anspruch auf Ersatz der Umsatzsteuer, die auf sein nach dieser Verordnung berechnetes Honorar und auf die nach § 7 berechneten Nebenkosten entfällt, sofern sie nicht nach § 19 Abs. 1 des Umsatzsteuergesetzes unerhoben bleibt; dies gilt auch für Abschlagszahlungen gemäß § 8 Abs. 2. Die weiterberechneten Nebenkosten sind Teil des umsatzsteuerlichen Entgelts für eine einheitliche Leistung des Auftragnehmers.

(2) Die auf die Kosten von Objekten entfallende Umsatzsteuer ist nicht Bestandteil der anrechenbaren Kosten.

Teil II Leistungen bei Gebäuden, Freianlagen und raumbildenden Ausbauten

§ 10 Grundlagen des Honorars

(1) Das Honorar für Grundleistungen bei Gebäuden, Freianlagen und raumbildenden Ausbauten richtet sich nach den anrechenbaren Kosten des Objekts, nach der Honorarzone, der das Objekt angehört, sowie bei Gebäuden und raumbildenden Ausbauten nach der Honorartafel in § 16 und bei Freianlagen nach der Honorartafel in § 17.

(2) Anrechenbare Kosten sind unter Zugrundelegung der Kostenermittlungsarten nach DIN 276 in der Fassung vom April 1981 (DIN 276) [zu beziehen durch Beuth Verlag GmbH, 10787 Berlin und 50672 Köln] zu ermitteln
1. für die Leistungsphasen 1 bis 4 nach der Kostenberechnung, solange diese nicht vorliegt, nach der Kostenschätzung;
2. für die Leistungsphasen 5 bis 7 nach dem Kostenanschlag, solange dieser nicht vorliegt, nach der Kostenberechnung;
3. für die Leistungsphasen 8 bis 9 nach der Kostenfeststellung, solange diese nicht vorliegt, nach dem Kostenanschlag.

(3) Als anrechenbare Kosten nach Absatz 2 gelten die ortsüblichen Preise, wenn der Auftraggeber
1. selbst Lieferungen oder Leistungen übernimmt,
2. von bauausführenden Unternehmen oder von Lieferern sonst nicht übliche Vergünstigungen erhält,
3. Lieferungen oder Leistungen in Gegenrechnung ausführt oder
4. vorhandene oder vorbeschaffte Baustoffe oder Bauteile einbauen läßt.

(3 a) Vorhandene Bausubstanz, die technisch oder gestalterisch mitverarbeitet wird, ist bei den anrechenbaren Kosten angemessen zu berücksichtigen; der Umfang der Anrechnung bedarf der schriftlichen Vereinbarung.

(4) Anrechenbar sind für Grundleistungen bei Gebäuden und raumbildenden Ausbauten die Kosten für Installationen, zentrale Betriebstechnik und betriebliche Einbauten (DIN 276, Kostengruppen 3.2 bis 3.4 und 3.5.2 bis 3.5.4), die der Auftragnehmer fachlich nicht plant und deren Ausführung er fachlich auch nicht überwacht,
1. vollständig bis zu 25 v. H. der sonstigen anrechenbaren Kosten,
2. zur Hälfte mit dem 25 v. H. der sonstigen anrechenbaren Kosten übersteigenden Betrag.

Plant der Auftragnehmer die in Satz 1 genannten Gegenstände fachlich und/oder überwacht er fachlich deren Ausführung, so kann für diese Leistungen ein Honorar neben dem Honorar nach Satz 1 vereinbart werden.

(4 a) Zu den anrechenbaren Kosten für Grundleistungen bei Freianlagen rechnen insbesondere auch die Kosten für folgende Bauwerke und Anlagen, soweit sie der Auftragnehmer plant oder ihre Ausführung überwacht:
1. Einzelgewässer mit überwiegend ökologischen und landschaftsgestalterischen Elementen,
2. Teiche ohne Dämme,

Teil II Leistungen bei Gebäuden, Freianlagen und raumbildenden Ausbauten 15

3. flächenhafter Erdbau zur Geländegestaltung,
4. einfache Durchlässe und Uferbefestigungen als Mittel zur Geländegestaltung, soweit keine Leistungen nach Teil VIII erforderlich sind,
5. Lärmschutzwälle als Mittel zur Geländegestaltung,
6. Stützbauwerke und Geländeabstützungen ohne Verkehrsbelastung als Mittel zur Geländegestaltung, soweit keine Leistungen nach § 63 Abs. 1 Nr. 3 bis 5 erforderlich sind,
7. Stege und Brücken, soweit keine Leistungen nach Teil VIII erforderlich sind,
8. Wege ohne Eignung für den regelmäßigen Fahrverkehr mit einfachen Entwässerungsverhältnissen sowie andere Wege und befestigte Flächen, die als Gestaltungselement der Freianlagen geplant werden und für die Leistungen nach Teil VII nicht erforderlich sind.

(5) Nicht anrechenbar sind für Grundleistungen bei Gebäuden und raumbildenden Ausbauten die Kosten für:
1. das Baugrundstück einschließlich der Kosten des Erwerbs und des Freimachens (DIN 276, Kostengruppen 1.1 bis 1.3),
2. das Herrichten des Grundstücks (DIN 276, Kostengruppe 1.4), soweit der Auftragnehmer es weder plant noch seine Ausführung überwacht,
3. die öffentliche Erschließung und andere einmalige Abgaben (DIN 276, Kostengruppen 2.1 und 2.3),
4. die nichtöffentliche Erschließung (DIN 276, Kostengruppe 2.2) sowie die Abwasser- und Versorgungsanlagen und die Verkehrsanlagen (DIN 276, Kostengruppen 5.3 und 5.7), soweit der Auftragnehmer sie weder plant noch ihre Ausführung überwacht,
5. die Außenanlagen (DIN 276, Kostengruppe 5), soweit nicht unter Nummer 4 erfaßt,
6. Anlagen und Einrichtungen aller Art, die in DIN 276, Kostengruppen 4 oder 5.4 aufgeführt sind, sowie die nicht in DIN 276 aufgeführten, soweit der Auftragnehmer sie weder plant, noch bei ihrer Beschaffung mitwirkt, noch ihre Ausführung oder ihren Einbau überwacht,
7. Geräte und Wirtschaftsgegenstände, die nicht in DIN 276, Kostengruppen 4 und 5.4 aufgeführt sind, oder die der Auftraggeber ohne Mitwirkung des Auftragnehmers beschafft,
8. Kunstwerke, soweit sie nicht wesentliche Bestandteile des Objekts sind,
9. künstlerisch gestaltete Bauteile, soweit der Auftragnehmer sie weder plant noch ihre Ausführung überwacht,
10. die Kosten der Winterbauschutzvorkehrungen und sonstige zusätzliche Maßnahmen nach DIN 276, Kostengruppe 6; § 32 Abs. 4 bleibt unberührt,
11. Entschädigungen und Schadensersatzleistungen,
12. die Baunebenkosten (DIN 276, Kostengruppe 7),
13. fernmeldetechnische Einrichtungen und andere zentrale Einrichtungen der Fernmeldetechnik für Ortsvermittlungsstellen sowie Anlagen der Maschinentechnik, die nicht überwiegend der Ver- und Entsorgung des Gebäudes zu dienen bestimmt sind, soweit der Auftragnehmer diese fachlich nicht plant oder ihre Ausführung fachlich nicht überwacht; Absatz 4 bleibt unberührt.

(6) Nicht anrechenbar sind für Grundleistungen bei Freianlagen die Kosten für:
1. das Gebäude (DIN 276, Kostengruppe 3) sowie die in Absatz 5 Nr. 1 bis 4 und 6 bis 13 genannten Kosten,
2. den Unter- und Oberbau von Fußgängerbereichen nach § 14 Nr. 4, ausgenommen die Kosten für die Oberflächenbefestigung.

§ 11 Honorarzonen für Leistungen bei Gebäuden

(1) Die Honorarzone wird bei Gebäuden aufgrund folgender Bewertungsmerkmale ermittelt:

1. Honorarzone I:
Gebäude mit sehr geringen Planungsanforderungen, das heißt mit
  – sehr geringen Anforderungen an die Einbindung in die Umgebung,
  – einem Funktionsbereich,
  – sehr geringen gestalterischen Anforderungen,
  – einfachsten Konstruktionen,
  – keiner oder einfacher Technischer Ausrüstung,
  – keinem oder einfachem Ausbau;

2. Honorarzone II:
Gebäude mit geringen Planungsanforderungen, das heißt mit
  – geringen Anforderungen an die Einbindung in die Umgebung,
  – wenigen Funktionsbereichen,
  – geringen gestalterischen Anforderungen,
  – einfachen Konstruktionen,
  – geringer Technischer Ausrüstung,
  – geringem Ausbau;

3. Honorarzone III: Gebäude mit durchschnittlichen Planungsanforderungen, das heißt mit
  – durchschnittlichen Anforderungen an die Einbindung in die Umgebung,
  – mehreren einfachen Funktionsbereichen,
  – durchschnittlichen gestalterischen Anforderungen,
  – normalen oder gebräuchlichen Konstruktionen,
  – durchschnittlicher Technischer Ausrüstung,
  – durchschnittlichem normalem Ausbau;

4. Honorarzone IV: Gebäude mit überdurchschnittlichen Planungsanforderungen, das heißt mit
  – überdurchschnittlichen Anforderungen an die Einbindung in die Umgebung,
  – mehreren Funktionsbereichen mit vielfältigen Beziehungen,
  – überdurchschnittlichen gestalterischen Anforderungen,
  – überdurchschnittlichen konstruktiven Anforderungen,
  – überdurchschnittlicher Technischer Ausrüstung,
  – überdurchschnittlichem Ausbau;

5. Honorarzone V:
Gebäude mit sehr hohen Planungsanforderungen, das heißt mit
  – sehr hohen Anforderungen an die Einbindung in die Umgebung,
  – einer Vielzahl von Funktionsbereichen mit umfassenden Beziehungen,

- sehr hohen gestalterischen Anforderungen,
- sehr hohen konstruktiven Ansprüchen,
- einer vielfältigen Technischen Ausrüstung mit hohen technischen Ansprüchen,
- umfangreichem, qualitativ hervorragendem Ausbau.

(2) Sind für ein Gebäude Bewertungsmerkmale aus mehreren Honorarzonen anwendbar und bestehen deswegen Zweifel, welcher Honorarzone das Gebäude zugerechnet werden kann, so ist die Anzahl der Bewertungspunkte nach Absatz 3 zu ermitteln; das Gebäude ist nach der Summe der Bewertungspunkte folgenden Honorarzonen zuzurechnen:

1. Honorarzone I: Gebäude mit bis zu 10 Punkten,
2. Honorarzone II: Gebäude mit 11 bis 18 Punkten,
3. Honorarzone III: Gebäude mit 19 bis 26 Punkten,
4. Honorarzone IV: Gebäude mit 27 bis 34 Punkten,
5. Honorarzone V: Gebäude mit 35 bis 42 Punkten.

(3) Bei der Zurechnung eines Gebäudes in die Honorarzonen sind entsprechend dem Schwierigkeitsgrad der Planungsanforderungen die Bewertungsmerkmale Anforderungen an die Einbindung in die Umgebung, konstruktive Anforderungen, Technische Ausrüstung und Ausbau mit je bis zu sechs Punkten zu bewerten, die Bewertungsmerkmale Anzahl der Funktionsbereiche und gestalterische Anforderungen mit je bis zu neun Punkten.

§ 12 Objektliste für Gebäude

Nachstehende Gebäude werden nach Maßgabe der in § 11 genannten Merkmale in der Regel folgenden Honorarzonen zugerechnet:

1. Honorarzone I:
Schlaf- und Unterkunftsbaracken und andere Behelfsbauten für vorübergehende Nutzung;
Pausenhallen, Spielhallen, Liege- und Wandelhallen, Einstellhallen, Verbindungsgänge, Feldscheunen und andere einfache landwirtschaftliche Gebäude; Tribünenbauten, Wetterschutzhäuser;

2. Honorarzone II:
Einfache Wohnbauten mit gemeinschaftlichen Sanitär- und Kücheneinrichtungen; Garagenbauten, Parkhäuser, Gewächshäuser; geschlossene, eingeschossige Hallen und Gebäude als selbständige Bauaufgabe, Kassengebäude, Bootshäuser; einfache Werkstätten ohne Kranbahnen; Verkaufslager, Unfall- und Sanitätswachen; Musikpavillons;

3. Honorarzone III:
Wohnhäuser, Wohnheime und Heime mit durchschnittlicher Ausstattung; Kinderhorte, Kindergärten, Gemeinschaftsunterkünfte, Jugendherbergen, Grundschulen; Jugendfreizeitstätten, Jugendzentren, Bürgerhäuser, Studentenhäuser, Altentagesstätten und andere Betreuungseinrichtungen; Fertigungsgebäude der metallverarbeitenden Industrie, Druckereien, Kühlhäuser; Werkstätten, geschlossene Hallen und landwirtschaftliche Gebäude, soweit nicht in Honorarzone I, II oder IV erwähnt, Parkhäuser mit integrierten weiteren Nutzungsarten; Bürobauten mit durchschnittlicher Ausstattung, Ladenbauten, Einkaufszentren, Märkte und Großmärkte, Messe-

hallen, Gaststätten, Kantinen, Mensen, Wirtschaftsgebäude, Feuerwachen, Rettungsstationen, Ambulatorien, Pflegeheime ohne medizinisch-technische Ausrüstung, Hilfskrankenhäuser; Ausstellungsgebäude, Lichtspielhäuser; Turn- und Sportgebäude sowie -anlagen, soweit nicht in Honorarzone II oder IV erwähnt;

4. Honorarzone IV:
Wohnhäuser mit überdurchschnittlicher Ausstattung, Terrassen- und Hügelhäuser, planungsaufwendige Einfamilienhäuser mit entsprechendem Ausbau und Hausgruppen in planungsaufwendiger verdichteter Bauweise auf kleinen Grundstücken, Heime mit zusätzlichen medizinisch-technischen Einrichtungen; Zentralwerkstätten, Brauereien, Produktionsgebäude der Automobilindustrie, Kraftwerksgebäude; Schulen, ausgenommen Grundschulen; Bildungszentren, Volkshochschulen, Fachhochschulen, Hochschulen, Universitäten, Akademien, Hörsaalgebäude, Laborgebäude, Bibliotheken und Archive, Institutsgebäude für Lehre und Forschung, soweit nicht in Honorarzone V erwähnt; landwirtschaftliche Gebäude mit überdurchschnittlicher Ausstattung, Großküchen, Hotels, Banken, Kaufhäuser, Rathäuser, Parlaments- und Gerichtsgebäude sowie sonstige Gebäude für die Verwaltung mit überdurchschnittlicher Ausstattung; Krankenhäuser der Versorgungsstufe I und II, Fachkrankenhäuser, Krankenhäuser besonderer Zweckbestimmung, Therapie- und Rehabilitationseinrichtungen, Gebäude für Erholung, Kur und Genesung; Kirchen, Konzerthallen, Museen, Studiobühnen, Mehrzweckhallen für religiöse, kulturelle oder sportliche Zwecke; Hallenschwimmbäder, Sportleistungszentren, Großsportstätten;

5. Honorarzone V:
Krankenhäuser der Versorgungsstufe III, Universitätskliniken;
Stahlwerksgebäude, Sintergebäude, Kokereien; Studios für Rundfunk, Fernsehen und Theater, Konzertgebäude, Theaterbauten, Kulissengebäude, Gebäude für die wissenschaftliche Forschung (experimentelle Fachrichtungen).

§ 13 Honorarzonen für Leistungen bei Freianlagen

(1) Die Honorarzone wird bei Freianlagen aufgrund folgender Bewertungsmerkmale ermittelt:

1. Honorarzone I:
Freianlagen mit sehr geringen Planungsanforderungen, das heißt mit
– sehr geringen Anforderungen an die Einbindung in die Umgebung,
– sehr geringen Anforderungen an Schutz, Pflege und Entwicklung von Natur und Landschaft,
– einem Funktionsbereich,
– sehr geringen gestalterischen Anforderungen,
– keinen oder einfachsten Ver- und Entsorgungseinrichtungen;

2. Honorarzone II:
Freianlagen mit geringen Planungsanforderungen, das heißt mit
– geringen Anforderungen an die Einbindung in die Umgebung,
– geringen Anforderungen an Schutz, Pflege und Entwicklung von Natur und Landschaft,
– wenigen Funktionsbereichen,

- geringen gestalterischen Anforderungen,
- geringen Ansprüchen an Ver- und Entsorgung;

3. Honorarzone III:
Freianlagen mit durchschnittlichen Planungsanforderungen, das heißt mit
- durchschnittlichen Anforderungen an die Einbindung in die Umgebung,
- durchschnittlichen Anforderungen an Schutz, Pflege und Entwicklung von Natur und Landschaft,
- mehreren Funktionsbereichen mit einfachen Beziehungen,
- durchschnittlichen gestalterischen Anforderungen,
- normaler oder gebräuchlicher Ver- und Entsorgung;

4. Honorarzone IV:
Freianlagen mit überdurchschnittlichen Planungsanforderungen, das heißt mit
- überdurchschnittlichen Anforderungen an die Einbindung in die Umgebung,
- überdurchschnittlichen Anforderungen an Schutz, Pflege und Entwicklung von Natur und Landschaft,
- mehreren Funktionsbereichen mit vielfältigen Beziehungen,
- überdurchschnittlichen gestalterischen Anforderungen,
- einer über das Durchschnittliche hinausgehenden Ver- und Entsorgung;

5. Honorarzone V:
Freianlagen mit sehr hohen Planungsanforderungen, das heißt mit
- sehr hohen Anforderungen an die Einbindung in die Umgebung,
- sehr hohen Anforderungen an Schutz, Pflege und Entwicklung von Natur und Landschaft,
- einer Vielzahl von Funktionsbereichen mit umfassenden Beziehungen,
- sehr hohen gestalterischen Anforderungen,
- besonderen Anforderungen an die Ver- und Entsorgung aufgrund besonderer technischer Gegebenheiten.

(2) Sind für eine Freianlage Bewertungsmerkmale aus mehreren Honorarzonen anwendbar und bestehen deswegen Zweifel, welcher Honorarzone die Freianlage zugerechnet werden kann, so ist die Anzahl der Bewertungspunkte nach Absatz 3 zu ermitteln; die Freianlage ist nach der Summe der Bewertungspunkte folgenden Honorarzonen zuzurechnen:

1. Honorarzone I: Freianlagen mit bis zu 8 Punkten,
2. Honorarzone II: Freianlagen mit 9 bis 15 Punkten,
3. Honorarzone III: Freianlagen mit 16 bis 22 Punkten,
4. Honorarzone IV: Freianlagen mit 23 bis 29 Punkten,
5. Honorarzone V: Freianlagen mit 30 bis 36 Punkten.

(3) Bei der Zurechnung einer Freianlage in die Honorarzone sind entsprechend dem Schwierigkeitsgrad der Planungsanforderungen die Bewertungsmerkmale Anforderungen an die Einbindung in die Umgebung, an Schutz, Pflege und Entwicklung von Natur und Landschaft und der gestalterischen Anforderungen mit je bis zu acht Punkten, die Bewertungsmerkmale Anzahl der Funktionsbereiche sowie Ver- und Entsorgungseinrichtungen mit je bis zu sechs Punkten zu bewerten.

§ 14 Objektliste für Freianlagen

Nachstehende Freianlagen werden nach Maßgabe der in § 13 genannten Merkmale in der Regel folgenden Honorarzonen zugerechnet:

1. Honorarzone I:
Geländegestaltungen mit Einsaaten in der freien Landschaft; Windschutzpflanzungen; Spielwiesen, Ski- und Rodelhänge ohne technische Einrichtungen;

2. Honorarzone II:
Freiflächen mit einfachem Ausbau bei kleineren Siedlungen, bei Einzelbauwerken und bei landwirtschaftlichen Aussiedlungen; Begleitgrün an Verkehrsanlagen, soweit nicht in Honorarzone I oder III erwähnt; Grünverbindungen ohne besondere Ausstattung; Ballspielplätze (Bolzplätze); Ski- und Rodelhänge mit technischen Einrichtungen; Sportplätze ohne Laufbahnen oder ohne sonstige technische Einrichtungen; Geländegestaltungen und Pflanzungen für Deponien, Halden und Entnahmestellen; Pflanzungen in der freien Landschaft, soweit nicht in Honorarzone I erwähnt; Ortsrandeingrünungen;

3. Honorarzone III:
Freiflächen bei privaten und öffentlichen Bauwerken, soweit nicht in Honorarzonen II, IV oder V erwähnt; Begleitgrün an Verkehrsanlagen mit erhöhten Anforderungen an Schutz, Pflege und Entwicklung von Natur und Landschaft; Flächen für den Arten- und Biotopschutz, soweit nicht in Honorarzone IV oder V erwähnt; Ehrenfriedhöfe, Ehrenmale; Kombinationsspielfelder, Sportanlagen Typ D und andere Sportanlagen, soweit nicht in Honorarzone II oder IV erwähnt; Camping-, Zelt- und Badeplätze, Kleingartenanlagen;

4. Honorarzone IV:
Freiflächen mit besonderen topographischen oder räumlichen Verhältnissen bei privaten und öffentlichen Bauwerken; innerörtliche Grünzüge, Oberflächengestaltungen und Pflanzungen für Fußgängerbereiche; extensive Dachbegrünungen; Flächen für den Arten- und Biotopschutz mit differenzierten Gestaltungsansprüchen oder mit Biotopverbundfunktionen; Sportanlagen Typ A bis C, Spielplätze, Sportstadien, Freibäder, Golfplätze; Friedhöfe, Parkanlagen, Freilichtbühnen, Schulgärten, naturkundliche Lehrpfade und -gebiete;

5. Honorarzone V:
Hausgärten und Gartenhöfe für hohe Repräsentationsansprüche, Terrassen- und Dachgärten, intensive Dachbegrünungen; Freiflächen im Zusammenhang mit historischen Anlagen; historische Parkanlagen, Gärten und Plätze; botanische und zoologische Gärten; Freiflächen mit besonderer Ausstattung für hohe Benutzungsansprüche, Garten- und Hallenschauen.

§ 14 a Honorarzonen für Leistungen bei raumbildenden Ausbauten

(1) Die Honorarzone wird bei raumbildenden Ausbauten aufgrund folgender Bewertungsmerkmale ermittelt:

1. Honorarzone I:
Raumbildende Ausbauten mit sehr geringen Planungsanforderungen, das heißt mit
– einem Funktionsbereich,
– sehr geringen Anforderungen an die Lichtgestaltung,

- sehr geringen Anforderungen an die Raum-Zuordnung und Raum-Proportionen,
- keiner oder einfacher Technischer Ausrüstung,
- sehr geringen Anforderungen an Farb- und Materialgestaltung,
- sehr geringen Anforderungen an die konstruktive Detailgestaltung;

2. Honorarzone II:
Raumbildende Ausbauten mit geringen Planungsanforderungen, das heißt mit
- wenigen Funktionsbereichen,
- geringen Anforderungen an die Lichtgestaltung,
- geringen Anforderungen an die Raum-Zuordnung und Raum-Proportionen,
- geringer Technischer Ausrüstung,
- geringen Anforderungen an Farb- und Materialgestaltung,
- geringen Anforderungen an die konstruktive Detailgestaltung;

3. Honorarzone III:
Raumbildende Ausbauten mit durchschnittlichen Planungsanforderungen, das heißt mit
- mehreren einfachen Funktionsbereichen,
- durchschnittlichen Anforderungen an die Lichtgestaltung,
- durchschnittlichen Anforderungen an die Raum-Zuordnung und Raum-Proportionen,
- durchschnittlicher Technischer Ausrüstung,
- durchschnittlichen Anforderungen an Farb- und Materialgestaltung,
- durchschnittlichen Anforderungen an die konstruktive Detailgestaltung;

4. Honorarzone IV:
Raumbildende Ausbauten mit überdurchschnittlichen Planungsanforderungen, das heißt mit
- mehreren Funktionsbereichen mit vielfältigen Beziehungen,
- überdurchschnittlichen Anforderungen an die Lichtgestaltung,
- überdurchschnittlichen Anforderungen an die Raum-Zuordnung und Raum-Proportionen,
- überdurchschnittlichen Anforderungen an die Technische Ausrüstung,
- überdurchschnittlichen Anforderungen an die Farb- und Materialgestaltung,
- überdurchschnittlichen Anforderungen an die konstruktive Detailgestaltung;

5. Honorarzone V:
Raumbildende Ausbauten mit sehr hohen Planungsanforderungen, das heißt mit
- einer Vielzahl von Funktionsbereichen mit umfassenden Beziehungen,
- sehr hohen Anforderungen an die Lichtgestaltung,
- sehr hohen Anforderungen an die Raum-Zuordnung und Raum-Proportionen,
- einer vielfältigen Technischen Ausrüstung mit hohen technischen Ansprüchen,
- sehr hohen Anforderungen an die Farb- und Materialgestaltung,
- sehr hohen Anforderungen an die konstruktive Detailgestaltung.

(2) Sind für einen raumbildenden Ausbau Bewertungsmerkmale aus mehreren Honorarzonen anwendbar und bestehen deswegen Zweifel, welcher Honorarzone der raumbildende Ausbau zugerechnet werden kann, so ist die Anzahl der Bewertungspunkte nach Absatz 3 zu ermitteln; der raumbildende Ausbau ist nach der Summe der Bewertungspunkte folgenden Honorarzonen zuzurechnen:

1. Honorarzone I: Raumbildende Ausbauten mit bis zu 10 Punkten,
2. Honorarzone II: Raumbildende Ausbauten mit 11 bis 18 Punkten,
3. Honorarzone III: Raumbildende Ausbauten mit 19 bis 26 Punkten,
4. Honorarzone IV: Raumbildende Ausbauten mit 27 bis 34 Punkten,
5. Honorarzone V: Raumbildende Ausbauten mit 35 bis 42 Punkten.

(3) Bei der Zurechnung eines raumbildenden Ausbaus in die Honorarzonen sind entsprechend dem Schwierigkeitsgrad der Planungsanforderungen die Bewertungsmerkmale Anzahl der Funktionsbereiche, Anforderungen an die Lichtgestaltung, Anforderungen an die Raum-Zuordnung und Raum-Proportionen sowie Anforderungen an die Technische Ausrüstung mit je bis zu sechs Punkten zu bewerten, die Bewertungsmerkmale Farb- und Materialgestaltung sowie konstruktive Detailgestaltung mit je bis zu neun Punkten.

§ 14 b Objektliste für raumbildende Ausbauten

Nachstehende raumbildende Ausbauten werden nach Maßgabe der in § 14 a genannten Merkmale in der Regel folgenden Honorarzonen zugerechnet:

1. Honorarzone I:
Innere Verkehrsflächen, offene Pausen-, Spiel- und Liegehallen, einfachste Innenräume für vorübergehende Nutzung;

2. Honorarzone II:
Einfache Wohn-, Aufenthalts- und Büroräume, Werkstätten; Verkaufslager, Nebenräume in Sportanlagen, einfache Verkaufskioske; Innenräume, die unter Verwendung von serienmäßig hergestellten Möbeln und Ausstattungsgegenständen einfacher Qualität gestaltet werden;

3. Honorarzone III:
Aufenthalts-, Büro-, Freizeit-, Gaststätten-, Gruppen-, Wohn-, Sozial-, Versammlungs- und Verkaufsräume, Kantinen sowie Hotel-, Kranken-, Klassenzimmer und Bäder mit durchschnittlichem Ausbau, durchschnittlicher Ausstattung oder durchschnittlicher technischer Einrichtung; Messestände bei Verwendung von System- oder Modulbauteilen; Innenräume mit durchschnittlicher Gestaltung, die zum überwiegenden Teil unter Verwendung von serienmäßig hergestellten Möbeln und Ausstattungsgegenständen gestaltet werden;

4. Honorarzone IV:
Wohn-, Aufenthalts- Behandlungs-, Verkaufs-, Arbeits-, Bibliotheks-, Sitzungs-, Gesellschafts-, Gaststätten-, Vortragsräume, Hörsäle, Ausstellungen, Messestände, Fachgeschäfte, soweit nicht in Honorarzone II oder III erwähnt; Empfangs- und Schalterhallen mit überdurchschnittlichem Ausbau, gehobener Ausstattung oder überdurchschnittlichen technischen Einrichtungen, z. B. in Krankenhäusern, Hotels, Banken, Kaufhäusern, Einkaufszentren oder Rathäusern; Parlaments- und Gerichtssäle, Mehrzweckhallen für religiöse, kulturelle oder sportliche Zwecke; Raumbildende Ausbauten von Schwimmbädern und Wirtschaftsküchen; Kirchen; Innenräume mit überdurchschnittlicher Gestaltung unter Mitverwendung von serienmäßig hergestellten Möbeln und Ausstattungsgegenständen gehobener Qualität;

5. Honorarzone V:
Konzert- und Theatersäle; Studioräume für Rundfunk, Fernsehen und Theater; Ge-

schäfts- und Versammlungsräume mit anspruchsvollem Ausbau, aufwendiger Ausstattung oder sehr hohen technischen Ansprüchen; Innenräume der Repräsentationsbereiche mit anspruchsvollem Ausbau, aufwendiger Ausstattung oder mit besonderen Anforderungen an die technischen Einrichtungen.

§ 15 Leistungsbild Objektplanung für Gebäude, Freianlagen und raumbildende Ausbauten

(1) Das Leistungsbild Objektplanung umfaßt die Leistungen der Auftragnehmer für Neubauten, Neuanlagen, Wiederaufbauten, Erweiterungsbauten, Umbauten, Modernisierungen, raumbildende Ausbauten, Instandhaltungen und Instandsetzungen. Die Grundleistungen sind in den in Absatz 2 aufgeführten Leistungsphasen 1 bis 9 zusammengefaßt. Sie sind in der folgenden Tabelle für Gebäude und raumbildende Ausbauten in Vomhundertsätzen der Honorare des § 16 und für Freianlagen in Vomhundertsätzen der Honorare des § 17 bewertet.

	Bewertung der Grundleistungen in v. H. der Honorare			Bewertung der Grundleistungen in v. H. der Honorare
	Gebäude	Freianlagen	raumbildende Ausbauten	
1. **Grundlagenermittlung** Ermitteln der Voraussetzungen zur Lösung der Bauaufgabe durch die Planung	3	3	3	
2. **Vorplanung** (Projekt- und Planungsvorbereitung) Erarbeiten der wesentlichen Teile einer Lösung der Planungsaufgabe	7	10	7	
3. **Entwurfsplanung** (System- und Integrationsplanung) Erarbeiten der endgültigen Lösung der Planungsaufgabe	11	15	14	
4. **Genehmigungsplanung** Erarbeiten und Einreichen der Vorlagen für die erforderlichen Genehmigungen oder Zustimmungen	6	6	2	
5. **Ausführungsplanung** Erarbeiten und Darstellen der ausführungsreifen Planungslösung	25	24	30	
6. **Vorbereitung der Vergabe** Ermitteln der Mengen und Aufstellen von Leistungsverzeichnissen	10	7	7	

Bewertung der Grundleistungen in v. H. der Honorare	Bewertung der Grundleistungen in v. H. der Honorare		
	Gebäude	Frei-anlagen	raumbildende Ausbauten
7. **Mitwirkung bei der Vergabe** Ermitteln der Kosten und Mitwirkung bei der Auftragsvergabe	4	3	3
8. **Objektüberwachung (Bauüberwachung)** Überwachen der Ausführung des Objekts	31	29	31
9. **Objektbetreuung und Dokumentation** Überwachen der Beseitigung von Mängeln und Dokumentation des Gesamtergebnisses	3	3	3

(2) Das Leistungsbild setzt sich wie folgt zusammen:

Leistungsbild Objektplanung für Gebäude, Freianlagen und raumbildende Ausbauten

Grundleistungen | *Besondere Leistungen*

1. Grundlagenermittlung

- Klären der Aufgabenstellung
- Beraten zum gesamten Leistungsbedarf
- Formulieren von Entscheidungshilfen für die Auswahl anderer an der Planung fachlich Beteiligter
- Zusammenfassen der Ergebnisse

- Bestandsaufnahme
- Standortanalyse
- Betriebsplanung
- Aufstellen eines Raumprogramms
- Aufstellen eines Funktionsprogramms
- Prüfen der Umwelterheblichkeit
- Prüfen der Umweltverträglichkeit

2. Vorplanung (Projekt- und Planungsvorbereitung)

- Analyse der Grundlagen
- Abstimmen der Zielvorstellungen (Randbedingungen, Zielkonflikte)
- Aufstellen eines planungsbezogenen Zielkatalogs (Programmziele)
- Erarbeiten eines Planungskonzepts einschließlich Untersuchung der alternativen Lösungsmöglichkeiten nach gleichen Anforderungen mit zeichnerischer Darstellung und Bewertung, zum Beispiel versuchsweise zeichnerische Darstellungen, Strichskizzen, gegebenenfalls mit erläuternden Angaben
- Integrieren der Leistungen anderer an der Planung fachlich Beteiligter

- Untersuchen von Lösungsmöglichkeiten nach grundsätzlich verschiedenen Anforderungen
- Ergänzen der Vorplanungsunterlagen aufgrund besonderer Anforderungen
- Aufstellen eines Finanzierungsplanes
- Aufstellen einer Bauwerks- und Betriebs-Kosten-Nutzen-Analyse
- Mitwirken bei der Kreditbeschaffung
- Durchführen der Voranfrage (Bauanfrage)
- Anfertigen von Darstellungen durch besondere Techniken, wie zum Beispiel Perspektiven, Muster, Modelle
- Aufstellen eines Zeit- und Organisationsplanes

Teil II Leistungen bei Gebäuden, Freianlagen und raumbildenden Ausbauten

Grundleistungen

- Klären und Erläutern der wesentlichen städtebaulichen, gestalterischen, funktionalen, technischen, bauphysikalischen, wirtschaftlichen, energiewirtschaftlichen (zum Beispiel hinsichtlich rationeller Energieverwendung und der Verwendung erneuerbarer Energien) und landschaftsökologischen Zusammenhänge, Vorgänge und Bedingungen, sowie der Belastung und Empfindlichkeit der betroffenen Ökosysteme
- Vorverhandlungen mit Behörden und anderen an der Planung fachlich Beteiligten über die Genehmigungsfähigkeit
- Bei Freianlagen: Erfassen, Bewerten und Erläutern der ökosystemaren Strukturen und Zusammenhänge, zum Beispiel Boden, Wasser, Klima, Luft, Pflanzen- und Tierwelt, sowie Darstellen der räumlichen und gestalterischen Konzeption mit erläuternden Angaben, insbesondere zur Geländegestaltung, Biotopverbesserung und -vernetzung, vorhandenen Vegetation, Neupflanzung, Flächenverteilung der Grün-, Verkehrs-, Wasser-, Spiel- und Sportflächen; ferner Klären der Randgestaltung und der Anbindung an die Umgebung
- Kostenschätzung nach DIN 276 oder nach dem wohnungsrechtlichen Berechnungsrecht
- Zusammenstellen aller Vorplanungsergebnisse

Besondere Leistungen

- Ergänzen der vorplanungsunterlagen hinsichtlich besonderer Maßnahmen zur Gebäude- und Bauteiloptimierung, die über das übliche Maß der Planungsleistungen hinausgehen, zur Veringerung des Energieverbrauchs sowie der Schadstoff- und CO_2-Emissionen und zur Nutzung erneuerbarer Energien in Abstimmung mit anderen an der Planung fachlich Beteiligten. Das übliche Maß ist für Maßnahmen zur Energieeinsparung durch die Erfüllung der Anforderungen gegeben, die sich aus Rechtsvorschriften und den allgemein anerkannten Regeln der Technik ergeben.

Leistungsbild Objektplanung für Gebäude, Freianlagen und raumbildende Ausbauten

3. Entwurfsplanung (System- und Integrationsplanung)

- Durcharbeiten des Planungskonzepts (stufenweise Erarbeitung einer zeichnerischen Lösung) unter Berücksichtigung städtebaulicher, gestalterischer, funktionaler, technischer, bauphysikalischer, wirtschaftlicher, energiewirtschaftlicher (zum Beispiel hinsichtlich rationeller Energieverwendung und der Verwendung erneuerbarer Energien) und landschaftsökologischer Anforderungen unter Verwendung der Beiträge anderer an der Planung fachlich Beteiligter bis zum vollständigen Entwurf
- Integrieren der Leistungen anderer an der Planung fachlich Beteiligter

- Analyse der Alternativen/Varianten und deren Wertung mit Kostenuntersuchung (Optimierung)
- Wirtschaftlichkeitsberechnung
- Kostenberechnung durch Aufstellen von Mengengerüsten oder Bauelementkatalog
- Ausarbeiten besonderer Maßnahmen zur Gebäude- und Bauteiloptimierung, die über das übliche Maß der Planungsleistungen hinausgehen, zur Verringerung des Energieverbrauchs sowie der Schadstoff- und CO_2-Emission und zur Nutzung erneuerbarer Energien unter Verwendung der Beiträge anderer an der Planung fach-

	Grundleistungen	Besondere Leistungen

Leistungsbild Objektplanung für Gebäude, Freianlagen und raumbildende Ausbauten

– Objektbeschreibung mit Erläuterung von Ausgleichs- und Ersatzmaßnahmen nach Maßgabe der naturschutzrechtlichen Eingriffsregelung
– Zeichnerische Darstellung des Gesamtentwurfs, zum Beispiel durchgearbeitete, vollständige Vorentwurfs- und/oder Entwurfszeichnungen (Maßstab nach Art und Größe des Bauvorhabens; bei Freianlagen: im Maßstab 1:500 bis 1:100, insbesondere mit Angaben zur Verbesserung der Biotopfunktion, zu Vermeidungs-, Schutz-, Pflege- und Entwicklungsmaßnahmen sowie zur differenzierten Bepflanzung; bei raumbildenden Ausbauten: im Maßstab 1:50 bis 1:20, insbesondere mit Einzelheiten der Wandabwicklungen, Farb-, Licht- und Materialgestaltung), gegebenenfalls auch Detailpläne mehrfach wiederkehrender Raumgruppen
– Verhandlungen mit Behörden und anderen an der Planung fachlich Beteiligten über die Genehmigungsfähigkeit
– Kostenberechnung nach DIN 276 oder nach dem wohnungsrechtlichen Berechnungsrecht
– Kostenkontrolle durch Vergleich der Kostenberechnung mit der Kostenschätzung
– Zusammenfassen aller Entwurfsunterlagen

lich Beteiligter. Das übliche Maß ist für Maßnahmen zur Energieeinsparung durch die Erfüllung der Anforderungen gegeben, die sich aus Rechtsvorschriften und den allgemein anerkannten Regeln der Technik ergeben.

4. Genehmigungsplanung

– Erarbeiten der Vorlagen für die nach den öffentlich-rechtlichen Vorschriften erforderlichen Genehmigungen oder Zustimmungen einschließlich der Anträge auf Ausnahmen und Befreiungen unter Verwendung der Beiträge anderer an der Planung fachlich Beteiligter sowie noch notwendiger Verhandlungen mit Behörden
– Einreichen dieser Unterlagen
– Vervollständigen und Anpassen der Planungsunterlagen, Beschreibungen und Berechnungen unter Verwendung der Beiträge anderer an der Planung fachlich Beteiligter
– Bei Freianlagen und raumbildenden Ausbauten: Prüfen auf notwendige Genehmigungen, Einholen von Zustimmungen und Genehmigungen

– Mitwirken bei der Beschaffung der nachbarlichen Zustimmung
– Erarbeiten von Unterlagen für besondere Prüfverfahren
– Fachliche und organisatorische Unterstützung des Bauherrn im Widerspruchsverfahren, Klageverfahren oder ähnliches
– Ändern der Genehmigungsunterlagen infolge von Umständen, die der Auftragnehmer nicht zu vertreten hat.

Teil II Leistungen bei Gebäuden, Freianlagen und raumbildenden Ausbauten

Grundleistungen	*Besondere Leistungen*	

5. Ausführungsplanung

- Durcharbeiten der Ergebnisse der Leistungsphasen 3 und 4 (stufenweise Erarbeitung und Darstellung der Lösung) unter Berücksichtigung städtebaulicher, gestalterischer, funktionaler, technischer, bauphysikalischer, wirtschaftlicher, energiewirtschaftlicher (zum Beispiel hinsichtlich rationeller Energieverwendung und der Verwendung erneuerbarer Energien) und landschaftsökologischer Anforderungen unter Verwendung der Beiträge anderer an der Planung fachlich Beteiligter bis zur ausführungsreifen Lösung
- Zeichnerische Darstellung des Objekts mit allen für die Ausführung notwendigen Einzelangaben, zum Beispiel endgültige, vollständige Ausführungs-, Detail- und Konstruktionszeichnungen im Maßstab 1:50 bis 1:1, bei Freianlagen je nach Art des Bauvorhabens im Maßstab 1:200 bis 1:50, insbesondere Bepflanzungspläne, mit den erforderlichen textlichen Ausführungen
- Bei raumbildenden Ausbauten: Detaillierte Darstellung der Räume und Raumfolgen im Maßstab 1:25 bis 1:1, mit den erforderlichen textlichen Ausführungen; Materialbestimmung
- Erarbeiten der Grundlagen für die anderen an der Planung fachlich Beteiligten und Integrierung ihrer Beiträge bis zur ausführungsreifen Lösung
- Fortschreiben der Ausführungsplanung während der Objektausführung

Besondere Leistungen:
- Aufstellen einer detaillierten Objektbeschreibung als Baubuch zur Grundlage der Leistungsbeschreibung mit Leistungsprogramm*)
- Aufstellen einer detaillierten Objektbeschreibung als Raumbuch zur Grundlage der Leistungsbeschreibung mit Leistungsprogramm*)
- Prüfen der vom bauausführenden Unternehmen aufgrund der Leistungsbeschreibung mit Leistungsprogramm ausgearbeiteten Ausführungspläne auf Übereinstimmung mit der Entwurfsplanung*)
- Erarbeiten von Detailmodellen
- Prüfen und Anerkennen von Plänen Dritter nicht an der Planung fachlich Beteiligter auf Übereinstimmung mit den Ausführungsplänen (zum Beispiel Werkstattzeichnungen von Unternehmen, Aufstellungs- und Fundamentpläne von Maschinenlieferanten), soweit die Leistungen Anlagen betreffen, die in den anrechenbaren Kosten nicht erfaßt sind

Leistungsbild Objektplanung für Gebäude, Freianlagen und raumbildende Ausbauten

6. Vorbereitung der Vergabe

- Ermitteln und Zusammenstellen von Mengen als Grundlage für das Aufstellen von Leistungsbeschreibungen unter Verwendung der Beiträge anderer an der Planung fachlich Beteiligter
- Aufstellen von Leistungsbeschreibungen mit Leistungsverzeichnissen nach Leistungsbereichen

Besondere Leistungen:
- Aufstellen von Leistungsbeschreibungen mit Leistungsprogramm unter Bezug auf Baubuch/Raumbuch*)
- Aufstellen von alternativen Leistungsbeschreibungen für geschlossene Leistungsbereiche

*) Diese Besondere Leistung wird bei Leistungsbeschreibung mit Leistungsprogramm ganz oder teilweise Grundleistung. In diesem Fall entfallen die entsprechenden Grundleistungen dieser Leistungsphase, soweit die Leistungsbeschreibung mit Leistungsprogramm angewandt wird.

	Grundleistungen	Besondere Leistungen
Leistungsbild Objektplanung für Gebäude, Freianlagen und raumbildende Ausbauten	– Abstimmen und Koordinieren der Leistungsbeschreibungen der an der Planung fachlich Beteiligten	– Aufstellen von vergleichenden Kostenübersichten unter Auswertung der Beiträge anderer an der Planung fachlich Beteiligter

7. Mitwirkung bei der Vergabe

Grundleistungen:
- Zusammenstellen der Verdingungsunterlagen für alle Leistungsbereiche
- Einholen von Angeboten
- Prüfen und Werten der Angebote einschließlich Aufstellen eines Preisspiegels nach Teilleistungen unter Mitwirkung aller während der Leistungsphasen 6 und 7 fachlich Beteiligten
- Abstimmen und Zusammenstellen der Leistungen der fachlich Beteiligten, die an der Vergabe mitwirken
- Verhandlung mit Bietern
- Kostenanschlag nach DIN 276 aus Einheits- oder Pauschalpreisen der Angebote
- Kostenkontrolle durch den Vergleich des Kostenanschlages mit der Kostenberechnung
- Mitwirken bei der Auftragserteilung

Besondere Leistungen:
- Prüfen und Werten der Angebote aus Leistungsbeschreibung mit Leistungsprogramm einschließlich Preisspiegel*)
- Aufstellen, Prüfen und Werten von Preisspiegeln nach besonderen Anforderungen

8. Objektüberwachung (Bauüberwachung)

Grundleistungen:
- Überwachen der Ausführung des Objekts auf Übereinstimmung mit der Baugenehmigung oder Zustimmung, den Ausführungsplänen und den Leistungsbeschreibungen sowie mit den allgemein anerkannten Regeln der Technik und den einschlägigen Vorschriften
- Überwachen der Ausführung von Tragwerken nach § 63 Abs. 1 Nr. 1 und 2 auf Übereinstimmung mit dem Standsicherheitsnachweis
- Koordinieren der an der Objektüberwachung fachlich Beteiligten
- Überwachung und Detailkorrektur von Fertigteilen
- Aufstellen und Überwachen eines Zeitplanes (Balkendiagramm)
- Führen eines Bautagebuches
- Gemeinsames Aufmaß mit den bauausführenden Unternehmen
- Abnahme der Bauleistungen unter Mitwirkung anderer an der Planung und Objekt-

Besondere Leistungen:
- Aufstellen, Überwachen und Fortschreiben eines Zahlungsplanes
- Aufstellen, Überwachen und Fortschreiben von differenzierten Zeit-, Kosten- oder Kapazitätsplänen
- Tätigkeit als verantwortlicher Bauleiter, soweit diese Tätigkeit nach jeweiligem Landesrecht über die Grundleistungen der Leistungsphase 8 hinausgeht

Teil II Leistungen bei Gebäuden, Freianlagen und raumbildenden Ausbauten

Grundleistungen

überwachung fachlich Beteiligter unter Feststellung von Mängeln
- Rechnungsprüfung
- Kostenfeststellung nach DIN 276 oder nach dem wohnungsrechtlichen Berechnungsrecht
- Antrag auf behördliche Abnahmen und Teilnahme daran
- Übergabe des Objekts einschließlich Zusammenstellung und Übergabe der erforderlichen Unterlagen, zum Beispiel Bedienungsanleitungen, Prüfprotokolle
- Auflisten der Gewährleistungsfristen
- Überwachen der Beseitigung der bei der Abnahme der Bauleistungen festgestellten Mängel
- Kostenkontrolle durch Überprüfen der Leistungsabrechnung der bauausführenden Unternehmen im Vergleich zu den Vertragspreisen und dem Kostenanschlag.

9. Objektbetreuung und Dokumentation

- Objektbegehung zur Mängelfeststellung vor Ablauf der Verjährungsfristen der Gewährleistungsansprüche gegenüber den bauausführenden Unternehmen
- Überwachen der Beseitigung von Mängeln, die innerhalb der Verjährungsfristen der Gewährleistungsansprüche, längstens jedoch bis zum Ablauf von fünf Jahren seit Abnahme der Bauleistungen auftreten
- Mitwirken bei der Freigabe von Sicherheitsleistungen
- Systematische Zusammenstellung der zeichnerischen Darstellungen und rechnerischen Ergebnisse des Objekts

Besondere Leistungen

- Erstellen von Bestandsplänen
- Aufstellen von Ausrüstungs- und Inventarverzeichnissen
- Erstellen von Wartungs- und Pflegeanweisungen
- Objektbeobachtung
- Objektverwaltung
- Baubegehungen nach Übergabe
- Überwachen der Wartungs- und Pflegeleistungen
- Aufbereiten des Zahlenmaterials für eine Objektdatei
- Ermittlung und Kostenfeststellung zu Kostenrichtwerten
- Überprüfung der Bauwerks- und Betriebs-Kosten-Nutzen-Analyse

Leistungsbild Objektplanung für Gebäude, Freianlagen und raumbildende Ausbauten

(3) Wird das Überwachen der Herstellung des Objekts hinsichtlich der Einzelheiten der Gestaltung an einen Auftragnehmer in Auftrag gegeben, dem Grundleistungen nach den Leistungsphasen 1 bis 7, jedoch nicht nach der Leistungsphase 8, übertragen wurden, so kann für diese Leistung ein besonderes Honorar schriftlich vereinbart werden.

(4) Bei Umbauten und Modernisierungen im Sinne des § 3 Nr. 5 und 6 können neben den in Absatz 2 erwähnten Besonderen Leistungen insbesondere die nachstehenden Besonderen Leistungen vereinbart werden:
– maßliches, technisches und verformungsgerechtes Aufmaß
– Schadenskartierung
– Ermitteln von Schadensursachen
– Planen und Überwachen von Maßnahmen zum Schutz von vorhandener Substanz
– Organisation von Betreuungsmaßnahmen für Nutzer und andere Planungsbetroffene
– Mitwirken an Betreuungsmaßnahmen für Nutzer und andere Planungsbetroffene
– Wirkungskontrollen von Planungsansatz und Maßnahmen im Hinblick auf die Nutzer, zum Beispiel durch Befragen.

§ 16 Honorartafel für Grundleistungen bei Gebäuden und raumbildenden Ausbauten

(1) Die Mindest- und Höchstsätze der Honorare für die in § 15 aufgeführten Grundleistungen bei Gebäuden und raumbildenden Ausbauten sind in der nachfolgenden Honorartafel festgesetzt.
(2) Das Honorar für Grundleistungen bei Gebäuden und raumbildenden Ausbauten, deren anrechenbare Kosten unter **25 565 Euro** liegen, kann als Pauschalhonorar oder als Zeithonorar nach § 6 berechnet werden, höchstens jedoch bis zu den in der Honorartafel nach Absatz 1 für anrechenbare Kosten von **25 565 Euro** festgesetzten Höchstsätzen. Als Mindestsätze gelten die Stundensätze nach § 6 Abs. 2, höchstens jedoch die in der Honorartafel nach Absatz 1 für anrechenbare Kosten von **25 565 Euro** festgesetzten Mindestsätze.
(3) Das Honorar für Gebäude und raumbildende Ausbauten, deren anrechenbare Kosten über **25 564 594 Euro** liegen, kann frei vereinbart werden.

§ 17 Honorartafel für Grundleistungen bei Freianlagen

(1) Die Mindest- und Höchstsätze der Honorare für die in § 15 aufgeführten Grundleistungen bei Freianlagen sind in der nachfolgenden Honorartafel festgesetzt.
(2) § 16 Abs. 2 und 3 gilt sinngemäß.
(3) Werden Ingenieurbauwerke und Verkehrsanlagen, die innerhalb von Freianlagen liegen, von dem Auftragnehmer gestalterisch in die Umgebung eingebunden, dem Grundleistungen bei Freianlagen übertragen sind, so kann ein Honorar für diese Leistungen schriftlich vereinbart werden. Honoraransprüche nach Teil VII bleiben unberührt.

§ 18 Auftrag über Gebäude und Freianlagen

Honorare für Grundleistungen für Gebäude und für Grundleistungen für Freianlagen sind getrennt zu berechnen. Dies gilt nicht, wenn die getrennte Berechnung weniger als **7 500 Euro** anrechenbare Kosten zum Gegenstand hätte; § 10 Abs. 5 Nr. 5 und Abs. 6 findet insoweit keine Anwendung.

§ 19 Vorplanung, Entwurfsplanung und Objektüberwachung als Einzelleistung

(1) Wird die Anfertigung der Vorplanung (Leistungsphase 2 des § 15) oder der Entwurfsplanung (Leistungsphase 3 des § 15) bei Gebäuden als Einzelleistung in Auftrag gegeben, so können hierfür anstelle der in § 15 Abs. 1 festgesetzten Vomhundertsätze folgende Vomhundertsätze der Honorare nach § 16 vereinbart werden:
1. für die Vorplanung   bis zu 10 v. H.,
2. für die Entwurfsplanung bis zu 18 v. H.

(2) Wird die Anfertigung der Vorplanung (Leistungsphase 2 des § 15) oder der Entwurfsplanung (Leistungsphase 3 des § 15) bei Freianlagen als Einzelleistung in Auftrag gegeben, so können hierfür anstelle der in § 15 Abs. 1 festgesetzten Vomhundertsätze folgende Vomhundertsätze der Honorare nach § 17 vereinbart werden:
1. für die Vorplanung   bis zu 15 v. H.,
2. für die Entwurfsplanung bis zu 25 v. H.

(3) Wird die Anfertigung der Vorplanung (Leistungsphase 2 des § 15) oder der Entwurfsplanung (Leistungsphase 3 des § 15) bei raumbildenden Ausbauten als Einzelleistung in Auftrag gegeben, so können hierfür anstelle der in § 15 Abs. 1 festgesetzten Vomhundertsätze folgende Vomhundertsätze der Honorare nach § 16 vereinbart werden:
1. für die Vorplanung   bis zu 10 v. H.,
2. für die Entwurfsplanung bis zu 21 v. H.

(4) Wird die Objektüberwachung (Leistungsphase 8 des § 15) bei Gebäuden als Einzelleistung in Auftrag gegeben, so können hierfür anstelle der Mindestsätze nach den §§ 15 und 16 folgende Vomhundertsätze der anrechenbaren Kosten nach § 10 berechnet werden:
1. 2,1 v. H. bei Gebäuden der Honorarzone 2,
2. 2,3 v. H. bei Gebäuden der Honorarzone 3,
3. 2,5 v. H. bei Gebäuden der Honorarzone 4,
4. 2,7 v. H. bei Gebäuden der Honorarzone 5.

§ 20 Mehrere Vor- oder Entwurfsplanungen

Werden für dasselbe Gebäude auf Veranlassung des Auftraggebers mehrere Vor- oder Entwurfsplanungen nach grundsätzlich verschiedenen Anforderungen gefertigt, so können für die umfassendste Vor- oder Entwurfsplanung die vollen Vomhundertsätze dieser Leistungsphase nach § 15, außerdem für jede andere Vor- oder Entwurfsplanung die Hälfte dieser Vomhundertsätze berechnet werden. Satz 1 gilt entsprechend für Freianlagen und raumbildende Ausbauten.

§ 21 Zeitliche Trennung der Ausführung

Wird ein Auftrag, der ein oder mehrere Gebäude umfaßt, nicht einheitlich in einem Zuge, sondern abschnittsweise in größeren Zeitabständen ausgeführt, so ist für die das ganze Gebäude oder das ganze Bauvorhaben betreffenden, zusammenhängend durchgeführten Leistungen das anteilige Honorar zu berechnen, das sich nach den gesamten anrechenbaren Kosten ergibt. Das Honorar für die restlichen Leistungen ist jeweils nach den anrechenbaren Kosten der einzelnen Bauabschnitte zu berechnen. Die Sätze 1 und 2 gelten entsprechend für Freianlagen und raumbildende Ausbauten.

Honorartafel zu § 16 Abs. 1 (€)

Anrechenbare Kosten €	Zone I von	Zone I bis	Zone II von	Zone II bis	Zone III von	Zone III bis	Zone IV von	Zone IV bis	Zone V von	Zone V bis
25.565	1.984	2.413	2.413	2.991	2.991	3.855	3.855	4.433	4.433	4.862
30.000	2.325	2.826	2.826	3.497	3.497	4.498	4.498	5.169	5.169	5.670
35.000	2.719	3.299	3.299	4.075	4.075	5.236	5.236	6.012	6.012	6.593
40.000	3.101	3.762	3.762	4.647	4.647	5.968	5.968	6.853	6.853	7.513
45.000	3.494	4.234	4.234	5.221	5.221	6.702	6.702	7.689	7.689	8.429
50.000	3.881	4.697	4.697	5.780	5.780	7.413	7.413	8.496	8.496	9.312
100.000	7.755	9.278	9.278	11.311	11.311	14.360	14.360	16.393	16.393	17.916
150.000	11.635	13.753	13.753	16.578	16.578	20.818	20.818	23.644	23.644	25.761
200.000	15.510	18.115	18.115	21.586	21.586	26.792	26.792	30.263	30.263	32.868
250.000	19.385	22.384	22.384	26.380	26.380	32.373	32.373	36.369	36.369	39.368
300.000	22.484	25.983	25.983	30.650	30.650	37.643	37.643	42.309	42.309	45.808
350.000	25.060	29.131	29.131	34.561	34.561	42.700	42.700	48.131	48.131	52.201
400.000	27.272	31.922	31.922	38.127	38.127	47.432	47.432	53.637	53.637	58.287
450.000	29.144	34.382	34.382	41.362	41.362	51.840	51.840	58.820	58.820	64.059
500.000	30.671	36.488	36.488	44.243	44.243	55.876	55.876	63.631	63.631	69.447
1.000.000	55.293	65.535	65.535	79.193	79.193	99.682	99.682	113.340	113.340	123.582
1.500.000	80.167	94.804	94.804	114.317	114.317	143.592	143.592	163.105	163.105	177.742
2.000.000	105.005	124.033	124.033	149.401	149.401	187.455	187.455	212.823	212.823	231.851
2.500.000	129.845	153.271	153.271	184.503	184.503	231.352	231.352	262.584	262.584	286.006
3.000.000	155.660	182.183	182.183	217.541	217.541	270.581	270.581	305.940	305.940	332.462
3.500.000	181.605	211.053	211.053	250.321	250.321	309.221	309.221	348.488	348.488	377.937
4.000.000	207.550	239.927	239.927	283.101	283.101	347.856	347.856	391.030	391.030	423.407
4.500.000	233.491	268.798	268.798	315.877	315.877	386.495	386.495	433.574	433.574	468.881
5.000.000	259.435	297.672	297.672	348.656	348.656	425.135	425.135	476.119	476.119	514.356
10.000.000	518.870	589.823	589.823	684.426	684.426	826.334	826.334	920.937	920.937	991.890
15.000.000	778.305	877.041	877.041	1.008.690	1.008.690	1.206.165	1.206.165	1.337.814	1.337.814	1.436.550
20.000.000	1.037.740	1.159.131	1.159.131	1.320.989	1.320.989	1.563.771	1.563.771	1.725.629	1.725.629	1.847.020
25.000.000	1.297.175	1.442.062	1.442.062	1.635.242	1.635.242	1.925.012	1.925.012	2.118.192	2.118.192	2.263.075
25.564.594	1.326.470	1.474.024	1.474.024	1.670.759	1.670.759	1.965.861	1.965.861	2.162.596	2.162.596	2.310.145

Honorartafel zu § 17 Abs. 1 (€)

Anrechenbare Kosten €	Zone I von €	Zone I bis €	Zone II von €	Zone II bis €	Zone III von €	Zone III bis €	Zone IV von €	Zone IV bis €	Zone V von €	Zone V bis €
20.452	2.378	2.914	2.914	3.625	3.625	4.694	4.694	5.404	5.404	5.941
25.000	2.896	3.547	3.547	4.412	4.412	5.708	5.708	6.573	6.573	7.224
30.000	3.453	4.228	4.228	5.259	5.259	6.805	6.805	7.836	7.836	8.607
35.000	4.008	4.904	4.904	6.100	6.100	7.887	7.887	9.083	9.083	9.979
40.000	4.559	5.575	5.575	6.931	6.931	8.959	8.959	10.316	10.316	11.332
45.000	5.100	6.237	6.237	7.749	7.749	10.017	10.017	11.529	11.529	12.665
50.000	5.636	6.889	6.889	8.556	8.556	11.056	11.056	12.723	12.723	13.975
100.000	10.664	12.978	12.978	16.059	16.059	20.687	20.687	23.768	23.768	26.082
150.000	15.082	18.275	18.275	22.532	22.532	28.918	28.918	33.174	33.174	36.367
200.000	18.922	22.808	22.808	27.983	27.983	35.754	35.754	40.929	40.929	44.815
250.000	22.149	26.542	26.542	32.398	32.398	41.189	41.189	47.045	47.045	51.438
300.000	26.410	31.337	31.337	37.903	37.903	47.758	47.758	54.323	54.323	59.250
350.000	30.815	36.187	36.187	43.350	43 350	54 095	54.095	61.258	61.258	66.630
400.000	35.215	40.933	40.933	48.555	48 555	59.991	59.991	67.612	67.612	73.330
450.000	39.619	45.565	45.565	53.490	53.490	65.377	65.377	73.303	73.303	79.248
500.000	44.016	50.083	50.083	58.172	58.172	70.309	70.309	78.398	78.398	84.465
1.000.000	88.035	97.296	97.296	109.643	109.643	128.165	128.165	140.512	140.512	149.773
1.500.000	132.050	145.172	145.172	162.670	162.670	188.919	188.919	206.416	206.416	219.538
1.533.876	135.032	148.418	148.418	166.267	166.267	193.043	193.043	210.893	210.893	224.278

§ 22 Auftrag für mehrere Gebäude

(1) Umfaßt ein Auftrag mehrere Gebäude, so sind die Honorare vorbehaltlich der nachfolgenden Absätze für jedes Gebäude getrennt zu berechnen.

(2) Umfaßt ein Auftrag mehrere gleiche, spiegelgleiche oder im wesentlichen gleichartige Gebäude, die im zeitlichen oder örtlichen Zusammenhang und unter gleichen baulichen Verhältnissen errichtet werden sollen, oder Gebäude nach Typenplanung oder Serienbauten, so sind für die 1. bis 4. Wiederholung die Vomhundertsätze der Leistungsphasen 1 bis 7 in § 15 um 50 vom Hundert, von der 5. Wiederholung an um 60 vom Hundert zu mindern. Als gleich gelten Gebäude, die nach dem gleichen Entwurf ausgeführt werden. Als Serienbauten gelten Gebäude, die nach einem im wesentlichen gleichen Entwurf ausgeführt werden.

(3) Erteilen mehrere Auftraggeber einem Auftragnehmer Aufträge über Gebäude, die gleich, spiegelgleich oder im wesentlichen gleichartig sind und die im zeitlichen oder örtlichen Zusammenhang und unter gleichen baulichen Verhältnissen errichtet werden sollen, so findet Absatz 2 mit der Maßgabe entsprechende Anwendung, daß der Auftragnehmer die Honorarminderungen gleichmäßig auf alle Auftraggeber verteilt.

(4) Umfaßt ein Auftrag Leistungen, die bereits Gegenstand eines anderen Auftrags für ein Gebäude nach gleichem oder spiegelgleichem Entwurf zwischen den Vertragsparteien waren, so findet Absatz 2 auch dann entsprechende Anwendung, wenn die Leistungen nicht im zeitlichen oder örtlichen Zusammenhang erbracht werden sollen.

§ 23 Verschiedene Leistungen an einem Gebäude

(1) Werden Leistungen bei Wiederaufbauten, Erweiterungsbauten, Umbauten oder raumbildenden Ausbauten (§ 3 Nr. 3 bis 5 und 7) gleichzeitig durchgeführt, so sind die anrechenbaren Kosten für jede einzelne Leistung festzustellen und das Honorar danach getrennt zu berechnen. § 25 Abs. 1 bleibt unberührt.

(2) Soweit sich der Umfang jeder einzelnen Leistung durch die gleichzeitige Durchführung der Leistungen nach Absatz 1 mindert, ist dies bei der Berechnung des Honorars entsprechend zu berücksichtigen.

§ 24 Umbauten und Modernisierungen von Gebäuden

(1) Honorare für Leistungen bei Umbauten und Modernisierungen im Sinne des § 3 Nr. 5 und 6 sind nach den anrechenbaren Kosten nach § 10, der Honorarzone, der der Umbau oder die Modernisierung bei sinngemäßer Anwendung des § 11 zuzuordnen ist, den Leistungsphasen des § 15 und der Honorartafel des § 16 mit der Maßgabe zu ermitteln, daß eine Erhöhung der Honorare um einen Vomhundertsatz schriftlich zu vereinbaren ist. Bei der Vereinbarung der Höhe des Zuschlags ist insbesondere der Schwierigkeitsgrad der Leistungen zu berücksichtigen. Bei durchschnittlichem Schwierigkeitsgrad der Leistungen kann ein Zuschlag von 20 bis 33 vom Hundert vereinbart werden. Sofern nicht etwas anderes schriftlich vereinbart ist, gilt ab durchschnittlichem Schwierigkeitsgrad ein Zuschlag von 20 vom Hundert als vereinbart.

(2) Werden bei Umbauten und Modernisierungen im Sinne des § 3 Nr. 5 und 6 erhöhte Anforderungen in der Leistungsphase 1 bei der Klärung der Maßnahmen und Erkundung der Substanz, oder in der Leistungsphase 2 bei der Beurteilung der vorhandenen Substanz auf ihre Eignung zur Übernahme in die Planung oder in der Leistungsphase 8 gestellt, so können die Vertragsparteien anstelle der Vereinbarung eines Zuschlags nach Absatz 1 schriftlich vereinbaren, daß die Grundleistungen für diese Leistungsphasen höher bewertet werden, als in § 15 Abs. 1 vorgeschrieben ist.

§ 25 Leistungen des raumbildenden Ausbaus

(1) Werden Leistungen des raumbildenden Ausbaus in Gebäuden, die neugebaut, wiederaufgebaut, erweitert oder umgebaut werden, einem Auftragnehmer übertragen, dem auch Grundleistungen für diese Gebäude nach § 15 übertragen werden, so kann für die Leistungen des raumbildenden Ausbaus ein besonderes Honorar nicht berechnet werden. Diese Leistungen sind bei der Vereinbarung des Honorars für die Grundleistungen für Gebäude im Rahmen der für diese Leistungen festgesetzten Mindest- und Höchstsätze zu berücksichtigen.

(2) Für Leistungen des raumbildenden Ausbaus in bestehenden Gebäuden ist eine Erhöhung der Honorare um einen Vomhundertsatz schriftlich zu vereinbaren. Bei der Vereinbarung der Höhe des Zuschlags ist insbesondere der Schwierigkeitsgrad der Leistungen zu berücksichtigen. Bei durchschnittlichem Schwierigkeitsgrad der Leistungen kann ein Zuschlag von 25 bis 50 vom Hundert vereinbart werden. Sofern nicht etwas anderes schriftlich vereinbart ist, gilt ab durchschnittlichem Schwierigkeitsgrad ein Zuschlag von 25 vom Hundert als vereinbart.

§ 26 Einrichtungsgegenstände und integrierte Werbeanlagen

Honorare für Leistungen bei Einrichtungsgegenständen und integrierten Werbeanlagen können als Pauschalhonorar frei vereinbart werden. Wird ein Pauschalhonorar nicht bei Auftragserteilung schriftlich vereinbart, so ist das Honorar als Zeithonorar nach § 6 zu berechnen.

§ 27 Instandhaltungen und Instandsetzungen

Honorare für Leistungen bei Instandhaltungen und Instandsetzungen sind nach den anrechenbaren Kosten nach § 10, der Honorarzone, der das Gebäude nach den §§ 11 und 12 zuzuordnen ist, den Leistungsphasen des § 15 und der Honorartafel des § 16 mit der Maßgabe zu ermitteln, daß eine Erhöhung des Vomhundertsatzes für die Bauüberwachung (Leistungsphase 8 des § 15) um bis zu 50 vom Hundert vereinbart werden kann.

Teil III Zusätzliche Leistungen

§ 28 Entwicklung und Herstellung von Fertigteilen
(1) Fertigteile sind industriell in Serienfertigung hergestellte Konstruktionen oder Gegenstände im Bauwesen.
(2) Zu den Fertigteilen gehören insbesondere:
1. tragende Konstruktionen, wie Stützen, Unterzüge, Binder, Rahmenriegel,
2. Decken- und Dachkonstruktionen sowie Fassadenelemente,
3. Ausbaufertigteile, wie nichttragende Trennwände, Naßzellen und abgehängte Decken,
4. Einrichtungsfertigteile, wie Wandvertäfelungen, Möbel, Beleuchtungskörper.

(3) Das Honorar für Planungs- und Überwachungsleistungen bei der Entwicklung und Herstellung von Fertigteilen kann als Pauschalhonorar frei vereinbart werden. Wird ein Pauschalhonorar nicht bei Auftragserteilung schriftlich vereinbart, so ist das Honorar als Zeithonorar nach § 6 zu berechnen. Die Berechnung eines Honorars nach Satz 1 oder 2 ist ausgeschlossen, wenn die Leistungen im Rahmen der Objektplanung (§ 15) erbracht werden.

§ 29 Rationalisierungswirksame besondere Leistungen
(1) Rationalisierungswirksame besondere Leistungen sind zum ersten Mal erbrachte Leistungen, die durch herausragende technisch-wirtschaftliche Lösungen über den Rahmen einer wirtschaftlichen Planung oder über den allgemeinen Stand des Wissens wesentlich hinausgehen und dadurch zu einer Senkung der Bau- und Nutzungskosten des Objekts führen. Die vom Auftraggeber an das Objekt gestellten Anforderungen dürfen dabei nicht unterschritten werden.
(2) Honorare für rationalisierungswirksame besondere Leistungen dürfen nur berechnet werden, wenn sie vorher schriftlich vereinbart worden sind. Sie können als Erfolgshonorar nach dem Verhältnis der geplanten oder vorgegebenen Ergebnisse zu den erreichten Ergebnissen oder als Zeithonorar nach § 6 vereinbart werden.

§ 30 (weggefallen)

§ 31 Projektsteuerung
(1) Leistungen der Projektsteuerung werden von Auftragnehmern erbracht, wenn sie Funktionen des Auftraggebers bei der Steuerung von Projekten mit mehreren Fachbereichen übernehmen. Hierzu gehören insbesondere:
1. Klärung der Aufgabenstellung, Erstellung und Koordinierung des Programms für das Gesamtprojekt,
2. Klärung der Voraussetzungen für den Einsatz von Planern und anderen an der Planung fachlich Beteiligten (Projektbeteiligte),
3. Aufstellung und Überwachung von Organisations-, Termin- und Zahlungsplänen, bezogen auf Projekt und Projektbeteiligte,
4. Koordinierung und Kontrolle der Projektbeteiligten, mit Ausnahme der ausführenden Firmen,

5. Vorbereitung und Betreuung der Beteiligung von Planungsbetroffenen,
6. Fortschreibung der Planungsziele und Klärung von Zielkonflikten,
7. laufende Information des Auftraggebers über die Projektabwicklung und rechtzeitiges Herbeiführen von Entscheidungen des Auftraggebers,
8. Koordinierung und Kontrolle der Bearbeitung von Finanzierungs-, Förderungs- und Genehmigungsverfahren.

(2) Honorare für Leistungen bei der Projektsteuerung dürfen nur berechnet werden, wenn sie bei Auftragserteilung schriftlich vereinbart worden sind; sie können frei vereinbart werden.

§ 32 Winterbau

(1) Leistungen für den Winterbau sind Leistungen der Auftragnehmer zur Durchführung von Bauleistungen in der Zeit winterlicher Witterung.

(2) Hierzu rechnen insbesondere:
1. Untersuchung über Wirtschaftlichkeit der Bauausführung mit und ohne Winterbau, zum Beispiel in Form von Kosten-Nutzen-Berechnungen,
2. Untersuchungen über zweckmäßige Schutzvorkehrungen,
3. Untersuchungen über die für eine Bauausführung im Winter am besten geeigneten Baustoffe, Bauarten, Methoden und Konstruktionsdetails,
4. Vorbereitung der Vergabe und Mitwirkung bei der Vergabe von Winterbauschutzvorkehrungen.

(3) Das Honorar für Leistungen für den Winterbau kann als Pauschalhonorar frei vereinbart werden. Wird ein Pauschalhonorar nicht bei Auftragserteilung schriftlich vereinbart, so ist das Honorar als Zeithonorar nach § 6 zu berechnen.

(4) Werden von einem Auftragnehmer Leistungen nach Absatz 2 Nr. 4 erbracht, dem gleichzeitig Grundleistungen nach § 15 übertragen worden sind, so kann abweichend von Absatz 3 vereinbart werden, daß die Kosten der Winterbauschutzvorkehrungen den anrechenbaren Kosten nach § 10 zugerechnet werden.

Teil IV Gutachten und Wertermittlungen

§ 33 Gutachten
Das Honorar für Gutachten über Leistungen, die in dieser Verordnung erfaßt sind, kann frei vereinbart werden. Wird ein Honorar nicht bei Auftragserteilung schriftlich vereinbart, so ist das Honorar als Zeithonorar nach § 6 zu berechnen. Die Sätze 1 und 2 sind nicht anzuwenden, soweit in den Vorschriften dieser Verordnung etwa anderes bestimmt ist.

§ 34 Wertermittlungen
(1) Die Mindest- und Höchstsätze der Honorare für die Ermittlung des Wertes von Grundstücken, Gebäuden und anderen Bauwerken oder von Rechten an Grundstücken sind in der nachfolgenden Honorartafel festgesetzt.
(2) Das Honorar richtet sich nach dem Wert der Grundstücke, Gebäude, anderen Bauwerke oder Rechte, der nach dem Zweck der Ermittlung zum Zeitpunkt der Wertermittlung festgestellt wird; bei unbebauten Grundstücken ist der Bodenwert maßgebend. Sind im Rahmen einer Wertermittlung mehrere der in Absatz 1 genannten Objekte zu bewerten, so ist das Honorar nach der Summe der ermittelten Werte der einzelnen Objekte zu berechnen.
(3) § 16 Abs. 2 und 3 gilt sinngemäß
(4) Wertermittlungen können nach Anzahl und Gewicht der Schwierigkeiten nach Absatz 6 der Schwierigkeitsstufe der Honorartafel nach Absatz 1 zugeordnet werden, wenn es bei Auftragserteilung schriftlich vereinbart worden ist. Die Honorare der Schwierigkeitsstufe können bei Schwierigkeiten nach Absatz 6 Nr. 3 überschritten werden.
(5) Schwierigkeiten können insbesondere vorliegen
1. bei Wertermittlungen
   – für Erbbaurechte, Nießbrauchs- und Wohnrechte sowie sonstige Rechte,
   – bei Umlegungen und Enteignungen,
   – bei steuerlichen Bewertungen,
   – für unterschiedliche Nutzungsarten auf einem Grundstück,
   – bei Berücksichtigung von Schadensgraden,
   – bei besonderen Unfallgefahren, starkem Staub oder Schmutz oder sonstigen nicht unerheblichen Erschwernissen bei der Durchführung des Auftrages;
2. bei Wertermittlungen, zu deren Durchführung der Auftragnehmer die erforderlichen Unterlagen beschaffen, überarbeiten oder anfertigen muß, zum Beispiel
   – Beschaffung und Ergänzung der Grundstücks-, Grundbuch- und Katasterangaben,
   – Feststellung der Roheinnahmen,
   – Feststellung der Bewirtschaftungskosten,
   – Örtliche Aufnahme der Bauten,
   – Anfertigung von Systemskizzen im Maßstab nach Wahl,
   – Ergänzung vorhandener Grundriß- und Schnittzeichnungen;

Honorartafel zu § 34 Abs. 1 (€)

Wert €	Normalstufe von €	Normalstufe bis	Schwierigkeitsstufe von €	Schwierigkeitsstufe bis
25.565	225	291	281	435
50.000	323	394	384	537
75.000	437	537	517	733
100.000	543	664	643	910
125.000	639	780	755	1.062
150.000	725	881	856	1.203
175.000	767	938	912	1.278
200.000	860	1.551	1.017	1.432
225.000	929	1.131	1.095	1.544
250.000	977	1.193	1.157	1.628
300.000	1.071	1.304	1.264	1.779
350.000	1.149	1.397	1.356	1.908
400.000	1.207	1.479	1.425	2.012
450.000	1.266	1.546	1.490	2.104
500.000	1.318	1.611	1.559	2.198
750.000	1.563	1.912	1.847	2.610
1.000.000	1.776	2.180	2.104	2.965
1.250.000	1.981	2.417	2.336	3.292
1.500.000	2.164	2.644	2.548	3.599
1.750.000	2.357	2.877	2.780	3.917
2.000.000	2.510	3.062	2.956	4.165
2.250.000	2.671	3.249	3.150	4.437
2.500.000	2.856	3.487	3.382	4.757
3.000.000	3.152	3.849	3.724	5.253
3.500.000	3.450	4.194	4.079	5.771
4.000.000	3.729	4.569	4.410	6.250
4.500.000	4.082	5.027	4.837	6.851
5.000.000	4.348	5.314	5.148	7.274
7.500.000	5.706	6.973	6.762	9.511
10.000.000	7.071	8.555	8.242	11.719
12.500.000	8.340	10.180	9.903	13.974
15.000.000	9.369	11.433	10.980	15.440
17.500.000	10.547	12.776	12.386	17.350
20.000.000	11.268	13.788	13.368	18.856
22.500.000	12.328	15.163	14.692	20.661
25.000.000	13.443	16.593	16.068	22.634
25.564.594	13.692	16.914	16.377	23.085

3. bei Wertermittlungen
- für mehrere Stichtage,
- die im Einzelfall eine Auseinandersetzung mit Grundsatzfragen der Wertermittlung und eine entsprechende schriftliche Begründung erfordern.

(6) Die nach den Absätzen 1, 2, 4 und 5 ermittelten Honorare mindern sich bei
- überschlägigen Wertermittlungen nach Vorlagen von Banken und Versicherungen um 30 v. H.,
- Verkehrswertermittlungen nur unter Heranziehung des Sachwerts oder Ertragswerts um 20 v. H.,
- Umrechnungen von bereits festgestellten Wertermittlungen auf einen anderen Zeitpunkt um 20 v. H.

(7) Wird eine Wertermittlung um Feststellungen ergänzt und sind dabei lediglich Zugänge oder Abgänge beziehungsweise Zuschläge oder Abschläge zu berücksichtigen, so mindern sich die nach den vorstehenden Vorschriften ermittelten Honorare um 20 vom Hundert. Dasselbe gilt für andere Ergänzungen, deren Leistungsumfang nicht oder nur unwesentlich über den einer Wertermittlung nach Satz 1 hinausgeht.

Teil V Städtebauliche Leistungen

§ 35 Anwendungsbereich
(1) Städtebauliche Leistungen umfassen die Vorbereitung, die Erstellung der für die Planarten nach Absatz 2 erforderlichen Ausarbeitungen und Planfassungen, die Mitwirkung beim Verfahren sowie sonstige städtebauliche Leistungen nach § 42.
(2) Die Bestimmungen dieses Teils gelten für folgende Planarten:
1. Flächennutzungspläne nach den §§ 5 bis 7 des Baugesetzbuchs,
2. Bebauungspläne nach den §§ 8 bis 13 des Baugesetzbuchs.

§ 36 Kosten von EDV-Leistungen
Kosten von EDV-Leistungen können bei städtebaulichen Leistungen als Nebenkosten im Sinne des § 7 Abs. 3 berechnet werden, wenn dies bei Auftragserteilung schriftlich vereinbart worden ist. Verringern EDV-Leistungen den Leistungsumfang von städtebaulichen Leistungen, so ist dies bei der Vereinbarung des Honorars zu berücksichtigen.

§ 36 a Honorarzonen für Leistungen bei Flächennutzungsplänen
(1) Die Honorarzone wird bei Flächennutzungsplänen aufgrund folgender Bewertungsmerkmale ermittelt:
1. Honorarzone I:
Flächennutzungspläne mit sehr geringen Planungsanforderungen, das heißt mit
– sehr geringen Anforderungen aus den topographischen Verhältnissen und geologischen Gegebenheiten,
– sehr geringen Anforderungen aus der baulichen und landschaftlichen Umgebung und Denkmalpflege,
– sehr geringen Anforderungen an die Nutzung, sehr geringe Dichte,
– sehr geringen gestalterischen Anforderungen,
– sehr geringen Anforderungen an die Erschließung,
– sehr geringen Anforderungen an die Umweltvorsorge sowie an die ökologischen Bedingungen;
2. Honorarzone II:
Flächennutzungspläne mit geringen Planungsanforderungen, das heißt mit
– geringen Anforderungen aus den topographischen Verhältnissen und geologischen Gegebenheiten,
– geringen Anforderungen aus der baulichen und landschaftlichen Umgebung und Denkmalpflege,
– geringen Anforderungen an die Nutzung, geringe Dichte,
– geringen gestalterischen Anforderungen,
– geringen Anforderungen an die Erschließung,
– geringen Anforderungen an die Umweltvorsorge sowie an die ökologischen Bedingungen;

3. Honorarzone III:
Flächennutzungspläne mit durchschnittlichen Planungsanforderungen, das heißt mit
- durchschnittlichen Anforderungen aus den topographischen Verhältnissen und geologischen Gegebenheiten,
- durchschnittlichen Anforderungen aus der baulichen und landschaftlichen Umgebung und Denkmalpflege,
- durchschnittlichen Anforderungen an die Nutzung, durchschnittliche Dichte,
- durchschnittlichen gestalterischen Anforderungen,
- durchschnittlichen Anforderungen an die Erschließung,
- durchschnittlichen Anforderungen an die Umweltvorsorge sowie an die ökologischen Bedingungen;

4. Honorarzone IV:
Flächennutzungspläne mit überdurchschnittlichen Planungsanforderungen, das heißt mit
- überdurchschnittlichen Anforderungen aus den topographischen Verhältnissen und geologischen Gegebenheiten,
- überdurchschnittlichen Anforderungen aus der baulichen und landschaftlichen Umgebung und Denkmalpflege,
- überdurchschnittlichen Anforderungen an die Nutzung, überdurchschnittliche Dichte,
- überdurchschnittlichen gestalterischen Anforderungen,
- überdurchschnittlichen Anforderungen an die Erschließung,
- überdurchschnittlichen Anforderungen an die Umweltvorsorge sowie an die ökologischen Bedingungen;

5. Honorarzone V:
Flächennutzungspläne mit sehr hohen Planungsanforderungen, das heißt mit
- sehr hohen Anforderungen aus den topographischen Verhältnissen und geologischen Gegebenheiten,
- sehr hohen Anforderungen aus der baulichen und landschaftlichen Umgebung und Denkmalpflege,
- sehr hohen Anforderungen an die Nutzung, sehr hohe Dichte,
- sehr hohen gestalterischen Anforderungen,
- sehr hohen Anforderungen an die Erschließung,
- sehr hohen Anforderungen an die Umweltvorsorge sowie an die ökologischen Bedingungen.

(2) Sind für einen Flächennutzungsplan Bewertungsmerkmale aus mehreren Honorarzonen anwendbar und bestehen deswegen Zweifel, welcher Honorarzone der Flächennutzungsplan zugerechnet werden kann, so ist die Anzahl der Bewertungspunkte nach Absatz 3 zu ermitteln; der Flächennutzungsplan ist nach der Summe der Bewertungspunkte folgenden Honorarzonen zuzurechnen:

1. Honorarzone I: Ansätze mit bis zu 9 Punkten,
2. Honorarzone II: Ansätze mit 10 bis zu 14 Punkten,
3. Honorarzone III: Ansätze mit 15 bis zu 19 Punkten,
4. Honorarzone IV: Ansätze mit 20 bis 24 Punkten,
5. Honorarzone V: Ansätze mit 25 bis 30 Punkten.

(3) Bei der Zurechnung eines Flächennutzungsplans in die Honorarzonen sind entsprechend dem Schwierigkeitsgrad der Planungsanforderungen die in Absatz 1 genannten Bewertungsmerkmale mit je bis zu 5 Punkten zu bewerten.

§ 37 Leistungsbild Flächennutzungsplan

Die Grundleistungen bei Flächennutzungsplänen sind in den in Absatz 2 aufgeführten Leistungsphasen 1 bis 5 zusammengefaßt. Sie sind in der folgenden Tabelle in Vomhundertsätzen der Honorare des § 38 bewertet.

	Bewertung der Grundleistungen in v. H. der Honorare
1. **Klären der Aufgabenstellung und Ermitteln des Leistungsumfangs** Ermitteln der Voraussetzungen zur Lösung der Planungsaufgabe	1 bis 3
2. **Ermitteln der Planungsvorgaben** Bestandsaufnahme und Analyse des Zustands sowie Prognose der voraussichtlichen Entwicklung	10 bis 20
3. **Vorentwurf** Erarbeiten der wesentlichen Teile einer Lösung der Planungsaufgabe	40
4. **Entwurf** Erarbeiten der endgültigen Lösung der Planungsaufgabe als Grundlage für den Beschluß der Gemeinde	30
5. **Genehmigungsfähige Planfassung** Erarbeiten der Unterlagen zum Einreichen für die erforderliche Genehmigung	7

(2) Das Leistungsbild setzt sich wie folgt zusammen:

| | *Grundleistungen* | *Besondere Leistungen* |

Leistungsbild Flächennutzungsplan

1. Klären der Aufgabenstellung und Ermitteln des Leistungsumfangs

- Zusammenstellen einer Übersicht der vorgegebenen bestehenden und laufenden örtlichen und überörtlichen Planungen und Untersuchungen einschließlich solcher benachbarter Gemeinden
- Zusammenstellen der verfügbaren Kartenunterlagen und Daten nach Umfang und Qualität
- Festlegen ergänzender Fachleistungen und Formulieren von Entscheidungshilfen für die Auswahl anderer an der Planung fachlich Beteiligter, soweit notwendig
- Werten des vorhandenen Grundlagenmaterials und der materiellen Ausstattung
- Ermitteln des Leistungsumfangs
- Ortsbesichtigungen

— Ausarbeiten eines Leistungskatalogs

2. Ermitteln der Planungsvorgaben

a) Bestandsaufnahme
- Erfassen und Darlegen der Ziele der Raumordnung und Landesplanung, der beabsichtigten Planungen und Maßnahmen der Gemeinde und der Träger öffentlicher Belange
- Darstellen des Zustands unter Verwendung hierzu vorliegender Fachbeiträge, insbesondere im Hinblick auf Topographie, vorhandene Bebauung und ihre Nutzung, Freiflächen und ihre Nutzung, Verkehrs-, Ver- und Entsorgungsanlagen, Umweltverhältnisse, wasserwirtschaftliche Verhältnisse, Lagerstätten, Bevölkerung, gewerbliche Wirtschaft, land- und forstwirtschaftliche Struktur
- Darstellen von Flächen, deren Böden erheblich mit umweltgefährdenden Stoffen belastet sind, soweit Angaben hierzu vorliegen
- Kleinere Ergänzungen vorhandener Karten nach örtlichen Feststellungen unter Berücksichtigung aller Gegebenheiten, die auf die Planung von Einfluß sind

- Geländemodelle
- Geodätische Feldarbeit
- Kartentechnische Ergänzungen
- Erstellen von pausfähigen Bestandskarten
- Erarbeiten einer Planungsgrundlage aus unterschiedlichem Kartenmaterial
- Auswerten von Luftaufnahmen
- Befragungsaktion für Primärstatistik unter Auswerten von sekundärstatistischem Material
- Strukturanalysen
- Statistische und örtliche Erhebungen sowie Bedarfsermittlungen, zum Beispiel Versorgung, Wirtschafts-, Sozial- und Baustruktur sowie soziokulturelle Struktur, soweit nicht in den Grundleistungen erfaßt
- Differenzierte Erhebung des Nutzungsbestands

Teil V   Städtebauliche Leistungen   **45**

Grundleistungen	*Besondere Leistungen*	
– Beschreiben des Zustands mit statistischen Angaben im Text, in Zahlen sowie zeichnerischen oder graphischen Darstellungen, die den letzten Stand der Entwicklung zeigen – Örtliche Erhebungen – Erfassen von vorliegenden Äußerungen der Einwohner		*Leistungsbild Flächennutzungsplan*
b) Analyse des in der Bestandsaufnahme ermittelten und beschriebenen Zustands		
c) Zusammenstellen und Gewichten der vorliegenden Fachprognosen über die voraussichtliche Entwicklung der Bevölkerung, der sozialen und kulturellen Einrichtungen, der gewerblichen Wirtschaft, der Land- und Forstwirtschaft, des Verkehrs, der Ver- und Entsorgung und des Umweltschutzes in Abstimmung mit dem Auftraggeber sowie unter Berücksichtigung von Auswirkungen übergeordneter Planungen		
d) Mitwirken beim Aufstellen von Zielen und Zwecken der Planung		

3. Vorentwurf

– Grundsätzliche Lösung der wesentlichen Teile der Aufgabe in zeichnerischer Darstellung mit textlichen Erläuterungen zur Begründung der städtebaulichen Konzeption unter Darstellung von sich wesentlich unterscheidenden Lösungen nach gleichen Anforderungen – Darlegen der Auswirkungen der Planung – Berücksichtigen von Fachplanungen – Mitwirken an der Beteiligung der Behörden und Stellen, die Träger öffentlicher Belange sind und von der Planung berührt werden können – Mitwirken an der Abstimmung mit den Nachbargemeinden – Mitwirken an der frühzeitigen Beteiligung der Bürger einschließlich Erörterung der Planung	– Mitwirken an der Öffentlichkeitsarbeit des Auftraggebers einschließlich Mitwirken an Informationsschriften und öffentlichen Diskussionen sowie Erstellen der dazu notwendigen Planungsunterlagen und Schriftsätze – Vorbereiten, Durchführen und Auswerten der Verfahren im Sinne des § 3 Abs. 1 des Baugesetzbuchs – Vorbereiten, Durchführen und Auswerten der Verfahren im Sinne des § 3 Abs. 2 des Baugesetzbuchs – Erstellen von Sitzungsvorlagen, Arbeitsheften und anderen Unterlagen – Durchführen der Beteiligung von Behörden und Stellen, die Träger öffentlicher Belange sind und von der Planung berührt werden können

| Grundleistungen | Besondere Leistungen |

Leistungsbild Flächennutzungsplan
- Mitwirken bei der Auswahl einer sich wesentlich unterscheidenden Lösung zur weiteren Bearbeitung als Entwurfsgrundlage
- Abstimmen des Vorentwurfs mit dem Auftraggeber

4. Entwurf

- Entwurf des Flächennutzungsplans für die öffentliche Auslegung in der vorgeschriebenen Fassung mit Erläuterungsbericht
- Mitwirken bei der Abfassung der Stellungnahme der Gemeinde zu Bedenken und Anregungen
- Abstimmen des Entwurfs mit dem Auftraggeber

- Anfertigen von Beiplänen, zum Beispiel für Verkehr, Infrastruktureinrichtungen, Flurbereinigung sowie von Wege- und Gewässerplänen, Grundbesitzkarten und Gütekarten unter Berücksichtigung der Pläne anderer an der Planung fachlich Beteiligter
- Wesentliche Änderungen oder Neubearbeitung des Entwurfs, insbesondere nach Bedenken und Anregungen
- Ausarbeiten der Beratungsunterlagen der Gemeinde zu Bedenken und Anregungen
- Differenzierte Darstellung der Nutzung

5. Genehmigungsfähige Planfassung

- Erstellen des Flächennutzungsplans in der durch Beschluß der Gemeinde aufgestellten Fassung für die Vorlage zur Genehmigung durch die höhere Verwaltungsbehörde in einer farbigen oder vervielfältigungsfähigen Schwarz-Weiß-Ausfertigung nach den Landesregelungen

- Leistungen für die Drucklegung
- Herstellen von zusätzlichen farbigen Ausfertigungen des Flächennutzungsplans
- Überarbeiten von Planzeichnungen und von dem Erläuterungsbericht nach der Genehmigung

(3) Die Teilnahme an bis zu 10 Sitzungen von politischen Gremien des Auftraggebers oder Sitzungen im Rahmen der Bürgerbeteiligung, die bei Leistungen nach Absatz 1 anfallen, ist als Grundleistung mit dem Honorar nach § 38 abgegolten.
(4) Wird die Anfertigung des Vorentwurfs (Leistungsphase 3) oder des Entwurfs (Leistungsphase 4) als Einzelleistung in Auftrag gegeben, so können hierfür folgende Vomhundertsätze der Honorare nach § 38 vereinbart werden:
1. für den Vorentwurf bis zu 47 v. H.,
2. für den Entwurf bis zu 36 v. H.
(5) Sofern nicht vor Erbringung der Grundleistungen der Leistungsphasen 1 und 2 jeweils etwas anderes schriftlich vereinbart ist, sind die Leistungsphase 1 mit 1 vom Hundert und die Leistungsphase 2 mit 10 vom Hundert der Honorare nach § 38 zu bewerten.

§ 38 Honorartafel für Grundleistungen bei Flächennutzungsplänen

(1) Die Mindest- und Höchstsätze der Honorare für die in § 37 aufgeführten Grundleistungen bei Flächennutzungsplänen sind in der nachfolgenden Honorartafel festgesetzt.

(2) Die Honorare sind nach Maßgabe der Ansätze nach Absatz 3 zu berechnen. Sie sind für die Einzelansätze der Nummern 1 bis 4 gemäß der Honorartafel des Absatzes 1 getrennt zu berechnen und zum Zwecke der Ermittlung des Gesamthonorars zu addieren. Dabei sind die Ansätze nach den Nummern 1 bis 3 gemeinsam einer Honorarzone nach § 36 a zuzuordnen; der Ansatz nach Nummer 4 ist gesondert einer Honorarzone zuzuordnen.

(3) Für die Ermittlung des Honorars ist von folgenden Ansätzen auszugehen:

1. nach der für den Planungszeitraum entsprechend den Zielen der Raumordnung und Landesplanung anzusetzenden Zahl der Einwohner
je Einwohner	10 VE,
2. für die darzustellenden Bauflächen
je Hektar Fläche	1800 VE,
3. für die darzustellenden Flächen nach § 5 Abs. 2 Nr. 4 des Baugesetzbuchs sowie nach § 5 Abs. 2 Nr. 5, 8 und 10 des Baugesetzbuchs, die nicht nach § 5 Abs. 4 des Baugesetzbuchs nur nachrichtlich übernommen werden sollen,
je Hektar Fläche	1400 VE,
4. für darzustellende Flächen, die nicht unter die Nummern 2 oder 3 oder Absatz 4 fallen, zum Beispiel Flächen für Landwirtschaft und Wald nach § 5 Abs. 2 Nr. 9 des Baugesetzbuchs
je Hektar Fläche	35 VE.

(4) Gemeindebedarfsflächen und Sonderbauflächen ohne nähere Darstellung der Art der Nutzung sind mit dem Hektaransatz nach Absatz 3 Nr. 2 anzusetzen.

(5) Liegt ein gültiger Landschaftsplan vor, der unverändert zu übernehmen ist, so ist ein Ansatz nach Absatz 3 Nr. 3 für Flächen mit Darstellungen nach § 5 Abs. 2 Nr. 10 des Baugesetzbuchs nicht zu berücksichtigen; diese Flächen sind den Flächen nach Absatz 3 Nr. 4 zuzurechnen.

(6) Das Gesamthonorar für Grundleistungen nach den Leistungsphasen 1 bis 5, das nach den Absätzen 1 bis 5 zu berechnen ist, beträgt mindestens **2 300 Euro**. Die Vertragsparteien können abweichend von Satz 1 bei Auftragserteilung ein Zeithonorar nach § 6 schriftlich vereinbaren.

(7) Ist nach Absatz 3 ein Einzelansatz für die Nummern 1 bis 4 höher als 3 Millionen VE, so kann das Honorar frei vereinbart werden. Wird ein Honorar nicht bei Auftragserteilung schriftlich vereinbart, so ist das Honorar als Zeithonorar nach § 6 zu berechnen.

(8) Wird ein Auftrag über alle Leistungsphasen des § 37 nicht einheitlich in einem Zuge, sondern für die Leistungsphasen einzeln in größeren Zeitabständen ausgeführt, so kann für den damit verbundenen erhöhten Aufwand ein Pauschalhonorar frei vereinbart werden.

(9) Für Flächen von Flächennutzungsplänen nach Absatz 3 Nr. 2 bis 4, für die eine umfassende Umstrukturierung in baulicher, verkehrlicher, sozioökonomischer oder

Honorartafel zu § 38 Abs. 1 (€)

Ansätze VE	Zone I von €	Zone I bis	Zone II von €	Zone II bis	Zone III von €	Zone III bis	Zone IV von €	Zone IV bis	Zone V von €	Zone V bis
5.000	946	1.063	1.063	1.186	1.186	1.304	1.304	427	1.427	1.544
10.000	1.897	2.132	2.132	2.367	2.367	2.608	2.608	2.843	2.843	3.078
20.000	3.032	3.410	3.410	3.789	3.789	4.172	4.172	4.550	4.550	4.929
40.000	5.307	5.977	5.977	6.637	6.637	7.296	7.296	7.961	7.961	8.625
60.000	7.204	8.104	8.104	9.004	9.004	9.899	9.899	10.798	10.798	11.698
80.000	8.896	10.011	10.011	11.121	11.121	12.235	12.235	13.345	13.345	14.459
100.000	10.354	11.647	11.647	12.946	12.946	14.239	14.239	15.538	15.538	16.832
150.000	13.641	15.349	15.349	17.052	17.052	18.759	18.759	20.462	20.462	22.170
200.000	16.423	18.478	18.478	20.528	20.528	22.584	22.584	24.634	24.634	26.689
250.000	18.948	21.316	21.316	23.688	23.688	26.055	26.055	28.428	28.428	30.795
300.000	21.602	24.302	24.302	27.001	27.001	29.701	29.701	32.401	32.401	35.100
350.000	24.317	27.359	27.359	30.396	30.396	33.438	33.438	36.476	36.476	39.518
400.000	26.275	29.558	29.558	32.840	32.840	36.128	36.128	39.410	39.410	42.693
450.000	27.850	31.332	31.332	34.814	34.814	38.301	38.301	41.783	41.783	45.265
500.000	29.680	33.392	33.392	37.104	37.104	40.811	40.811	44.523	44.523	48.235
600.000	32.590	36.665	36.665	40.740	40.740	44.810	44.810	48.885	48.885	52.960
700.000	34.487	38.797	38.797	43.107	43.107	47.422	47.422	51.733	51.733	56.043
800.000	36.384	40.929	40.929	45.474	45.474	50.025	50.025	54.570	54.570	59.116
900.000	37.513	42.202	42.202	46.896	46.896	51.584	51.584	56.278	56.278	60.966
1.000.000	39.160	44.053	44.053	48.951	48.951	53.844	53.844	58.742	58.742	63.635
1.500.000	43.577	49.023	49.023	54.473	54.473	59.918	59.918	65.369	65.369	70.814
2.000.000	45.474	51.160	51.160	56.845	56.845	62.526	62.526	68.221	68.221	73.897
3.000.000	49.263	55.419	55.419	61.580	61.580	67.736	67.736	73.897	73.897	80.053

ökologischer Sicht vorgesehen ist, kann ein Zuschlag zum Honorar frei vereinbart werden.
(10) § 20 gilt sinngemäß.

§ 39 Planausschnitte
Werden Teilflächen bereits aufgestellter Flächennutzungspläne geändert oder überarbeitet (Planausschnitte), so sind bei der Berechnung des Honorars nur die Ansätze des zu bearbeitenden Planausschnitts anzusetzen. Anstelle eines Honorars nach Satz 1 kann ein Zeithonorar nach § 6 vereinbart werden.

§ 39 a Honorarzonen für Leistungen bei Bebauungsplänen
Für die Ermittlung der Honorarzone bei Bebauungsplänen gilt § 36 a sinngemäß mit der Maßgabe, daß der Bebauungsplan insgesamt einer Honorarzone zuzurechnen ist.

§ 40 Leistungsbild Bebauungsplan
(1) Die Grundleistungen bei Bebauungsplänen sind in den in Absatz 2 aufgeführten Leistungsphasen 1 bis 5 zusammengefaßt. Sie sind in der nachfolgenden Tabelle in Vomhundertsätzen der Honorare des § 41 bewertet. § 37 Abs. 3 bis 5 gilt sinngemäß.

	Bewertung der Grundleistungen in v. H. der Honorare
1. **Klären der Aufgabenstellung und Ermitteln des Leistungsumfangs** Ermitteln der Voraussetzungen zur Lösung der Planungsaufgabe	1 bis 3
2. **Ermitteln der Planungsvorgaben** Bestandsaufnahme und Analyse des Zustandes sowie Prognose der voraussichtlichen Entwicklung	
3. **Vorentwurf** Erarbeiten der wesentlichen Teile einer Lösung der Planungsaufgabe	10 bis 20 40
4. **Entwurf** Erarbeiten der endgültigen Lösung der Planungsaufgabe als Grundlage für den Beschluß der Gemeinde	30
5. **Planfassung für die Anzeige oder Genehmigung** Erarbeiten der Unterlagen zum Einreichen für die Anzeige oder Genehmigung	7

(2) Das Leistungsbild setzt sich wie folgt zusammen:

	Grundleistungen	*Besondere Leistungen*
Leistungsbild Bebauungsplan	**1. Klären der Aufgabenstellung und Ermitteln des Leistungsumfangs**	
	– Festlegen des räumlichen Geltungsbereichs und Zusammenstellung einer Übersicht der vorgegebenen bestehenden und laufenden örtlichen und überörtlichen Planungen und Untersuchungen – Ermitteln des nach dem Baugesetzbuch erforderlichen Leistungsumfangs – Festlegen ergänzender Fachleistungen und Formulieren von Entscheidungshilfen für die Auswahl anderer an der Planung fachlich Beteiligter, soweit notwendig – Überprüfen, inwieweit der Bebauungsplan aus einem Flächennutzungsplan entwickelt werden kann – Ortsbesichtigungen	– Feststellen der Art und des Umfangs weiterer notwendiger Voruntersuchungen, besonders bei Gebieten, die bereits überwiegend bebaut sind – Stellungnahme zu Einzelvorhaben während der Planaufstellung
	2. Ermitteln der Planungsvorgaben	
	a) Bestandsaufnahme – Ermitteln des Planungsbestands, wie die bestehenden Planungen und Maßnahmen der Gemeinde und der Stellen, die Träger öffentlicher Belange sind – Ermitteln des Zustands des Planbereichs, wie Topographie, vorhandene Bebauung und Nutzung, Freiflächen und Nutzung einschließlich Bepflanzungen, Verkehrs-, Ver- und Entsorgungsanlagen, Umweltverhältnisse, Baugrund, wasserwirtschaftliche Verhältnisse, Denkmalschutz und Milieuwerte, Naturschutz, Baustrukturen, Gewässerflächen, Eigentümer, durch: Begehungen, zeichnerische Darstellungen, Beschreibungen unter Verwendung von Beiträgen anderer an der Planung fachlich Beteiligter. Die Ermittlungen sollen sich auf die Bestandsaufnahme gemäß Flächennutzungsplan und deren Fortschreibung und Ergänzung stützen beziehungsweise darauf aufbauen – Darstellen von Flächen, deren Böden erheblich mit umweltgefährdenden	– Geodätische Einmessung – Primärerhebungen (Befragungen, Objektaufnahme) – Ergänzende Untersuchungen bei nicht vorhandenem Flächennutzungsplan – Mitwirken bei der Ermittlung der Förderungsmöglichkeiten durch öffentliche Mittel – Stadtbildanalyse

Grundleistungen	Besondere Leistungen	
		Leistungsbild Bebauungsplan

Stoffen belastet sind, soweit Angaben hierzu vorliegen
- Örtliche Erhebungen
- Erfassen von vorliegenden Äußerungen der Einwohner

b) Analyse des in der Bestandsaufnahme ermittelten und beschriebenen Zustands

c) Prognose der voraussichtlichen Entwicklung, insbesondere unter Berücksichtigung von Auswirkungen übergeordneter Planungen unter Verwendung von Beiträgen anderer an der Planung fachlich Beteiligter

d) Mitwirken beim Aufstellen von Zielen und Zwecken der Planung

3. Vorentwurf

- Grundsätzliche Lösung der wesentlichen Teile der Aufgabe in zeichnerischer Darstellung mit textlichen Erläuterungen zur Begründung der städtebaulichen Konzeption unter Darstellung von sich wesentlich unterscheidenden Lösungen nach gleichen Anforderungen
- Darlegen der wesentlichen Auswirkungen der Planung
- Berücksichtigen von Fachplanungen
- Mitwirken an der Beteiligung der Behörden und Stellen, die Träger öffentlicher Belange sind und von der Planung berührt werden können
- Mitwirken an der Abstimmung mit den Nachbargemeinden
- Mitwirken an der frühzeitigen Beteiligung der Bürger einschließlich Erörterung der Planung
- Überschlägige Kostenschätzung
- Abstimmen des Vorentwurfs mit dem Auftraggeber und den Gremien der Gemeinden

– Modelle

4. Entwurf

- Entwurf des Bebauungsplans für die öffentliche Auslegung in der vorgeschriebenen Fassung mit Begründung
- Mitwirken bei der überschlägigen Ermittlung der Kosten und, soweit erforderlich,

– Berechnen und Darstellen der Umweltschutzmaßnahmen

| Grundleistungen | Besondere Leistungen |

Leistungsbild Bebauungsplan

- Hinweise auf bodenordnende und sonstige Maßnahmen, für die der Bebauungsplan die Grundlage bilden soll
- Mitwirken bei der Abfassung der Stellungnahme der Gemeinde zu Bedenken und Anregungen
- Abstimmen des Entwurfs mit dem Auftraggeber

5. Planfassung für die Anzeige oder Genehmigung

Grundleistungen	Besondere Leistungen
– Erstellen des Bebauungsplans in der durch Beschluß der Gemeinde aufgestellten Fassung und seiner Begründung für die Anzeige oder Genehmigung in einer farbigen oder vervielfältigungsfähigen Schwarz-Weiß-Ausfertigung nach den Landesregelungen	– Herstellen von zusätzlichen farbigen Ausfertigungen des Bebauungsplans

§ 41 Honorartafel für Grundleistungen bei Bebauungsplänen

(1) Die Mindest- und Höchstsätze der Honorare für die in § 40 aufgeführten Grundleistungen bei Bebauungsplänen sind nach der Fläche des Planbereichs in Hektar in der nachfolgenden Honorartafel festgesetzt.

(2) Das Honorar ist nach der Größe des Planbereichs zu berechnen, die dem Aufstellungsbeschluß zugrunde liegt. Wird die Größe des Planbereichs im förmlichen Verfahren geändert, so ist das Honorar für die Leistungsphasen, die bis zur Änderung der Größe des Planbereichs noch nicht erbracht sind, nach der geänderten Größe des Planbereichs zu berechnen; die Honorarzone ist entsprechend zu überprüfen.

(3) Für Bebauungspläne,
1. für die eine umfassende Umstrukturierung in baulicher, verkehrlicher, sozioökonomischer und ökologischer Sicht vorgesehen ist,
2. für die die Erhaltung des Bestands bei besonders komplexen Gegebenheiten zu sichern ist,
3. deren Planbereich insgesamt oder zum überwiegenden Teil als Sanierungsgebiet nach dem Baugesetzbuch festgelegt ist oder werden soll,

kann ein Zuschlag zum Honorar frei vereinbart werden.

(4) Das Honorar für die Grundleistungen nach den Leistungsphasen 1 bis 5 beträgt mindestens **2 300 Euro**. Die Vertragsparteien können abweichend von Satz 1 bei Auftragserteilung ein Zeithonorar nach § 6 schriftlich vereinbaren.

(5) Das Honorar für Bebauungspläne mit einer Gesamtfläche des Plangebiets von mehr als 100 ha kann frei vereinbart werden. Wird ein Honorar nicht bei Auftragserteilung schriftlich vereinbart, so ist das Honorar als Zeithonorar nach § 6 zu berechnen.

(6) Die §§ 20, 38 Abs. 8 und § 39 gelten sinngemäß.

Honorartafel zu § 41 Abs. 1 (€)

Fläche ha	Zone I von €	bis	Zone II von €	bis	Zone III von €	bis	Zone IV von €	bis	Zone V von €	bis
0,5	429	1.447	1.447	3.196	3.196	4.944	4.944	6.693	6.693	7.710
1	864	2.643	2.643	5.696	5.696	8.753	8.753	11.806	11.806	13.585
2	1.723	4.607	4.607	9.556	9.556	14.500	14.500	19.450	19.450	22.333
3	2.582	6.396	6.396	12.936	12.936	19.480	19.480	26.020	26.020	29.834
4	3.446	8.012	8.012	15.835	15.835	23.657	23.657	31.480	31.480	36.046
5	4.305	9.617	9.617	18.729	18.729	27.840	27.840	36.951	36.951	42.263
6	5.169	11.018	11.018	21.050	21.050	31.081	31.081	41.113	41.113	46.962
7	5.931	12.240	12.240	23.054	23.054	33.873	33.873	44.687	44.687	50.996
8	6.499	13.314	13.314	25.002	25.002	36.690	36.690	48.378	48.378	55.194
9	7.071	14.352	14.352	26.833	26.833	39.308	39.308	51.789	51.789	59.070
10	7.639	15.380	15.380	28.653	28.653	41.931	41.931	55.204	55.204	62.945
11	8.201	16.372	16.372	30.376	30.376	44.380	44.380	58.384	58.384	66.555
12	8.774	17.292	17.292	31.894	31.894	46.502	46.502	61.104	61.104	69.623
13	9.346	18.212	18.212	33.413	33.413	48.619	48.619	63.819	63.819	72.685
14	9.847	19.189	19.189	35.202	35.202	51.216	51.216	67.230	67.230	76.571
15	10.318	20.191	20.191	37.120	37.120	54.054	54.054	70.983	70.983	80.856
16	10.793	21.203	21.203	39.047	39.047	56.886	56.886	74.730	74.730	85.140
17	11.269	22.211	22.211	40.965	40.965	59.714	59.714	78.468	78.468	89.410
18	11.744	23.218	23.218	42.887	42.887	62.557	62.557	82.226	82.226	93.699
19	12.220	24.225	24.225	44.805	44.805	65.389	65.389	85.969	85.969	97.974
20	12.690	25.232	25.232	46.727	46.727	68.222	68.222	89.716	89.716	102.258
21	13.166	26.188	26.188	48.516	48.516	70.850	70.850	93.178	93.178	106.200
22	13.641	27.155	27.155	50.321	50.321	73.483	73.483	96.650	96.650	110.163
23	14.101	28.106	28.106	52.111	52.111	76.121	76.121	100.126	100.126	114.131
24	14.577	29.067	29.067	53.911	53.911	78.749	78.749	103.593	103.593	118.083
25	15.063	30.038	30.038	55.715	55.715	81.387	81.387	107.065	107.065	122.040
30	17.087	34.666	34.666	64.806	64.806	94.942	94.942	125.082	125.082	142.661
35	18.928	39.119	39.119	73.733	73.733	108.353	108.353	142.967	142.967	163.158
40	20.784	43.434	43.434	82.267	82.267	121.105	121.105	159.937	159.937	182.587
45	22.635	47.519	47.519	90.177	90.177	132.829	132.829	175.486	175.486	200.370
50	24.491	51.456	51.456	97.682	97.682	143.903	143.903	190.129	190.129	217.095
60	27.385	58.272	58.272	111.221	111.221	164.166	164.166	217.115	217.115	248.002
70	29.905	64.213	64.213	123.022	123.022	181.831	181.831	240.640	240.640	274.947
80	32.380	70.119	70.119	134.807	134.807	199.496	199.496	264.185	264.185	301.923
90	34.727	76.044	76.044	146.874	146.874	217.698	217.698	288.527	288.527	329.845
100	37.033	82.231	82.231	1.597.171	159.717	237.204	237.204	314.690	314.690	359.888

§ 42 Sonstige städtebauliche Leistungen

(1) Zu den sonstigen städtebaulichen Leistungen rechnen insbesondere:
1. Mitwirken bei der Ergänzung des Grundlagenmaterials für städtebauliche Pläne und Leistungen;
2. informelle Planungen, zum Beispiel Entwicklungs-, Struktur-, Rahmen- oder Gestaltpläne, die der Lösung und Veranschaulichung von Problemen dienen, die durch die formellen Planarten nicht oder nur unzureichend geklärt werden können. Sie können sich auf gesamte oder Teile von Gemeinden erstrecken;
3. Mitwirken bei der Durchführung des genehmigten Bebauungsplans, soweit nicht in § 41 erfaßt, zum Beispiel Programme zu Einzelmaßnahmen, Gutachten zu Baugesuchen, Beratung bei Gestaltungsfragen, städtebauliche Oberleitung, Überarbeitung der genehmigten Planfassung, Mitwirken am Sozialplan;
4. städtebauliche Sonderleistungen, zum Beispiel Gutachten zu Einzelfragen der Planung, besondere Plandarstellungen und Modelle, Grenzbeschreibungen sowie Eigentümer- und Grundstücksverzeichnisse, Beratungs- und Betreuungsleistungen, Teilnahme an Verhandlungen mit Behörden und an Sitzungen der Gemeindevertretungen nach Plangenehmigung;
5. städtebauliche Untersuchungen und Planungen im Zusammenhang mit der Vorbereitung oder Durchführung von Maßnahmen des besonderen Städtebaurechts;
6. Ausarbeiten von sonstigen städtebaulichen Satzungsentwürfen.

(2) Die Honorare für die in Absatz 1 genannten Leistungen können auf der Grundlage eines detaillierten Leistungskatalogs frei vereinbart werden. Wird ein Honorar nicht bei Auftragserteilung schriftlich vereinbart, so ist das Honorar als Zeithonorar nach § 6 zu berechnen.

Teil VI Landschaftsplanerische Leistungen

§ 43 Anwendungsbereich
(1) Landschaftsplanerische Leistungen umfassen das Vorbereiten, das Erstellen der für die Pläne nach Absatz 2 erforderlichen Ausarbeitungen, das Mitwirken beim Verfahren sowie sonstige landschaftsplanerische Leistungen nach § 50.
(2) Die Bestimmungen dieses Teils gelten für folgende Pläne:
1. Landschafts- und Grünordnungspläne auf der Ebene der Bauleitpläne,
2. Landschaftsrahmenpläne,
3. Umweltverträglichkeitsstudien, Landschaftspflegerische Begleitpläne zu Vorhaben, die den Naturhaushalt, das Landschaftsbild oder den Zugang zur freien Natur beeinträchtigen können, Pflege- und Entwicklungspläne, sowie sonstige landschaftsplanerische Leistungen.

§ 44 Anwendung von Vorschriften aus den Teilen II und V
Die §§ 20, 36, 38 Abs. 8 und § 39 gelten sinngemäß.

§ 45 Honorarzonen für Leistungen bei Landschaftsplänen
(1) Die Honorarzone wird bei Landschaftsplänen aufgrund folgender Bewertungsmerkmale ermittelt:
1. Honorarzone I:
Landschaftspläne mit geringem Schwierigkeitsgrad, insbesondere
– wenig bewegte topographische Verhältnisse,
– einheitliche Flächennutzung,
– wenig gegliedertes Landschaftsbild,
– geringe Anforderungen an Umweltsicherung und Umweltschutz,
– einfache ökologische Verhältnisse,
– geringe Bevölkerungsdichte;
2. Honorarzone II:
Landschaftspläne mit durchschnittlichem Schwierigkeitsgrad, insbesondere
– bewegte topographische Verhältnisse,
– differenzierte Flächennutzung,
– gegliedertes Landschaftsbild,
– durchschnittliche Anforderungen an Umweltsicherung und Umweltschutz,
– durchschnittliche ökologische Verhältnisse,
– durchschnittliche Bevölkerungsdichte;
3. Honorarzone III:
Landschaftspläne mit hohem Schwierigkeitsgrad, insbesondere
– stark bewegte topographische Verhältnisse,
– sehr differenzierte Flächennutzung,
– stark gegliedertes Landschaftsbild,
– hohe Anforderungen an Umweltsicherung und Umweltschutz,
– schwierige ökologische Verhältnisse,
– hohe Bevölkerungsdichte.

(2) Sind für einen Landschaftsplan Bewertungsmerkmale aus mehreren Honorarzonen anwendbar und bestehen deswegen Zweifel, welcher Honorarzone der Landschaftsplan zugerechnet werden kann, so ist die Anzahl der Bewertungspunkte nach Absatz 3 zu ermitteln; der Landschaftsplan ist nach der Summe der Bewertungspunkte folgenden Honorarzonen zuzurechnen:
1. Honorarzone I: Landschaftspläne mit bis zu 16 Punkten,
2. Honorarzone II: Landschaftspläne mit 17 bis 30 Punkten,
3. Honorarzone III: Landschaftspläne mit 31 bis 42 Punkten.

(3) Bei der Zurechnung eines Landschaftsplans in die Honorarzonen sind entsprechend dem Schwierigkeitsgrad der Planungsanforderungen die Bewertungsmerkmale topographische Verhältnisse, Flächennutzung, Landschaftsbild und Bevölkerungsdichte mit je bis zu 6 Punkten, die Bewertungsmerkmale ökologische Verhältnisse sowie Umweltsicherung und Umweltschutz mit je bis zu 9 Punkten zu bewerten.

§ 45 a Leistungsbild Landschaftsplan

(1) Die Grundleistungen bei Landschaftsplänen sind in den in Absatz 2 aufgeführten Leistungsphasen 1 bis 5 zusammengefaßt. Sie sind in der nachfolgenden Tabelle in Vomhundertsätzen der Honorare des § 45 b bewertet.

Leistungsbild Landschaftsplan		Bewertung der Grundleistungen in v. H. der Honorare
	1. **Klären der Aufgabenstellung und Ermitteln des Leistungsumfangs** Ermitteln der Voraussetzungen zur Lösung der Planungsaufgabe	1 bis 3
	2. **Ermitteln der Planungsgrundlagen** Bestandsaufnahme, Landschaftsbewertung und zusammenfassende Darstellung	20 bis 37
	3. **Vorläufige Planfassung (Vorentwurf)** Erarbeiten der wesentlichen Teile einer Lösung der Planungsaufgabe	50
	4. **Entwurf** Erarbeiten der endgültigen Lösung der Planungsaufgabe	10
	5. **Genehmigungsfähige Planfassung**	–

(2) Das Leistungsbild setzt sich wie folgt zusammen:

Grundleistungen	*Besondere Leistungen*
1. Klären der Aufgabenstellung und Ermitteln des Leistungsumfangs	*Leistungsbild Landschaftsplan*
– Zusammenstellen einer Übersicht der vorgegebenen bestehenden und laufenden örtlichen und überörtlichen Planungen und Untersuchungen – Abgrenzen des Planungsgebiets – Zusammenstellen der verfügbaren Kartenunterlagen und Daten nach Umfang und Qualität – Werten des vorhandenen Grundlagenmaterials – Ermitteln des Leistungsumfangs und der Schwierigkeitsmerkmale – Festlegen ergänzender Fachleistungen, soweit notwendig – Ortsbesichtigungen	– Antragsverfahren für Planungszuschüsse
2. Ermitteln der Planungsgrundlagen	

a) Bestandsaufnahme einschließlich voraussehbarer Veränderungen von Natur und Landschaft
Erfassen aufgrund vorhandener Unterlagen und örtlicher Erhebungen, insbesondere
  – der größeren naturräumlichen Zusammenhänge und siedlungsgeschichtlichen Entwicklungen
  – des Naturhaushalts
  – der landschaftsökologischen Einheiten
  – des Landschaftsbildes
  – der Schutzgebiete und geschützten Landschaftsbestandteile
  – der Erholungsgebiete und -flächen, ihrer Erschließung sowie Bedarfssituation
  – von Kultur-, Bau- und Bodendenkmälern
  – der Flächennutzung
  – voraussichtlicher Änderungen aufgrund städtebaulicher Planungen, Fachplanungen und anderer Eingriffe in Natur und Landschaft
Erfassen von vorliegenden Äußerungen der Einwohner
b) Landschaftsbewertung nach den Zielen und Grundsätzen des Naturschutzes und
	– Einzeluntersuchungen natürlicher Grundlagen
	– Einzeluntersuchungen zu spezifischen Nutzungen

| | *Grundleistungen* | *Besondere Leistungen* |

Leistungsbild Landschaftsplan

der Landschaftspflege einschließlich der Erholungsvorsorge
Bewerten des Landschaftsbildes sowie der Leistungsfähigkeit des Zustands, der Faktoren und der Funktionen des Naturhaushalts, insbesondere hinsichtlich
- der Empfindlichkeit
- besonderer Flächen- und Nutzungsfunktionen
- nachteiliger Nutzungsauswirkungen
- geplanter Eingriffe in Natur und Landschaft

Feststellung von Nutzungs- und Zielkonflikten nach den Zielen und Grundsätzen von Naturschutz und Landschaftspflege
c) Zusammenfassende Darstellung der Bestandsaufnahme und der Landschaftsbewertung in Erläuterungstext und Karten

3. Vorläufige Planfassung (Vorentwurf)

- Grundsätzliche Lösung der Aufgabe mit sich wesentlich unterscheidenden Lösungen nach gleichen Anforderungen und Erläuterungen in Text und Karte

a) Darlegen der Entwicklungsziele des Naturschutzes und der Landschaftspflege, insbesondere in bezug auf die Leistungsfähigkeit des Naturhaushalts, die Pflege natürlicher Ressourcen, das Landschaftsbild, die Erholungsvorsorge, den Biotop- und Artenschutz, den Boden-, Wasser- und Klimaschutz sowie Minimierung von Eingriffen (und deren Folgen) in Natur und Landschaft

b) Darlegen der im einzelnen angestrebten Flächenfunktionen einschließlich notwendiger Nutzungsänderungen, insbesondere für
- landschaftspflegerische Sanierungsgebiete
- Flächen für landschaftspflegerische Entwicklungsmaßnahmen
- Freiräume einschließlich Sport-, Spiel- und Erholungsflächen
- Vorrangflächen und -objekte des Naturschutzes und der Landschaftspflege, Flächen für Kultur-, Bau- und Bodendenkmäler, für besonders schutz-

Grundleistungen *Besondere Leistungen*

- würdige Biotope oder Ökosysteme sowie für Erholungsvorsorge
- Flächen für landschaftspflegerische Maßnahmen in Verbindung mit sonstigen Nutzungen, Flächen für Ausgleichs- und Ersatzmaßnahmen in bezug auf die oben genannten Eingriffe
- Einzeluntersuchungen natürlicher Grundlagen
- Einzeluntersuchungen zu spezifischen Nutzungen

Leistungsbild Landschaftsplan

c) Vorschläge für Inhalte, die für die Übernahme in andere Planungen, insbesondere in die Bauleitplanung, geeignet sind
d) Hinweise auf landschaftliche Folgeplanungen und -maßnahmen sowie kommunale Förderungsprogramme
Beteiligung an der Mitwirkung von Verbänden nach § 29 des Bundesnaturschutzgesetzes Berücksichtigen von Fachplanungen
Mitwirken an der Abstimmung des Vorentwurfs mit der für Naturschutz und Landschaftspflege zuständigen Behörde
Abstimmen des Vorentwurfs mit dem Auftraggeber

4. Entwurf

- Darstellen des Landschaftsplans in der vorgeschriebenen Fassung in Text und Karte mit Erläuterungsbericht

5. Genehmigungsfähige Planfassung

(3) Das Honorar für die genehmigungsfähige Planfassung kann als Pauschalhonorar frei vereinbart werden. Wird ein Pauschalhonorar nicht bei Auftragserteilung schriftlich vereinbart, so ist das Honorar als Zeithonorar nach § 6 zu berechnen.
(4) Wird die Anfertigung der Vorläufigen Planfassung (Leistungsphase 3) als Einzelleistung in Auftrag gegeben, so können hierfür bis zu 60 vom Hundert der Honorare nach § 45 b vereinbart werden.
(5) Sofern nicht vor Erbringung der Grundleistungen etwas anderes schriftlich vereinbart ist, sind die Leistungsphase 1 mit 1 vom Hundert und die Leistungsphase 2 mit 20 vom Hundert der Honorare nach § 45 b zu bewerten.
(6) Die Vertragsparteien können bei Auftragserteilung schriftlich vereinbaren, daß die Leistungsphase 2 abweichend von Absatz 1 mit mehr als bis 37 bis zu 60 v.H. bewertet wird, wenn in dieser Leistungsphase ein überdurchschnittlicher Aufwand für das Ermitteln der Planungsgrundlagen erforderlich wird. Ein überdurchschnittlicher Aufwand liegt vor, wenn

1. die Daten aus vorhandenen Unterlagen im einzelnen ermittelt und aufbereitet werden müssen oder

2. örtliche Erhebungen erforderlich werden, die nicht überwiegend der Kontrolle der aus Unterlagen erhobenen Daten dienen.

(7) Die Teilnahme an bis zu 6 Sitzungen von politischen Gremien des Auftraggebers oder Sitzungen im Rahmen der Bürgerbeteiligungen, die bei Leistungen nach Absatz 2 anfallen, ist als Grundleistung mit dem Honorar nach § 45 b abgegolten.

§ 45 b Honorartafel für Grundleistungen bei Landschaftsplänen

(1) Die Mindest- und Höchstsätze der Honorare für die in § 45 a aufgeführten Grundleistungen bei Landschaftsplänen sind in der Honorartafel festgesetzt.

Honorartafel zu § 45 b Abs. 1 (€)

Fläche ha	Zone I von €	bis	Zone II von €	bis	Zone III von €	bis
1.000	11.484	13.779	13.779	16.080	16.080	18.376
1.300	13.928	16.714	16.714	19.501	19.501	22.287
1.600	16.597	19.915	19.915	23.228	23.228	26.546
1.900	18.877	22.655	22.655	26.429	26.429	30.207
2.200	21.004	25.207	25.207	29.404	29.404	33.607
2.500	22.967	27.559	27.559	32.155	32.155	36.747
3.000	25.994	31.194	31.194	36.389	36.389	41.588
3.500	28.893	34.671	34.671	40.448	40.448	46.226
4.000	31.669	38.004	38.004	44.339	44.339	50.674
4.500	34.328	41.195	41.195	48.056	48.056	54.923
5.000	36.864	44.237	44.237	51.605	51.605	58.978
5.500	39.267	47.121	47.121	54.974	54.974	62.828
6.000	41.558	49.871	49.871	58.180	58.180	66.494
6.500	43.726	52.474	52.474	61.217	61.217	69.965
7.000	45.776	54.928	54.928	64.080	64.080	73.232
7.500	47.734	57.280	57.280	66.826	66.826	76.372
8.000	49.611	59.535	59.535	69.454	69.454	79.378
8.500	51.410	61.692	61.692	71.975	71.975	82.257
9.000	53.128	63.753	63.753	74.373	74.373	84.997
9.500	54.759	65.711	65.711	76.663	76.663	87.615
10.000	56.314	67.577	67.577	78.836	78.836	90.100
11.000	59.254	71.105	71.105	82.957	82.957	94.809
12.000	62.122	74.541	74.541	86.966	86.966	99.385
13.000	64.893	77.875	77.875	90.851	90.851	103.833
14.000	67.593	81.111	81.111	94.630	94.630	108.148
15.000	70.205	84.246	84.246	98.291	98.291	112.331

(2) Die Honorare sind nach der Gesamtfläche des Plangebiets in Hektar zu berechnen.

(3) Das Honorar für Grundleistungen bei Landschaftsplänen mit einer Gesamtfläche des Plangebiets in Hektar unter 1 000 ha kann als Pauschalhonorar oder als Zeithonorar nach § 6 berechnet werden, höchstens jedoch bis zu den in der Honorartafel nach Absatz 1 für Flächen von 1 000 ha festgesetzten Höchstsätzen. Als Mindestsätze gelten die Stundensätze nach § 6 Abs. 2, höchstens jedoch die in der Honorartafel nach Absatz 1 für Flächen von 1 000 ha festgesetzten Mindestsätze.

(4) Das Honorar für Landschaftspläne mit einer Gesamtfläche des Plangebiets über 15 000 ha kann frei vereinbart werden. Wird ein Honorar nicht bei Auftragserteilung schriftlich vereinbart, so ist das Honorar als Zeithonorar nach § 6 zu berechnen.

§ 46 Leistungsbild Grünordnungsplan

(1) Die Grundleistungen bei Grünordnungsplänen sind in den in Absatz 2 aufgeführten Leistungsphasen 1 bis 5 zusammengefaßt. Sie sind in der nachfolgenden Tabelle in Vomhundertsätzen der Honorare des § 46 a bewertet.

		Bewertung der Grundleistungen in v. H. der Honorare	Leistungsbild Grünordnungsplan
1.	**Klären der Aufgabenstellung und Ermitteln des Leistungsumfangs** Ermitteln der Voraussetzungen zur Lösung der Planungsaufgabe	1 bis 3	
2.	**Ermitteln der Planungsgrundlagen** Bestandsaufnahme und Bewertung des Planungsbereichs	20 bis 37	
3.	**Vorläufige Planfassung (Vorentwurf)** Erarbeiten der wesentlichen Teile einer Lösung der Planungsaufgabe	50	
4.	**Endgültige Planfassung (Entwurf)** Erarbeiten der endgültigen Lösung der Planungsaufgabe	10	
5.	**Genehmigungsfähige Planfassung**	–	

(2) Das Leistungsbild setzt sich wie folgt zusammen:

| *Grundleistungen* | *Besondere Leistungen* |

1. Klären der Aufgabenstellung und Ermitteln des Leistungsumfangs

- Zusammenstellen einer Übersicht der vorgegebenen bestehenden und laufenden örtlichen und überörtlichen Planungen und Untersuchungen
- Abgrenzen des Planungsbereichs
- Zusammenstellen der verfügbaren Kartenunterlagen und Daten nach Umfang und Qualität
- Werten des vorhandenen Grundlagenmaterials
- Ermitteln des Leistungsumfangs und der Schwierigkeitsmerkmale
- Festlegen ergänzender Fachleistungen, soweit notwendig
- Ortsbesichtigungen

2. Ermitteln der Planungsgrundlagen

a) Bestandsaufnahme einschließlich voraussichtlicher Änderungen
Erfassen aufgrund vorhandener Unterlagen eines Landschaftsplans und örtlicher Erhebungen, insbesondere
  - des Naturhaushalts als Wirkungsgefüge der Naturfaktoren
  - der Vorgaben des Artenschutzes, des Bodenschutzes und des Orts-/Landschaftsbildes
  - der siedlungsgeschichtlichen Entwicklung
  - der Schutzgebiete und geschützten Landschaftsbestandteile einschließlich der unter Denkmalschutz stehenden Objekte
  - der Flächennutzung unter besonderer Berücksichtigung der Flächenversiegelung, Größe, Nutzungsarten oder Ausstattung, Verteilung, Vernetzung von Frei- und Grünflächen sowie der Erschließungsflächen für Freizeit- und Erholungsanlagen
  - des Bedarfs an Erholungs- und Freizeiteinrichtungen sowie an sonstigen Grünflächen

Grundleistungen   *Besondere Leistungen*

- der voraussichtlichen Änderungen aufgrund städtebaulicher Planungen, Fachplanungen und anderer Eingriffe in Natur und Landschaft
- der Immissionen, Boden- und Gewässerbelastungen
- der Eigentümer

Erfassen von vorliegenden Äußerungen der Einwohner

b) Bewerten der Landschaft nach den Zielen und Grundsätzen des Naturschutzes und der Landschaftspflege einschließlich der Erholungsvorsorge

Bewerten des Landschaftsbildes sowie der Leistungsfähigkeit, des Zustands, der Faktoren und Funktionen des Naturhaushalts, insbesondere hinsichtlich

- der Empfindlichkeit des jeweiligen Ökosystems für bestimmte Nutzungen, seiner Größe, der räumlichen Lage und der Einbindung in Grünflächensysteme, der Beziehungen zum Außenraum sowie der Ausstattung und Beeinträchtigung der Grün- und Freiflächen
- nachteiliger Nutzungsauswirkungen

c) Zusammenfassende Darstellung der Bestandsaufnahme und der Bewertung des Planungsbereichs in Erläuterungstext und Karten

3. Vorläufige Planfassung (Vorentwurf)

- Grundsätzliche Lösung der wesentlichen Teile der Aufgabe mit sich wesentlich unterscheidenden Lösungen nach gleichen Anforderungen in Text und Karten mit Begründung

a) Darlegen der Flächenfunktionen und räumlichen Strukturen nach ökologischen und gestalterischen Gesichtspunkten, insbesondere

- Flächen mit Nutzungsbeschränkungen – einschließlich notwendiger Nutzungsänderungen zur Erhaltung oder Verbesserung des Naturhaushalts oder des Landschafts-/Ortsbildes
- landschaftspflegerische Sanierungsbereiche

Grundleistungen	Besondere Leistungen

- Flächen für landschaftspflegerische Entwicklungs- und Gestaltungsmaßnahmen
- Flächen für Ausgleichs- und Ersatzmaßnahmen
- Schutzgebiete und -objekte
- Freiräume
- Flächen für landschaftspflegerische Maßnahmen in Verbindung mit sonstigen Nutzungen

b) Darlegen von Entwicklungs-, Schutz-, Gestaltungs- und Pflegemaßnahmen, insbesondere für
- Grünflächen
- Anpflanzung und Erhaltung von Grünbeständen
- Sport-, Spiel- und Erholungsflächen
- Fußwegesystemen
- Gehölzanpflanzungen zur Einbindung baulicher Anlagen in die Umgebung
- Ortseingänge und Siedlungsränder
- pflanzliche Einbindung von öffentlichen Straßen und Plätzen
- klimatisch wichtige Freiflächen
- Immissionsschutzmaßnahmen

- Festlegen von Pflegemaßnahmen aus Gründen des Naturschutzes und der Landschaftspflege
- Erhaltung und Verbesserung der natürlichen Selbstreinigungskraft von Gewässern
- Erhaltung und Pflege von naturnahen Vegetationsbeständen
- bodenschützende Maßnahmen – Schutz vor Schadstoffeintrag
- Vorschläge für Gehölzarten der potentiell natürlichen Vegetation, für Leitarten bei Bepflanzungen, für Befestigungsarbeiten bei Wohnstraßen, Gehwegen, Plätzen, Parkplätzen, für Versickerungsflächen
- Festlegen der zeitlichen Folge von Maßnahmen
- Kostenschätzung für durchzuführende Maßnahmen

c) Hinweise auf weitere Aufgaben von Naturschutz und Landschaftspflege
- Vorschläge für Inhalte, die für die Übernahme in andere Planungen, insbesondere in die Bauleitplanung, geeignet sind
- Beteiligung an der Mitwirkung von Verbänden nach § 29 des Bundesnaturschutzgesetzes

Teil VI Landschaftsplanerische Leistungen

Grundleistungen   *Besondere Leistungen*

- Berücksichtigen von Fachplanungen
- Mitwirken an der Abstimmung des Vorentwurfs mit der für Naturschutz und Landschaftspflege zuständigen Behörde
- Abstimmen des Vorentwurfs mit dem Auftraggeber

4. Endgültige Planfassung (Entwurf)

- Darstellen des Grünordnungsplans in der vorgeschriebenen Fassung in Text und Karte mit Begründung

5. Genehmigungsfähige Planfassung

(3) Wird die Anfertigung der vorläufigen Planfassung (Leistungsphase 3) als Einzelleistung in Auftrag gegeben, so können hierfür bis zu 60 vom Hundert der Honorare nach § 46 a vereinbart werden.

(4) § 45 a Abs. 3 und 5 bis 7 gilt sinngemäß.

§ 46 a Honorartafel für Grundleistungen bei Grünordnungsplänen

(1) Die Mindest- und Höchstsätze der Honorare für die in § 46 aufgeführten Grundleistungen bei Grünordnungsplänen sind in der nachfolgenden Honorartafel festgesetzt.

(2) Die Honorare sind für die Summe der Einzelansätze des Absatzes 3 gemäß der Honorartafel des Absatzes 1 zu berechnen.

(3) Für die Ermittlung des Honorars ist von folgenden Ansätzen auszugehen:

1. für Flächen nach § 9 des Baugesetzbuchs mit Festsetzungen einer GFZ oder Baumassenzahl
   je Hektar Fläche   400 VE,
2. für Flächen nach § 9 des Baugesetzbuchs mit Festsetzungen einer GFZ oder Baumassenzahl und Pflanzbindungen oder Pflanzpflichten
   je Hektar Fläche   1150 VE,
3. für Grünflächen nach § 9 Abs. 1 Nr. 15 des Baugesetzbuchs, soweit nicht Bestand
   je Hektar Fläche   1000 VE,
4. für sonstige Grünflächen
   je Hektar Fläche   400 VE,
5. für Flächen mit besonderen Maßnahmen des Naturschutzes und der Landschaftspflege, die nicht bereits unter Nummer 2 angesetzt sind
   je Hektar Fläche   1200 VE,

Honorartafel zu § 46 a Abs. 1 (€)

Ansätze VE	Normalstufe von €	Normalstufe bis €	Schwierigkeitsstufe von €	Schwierigkeitsstufe bis €
1.500	1.723	2.153	2.153	2.582
5.000	5.742	7.179	7.179	8.615
10.000	9.530	11.918	11.918	14.301
20.000	15.850	19.813	19.813	23.770
40.000	25.723	32.155	32.155	38.582
60.000	32.380	40.479	40.479	48.573
80.000	38.582	48.230	48.230	57.878
100.000	43.639	54.550	54.550	65.456
150.000	60.292	75.364	75.364	90.432
200.000	75.789	94.737	94.737	113.686
250.000	91.869	114.836	114.836	137.798
300.000	106.794	133.498	133.498	160.198
350.000	120.573	150.719	150.719	180.864
400.000	133.207	166.512	166.512	199.813
450.000	144.690	180.864	180.864	217.033
500.000	155.024	193.785	193.785	232.541
600.000	175.695	219.620	219.620	263.545
700.000	196.945	246.177	246.177	295.409
800.000	220.479	275.602	275.602	330.719
900.000	242.874	303.595	303.595	364.311
1.000.000	264.118	330.146	330.146	396.175

6. für Flächen für Aufschüttungen, Abgrabungen oder für die Gewinnung von Steinen, Erden und anderen Bodenschätzen
   je Hektar Fläche   400 VE,
7. für Flächen für Landwirtschaft und Wald mit mäßigem Anteil an Maßnahmen für Naturschutz und Landschaftspflege
   je Hektar Fläche   400 VE,
8. für Flächen für Landwirtschaft und Wald ohne Maßnahmen für Naturschutz und Landschaftspflege oder flurbereinigte Flächen von Landwirtschaft und Wald
   je Hektar Fläche   100 VE,
9. für Wasserflächen mit Maßnahmen für Naturschutz und Landschaftspflege
   je Hektar Fläche   400 VE,
10. für Wasserflächen ohne Maßnahmen für Naturschutz und Landschaftspflege
    je Hektar Fläche   100 VE,
11. sonstige Flächen
    je Hektar Fläche   100 VE.

(4) Ist die Summe der Einzelansätze nach Absatz 3 höher als 1 Million VE, so kann das Honorar frei vereinbart werden.

(4 a) Die Honorare sind nach den Darstellungen der endgültigen Planfassung nach Leistungsphase 4 von § 46 zu berechnen. Kommt es nicht zur endgültigen Planfassung, so sind die Honorare nach den Festsetzungen der mit dem Auftraggeber abgestimmten Planfassung zu berechnen.

(5) Grünordnungspläne können nach Anzahl und Gewicht der Schwierigkeitsmerkmale der Schwierigkeitsstufe zugeordnet werden, wenn es bei Auftragserteilung schriftlich vereinbart worden ist. Schwierigkeitsmerkmale sind insbesondere:
1. schwierige ökologische oder topographische Verhältnisse oder sehr differenzierte Flächennutzungen,
2. erschwerte Planung durch besondere Maßnahmen auf den Gebieten Umweltschutz, Denkmalschutz, Naturschutz, Spielflächenleitplanung, Sportstättenplanung,
3. Änderungen oder Überarbeitungen von Teilgebieten vorliegender Grünordnungspläne mit einem erhöhten Arbeitsaufwand,
4. Grünordnungspläne in einem Entwicklungsbereich oder in einem Sanierungsgebiet.

§ 47 Leistungsbild Landschaftsrahmenplan

(1) Landschaftsrahmenpläne umfassen die Darstellungen von überörtlichen Erfordernissen und Maßnahmen zur Verwirklichung der Ziele des Naturschutzes und der Landschaftspflege.

(2) Die Grundleistungen bei Landschaftsrahmenplänen sind in den in Absatz 3 aufgeführten Leistungsphasen 1 bis 4 zusammengefaßt. Sie sind in der nachfolgenden Tabelle in Vomhundertsätzen der Honorare des § 47 a bewertet.

		Bewertung der Grundleistungen in v. H. der Honorare	*Leistungsbild Landschaftsrahmenplan*
1.	Landschaftsanalyse	20	
2.	Landschaftsdiagnose	20	
3.	Entwurf	50	
4.	Endgültige Planfassung	10	

(3) Das Leistungsbild setzt sich wie folgt zusammen:

| | *Grundleistungen* | *Besondere Leistungen* |

Leistungsbild Landschaftsrahmenplan

1. Landschaftsanalyse

Erfassen und Darstellen in Text und Karten der
a) natürlichen Grundlagen
b) Landschaftsgliederung
   – Naturräume
   – Ökologische Raumeinheiten
c) Flächennutzung
d) Geschützten Flächen und Einzelbestandteile der Natur

2. Landschaftsdiagnose

Bewerten der ökologischen Raumeinheiten und Darstellen in Text und Karten hinsichtlich
a) Naturhaushalt
b) Landschaftsbild
   – naturbedingt
   – anthropogen
c) Nutzungsauswirkungen, insbesondere Schäden an Naturhaushalt und Landschaftsbild
d) Empfindlichkeit der Ökosysteme beziehungsweise einzelner Landschaftsfaktoren
e) Zielkonflikte zwischen Belangen des Naturschutzes und der Landschaftspflege einerseits und raumbeanspruchenden Vorhaben andererseits

3. Entwurf

Darstellung der Erfordernisse und Maßnahmen zur Verwirklichung der Ziele des Naturschutzes und der Landschaftspflege in Text und Karten mit Begründung
a) Ziele der Landschaftsentwicklung nach Maßgabe der Empfindlichkeit des Naturhaushalts
   – Bereiche ohne Nutzung oder mit naturnaher Nutzung
   – Bereiche mit extensiver Nutzung
   – Bereiche mit intensiver landwirtschaftlicher Nutzung

Grundleistungen

- Bereiche städtisch-industrieller Nutzung
- b) Ziele des Arten- und Biotopschutzes
- c) Ziele zum Schutz und zur Pflege abiotischer Landschaftsfaktoren
- d) Sicherung und Pflege von Schutzgebieten und Einzelbestandteilen von Natur und Landschaft
- e) Pflege-, Gestaltungs- und Entwicklungsmaßnahmen zur
  - Sicherung überörtlicher Grünzüge
  - Grünordnung im Siedlungsbereich
  - Landschaftspflege einschließlich des Arten- und Biotopschutzes sowie des Wasser-, Boden- und Klimaschutzes
  - Sanierung von Landschaftsschäden
- f) Grundsätze einer landschaftsschonenden Landnutzung
- g) Leitlinien für die Erholung in der freien Natur
- h) Gebiete, für die detaillierte landschaftliche Planungen erforderlich sind:
  - Landschaftspläne
  - Grünordnungspläne
  - Landschaftspflegerische Begleitpläne

Abstimmung des Entwurfs mit dem Auftraggeber

Besondere Leistungen

Leistungsbild Landschaftsrahmenplan

4. Endgültige Planfassung

Mitwirkung bei der Einarbeitung von Zielen der Landschaftsentwicklung in Programme und Pläne im Sinne des § 5 Abs. 1 Satz 1 und 2 und Abs. 3 des Raumordnungsgesetzes

(4) Bei einer Fortschreibung des Landschaftsrahmenplans ermäßigt sich die Bewertung der Leistungsphase 1 des Absatzes 2 auf 5 vom Hundert der Honorare nach § 47 a.
(5) Die Vertragsparteien können bei Auftragserteilung schriftlich vereinbaren, daß die Leistungsphase 1 abweichend von Absatz 2 mit mehr als 20 bis zu 43 v. H. bewertet wird, wenn in dieser Leistungsphase ein überdurchschnittlicher Aufwand für die Lanschaftsanalyse erforderlich wird. Ein überdurchschnittlicher Aufwand liegt vor, wenn
1. Daten aus vorhandenen Unterlagen im einzelnen ermittelt und aufbereitet werden müssen oder
2. örtliche Erhebungen erforderlich werden, die nicht überwiegend der Kontrolle der aus Unterlagen erhobenen Daten dienen.

§ 47 a Honorartafel für Grundleistungen bei Landschaftsrahmenplänen

(1) Die Mindest- und Höchstsätze der Honorare für die in § 47 aufgeführten Grundleistungen bei Landschaftsrahmenplänen sind in der nachfolgenden Honorartafel festgesetzt:

Honorartafel zu § 47 a Abs. 1 (€)

Fläche ha	Normalstufe von €	Normalstufe bis €	Schwierigkeitsstufe von €	Schwierigkeitsstufe bis €
5.000	29.456	36.818	36.818	44.181
6.000	33.863	42.330	42.330	50.797
7.000	38.020	47.525	47.525	57.029
8.000	41.936	52.423	52.423	62.904
9.000	45.474	56.845	56.845	68.211
10.000	48.660	60.828	60.828	72.997
12.000	54.550	68.186	68.186	81.817
14.000	59.724	74.659	74.659	89.589
16.000	64.673	80.845	80.845	97.013
18.000	69.244	86.557	86.557	103.869
20.000	74.122	92.656	92.656	111.186
25.000	86.270	107.842	107.842	129.408
30.000	96.460	120.578	120.578	144.690
35.000	105.101	131.382	131.382	157.657
40.000	112.535	140.672	140.672	168.803
45.000	118.563	148.208	148.208	177.848
50.000	125.456	156.823	156.823	188.186
60.000	138.085	172.607	172.607	207.129
70.000	149.512	186.893	186.893	224.268
80.000	158.470	198.090	198.090	237.705
90.000	167.428	209.287	209.287	251.141
100.000	176.846	221.057	221.057	265.263

(2) § 45 b Abs. 2 bis 4 gilt sinngemäß.

(3) Landschaftsrahmenpläne können nach Anzahl und Gewicht der Schwierigkeitsmerkmale der Schwierigkeitsstufe zugeordnet werden, wenn es bei Auftragserteilung schriftlich vereinbart worden ist. Schwierigkeitsmerkmale sind insbesondere:
1. schwierige ökologische Verhältnisse,
2. Verdichtungsräume,
3. Erholungsgebiete,

4. tiefgreifende Nutzungsansprüche wie großflächiger Abbau von Bodenbestandteilen,
5. erschwerte Planung durch besondere Maßnahmen der Umweltsicherung und des Umweltschutzes.

§ 48 Honorarzonen für Leistungen bei Umweltverträglichkeitsstudien

(1) Die Honorarzone wird bei Umweltverträglichkeitsstudien aufgrund folgender Bewertungsmerkmale ermittelt:
1. Honorarzone I:
Umweltverträglichkeitsstudien mit geringem Schwierigkeitsgrad, insbesondere bei einem Untersuchungsraum
– mit geringer Ausstattung an ökologisch bedeutsamen Strukturen,
– mit schwach gegliedertem Landschaftsbild,
– mit schwach ausgeprägter Erholungsnutzung,
– mit gering ausgeprägten und einheitlichen Nutzungsansprüchen,
– mit geringer Empfindlichkeit gegenüber Umweltbelastungen und Beeinträchtigungen von Natur und Landschaft,
und bei Vorhaben und Maßnahmen mit geringer potentieller Beeinträchtigungsintensität;
2. Honorarzone II:
Umweltverträglichkeitsstudien mit durchschnittlichem Schwierigkeitsgrad, insbesondere bei einem Untersuchungsraum
– mit durchschnittlicher Ausstattung an ökologisch bedeutsamen Strukturen,
– mit mäßig gegliedertem Landschaftsbild,
– mit durchschnittlich ausgeprägter Erholungsnutzung,
– mit differenzierten Nutzungsansprüchen,
– mit durchschnittlicher Empfindlichkeit gegenüber Umweltbelastungen und Beeinträchtigungen von Natur und Landschaft,
und bei Vorhaben und Maßnahmen mit durchschnittlicher potentieller Beeinträchtigungsintensität;
3. Honorarzone III:
Umweltverträglichkeitsstudien mit hohem Schwierigkeitsgrad, insbesondere bei einem Untersuchungsraum
– mit umfangreicher und vielgestaltiger Ausstattung an ökologisch bedeutsamen Strukturen,
– mit stark gegliedertem Landschaftsbild,
– mit intensiv ausgeprägter Erholungsnutzung,
– mit stark differenzierten oder kleinräumigen Nutzungsansprüchen,
– mit hoher Empfindlichkeit gegenüber Umweltbelastungen und Beeinträchtigungen von Natur und Landschaft,
und bei Vorhaben und Maßnahmen mit hoher potentieller Beeinträchtigungsintensität.

(2) Sind für eine Umweltverträglichkeitsstudie Bewertungsmerkmale aus mehreren Honorarzonen anwendbar und bestehen deswegen Zweifel, welcher Honorarzone die Umweltverträglichkeitsstudie zugerechnet werden kann, so ist die Anzahl der

Bewertungspunkte nach Absatz 3 zu ermitteln; die Umweltverträglichkeitsstudie ist nach der Summe der Bewertungspunkte folgenden Honorarzonen zuzurechnen:
1. Honorarzone I
   Umweltverträglichkeitsstudien mit bis zu 16 Punkten,
2. Honorarzone II
   Umweltverträglichkeitsstudien mit 17 bis zu 30 Punkten,
3. Honorarzone III
   Umweltverträglichkeitsstudien mit 31 bis zu 42 Punkten.

(3) Bei der Zurechnung einer Umweltverträglichkeitsstudie in die Honorarzonen sind entsprechend dem Schwierigkeitsgrad der Aufgabenstellung die Bewertungsmerkmale Ausstattung an ökologisch bedeutsamen Strukturen, Landschaftsbild, Erholungsnutzung sowie Nutzungsansprüche mit je bis zu sechs Punkten zu bewerten, die Bewertungsmerkmale Empfindlichkeit gegenüber Umweltbelastungen und Beeinträchtigungen von Natur und Landschaft sowie Vorhaben und Maßnahmen mit potentieller Beeinträchtigungsintensität mit je bis zu neun Punkten.

§ 48 a Leistungsbild Umweltverträglichkeitsstudie

(1) Die Grundleistungen bei Umweltverträglichkeitsstudien zur Standortfindung als Beitrag zur Umweltverträglichkeitsprüfung sind in den in Absatz 2 aufgeführten Leistungsphasen 1 bis 5 zusammengefaßt. Sie sind in der nachfolgenden Tabelle in Vomhundertsätzen der Honorare des § 48 b bewertet.

Leistungsbild Umweltverträglichkeitsstudie

	Bewertung der Grundleistungen in v. H. der Honorare
1. Klären der Aufgabenstellung und Ermitteln des Leistungsumfangs	3
2. Ermitteln und Bewerten der Planungsgrundlagen Bestandsaufnahme, Bestandsbewertung und zusammenfassende Darstellung	30
3. Konfliktanalyse und Alternativen	20
4. Vorläufige Fassung der Studie	40
5. Endgültige Fassung der Studie	7

(2) Das Leistungsbild setzt sich wie folgt zusammen:

Grundleistungen **Besondere Leistungen**

1. Klären der Aufgabenstellung und Ermitteln des Leistungsumfangs

- Abgrenzen des Untersuchungsbereichs
- Zusammenstellen der verfügbaren planungsrelevanten Unterlagen, insbesondere
  - örtliche und überörtliche Planungen und Untersuchungen
  - thematische Karten, Luftbilder und sonstige Daten
- Ermitteln des Leistungsumfangs und ergänzender Fachleistungen
- Ortsbesichtigungen

Leistungsbild Umweltverträglichkeitsstudie

2. Ermitteln und Bewerten der Planungsgrundlagen

a) Bestandsaufnahme
Erfassen auf der Grundlage vorhandener Unterlagen und örtlicher Erhebungen
- des Naturhaushalts in seinen Wirkungszusammenhängen, insbesondere durch Landschaftsfaktoren wie Relief, Geländegestalt, Gestein, Boden, oberirdische Gewässer, Grundwasser, Geländeklima sowie Tiere und Pflanzen und deren Lebensräume
- der Schutzgebiete, geschützten Landschaftsbestandteile und schützenswerten Lebensräume
- der vorhandenen Nutzungen, Beeinträchtigungen und Vorhaben
- des Landschaftsbildes und der -struktur
- der Sachgüter und des kulturellen Erbes

b) Bestandsbewertung
- Bewerten der Leistungsfähigkeit und der Empfindlichkeit des Naturhaushalts und des Landschaftsbildes nach den Zielen und Grundsätzen des Naturschutzes und der Landschaftspflege
  - Bewerten der vorhandenen und vorhersehbaren Umweltbelastungen der Bevölkerung sowie Beeinträchtigungen (Vorbelastung) von Natur und Landschaft

c) Zusammenfassende Darstellung der Bestandsaufnahme und der -bewertung in Text und Karte

- Einzeluntersuchungen zu natürlichen Grundlagen, zur Vorbelastung und zu sozioökonomischen Fragestellungen
- Sonderkartierungen
- Prognosen
- Ausbreitungsberechnungen
- Beweissicherung
- Aktualisierung der Planungsgrundlagen
- Untersuchen von Sekundäreffekten außerhalb des Untersuchungsgebiets

| | *Grundleistungen* | *Besondere Leistungen* |

Leistungsbild Umweltverträglichkeitsstudie

3. Konfliktanalyse und Alternativen

- Ermitteln der projektbedingten umwelterheblichen Wirkungen
- Verknüpfen der ökologischen und nutzungsbezogenen Empfindlichkeit des Untersuchungsgebiets mit den projektbedingten umwelterheblichen Wirkungen und Beschreiben der Wechselwirkungen zwischen den betroffenen Faktoren
- Ermitteln konfliktarmer Bereiche und Abgrenzen der vertieft zu untersuchenden Alternativen
- Überprüfen der Abgrenzung des Untersuchungsbereichs
- Abstimmen mit dem Auftraggeber
- Zusammenfassende Darstellung in Text und Karte

4. Vorläufige Fassung der Studie

Erarbeiten der grundsätzlichen Lösung der wesentlichen Teile der Aufgabe in Text und Karte mit Alternativen
a) Ermitteln, Bewerten und Darstellen für jede sich wesentlich unterscheidende Lösung unter Berücksichtigung des Vermeidungs- und/oder Ausgleichsgebots
  • des ökologischen Risikos für den Naturhaushalt
  • der Beeinträchtigungen des Landschaftsbildes
  • der Auswirkungen auf den Menschen, die Nutzungsstruktur, die Sachgüter und das kulturelle Erbe
Aufzeigen von Entwicklungstendenzen des Untersuchungsbereichs ohne das geplante Vorhaben (Status-quo-Prognose)
b) Ermitteln und Darstellen voraussichtlich nicht ausgleichbarer Beeinträchtigungen
c) Vergleichende Bewertung der sich wesentlich unterscheidenden Alternativen
Abstimmen der vorläufigen Fassung der Studie mit dem Auftraggeber

- Erstellen zusätzlicher Hilfsmittel der Darstellung
- Vorstellen der Planung vor Dritten
- Detailausarbeitungen in besonderen Maßstäben

5. Endgültige Fassung der Studie

Darstellen der Umweltverträglichkeitsstudie in der vorgeschriebenen Fassung in Text und Karte in der Regel im Maßstab 1:5000 einschließlich einer nichttechnischen Zusammenfassung

§ 48 b Honorartafel für Grundleistungen bei Umweltverträglichkeitsstudien

(1) Die Mindest- und Höchstsätze der Honorare für die in § 48 a aufgeführten Grundleistungen bei Umweltverträglichkeitsstudien sind in der nachfolgenden Honorartafel festgesetzt.

(2) Die Honorare sind nach der Gesamtfläche des Untersuchungsraumes in Hektar zu berechnen.

(3) § 45 b Abs. 3 und 4 gilt sinngemäß.

Honorartafel zu § 48 b Abs. 1 (€)

Fläche ha	Zone I von €	Zone I bis €	Zone II von €	Zone II bis €	Zone III von €	Zone III bis €
50	6.892	8.416	8.416	9.934	9.934	11.458
100	9.188	11.218	11.218	13.242	13.242	15.272
250	14.930	18.453	18.453	21.970	21.970	25.493
500	23.110	28.919	28.919	34.727	34.727	40.535
750	30.217	38.142	38.142	46.073	46.073	53.998
1.000	36.747	46.737	46.737	56.728	56.728	66.718
1.250	42.703	54.545	54.545	66.386	66.386	78.228
1.500	48.230	62.009	62.009	75.789	75.789	89.568
1.750	54.258	69.669	69.669	85.074	85.074	100.484
2.000	59.714	76.556	76.556	93.398	93.398	110.240
2.500	69.618	89.236	89.236	108.854	108.854	128.472
3.000	79.235	100.765	100.765	122.296	122.296	143.826
3.500	87.416	110.858	110.858	134.306	134.306	157.749
4.000	95.310	120.189	120.189	145.074	145.074	169.953
4.500	102.059	128.759	128.759	155.458	155.458	182.158
5.000	109.094	137.323	137.323	165.556	165.556	193.785
5.500	116.846	145.790	145.790	174.739	174.739	203.683
6.000	124.019	153.878	153.878	183.733	183.733	213.592
6.500	130.625	161.727	161.727	192.824	192.824	223.925
7.000	136.653	169.381	169.381	202.109	202.109	234.836
7.500	144.261	178.712	178.712	213.163	213.163	247.614
8.000	151.583	187.562	187.562	223.542	223.542	259.522
8.500	158.613	196.842	196.842	235.077	235.077	273.306
9.000	165.362	205.841	205.841	246.320	246.320	286.799
9.500	171.820	215.003	215.003	258.182	258.182	301.366
10.000	177.991	223.925	223.925	269.860	269.860	315.794

§ 49 Honorarzonen für Leistungen bei Landschaftspflegerischen Begleitplänen

Für die Ermittlung der Honorarzone für Leistungen bei Landschaftspflegerischen Begleitplänen gilt § 48 sinngemäß.

§ 49 a Leistungsbild Landschaftspflegerischer Begleitplan

(1) Die Grundleistungen bei Landschaftspflegerischen Begleitplänen sind in den in Absatz 2 aufgeführten Leistungsphasen 1 bis 5 zusammengefaßt. Sie sind in der nachfolgenden Tabelle in Vomhundertsätzen der Honorare des Absatzes 3 bewertet.

Leistungsbild Landschaftspflegerische Begleitpläne		Bewertung der Grundleistungen in v. H. der Honorare
	1. Klären der Aufgabenstellung und Ermitteln des Leistungsumfangs	1 bis 3
	2. Ermitteln und Bewerten der Planungsgrundlagen Bestandsaufnahme, Bestandsbewertung und zusammenfassende Darstellung	15 bis 22
	3. Ermitteln und Bewerten des Eingriffs Konfliktanalyse und -minderung der Beeinträchtigungen des Naturhaushalts und Landschaftsbildes	25
	4. Vorläufige Planfassung Erarbeiten der wesentlichen Teile einer Lösung der Planungsaufgabe	40
	5. Endgültige Planfassung	10

(2) Das Leistungsbild setzt sich wie folgt zusammen:

Grundleistungen   *Besondere Leistungen*

1. Klären der Aufgabenstellung und Ermitteln des Leistungsumfangs

- Abgrenzen des Planungsbereichs
- Zusammenstellen der verfügbaren planungsrelevanten Unterlagen, insbesondere
  - örtliche und überörtliche Planungen und Untersuchungen
  - thematische Karten, Luftbilder und sonstige Daten

Teil VI Landschaftsplanerische Leistungen

Grundleistungen	*Besondere Leistungen*

- Ermitteln des Leistungsumfangs und ergänzender Fachleistungen
- Aufstellen eines verbindlichen Arbeitspapiers
- Ortsbesichtigungen

Leistungsbild Landschaftspflegerische Begleitpläne

2. Ermitteln und Bewerten der Planungsgrundlagen

a) Bestandsaufnahme
- Erfassen aufgrund vorhandener Unterlagen und örtlicher Erhebungen
  - des Naturhaushalts in seinen Wirkungszusammenhängen, insbesondere durch Landschaftsfaktoren wie Relief, Geländegestalt, Gestein, Boden, oberirdische Gewässer, Grundwasser, Geländeklima sowie Tiere und Pflanzen und deren Lebensräume
  - der Schutzgebiete, geschützten Landschaftsbestandteile und schützenswerten Lebensräume
  - der vorhandenen Nutzungen und Vorhaben
  - des Landschaftsbildes und der -struktur
  - der kulturgeschichtlich bedeutsamen Objekte

Erfassen der Eigentumsverhältnisse aufgrund vorhandener Unterlagen

b) Bestandsbewertung
- Bewerten der Leistungsfähigkeit und Empfindlichkeit des Naturhaushalts und des Landschaftsbildes nach den Zielen und Grundsätzen des Naturschutzes und der Landschaftspflege
- Bewerten der vorhandenen Beeinträchtigungen von Natur und Landschaft (Vorbelastung)

c) Zusammenfassende Darstellung der Bestandsaufnahme und der -bewertung in Text und Karte

3. Ermitteln und Bewerten des Eingriffs

a) Konfliktanalyse
Ermitteln und Bewerten der durch das Vorhaben zu erwartenden Beeinträchtigungen des Naturhaushalts und des Landschaftsbildes nach Art, Umfang, Ort und zeitlichem Ablauf

	Grundleistungen	*Besondere Leistungen*

Leistungsbild Landschaftspflegerische Begleitpläne

b) Konfliktminderung
Erarbeiten von Lösungen zur Vermeidung oder Verminderung von Beeinträchtigungen des Naturhaushalts und des Landschaftsbildes in Abstimmung mit den an der Planung fachlich Beteiligten
c) Ermitteln der unvermeidbaren Beeinträchtigungen
d) Überprüfen der Abgrenzung des Untersuchungsbereichs
e) Abstimmen mit dem Auftraggeber
– Zusammenfassende Darstellung der Ergebnisse von Konfliktanalyse und Konfliktminderung sowie der unvermeidbaren Beeinträchtigungen in Text und Karte

4. Vorläufige Planfassung

– Erarbeiten der grundsätzlichen Lösung der wesentlichen Teile der Aufgabe in Text und Karte mit Alternativen
  a) Darstellen und Begründen von Maßnahmen des Naturschutzes und der Landschaftspflege nach Art, Umfang, Lage und zeitlicher Abfolge einschließlich Biotopentwicklungs- und Pflegemaßnahmen, insbesondere Ausgleichs-, Ersatz-, Gestaltungs- und Schutzmaßnahmen sowie Maßnahmen nach § 3 Abs. 2 des Bundesnaturschutzgesetzes
  b) Vergleichendes Gegenüberstellen von Beeinträchtigungen und Ausgleich einschließlich Darstellen verbleibender, nicht ausgleichbarer Beeinträchtigungen
  c) Kostenschätzung
– Abstimmen der vorläufigen Planfassung mit dem Auftraggeber und der für Naturschutz und Landschaftspflege zuständigen

5. Endgültige Planfassung

– Darstellen des landschaftspflegerischen Begleitplans in der vorgeschriebenen Fassung in Text und Karte

(3) Die Honorare sind bei einer Planung im Maßstab des Flächennutzungsplans nach § 45 b, bei einer Planung im Maßstab des Bebauungsplans nach § 46 a zu berechnen. Anstelle eines Honorars nach Satz 1 kann ein Zeithonorar nach § 6 vereinbart werden.

§ 49 b Honorarzonen für Leistungen bei Pflege- und Entwicklungsplänen

(1) Die Honorarzone wird bei Pflege- und Entwicklungsplänen aufgrund folgender Bewertungsmerkmale ermittelt:
1. Honorarzone I:
Pflege- und Entwicklungspläne mit geringem Schwierigkeitsgrad, insbesondere
– gute fachliche Vorgaben,
– geringe Differenziertheit des floristischen Inventars oder der Pflanzengesellschaften,
– geringe Differenziertheit des faunistischen Inventars,
– geringe Beeinträchtigungen oder Schädigungen von Naturhaushalt und Landschaftsbild,
– geringer Aufwand für die Festlegung von Zielaussagen sowie Pflege- und Entwicklungsmaßnahmen;
2. Honorarzone II:
Pflege- und Entwicklungspläne mit durchschnittlichem Schwierigkeitsgrad, insbesondere
– durchschnittliche fachliche Vorgaben,
– durchschnittliche Differenziertheit des floristischen Inventars oder der Pflanzengesellschaften,
– durchschnittliche Differenziertheit des faunistischen Inventars,
– durchschnittliche Beeinträchtigungen oder Schädigungen von Naturhaushalt und Landschaftsbild,
– durchschnittlicher Aufwand für die Festlegung von Zielaussagen sowie Pflege- und Entwicklungsmaßnahmen;
3. Honorarzone III:
Pflege- und Entwicklungspläne mit hohem Schwierigkeitsgrad, insbesondere
– geringe fachliche Vorgaben,
– starke Differenziertheit des floristischen Inventars oder der Pflanzengesellschaften,
– starke Differenziertheit des faunistischen Inventars,
– umfangreiche Beeinträchtigungen oder Schädigungen von Naturhaushalt und Landschaftsbild,
– hoher Aufwand für die Festlegung von Zielaussagen sowie Pflege- und Entwicklungsmaßnahmen.

(2) Sind für einen Pflege- und Entwicklungsplan Bewertungsmerkmale aus mehreren Honorarzonen anwendbar und bestehen deswegen Zweifel, welcher Honorarzone der Pflege- und Entwicklungsplan zugerechnet werden kann, so ist die Anzahl der Bewertungspunkte nach Absatz 3 zu ermitteln; der Pflege- und Entwicklungsplan ist nach der Summe der Bewertungspunkte folgenden Honorarzonen zuzurechnen:

1. Honorarzone I:
   Pflege- und Entwicklungspläne bis zu 13 Punkten,
2. Honorarzone II:
   Pflege- und Entwicklungspläne mit 14 bis 24 Punkten,
3. Honorarzone III:
   Pflege- und Entwicklungspläne mit 25 bis 34 Punkten.

(3) Bei der Zurechnung eines Pflege- und Entwicklungsplans in die Honorarzonen ist entsprechend dem Schwierigkeitsgrad der Planungsanforderungen das Bewertungsmerkmal fachliche Vorgaben mit bis zu 4 Punkten, die Bewertungsmerkmale Beeinträchtigungen oder Schädigungen von Naturhaushalt und Landschaftsbild und Aufwand für die Festlegung von Zielaussagen sowie Pflege- und Entwicklungsmaßnahmen mit je bis zu 6 Punkten und die Bewertungsmerkmale Differenziertheit des floristischen Inventars oder der Pflanzengesellschaften sowie Differenziertheit des faunistischen Inventars mit je bis zu 9 Punkten zu bewerten.

§ 49 c Leistungsbild Pflege- und Entwicklungsplan

(1) Pflege- und Entwicklungspläne umfassen die weiteren Festlegungen von Pflege und Entwicklung (Biotopmanagement) von Schutzgebieten oder schützenswerten Landschaftsteilen.

(2) Die Grundleistungen bei Pflege- und Entwicklungsplänen sind in den in Absatz 3 aufgeführten Leistungsphasen 1 bis 4 zusammengefaßt. Sie sind in der nachfolgenden Tabelle in Vomhundertsätzen der Honorare des § 49 d bewertet.

Leistungsbild Pflege- und Entwicklungsplan		Bewertung der Grundleistungen in v. H. der Honorare
	1. Zusammenstellen der Ausgangsbedingungen	1 bis 5
	2. Ermitteln der Planungsgrundlagen	20 bis 50
	3. Konzept der Pflege- und Entwicklungsmaßnahmen	20 bis 40
	4. Endgültige Planfassung	5

(3) Das Leistungsbild setzt sich wie folgt zusammen:

Grundleistungen	*Besondere Leistungen*	
1. Zusammenstellen der Ausgangsbedingungen		*Leistungsbild Pflege- und Entwicklungsplan*

– Abgrenzen des Planungsbereichs
– Zusammenstellen der planungsrelevanten Unterlagen, insbesondere
  • ökologische und wissenschaftliche Bedeutung des Planungsbereichs
  • Schutzzweck
  • Schutzverordnungen
  • Eigentümer		

2. Ermitteln der Planungsgrundlagen		
– Erfassen und Beschreiben der natürlichen Grundlagen – Ermitteln von Beeinträchtigungen des Planungsbereichs	– Flächendeckende detaillierte Vegetationskartierung – Eingehende zoologische Erhebungen einzelner Arten oder Artengruppen	
3. Konzept der Pflege- und Entwicklungsmaßnahmen		

– Erfassen und Darstellen von
  • Flächen, auf denen eine Nutzung weiter betrieben werden soll
  • Flächen, auf denen regelmäßig Pflegemaßnahmen durchzuführen sind
  • Maßnahmen zur Verbesserung der ökologischen Standortverhältnisse
  • Maßnahmen zur Änderung der Biotopstruktur
– Vorschläge für
  • gezielte Maßnahmen zur Förderung bestimmter Tier- und Pflanzenarten
  • Maßnahmen zur Lenkung des Besucherverkehrs
  • Maßnahmen zur Änderung der rechtlichen Vorschriften
  • die Durchführung der Pflege- und Entwicklungsmaßnahmen
– Hinweise für weitere wissenschaftliche Untersuchungen
– Kostenschätzung der Pflege- und Entwicklungsmaßnahmen
– Abstimmen der Konzepte mit dem Auftraggeber		

Grundleistungen	Besondere Leistungen
Leistungsbild Pflege- und Entwicklungsplan **4. Endgültige Planfassung** – Darstellen des Pflege- und Entwicklungsplans in der vorgeschriebenen Fassung in Text und Karte	

(4) Sofern nicht vor Erbringung der Grundleistungen etwas anderes schriftlich vereinbart ist, sind die Leistungsphase 1 mit 1 vom Hundert sowie die Leistungsphasen 2 und 3 mit jeweils 20 vom Hundert der Honorare des § 49 d zu bewerten.

§ 49 d Honorartafel für Grundleistungen bei Pflege- und Entwicklungsplänen
(1) Die Mindest- und Höchstsätze der Honorare für die in § 49 c aufgeführten Grundleistungen bei Pflege- und Entwicklungsplänen sind in der nachfolgenden Honorartafel festgesetzt.

Honorartafel zu § 49 d Abs. 1 (€)

Fläche ha	Zone I		Zone II		Zone III	
	von €	bis €	von €	bis €	von €	bis €
5	2.342	4.678	4.678	7.020	7.020	9.357
10	2.945	5.885	5.885	8.820	8.820	11.760
15	3.375	6.749	6.749	10.124	10.124	13.498
20	3.712	7.419	7.419	11.126	11.126	14.833
30	4.305	8.615	8.615	12.931	12.931	17.241
40	4.842	9.689	9.689	14.531	14.531	19.378
50	5.312	10.625	10.625	15.932	15.932	21.244
75	6.309	12.624	12.624	18.943	18.943	25.258
100	7.153	14.301	14.301	21.454	21.454	28.602
150	8.493	16.975	16.975	25.462	25.462	33.945
200	9.484	18.974	18.974	28.464	28.464	37.953
300	10.824	21.648	21.648	32.472	32.472	43.296
400	11.826	23.652	23.652	35.484	35.484	47.310
500	12.634	25.263	25.263	37.887	37.887	50.516
1.000	15.973	31.940	31.940	47.913	47.913	63.881
2.500	23.990	47.975	47.975	71.964	71.964	95.949
5.000	34.011	68.022	68.022	102.028	102.028	136.039
10.000	47.376	94.747	94.747	142.124	142.124	189.495

(2) Die Honorare sind nach der Grundfläche des Planungsbereichs in Hektar zu berechnen.

(3) § 45 b Abs. 3 und 4 gilt sinngemäß.

§ 50 Sonstige landschaftsplanerische Leistungen

(1) Zu den sonstigen landschaftsplanerischen Leistungen rechnen insbesondere:
1. Gutachten zu Einzelfragen der Planung, ökologische Gutachten, Gutachten zu Baugesuchen,
2. Beratungen bei Gestaltungsfragen,
3. besondere Plandarstellungen und Modelle,
4. Ausarbeitungen von Satzungen, Teilnahme an Verhandlungen mit Behörden und an Sitzungen der Gemeindevertretungen nach Fertigstellung der Planung,
5. Beiträge zu Plänen und Programmen der Landes- oder Regionalplanung.

(2) Die Honorare für die in Absatz 1 genannten Leistungen können auf der Grundlage eines detaillierten Leistungskatalogs frei vereinbart werden. Wird das Honorar nicht bei Auftragserteilung schriftlich vereinbart, so ist es als Zeithonorar nach § 6 zu berechnen.

Teil VII Leistungen bei Ingenieurbauwerken und Verkehrsanlagen

§ 51 Anwendungsbereich
(1) Ingenieurbauwerke umfassen:
1. Bauwerke und Anlagen der Wasserversorgung,
2. Bauwerke und Anlagen der Abwasserentsorgung,
3. Bauwerke und Anlagen des Wasserbaus, ausgenommen Freianlagen nach § 3 Nr. 12,
4. Bauwerke und Anlagen für Ver- und Entsorgung mit Gasen, Feststoffen einschließlich wassergefährdenden Flüssigkeiten, ausgenommen Anlagen nach § 68,
5. Bauwerke und Anlagen der Abfallentsorgung,
6. konstruktive Ingenieurbauwerke für Verkehrsanlagen,
7. sonstige Einzelbauwerke, ausgenommen Gebäude und Freileitungsmaste.

(2) Verkehrsanlagen umfassen:
1. Anlagen des Straßenverkehrs, ausgenommen Freianlagen nach § 3 Nr. 12,
2. Anlagen des Schienenverkehrs,
3. Anlagen des Flugverkehrs.

§ 52 Grundlagen des Honorars
(1) Das Honorar für Grundleistungen bei Ingenieurbauwerken und Verkehrsanlagen richtet sich nach den anrechenbaren Kosten des Objekts, nach der Honorarzone, der das Objekt angehört, sowie bei Ingenieurbauwerken nach der Honorartafel zu § 56 Abs. 1 und bei Verkehrsanlagen nach der Honorartafel zu § 56 Abs. 2.

(2) Anrechenbare Kosten sind die Herstellungskosten des Objekts. Sie sind zu ermitteln:
1. für die Leistungsphasen 1 bis 4 nach der Kostenberechnung, solange diese nicht vorliegt oder wenn die Vertragsparteien dies bei Auftragserteilung schriftlich vereinbaren, nach der Kostenschätzung.
2. für die Leistungsphasen 5 bis 9 nach der Kostenfeststellung, solange diese nicht vorliegt oder wenn die Vertragsparteien dies bei Auftragserteilung schriftlich vereinbaren, nach der Kostenberechnung.

(3) § 10 Abs. 3 bis 4 gilt sinngemäß.

(4) Anrechenbar sind für Grundleistungen der Leistungsphasen 1 bis 7 und 9 des § 55 bei Verkehrsanlagen:
1. die Kosten für Erdarbeiten einschließlich Felsarbeiten, soweit sie 40 vom Hundert der sonstigen anrechenbaren Kosten nach Absatz 2 nicht übersteigen;
2. 10 vom Hundert der Kosten für Ingenieurbauwerke, wenn dem Auftragnehmer nicht gleichzeitig Grundleistungen nach § 55 für diese Ingenieurbauwerke übertragen werden.

(5) Anrechenbar sind für Grundleistungen der Leistungsphasen 1 bis 7 und 9 des § 55 bei Straßen mit mehreren durchgehenden Fahrspuren, wenn diese eine gemeinsame Entwurfsachse und eine gemeinsame Entwurfsgradiente haben, sowie bei Gleis- und Bahnsteiganlagen mit zwei Gleisen, wenn diese ein gemeinsames Planum haben, nur folgende Vomhundertsätze der nach den Absätzen 2 bis 4 ermittelten Kosten:

1. bei dreispurigen Straßen   85 v. H.,
2. bei vierspurigen Straßen   70 v. H.,
3. bei mehr als vierspurigen Straßen 60 v. H.,
4. bei Gleis- und Bahnsteiganlagen mit zwei Gleisen   90 v. H.

(6) Nicht anrechenbar sind für Grundleistungen die Kosten für:
1. das Baugrundstück einschließlich der Kosten des Erwerbs und des Freimachens,
2. andere einmalige Abgaben für Erschließung (DIN 276, Kostengruppe 2.3),
3. Vermessung und Vermarkung,
4. Kunstwerke, soweit sie nicht wesentliche Bestandteile des Objekts sind,
5. Winterbauschutzvorkehrungen und sonstige zusätzliche Maßnahmen bei der Erschließung, beim Bauwerk und bei den Außenanlagen für den Winterbau,
6. Entschädigungen und Schadensersatzleistungen,
7. die Baunebenkosten.

(7) Nicht anrechenbar sind neben den in Absatz 6 genannten Kosten, soweit der Auftragnehmer die Anlagen oder Maßnahmen weder plant noch ihre Ausführung überwacht, die Kosten für:
1. das Herrichten des Grundstücks (DIN 276, Kostengruppe 1.4),
2. die öffentliche Erschließung (DIN 276, Kostengruppe 2.1),
3. die nichtöffentliche Erschließung und die Außenanlagen (DIN 276, Kostengruppen 2.2 und 5),
4. verkehrsregelnde Maßnahmen während der Bauzeit,
5. das Umlegen und Verlegen von Leitungen,
6. Ausstattung und Nebenanlagen von Straßen sowie Ausrüstung und Nebenanlagen von Gleisanlagen,
7. Anlagen der Maschinentechnik, die der Zweckbestimmung des Ingenieurbauwerks dienen.

(8) Die §§ 20 bis 22 und 32 gelten sinngemäß; § 23 gilt sinngemäß für Ingenieurbauwerke nach § 51 Abs. 1 Nr. 1 bis 5.

(9) Das Honorar für Leistungen bei Deponien für unbelasteten Erdaushub, beim Ausräumen oder bei hydraulischer Sanierung von Altablagerungen und bei kontaminierten Standorten, bei selbständigen Geh- und Radwegen mit rechnerischer Festlegung nach Lage und Höhe, bei nachträglich an vorhandene Straßen angepaßten landwirtschaftlichen Wegen, Gehwegen und Radwegen sowie bei Gleis- und Bahnsteiganlagen mit mehr als zwei Gleisen kann frei vereinbart werden. Wird ein Honorar nicht bei Auftragserteilung schriftlich vereinbart, so ist das Honorar als Zeithonorar nach § 6 zu berechnen.

§ 53 Honorarzonen für Leistungen bei Ingenieurbauwerken und Verkehrsanlagen

(1) Ingenieurbauwerke und Verkehrsanlagen werden nach den in Absatz 2 genannten Bewertungsmerkmalen folgenden Honorarzonen zugerechnet:

Honorarzone I: Objekte mit sehr geringen Planungsanforderungen,
Honorarzone II: Objekte mit geringen Planungsanforderungen,
Honorarzone III: Objekte mit durchschnittlichen Planungsanforderungen,
Honorarzone IV: Objekte mit überdurchschnittlichen Planungsanforderungen,
Honorarzone V: Objekte mit sehr hohen Planungsanforderungen.

(2) Bewertungsmerkmale sind:
1. geologische und baugrundtechnische Gegebenheiten,
2. technische Ausrüstung oder Ausstattung,
3. Anforderungen an die Einbindung in die Umgebung oder das Objektumfeld,
4. Umfang der Funktionsbereiche oder der konstruktiven oder technischen Anforderungen,
5. fachspezifische Bedingungen.

(3) Sind für Ingenieurbauwerke oder Verkehrsanlagen Bewertungsmerkmale aus mehreren Honorarzonen anwendbar und bestehen deswegen Zweifel, welcher Honorarzone das Objekt zugerechnet werden kann, so ist die Anzahl der Bewertungspunkte nach Absatz 4 zu ermitteln. Das Objekt ist nach der Summe der Bewertungspunkte folgenden Honorarzonen zuzurechnen:

1. Honorarzone I: Objekte mit bis zu 10 Punkten,
2. Honorarzone II: Objekte mit 11 bis 17 Punkten,
3. Honorarzone III: Objekte mit 18 bis 25 Punkten,
4. Honorarzone IV: Objekte mit 26 bis 33 Punkten,
5. Honorarzone V: Objekte mit 34 bis 40 Punkten.

(4) Bei der Zurechnung eines Ingenieurbauwerks oder einer Verkehrsanlage in die Honorarzonen sind entsprechend dem Schwierigkeitsgrad der Planungsanforderungen die Bewertungsmerkmale mit bis zu folgenden Punkten zu bewerten:

	Ingenieurbauwerke nach § 51 Abs. 1	Verkehrsanlagen nach § 51 Abs. 2
1. Geologische und baugrundtechnische Gegebenheiten	5	5
2. Technische Ausrüstung oder Ausstattung	5	5
3. Anforderungen an die Einbindung in die Umgebung oder das Objektumfeld	5	15
4. Umfang der Funktionsbereiche oder konstruktiven oder technischen Anforderungen	10	10
5. Fachspezifische Bedingungen	15	5

§ 54 Objektliste für Ingenieurbauwerke und Verkehrsanlagen

(1) Nachstehende Ingenieurbauwerke werden nach Maßgabe der in § 53 genannten Merkmale in der Regel folgenden Honorarzonen zugerechnet:

1. Honorarzone I:
a) Zisternen, Leitungen für Wasser ohne Zwangspunkte;
b) Leitungen für Abwasser ohne Zwangspunkte;
c) Einzelgewässer mit gleichförmigem ungegliedertem Querschnitt ohne Zwangspunkte, ausgenommen Einzelgewässer mit überwiegend ökologischen und landschaftsgestalterischen Elementen; Teiche bis 3 m Dammhöhe über Sohle ohne Hochwasserentlastung, ausgenommen Teiche ohne Dämme; Bootsanlegestellen an stehenden Gewässern; einfache Deich- und Dammbauten; einfacher, insbesondere flächenhafter Erdbau, ausgenommen flächenhafter Erdbau zur Geländegestaltung;
d) Transportleitungen für wassergefährdende Flüssigkeiten und Gase ohne Zwangspunkte, handelsübliche Fertigbehälter für Tankanlagen;
e) Zwischenlager, Sammelstellen und Umladestationen offener Bauart für Abfälle oder Wertstoffe ohne Zusatzeinrichtungen;
f) Stege, soweit Leistungen nach Teil VIII erforderlich sind; einfache Durchlässe und Uferbefestigungen, ausgenommen einfache Durchlässe und Uferbefestigungen als Mittel zur Geländegestaltung, soweit keine Leistungen nach Teil VIII erforderlich sind; einfache Ufermauern; Lärmschutzwälle, ausgenommen Lärmschutzwälle als Mittel zur Geländegestaltung; Stützbauwerke und Geländeabstützungen ohne Verkehrsbelastung als Mittel zur Geländegestaltung, soweit Leistungen nach § 63 Abs. 1 Nr. 3 bis 5 erforderlich sind;
g) einfache gemauerte Schornsteine, einfache Maste und Türme ohne Aufbauten; Versorgungsbauwerke und Schutzrohre in sehr einfachen Fällen ohne Zwangspunkte;

2. Honorarzone II:
a) einfache Anlagen zur Gewinnung und Förderung von Wasser, zum Beispiel Quellfassungen, Schachtbrunnen; einfache Anlagen zur Speicherung von Wasser, zum Beispiel Behälter in Fertigbauweise, Feuerlöschbecken; Leitungen für Wasser mit geringen Verknüpfungen und wenigen Zwangspunkten, einfache Leitungsnetze für Wasser;
b) industriell systematisierte Abwasserbehandlungsanlagen; Schlammabsetzanlagen, Schlammpolder, Erdbecken als Regenrückhaltebecken; Leitungen für Abwasser mit geringen Verknüpfungen und wenigen Zwangspunkten, einfache Leitungsnetze für Abwasser;
c) einfache Pumpanlagen, Pumpwerke und Schöpfwerke; einfache feste Wehre, Düker mit wenigen Zwangspunkten, Einzelgewässer mit gleichförmigem gegliedertem Querschnitt und einigen Zwangspunkten, Teiche mit mehr als 3 m Dammhöhe über Sohle ohne Hochwasserentlastung, Teiche bis 3 m Dammhöhe über Sohle mit Hochwasserentlastung; Ufer- und Sohlensicherung an Wasserstraßen, einfache Schiffsanlege-, -lösch- und -ladestellen, Bootsanlegestellen an fließenden Gewässern, Deich- und Dammbauten, soweit nicht in Honorarzone I, III oder IV

erwähnt; Berieselung und rohrlose Dränung, flächenhafter Erdbau mit unterschiedlichen Schütthöhen oder Materialien;
d) Transportleitungen für wassergefährdende Flüssigkeiten und Gase mit geringen Verknüpfungen und wenigen Zwangspunkten, industriell vorgefertigte einstufige Leichtflüssigkeitsabscheider;
e) Zwischenlager, Sammelstellen und Umladestationen offener Bauart für Abfälle oder Wertstoffe mit einfachen Zusatzeinrichtungen; einfache, einstufige Aufbereitungsanlagen für Wertstoffe, einfache Bauschuttaufbereitungsanlagen; Pflanzenabfall-Kompostierungsanlagen und Bauschuttdeponien ohne besondere Einrichtungen;
f) gerade Einfeldbrücken einfacher Bauart, Durchlässe, soweit nicht in Honorarzone I erwähnt; Stützbauwerke mit Verkehrsbelastungen, einfache Kaimauern und Piers, Schmalwände; Uferspundwände und Ufermauern, soweit nicht in Honorarzone I oder III erwähnt; einfache Lärmschutzanlagen, soweit Leistungen nach Teil VIII oder Teil XII erforderlich sind;
g) einfache Schornsteine, soweit nicht in Honorarzone I erwähnt; Maste und Türme ohne Aufbauten, soweit nicht in Honorarzone I erwähnt; Versorgungsbauwerke und Schutzrohre mit zugehörigen Schächten für Versorgungssysteme mit wenigen Zwangspunkten; flach gegründete, einzeln stehende Silos ohne Anbauten; einfache Werft-, Aufschlepp- und Helgenanlagen;
3. Honorarzone III:
a) Tiefbrunnen, Speicherbehälter; einfache Wasseraufbereitungsanlagen und Anlagen mit mechanischen Verfahren; Leitungen für Wasser mit zahlreichen Verknüpfungen und zahlreichen Zwangspunkten, Leitungsnetze mit mehreren Verknüpfungen und mehreren Zwangspunkten und mit einer Druckzone;
b) Abwasserbehandlungsanlagen mit gemeinsamer aerober Stabilisierung, Schlammabsetzanlagen mit mechanischen Einrichtungen; Leitungen für Abwasser mit zahlreichen Verknüpfungen und zahlreichen Zwangspunkten, Leitungsnetze für Abwasser mit mehreren Verknüpfungen und mehreren Zwangspunkten;
c) Pump- und Schöpfwerke, soweit nicht in Honorarzone II oder IV erwähnt; Kleinwasserkraftanlagen; feste Wehre, soweit nicht in Honorarzone II erwähnt; einfache bewegliche Wehre, Düker, soweit nicht in Honorarzone II oder IV erwähnt; Einzelgewässer mit ungleichförmigem ungegliedertem Querschnitt und einigen Zwangspunkten, Gewässersysteme mit einigen Zwangspunkten; Hochwasserrückhaltebecken und Talsperren bis 5 m Dammhöhe über Sohle oder bis 100 000 m3 Speicherraum; Schiffahrtskanäle, Schiffsanlege-, -lösch- und -ladestellen; Häfen, schwierige Deich- und Dammbauten; Siele, einfache Sperrwerke, Sperrtore, einfache Schiffsschleusen, Bootsschleusen, Regenbecken und Kanalstauräume mit geringen Verknüpfungen und wenigen Zwangspunkten, Beregnung und Rohrdränung;
d) Transportleitungen für wassergefährdende Flüssigkeiten und Gase mit geringen Verknüpfungen und wenigen Zwangspunkten; Anlagen zur Lagerung wassergefährdender Flüssigkeiten in einfachen Fällen, Pumpzentralen für Tankanlagen in Ortbetonbauweise; einstufige Leichtflüssigkeitsabscheider, soweit nicht in Honorarzone II erwähnt; Leerrohrnetze mit wenigen Verknüpfungen;

e) Zwischenlager, Sammelstellen und Umladestationen für Abfälle oder Wertstoffe, soweit nicht in Honorarzone I oder II erwähnt; Aufbereitungsanlagen für Wertstoffe, soweit nicht in Honorarzone II oder IV erwähnt; Bauschuttaufbereitungsanlagen, soweit nicht in Honorarzone II erwähnt; Biomüll-Kompostierungsanlagen; Pflanzenabfall-Kompostierungsanlagen, soweit nicht in Honorarzone II erwähnt; Bauschuttdeponien, soweit nicht in Honorarzone II erwähnt; Hausmüll- und Monodeponien, soweit nicht in Honorarzone IV erwähnt; Abdichtung von Altablagerungen und kontaminierten Standorten, soweit nicht in Honorarzone IV erwähnt;
f) Einfeldbrücken, soweit nicht in Honorarzone II oder IV erwähnt; einfache Mehrfeld- und Bogenbrücken, Stützbauwerke mit Verankerungen; Kaimauern und Piers, soweit nicht in Honorarzone II oder IV erwähnt; Schlitz- und Bohrpfahlwände, Trägerbohlwände, schwierige Uferspundwände und Ufermauern; Lärmschutzanlagen, soweit nicht in Honorarzone II oder IV erwähnt und soweit Leistungen nach Teil VIII oder Teil XII erforderlich sind; einfache Tunnel- und Trogbauwerke;
g) Schornsteine mittlerer Schwierigkeit, Maste und Türme mit Aufbauten, einfache Kühltürme; Versorgungsbauwerke mit zugehörigen Schächten für Versorgungssysteme unter beengten Verhältnissen; einzeln stehende Silos mit einfachen Anbauten; Werft-, Aufschlepp- und Helgenanlagen, soweit nicht in Honorarzone II oder IV erwähnt; einfache Docks; einfache, selbständige Tiefgaragen; einfache Schacht- und Kavernenbauwerke, einfache Stollenbauten, schwierige Bauwerke für Heizungsanlagen in Ortbetonbauweise, einfache Untergrundbahnhöfe;
4. Honorarzone IV:
a) Brunnengalerien und Horizontalbrunnen, Speicherbehälter in Turmbauweise, Wasseraufbereitungsanlagen mit physikalischen und chemischen Verfahren, einfache Grundwasserdekontaminierungsanlagen, Leitungsnetze für Wasser mit zahlreichen Verknüpfungen und zahlreichen Zwangspunkten;
b) Abwasserbehandlungsanlagen, soweit nicht in Honorarzone II, III oder V erwähnt; Schlammbehandlungsanlagen; Leitungsnetze für Abwasser mit zahlreichen Zwangspunkten;
c) schwierige Pump- und Schöpfwerke; Druckerhöhungsanlagen, Wasserkraftanlagen, bewegliche Wehre, soweit nicht in Honorarzone III erwähnt; mehrfunktionale Düker, Einzelgewässer mit ungleichförmigem gegliedertem Querschnitt und vielen Zwangspunkten, Gewässersysteme mit vielen Zwangspunkten, besonders schwieriger Gewässerausbau mit sehr hohen technischen Anforderungen und ökologischen Ausgleichsmaßnahmen; Hochwasserrückhaltebecken und Talsperren mit mehr als 100 000 m3 und weniger als 5 000 000 m³ Speicherraum; Schiffsanlege-, -lösch- und -ladestellen bei Tide- oder Hochwasserbeeinflussung; Schiffsschleusen, Häfen bei Tide- und Hochwasserbeeinflussung; besonders schwierige Deich- und Dammbauten; Sperrwerke, soweit nicht in Honorarzone III erwähnt; Regenbecken und Kanalstauräume mit zahlreichen Verknüpfungen und zahlreichen Zwangspunkten; kombinierte Regenwasserbewirtschaftungsanlagen; Beregnung und Rohrdränung bei ungleichmäßigen Boden- und schwierigen Geländeverhältnissen;

d) Transportleitungen für wassergefährdende Flüssigkeiten und Gase mit zahlreichen Verknüpfungen und zahlreichen Zwangspunkten; mehrstufige Leichtflüssigkeitsabscheider; Leerrohrnetze mit zahlreichen Verknüpfungen;
e) mehrstufige Aufbereitungsanlagen für Wertstoffe, Kompostwerke, Anlagen zur Konditionierung von Sonderabfällen, Hausmülldeponien und Monodeponien mit schwierigen technischen Anforderungen, Sonderabfalldeponien, Anlagen für Untertagedeponien, Behälterdeponien, Abdichtung von Altablagerungen und kontaminierten Standorten mit schwierigen technischen Anforderungen, Anlagen zur Behandlung kontaminierter Böden;
f) schwierige Einfeld-, Mehrfeld- und Bogenbrücken; schwierige Kaimauern und Piers; Lärmschutzanlagen in schwieriger städtebaulicher Situation, soweit Leistungen nach Teil VIII oder Teil XII erforderlich sind; schwierige Tunnel- und Trogbauwerke;
g) schwierige Schornsteine; Maste und Türme mit Aufbauten und Betriebsgeschoß; Kühltürme, soweit nicht in Honorarzone III oder V erwähnt; Versorgungskanäle mit zugehörigen Schächten in schwierigen Fällen für mehrere Medien, Silos mit zusammengefügten Zellenblöcken und Anbauten, schwierige Werft-, Aufschlepp- und Helgenanlagen, schwierige Docks; selbständige Tiefgaragen, soweit nicht in Honorarzone III erwähnt; schwierige Schacht- und Kavernenbauwerke, schwierige Stollenbauten; schwierige Untergrundbahnhöfe, soweit nicht in Honorarzone V erwähnt;
5. Honorarzone V:
a) Bauwerke und Anlagen mehrstufiger oder kombinierter Verfahren der Wasseraufbereitung; komplexe Grundwasserdekontaminierungsanlagen;
b) schwierige Abwasserbehandlungsanlagen, Bauwerke und Anlagen für mehrstufige oder kombinierte Verfahren der Schlammbehandlung;
c) schwierige Wasserkraftanlagen, zum Beispiel Pumpspeicherwerke oder Kavernenkraftwerke, Schiffshebewerke; Hochwasserrückhaltebecken und Talsperren mit mehr als 5 000 000 m3 Speicherraum;
d) –;
e) Verbrennungsanlagen, Pyrolyseanlagen;
f) besonders schwierige Brücken, besonders schwierige Tunnel- und Trogbauwerke;
g) besonders schwierige Schornsteine; Maste und Türme mit Aufbauten, Betriebsgeschoß und Publikumseinrichtungen; schwierige Kühltürme, besonders schwierige Schacht- und Kavernenbauwerke, Untergrund-Kreuzungsbahnhöfe, Offshore-Anlagen.

(2) Nachstehende Verkehrsanlagen werden nach Maßgabe der in § 53 genannten Merkmale in der Regel folgenden Honorarzonen zugerechnet:
1. Honorarzone I:
a) Wege im ebenen oder wenig bewegten Gelände mit einfachen Entwässerungsverhältnissen, ausgenommen Wege ohne Eignung für den regelmäßigen Fahrverkehr mit einfachen Entwässerungsverhältnissen sowie andere Wege und befestigte Flächen, die als Gestaltungselement der Freianlage geplant werden und für die Leistungen nach Teil VII nicht erforderlich sind; einfache Verkehrsflächen, Parkplätze in Außenbereichen;

b) Gleis- und Bahnsteiganlagen ohne Weichen und Kreuzungen, soweit nicht in den Honorarzonen II bis V erwähnt;
c) –;
2. Honorarzone II:
a) Wege im bewegten Gelände mit einfachen Baugrund- und Entwässerungsverhältnissen, ausgenommen Wege ohne Eignung für den regelmäßigen Fahrverkehr und mit einfachen Entwässerungsverhältnissen sowie andere Wege und befestigte Flächen, die als Gestaltungselement der Freianlage geplant werden und für die Leistungen nach Teil VII nicht erforderlich sind; außerörtliche Straßen ohne besondere Zwangspunkte oder im wenig bewegten Gelände; Tankstellen- und Rastanlagen einfacher Art; Anlieger- und Sammelstraßen in Neubaugebieten, innerörtliche Parkplätze, einfache höhengleiche Knotenpunkte;
b) Gleisanlagen der freien Strecke ohne besondere Zwangspunkte, Gleisanlagen der freien Strecke im wenig bewegten Gelände, Gleis- und Bahnsteiganlagen der Bahnhöfe mit einfachen Spurplänen;
c) einfache Verkehrsflächen für Landeplätze, Segelfluggelände;
3. Honorarzone III:
a) Wege im bewegten Gelände mit schwierigen Baugrund- und Entwässerungsverhältnissen; außerörtliche Straßen mit besonderen Zwangspunkten oder im bewegten Gelände; schwierige Tankstellen- und Rastanlagen; innerörtliche Straßen und Plätze, soweit nicht in Honorarzone II, IV oder V erwähnt; verkehrsberuhigte Bereiche, ausgenommen Oberflächengestaltungen und Pflanzungen für Fußgängerbereiche nach § 14 Nr. 4; schwierige höhengleiche Knotenpunkte, einfache höhenungleiche Knotenpunkte, Verkehrsflächen für Güterumschlag Straße/Straße;
b) innerörtliche Gleisanlagen, soweit nicht in Honorarzone IV erwähnt; Gleisanlagen der freien Strecke mit besonderen Zwangspunkten; Gleisanlagen der freien Strecke im bewegten Gelände; Gleis- und Bahnsteiganlagen der Bahnhöfe mit schwierigen Spurplänen;
c) schwierige Verkehrsflächen für Landeplätze, einfache Verkehrsflächen für Flughäfen;
4. Honorarzone IV:
a) außerörtliche Straßen mit einer Vielzahl besonderer Zwangspunkte oder im stark bewegten Gelände, soweit nicht in Honorarzone V erwähnt; innerörtliche Straßen und Plätze mit hohen verkehrstechnischen Anforderungen oder in schwieriger städtebaulicher Situation, sowie vergleichbare verkehrsberuhigte Bereiche, ausgenommen Oberflächengestaltungen und Pflanzungen für Fußgängerbereiche nach § 14 Nr. 4; sehr schwierige höhengleiche Knotenpunkte; schwierige höhenungleiche Knotenpunkte; Verkehrsflächen für Güterumschlag im kombinierten Ladeverkehr;
b) schwierige innerörtliche Gleisanlagen, Gleisanlagen der freien Strecke mit einer Vielzahl besonderer Zwangspunkte, Gleisanlagen der freien Strecke im stark bewegten Gelände; Gleis- und Bahnsteiganlagen der Bahnhöfe mit sehr schwierigen Spurplänen;
c) schwierige Verkehrsflächen für Flughäfen;

5. Honorarzone V:
a) schwierige Gebirgsstraßen, schwierige innerörtliche Straßen und Plätze mit sehr hohen verkehrstechnischen Anforderungen oder in sehr schwieriger städtebaulicher Situation; sehr schwierige höhenungleiche Knotenpunkte;
b) sehr schwierige innerörtliche Gleisanlagen;
c) –.

§ 55 Leistungsbild Objektplanung für Ingenieurbauwerke und Verkehrsanlagen

(1) Das Leistungsbild Objektplanung umfaßt die Leistungen der Auftragnehmer für Neubauten, Neuanlagen, Wiederaufbauten, Erweiterungsbauten, Umbauten, Modernisierungen, Instandhaltungen und Instandsetzungen. Die Grundleistungen sind in den in Absatz 2 aufgeführten Leistungsphasen 1 bis 9 zusammengefaßt und in der folgenden Tabelle für Ingenieurbauwerke in Vomhundertsätzen der Honorare des § 56 Abs. 1 und für Verkehrsanlagen in Vomhundertsätzen der Honorare des § 56 Abs. 2 bewertet.

Leistungsbild Objektplanung für Ingenieurbauwerke und Verkehrsanlagen	Bewertung der Grundleistungen in v. H. der Honorare
1. **Grundlagenermittlung** Ermitteln der Voraussetzungen zur Lösung der Aufgabe durch die Planung	2
2. **Vorplanung (Projekt- und Planungsvorbereitung)** Erarbeiten der wesentlichen Teile einer Lösung der Planungsaufgabe*)	15
3. **Entwurfsplanung (System- und Integrationsplanung)** Erarbeiten der endgültigen Lösung der Planungsaufgabe	30
4. **Genehmigungsplanung** Erarbeiten und Einreichen der Vorlagen für die erforderlichen öffentlich-rechtlichen Verfahren	5
5. **Ausführungsplanung** Erarbeiten und Darstellen der ausführungsreifen Planungslösung	15
6. **Vorbereitung der Vergabe** Ermitteln der Mengen und Aufstellen von Ausschreibungsunterlagen	10

*) Bei Objekten nach § 51 Abs. 1 Nr. 6 und 7, die eine Tragwerksplanung erfordern, wird die Leistungsphase 2 mit 8 v. H. bewertet

	Bewertung der Grundleistungen in v. H. der Honorare	Leistungsbild Objektplanung für Ingenieurbauwerke und Verkehrsanlagen
7. **Mitwirkung bei der Vergabe** Einholen und Werten von Angeboten und Mitwirkung bei der Auftragsvergabe	5	
8. **Bauoberleitung** Aufsicht über die örtliche Bauüberwachung Abnahme und Übergabe des Objekts	15	
9. **Objektbetreuung und Dokumentation** Überwachen der Beseitigung von Mängeln und Dokumentation des Gesamtergebnisses	3	

(2) Das Leistungsbild setzt sich wie folgt zusammen:

Grundleistungen	*Besondere Leistungen*	
1. Grundlagenermittlung		
– Klären der Aufgabenstellung – Ermitteln der vorgegebenen Randbedingungen – Bei Objekten nach § 51 Abs. 1 Nr. 6 und 7, die eine Tragwerksplanung erfordern: Klären der Aufgabenstellung auch auf dem Gebiet der Tragwerksplanung – Ortsbesichtigung – Zusammenstellen der die Aufgabe beeinflussenden Planungsabsichten – Zusammenstellen und Werten von Unterlagen – Erläutern von Planungsdaten – Ermitteln des Leistungsumfangs und der erforderlichen Vorarbeiten, zum Beispiel Baugrunduntersuchungen, Vermessungsleistungen, Immissionsschutz; ferner bei Verkehrsanlagen: Verkehrszählungen – Formulieren von Entscheidungshilfen für die Auswahl anderer an der Planung fachlich Beteiligter – Zusammenfassen der Ergebnisse	– Auswahl und Besichtigen ähnlicher Objekte – Ermitteln besonderer, in den Normen nicht festgelegter Belastungen	*Leistungsbild Objektplanung für Ingenieurbauwerke und Verkehrsanlagen*

Leistungsbild Objektplanung für Ingenieurbauwerke und Verkehrsanlagen

Grundleistungen

Besondere Leistungen

2. Vorplanung (Projekt- und Planungsvorbereitung)

- Analyse der Grundlagen
- Abstimmen der Zielvorstellungen auf die Randbedingungen, die insbesondere durch Raumordnung, Landesplanung, Bauleitplanung, Rahmenplanung sowie örtliche und überörtliche Fachplanungen vorgegeben sind
- Untersuchen von Lösungsmöglichkeiten mit ihren Einflüssen auf bauliche und konstruktive Gestaltung, Zweckmäßigkeit, Wirtschaftlichkeit unter Beachtung der Umweltverträglichkeit
- Beschaffen und Auswerten amtlicher Karten
- Erarbeiten eines Planungskonzepts einschließlich Untersuchung der alternativen Lösungsmöglichkeiten nach gleichen Anforderungen mit zeichnerischer Darstellung und Bewertung unter Einarbeitung der Beiträge anderer an der Planung fachlich Beteiligter
- Bei Verkehrsanlagen: Überschlägige verkehrstechnische Bemessung der Verkehrsanlage; Ermitteln der Schallimmissionen von der Verkehrsanlage an kritischen Stellen nach Tabellenwerten; Untersuchen der möglichen Schallschutzmaßnahmen, ausgenommen detaillierte schalltechnische Untersuchungen, insbesondere in komplexen Fällen
- Klären und Erläutern der wesentlichen fachspezifischen Zusammenhänge, Vorgänge und Bedingungen
- Vorverhandlungen mit Behörden und anderen an der Planung fachlich Beteiligten über die Genehmigungsfähigkeit, gegebenenfalls über die Bezuschussung und Kostenbeteiligung
- Mitwirken beim Erläutern des Planungskonzepts gegenüber Bürgern und politischen Gremien
- Überarbeiten des Planungskonzepts nach Bedenken und Anregungen
- Bereitstellen von Unterlagen als Auszüge aus dem Vorentwurf zur Verwendung für ein Raumordnungsverfahren
- Kostenschätzung
- Zusammenstellung aller Vorplanungsergebnisse

- Anfertigen von Nutzen-Kosten-Untersuchungen
- Anfertigen von topographischen und hydrologischen Unterlagen
- Genaue Berechnung besonderer Bauteile
- Koordinieren und Darstellen der Ausrüstung und Leitungen bei Gleisanlagen

Grundleistungen   *Besondere Leistungen*

3. **Entwurfsplanung**

- Durcharbeiten des Planungskonzepts (stufenweise Erarbeitung einer zeichnerischen Lösung) unter Berücksichtigung aller fachspezifischer Anforderungen und unter Verwendung der Beiträge anderer an der Planung fachlich Beteiligter bis zum vollständigen Entwurf
- Erläuterungsbericht
- Fachspezifische Berechnungen, ausgenommen Berechnungen des Tragwerks
- Zeichnerische Darstellung des Gesamtentwurfs
- Finanzierungsplan; Bauzeiten- und Kostenplan; Ermitteln und Begründen der zuwendungsfähigen Kosten sowie Vorbereiten der Anträge auf Finanzierung; Mitwirken beim Erläutern des vorläufigen Entwurfs gegenüber Bürgern und politischen Gremien; Überarbeiten des vorläufigen Entwurfs aufgrund von Bedenken und Anregungen
- Verhandlungen mit Behörden und anderen an der Planung fachlich Beteiligten über die Genehmigungsfähigkeit
- Kostenberechnung
- Kostenkontrolle durch Vergleich der Kostenberechnung mit der Kostenschätzung.
- Bei Verkehrsanlagen: Überschlägige Festlegung der Abmessungen von Ingenieurbauwerken; Zusammenfassen aller vorläufigen Entwurfsunterlagen; Weiterentwickeln des vorläufigen Entwurfs zum endgültigen Entwurf; Ermitteln der Schallimmissionen von der Verkehrsanlage nach Tabellenwerten; Festlegen der erforderlichen Schallschutzmaßnahmen an der Verkehrsanlage, gegebenenfalls unter Einarbeitung der Ergebnisse detaillierter schalltechnischer Untersuchungen und Feststellen der Notwendigkeit von Schallschutzmaßnahmen an betroffenen Gebäuden; rechnerische Festlegung der Anlage in den Haupt- und Kleinpunkten; Darlegen der Auswirkungen auf Zwangspunkte; Nachweis der Lichtraumprofile; überschlägiges Ermitteln der wesentlichen Bauphasen unter Berücksichtigung der Verkehrslenkung während der Bauzeit
- Zusammenfassen aller Entwurfsunterlagen

- Beschaffen von Auszügen aus Grundbuch, Kataster und anderen amtlichen Unterlagen
- Fortschreiben von Nutzen-Kosten-Untersuchungen
- Signaltechnische Berechnung
- Mitwirken bei Verwaltungsvereinbarungen

Leistungsbild Objektplanung für Ingenieurbauwerke und Verkehrsanlagen

	Grundleistungen	Besondere Leistungen
Leistungsbild Objektplanung für Ingenieurbauwerke und Verkehrsanlagen	**4. Genehmigungsplanung** – Erarbeiten der Unterlagen für die erforderlichen öffentlich-rechtlichen Verfahren einschließlich der Anträge auf Ausnahmen und Befreiungen, Aufstellen des Bauwerksverzeichnisses unter Verwendung der Beiträge anderer an der Planung fachlich Beteiligter – Einreichen dieser Unterlagen – Grunderwerbsplan und Grunderwerbsverzeichnis – Bei Verkehrsanlagen: Einarbeiten der Ergebnisse der schalltechnischen Untersuchungen – Verhandlungen mit Behörden – Vervollständigen und Anpassen der Planungsunterlagen, Beschreibungen und Berechnungen unter Verwendung der Beiträge anderer an der Planung fachlich Beteiligter – Mitwirken beim Erläutern gegenüber Bürgern – Mitwirken im Planfeststellungsverfahren einschließlich der Teilnahme an Erörterungsterminen sowie Mitwirken bei der Abfassung der Stellungnahmen zu Bedenken und Anregungen	– Mitwirken beim Beschaffen der Zustimmung von Betroffenen – Herstellen der Unterlagen für Verbandsgründungen
	5. Ausführungsplanung – Durcharbeiten der Ergebnisse der Leistungsphasen 3 und 4 (stufenweise Erarbeitung und Darstellung der Lösung) unter Berücksichtigung aller fachspezifischen Anforderungen und Verwendung der Beiträge anderer an der Planung fachlich Beteiligter bis zur ausführungsreifen Lösung – Zeichnerische und rechnerische Darstellung des Objekts mit allen für die Ausführung notwendigen Einzelangaben einschließlich Detailzeichnungen in den erforderlichen Maßstäben – Erarbeiten der Grundlagen für die anderen an der Planung fachlich Beteiligten und Integrieren ihrer Beiträge bis zur ausführungsreifen Lösung – Fortschreiben der Ausführungsplanung während der Objektausführung	– Aufstellen von Ablauf- und Netzplänen

Teil VII Leistungen bei Ingenieurbauwerken und Verkehrsanlagen

Grundleistungen	*Besondere Leistungen*	
6. Vorbereitung der Vergabe		*Leistungsbild Objektplanung für Ingenieurbauwerke und Verkehrsanlagen*
– Mengenermittlung und Aufgliederung nach Einzelpositionen unter Verwendung der Beiträge anderer an der Planung fachlich Beteiligter – Aufstellen der Verdingungsunterlagen, insbesondere Anfertigen der Leistungsbeschreibungen mit Leistungsverzeichnissen sowie der Besonderen Vertragsbedingungen – Abstimmen und Koordinieren der Verdingungsunterlagen der an der Planung fachlich Beteiligten – Festlegen der wesentlichen Ausführungsphasen		
7. Mitwirkung bei der Vergabe		
– Zusammenstellen der Verdingungsunterlagen für alle Leistungsbereiche – Einholen von Angeboten – Prüfen und Werten der Angebote einschließlich Aufstellen eines Preisspiegels – Abstimmen und Zusammenstellen der Leistungen der fachlich Beteiligten, die an der Vergabe mitwirken – Mitwirken bei Verhandlungen mit Bietern – Fortschreiben der Kostenberechnung – Kostenkontrolle durch Vergleich der fortgeschriebenen Kostenberechnung mit der Kostenberechnung – Mitwirken bei der Auftragserteilung	– Prüfen und Werten von Nebenangeboten und Änderungsvorschlägen mit grundlegend anderen Konstruktionen im Hinblick auf die technische und funktionelle Durchführbarkeit	
8. Bauoberleitung		
– Aufsicht über die örtliche Bauüberwachung, soweit die Bauoberleitung und die örtliche Bauüberwachung getrennt vergeben werden, Koordinieren der an der Objektüberwachung fachlich Beteiligten, insbesondere Prüfen auf Übereinstimmung und Freigeben von Plänen Dritter – Aufstellen und Überwachen eines Zeitplans (Balkendiagramm) – Inverzugsetzen der ausführenden Unternehmen – Abnahme von Leistungen und Lieferungen unter Mitwirkung der örtlichen Bau-		

	Grundleistungen	*Besondere Leistungen*
Leistungsbild Objektplanung für Ingenieurbauwerke und Verkehrsanlagen	überwachung und anderer an der Planung und Objektüberwachung fachlich Beteiligter unter Fertigung einer Niederschrift über das Ergebnis der Abnahme – Antrag auf behördliche Abnahmen und Teilnahme daran – Übergabe des Objekts einschließlich Zusammenstellung und Übergabe der erforderlichen Unterlagen, zum Beispiel Abnahmeniederschriften und Prüfungsprotokolle – Zusammenstellen von Wartungsvorschriften für das Objekt – Überwachen der Prüfungen der Funktionsfähigkeit der Anlagenteile und der Gesamtanlage – Auflisten der Verjährungsfristen der Gewährleistungsansprüche – Kostenfeststellung – Kostenkontrolle durch Überprüfen der Leistungsabrechnung der bauausführenden Unternehmen im Vergleich zu den Vertragspreisen und der fortgeschriebenen Kostenberechnung	
	9. Objektbetreuung und Dokumentation	
	– Objektbegehung zur Mängelfeststellung vor Ablauf der Verjährungsfristen der Gewährleistungsansprüche gegenüber den ausführenden Unternehmen – Überwachen der Beseitigung von Mängeln, die innerhalb der Verjährungsfristen der Gewährleistungsansprüche, längstens jedoch bis zum Ablauf von 5 Jahren seit Abnahme der Leistungen auftreten – Mitwirken bei der Freigabe von Sicherheitsleistungen – Systematische Zusammenstellung der zeichnerischen Darstellungen und rechnerischen Ergebnisse des Objekts	– Erstellen eines Bauwerksbuchs

(3) Die Teilnahme an bis zu 5 Erläuterungs- oder Erörterungsterminen mit Bürgern oder politischen Gremien, die bei Leistungen nach Absatz 2 anfallen, sind als Grundleistung mit den Honoraren nach § 56 abgegolten.

(4) Die Vertragsparteien können bei Auftragserteilung schriftlich vereinbaren, daß die Leistungsphase 5 bei Ingenieurbauwerken nach § 51 Abs. 1 Nr. 1 bis 3 und 5

abweichend von Absatz 1 mit mehr als 15 bis zu 35 vom Hundert bewertet wird, wenn in dieser Leistungsphase ein überdurchschnittlicher Aufwand an Ausführungszeichnungen erforderlich wird. Wird die Planung von Anlagen der Verfahrens- und Prozeßtechnik für die in Satz 1 genannten Ingenieurbauwerke an den Auftragnehmer übertragen, dem auch Grundleistungen für diese Ingenieurbauwerke in Auftrag gegeben sind, so kann für diese Leistungen ein Honorar frei vereinbart werden. Wird ein Honorar nach Satz 2 nicht bei Auftragserteilung schriftlich vereinbart, so ist das Honorar als Zeithonorar nach § 6 zu berechnen.

(5) Bei Umbauten und Modernisierungen im Sinne des § 3 Nr. 5 und 6 von Ingenieurbauwerken können neben den in Absatz 2 erwähnten Besonderen Leistungen insbesondere die nachstehenden Besonderen Leistungen vereinbart werden:
– Ermitteln substanzbezogener Daten und Vorschriften
– Untersuchen und Abwickeln der notwendigen Sicherungsmaßnahmen von Bau- oder Betriebszuständen
– Örtliches Überprüfen von Planungsdetails an der vorgefundenen Substanz und Überarbeiten der Planung bei Abweichen von den ursprünglichen Feststellungen
– Erarbeiten eines Vorschlags zur Behebung von Schäden oder Mängeln.

Satz 1 gilt sinngemäß für Verkehrsanlagen mit geringen Kosten für Erdarbeiten einschließlich Felsarbeiten sowie mit gebundener Gradiente oder bei schwieriger Anpassung an vorhandene Randbebauung.

§ 56 Honorartafeln für Grundleistungen bei Ingenieurbauwerken und Verkehrsanlagen

(1) Die Mindest- und Höchstsätze der Honorare für die in § 55 aufgeführten Grundleistungen bei Ingenieurbauwerken sind in der nachfolgenden Honorartafel für den Anwendungsbereich des § 51 Abs. 1 festgesetzt.

(2) Die Mindest- und Höchstsätze der Honorare für die in § 55 aufgeführten Grundleistungen bei Verkehrsanlagen sind in der nachfolgenden Honorartafel für den Anwendungsbereich des § 51 Abs. 2 festgesetzt.

(3) § 16 Abs. 2 und 3 gilt sinngemäß.

§ 57 Örtliche Bauüberwachung

(1) Die örtliche Bauüberwachung bei Ingenieurbauwerken und Verkehrsanlagen umfaßt folgende Leistungen:
1. Überwachen der Ausführung des Objekts auf Übereinstimmung mit den zur Ausführung genehmigten Unterlagen, dem Bauvertrag sowie den allgemein anerkannten Regeln der Technik und den einschlägigen Vorschriften,
2. Hauptachsen für das Objekt von objektnahen Festpunkten abstecken sowie Höhenfestpunkte im Objektbereich herstellen, soweit die Leistungen nicht mit besonderen instrumentellen und vermessungstechnischen Verfahrensanforderungen erbracht werden müssen; Baugelände örtlich kennzeichnen,
3. Führen eines Bautagebuchs,
4. gemeinsames Aufmaß mit den ausführenden Unternehmen,
5. Mitwirken bei der Abnahme von Leistungen und Lieferungen,
6. Rechnungsprüfung,

Honorartafel zu § 56 Abs. 1 (€) – Anwendungsbereich des § 51 Abs. 1

Anrechenbare Kosten €	Zone I von €	Zone I bis	Zone II von €	Zone II bis	Zone III von €	Zone III bis	Zone IV von €	Zone IV bis	Zone V von €	Zone V bis
25.565	2.378	2.991	2.991	3.599	3.599	4.213	4.213	4.821	4.821	5.435
30.000	2.710	3.395	3.395	4.079	4.079	4.767	4.767	5.451	5.451	6.136
35.000	3.068	3.832	3.832	4.601	4.601	5.367	5.367	6.135	6.135	6.900
40.000	3.410	4.255	4.255	5.100	5.100	5.940	5.940	6.786	6.786	7.630
45.000	3.750	4.667	4.667	5.587	5.587	6.502	6.502	7.423	7.423	8.339
50.000	4.086	5.077	5.077	6.068	6.068	7.054	7.054	8.046	8.046	9.036
75.000	5.666	6.988	6.988	8.310	8.310	9.628	9.628	10.950	10.950	12.272
100.000	7.148	8.772	8.772	10.396	10.396	12.016	12.016	13.640	13.640	15.264
150.000	9.911	12.078	12.078	14.246	14.246	16.412	16.412	18.579	18.579	20.746
200.000	12.503	15.164	15.164	17.824	17.824	20.480	20.480	23.140	23.140	25.801
250.000	14.970	18.084	18.084	21.202	21.202	24.316	24.316	27.434	27.434	30.548
300.000	17.336	20.882	20.882	24.434	24.434	27.980	27.980	31.531	31.531	35.078
350.000	19.630	23.589	23.589	27.549	27.549	31.504	31.504	35.464	35.464	39.423
400.000	21.869	26.217	26.217	30.569	30.569	34.916	34.916	39.269	39.269	43.617
450.000	24.046	28.775	28.775	33.505	33.505	38.229	38.229	42.959	42.959	47.688
500.000	26.175	31.272	31.272	36.365	36.365	41.461	41.461	46.554	46.554	51.651
750.000	36.278	43.057	43.057	49.835	49.835	56.614	56.614	63.393	63.393	70.171
1.000.000	45.762	54.062	54.062	62.366	62.366	70.666	70.666	78.971	78.971	87.271
1.500.000	63.453	74.482	74.482	85.511	85.511	96.544	96.544	107.573	107.573	118.602
2.000.000	80.039	93.531	93.531	107.023	107.023	120.520	120.520	134.012	134.012	147.504
2.500.000	95.821	111.595	111.595	127.363	127.363	143.137	143.137	158.906	158.906	174.679
3.000.000	111.004	128.913	128.913	146.822	146.822	164.736	164.736	182.645	182.645	200.555
3.500.000	125.699	145.638	145.638	165.577	165.577	185.512	185.512	205.451	205.451	225.390
4.000.000	140.001	161.879	161.879	183.753	183.753	205.630	205.630	227.504	227.504	249.382
4.500.000	153.954	177.696	177.696	201.436	201.436	225.174	225.174	248.915	248.915	272.656
5.000.000	167.609	193.149	193.149	218.689	218.689	244.232	244.232	269.771	269.771	295.311
7.500.000	232.309	266.086	266.086	299.864	299.864	333.642	333.642	367.419	367.419	401.196
10.000.000	293.023	334.208	334.208	375.393	375.393	416.578	416.578	457.764	457.764	498.949
15.000.000	406.268	460.635	460.635	514.998	514.998	569.365	569.365	623.727	623.727	678.094
20.000.000	512.446	578.613	578.613	644.780	644.780	710.952	710.952	777.119	777.119	843.286
25.000.000	613.537	690.564	690.564	767.585	767.585	844.612	844.612	921.634	921.634	998.660
25.564.594	624.901	703.144	703.144	781.382	781.382	859.625	859.625	937.863	937.863	1.016.106

Teil VII Leistungen bei Ingenieurbauwerken und Verkehrsanlagen

Honorartafel zu § 56 Abs. 2 (€) – Anwendungsbereich des § 51 Abs. 2

Anrechenbare Kosten €	Zone I von €	Zone I bis €	Zone II von €	Zone II bis €	Zone III von €	Zone III bis €	Zone IV von €	Zone IV bis €	Zone V von €	Zone V bis €
25.565	2.613	3.282	3.282	3.952	3.952	4.627	4.627	5.297	5.297	5.967
30.000	2.972	3.722	3.722	4.471	4.471	5.222	5.222	5.971	5.971	6.721
35.000	3.364	4.204	4.204	5.039	5.039	5.879	5.879	6.714	6.714	7.554
40.000	3.737	4.658	4.658	5.583	5.583	6.504	6.504	7.429	7.429	8.350
45.000	4.107	5.108	5.108	6.115	6.115	7.116	7.116	8.122	8.122	9.123
50.000	4.465	5.546	5.546	6.629	6.629	7.710	7.710	8.792	8.792	9.874
75.000	6.159	7.597	7.597	9.036	9.036	10.479	10.479	11.917	11.917	13.355
100.000	7.742	9.502	9.502	11.263	11.263	13.019	13.019	14.780	14.780	16.541
150.000	10.653	12.982	12.982	15.306	15.306	17.635	17.635	19.959	19.959	22.288
200.000	13.311	16.144	16.144	18.977	18.977	21.815	21.815	24.648	24.648	27.482
250.000	15.801	19.093	19.093	22.386	22.386	25.674	25.674	28.967	28.967	32.259
300.000	18.147	21.859	21.859	25.575	25.575	29.287	29.287	33.003	33.003	36.715
350.000	20.373	24.479	24.479	28.585	28.585	32.686	32.686	36.792	36.792	40.897
400.000	22.486	26.961	26.961	31.435	31.435	35.904	35.904	40.379	40.379	44.853
450.000	24.504	29.322	29.322	34.141	34.141	38.959	38.959	43.778	43.778	48.597
500.000	26.440	31.587	31.587	36.734	36.734	41.877	41.877	47.023	47.023	52.170
750.000	34.951	41.485	41.485	48.013	48.013	54.546	54.546	61.074	61.074	67.607
1.000.000	41.994	49.614	49.614	57.232	57.232	64.847	64.847	72.466	72.466	80.085
1.500.000	58.018	68.101	68.101	78.185	78.185	88.273	88.273	98.356	98.356	108.439
2.000.000	73.178	85.513	85.513	97.848	97.848	110.188	110.188	122.523	122.523	134.858
2.500.000	87.609	102.028	102.028	116.448	116.448	130.869	130.869	145.289	145.289	159.709
3.000.000	101.490	117.865	117.865	134.239	134.239	150.614	150.614	166.988	166.988	183.363
3.500.000	114.930	133.158	133.158	151.386	151.386	169.614	169.614	187.842	187.842	206.070
4.000.000	128.007	148.007	148.007	168.008	168.008	188.005	188.005	208.005	208.005	228.006
4.500.000	140.756	162.464	162.464	184.171	184.171	205.874	205.874	227.581	227.581	249.289
5.000.000	153.239	176.590	176.590	199.941	199.941	223.294	223.294	246.645	246.645	269.996
7.500.000	212.400	243.281	243.281	274.161	274.161	305.046	305.046	335.926	335.926	366.806
10.000.000	267.906	305.559	305.559	343.212	343.212	380.870	380.870	418.523	418.523	456.176
15.000.000	371.445	421.149	421.149	470.852	470.852	520.561	520.561	570.265	570.265	619.968
20.000.000	468.516	529.012	529.012	589.507	589.507	650.008	650.008	710.503	710.503	770.998
25.000.000	560.948	631.370	631.370	701.788	701.788	772.212	772.212	842.630	842.630	913.052
25.564.594	571.338	642.873	642.873	714.403	714.403	785.937	785.937	857.467	857.467	929.002

7. Mitwirken bei behördlichen Abnahmen,
8. Mitwirken beim Überwachen der Prüfung der Funktionsfähigkeit der Anlagenteile und der Gesamtanlage,
9. Überwachen der Beseitigung der bei der Abnahme der Leistungen festgestellten Mängel,
10. bei Objekten nach § 51 Abs. 1: Überwachen der Ausführung von Tragwerken nach § 63 Abs. 1 Nr. 1 und 2 auf Übereinstimmung mit dem Standsicherheitsnachweis.

(2) Das Honorar für die örtliche Bauüberwachung kann mit 2,1 bis 3,2 vom Hundert der anrechenbaren Kosten nach § 52 Abs. 2, 3, 6 und 7 vereinbart werden. Die Vertragsparteien können abweichend von Satz 1 ein Honorar als Festbetrag unter Zugrundelegung der geschätzten Bauzeit vereinbaren. Wird ein Honorar nach Satz 1 oder Satz 2 nicht bei Auftragserteilung schriftlich vereinbart, so gilt ein Honorar in Höhe von 2,1 vom Hundert der anrechenbaren Kosten nach § 52 Abs. 2, 3, 6 und 7 als vereinbart. § 5 Abs. 2 und 3 gilt sinngemäß.

(3) Das Honorar für die örtliche Bauüberwachung bei Objekten nach § 52 Abs. 9 kann abweichend von Absatz 2 frei vereinbart werden.

§ 58 Vorplanung und Entwurfsplanung als Einzelleistung

Wird die Anfertigung der Vorplanung (Leistungsphase 2 des § 55) oder der Entwurfsplanung (Leistungsphase 3 des § 55) als Einzelleistung in Auftrag gegeben, so können hierfür anstelle der in § 55 festgesetzten Vomhundertsätze folgende Vomhundertsätze der Honorare nach § 56 vereinbart werden:

1. für die Vorplanung   bis zu 17 v. H.,
2. für die Entwurfsplanung   bis zu 45 v. H.

§ 59 Umbauten und Modernisierung von Ingenieurbauwerken und Verkehrsanlagen

(1) Honorare für Leistungen bei Umbauten und Modernisierungen im Sinne des § 3 Nr. 5 und 6 sind bei Ingenieurbauwerken nach den anrechenbaren Kosten nach § 52, der Honorarzone, der der Umbau oder die Modernisierung bei sinngemäßer Anwendung des § 53 zuzuordnen ist, den Leistungsphasen des § 55 und den Honorartafeln des § 56 mit der Maßgabe zu ermitteln, daß eine Erhöhung der Honorare für die Grundleistungen nach § 55 und für die örtliche Bauüberwachung nach § 57 um einen Vomhundertsatz schriftlich zu vereinbaren ist. Bei der Vereinbarung nach Satz 1 ist insbesondere der Schwierigkeitsgrad der Leistungen zu berücksichtigen. Bei durchschnittlichem Schwierigkeitsgrad der Leistungen nach Satz 1 kann ein Zuschlag von 20 bis 33 vom Hundert vereinbart werden. Sofern nicht etwas anderes schriftlich vereinbart ist, gilt ab durchschnittlichem Schwierigkeitsgrad ein Zuschlag von 20 vom Hundert als vereinbart.

(2) § 24 Abs. 2 gilt sinngemäß.

(3) Die Absätze 1 und 2 gelten sinngemäß bei Verkehrsanlagen mit geringen Kosten für Erdarbeiten einschließlich Felsarbeiten sowie mit gebundener Gradiente oder bei schwieriger Anpassung an vorhandene Bebauung.

§ 60 Instandhaltungen und Instandsetzungen

Honorare für Leistungen bei Instandhaltungen und Instandsetzungen sind nach den anrechenbaren Kosten nach § 52, der Honorarzone, der das Objekt nach den §§ 53 und 54 zuzuordnen ist, den Leistungsphasen des § 55 und den Honorartafeln des § 56 mit der Maßgabe zu ermitteln, daß eine Erhöhung des Vomhundertsatzes für die Bauoberleitung (Leistungsphase 8 des § 55) und des Betrages für die örtliche Bauüberwachung nach § 57 um bis zu 50 vom Hundert vereinbart werden kann.

§ 61 Bau- und landschaftsgestalterische Beratung

(1) Leistungen für bau- und landschaftsgestalterische Beratung werden erbracht, um Ingenieurbauwerke und Verkehrsanlagen bei besonderen städtebaulichen oder landschaftsgestalterischen Anforderungen planerisch in die Umgebung einzubinden.

(2) Zu den Leistungen für bau- und landschaftsgestalterische Beratung rechnen insbesondere:
1. Mitwirken beim Erarbeiten und Durcharbeiten der Vorplanung in gestalterischer Hinsicht,
2. Darstellung des Planungskonzepts unter Berücksichtigung städtebaulicher, gestalterischer, funktionaler, technischer und umweltbeeinflussender Zusammenhänge, Vorgänge und Bedingungen,
3. Mitwirken beim Werten von Angeboten einschließlich Sondervorschlägen unter gestalterischen Gesichtspunkten,
4. Mitwirken beim Überwachen der Ausführung des Objekts auf Übereinstimmung mit dem gestalterischen Konzept.

(3) Werden Leistungen für bau- und landschaftsgestalterische Beratung einem Auftragnehmer übertragen, dem auch gleichzeitig Grundleistungen nach § 55 für diese Ingenieurbauwerke oder Verkehrsanlagen übertragen werden, so kann für die Leistungen für bau- und landschaftsgestalterische Beratung ein besonderes Honorar nicht berechnet werden. Diese Leistungen sind bei der Vereinbarung des Honorars für die Grundleistungen im Rahmen der für diese Leistungen festgesetzten Mindest- und Höchstsätze zu berücksichtigen.

(4) Werden Leistungen für bau- und landschaftsgestalterische Beratung einem Auftragnehmer übertragen, dem nicht gleichzeitig Grundleistungen nach § 55 für diese Ingenieurbauwerke oder Verkehrsanlagen übertragen werden, so kann ein Honorar frei vereinbart werden. Wird ein Honorar nicht bei Auftragserteilung schriftlich vereinbart, so ist das Honorar als Zeithonorar nach § 6 zu berechnen.

(5) Die Absätze 1 bis 4 gelten sinngemäß, wenn Leistungen für verkehrsplanerische Beratungen bei der Planung von Freianlagen nach Teil II oder bei städtebaulichen Planungen nach Teil V erbracht werden.

Teil VII a Verkehrsplanerische Leistungen

§ 61 a Honorar für verkehrsplanerische Leistungen
(1) Verkehrsplanerische Leistungen sind das Vorbereiten und Erstellen der für nachstehende Planarten erforderlichen Ausarbeitungen und Planfassungen:
1. Bearbeiten aller Verkehrssektoren im Gesamtverkehrsplan,
2. Bearbeiten einzelner Verkehrssektoren im Teilverkehrsplan

sowie sonstige verkehrsplanerische Leistungen.

(2) Die verkehrsplanerischen Leistungen nach Absatz 1 Nr. 1 und 2 umfassen insbesondere folgende Leistungen:
1. Erarbeiten eines Zielkonzeptes,
2. Analyse des Zustandes und Feststellen von Mängeln,
3. Ausarbeiten eines Konzepts für eine Verkehrsmengenerhebung, Durchführen und Auswerten dieser Verkehrsmengenerhebung,
4. Beschreiben der zukünftigen Entwicklung,
5. Ausarbeiten von Planfällen,
6. Berechnen der zukünftigen Verkehrsnachfrage,
7. Abschätzen der Auswirkungen und Bewerten,
8. Erarbeiten von Planungsempfehlungen.

(3) Das Honorar für verkehrsplanerische Leistungen kann frei vereinbart werden. Wird ein Honorar nicht bei Auftragserteilung schriftlich vereinbart, so ist das Honorar als Zeithonorar nach § 6 zu berechnen.

Teil VIII   Leistungen bei der Tragwerksplanung

§ 62   Grundlagen des Honorars

(1) Das Honorar für Grundleistungen bei der Tragwerksplanung richtet sich nach den anrechenbaren Kosten des Objekts, nach der Honorarzone, der das Tragwerk angehört, sowie nach der Honorartafel in § 65.

(2) Anrechenbare Kosten sind, bei Gebäuden und zugehörigen baulichen Anlagen unter Zugrundelegung der Kostenermittlungsarten nach DIN 276, zu ermitteln:
1. bei Anwendung von Absatz 4
   a) für die Leistungsphasen 1 bis 3 nach der Kostenberechnung, solange diese nicht vorliegt, nach der Kostenschätzung;
   b) für die Leistungsphasen 4 bis 6 nach der Kostenfeststellung, solange diese nicht vorliegt, nach dem Kostenanschlag;
   die Vertragsparteien können bei Auftragserteilung abweichend von den Buchstaben a und b eine andere Zuordnung der Leistungsphasen schriftlich vereinbaren;
2. bei Anwendung von Absatz 5 oder 6 nach der Kostenfeststellung, solange diese nicht vorliegt oder wenn die Vertragsparteien dies bei der Auftragserteilung schriftlich vereinbaren, nach dem Kostenanschlag.

(3) § 10 Abs. 3 und 3 a sowie die §§ 21 und 32 gelten sinngemäß.

(4) Anrechenbare Kosten sind bei Gebäuden und zugehörigen baulichen Anlagen
- 55 v. H. der Kosten der Baukonstruktionen und besonderen Baukonstruktionen (DIN 276, Kostengruppen 3.1 und 3.5.1) und
- 20 v. H. der Kosten der Installationen und besonderen Installationen (DIN 276, Kostengruppen 3.2 und 3.5.2).

(5) Die Vertragsparteien können bei Gebäuden mit einem hohen Anteil an Kosten der Gründung und der Tragkonstruktionen (DIN 276, Kostengruppen 3.1.1 und 3.1.2) sowie bei Umbauten bei der Auftragserteilung schriftlich vereinbaren, daß die anrechenbaren Kosten abweichend von Absatz 4 nach Absatz 6 Nr. 1 bis 12 ermittelt werden.

(6) Anrechenbare Kosten sind bei Ingenieurbauwerken die vollständigen Kosten für:
1. Erdarbeiten,
2. Mauerarbeiten,
3. Beton- und Stahlbetonarbeiten,
4. Naturwerksteinarbeiten,
5. Betonwerksteinarbeiten,
6. Zimmer- und Holzbauarbeiten,
7. Stahlbauarbeiten,
8. Tragwerke und Tragwerksteile aus Stoffen, die anstelle der in den vorgenannten Leistungen enthaltenen Stoffe verwendet werden,
9. Abdichtungsarbeiten,
10. Dachdeckungs- und Dachabdichtungsarbeiten,
11. Klempnerarbeiten,
12. Metallbau- und Schlosserarbeiten für tragende Konstruktionen,
13. Bohrarbeiten, außer Bohrungen zur Baugrunderkundung,
14. Verbauarbeiten für Baugruben,

15. Rammarbeiten,
16. Wasserhaltungsarbeiten,

einschließlich der Kosten für Baustelleneinrichtungen. Absatz 7 bleibt unberührt.

(7) Nicht anrechenbar sind bei Anwendung von Absatz 5 oder 6 die Kosten für
1. das Herrichten des Baugrundstücks,
2. Oberbodenauftrag,
3. Mehrkosten für außergewöhnliche Ausschachtungsarbeiten,
4. Rohrgräben ohne statischen Nachweis,
5. nichttragendes Mauerwerk < 11,5 cm,
6. Bodenplatten ohne statischen Nachweis,
7. Mehrkosten für Sonderausführungen, zum Beispiel von Dächern, Sichtbeton oder Fassadenverkleidungen,
8. Winterbauschutzvorkehrungen und sonstige zusätzliche Maßnahmen für den Winterbau (bei Gebäuden und zugehörigen baulichen Anlagen: nach DIN 276, Kostengruppe 6).
9. Naturwerkstein-, Betonwerkstein-, Zimmer- und Holzbau-, Stahlbau- und Klempnerarbeiten, die in Verbindung mit dem Ausbau eines Gebäudes oder Ingenieurbauwerks ausgeführt werden,
10. die Baunebenkosten.

(8) Die Vertragsparteien können bei Ermittlung der anrechenbaren Kosten vereinbaren, daß Kosten von Arbeiten, die nicht in den Absätzen 4 bis 6 erfaßt sind, sowie die in Absatz 7 Nr. 7 und bei Gebäuden die in Absatz 6 Nr. 13 bis 16 genannten Kosten ganz oder teilweise zu den anrechenbaren Kosten gehören, wenn der Auftragnehmer wegen dieser Arbeiten Mehrleistungen für das Tragwerk nach § 64 erbringt.

§ 63 Honorarzonen für Leistungen bei der Tragwerksplanung

(1) Die Honorarzone wird bei der Tragwerksplanung nach dem statisch-konstruktiven Schwierigkeitsgrad aufgrund folgender Bewertungsmerkmale ermittelt:
1. Honorarzone I:

Tragwerke mit sehr geringem Schwierigkeitsgrad, insbesondere
- einfache statisch bestimmte ebene Tragwerke aus Holz, Stahl, Stein oder unbewehrtem Beton mit ruhenden Lasten, ohne Nachweis horizontaler Aussteifung;

2. Honorarzone II:

Tragwerke mit geringem Schwierigkeitsgrad, insbesondere
- statisch bestimmte ebene Tragwerke in gebräuchlichen Bauarten ohne Vorspann- und Verbundkonstruktionen, mit vorwiegend ruhenden Lasten,
- Deckenkonstruktionen mit vorwiegend ruhenden Flächenlasten, die sich mit gebräuchlichen Tabellen berechnen lassen,
- Mauerwerksbauten mit bis zur Gründung durchgehenden tragenden Wänden ohne Nachweis horizontaler Aussteifung,
- Flachgründungen und Stützwände einfacher Art;

3. Honorarzone III:

Tragwerke mit durchschnittlichem Schwierigkeitsgrad, insbesondere
- schwierige statisch bestimmte und statisch unbestimmte ebene Tragwerke in

gebräuchlichen Bauarten ohne Vorspannkonstruktionen und ohne Stabilitätsuntersuchungen,
- einfache Verbundkonstruktionen des Hochbaus ohne Berücksichtigung des Einflusses von Kriechen und Schwinden,
- Tragwerke für Gebäude mit Abfangung der tragenden, beziehungsweise aussteifenden Wände,
- ausgesteifte Skelettbauten,
- ebene Pfahlrostgründungen,
- einfache Gewölbe,
- einfache Rahmentragwerke ohne Vorspannkonstruktionen und ohne Stabilitätsuntersuchungen,
- einfache Traggerüste und andere einfache Gerüste für Ingenieurbauwerke,
- einfache verankerte Stützwände;

4. Honorarzone IV:
Tragwerke mit überdurchschnittlichem Schwierigkeitsgrad, insbesondere
- statisch und konstruktiv schwierige Tragwerke in gebräuchlichen Bauarten und Tragwerke, für deren Standsicherheits- und Festigkeitsnachweis schwierig zu ermittelnde Einflüsse zu berücksichtigen sind,
- vielfach statisch unbestimmte Systeme,
- statisch bestimmte räumliche Fachwerke,
- einfache Faltwerke nach der Balkentheorie,
- statisch bestimmte Tragwerke, die Schnittgrößenbestimmungen nach der Theorie II. Ordnung erfordern,
- einfach berechnete, seilverspannte Konstruktionen,
- Tragwerke für schwierige Rahmen- und Skelettbauten sowie turmartige Bauten, bei denen der Nachweis der Stabilität und Aussteifung die Anwendung besonderer Berechnungsverfahren erfordert,
- Verbundkonstruktionen, soweit nicht in Honorarzone III oder V erwähnt,
- einfache Trägerroste und einfache orthotrope Platten,
- Tragwerke mit einfachen Schwingungsuntersuchungen,
- schwierige statisch unbestimmte Flachgründungen, schwierige ebene und räumliche Pfahlgründungen, besondere Gründungsverfahren, Unterfahrungen,
- schiefwinklige Einfeldplatten für Ingenieurbauwerke,
- schiefwinklig gelagerte oder gekrümmte Träger,
- schwierige Gewölbe und Gewölbereihen,
- Rahmentragwerke, soweit nicht in Honorarzone III oder V erwähnt,
- schwierige Traggerüste und andere schwierige Gerüste für Ingenieurbauwerke,
- schwierige, verankerte Stützwände,
- Konstruktionen mit Mauerwerk nach Eignungsprüfung (Ingenieurmauerwerk);

5. Honorarzone V:
Tragwerke mit sehr hohem Schwierigkeitsgrad, insbesondere
- statisch und konstruktiv ungewöhnlich schwierige Tragwerke,
- schwierige Tragwerke in neuen Bauarten,
- räumliche Stabwerke und statisch unbestimmte räumliche Fachwerke,

- schwierige Trägerroste und schwierige orthotrope Platten,
- Verbundträger mit Vorspannung durch Spannglieder oder andere Maßnahmen,
- Flächentragwerke (Platten, Scheiben, Faltwerke, Schalen), die die Anwendung der Elastizitätstheorie erfordern,
- statisch unbestimmte Tragwerke, die Schnittgrößenbestimmungen nach der Theorie II. Ordnung erfordern,
- Tragwerke mit Standsicherheitsnachweisen, die nur unter Zuhilfenahme modellstatischer Untersuchungen oder durch Berechnungen mit finiten Elementen beurteilt werden können,
- Tragwerke mit Schwingungsuntersuchungen, soweit nicht in Honorarzone IV erwähnt,
- seilverspannte Konstruktionen, soweit nicht in Honorarzone IV erwähnt,
- schiefwinklige Mehrfeldplatten,
- schiefwinklig gelagerte, gekrümmte Träger,
- schwierige Rahmentragwerke mit Vorspannkonstruktionen und Stabilitätsuntersuchungen,
- sehr schwierige Traggerüste und andere sehr schwierige Gerüste für Ingenieurbauwerke, zum Beispiel weit gespannte oder hohe Traggerüste,
- Tragwerke, bei denen die Nachgiebigkeit der Verbindungsmittel bei der Schnittkraftermittlung zu berücksichtigen ist.

(2) Sind für ein Tragwerk Bewertungsmerkmale aus mehreren Honorarzonen anwendbar und bestehen deswegen Zweifel, welcher Honorarzone das Tragwerk zugerechnet werden kann, so ist für die Zuordnung die Mehrzahl der in den jeweiligen Honorarzonen nach Absatz 1 aufgeführten Bewertungsmerkmale und ihre Bedeutung im Einzelfall maßgebend.

§ 64 Leistungsbild Tragwerksplanung

(1) Die Grundleistungen bei der Tragwerksplanung sind für Gebäude und zugehörige bauliche Anlagen sowie für Ingenieurbauwerke nach § 51 Abs. 1 Nr. 1 bis 5 in den in Absatz 3 aufgeführten Leistungsphasen 1 bis 6, für Ingenieurbauwerke nach § 51 Abs. 1 Nr. 6 und 7 in den in Absatz 3 aufgeführten Leistungsphasen 2 bis 6 zusammengefaßt. Sie sind in der folgenden Tabelle in Vomhundertsätzen der Honorare des § 65 bewertet.

Leistungsbild Tragwerksplanung

	Bewertung der Grundleistungen in v. H. der Honorare
1. **Grundlagenermittlung** *) Klären der Aufgabenstellung	3

---

*) Die Grundleistungen dieser Leistungsphase für Ingenieurbauwerke nach § 51 Abs. 1 Nr. 6 und 7 sind im Leistungsbild der Objektplanung des § 55 enthalten.

Teil VIII Leistungen bei der Tragwerksplanung

	Bewertung der Grundleistungen in v. H. der Honorare
2. **Vorplanung (Projekt- und Planungsvorbereitung)** Erarbeiten des statisch-konstruktiven Konzepts des Tragwerks	10
3. **Entwurfsplanung (System- und Integrationsplanung)** Erarbeiten der Tragwerkslösung mit überschlägiger statischer Berechnung	12
4. **Genehmigungsplanung** Anfertigen und Zusammenstellen der statischen Berechnung mit Positionsplänen für die Prüfung	30
5. **Ausführungsplanung** Anfertigen der Tragwerksausführungszeichnungen	42
6. **Vorbereitung der Vergabe** Beitrag zur Mengenermittlung und zum Leistungsverzeichnis	3
7. **Mitwirkung bei der Vergabe**	–
8. **Objektüberwachung**	–
9. **Objektbetreuung**	–

(2) Die Leistungsphase 5 ist abweichend von Absatz 1 mit 26 vom Hundert der Honorare des § 65 zu bewerten:
1. im Stahlbetonbau, sofern keine Schalpläne in Auftrag gegeben werden,
2. im Stahlbau, sofern der Auftragnehmer die Werkstattzeichnungen nicht auf Übereinstimmung mit der Genehmigungsplanung und den Ausführungszeichnungen nach Absatz 3 Nr. 5 überprüft,
3. im Holzbau, sofern das Tragwerk in den Honorarzonen 1 oder 2 eingeordnet ist.

(3) Das Leistungsbild setzt sich wie folgt zusammen:

Grundleistungen	*Besondere Leistungen*
1. **Grundlagenermittlung**	
– Klären der Aufgabenstellung auf dem Fachgebiet Tragwerksplanung im Benehmen mit dem Objektplaner	
2. **Vorplanung (Projekt- und Planungsvorbereitung)**	
– Bei Ingenieurbauwerken nach § 51 Abs. 1 Nr. 6 und 7: Übernahme der Ergebnisse aus Leistungsphase 1 von § 55 Abs. 2	– Aufstellen von Vergleichsberechnungen für mehrere Lösungsmöglichkeiten unter verschiedenen Objektbedingungen

Leistungsbild Tragwerksplanung

| | *Grundleistungen* | *Besondere Leistungen* |

Leistungsbild Tragwerksplanung

Grundleistungen
- Beraten in statisch-konstruktiver Hinsicht unter Berücksichtigung der Belange der Standsicherheit, der Gebrauchsfähigkeit und der Wirtschaftlichkeit
- Mitwirken bei dem Erarbeiten eines Planungskonzepts einschließlich Untersuchung der Lösungsmöglichkeiten des Tragwerks unter gleichen Objektbedingungen mit skizzenhafter Darstellung, Klärung und Angabe der für das Tragwerk wesentlichen konstruktiven Festlegungen für zum Beispiel Baustoffe, Bauarten und Herstellungsverfahren, Konstruktionsraster und Gründungsart
- Mitwirken bei Vorverhandlungen mit Behörden und anderen an der Planung fachlich Beteiligten über die Genehmigungsfähigkeit
- Mitwirken bei der Kostenschätzung nach DIN 276

Besondere Leistungen
- Aufstellen eines Lastenplanes, zum Beispiel als Grundlage für die Baugrundbeurteilung und Gründungsberatung
- Vorläufige nachprüfbare Berechnung wesentlicher tragender Teile
- Vorläufige nachprüfbare Berechnung der Gründung

3. Entwurfsplanung (System- und Integrationsplanung)

Grundleistungen
- Erarbeiten der Tragwerkslösung unter Beachtung der durch die Objektplanung integrierten Fachplanungen bis zum konstruktiven Entwurf mit zeichnerischer Darstellung
- Überschlägige statische Berechnung und Bemessung
- Grundlegende Festlegungen der konstruktiven Details und Hauptabmessungen des Tragwerks für zum Beispiel Gestaltung der tragenden Querschnitte, Aussparungen und Fugen; Ausbildung der Auflager- und Knotenpunkte sowie der Verbindungsmittel
- Mitwirken bei der Objektbeschreibung
- Mitwirken bei Verhandlungen mit Behörden und anderen an der Planung fachlich Beteiligten über die Genehmigungsfähigkeit
- Mitwirken bei der Kostenberechnung, bei Gebäuden und zugehörigen baulichen Anlagen: nach DIN 276
- Mitwirken bei der Kostenkontrolle durch Vergleich der Kostenberechnung mit der Kostenschätzung.

Besondere Leistungen
- Vorgezogene, prüfbare und für die Ausführung geeignete Berechnung wesentlich tragender Teile
- Vorgezogene, prüfbare und für die Ausführung geeignete Berechnung der Gründung
- Mehraufwand bei Sonderbauweisen oder Sonderkonstruktionen, zum Beispiel Klären von Konstruktionsdetails
- Vorgezogene Stahl- oder Holzmengenermittlung des Tragwerks und der kraftübertragenden Verbindungsteile für eine Ausschreibung, die ohne Vorliegen von Ausführungsunterlagen durchgeführt wird
- Nachweise der Erdbebensicherung

Teil VIII Leistungen bei der Tragwerksplanung

Grundleistungen	*Besondere Leistungen*

Leistungsbild Tragwerksplanung

4. Genehmigungsplanung

- Aufstellen der prüffähigen statischen Berechnungen für das Tragwerk unter Berücksichtigung der vorgegebenen bauphysikalischen Anforderungen
- Bei Ingenieurbauwerken: Erfassen von normalen Bauzuständen
- Anfertigen der Positionspläne für das Tragwerk oder Eintragen der statischen Positionen, der Tragwerksabmessungen, der Verkehrslasten, der Art und Güte der Baustoffe und der Besonderheiten der Konstruktionen in die Entwurfszeichnungen des Objektplaners (zum Beispiel in Transparentpausen)
- Zusammenstellen der Unterlagen der Tragwerksplanung zur bauaufsichtlichen Genehmigung
- Verhandlungen mit Prüfämtern und Prüfingenieuren
- Vervollständigen und Berichtigen der Berechnungen und Pläne

- Bauphysikalische Nachweise zum Brandschutz
- Statische Berechnung und zeichnerische Darstellung für Bergschadenssicherungen und Bauzustände, soweit diese Leistungen über das Erfassen von normalen Bauzuständen hinausgehen
- Zeichnungen mit statischen Positionen und den Tragwerksabmessungen, den Bewehrungs-Querschnitten, den Verkehrslasten und der Art und Güte der Baustoffe sowie Besonderheiten der Konstruktionen zur Vorlage bei der bauaufsichtlichen Prüfung anstelle von Positionsplänen
- Aufstellen der Berechnungen nach militärischen Lastenklassen (MLC)
- Erfassen von Bauzuständen bei Ingenieurbauwerken, in denen das statische System von dem des Endzustands abweicht

5. Ausführungsplanung

- Durcharbeiten der Ergebnisse der Leistungsphasen 3 und 4 unter Beachtung der durch die Objektplanung integrierten Fachplanungen
- Anfertigen der Schalpläne in Ergänzung der fertiggestellten Ausführungspläne des Objektplaners
- Zeichnerische Darstellung der Konstruktionen mit Einbau- und Verlegeanweisungen, zum Beispiel Bewehrungspläne, Stahlbaupläne, Holzkonstruktionspläne (keine Werkstattzeichnungen)
- Aufstellen detaillierter Stahl- oder Stücklisten als Ergänzung zur zeichnerischen Darstellung der Konstruktionen mit Stahlmengenermittlung

- Werkstattzeichnungen im Stahl- und Holzbau einschließlich Stücklisten, Elementpläne für Stahlbetonfertigteile einschließlich Stahl- und Stücklisten
- Berechnen der Dehnwege, Festlegen des Spannvorganges und Erstellen der Spannprotokolle im Spannbetonbau
- Wesentliche Leistungen, die infolge Änderungen der Planung, die vom Auftragnehmer nicht zu vertreten sind, erforderlich werden
- Rohbauzeichnungen im Stahlbetonbau, die auf der Baustelle nicht der Ergänzung durch die Pläne des Objektplaners bedürfen

6. Vorbereitung der Vergabe

- Ermitteln der Betonstahlmengen im Stahlbetonbau, der Stahlmengen im Stahlbau und der Holzmengen im Ingenieurholz-

- Beitrag zur Leistungsbeschreibung mit Leistungsprogramm des Objektplaners *)

Leistungsbild Tragwerksplanung	**Grundleistungen**	**Besondere Leistungen**
	bau als Beitrag zur Mengenermittlung des Objektplaners – Überschlägliches Ermitteln der Mengen der konstruktiven Stahlteile und statisch erforderlichen Verbindungs- und Befestigungsmittel im Ingenieurholzbau – Aufstellen von Leistungsbeschreibungen als Ergänzung zu den Mengenermittlungen als Grundlage für das Leistungsverzeichnis des Tragwerks	– Beitrag zum Aufstellen von vergleichenden Kostenübersichten des Objektplaners – Aufstellen des Leistungsverzeichnisses des Tragwerks
	7. Mitwirkung bei der Vergabe	
		– Mitwirken bei der Prüfung und Wertung von Nebenangeboten – Beitrag zum Kostenanschlag nach DIN 276 aus Einheitspreisen oder Pauschalangeboten
	8. Objektüberwachung (Bauüberwachung)	
		– Ingenieurtechnische Kontrolle der Ausführung des Tragwerks auf Übereinstimmung mit den geprüften statischen Unterlagen – Ingenieurtechnische Kontrolle der Baubehelfe, zum Beispiel Arbeits- und Lehrgerüste, Kranbahnen, Baugrubensicherungen – Kontrolle der Betonherstellung und -verarbeitung auf der Baustelle in besonderen Fällen sowie statistische Auswertung der Güteprüfung – Betontechnologische Beratung
	9. Objektbetreuung und Dokumentation	
		– Baubegehung zur Feststellung und Überwachung von die Standsicherheit betreffenden Einflüssen

*) Diese Besondere Leistung wird bei Leistungsbeschreibung mit Leistungsprogramm Grundleistung. In diesem Fall entfallen die Grundleistungen, dieser Leistungsphase.

(4) Bei Umbauten und Modernisierungen im Sinne des § 3 Nr. 5 und 6 kann neben den in Absatz 3 erwähnten Besonderen Leistungen insbesondere nachstehende Besondere Leistung vereinbart werden:
Mitwirken bei der Überwachung der Ausführung der Tragwerkseingriffe.

§ 65 Honorartafel für Grundleistungen bei der Tragwerksplanung
(1) Die Mindest- und Höchstsätze der Honorare für die in § 64 aufgeführten Grundleistungen bei der Tragwerksplanung sind in der nachfolgenden Honorartafel festgesetzt.
(2) § 16 Abs. 2 und 3 gilt sinngemäß.

§ 66 Auftrag über mehrere Tragwerke und bei Umbauten
(1) Umfaßt ein Auftrag mehrere Gebäude oder Ingenieurbauwerke mit konstruktiv verschiedenen Tragwerken, so sind die Honorare für jedes Tragwerk getrennt zu berechnen.
(2) Umfaßt ein Auftrag mehrere Gebäude oder Ingenieurbauwerke mit konstruktiv weitgehend vergleichbaren Tragwerken derselben Honorarzone, so sind die anrechenbaren Kosten der Tragwerke einer Honorarzone zur Berechnung des Honorars zusammenzufassen; das Honorar ist nach der Summe der anrechenbaren Kosten zu berechnen.
(3) Umfaßt ein Auftrag mehrere Gebäude oder Ingenieurbauwerke mit konstruktiv gleichen Tragwerken, die sich durch geringfügige Änderungen der Tragwerksplanung unterscheiden und die einen wesentlichen Arbeitsaufwand verursachen, so sind für die 1. bis 4. Wiederholung die Vomhundertsätze der Leistungsphasen 1 bis 6 des § 64 um 50 vom Hundert, von der 5. Wiederholung an um 60 vom Hundert zu mindern.
(4) Umfaßt ein Auftrag mehrere Gebäude oder Ingenieurbauwerke mit konstruktiv gleichen Tragwerken, für die eine Änderung der Tragwerksplanung entweder nicht erforderlich ist oder nur einen unwesentlichen Arbeitsaufwand erfordert, so sind für jede Wiederholung
1. bei Gebäuden und Ingenieurbauwerken nach § 51 Abs. 1 Nr. 1 bis 5 die Vomhundertsätze der Leistungsphasen 1 bis 6 des § 64,
2. bei Ingenieurbauwerken nach § 51 Abs. 1 Nr. 6 und 7 die Vomhundertsätze der Leistungsphasen 2 bis 6 des § 64 um 90 vom Hundert zu mindern.

(5) Bei Umbauten nach § 3 Nr. 5 ist bei Gebäuden und Ingenieurbauwerken eine Erhöhung des nach § 65 ermittelten Honorars um einen Vomhundertsatz schriftlich zu vereinbaren. Bei der Vereinbarung nach Satz 1 ist insbesondere der Schwierigkeitsgrad der Leistungen zu berücksichtigen. Bei durchschnittlichem Schwierigkeitsgrad kann ein Zuschlag von 20 bis 50 vom Hundert vereinbart werden. Sofern nicht etwas anderes schriftlich vereinbart ist, gilt ab durchschnittlichem Schwierigkeitsgrad ein Zuschlag von 20 vom Hundert als vereinbart. Bei einer Vereinbarung nach Satz 1 können bei Gebäuden die Kosten für das Abbrechen von Bauwerksteilen (DIN 276, Kostengruppe 1.4.4) den anrechenbaren Kosten nach § 62 zugerechnet werden. Für Ingenieurbauwerke gilt Satz 5 sinngemäß.
(6) § 24 Abs. 2 gilt sinngemäß.

Honorartafel zu § 65 Abs. 1 (€)

Anrechenbare Kosten €	Zone I von €	Zone I bis	Zone II von €	Zone II bis	Zone III von €	Zone III bis	Zone IV von €	Zone IV bis	Zone V von €	Zone V bis
10.226	1.017	1.186	1.186	1.600	1.600	2.096	2.096	2.516	2.516	2.679
15.000	1.399	1.621	1.621	2.168	2.168	2.827	2.827	3.375	3.375	3.596
20.000	1.771	2.043	2.043	2.726	2.726	3.540	3.540	4.224	4.224	4.495
25.000	2.123	2.445	2.445	3.249	3.249	4.214	4.214	5.019	5.019	5.340
30.000	2.469	2.836	2.836	3.756	3.756	4.862	4.862	5.782	5.782	6.149
35.000	2.805	3.217	3.217	4.248	4.248	5.481	5.481	6.512	6.512	6.924
40.000	3.123	3.580	3.580	4.717	4.717	6.088	6.088	7.224	7.224	7.681
45.000	3.447	3.945	3.945	5.186	5.186	6.676	6.676	7.918	7.918	8.416
50.000	3.756	4.294	4.294	5.636	5.636	7.245	7.245	8.588	8.588	9.126
75.000	5.238	5.961	5.961	7.770	7.770	9.941	9.941	11.750	11.750	12.474
100.000	6.629	7.524	7.524	9.761	9.761	12.450	12.450	14.686	14.686	15.581
150.000	9.242	10.448	10.448	13.463	13.463	17.086	17.086	20.101	20.101	21.308
200.000	11.702	13.195	13.195	16.920	16.920	21.394	21.394	25.119	25.119	26.612
250.000	14.047	15.807	15.807	20.201	20.201	25.470	25.470	29.863	29.863	31.623
300.000	16.320	18.332	18.332	23.355	23.355	29.378	29.378	34.401	34.401	36.413
350.000	18.516	20.769	20.769	26.391	26.391	33.143	33.143	38.770	38.770	41.018
400.000	20.663	23.143	23.143	29.348	29.348	36.791	36.791	42.997	42.997	45.476
450.000	22.762	25.467	25.467	32.227	32.227	40.343	40.343	47.103	47.103	49.808
500.000	24.816	27.738	27.738	35.044	35.044	43.811	43.811	51.113	51.113	54.035
750.000	34.583	38.513	38.513	48.334	48.334	60.125	60.125	69.945	69.945	73.876
1.000.000	43.787	48.639	48.639	60.760	60.760	75.304	75.304	87.430	87.430	92.276
1.500.000	61.058	67.572	67.572	83.852	83.852	103.394	103.394	119.675	119.675	126.188
2.000.000	77.308	85.342	85.342	105.417	105.417	129.515	129.515	149.595	149.595	157.624
2.500.000	92.842	102.291	102.291	125.904	125.904	154.244	154.244	177.858	177.858	187.306
3.000.000	107.824	118.607	118.607	145.562	145.562	177.909	177.909	204.865	204.865	215.647
3.500.000	122.355	134.415	134.415	164.557	164.557	200.732	200.732	230.878	230.878	242.934
4.000.000	136.522	149.806	149.806	183.007	183.007	222.857	222.857	256.059	256.059	269.342
4.500.000	150.366	164.832	164.832	200.987	200.987	244.381	244.381	280.540	280.540	295.002
5.000.000	163.936	179.545	179.545	218.567	218.567	265.393	265.393	304.417	304.417	320.025
7.500.000	228.489	249.391	249.391	301.642	301.642	364.343	364.343	416.594	416.594	437.496
10.000.000	289.333	315.049	315.049	379.337	379.337	456.484	456.484	520.772	520.772	546.488
15.000.000	403.375	437.772	437.772	523.761	523.761	626.947	626.947	712.936	712.936	747.333
15.338.756	411.079	446.061	446.061	533.513	533.513	638.455	638.455	725.907	725.907	760.889

§ 67 Tragwerksplanung für Traggerüste bei Ingenieurbauwerken

(1) Das Honorar für Leistungen bei der Tragwerksplanung für Traggerüste bei Ingenieurbauwerken richtet sich nach den anrechenbaren Kosten nach Absatz 2, der Honorarzone, der diese Traggerüste nach § 63 zuzurechnen sind, nach den Leistungsphasen des § 64 und der Honorartafel des § 65.

(2) Anrechenbare Kosten sind die Herstellungskosten der Traggerüste. Bei mehrfach verwendeten Bauteilen von Traggerüsten ist jeweils der Neuwert anrechenbar. Im übrigen gilt § 62 sinngemäß.

(3) Die §§ 21 und 66 gelten sinngemäß.

(4) Das Honorar für Leistungen bei der Tragwerksplanung für verschiebbare Gerüste bei Ingenieurbauwerken kann frei vereinbart werden. Wird ein Honorar nicht bei Auftragserteilung schriftlich vereinbart, so ist das Honorar als Zeithonorar nach § 6 zu berechnen.

Teil IX Leistungen bei der Technischen Ausrüstung

§ 68 Anwendungsbereich

Die Technische Ausrüstung umfaßt die Anlagen folgender Anlagengruppen von Gebäuden, soweit die Anlagen in DIN 276 erfaßt sind, und die entsprechenden Anlagen von Ingenieurbauwerken auf dem Gebiet der
1. Gas-, Wasser-, Abwasser- und Feuerlöschtechnik,
2. Wärmeversorgungs-, Brauchwassererwärmungs- und Raumlufttechnik,
3. Elektrotechnik,
4. Aufzug-, Förder- und Lagertechnik,
5. Küchen-, Wäscherei- und chemische Reinigungstechnik,
6. Medizin- und Labortechnik.

Werden Anlagen der nichtöffentlichen Erschließung sowie Abwasser- und Versorgungsanlagen in Außenanlagen (DIN 276, Kostengruppen 2.2 und 5.3) von Auftragnehmern im Zusammenhang mit Anlagen nach Satz 1 geplant, so können die Vertragsparteien das Honorar für diese Leistungen schriftlich bei Auftragserteilung frei vereinbaren. Wird ein Honorar nicht bei Auftragserteilung schriftlich vereinbart, so ist das Honorar für die in Satz 2 genannten Anlagen als Zeithonorar nach § 6 zu berechnen.

§ 69 Grundlagen des Honorars

(1) Das Honorar für Grundleistungen bei der Technischen Ausrüstung richtet sich nach den anrechenbaren Kosten der Anlagen einer Anlagengruppe nach § 68 Satz 1 Nr. 1 bis 6, nach der Honorarzone, der die Anlagen angehören, und nach der Honorartafel in § 74.

(2) Werden Anlagen einer Anlagengruppe verschiedenen Honorarzonen zugerechnet, so ergibt sich das Honorar nach Absatz 1 aus der Summe der Einzelhonorare. Ein Einzelhonorar wird jeweils für die Anlagen ermittelt, die einer Honorarzone zugerechnet werden. Für die Ermittlung des Einzelhonorars ist zunächst für die Anlagen jeder Honorarzone das Honorar zu berechnen, das sich ergeben würde, wenn die gesamten anrechenbaren Kosten der Anlagengruppe nur der Honorarzone zugerechnet würden, für die das Einzelhonorar berechnet wird. Das Einzelhonorar ist dann nach dem Verhältnis der Summe der anrechenbaren Kosten der Anlagen einer Honorarzone zu den gesamten anrechenbaren Kosten der Anlagengruppe zu ermitteln.

(3) Anrechenbare Kosten sind, bei Anlagen in Gebäuden unter Zugrundelegung der Kostenermittlungsarten nach DIN 276, zu ermitteln
1. für die Leistungsphasen 1 bis 4 nach der Kostenberechnung, solange diese nicht vorliegt, nach der Kostenschätzung;
2. für die Leistungsphasen 5 bis 7 nach dem Kostenanschlag, solange dieser nicht vorliegt, nach der Kostenberechnung.
3. für die Leistungsphasen 8 bis 9 nach der Kostenfeststellung, solange diese nicht vorliegt, nach dem Kostenanschlag.

(4) § 10 Abs. 3 und 3 a gilt sinngemäß.

(5) Nicht anrechenbar sind für Grundleistungen bei der Technischen Ausrüstung die Kosten für
1. Winterbauschutzvorkehrungen und sonstige zusätzliche Maßnahmen nach DIN 276, Kostengruppe 6;
2. die Baunebenkosten (DIN 276, Kostengruppe 7).
(6) Werden Teile der Technischen Ausrüstung in Baukonstruktionen ausgeführt, die zur DIN 276, Kostengruppe 3.1 gehören, so können die Vertragsparteien vereinbaren, daß die Kosten hierfür ganz oder teilweise zu den anrechenbaren Kosten nach Absatz 3 gehören. Satz 1 gilt entsprechend für Bauteile der Kostengruppe Baukonstruktionen, deren Abmessung oder Konstruktion durch die Leistung der Technischen Ausrüstung wesentlich beeinflußt werden.
(7) Die §§ 20 bis 23, 27 und 32 gelten sinngemäß.

§ 70 (weggefallen)

§ 71 Honorarzonen für Leistungen bei der Technischen Ausrüstung
(1) Anlagen der Technischen Ausrüstung werden nach den in Absatz 2 genannten Bewertungsmerkmalen folgenden Honorarzonen zugerechnet:
1. Honorarzone I: Anlagen mit geringen Planungsanforderungen,
2. Honorarzone II: Anlagen mit durchschnittlichen Planungsanforderungen,
3. Honorarzone III: Anlagen mit hohen Planungsanforderungen.
(2) Bewertungsmerkmale sind:
1. Anzahl der Funktionsbereiche,
2. Integrationsansprüche,
3. Technische Ausgestaltung,
4. Anforderungen an die Technik,
5. konstruktive Anforderungen.
(3) § 63 Abs. 2 gilt sinngemäß.

§ 72 Objektliste für Anlagen der Technischen Ausrüstung
Nachstehende Anlagen werden nach Maßgabe der in § 71 genannten Merkmale in der Regel folgenden Honorarzonen zugerechnet:
1. Honorarzone I:
a) Gas-, Wasser-, Abwasser- und sanitärtechnische Anlagen mit kurzen einfachen Rohrnetzen;
b) Heizungsanlagen mit direktbefeuerten Einzelgeräten und einfache Gebäudeheizungsanlagen ohne besondere Anforderung an die Regelung, Lüftungsanlagen einfacher Art;
c) einfache Niederspannungs- und Fernmeldeinstallationen;
d) Abwurfanlagen für Abfall oder Wäsche, einfache Einzelaufzüge, Regalanlagen, soweit nicht in Honorarzone II oder III erwähnt;
e) chemische Reinigungsanlagen;
f) medizinische und labortechnische Anlagen der Elektromedizin, Dentalmedizin, Medizinmechanik und Feinmechanik/Optik jeweils für Arztpraxen der Allgemeinmedizin;

2. Honorarzone II:
a) Gas-, Wasser-, Abwasser- und sanitärtechnische Anlagen mit umfangreichen verzweigten Rohrnetzen, Hebeanlagen und Druckerhöhungsanlagen, manuelle Feuerlösch- und Brandschutzanlagen;
b) Gebäudeheizungsanlagen mit besonderen Anforderungen an die Regelung, Fernheiz- und Kältenetze mit Übergabestationen, Lüftungsanlagen mit Anforderungen an Geräuschstärke, Zugfreiheit oder mit zusätzlicher Luftaufbereitung (außer geregelter Luftkühlung);
c) Kompaktstationen, Niederspannungsleitungs- und Verteilungsanlagen, soweit nicht in Honorarzone I oder III erwähnt, kleine Fernmeldeanlagen und -netze, zum Beispiel kleine Wählanlagen nach Telekommunikationsordnung, Beleuchtungsanlagen nach der Wirkungsgrad-Berechnungsmethode, Blitzschutzanlagen;
d) Hebebühnen, flurgesteuerte Krananlagen, Verfahr-, Einschub- und Umlaufregalanlagen, Fahrtreppen und Fahrsteige, Förderanlagen mit bis zu zwei Sende- und Empfangsstellen, schwierige Einzelaufzüge, einfache Aufzugsgruppen ohne besondere Anforderungen, technische Anlagen für Mittelbühnen;
e) Küchen und Wäschereien mittlerer Größe;
f) medizinische und labortechnische Anlagen der Elektromedizin, Dentalmedizin, Medizinmechanik und Feinmechanik/Optik sowie Röntgen- und Nuklearanlagen mit kleinen Strahlendosen jeweils für Facharzt- oder Gruppenpraxen, Sanatorien, Altersheime und einfache Krankenhausfachabteilungen, Laboreinrichtungen, zum Beispiel für Schulen und Fotolabors;

3. Honorarzone III:
a) Gaserzeugungsanlagen und Gasdruckreglerstationen einschließlich zugehöriger Rohrnetze, Anlagen zur Reinigung, Entgiftung und Neutralisation von Abwasser, Anlagen zur biologischen, chemischen und physikalischen Behandlung von Wasser; Wasser-, Abwasser- und sanitärtechnische Anlagen mit überdurchschnittlichen hygienischen Anforderungen; automatische Feuerlösch- und Brandschutzanlagen;
b) Dampfanlagen, Heißwasseranlagen, schwierige Heizungssysteme neuer Technologien, Wärmepumpenanlagen, Zentralen für Fernwärme und Fernkälte, Kühlanlagen, Lüftungsanlagen mit geregelter Luftkühlung und Klimaanlagen einschließlich der zugehörigen Kälteerzeugungsanlagen;
c) Hoch- und Mittelspannungsanlagen, Niederspannungsschaltanlagen, Eigenstromerzeugungs- und Umformeranlagen, Niederspannungsleitungs- und Verteilungsanlagen mit Kurzschlußberechnungen, Beleuchtungsanlagen nach der Punkt-für-Punkt-Berechnungsmethode, große Fernmeldeanlagen und -netze;
d) Aufzugsgruppen mit besonderen Anforderungen, gesteuerte Förderanlagen mit mehr als zwei Sende- und Empfangsstellen, Regalbediengeräte mit zugehörigen Regalanlagen, zentrale Entsorgungsanlagen für Wäsche, Abfall oder Staub, technische Anlagen für Großbühnen, höhenverstellbare Zwischenböden und Wellenerzeugungsanlagen in Schwimmbecken, automatisch betriebene Sonnenschutzanlagen;
e) Großküchen und Großwäschereien;
f) medizinische und labortechnische Anlagen für große Krankenhäuser mit ausgeprägten Untersuchungs- und Behandlungsräumen sowie für Kliniken und Insti-

tute mit Lehr- und Forschungsaufgaben, Klimakammern und Anlagen für Klimakammern, Sondertemperaturräume und Reinräume, Vakuumanlagen, Medienver- und -entsorgungsanlagen, chemische und physikalische Einrichtungen für Großbetriebe, Forschung und Entwicklung, Fertigung, Klinik und Lehre.

§ 73 Leistungsbild Technische Ausrüstung

(1) Das Leistungsbild Technische Ausrüstung umfaßt die Leistungen der Auftragnehmer für Neuanlagen, Wiederaufbauten, Erweiterungsbauten, Umbauten, Modernisierungen, Instandhaltungen und Instandsetzungen. Die Grundleistungen sind in den in Absatz 3 aufgeführten Leistungsphasen 1 bis 9 zusammengefaßt und in der folgenden Tabelle in Vomhundertsätzen der Honorare des § 74 bewertet.

	Bewertung der Grundleistungen in v. H. der Honorare	Leistungsbild Technische Ausrüstung
1. Grundlagenermittlung Ermitteln der Voraussetzungen zur Lösung der technischen Aufgabe	3	
2. Vorplanung (Projekt- und Planungsvorbereitung) Erarbeiten der wesentlichen Teile einer Lösung der Planungsaufgabe	11	
3. Entwurfsplanung (System- und Integrationsplanung) Erarbeiten der endgültigen Lösung der Planungsaufgabe	15	
4. Genehmigungsplanung Erarbeiten der Vorlagen für die erforderlichen Genehmigungen	6	
5. Ausführungsplanung Erarbeiten und Darstellen der ausführungsreifen Planungslösung	18	
6. Vorbereitung der Vergabe Ermitteln der Mengen und Aufstellen von Leistungsverzeichnissen	6	
7. Mitwirkung bei der Vergabe Prüfen der Angebote und Mitwirkung bei der Auftragsvergabe	5	
8. Objektüberwachung (Bauüberwachung) Überwachen der Ausführung des Objekts	33	
9. Objektbetreuung und Dokumentation Überwachen der Beseitigung von Mängeln und Dokumentation des Gesamtergebnisses	3	

(2) Die Leistungsphase 5 ist abweichend von Absatz 1, sofern das Anfertigen von Schlitz- und Durchbruchsplänen nicht in Auftrag gegeben wird, mit 14 vom Hundert der Honorare des § 74 zu bewerten.

(3) Das Leistungsbild setzt sich wie folgt zusammen:

	Grundleistungen	*Besondere Leistungen*
Leistungsbild Technische Ausrüstung	**1. Grundlagenermittlung**	
	– Klären der Aufgabenstellung der Technischen Ausrüstung im Benehmen mit dem Auftraggeber und dem Objektplaner, insbesondere in technischen und wirtschaftlichen Grundsatzfragen. – Zusammenfassen der Ergebnisse	– Systemanalyse (Klären der möglichen Systeme nach Nutzen, Aufwand, Wirtschaftlichkeit, Durchführbarkeit und Umweltverträglichkeit) – Datenerfassung, Analysen und Optimierungsprozesse, zum Beispiel für energiesparendes und umweltverträgliches Bauen
	2. Vorplanung (Projekt- und Planungsvorbereitung)	
	– Analyse der Grundlagen – Erarbeiten eines Planungskonzepts mit überschlägiger Auslegung der wichtigen Systeme und Anlagenteile einschließlich Untersuchung der alternativen Lösungsmöglichkeiten nach gleichen Anforderungen mit skizzenhafter Darstellung zur Integrierung in die Objektplanung einschließlich Wirtschaftlichkeitsvorbetrachtung – Aufstellen eines Funktionsschemas beziehungsweise Prinzipschaltbildes für jede Anlage – Klären und Erläutern der wesentlichen fachspezifischen Zusammenhänge, Vorgänge und Bedingungen – Mitwirken bei Vorverhandlungen mit Behörden und anderen an der Planung fachlich Beteiligten über die Genehmigungsfähigkeit – Mitwirken bei der Kostenschätzung, bei Anlagen in Gebäuden: nach DIN 276 – Zusammenstellen der Vorplanungsergebnisse	– Durchführen von Versuchen und Modellversuchen – Untersuchung zur Gebäude- und Anlagenoptimierung hinsichtlich Energieverbrauch und Schadstoffemission (z. B. SO_2, NO_x) – Erarbeiten optimierter Energiekonzepte
	3. Entwurfsplanung (System- und Integrationsplanung)	
	– Durcharbeiten des Planungskonzepts (stufenweise Erarbeitung einer zeichnerischen Lösung) unter Berücksichtigung aller fach-	– Erarbeiten von Daten für die Planung Dritter, zum Beispiel für die Zentrale Leittechnik

Leistungsbild Technische Ausrüstung

Grundleistungen	*Besondere Leistungen*
spezifischen Anforderungen sowie unter Beachtung der durch die Objektplanung integrierten Fachplanungen bis zum vollständigen Entwurf – Festlegen aller Systeme und Anlagenteile – Berechnung und Bemessung sowie zeichnerische Darstellung und Anlagenbeschreibung – Angabe und Abstimmung der für die Tragwerksplanung notwendigen Durchführungen und Lastangaben (ohne Anfertigen von Schlitz- und Durchbruchsplänen) – Mitwirken bei Verhandlungen mit Behörden und anderen an der Planung fachlich Beteiligten über die Genehmigungsfähigkeit – Mitwirken bei der Kostenberechnung, bei Anlagen in Gebäuden: nach DIN 276 – Mitwirken bei der Kostenkontrolle durch Vergleich der Kostenberechnung mit der Kostenschätzung	– Detaillierter Wirtschaftlichkeitsnachweis – Detaillierter Vergleich von Schadstoffemissionen – Betriebskostenberechnungen – Schadstoffemissionsberechnungen – Erstellen des technischen Teils eines Raumbuchs als Beitrag zur Leistungsbeschreibung mit Leistungsprogramm des Objektplaners

4. Genehmigungsplanung

- Erarbeiten der Vorlagen für die nach den öffentlich-rechtlichen Vorschriften erforderlichen Genehmigungen oder Zustimmungen einschließlich der Anträge auf Ausnahmen und Befreiungen sowie noch notwendiger Verhandlungen mit Behörden
- Zusammenstellen dieser Unterlagen
- Vervollständigen und Anpassen der Planungsunterlagen, Beschreibungen und Berechnungen

5. Ausführungsplanung

– Durcharbeiten der Ergebnisse der Leistungsphasen 3 und 4 (stufenweise Erarbeitung und Darstellung der Lösung) unter Berücksichtigung aller fachspezifischen Anforderungen sowie unter Beachtung der durch die Objektplanung integrierten Fachleistungen bis zur ausführungsreifen Lösung – Zeichnerische Darstellung der Anlagen mit Dimensionen (keine Montage- und Werkstattzeichnungen)	– Prüfen und Anerkennen von Schalplänen des Tragwerksplaners und von Montage- und Werkstattzeichnungen auf Übereinstimmung mit der Planung – Anfertigen von Plänen für Anschlüsse von beigestellten Betriebsmitteln und Maschinen – Anfertigen von Stromlaufplänen

	Grundleistungen	*Besondere Leistungen*

Leistungsbild Technische Ausrüstung
– Anfertigen von Schlitz- und Durchbruchsplänen
– Fortschreibung der Ausführungsplanung auf den Stand der Ausschreibungsergebnisse

6. Vorbereitung der Vergabe

– Ermitteln von Mengen als Grundlage für das Aufstellen von Leistungsverzeichnissen in Abstimmung mit Beiträgen anderer an der Planung fachlich Beteiligter
– Aufstellen von Leistungsbeschreibungen mit Leistungsverzeichnissen nach Leistungsbereichen

– Anfertigen von Ausschreibungszeichnungen bei Leistungsbeschreibung mit Leistungsprogramm

7. Mitwirken bei der Vergabe

– Prüfen und Werten der Angebote einschließlich Aufstellen eines Preisspiegels nach Teilleistungen
– Mitwirken bei der Verhandlung mit Bietern und Erstellen eines Vergabevorschlages
– Mitwirken beim Kostenanschlag aus Einheits- oder Pauschalpreisen der Angebote, bei Anlagen in Gebäuden: nach DIN 276
– Mitwirken bei der Kostenkontrolle durch Vergleich des Kostenanschlags mit der Kostenberechnung
– Mitwirken bei der Auftragserteilung

8. Objektüberwachung (Bauüberwachung)

– Überwachen der Ausführung des Objekts auf Übereinstimmung mit der Baugenehmigung oder Zustimmung, den Ausführungsplänen, den Leistungsbeschreibungen oder Leistungsverzeichnissen sowie mit den allgemein anerkannten Regeln der Technik und den einschlägigen Vorschriften
– Mitwirken bei dem Aufstellen und Überwachen eines Zeitplanes (Balkendiagramm)
– Mitwirken bei dem Führen eines Bautagebuches
– Mitwirken beim Aufmaß mit den ausführenden Unternehmen

– Durchführen von Leistungs- und Funktionsmessungen
– Ausbilden und Einweisen von Bedienungspersonal
– Überwachen und Detailkorrektur beim Hersteller
– Aufstellen, Fortschreiben und Überwachen von Ablaufplänen (Netzplantechnik für EDV)

Teil IX Leistungen bei der Technischen Ausrüstung

Grundleistungen	*Besondere Leistungen*	
– Fachtechnische Abnahme der Leistungen und Feststellen der Mängel – Rechnungsprüfung – Mitwirken bei der Kostenfeststellung, bei Anlagen in Gebäuden: nach DIN 276 – Antrag auf behördliche Abnahmen und Teilnahme daran – Zusammenstellen und Übergeben der Revisionsunterlagen, Bedienungsanleitungen und Prüfprotokolle – Mitwirken beim Auflisten der Verjährungsfristen der Gewährleistungsansprüche – Überwachen der Beseitigung der bei der Abnahme der Leistungen festgestellten Mängel – Mitwirken bei der Kostenkontrolle durch Überprüfen der Leistungsabrechnung der bauausführenden Unternehmen im Vergleich zu den Vertragspreisen und dem Kostenanschlag		*Leistungsbild Technische Ausrüstung*

9. Objektbetreuung und Dokumentation

– Objektbegehung zur Mängelfeststellung vor Ablauf der Verjährungsfristen der Gewährleistungsansprüche gegenüber den ausführenden Unternehmen – Überwachen der Beseitigung von Mängeln, die innerhalb der Verjährungsfristen der Gewährleistungsansprüche, längstens jedoch bis zum Ablauf von 5 Jahren seit Abnahme der Leistungen auftreten – Mitwirken bei der Freigabe von Sicherheitsleistungen – Mitwirken bei der systematischen Zusammenstellung der zeichnerischen Darstellungen und rechnerischen Ergebnisse des Objekts	– Erarbeiten der Wartungsplanung und -organisation – Ingenieurtechnische Kontrolle des Energieverbrauchs und der Schadstoffemission

(4) Bei Umbauten und Modernisierungen im Sinne des § 3 Nr. 5 und 6 können neben den in Absatz 3 erwähnten Besonderen Leistungen insbesondere die nachstehenden Besonderen Leistungen vereinbart werden:
Durchführen von Verbrauchsmessungen
Endoskopische Untersuchungen.

§ 74 Honorartafel für Grundleistungen bei der Technischen Ausrüstung

(1) Die Mindest- und Höchstsätze der Honorare für die in § 73 aufgeführten Grundleistungen bei einzelnen Anlagen sind in der nachfolgenden Honorartafel festgesetzt.

(2) § 16 Abs. 2 und 3 gilt sinngemäß.

(3) Die Vertragsparteien können bei Auftragserteilung abweichend von § 73 Abs. 1 Nr. 8 ein Honorar als Festbetrag unter Zugrundelegung der geschätzten Bauzeit schriftlich vereinbaren.

§ 75 Vorplanung, Entwurfsplanung und Objektüberwachung als Einzelleistung

Wird die Anfertigung der Vorplanung (Leistungsphase 2 des § 73) oder der Entwurfsplanung (Leistungsphase 3 des § 73) oder wird die Objektüberwachung (Leistungsphase 8 des § 73) als Einzelleistung in Auftrag gegeben, so können hierfür anstelle der in § 73 festgesetzten Vomhundertsätze folgende Vomhundertsätze der Honorare nach § 74 vereinbart werden:

1. für die Vorplanung bis zu 14 v. H.,
2. für die Entwurfsplanung bis zu 26 v. H.,
3. für die Objektüberwachung bis zu 38 v. H.

§ 76 Umbauten und Modernisierungen von Anlagen der Technischen Ausrüstung

(1) Honorare für Leistungen bei Umbauten und Modernisierungen im Sinne des § 3 Nr. 5 und 6 sind nach den anrechenbaren Kosten nach § 69, der Honorarzone, der der Umbau oder die Modernisierung bei sinngemäßer Anwendung des § 71 zuzurechnen ist, den Leistungsphasen des § 73 und der Honorartafel des § 74 mit der Maßgabe zu ermitteln, daß eine Erhöhung der Honorare um einen Vomhundertsatz schriftlich zu vereinbaren ist. Bei der Vereinbarung nach Satz 1 ist insbesondere der Schwierigkeitsgrad der Leistungen zu berücksichtigen. Bei durchschnittlichem Schwierigkeitsgrad der Leistungen nach Satz 1 kann ein Zuschlag von 20 bis 50 vom Hundert vereinbart werden. Sofern nicht etwas anderes schriftlich vereinbart ist, gilt ab durchschnittlichem Schwierigkeitsgrad ein Zuschlag von 20 vom Hundert als vereinbart.

(2) § 24 Abs. 2 gilt sinngemäß.

Honorartafel zu § 74 Abs. 1 (€)

Anrechenbare Kosten €	Zone I von €	bis	Zone II von €	bis	Zone III von €	bis
5.113	1.478	1.917	1.917	2.357	2.357	2.797
7.500	2.031	2.624	2.624	3.216	3.216	3.809
10.000	2.556	3.289	3.289	4.019	4.019	4.752
15.000	3.548	4.528	4.528	5.503	5.503	6.484
20.000	4.473	5.693	5.693	6.914	6.914	8.134
25.000	5.347	6.808	6.808	8.273	8.273	9.734
30.000	6.177	7.882	7.882	9.593	9.593	11.298
35.000	6.976	8.913	8.913	10.847	10.847	12.784
40.000	7.733	9.901	9.901	12.063	12.063	14.230
45.000	8.487	10.856	10.856	13.219	13.219	15.588
50.000	9.234	11.810	11.810	14.380	14.380	16.956
75.000	12.568	16.041	16.041	19.518	19.518	22.991
100.000	15.622	19.854	19.854	24.082	24.082	28.314
150.000	21.105	26.593	26.593	32.082	32.082	37.571
200.000	26.415	32.827	32.827	39.235	39.235	45.647
250.000	31.956	39.250	39.250	46.548	46.548	53.842
300.000	37.512	45.677	45.677	53.843	53.843	62.008
350.000	43.175	52.249	52.249	61.323	61.323	70.397
400.000	48.818	58.870	58.870	68.926	68.926	78.978
450.000	54.510	65.482	65.482	76.452	76.452	87.424
500.000	60.231	72.092	72.092	83.957	83.957	95.818
750.000	87.896	103.271	103.271	118.651	118.651	134.025
1.000.000	114.267	131.760	131.760	149.249	149.249	166.741
1.500.000	164.316	182.612	182.612	200.903	200.903	219.199
2.000.000	212.619	231.248	231.248	249.881	249.881	268.510
2.500.000	259.767	280.334	280.334	300.907	300.907	321.474
3.000.000	304.679	326.477	326.477	348.271	348.271	370.069
3.500.000	345.783	368.653	368.653	391.527	391.527	414.398
3.750.000	365.114	388.450	388.450	411.792	411.792	435.128
3.834.689	371.515	394.999	394.999	418.487	418.487	441.971

Teil X Leistungen für Thermische Bauphysik

§ 77 Anwendungsbereich
(1) Leistungen für Thermische Bauphysik (Wärme- und Kondensatfeuchteschutz) werden erbracht, um thermodynamische Einflüsse und deren Wirkungen auf Gebäude und Ingenieurbauwerke sowie auf Menschen, Tiere und Pflanzen und auf die Raumhygiene zu erfassen und zu begrenzen.
(2) Zu den Leistungen für Thermische Bauphysik rechnen insbesondere:
1. Entwurf, Bemessung und Nachweis des Wärmeschutzes nach der Wärmeschutzverordnung und nach den bauordnungsrechtlichen Vorschriften,
2. Leistungen zum Begrenzen der Wärmeverluste und Kühllasten,
3. Leistungen zum Ermitteln der wirtschaftlich optimalen Wärmedämm-Maßnahmen, insbesondere durch Minimieren der Bau- und Nutzungskosten,
4. Leistungen zum Planen von Maßnahmen für den sommerlichen Wärmeschutz in besonderen Fällen,
5. Leistungen zum Begrenzen der dampfdiffusionsbedingten Wasserdampfkondensation auf und in den Konstruktionsquerschnitten,
6. Leistungen zum Begrenzen von thermisch bedingten Einwirkungen auf Bauteile durch Wärmeströme,
7. Leistungen zum Regulieren des Feuchte- und Wärmehaushaltes von belüfteten Fassaden- und Dachkonstruktionen.

(3) Bei den Leistungen nach Absatz 2 Nr. 2 bis 7 können zusätzlich bauphysikalische Messungen an Bauteilen und Baustoffen, zum Beispiel Temperatur- und Feuchtemessungen, Messungen zur Bestimmung der Sorptionsfähigkeit, Bestimmungen des Wärmedurchgangskoeffizienten am Bau oder der Luftgeschwindigkeit in Luftschichten anfallen.

§ 78 Wärmeschutz
(1) Leistungen für den Wärmeschutz nach § 77 Abs. 2 Nr. 1 umfassen folgende Leistungen:

Leistungen für den Wärmeschutz	Bewertung in v. H. der Honorare
1. Erarbeiten des Planungskonzepts für den Wärmeschutz	20
2. Erarbeiten des Entwurfs einschließlich der überschlägigen Bemessung für den Wärmeschutz und Durcharbeiten konstruktiver Details der Wärmeschutzmaßnahmen	40
3. Aufstellen des prüffähigen Nachweises des Wärmeschutzes	25
4. Abstimmen des geplanten Wärmeschutzes mit der Ausführungsplanung und der Vergabe	15
5. Mitwirken bei der Ausführungsüberwachung	–

(2) Das Honorar für die Leistungen nach Absatz 1 richtet sich nach den anrechenbaren Kosten des Gebäudes nach § 10, der Honorarzone, der das Gebäude nach den §§ 11 und 12 zuzurechnen ist, und nach der Honorartafel in Absatz 3.
(3) Die Mindest- und Höchstsätze der Honorare für die in Absatz 1 aufgeführten Leistungen für den Wärmeschutz sind in der Honorartafel festgesetzt.
(4) § 5 Abs. 1 und 2, § 16 Abs. 2 und 3 sowie § 22 gelten sinngemäß.

§ 79 Sonstige Leistungen für Thermische Bauphysik

Für Leistungen nach § 77 Abs. 2 Nr. 2 bis 7 und Abs. 3 kann ein Honorar frei vereinbart werden; dabei kann bei den Leistungen nach § 77 Abs. 2 Nr. 2 bis 7 der § 78 Abs. 1 sinngemäß angewandt werden. Wird ein Honorar nicht bei Auftragserteilung schriftlich vereinbart, so ist das Honorar als Zeithonorar nach § 6 zu berechnen.

Honorartafel zu § 78 Abs. 3 (€)

Anrechenbare Kosten €	Zone I von €	Zone I bis €	Zone II von €	Zone II bis €	Zone III von €	Zone III bis €	Zone IV von €	Zone IV bis €	Zone V von €	Zone V bis €
255.646	542	624	624	736	736	900	900	1.012	1.012	1.094
500.000	698	829	829	1.010	1.010	1.271	1.271	1.452	1.452	1.583
2.500.000	1.894	2.196	2.196	2.594	2.594	3.193	3.193	3.590	3.590	3.892
5.000.000	2.851	3.305	3.305	3.909	3.909	4.815	4.815	5.420	5.420	5.873
25.000.000	11.808	13.124	13.124	14.881	14.881	17.516	17.516	19.273	19.273	20.589
25.564.594	12.061	13.401	13.401	15.190	15.190	17.875	17.875	19.664	19.664	21.004

Teil XI Leistungen für Schallschutz und Raumakustik

§ 80 Schallschutz
(1) Leistungen für Schallschutz werden erbracht, um
1. in Gebäuden und Innenräumen einen angemessenen Luft- und Trittschallschutz, Schutz gegen von außen eindringende Geräusche und gegen Geräusche von Anlagen der Technischen Ausrüstung nach § 68 und anderen technischen Anlagen und Einrichtungen zu erreichen (baulicher Schallschutz),
2. die Umgebung geräuscherzeugender Anlagen gegen schädliche Umwelteinwirkungen durch Lärm zu schützen (Schallimmissionsschutz).

(2) Zu den Leistungen für baulichen Schallschutz rechnen insbesondere:
1. Leistungen zur Planung und zum Nachweis der Erfüllung von Schallschutzanforderungen, soweit objektbezogene schalltechnische Berechnungen oder Untersuchungen erforderlich werden (Bauakustik),
2. schalltechnische Messungen, zum Beispiel zur Bestimmung von Luft- und Trittschalldämmung, der Geräusche von Anlagen der Technischen Ausrüstung und von Außengeräuschen.

(3) Zu den Leistungen für den Schallimmissionsschutz rechnen insbesondere:
1. schalltechnische Bestandsaufnahme,
2. Festlegen der schalltechnischen Anforderungen,
3. Entwerfen der Schallschutzmaßnahmen,
4. Mitwirken bei der Ausführungsplanung,
5. Abschlußmessungen.

§ 81 Bauakustik
(1) Leistungen für Bauakustik nach § 80 Abs. 2 Nr. 1 umfassen folgende Leistungen:

Leistungen für Bauakustik	Bewertung in v. H. der Honorare
1. Erarbeiten des Planungskonzepts Festlegen der Schallschutzanforderungen	10
2. Erarbeiten des Entwurfs einschließlich Aufstellen der Nachweise des Schallschutzes	35
3. Mitwirken bei der Ausführungsplanung	30
4. Mitwirken bei der Vorbereitung der Vergabe und bei der Vergabe	5
5. Mitwirken bei der Überwachung schalltechnisch wichtiger Ausführungsarbeiten	20

(2) Das Honorar für die Leistungen nach Absatz 1 richtet sich nach den anrechenbaren Kosten nach den Absätzen 3 bis 5, der Honorarzone, der das Objekt nach § 82 zuzurechnen ist, und nach der Honorartafel in § 83.

(3) Anrechenbare Kosten sind die Kosten für Baukonstruktionen, Installationen, zentrale Betriebstechnik und betriebliche Einbauten (DIN 276, Kostengruppen 3.1 bis 3.4).

(4) § 10 Abs. 2, 3 und 3 a gilt sinngemäß.

(5) Die Vertragsparteien können vereinbaren, daß die Kosten für besondere Bauausführungen (DIN 276, Kostengruppe 3.5) ganz oder teilweise zu den anrechenbaren Kosten gehören, wenn hierdurch dem Auftragnehmer ein erhöhter Arbeitsaufwand entsteht.

(6) Werden nicht sämtliche Leistungen nach Absatz 1 übertragen, so gilt § 5 Abs. 1 und 2 sinngemäß.

(7) § 22 gilt sinngemäß.

§ 82 Honorarzonen für Leistungen bei der Bauakustik

(1) Die Honorarzone wird bei der Bauakustik aufgrund folgender Bewertungsmerkmale ermittelt:

1. Honorarzone I:
Objekte mit geringen Planungsanforderungen an die Bauakustik, insbesondere
- Wohnhäuser, Heime, Schulen, Verwaltungsgebäude und Banken mit jeweils durchschnittlicher Technischer Ausrüstung und entsprechendem Ausbau;

2. Honorarzone II:
Objekte mit durchschnittlichen Planungsanforderungen an die Bauakustik, insbesondere
- Heime, Schulen, Verwaltungsgebäude mit jeweils überdurchschnittlicher Technischer Ausrüstung und entsprechendem Ausbau,
- Wohnhäuser mit versetzten Grundrissen,
- Wohnhäuser mit Außenlärmbelastungen,
- Hotels, soweit nicht in Honorarzone III erwähnt,
- Universitäten und Hochschulen,
- Krankenhäuser, soweit nicht in Honorarzone III erwähnt,
- Gebäude für Erholung, Kur und Genesung,
- Versammlungsstätten, soweit nicht in Honorarzone III erwähnt,
- Werkstätten mit schutzbedürftigen Räumen;

3. Honorarzone III:
Objekte mit überdurchschnittlichen Planungsanforderungen an die Bauakustik, insbesondere
- Hotels mit umfangreichen gastronomischen Einrichtungen,
- Gebäude mit gewerblicher und Wohnnutzung,
- Krankenhäuser in bauakustisch besonders ungünstigen Lagen oder mit ungünstiger Anordnung der Versorgungseinrichtungen,
- Theater-, Konzert- und Kongreßgebäude,
- Tonstudios und akustische Meßräume.

(2) § 63 Abs. 2 gilt sinngemäß.

§ 83 Honorartafel für Leistungen bei der Bauakustik
(1) Die Mindest- und Höchstsätze der Honorare für die in § 81 aufgeführten Leistungen für Bauakustik sind in der nachfolgenden Honorartafel festgesetzt.
(2) § 16 Abs. 2 und 3 gilt sinngemäß.

§ 84 Sonstige Leistungen für Schallschutz
Für Leistungen nach § 80 Abs. 2, soweit sie nicht in § 81 erfaßt sind, sowie für Leistungen nach § 80 Abs. 3 kann ein Honorar frei vereinbart werden. Wird ein Honorar nicht bei Auftragserteilung schriftlich vereinbart, so ist es als Zeithonorar nach § 6 zu berechnen.

Honorartafel zu § 83 Abs. 1 (€)

Anrechenbare Kosten €	Zone I von €	Zone I bis €	Zone II von €	Zone II bis €	Zone III von €	Zone III bis €
255.646	1.605	1.841	1.841	2.117	2.117	2.439
300.000	1.765	2.027	2.027	2.334	2.334	2.692
350.000	1.941	2.228	2.228	2.566	2.566	2.959
400.000	2.112	2.420	2.420	2.792	2.792	3.216
450.000	2.278	2.610	2.610	3.009	3.009	3.463
500.000	2.427	2.784	2.784	3.212	3.212	3.704
750.000	3.147	3.610	3.610	4.164	4.164	4.799
1.000.000	3.792	4.347	4.347	5.011	5.011	5.777
1.500.000	4.939	5.663	5.663	6.534	6.534	7.531
2.000.000	5.967	6.843	6.843	7.895	7.895	9.099
2.500.000	6.914	7.931	7.931	9.150	9.150	10.549
3.000.000	7.801	8.949	8.949	10.319	10.319	11.896
3.500.000	8.637	9.907	9.907	11.427	11.427	13.170
4.000.000	9.438	10.823	10.823	12.485	12.485	14.389
4.500.000	10.204	11.705	11.705	13.498	13.498	15.558
5.000.000	10.940	12.548	12.548	14.475	14.475	16.686
7.500.000	14.309	16.412	16.412	18.929	18.929	21.818
10.000.000	17.328	19.876	19.876	22.921	22.921	26.425
15.000.000	22.688	26.025	26.025	30.015	30.015	34.600
20.000.000	27.482	31.524	31.524	36.357	36.357	41.915
25.000.000	31.891	36.579	36.579	42.188	42.188	48.633
25.564.594	32.385	37.145	37.145	42.841	42.841	49.386

§ 85 Raumakustik

(1) Leistungen für Raumakustik werden erbracht, um Räume mit besonderen Anforderungen an die Raumakustik durch Mitwirkung bei Formgebung, Materialauswahl und Ausstattung ihrem Verwendungszweck akustisch anzupassen.

(2) Zu den Leistungen für Raumakustik rechnen insbesondere:
1. raumakustische Planung und Überwachung,
2. akustische Messungen,
3. Modelluntersuchungen,
4. Beraten bei der Planung elektroakustischer Anlagen.

§ 86 Raumakustische Planung und Überwachung

(1) Die raumakustische Planung und Überwachung nach § 85 Abs. 2 Nr. 1 umfaßt folgende Leistungen:

	Bewertung in v. H. der Honorare
1. Erarbeiten des raumakustischen Planungskonzepts, Festlegen der raumakustischen Anforderungen	20
2. Erarbeiten des raumakustischen Entwurfs	35
3. Mitwirken bei der Ausführungsplanung	25
4. Mitwirken bei der Vorbereitung der Vergabe und bei der Vergabe	5
5. Mitwirken bei der Überwachung raumakustisch wichtiger Ausführungsarbeiten	15

Leistungen raumakustische Planung und Überwachung

(2) Das Honorar für jeden Innenraum, für den Leistungen nach Absatz 1 erbracht werden, richtet sich nach den anrechenbaren Kosten nach den Absätzen 3 bis 5, der Honorarzone, der der Innenraum nach den §§ 87 und 88 zuzurechnen ist, sowie nach der Honorartafel in § 89. § 22 bleibt unberührt.

(3) Anrechenbare Kosten sind die Kosten für Baukonstruktionen (DIN 276, Kostengruppe 3.1), geteilt durch den Bruttorauminhalt des Gebäudes und multipliziert mit dem Rauminhalt des betreffenden Innenraumes, sowie die Kosten für betriebliche Einbauten, Möbel und Textilien (DIN 276, Kostengruppen 3.4, 4.2 und 4.3) des betreffenden Innenraumes.

(4) § 10 Abs. 2, 3 und 3 a gilt sinngemäß.

(5) Werden bei Innenräumen nicht sämtliche Leistungen nach Absatz 1 übertragen, so gilt § 5 Abs. 1 und 2 sinngemäß.

(6) Das Honorar für Leistungen nach Absatz 1 bei Freiräumen kann frei vereinbart werden. Wird ein Honorar nicht bei Auftragserteilung schriftlich vereinbart, so ist das Honorar als Zeithonorar nach § 6 zu berechnen.

§ 87 Honorarzonen für Leistungen bei der raumakustischen Planung und Überwachung

(1) Innenräume werden bei der raumakustischen Planung und Überwachung nach den in Absatz 2 genannten Bewertungsmerkmalen folgenden Honorarzonen zugerechnet:
1. Honorarzone I:
Innenräume mit sehr geringen Planungsanforderungen;
2. Honorarzone II:
Innenräume mit geringen Planungsanforderungen;
3. Honorarzone III:
Innenräume mit durchschnittlichen Planungsanforderungen;
4. Honorarzone IV:
Innenräume mit überdurchschnittlichen Planungsanforderungen;
5. Honorarzone V:
Innenräume mit sehr hohen Planungsanforderungen.

(2) Bewertungsmerkmale sind:
1. Anforderungen an die Einhaltung der Nachhallzeit,
2. Einhalten eines bestimmten Frequenzganges der Nachhallzeit,
3. Anforderungen an die räumliche und zeitliche Schallverteilung,
4. akustische Nutzungsart des Innenraums,
5. Veränderbarkeit der akustischen Eigenschaften des Innenraums.

(3) § 63 Abs. 2 gilt sinngemäß.

§ 88 Objektliste für raumakustische Planung und Überwachung

Nachstehende Innenräume werden bei der raumakustischen Planung und Überwachung nach Maßgabe der in § 87 genannten Merkmale in der Regel folgenden Honorarzonen zugerechnet:
1. Honorarzone I:
Pausenhallen, Spielhallen, Liege- und Wandelhallen;
2. Honorarzone II:
Unterrichts-, Vortrags- und Sitzungsräume bis 500 m^3, nicht teilbare Sporthallen, Filmtheater und Kirchen bis 1 000 m^3, Großraumbüros;
3. Honorarzone III:
Unterrichts-, Vortrags- und Sitzungsräume über 500 bis 1 500 m^3, Filmtheater und Kirchen über 1000 bis 3000 m^3, teilbare Turn- und Sporthallen bis 3000 m^3;
4. Honorarzone IV:
Unterrichts-, Vortrags- und Sitzungsräume über 1 500 m^3, Mehrzweckhallen bis 3 000 m^3, Filmtheater und Kirchen über 3 000 m^3;
5. Honorarzone V:
Konzertsäle, Theater, Opernhäuser, Mehrzweckhallen über 3 000 m^3, Tonaufnahmeräume, Innenräume mit veränderlichen akustischen Eigenschaften, akustische Meßräume.

§ 89 Honorartafel für Leistungen bei der raumakustischen Planung und Überwachung

(1) Die Mindest- und Höchstsätze der Honorare für die in § 86 aufgeführten Leistungen für raumakustische Planung und Überwachung bei Innenräumen sind in der nachfolgenden Honorartafel festgesetzt.

(2) § 16 Abs. 2 und 3 gilt sinngemäß.

§ 90 Sonstige Leistungen für Raumakustik

Für Leistungen nach § 85 Abs. 2, soweit sie nicht in § 86 erfaßt sind, kann ein Honorar frei vereinbart werden. Wird ein Honorar nicht bei Auftragserteilung schriftlich vereinbart, so ist das Honorar als Zeithonorar nach § 6 zu berechnen.

Honorartafel zu § 89 Abs. 1 (€)

Anrechenbare Kosten €	Zone I von €	Zone I bis	Zone II von €	Zone II bis	Zone III von €	Zone III bis	Zone IV von €	Zone IV bis	Zone V von €	Zone V bis
51.129	1.084	1.411	1.411	1.738	1.738	2.061	2.061	2.388	2.388	2.715
100.000	1.245	1.621	1.621	1.993	1.993	2.368	2.368	2.740	2.740	3.116
150.000	1.405	1.827	1.827	2.248	2.248	2.664	2.664	3.085	3.085	3.507
200.000	1.556	2.022	2.022	2.493	2.493	2.959	2.959	3.430	3.430	3.897
250.000	1.706	2.217	2.217	2.734	2.734	3.245	3.245	3.762	3.762	4.273
300.000	1.861	2.417	2.417	2.974	2.974	3.530	3.530	4.087	4.087	4.644
350.000	1.998	2.600	2.600	3.201	3.201	3.802	3.802	4.404	4.404	5.005
400.000	2.142	2.784	2.784	3.426	3.426	4.072	4.072	4.714	4.714	5.356
450.000	2.287	2.969	2.969	3.655	3.655	4.338	4.338	5.024	5.024	5.706
500.000	2.420	3.146	3.146	3.873	3.873	4.603	4.603	5.330	5.330	6.056
750.000	3.094	4.021	4.021	4.943	4.943	5.871	5.871	6.793	6.793	7.721
1.000.000	3.731	4.849	4.849	5.967	5.967	7.089	7.089	8.207	8.207	9.325
1.500.000	4.958	6.442	6.442	7.926	7.926	9.414	9.414	10.898	10.898	12.381
2.000.000	6.132	7.971	7.971	9.806	9.806	11.646	11.646	13.480	13.480	15.319
2.500.000	7.270	9.451	9.451	11.631	11.631	13.812	13.812	15.992	15.992	18.172
3.000.000	8.387	10.904	10.904	13.420	13.420	15.932	15.932	18.448	18.448	20.964
3.500.000	9.485	12.328	12.328	15.175	15.175	18.016	18.016	20.863	20.863	23.706
4.000.000	10.568	13.735	13.735	16.904	16.904	20.075	20.075	23.244	23.244	26.411
4.500.000	11.635	15.124	15.124	18.612	18.612	22.106	22.106	25.594	25.594	29.083
5.000.000	12.692	16.501	16.501	20.305	20.305	24.115	24.115	27.919	27.919	31.728
7.500.000	17.858	23.213	23.213	28.569	28.569	33.925	33.925	39.281	39.281	44.636
7.669.378	18.207	23.668	23.668	29.128	29.128	34.589	34.589	40.049	40.049	45.510

Teil XII Leistungen für Bodenmechanik, Erd- und Grundbau

§ 91 Anwendungsbereich

(1) Leistungen für Bodenmechanik, Erd- und Grundbau werden erbracht, um die Wechselwirkung zwischen Baugrund und Bauwerk sowie seiner Umgebung zu erfassen und die für die Berechnungen erforderlichen Bodenkennwerte festzulegen.

(2) Zu den Leistungen für Bodenmechanik, Erd- und Grundbau rechnen insbesondere:

1. Baugrundbeurteilung und Gründungsberatung für Flächen- und Pfahlgründungen als Grundlage für die Bemessung der Gründung durch den Tragwerksplaner, soweit diese Leistungen nicht durch Anwendung von Tabellen oder anderen Angaben, zum Beispiel in den bauordnungsrechtlichen Vorschriften, erbracht werden können,
2. Ausschreiben und Überwachen der Aufschlußarbeiten,
3. Durchführen von Labor- und Feldversuchen,
4. Beraten bei der Sicherung von Nachbarbauwerken,
5. Aufstellen von Setzungs-, Grundbruch- und anderen erdstatischen Berechnungen, soweit diese Leistungen nicht in den Leistungen nach Nummer 1 oder in den Grundleistungen nach §§ 55 oder 64 erfaßt sind,
6. Untersuchungen zur Berücksichtigung dynamischer Beanspruchungen bei der Bemessung des Bauwerks oder seiner Gründung,
7. Beraten bei Baumaßnahmen im Fels,
8. Abnahme von Gründungssohlen und Aushubsohlen,
9. allgemeine Beurteilung der Tragfähigkeit des Baugrundes und der Gründungsmöglichkeiten, die sich nicht auf ein bestimmtes Gebäude oder Ingenieurbauwerk bezieht.

§ 92 Baugrundbeurteilung und Gründungsberatung

(1) Die Baugrundbeurteilung und Gründungsberatung nach § 91 Abs. 2 Nr. 1 umfaßt folgende Leistungen für Gebäude und Ingenieurbauwerke:

	Bewertung in v. H. der Honorare	Leistungen Baugrundbeurteilung und Gründungsberatung
1. Klären der Aufgabenstellung, Ermitteln der Baugrundverhältnisse aufgrund der vorhandenen Unterlagen, Festlegen und Darstellen der erforderlichen Baugrunderkundungen	15	
2. Auswerten und Darstellen der Baugrunderkundungen sowie der Labor- und Feldversuche; Abschätzen des Schwankungsbereiches von Wasserständen im Boden; Baugrundbeurteilung; Festlegen der Bodenkennwerte	35	

Leistungen Baugrundbeurteilung und Gründungsberatung		Bewertung in v. H. der Honorare
	3. Vorschlag für die Gründung mit Angabe der zulässigen Bodenpressungen in Abhängigkeit von den Fundamentabmessungen, gegebenenfalls mit Angaben zur Bemessung der Pfahlgründung; Angabe der zu erwartenden Setzungen für die vom Tragwerksplaner im Rahmen der Entwurfsplanung nach § 64 zu erbringenden Grundleistungen; Hinweise zur Herstellung und Trockenhaltung der Baugrube und des Bauwerks sowie zur Auswirkung der Baumaßnahme auf Nachbarbauwerke	50

(2) Das Honorar für die Leistungen nach Absatz 1 richtet sich nach den anrechenbaren Kosten nach § 62 Abs. 3 bis 8, der Honorarzone, der die Gründung nach § 93 zuzurechnen ist, und nach der Honorartafel in § 94.

(3) Die anrechenbaren Kosten sind zu ermitteln nach der Kostenberechnung oder, wenn die Vertragsparteien dies bei Auftragserteilung schriftlich vereinbaren, nach einer anderen Kostenermittlungsart.

(4) Werden nicht sämtliche Leistungen nach Absatz 1 übertragen, so gilt § 5 Abs. 1 und 2 sinngemäß.

(5) Das Honorar für Ingenieurbauwerke mit großer Längenausdehnung (Linienbauwerke) kann frei vereinbart werden. Wird ein Honorar nicht bei Auftragserteilung schriftlich vereinbart, so ist das Honorar als Zeithonorar nach § 6 zu berechnen.

(6) § 66 Abs. 1, 2, 5 und 6 gilt sinngemäß.

§ 93 Honorarzonen für Leistungen bei der Baugrundbeurteilung und Gründungsberatung

(1) Die Honorarzone wird bei der Baugrundbeurteilung und Gründungsberatung aufgrund folgender Bewertungsmerkmale ermittelt:

1. Honorarzone I:

Gründungen mit sehr geringem Schwierigkeitsgrad, insbesondere
- gering setzungsempfindliche Bauwerke mit einheitlicher Gründungsart bei annähernd regelmäßigem Schichtenaufbau des Untergrundes mit einheitlicher Tragfähigkeit (Scherfestigkeit) und Setzungsfähigkeit innerhalb der Baufläche;

2. Honorarzone II:

Gründungen mit geringem Schwierigkeitsgrad, insbesondere
- setzungsempfindliche Bauwerke sowie gering setzungsempfindliche Bauwerke mit bereichsweise unterschiedlicher Gründungsart oder bereichsweise stark unterschiedlichen Lasten bei annähernd regelmäßigem Schichtenaufbau des Untergrundes mit einheitlicher Tragfähigkeit und Setzungsfähigkeit innerhalb der Baufläche,

– gering setzungsempfindliche Bauwerke mit einheitlicher Gründungsart bei unregelmäßigem Schichtenaufbau des Untergrundes mit unterschiedlicher Tragfähigkeit und Setzungsfähigkeit innerhalb der Baufläche;

3. Honorarzone III:
Gründungen mit durchschnittlichem Schwierigkeitsgrad, insbesondere
– stark setzungsempfindliche Bauwerke bei annähernd regelmäßigem Schichtenaufbau des Untergrundes mit einheitlicher Tragfähigkeit und Setzungsfähigkeit innerhalb der Baufläche,
– setzungsempfindliche Bauwerke sowie gering setzungsempfindliche Bauwerke mit bereichsweise unterschiedlicher Gründungsart oder bereichsweise stark unterschiedlichen Lasten bei unregelmäßigem Schichtenaufbau des Untergrundes mit unterschiedlicher Tragfähigkeit und Setzungsfähigkeit innerhalb der Baufläche,
– gering setzungsempfindliche Bauwerke mit einheitlicher Gründungsart bei unregelmäßigem Schichtenaufbau des Untergrundes mit stark unterschiedlicher Tragfähigkeit und Setzungsfähigkeit innerhalb der Baufläche;

4. Honorarzone IV:
Gründungen mit überdurchschnittlichem Schwierigkeitsgrad, insbesondere
– stark setzungsempfindliche Bauwerke bei unregelmäßigem Schichtenaufbau des Untergrundes mit unterschiedlicher Tragfähigkeit und Setzungsfähigkeit innerhalb der Baufläche,
– setzungsempfindliche Bauwerke sowie gering setzungsempfindliche Bauwerke mit bereichsweise unterschiedlicher Gründungsart oder bereichsweise stark unterschiedlichen Lasten bei unregelmäßigem Schichtenaufbau des Untergrundes mit stark unterschiedlicher Tragfähigkeit und Setzungsfähigkeit innerhalb der Baufläche;

5. Honorarzone V:
Gründungen mit sehr hohem Schwierigkeitsgrad, insbesondere
– stark setzungsempfindliche Bauwerke bei unregelmäßigem Schichtenaufbau des Untergrundes mit stark unterschiedlicher Tragfähigkeit und Setzungsfähigkeit innerhalb der Baufläche.

(2) § 63 Abs. 2 gilt sinngemäß.

§ 94 Honorartafel für Leistungen bei der Baugrundbeurteilung und Gründungsberatung

(1) Die Mindest- und Höchstsätze der Honorare für die in § 92 aufgeführten Leistungen für die Baugrundbeurteilung und Gründungsberatung sind in der nachfolgenden Honorartafel festgesetzt.

(2) § 16 Abs. 2 und 3 gilt sinngemäß.

§ 95 Sonstige Leistungen für Bodenmechanik, Erd- und Grundbau

Für Leistungen nach § 91 Abs. 2, soweit sie nicht in § 92 erfaßt sind, kann ein Honorar frei vereinbart werden. Wird ein Honorar nicht bei Auftragserteilung schriftlich vereinbart, so ist das Honorar als Zeithonorar nach § 6 zu berechnen.

Honorartafel zu § 94 Abs. 1 (€)

Anrechenbare Kosten €	Zone I von €	Zone I bis	Zone II von €	Zone II bis	Zone III von €	Zone III bis	Zone IV von €	Zone IV bis	Zone V von €	Zone V bis
51.129	476	859	859	1.237	1.237	1.621	1.621	1.999	1.999	2.383
75.000	585	1.036	1.036	1.481	1.481	1.931	1.931	2.376	2.376	2.827
100.000	682	1.188	1.188	1.694	1.694	2.196	2.196	2.701	2.701	3.208
150.000	838	1.440	1.440	2.037	2.037	2.639	2.639	3.236	3.236	3.838
200.000	979	1.658	1.658	2.336	2.336	3.009	3.009	3.687	3.687	4.365
250.000	1.097	1.841	1.841	2.585	2.585	3.333	3.333	4.078	4.078	4.822
300.000	1.212	2.016	2.016	2.821	2.821	3.622	3.622	4.427	4.427	5.232
350.000	1.314	2.170	2.170	3.026	3.026	3.886	3.886	4.742	4.742	5.598
400.000	1.409	2.316	2.316	3.222	3.222	4.125	4.125	5.031	5.031	5.937
450.000	1.496	2.448	2.448	3.400	3.400	4.351	4.351	5.303	5.303	6.256
500.000	1.581	2.574	2.574	3.571	3.571	4.564	4.564	5.562	5.562	6.555
750.000	1.954	3.132	3.132	4.312	4.312	5.486	5.486	6.665	6.665	7.843
1.000.000	2.282	3.608	3.608	4.935	4.935	6.261	6.261	7.587	7.587	8.914
1.500.000	2.817	4.386	4.386	5.955	5.955	7.528	7.528	9.097	9.097	10.666
2.000.000	3.282	5.049	5.049	6.820	6.820	8.587	8.587	10.359	10.359	12.126
2.500.000	3.687	5.626	5.626	7.566	7.566	9.510	9.510	11.449	11.449	13.388
3.000.000	4.056	6.148	6.148	8.239	8.239	10.331	10.331	12.422	12.422	14.513
3.500.000	4.400	6.628	6.628	8.856	8.856	11.085	11.085	13.313	13.313	15.541
4.000.000	4.719	7.073	7.073	9.424	9.424	11.779	11.779	14.130	14.130	16.485
4.500.000	5.017	7.489	7.489	9.960	9.960	12.427	12.427	14.898	14.898	17.370
5.000.000	5.304	7.887	7.887	10.466	10.466	13.047	13.047	15.626	15.626	18.209
7.500.000	6.567	9.609	9.609	12.651	12.651	15.693	15.693	18.734	18.734	21.776
10.000.000	7.640	11.063	11.063	14.485	14.485	17.907	17.907	21.330	21.330	24.752
15.000.000	9.450	13.484	13.484	17.518	17.518	21.552	21.552	25.586	25.586	29.620
20.000.000	10.998	15.530	15.530	20.061	20.061	24.598	24.598	29.130	29.130	33.661
25.000.000	12.369	17.327	17.327	22.289	22.289	27.248	27.248	32.211	32.211	37.169
25.564.594	12.522	17.527	17.527	22.538	22.538	27.543	27.543	32.554	32.554	37.560

Teil XIII Vermessungstechnische Leistungen

§ 96 Anwendungsbereich

(1) Vermessungstechnische Leistungen sind das Erfassen ortsbezogener Daten über Bauwerke und Anlagen, Grundstücke und Topographie, das Erstellen von Plänen, das Übertragen von Planungen in die Örtlichkeit sowie das vermessungstechnische Überwachen der Bauausführung, soweit die Leistungen mit besonderen instrumentellen und vermessungstechnischen Verfahrensanforderungen erbracht werden müssen. Ausgenommen von Satz 1 sind Leistungen, die nach landesrechtlichen Vorschriften für Zwecke der Landesvermessung und des Liegenschaftskatasters durchgeführt werden.

(2) Zu den vermessungstechnischen Leistungen rechnen:
1. Entwurfsvermessung für die Planung und den Entwurf von Gebäuden, Ingenieurbauwerken und Verkehrsanlagen,
2. Bauvermessung für den Bau und die abschließende Bestandsdokumentation von Gebäuden, Ingenieurbauwerken und Verkehrsanlagen,
3. Vermessung an Objekten außerhalb der Entwurfs- und Bauphase, Leistungen für nicht objektgebundene Vermessungen, Fernerkundung und geographisch-geometrische Datenbasen sowie andere sonstige vermessungstechnische Leistungen.

§ 97 Grundlagen des Honorars bei der Entwurfsvermessung

(1) Das Honorar für Grundleistungen bei der Entwurfsvermessung richtet sich nach den anrechenbaren Kosten des Objekts, nach der Honorarzone, der die Entwurfsvermessung angehört, sowie nach der Honorartafel in § 99.

(2) Anrechenbare Kosten sind unter Zugrundelegung der Kostenermittlungsarten nach DIN 276 nach der Kostenberechnung zu ermitteln, solange diese nicht vorliegt oder wenn die Vertragsparteien dies bei Auftragserteilung schriftlich vereinbaren, nach der Kostenschätzung.

(3) Anrechenbare Kosten sind die Herstellungskosten des Objekts. Sie sind zu ermitteln:
1. bei Gebäuden nach § 10 Abs. 3, 4 und 5,
2. bei Ingenieurbauwerken nach § 52 Abs. 6 bis 8 und sinngemäß nach § 10 Abs. 4,
3. bei Verkehrsanlagen nach § 52 Abs. 4 bis 8 und sinngemäß nach § 10 Abs. 4.

(4) Anrechenbar sind bei Gebäuden und Ingenieurbauwerken nur folgende Vomhundertsätze der nach Absatz 3 ermittelten anrechenbaren Kosten, die wie folgt gestaffelt aufzusummieren sind:

1. bis zu 511 292 Euro   40 v. H.,
2. über 511 292 bis zu 1 022 584 Euro   35 v. H.,
3. über 1 022 584 bis zu 2 556 459 Euro   30 v. H.,
4. über 2 556 459 Euro   25 v. H.

(5) Die Absätze 1 bis 4 sowie die §§ 97 a und 97 b gelten nicht für vermessungstechnische Leistungen bei ober- und unterirdischen Leitungen, innerörtlichen Verkehrsanlagen mit überwiegend innerörtlichem Verkehr – ausgenommen Wasserstraßen –,

Geh- und Radwegen sowie Gleis- und Bahnsteiganlagen. Das Honorar für die in Satz 1 genannten Objekte kann frei vereinbart werden. Wird ein Honorar nicht bei Auftragserteilung schriftlich vereinbart, so ist das Honorar als Zeithonorar nach § 6 zu berechnen.

(6) § 21 gilt sinngemäß.

(7) Umfaßt ein Auftrag Vermessungen für mehrere Objekte, so sind die Honorare für die Vermessung jedes Objekts getrennt zu berechnen. § 23 Abs. 2 gilt sinngemäß.

§ 97 a Honorarzonen für Leistungen bei der Entwurfsvermessung

(1) Die Honorarzone wird bei der Entwurfsvermessung aufgrund folgender Bewertungsmerkmale ermittelt:

1. Honorarzone I:

Vermessungen mit sehr geringen Anforderungen, das heißt mit
– sehr hoher Qualität der vorhandenen Kartenunterlagen,
– sehr geringen Anforderungen an die Genauigkeit,
– sehr hoher Qualität des vorhandenen Lage- und Höhenfestpunktfeldes,
– sehr geringen Beeinträchtigungen durch die Geländebeschaffenheit und bei der Begehbarkeit,
– sehr geringer Behinderung durch Bebauung und Bewuchs,
– sehr geringer Behinderung durch Verkehr,
– sehr geringer Topographiedichte;

2. Honorarzone II:

Vermessungen mit geringen Anforderungen, das heißt mit
– guter Qualität der vorhandenen Kartenunterlagen,
– geringen Anforderungen an die Genauigkeit,
– guter Qualität des vorhandenen Lage- und Höhenfestpunktfeldes,
– geringen Beeinträchtigungen durch die Geländebeschaffenheit und bei der Begehbarkeit,
– geringer Behinderung durch Bebauung und Bewuchs,
– geringer Behinderung durch Verkehr,
– geringer Topographiedichte;

3. Honorarzone III:

Vermessungen mit durchschnittlichen Anforderungen, das heißt mit
– befriedigender Qualität der vorhandenen Kartenunterlagen,
– durchschnittlichen Anforderungen an die Genauigkeit,
– befriedigender Qualität des vorhandenen Lage- und Höhenfestpunktfeldes,
– durchschnittlichen Beeinträchtigungen durch die Geländebeschaffenheit und bei der Begehbarkeit,
– durchschnittlicher Behinderung durch Bebauung und Bewuchs,
– durchschnittlicher Behinderung durch Verkehr,
– durchschnittlicher Topographiedichte;

4. Honorarzone IV:

Vermessungen mit überdurchschnittlichen Anforderungen, das heißt mit
– kaum ausreichender Qualität der vorhandenen Kartenunterlagen,
– überdurchschnittlichen Anforderungen an die Genauigkeit,

- kaum ausreichender Qualität des vorhandenen Lage- und Höhenfestpunktfeldes,
- überdurchschnittlichen Beeinträchtigungen durch die Geländebeschaffenheit und bei der Begehbarkeit,
- überdurchschnittlicher Behinderung durch Bebauung und Bewuchs,
- überdurchschnittlicher Behinderung durch Verkehr,
- überdurchschnittlicher Topographiedichte;

5. Honorarzone V:
Vermessungen mit sehr hohen Anforderungen, das heißt mit
- mangelhafter Qualität der vorhandenen Kartenunterlagen,
- sehr hohen Anforderungen an die Genauigkeit,
- mangelhafter Qualität des vorhandenen Lage- und Höhenfestpunktfeldes,
- sehr hohen Beeinträchtigungen durch die Geländebeschaffenheit und bei der Begehbarkeit,
- sehr hoher Behinderung durch Bebauung und Bewuchs,
- sehr hoher Behinderung durch Verkehr,
- sehr hoher Topographiedichte.

(2) Sind für eine Entwurfsvermessung Bewertungsmerkmale aus mehreren Honorarzonen anwendbar und bestehen deswegen Zweifel, welcher Honorarzone die Vermessung zugerechnet werden kann, so ist die Anzahl der Bewertungspunkte nach Absatz 3 zu ermitteln. Die Vermessung ist nach der Summe der Bewertungspunkte folgenden Honorarzonen zuzurechnen:

1. Honorarzone I: Vermessungen mit bis zu 14 Punkten,
2. Honorarzone II: Vermessungen mit 15 bis 25 Punkten,
3. Honorarzone III: Vermessungen mit 26 bis 37 Punkten,
4. Honorarzone IV: Vermessungen mit 38 bis 48 Punkten,
5. Honorarzone V: Vermessungen mit 49 bis 60 Punkten.

(3) Bei der Zurechnung einer Entwurfsvermessung in die Honorarzonen sind entsprechend dem Schwierigkeitsgrad der Anforderungen an die Vermessung die Bewertungsmerkmale Qualität der vorhandenen Kartenunterlagen, Anforderungen an die Genauigkeit und Qualität des vorhandenen Lage- und Höhenfestpunktfeldes mit je bis zu 5 Punkten, die Bewertungsmerkmale Beeinträchtigungen durch die Geländebeschaffenheit und bei der Begehbarkeit, Behinderung durch Bebauung und Bewuchs sowie Behinderung durch Verkehr mit je bis zu 10 Punkten und das Bewertungsmerkmal Topographiedichte mit bis zu 15 Punkten zu bewerten.

§ 97 b Leistungsbild Entwurfsvermessung

(1) Das Leistungsbild Entwurfsvermessung umfaßt die terrestrischen und photogrammetrischen Vermessungsleistungen für die Planung und den Entwurf von Gebäuden, Ingenieurbauwerken und Verkehrsanlagen. Die Grundleistungen sind in den in Absatz 2 aufgeführten Leistungsphasen 1 bis 6 zusammengefaßt. Sie sind in der nachfolgenden Tabelle in Vomhundertsätzen der Honorare des § 99 bewertet.

Leistungsbild Entwurfsvermessung

	Bewertung der Grundleistungen in v. H. der Honorare
1. Grundlagenermittlung	3
2. Geodätisches Festpunktfeld	15
3. Vermessungstechnische Lage- und Höhenpläne	52
4. Absteckungsunterlagen	15
5. Absteckung für Entwurf	5
6. Geländeschnitte	10

(2) Das Leistungsbild setzt sich wie folgt zusammen:

Grundleistungen	*Besondere Leistungen*

1. Grundlagenermittlung

Leistungsbild Entwurfsvermessung

- Einholen von Informationen und Beschaffen von Unterlagen über die Örtlichkeit und das geplante Objekt
- Beschaffen vermessungstechnischer Unterlagen
- Ortsbesichtigung
- Ermitteln des Leistungsumfangs in Abhängigkeit von den Genauigkeitsanforderungen und dem Schwierigkeitsgrad

- Schriftliches Einholen von Genehmigungen zum Betreten von Grundstücken, zum Befahren von Gewässern und für anordnungsbedürftige Verkehrssicherungsmaßnahmen

2. Geodätisches Festpunktfeld

- Erkunden und Vermarken von Lage- und Höhenpunkten
- Erstellen von Punktbeschreibungen und Einmessungsskizzen
- Messungen zum Bestimmen der Fest- und Paßpunkte
- Auswerten der Messungen und Erstellen des Koordinaten- und Höhenverzeichnisses

- Netzanalyse und Meßprogramm für Grundnetze hoher Genauigkeit
- Vermarken bei besonderen Anforderungen
- Bau von Festpunkten und Signalen

3. Vermessungstechnische Lage- und Höhenpläne

- Topographisch/Morphologische Geländeaufnahme (terrestrisch/photogrammetrisch) einschließlich Erfassen von Zwangspunkten
- Auswerten der Messungen/Luftbilder
- Erstellen von Plänen mit Darstellen der Si-

- Orten und Aufmessen des unterirdischen Bestandes
- Vermessungsarbeiten unter Tage, unter Wasser oder bei Nacht
- Maßnahmen für umfangreiche anordnungsbedürftige Verkehrssicherung

Teil XIII Vermessungstechnische Leistungen

Grundleistungen	Besondere Leistungen	
tuation im Planungsbereich einschließlich der Einarbeitung der Katasterinformation – Darstellen der Höhen in Punkt-, Raster- oder Schichtlinienform – Erstellen eines digitalen Geländemodells – Graphisches Übernehmen von Kanälen, Leitungen, Kabeln und unterirdischen Bauwerken aus vorhandenen Unterlagen – Eintragen der bestehenden öffentlich-rechtlichen Festsetzungen – Liefern aller Meßdaten in digitaler Form	– Detailliertes Aufnehmen bestehender Objekte und Anlagen außerhalb normaler topographischer Aufnahmen, wie zum Beispiel Fassaden und Innenräume von Gebäuden – Eintragen von Eigentümerangaben – Darstellen in verschiedenen Maßstäben – Aufnahmen über den Planungsbereich hinaus – Ausarbeiten der Lagepläne entsprechend der rechtlichen Bedingungen für behördliche Genehmigungsverfahren – Erfassen von Baumkronen	Leistungsbild Entwurfsvermessung

4. Absteckungsunterlagen

– Berechnen der Detailgeometrie anhand des Entwurfes und Erstellen von Absteckungsunterlagen

– Durchführen von Optimierungsberechnungen im Rahmen der Baugeometrie (Flächennutzung, Abstandflächen, Fahrbahndecken)

5. Absteckung für den Entwurf

– Übertragen der Leitlinie linienhafter Objekte in die Örtlichkeit
– Übertragen der Projektgeometrie in die Örtlichkeit für Erörterungsverfahren

6. Geländeschnitte

– Ermitteln und Darstellen von Längs- und Querprofilen aus terrestrischen/photogrammetrischen Aufnahmen

§ 98 Grundlagen des Honorars bei der Bauvermessung

(1) Das Honorar für Grundleistungen bei der Bauvermessung richtet sich nach den anrechenbaren Kosten des Objekts, nach der Honorarzone, der die Bauvermessung angehört, sowie nach der Honorartafel in § 99.

(2) Anrechenbare Kosten sind unter Zugrundelegung der Kostenermittlungsarten nach DIN 276 nach der Kostenfeststellung zu ermitteln, solange diese nicht vorliegt oder wenn die Vertragsparteien dies bei Auftragserteilung schriftlich vereinbaren, nach der Kostenberechnung.

(3) Anrechenbar sind bei Ingenieurbauwerken 100 vom Hundert, bei Gebäuden und Verkehrsanlagen 80 vom Hundert der nach § 97 Abs. 3 ermittelten Kosten.

(4) Die Absätze 1 bis 3 sowie die §§ 98a und 98b gelten nicht für vermessungstechnische Leistungen bei ober- und unterirdischen Leitungen, Tunnel-, Stollen- und Kavernenbauwerken, innerörtlichen Verkehrsanlagen mit überwiegend innerörtlichem Verkehr - ausgenommen Wasserstraßen-, Geh- und Radwegen sowie Gleis- und Bahnsteiganlagen. Das Honorar für die in Satz 1 genannten Objekte kann frei vereinbart werden. Wird ein Honorar nicht bei Auftragserteilung vereinbart, so ist das Honorar als Zeithonorar nach § 6 zu berechnen.
(5) Die §§ 21 und 97 Abs. 3 und 7 gelten sinngemäß.

§ 98 a Honorarzonen für Leistungen bei der Bauvermessung

(1) Die Honorarzone wird bei der Bauvermessung aufgrund folgender Bewertungsmerkmale ermittelt:

1. Honorarzone I:
Vermessungen mit sehr geringen Anforderungen, das heißt mit
- sehr geringen Beeinträchtigungen durch die Geländebeschaffenheit und bei der Begehbarkeit,
- sehr geringen Behinderungen durch Bebauung und Bewuchs,
- sehr geringer Behinderung durch den Verkehr,
- sehr geringen Anforderungen an die Genauigkeit,
- sehr geringen Anforderungen durch die Geometrie des Objekts,
- sehr geringer Behinderung durch den Baubetrieb;

2. Honorarzone II:
Vermessungen mit geringen Anforderungen, das heißt mit
- geringen Beeinträchtigungen durch die Geländebeschaffenheit und bei der Begehbarkeit,
- geringen Behinderungen durch Bebauung und Bewuchs,
- geringer Behinderung durch den Verkehr,
- geringen Anforderungen an die Genauigkeit,
- geringen Anforderungen durch die Geometrie des Objekts,
- geringer Behinderung durch den Baubetrieb;

3. Honorarzone III:
Vermessungen mit durchschnittlichen Anforderungen, das heißt mit
- durchschnittlichen Beeinträchtigungen durch die Geländebeschaffenheit und bei der Begehbarkeit,
- durchschnittlichen Behinderungen durch Bebauung und Bewuchs,
- durchschnittlicher Behinderung durch den Verkehr,
- durchschnittlichen Anforderungen an die Genauigkeit,
- durchschnittlichen Anforderungen durch die Geometrie des Objekts,
- durchschnittlicher Behinderung durch den Baubetrieb;

4. Honorarzone IV:
Vermessungen mit überdurchschnittlichen Anforderungen, das heißt mit
- überdurchschnittlichen Beeinträchtigungen durch die Geländebeschaffenheit und bei der Begehbarkeit,
- überdurchschnittlichen Behinderungen durch Bebauung und Bewuchs,
- überdurchschnittlicher Behinderung durch den Verkehr,

- überdurchschnittlichen Anforderungen an die Genauigkeit,
- überdurchschnittlichen Anforderungen durch die Geometrie des Objekts,
- überdurchschnittlicher Behinderung durch den Baubetrieb;

5. Honorarzone V:

Vermessungen mit sehr hohen Anforderungen, das heißt mit
- sehr hohen Beeinträchtigungen durch die Geländebeschaffenheit und bei der Begehbarkeit,
- sehr hohen Behinderungen durch Bebauung und Bewuchs,
- sehr hoher Behinderung durch den Verkehr,
- sehr hohen Anforderungen an die Genauigkeit,
- sehr hohen Anforderungen durch die Geometrie des Objekts,
- sehr hoher Behinderung durch den Baubetrieb.

(2) § 97 a Abs. 2 gilt sinngemäß.

(3) Bei der Zurechnung einer Bauvermessung in die Honorarzonen ist entsprechend dem Schwierigkeitsgrad der Anforderungen an die Vermessung das Bewertungsmerkmal Beeinträchtigungen durch die Geländebeschaffenheit und bei der Begehbarkeit mit bis zu 5 Punkten, die Bewertungsmerkmale Behinderungen durch Bebauung und Bewuchs, Behinderung durch den Verkehr, Anforderungen an die Genauigkeit sowie Anforderungen durch die Geometrie des Objekts mit je bis zu 10 Punkten und das Bewertungsmerkmal Behinderung durch den Baubetrieb mit bis zu 15 Punkten zu bewerten.

§ 98 b Leistungsbild Bauvermessung

(1) Das Leistungsbild Bauvermessung umfaßt die terrestrischen und photogrammetrischen Vermessungsleistungen für den Bau und die abschließende Bestandsdokumentation von Gebäuden, Ingenieurbauwerken und Verkehrsanlagen. Die Grundleistungen sind in den in Absatz 2 aufgeführten Leistungsphasen 1 bis 4 zusammengefaßt. Sie sind in der nachfolgenden Tabelle in Vomhundertsätzen der Honorare des § 99 bewertet.

	Bewertung der Grundleistungen in v. H. der Honorare	
1. Baugeometrische Beratung	2	*Leistungsbild Bauvermessung*
2. Absteckung für die Bauausführung	14	
3. Bauausführungsvermessung	66	
4. Vermessungstechnische Überwachung der Bauausführung	18	

(2) Das Leistungsbild setzt sich wie folgt zusammen:

| Grundleistungen | Besondere Leistungen |

Leistungsbild Bauvermessung

1. Baugeometrische Beratung

- Beraten bei der Planung insbesondere im Hinblick auf die erforderlichen Genauigkeiten
- Erstellen eines konzeptionellen Meßprogramms
- Festlegen eines für alle Beteiligten verbindlichen Maß-, Bezugs- und Benennungssystems
- Erstellen von Meßprogrammen für Bewegungs- und Deformationsmessungen, einschließlich Vorgaben für die Baustelleneinrichtung

Besondere Leistungen:
- Erstellen von vermessungstechnischen Leistungsbeschreibungen
- Erarbeiten von Organisationsvorschlägen über Zuständigkeiten, Verantwortlichkeit und Schnittstellen der Objektvermessung

2. Abstecken für Bauausführung

- Übertragen der Projektgeometrie (Hauptpunkte) in die Örtlichkeit
- Übergabe der Lage- und Höhenfestpunkte, der Hauptpunkte und der Absteckungsunterlagen an das bauausführende Unternehmen

3. Bauausführungsvermessung

- Messungen zur Verdichtung des Lage- und Höhenfestpunktfeldes
- Messungen zur Überprüfung und Sicherung von Fest- und Achspunkten
- Baubegleitende Absteckungen der geometriebestimmenden Bauwerkspunkte nach Lage und Höhe
- Messungen zur Erfassung von Bewegungen und Deformationen des zu erstellenden Objekts an konstruktiv bedeutsamen Punkten (bei Wasserstraßen keine Grundleistung)
- Stichprobenartige Eigenüberwachungsmessungen
- Fortlaufende Bestandserfassung während der Bauausführung als Grundlage für den Bestandsplan

Besondere Leistungen:
- Absteckung unter Berücksichtigung von belastungs- und fertigungstechnischen Verformungen
- Prüfen der Meßgenauigkeit von Fertigteilen
- Aufmaß von Bauleistungen, soweit besondere vermessungstechnische Leistungen gegeben sind
- Herstellen von Bestandsplänen
- Ausgabe von Baustellenbestandsplänen während der Bauausführung
- Fortführen der vermessungstechnischen Bestandspläne nach Abschluß der Grundleistung

Teil XIII Vermessungstechnische Leistungen

Grundleistungen	Besondere Leistungen	
4. Vermessungstechnische Überwachung der Bauausführung		Leistungsbild Bauvermessung
– Kontrollieren der Bauausführung durch stichprobenartige Messungen an Schalungen und entstehenden Bauteilen – Fertigen von Meßprotokollen – Stichprobenartige Bewegungs- und Deformationsmessungen an konstruktiv bedeutsamen Punkten des zu erstellenden Objekts	– Prüfen der Mengenermittlungen – Einrichten eines geometrischen Objektinformationssystems – Planen und Durchführen von langfristigen vermessungstechnischen Objektüberwachungen im Rahmen der Ausführungskontrolle baulicher Maßnahmen – Vermessungen für die Abnahme von Bauleistungen, soweit besondere vermessungstechnische Anforderungen gegeben sind	

(3) Die Leistungsphase 3 ist abweichend von Absatz 1 bei Gebäuden mit 45 bis 66 vom Hundert zu bewerten.

§ 99 Honorartafel für Grundleistungen bei der Vermessung
(1) Die Mindest- und Höchstsätze der Honorare für die in den §§ 97 b und 98 b aufgeführten Grundleistungen sind in der nachfolgenden Honorartafel festgesetzt.
(2) § 16 Abs. 2 und 3 gilt sinngemäß.

§ 100 Sonstige vermessungstechnische Leistungen
(1) Zu den sonstigen vermessungstechnischen Leistungen rechnen:
1. Vermessungen an Objekten außerhalb der Entwurfs- oder Bauphase,
2. nicht objektgebundene Flächenvermessungen, die die Herstellung von Lage- und Höhenplänen zum Ziel haben und nicht unmittelbar mit der Realisierung eines Objekts in Verbindung stehen, sowie Vermessungsleistungen für Freianlagen und im Zusammenhang mit städtebaulichen oder landschaftsplanerischen Leistungen,
3. Fernerkundungen, die das Aufnehmen, Auswerten und Interpretieren von Luftbildern und anderer raumbezogener Daten umfassen, die durch Aufzeichnung über eine große Distanz erfaßt sind, als Grundlage insbesondere für Zwecke der Raumordnung und des Umweltschutzes,
4. vermessungstechnische Leistungen zum Aufbau von geographisch-geometrischen Datenbasen für raumbezogene Informationssysteme,
5. Leistungen nach § 96, soweit sie nicht in den §§ 97 b und 98 b erfaßt sind.
(2) Für sonstige vermessungstechnische Leistungen kann ein Honorar frei vereinbart werden. Wird ein Honorar nicht bei Auftragserteilung schriftlich vereinbart, so ist das Honorar als Zeithonorar nach § 6 zu berechnen.

Honorartafel zu § 99 Abs. 1 (€)

Anrechenbare Kosten €	Zone I von €	Zone I bis	Zone II von €	Zone II bis	Zone III von €	Zone III bis	Zone IV von €	Zone IV bis	Zone V von €	Zone V bis
51.129	2.045	2.403	2.403	2.761	2.761	3.119	3.119	3.477	3.477	3.835
100.000	3.023	3.478	3.478	3.934	3.934	4.390	4.390	4.845	4.845	5.301
150.000	3.927	4.483	4.483	5.038	5.038	5.594	5.594	6.150	6.150	6.705
200.000	4.687	5.296	5.296	5.952	5.952	6.561	6.561	7.217	7.217	7.826
250.000	5.346	6.051	6.051	6.761	6.761	7.465	7.465	8.176	8.176	8.880
300.000	5.952	6.712	6.712	7.472	7.472	8.232	8.232	8.993	8.993	9.753
350.000	6.552	7.362	7.362	8.215	8.215	9.026	9.026	9.879	9.879	10.689
400.000	7.152	8.054	8.054	8.923	8.923	9.826	9.826	10.695	10.695	11.597
450.000	7.752	8.713	8.713	9.664	9.664	10.585	10.585	11.536	11.536	12.497
500.000	8.352	9.363	9.363	10.375	10.375	11.375	11.375	12.386	12.386	13.397
750.000	10.302	11.515	11.515	12.729	12.729	13.942	13.942	15.156	15.156	16.369
1.000.000	12.295	13.615	13.615	15.029	15.029	16.442	16.442	17.856	17.856	19.269
1.500.000	16.104	17.815	17.815	19.629	19.629	21.442	21.442	23.256	23.256	25.069
2.000.000	19.904	22.015	22.015	24.229	24.229	26.442	26.442	28.656	28.656	30.869
2.500.000	23.704	26.215	26.215	28.829	28.829	31.442	31.442	34.056	34.056	36.669
3.000.000	27.504	30.415	30.415	33.429	33.429	36.442	36.442	39.456	39.456	42.469
3.500.000	31.304	34.615	34.615	38.029	38.029	41.442	41.442	44.856	44.856	48.269
4.000.000	35.104	38.815	38.815	42.629	42.629	46.442	46.442	50.256	50.256	54.069
4.500.000	38.904	43.015	43.015	47.229	47.229	51.442	51.442	55.656	55.656	59.869
5.000.000	42.704	47.215	47.215	51.829	51.829	56.442	56.442	61.056	61.056	65.669
7.500.000	61.704	68.215	68.215	74.829	74.829	81.442	81.442	88.056	88.056	94.669
10.000.000	80.611	89.215	89.215	97.829	97.829	106.442	106.442	115.056	115.056	123.669
10.225.838	82.318	91.112	91.112	99.906	99.906	108.701	108.701	117.495	117.495	126.289

Teil XIV Schluß- und Überleitungsvorschriften

§ 101 (Aufhebung von Vorschriften)

§ 102 Berlin-Klausel
(gegenstandslos)

§ 103 Inkrafttreten und Überleitungsvorschriften
(1) Diese Verordnung tritt am 1. Januar 1977 in Kraft. Sie gilt nicht für Leistungen von Auftragnehmern zur Erfüllung von Verträgen, die vor ihrem Inkrafttreten abgeschlossen worden sind; insoweit bleiben die bisherigen Vorschriften anwendbar.
(2) Die Vertragsparteien können vereinbaren, daß die Leistungen zur Erfüllung von Verträgen, die vor dem Inkrafttreten dieser Verordnung abgeschlossen worden sind, nach dieser Verordnung abgerechnet werden, soweit sie bis zum Tage des Inkrafttretens noch nicht erbracht worden sind.
(3) Absatz 1 Satz 2 und Absatz 2 gelten entsprechend für die Anwendbarkeit der am 1. Januar 1985 in Kraft tretenden Änderungen dieser Verordnung auf vor diesem Zeitpunkt abgeschlossene Verträge.
(4) Absatz 1 Satz 2 und Absatz 2 gelten entsprechend für die Anwendbarkeit der am 1. April 1988 in Kraft tretenden Änderungen dieser Verordnung auf vor diesem Zeitpunkt abgeschlossene Verträge.
(5) Absatz 1 Satz 2 und Absatz 2 gelten entsprechend für die Anwendbarkeit der am 1. Januar 1991 in Kraft tretenden Änderungen dieser Verordnung auf vor diesem Zeitpunkt abgeschlossene Verträge.
(6) Absatz 1 Satz 2 und Absatz 2 gelten entsprechend für die Anwendbarkeit der am 1. Januar 1996 in Kraft tretenden Änderung dieser Verordnung auf vor diesem Zeitpunkt abeschlossene Verträge.

II
**Rechtsprechung zur HOAI und
ausgewählter Bereiche des Architektenrechts**

Rechtsanwalt Karsten Meurer

mit Beiträgen von
Rechtsanwalt Alfred Morlock

Architektenkammer Baden-Württemberg
Danneckerstrasse 54
70182 Stuttgart

Inhalt

1	Einleitung	157
2	Anwendungsbereich der HOAI	157
2.1	Anwendbarkeit der HOAI 1996 oder vorheriger Fassungen?	157
2.2	Persönlicher Anwendungsbereich der HOAI	159
2.3	Geltung der HOAI bei Gutachterverfahren	160
2.4	Von der HOAI erfaßte und nicht erfaßte Leistungen	161
3	EXKURS 1: Abgrenzung, Auftragserteilung und Akquisition	162
3.1	Keine vergütungspflichtige Architektentätigkeit/vorvertragliche Akquisitionsleistungen	163
3.2	Vergütungspflichtige Architektentätigkeit/beauftragte Leistungen	164
3.3	Umfang der Beauftragung	166
3.4	Unverbindlich heißt nicht kostenlos	167
3.5	Darlegungs- und Beweislast	168
4	EXKURS 2: Folgen fehlender Architekteneigenschaft	168
4.1	Aufklärungspflichten und Rechtsfolgen	169
4.2	Entfallen von Aufklärungspflichten und Ersatzansprüchen	169
5	Honorarvereinbarungen in der Rechtsprechung der Gerichte	170
5.1	Voraussetzungen für von den Mindestsätzen abweichende Honorarvereinbarungen/Pauschalhonorare	170
5.1.1	Beispiele für von den Mindestsätzen abweichende Honorarvereinbarungen	170
5.1.2	Schriftform gem. § 4 Abs. 4 HOAI	172
5.1.2.1	Anforderungen an schriftliche Honorarvereinbarung gem. § 126 BGB	172
5.1.2.2	Schriftform bei Verträgen mit Kommunen und Kirchen	173
5.1.3	Bei Auftragserteilung gem. § 4 Abs. 4 HOAI	175
5.1.3.1	Anwendungsfälle	175
5.1.3.2	Beweislast	176
5.1.4	Unzulässigkeit des Berufens auf eine formell unwirksame Honorarvereinbarung	177
5.2	Zulässigkeit von Mindestsatzunterschreitungen	179
5.2.1	Vorliegen einer Mindestsatzunterschreitung	179
5.2.2	Vorliegen eines Ausnahmefalles im Sinne von § 4 HOAI	181
5.3	Zulässigkeit von Höchstsatzüberschreitungen/ungewöhnlich lange dauernde Leistungen	182
5.4	Folgen unzulässiger Honorarvereinbarungen	183
5.4.1	Folgen formell unwirksamer Honorarvereinbarungen oder unzulässiger Mindestsatzunterschreitungen	183

5.4.2	Bindungswirkung an die Mindestsatzunterschreitung	184
5.4.3	Folgen von Höchstsatzüberschreitungen	186
5.5	Honoraranpassung wegen des Wegfalls der Geschäftsgrundlage	187
5.6	EXKURS 3: Folgen fehlender Aufklärung über den Honoraranspruch	188
5.7	Zulässigkeit eines Vergleichs, Erlasses oder Verzichtes nach Leistungserbringung	189

6 Kürzungen des Honorars bei Nichterbringung von Leistungen; § 5 Abs. 1, 2 und 3 HOAI ... 191

6.1	Die HOAI als Preisrecht	191
6.2	Honorarkürzung bei Nichterbringung einzelner Leistungen	192
6.2.1	Keine Honorarkürzung bei Fehlen von Leistungen (Ansicht BGH)	193
6.2.2	Honorarkürzung bei Gesamtbeauftragung, aber dem Fehlen von Grundleistungen/Theorie der zentralen Leistungen	194
6.2.2.1	Honorarkürzung bei Fehlen von „zentralen Leistungen"	195
6.2.2.2	Trotz teilweisem Nichterbringen und Mangelhaftigkeit der (Grund-)Leistung keine Kürzung des Honoraranspruchs	196
6.3	Honorarkürzung bei nur ausdrücklicher Beauftragung mit Teilleistungen gem. § 5 Abs. 1, 2 und 3 HOAI	197

7 Besondere Leistungen gem. § 5 Abs. 4 HOAI ... 198

7.1	Abgrenzung von Grund- und Besonderen Leistungen	198
7.2	Schriftliche Honorarvereinbarung gem. § 5 Abs. 4 HOAI	199
7.3	Unbeachtlichkeit des Fehlens der Schriftform	200
7.4	Rechtsfolgen bei Fehlen einer schriftlichen Vereinbarung	200
7.5	Beispiele für Besondere Leistungen	201

8 Stundenhonorarvereinbarungen gem. § 6 HOAI ... 202

9 Nebenkostenvereinbarungen gem. § 7 HOAI ... 203

10 Die Ermittlung der anrechenbaren Kosten ... 204

10.1	Anrechenbare Kosten bei Gebäuden, Umbau, Modernisierungen, raumbildenden Ausbauten und Instandsetzungen gem. § 10 HOAI	205
10.1.1	Anrechenbare Kosten nach DIN 276: 1981-4 gem. § 10 Abs. 2 HOAI	205
10.1.2	Maßgebliche Kostenermittlung bei nur teilweiser Beauftragung oder bei vorzeitiger Vertragsbeendigung gem. § 10 Abs. 2 HOAI	207
10.1.3	Auskunftsanspruch über die anrechenbaren Kosten; Schätzung der anrechenbaren Kosten	211
10.1.4	Anrechenbarkeit der ortsüblichen Preise gem. § 10 Abs. 3 HOAI	214
10.1.5	Anrechenbarkeit vorhandener und mitverarbeiteter Bausubstanz gem. § 10 Abs. 3 a HOAI	214

10.1.6	Anrechenbarkeit der teilweise anrechenbaren Kostengruppen gem. § 10 Abs. 4 HOAI	215
10.1.7	Anrechenbarkeit der unter Umständen anrechenbaren Kostengruppen § 10 Abs. 5 HOAI	215
10.2	Anrechenbaren Kosten bei Leistungen der Tragwerksplanung gem. § 62 HOAI	216
10.3	Anrechenbare Kosten bei Leistungen der Technischen Ausrüstung gem. § 69 HOAI	217
11	**Honorarzone**	**218**
12	**Rechtsprechung zu den Leistungsbildern der HOAI**	**219**
12.1	Leistungsbilder des § 15 HOAI	219
12.1.1	§ 15 Abs. 2 HOAI Leistungsphase 1	219
12.1.2	§ 15 Abs. 2 HOAI Leistungsphase 2	220
12.1.3	§ 15 Abs. 2 HOAI Leistungsphase 3	221
12.1.4	§ 15 Abs. 2 HOAI Leistungsphase 4	221
12.1.5	§ 15 Abs. 2 HOAI Leistungsphase 5	222
12.1.6	§ 15 Abs. 2 HOAI Leistungsphase 6	224
12.1.7	§ 15 Abs. 2 HOAI Leistungsphase 7	224
12.1.8	§ 15 Abs. 2 HOAI Leistungsphase 8	225
12.1.9	§ 15 Abs. 2 HOAI Leistungsphase 9	228
12.1.10	Künstlerische Oberleitung gem. § 15 Abs. 3 HOAI	228
12.2	Leistungsbilder des § 40 HOAI	229
12.3	Leistungsbilder des § 55 HOAI	229
12.4	Leistungsbilder des § 63 HOAI	229
12.5	Leistungsbilder des § 73 HOAI	230
12.6	Leistungsbilder des § 96 HOAI	231
13	**Anrechenbare Kosten außerhalb der Honorartafeln der HOAI**	**231**
14	**Vor- und Entwurfsplanung als Einzelleistung gem. § 19 HOAI**	**233**
15	**Die Honorierung von Änderungsleistungen nach § 20 HOAI**	**234**
16	**Getrennte Honorarberechnungen bei mehreren Gebäuden – Honorierung mehrfacher Planverwendungen**	**236**
16.1	Gemäß § 22 HOAI	237
16.2	Gemäß § 53 HOAI	238
16.3	Gemäß § 66 HOAI	238
16.4	Gemäß § 69 Abs. 7 i. V. m. § 22 HOAI	238
17	**Getrennte Honorarberechnung bei verschiedenen Leistungen an einem Gebäude gem. § 23 HOAI**	**239**

18	**Die Zulässigkeit der Vereinbarung von Zuschlägen**	240
18.1	Zuschlag für Umbau- und Modernisierung	240
18.1.1	Zuschlag für Umbau- und Modernisierung gem. § 24 HOAI	240
18.1.1.1	Zuschlagshöhe und Vereinbarungszeitpunkt	240
18.1.1.2	Honorarzone	241
18.1.1.3	Beispiel für Umbauten	242
18.1.2	Zuschlag für Umbau bei technischer Ausrüstung gem. § 76 HOAI	242
18.2	Zuschlag bei raumbildenden Ausbauten gem. § 25 HOAI	242
18.3	Zuschlag bei Instandsetzungen und Instandhaltungen gem. § 27 HOAI	243
19	**Leistungen bei Einrichtungsgegenständen gem. § 26 HOAI**	243
20	**Projektsteuerungsvertrag gem. § 31 HOAI**	244
21	**Abschlagsrechnungen gem. § 8 HOAI**	246
21.1	EXKURS 4: Rückforderung von Abschlagszahlungen	248
22	**Fälligkeit des Honoraranspruchs bei Kündigung und Vertragserfüllung**	249
22.1	Die Prüffähigkeit der Honorarschlußrechnung als Fälligkeitsvoraussetzung	252
22.1.1	Wann ist eine Rechnung eine Schlußrechnung?	252
22.1.2	Prüffähigkeit der Honorarschlußrechnung	253
22.1.3	Prozessuales/Beweislast	258
22.2	Prüffähigkeit der Honorarschlußrechnung bei Pauschalhonorarvereinbarungen	260
22.3	Prüffähigkeit der Honorarschlußrechnung nach Kündigung gem. § 649 BGB	262
23	**Bindungswirkung an die Honorarschlußrechnung**	265
24	**EXKURS 5: Rückforderung von Honorarüberzahlungen durch den Auftraggeber**	269
25	**Verjährung der Honorarforderung**	270
26	**Honorar und AGB**	273
27	**Honorarrecht und Wettbewerbsrecht**	277
28	**EXKURS 6: Herausgabeansprüche des Bauherrn**	279

1
Einleitung

Der Beitrag gibt dem Anwender der HOAI eine Übersicht über die Rechtsprechung, die zur HOAI oder mit der HOAI nahe zusammenhängenden Themen des Architektenrechts ergangen ist. Um dem Leser das Lesen der oft trockenen und langen Entscheidungen zu ersparen, und um die Darstellung selbst nicht zu lange werden zu lassen, wird die HOAI in Themenbereiche aufgeteilt. Nach einer kurzen Einleitung zum jeweiligen Themenbereich, deren Ziel es ist, den Leser mit den einzelnen Problemen vertraut zu machen, werden die Entscheidungen durch kurze Zitate der Leitsätze oder der Entscheidungsgründe unter Angabe der Fundstellen aufgeführt. Hierbei sollen bewußt auch Mindermeinungen der Rechtsprechung wiedergegeben werden.

Karsten Meurer

Vorliegend wurde überwiegend nur solche Rechtsprechung ausgewählt, deren Aussage oder Leitsätze für die HOAI 1996 Gültigkeit haben. Auf die Darstellung von Problemen vergangener Fassungen der HOAI wurde verzichtet. Der Beitrag erhebt darüber hinaus nicht den Anspruch sämtliche ergangene oder zitierte Rechtsprechung wiederzugeben. Ziel ist es, dem Anwender der HOAI einen Überblick über die Rechtsprechung derart zu geben, daß er sich schnell einen Überblick über die Rechtslage machen und ggf. das eine oder andere Urteil zitieren kann.

2
Anwendungsbereich der HOAI

Die HOAI ist öffentliches Preisrecht. Sie kommt nur dann zur Anwendung, wenn ein Vertrag zwischen den Parteien zustande gekommen ist, in denen sich eine Partei zur Erbringung von in der HOAI genannten Leistungen verpflichtet.

2.1
Anwendbarkeit der HOAI 1996 oder vorheriger Fassungen?

Die HOAI findet gem. § 103 HOAI in der jeweils bei Vertragsschluß gültigen Fassung Anwendung auf zweiseitige Vertragsverhältnisse. Tritt während der Ausführung eines Vertrages eine neue HOAI in Kraft, so kommt diese nur dann zur Anwendung, wenn die Parteien dies gem. § 103 Abs. 2 HOAI vereinbart haben.

HOAI in der jeweils gültigen Fassung anwenden

Bei stufenweiser Beauftragung ist die zum Zeitpunkt einer jeden beauftragten Stufe gültige HOAI anzuwenden. Das bedeutet, daß u. U. die verschiedenen Leistungsstufen (bspw. 1 bis 4 und 5 bis 7) nach unterschiedlichen Fassungen der HOAI abgerechnet werden können.

- **OLG Frankfurt, Urteil vom 03.07.1998, NJW-RR 98, 374**
  Für Architektenverträge, die vor Inkrafttreten der genannten Novelle am 01.01.96

Datum vom Vertragsabschluß maßgeblich abgeschlossen wurden, bleibt es nach § 103 Abs. 4 HOAI bei der Anwendung der alten HOAI (hier Fassung 1991), auch wenn die Leistungserbringung nach 1996 erfolgte.

- **OLG Oldenburg, Urteil vom 27.02.1997, BauR 1998, 880**
Ohne eine Vereinbarung nach § 103 Abs. 2 HOAI ist es nicht möglich, die bei einer Änderung der HOAI zwar beauftragten, aber noch nicht erbrachten Leistungen nach der jeweils gültigen Fassung abzurechnen.

- **LG München, Urteil vom 23.08.1995, BauR 1996, 576 f. (stufenweise Beauftragung)**
Enthält ein 1990 geschlossener Architektenvertrag die Absichtserklärung des Auftraggebers, dem Auftragnehmer weitere Leistungen zu übertragen und muß der Auftragnehmer nach den Vertragsvereinbarungen die Ausführung dieser Leistungen in bestimmten Fällen annehmen ohne einen Rechtsanspruch auf die Beauftragung dieser Leistungen zu haben, so gilt, daß die zum Zeitpunkt des Abrufens der Leistungen gültige HOAI für die Honorierung dieser Leistungen Anwendung findet.

- **LG Konstanz, Urteil vom 15.12.1995, BauR 1996, 577 f.**
Bei einer stufenweisen Beauftragung – wie hier – ist die im Zeitpunkt der jeweiligen Beauftragung geltende Fassung der HOAI maßgeblich.

- **OLG Düsseldorf, Urteil 21.05.1996, BauR 1996, 905 f.**
Bei gestaffelter Auftragserteilung nach dem Vertragsmuster gemäß dem Runderlaß des Ministeriums für Stadtentwicklung, Wohnen und Verkehr und des Finanzministeriums NRW vom 27.03.1986 LMBl. NRW 1986, S. 487 sind für das Honorar diejenigen Mindestsätze anzuwenden, die zur Zeit der jeweiligen Auftragserteilung gelten.

- **OLG Düsseldorf, Urteil vom 23.06.1995, BauR 1996, 289**
Auf einen vor dem 01.01.1991 mündlich und im Juni 1991 schriftlich geschlossenen Architektenvertrag. der keine eindeutige Regelung trifft, daß die HOAI in ihrer jeweils neuesten Fassung gelten soll, ist § 24 Abs. 1 Satz 4 HOAI nicht anwendbar.

Prozessuales:
- **BGH, Urteil 07.12.2000, IBR 2001, 288**

Erfüllungsort – Ort des Bauwerks Der Erfüllungsort für die beiderseitigen Verpflichtungen aus einem Architektenvertrag ist regelmäßig der Ort des Bauwerkes, wenn der Architekt sich verpflichtet hat, für das Bauvorhaben die Planung und die Bauaufsicht zu erbringen. Hat der Auftraggeber eines Bauwerkes mit dem Auftragnehmer die Geltung deutschen Rechts und die Geltung der technischen Regeln für den Architektenvertrag vereinbart, so ist dies ein gewichtiges Indiz dafür, daß auch der Architektenvertrag für dasselbe Bauwerk dem deutschen Recht unterstellt werden sollte.

2.2
Persönlicher Anwendungsbereich der HOAI

Nach der Rechtsprechung des BGH ist die HOAI leistungs- und nicht berufsbezogen. Das bedeutet, daß jede Person, egal ob sie Architekt oder Ingenieur ist und die in der Honorarordnung erfaßten Leistungen erbringt, nach dieser abzurechnen hat. Nur solche Personen müssen die HOAI nicht anwenden, die neben oder zusammen mit Bauleistungen Planungsleistungen erbringen. Dies gilt auch dann, wenn es zur Ausführung der eigentlichen Bauleistung nicht mehr gekommen ist.

- **OLG Celle, Urteil vom 09.11.2000, BauR 2001, 1135**
Erstellt ein Generalunternehmer zu Akquisitionszwecken eine Entwurfsplanung, so kann er, wenn es nicht zum Vertragsschluß kommt, Architektenhonorar für die Leistungsphasen 1 bis 3 des § 15 HOAI geltend machen, wenn er ausdrücklich darauf hinweist, daß er die Verwendung der Pläne durch Dritte nur gegen Zahlung eines entsprechenden Architektenhonorars gestattet. *Generalunternehmer und HOAI*

- **OLG Köln, Urteil vom 10.12.1999, IBR 2000, 281**
Die Auffassung des BGH, daß die HOAI auf solche Anbieter nicht anwendbar ist, die neben oder zusammen mit Bauleistungen auch Architekten- oder Ingenieurleistungen zu erbringen haben (insbesondere Bauträger und andere Anbieter kompletter Bauleistungen), gilt auch, wenn es nicht zur Ausführung der kompletten Bauleistung kommt, weil der Vertrag im Planungsstadium stecken bleibt.

- **BGH, Urteil vom 22.05.1997, BauR 1997, 677 (Grundsatzentscheidung) und OLG Düsseldorf, BauR 1982, 390, OLG Frankfurt NJW 1992, 1321**
Die Mindest- und Höchstsätze der HOAI sind aufgrund der für ihren Geltungsbereich maßgeblichen Ermächtigungsgrundlage des Art. 10, §§ 1 und 2 MRVG auf natürliche und juristische Personen unter der Voraussetzung anwendbar, daß sie Architekten- und Ingenieuraufgaben erbringen, die in der HOAI beschrieben sind. Sie sind nicht anwendbar auf Anbieter, die neben oder zusammen mit Bauleistungen auch Architekten- oder Ingenieurleistungen erbringen. *Mindest- und Höchstsätze richtig anwenden*

- **OLG Frankfurt, Urteil vom 12.01.1994, IBR 1994, 465**
Die HOAI gilt auch, wenn ein Architekt Planungsleistungen an einen Ingenieur weiter vergibt.

- **OLG Düsseldorf, Urteil vom 05.02.1993, NJW-RR 1993, 1173**
Die HOAI ist tätigkeitsbezogen und deshalb auch auf einen Ingenieur anzuwenden, der nicht in die Architektenliste eingetragen ist.

- **BGH, Urteil vom 06.05.1985, BauR 1985, 582**
Die HOAI ist auch auf einen Werkvertrag über Architekten- oder Ingenieurleistungen anzuwenden, in dem ein selbständig tätiger Architekt oder Ingenieur für einen anderen selbständigen Architekten oder Ingenieur Leistungen zu erbringen hat. *HOAI bei Sub-Vergabe anwendbar?*

- **OLG Hamm, Urteil vom 07.11.1985, BauR 1987, 467**

Kompensations- Die Vorschrift des § 4 HOAI greift auch dann ein, wenn Architekten oder Ingenieure
abrede aufgrund einer „Kompensationsabrede" Leistungen wechselseitig füreinander erbringen.

- **OLG Oldenburg, Urteil vom 16.01.1984, BauR 1984, 541**

Bei Nebentätigkeiten eines angestellten Architekten ist die HOAI zumindest dann nicht anwendbar, wenn die Parteien eng miteinander befreundet waren und feststand, daß ein Honorar unterhalb der Mindestsätze vereinbart werden sollte.

- **OLG Düsseldorf, Urteil vom 09.11.1982, BauR 1984, 670**

Die HOAI ist nicht auf eine Tätigkeit als freier Mitarbeiter anzuwenden, wenn ein freiberuflicher Architekt/Ingenieur diese neben seiner selbständigen Tätigkeit in einem anderen Architekturbüro erbringt und sich das Vertragsverhältnis nach Dienstvertragsrecht richtet.

2.3
Geltung der HOAI bei Gutachterverfahren

Auch bei Gutachterverfahren, bei denen der Auftraggeber mehrere Architekten/ Ingenieure auffordert, bestimmte Leistungen gegen ein geringes Entgelt, das regelmäßig unter der HOAI liegt, zu erbringen, ist die HOAI anwendbar. Ist ein Vertrag zustande gekommen und handelt es sich hierbei gerade nicht um eine Auslobung i. S. d. § 661 BGB, dann liegt nach Ansicht des Bundesverwaltungsgerichts kein Ausnahmefall des § 4 Abs. 2 HOAI vor, der eine Unterschreitung der Mindestsätze rechtfertigen würde.

Im Einzelfall wird abzuwägen sein, wann eine Beauftragung oder eine einseitige Auslobung im Sinne des § 661 BGB vorliegt. Immer dann, wenn der Architekt/ Ingenieur Leistungen mit Willen des Auftraggebers gegen ein Entgelt erbringen soll, ist von einem Vertragsschluß auszugehen.

- **BverwG, Urteil vom 13.04.1999, DAB 1999, 1064 ff.**

Gutachterverfahren Verpflichtet sich ein Architekt im Rahmen eines sogenannten Gutachterverfahrens
kein Ausnahmefall vertraglich zu Leistungen, die durch die Leistungsbilder der HOAI erfaßt werden,
nach § 4 HOAI begründet die Absicht des Auftraggebers, den Verfasser des von ihm gewählten Entwurfs mit weiteren Architektenleistungen zu beauftragen, keinen Ausnahmefall im Sinne des § 4 Abs. 2 HOAI und rechtfertigt daher nicht, die in der Honorarordnung festgesetzten Mindesthonorare zu unterschreiten.

- **VGH Hessen, Urteil vom 03.03.1998, BauR 1998, 1037 ff.**

Auf ein Gutachterverfahren ist die HOAI anzuwenden, wenn die Leistungen aufgrund eines Vertrages erbracht werden. Allerdings stellt ein Gutachterverfahren einen Ausnahmefall im Sinne des § 4 Abs. 2 HOAI dar, in dem die Mindestsätze unterschritten werden dürfen.

- **BGH, Urteil vom 12.12.1996, NJW 1997, 2180**

Die HOAI findet nur bei zweiseitigen Vertragsverhältnissen Anwendung. Ein einseitiges Vertragsangebot ist als Auslobung nach § 661 ff. BGB zu bewerten und unterliegt daher nicht den Vergütungsvorschriften der HOAI.

HOAI bei zweiseitigen Vertragsverhältnissen

- **VGH Kassel, Urteil vom 07.02.1995, NJW-RR 1995, 1299**

Schreibt ein privater Auftraggeber einen Architektenwettbewerb für ein Bauvorhaben aus und bittet er die Wettbewerbsteilnehmer, ein Gutachten zu erstellen, dann dürfen die Mindestsätze der HOAI unterschritten werden.

2.4
Von der HOAI erfaßte und nicht erfaßte Leistungen

Die HOAI findet nur Anwendung auf solche Leistungen, die ausdrücklich in ihr geregelt sind. Sofern eine Planungsleistung verlangt wird, von der nur einzelne Teilleistungen in der HOAI geregelt sind, findet die HOAI nur Anwendung, wenn der Schwerpunkt der Leistungen von der HOAI erfaßt ist. Unerheblich ist auch, ob der Vertrag Dienst- oder Werkvertrag ist. Werden bereits erstellte Pläne erneut verkauft, ohne daß neue Planungsleistungen erbracht werden, findet die HOAI ebenfalls keine Anwendung.

- **BGH, Urteil vom 18.05.2000, BauR 2000, 1512**

Die HOAI findet Anwendung, wenn die vertraglich vereinbarte Leistung in den Leistungsbildern der HOAI beschrieben ist. Ob der Vertrag Dienst- oder Werkvertrag ist, spielt für die Anwendbarkeit der HOAI, und damit der Mindest- und Höchstsätze, keine Rolle.

- **OLG Düsseldorf, Urteil vom 01.09.1999, NJW-RR 2000, 312**

Bei zwei aufeinanderfolgenden Aufträgen, deren erster die Feststellung der Ursachen eines Bauschadens zum Inhalt hat und deren zweiter die Überwachung der Sanierung dieses Bauschadens beinhaltet, unterliegt der zweite Auftrag der HOAI.

- **OLG Hamm, Urteil vom 22.06.1999, BauR 1999, 1323**

Zieht ein Kaufinteressent zur Hausbesichtigung einen Architekten hinzu, um evtl. Mängel festzustellen, so handelt es sich dabei um einen als Dienstvertrag zu qualifizierenden Beratungsvertrag, dessen Honorierung nicht durch die HOAI vorgeschrieben ist.

- **OLG Düsseldorf, Urteil vom 28.05.1999, BauR 2000, 915**

Die Vereinbarung zwischen Tragwerksplaner und Bauträger, daß dieser bei jeder weiteren Verwendung der für bestimmte Gebäude gefertigten statischen Berechnung bei anderen baugleichen Bauten ein festgelegtes Entgelt zahlen soll, erfüllt, keinen in der HOAI geregelten Vergütungstatbestand, da der Architekt für diese Planung keine neuen Leistungen erbringen muß. Die Vereinbarung ist daher auch unabhängig von § 4 Abs. 1 HOAI wirksam.

wiederholtes Verwenden von Phasen

- **BGH, Urteil vom 04.12.1997, NJW 1998, 1228**

Umwandlung in Wohneigentum — Verpflichtet sich der Auftragnehmer, sämtliche tatsächlichen, wirtschaftlichen und rechtlichen Voraussetzungen dafür zu schaffen, daß ein Mietobjekt in Wohnungseigentum umgewandelt und als Wohnungseigentum veräußert werden kann, dann sind die Preisvorschriften der HOAI auf den Auftragnehmer nicht anwendbar, weil die vereinbarte Leistung erheblich von dem einen Architektenvertrag prägenden Werkerfolg abweicht.

- **BGH, Urteil vom 05.06.1997, BauR 1997, 1060**

Wird die Bauvoranfrage als isolierte Leistung in Auftrag gegeben, ist sie nicht gemäß § 632 Abs. 2 BGB nach der HOAI zu vergüten.

- **OLG München, Urteil vom 22.11.1994, BauR 1996, 750**

Für die Entscheidung der Frage, ob die HOAI anwendbar ist oder nicht, ist auf das zu planende Gesamtobjekt und nicht auf einzelne Leistungen abzustellen. Unterliegt die Gesamtplanung nicht den in der HOAI genannten Leistungen kommt auch für Teilleistungen, die in der HOAI geregelt sind, eine Anwendung der HOAI nicht in Betracht. (Hier: C-Netz)

- **OLG Frankfurt, Urteil vom 04.11.1992, NJW-RR 1993, 1305**

Entscheidend für die Anwendbarkeit der HOAI ist, daß von der Auftragnehmerin Leistungen erbracht worden sind, die von den Leistungsbildern der HOAI erfaßt sind. Dies ist bei Leistungen, die für die Gestaltung eines Gartentores erbracht werden, nicht der Fall.

3
EXKURS 1: Abgrenzung, Auftragserteilung und Akquisition

Alfred Morlock

Die Abgrenzung von vergütungsfreier Akquisitionsleistung und honorarpflichtiger Tätigkeit des Architekten entscheidet sich nach der Vertragsgestaltung im Einzelfall. Dabei kommt es darauf an, ob ein Vertrag zustande gekommen ist, welchen Umfang dieser hat und wo die Nahtstelle von der unentgeltlichen zur vergütungspflichtigen Tätigkeit liegt. Der früher geltende Grundsatz, daß Architekten üblicherweise nur entgeltlich tätig werden, wird neuerdings durch die Rechtsprechung des BGH dadurch relativiert, daß aus dem Tätigwerden allein noch nicht auf einen vergütungspflichtigen Vertrag geschlossen werden kann. Der Architekt trägt die Beweislast für den Vertragsschluß und die Umstände, die auf eine vergütungspflichtige Tätigkeit schließen lassen. Gelingt dem Architekten dieser Nachweis, dann muß der Bauherr die Vereinbarung der Unentgeltlichkeit der Leistungen beweisen.

3.1
Keine vergütungspflichtige Architektentätigkeit/vorvertragliche Akquisitionsleistungen

- **OLG Dresden, Urteil vom 02.12.1999, BGH Beschluß vom 05.04.2001, IBR 2001, 317**

Nimmt ein Architekt an Besprechungen teil, in der Hoffnung einen Planungsauftrag erteilt zu bekommen, so muß er den Vertragsabschluß beweisen, wenn hierüber zwischen den Parteien Streit besteht. Gehen beide Parteien davon aus, daß der Vertrag schriftlich niedergelegt werden soll, dann ist im Zweifel ein Auftrag erst dann erteilt, wenn die Schriftform eingehalten worden ist. *Vertragsabschluß beweisen*

- **OLG Düsseldorf, Urteil vom 29.09.1999, IBR 1999, 539**

Wer sich wie der Architekt auf Vermittlung Dritter mit Planungslösungen dem Bauherrn vorstellt, betreibt Akquisition. Ein Vertragsbindungswille des Bauherrn ergibt sich noch nicht daraus, daß er seinen Gefallen an der Lösungsidee äußert. Erst wenn der Bauherr nach erfolgreich erbrachter Akquisitionsleistung zweifelsfrei erklärt hat, daß der Architekt die Planungslösung für ihn fortentwickeln soll, kann der Abschluß des Architektenvertrages angenommen werden.

- **BGH, Urteil vom 24.06.1999, IBR 1999, 482**

Aus der Entgegennahme von Architektenleistungen, die per Fax übermittelt worden sind, kann allein nicht auf den Willen des Empfängers geschlossen werden, ein entsprechendes Angebot anzunehmen. Erforderlich sind vielmehr weitere Umstände, die einen rechtsgeschäftlichen Willen erkennen lassen. Erst wenn der Umfang des Auftrages feststeht, kann geprüft werden, ob eine Vergütung nach den Umständen als stillschweigend vereinbart gilt. Die Voraussetzungen der Vermutung der entgeltlichen Tätigkeit muß der Architekt darlegen und beweisen.

- **OLG Düsseldorf, Urteil vom 28.02.1997, BauR 1997, 685**

Der Architekt plant voreilig, wenn er mit Arbeiten der Leistungsphasen 5 ff. des § 15 HOAI beginnt, bevor die Baugenehmigung bereits erteilt ist, obwohl bereits bei der Genehmigungsplanung statische Bedenken aufgekommen waren; er hat insoweit keinen Honoraranspruch.

- **OLG Köln, Urteil vom 23.05.1997, BauR 1998, 408**

Unterbreitet ein Sonderfachmann auf Aufforderung ein Angebot, das im wesentlichen zur Ermittlung des anfallenden Honorars bestimmt ist, so handelt es sich dabei auch dann um eine honorarfreie werbliche Tätigkeit (Akquisition), wenn zur Abgabe des Angebots umfangreiche Vorarbeiten erforderlich sind.

- **OLG Oldenburg, Urteil vom 10.04.1997, IBR 1998, 393**

Gegen eine stillschweigende Vereinbarung einer entgeltlichen Architektentätigkeit spricht, wenn sich Bauvorhaben im spekulativen Bereich der Anbahnung befinden und dem Architekten bekannt ist, daß der Bauherr bei Angelegenheiten von größerer finanzieller Tragweite auf schriftliche Honorarvereinbarungen nicht verzichtet. Aufgrund der potentiellen Verdienstmöglichkeiten ist deshalb aus Sicht des Bau- *stillschweigende Vereinbarung* herrn von einer größeren Bereitschaft des Architekten zu unentgeltlichen Vorleistungen aus Akquisitionsinteresse auszugehen.

- **BGH, Urteil vom 05.06.1997, BauR 1997, 1060**

Tätigwerden kein Hinweis auf Vertragsabschluß

Wird der Architekt auf Veranlassung des Bauherrn vor Abschluß eines in Aussicht genommenen Vertrages tätig, bedarf es der Prüfung, ob ihm ein Auftrag erteilt oder ob er ohne vertragliche Bindung akquisitorisch tätig ist. Ist ein Auftrag erteilt, ist zu klären, ob und in welcher Höhe eine Vergütung dafür geschuldet ist. Aus dem Tätigwerden allein kann noch nicht der Abschluß eines Vertrages hergeleitet werden.

- **KG Berlin, Urteil vom 31.10.1997, IBR 1999, 72**

Bei Fertigung einer Bauvoranfrage vor Abschluß eines in Aussicht genommenen Architektenvertrages ist zunächst zu prüfen, ob die Tätigkeit auf einem Auftrag mit einer ausdrücklichen oder stillschweigenden Honorarvereinbarung beruht oder ob der Architekt ohne vertragliche Bindung lediglich akquisitorisch tätig wird.

- **BGH, Urteil vom 30.04.1992, Sch/F/H § 4 Nr. 21**

Die Vereinbarung eines Architekten mit einem Generalübernehmer, wonach der Architekt für mehrere Bauvorhaben Planungsleistungen auf eigenes Risiko erbringen soll, während der Generalübernehmer sich verpflichtet bei der Durchführung eines Bauvorhabens mit dem Architekten über einen Vertrag und ein nach der HOAI zu berechnendes Pauschalhonorar zu verhandeln, kann ein Rahmentarifvertrag sein. Führt der Generalübernehmer ein Bauvorhaben nach Abschluß der Planungsleistungen des Architekten aus und lehnt er den Abschluß des Vertrages ohne sachlichen Grund ab, so kann er zum Schadensersatz verpflichtet sein.

- **OLG Oldenburg, Urteil vom 17.12.1986, BauR 1988, 620**

Leistungserbringung ohne Auftrag

Ein Architektenvertrag kommt nicht schon dadurch zustande, daß ein Architekt von sich, ohne daß er dazu aufgefordert wurde, einer Stadtverwaltung einen Entwurf unterbreitet und diese auf seinen Wunsch hin mit ihm die Möglichkeiten einer Realisierung erörtert.

- **KG Berlin, Urteil vom 03.10.1986, BauR 1988, 621**

Erbringt der Architekt in Ansehung eines erhofften umfassenden Architektenauftrages vorbereitende Tätigkeiten hinsichtlich der Vorplanung, handelt er unentgeltlich und auf eigenes Risiko. Seine Tätigkeiten stellen nicht vergütungspflichtige Vorarbeiten dar. Eine solche vorbereitende Tätigkeit ohne Honoraranspruch ist durchaus nicht ungewöhnlich.

3.2
Vergütungspflichtige Architektentätigkeit/beauftragte Leistungen

- **OLG Celle, Urteil vom 09.11.2000, BauR 2001, 1135**

Erstellt ein Generalunternehmer zu Akquisitionszwecken eine Entwurfsplanung, so kann er, wenn es nicht zum Vertragsschluß kommt, Architektenhonorar für die Leistungsphasen 1 bis 3 des § 15 HOAI geltend machen, wenn er ausdrücklich darauf hinweist, daß er die Verwendung der Pläne durch Dritte nur gegen Zahlung eines entsprechenden Architektenhonorars gestattet.

- **OLG Hamm, Urteil vom 29.01.2001, IBR 2001, 205**

Die Grenze zwischen vergütungspflichtiger Akquisition und honorarpflichtiger Architektentätigkeit liegt dort, wo der Architekt absprachegemäß in die konkrete Planung übergeht. Aus dem bloßen Tätigwerden kann noch kein Vertragsschluß hergeleitet werden. *Architektentätigkeit und Akquisition*

- **BGH, Urteil vom 24.06.1999, BauR 1999, 1319**

Aus der Entgegennahme von Architektenleistungen, die per Fax übermittelt worden sind, kann allein nicht auf den Willen des Empfängers geschlossen werden, ein entsprechendes Angebot anzunehmen. Erforderlich sind vielmehr weitere Umstände, die einen rechtsgeschäftlichen Willen erkennen lassen. Der Sendebericht über ein Fax kann nicht als Beweis des Zugangs sondern nur als Beweis der Absendung des Faxes angesehen werden.

- **Saarländisches OLG, Urteil vom 10.02.1999, BauR 2000, 753**

Die Tätigkeit des Architekten bewegt sich nicht mehr im rein akquisitorischen, vergütungsfreien Bereich, wenn sich der Bauherr die Planungsleistungen im Rahmen einer Bauvoranfrage nutzbar macht. Dabei ist von dem Erfahrungssatz auszugehen, daß der Architekt üblicherweise nur entgeltlich tätig wird.

- **LG Stendal, Urteil vom 17.06.1999, IBR 2000, 283, NJW-RR 2000, 230**

Die als unverbindlich bezeichnete Bitte des Bauherrn an den Architekten, Vorschläge samt Skizzen für die Errichtung eines Bauvorhabens zu unterbreiten, ist noch kein Angebot zum Abschluß eines Architektenvertrages. Nimmt jedoch der Bauherr die Planungsleistungen nicht nur entgegen, sondern verlangt er Änderungen und Ergänzungen entsprechend seinen Vorstellungen, bringt er konkludent zum Ausdruck, daß er nunmehr Leistungen wünscht, die üblicherweise nur gegen Entgelt zu erlangen sind und die er folglich auch bezahlen muß. *Änderungsverlangen ist Auftragserteilung*

- **OLG Stuttgart, Urteil vom 17.12.1996, BauR 1997, 681**

Üblicherweise ist von der Entgeltlichkeit der Planungstätigkeit eines Architekten auszugehen, und zwar auch bei Tätigkeiten bis zur Leistungsphase 2. Dies gilt zumindest dann, wenn nach Angaben des Bauherrn in die konkrete Planung übergegangen wird, indem die ursprüngliche Grobplanung so abgeändert wurde, daß sie in eine genehmigungsfähige Planung einmündete. Dagegen hat der Bauherr nicht zu beweisen vermocht, daß er mit dem Architekten die Unentgeltlichkeit ausdrücklich vereinbart hätte.

- **OLG Koblenz, Urteil vom 07.05.1996, BauR 1996, 888**

Fordert ein Bauwilliger einen Architekten auf, sich mit seiner Bauplanung zu befassen, so begründet dies grundsätzlich einen Architektenvertrag. Auch bei Inanspruchnahme bloßer Vorarbeiten ohne Abschluß eines schriftlichen Architektenvertrages ist eine unverbindliche Architektenleistung im Sinne einer vertragslosen und honorarfreien Werbung zur Erlangung des Gesamtauftrages nur bei besonderen Umständen des Einzelfalls anzunehmen. Will der Bauherr die Honorarpflicht für solche Leistungen ausschließen, muß er von vornherein klarstellen, daß er diese als kostenfrei ansehe.

- **OLG Düsseldorf, Urteil vom 13.08.1996, BauR 1998, 407**

Architekt arbeitet nur gegen Vergütung
Ein Architekt erbringt seine Leistungen üblicherweise nur gegen Entgelt; je größer der Umfang der Architektenleistungen ist, um so eher ist davon auszugehen, daß der Architekt nur gegen Vergütung arbeiten werde.

- **LG Hamburg, Urteil vom 24.11.1995, IBR 1996, 69**

Nimmt der Bauherr Leistungen entgegen, die der Architekt mit dessen Willen erbringt, und verwertet der Bauherr diese Leistungen, so hat er sie grundsätzlich auch dann zu vergüten, wenn weder ein ausdrücklicher Auftrag noch eine Honorarvereinbarung vorliegt.

- **OLG München, Urteil vom 11.10.1995, IBR 1996, 248, NJW-RR 1996, 341**

Verlangt der Bauherr vom Architekten Entwürfe für die Grundlagenermittlung und Vorplanung, entsteht ein Honoraranspruch, wenn die Unentgeltlichkeit nicht ausdrücklich vereinbart wird.

- **OLG Stuttgart, Urteil vom 02.11.1994, BauR 1995, 414**

Planungsleistungen bis zur Erwirkung der Baugenehmigung erfolgen nicht im Rahmen einer kostenlosen Akquisition und sind deshalb vergütungspflichtig.

- **KG Berlin, Urteil vom 26.06.1987, BauR 1988, 624**

Erbringt der Architekt, ausgewiesen durch eine Vollmachtsurkunde, Tätigkeiten wie die Durchführung einer Kostenermittlung nach DIN 276 und eine Vielzahl von Besprechungen, um für die Durchführung von Modernisierungsmaßnahmen eine Förderzusage zu erwirken, so sind diese nicht so geringfügig, daß sie unentgeltlich erwartet werden können. Leistungen mit einem solchen Umfang bringen einen Arbeitsaufwand mit sich, der üblicherweise nur gegen Entgelt getrieben wird.

3.3
Umfang der Beauftragung

- **OLG Düsseldorf, Urteil vom 15.09.2000, BauR 2001, 672**

Eine etwaige Vermutung, daß dem mündlich beauftragten Architekten im Zweifel die gesamten zum Leistungsbild gehörenden Arbeiten übertragen sind, erstreckt sich nicht auf die Objektbetreuung (Leistungsphase 9 des § 15 Abs. 2 HOAI).

- **OLG Karlsruhe, BGH, Beschluß vom 04.05.2000,
  Urteil vom 22.12.1998, IBR 2000, 335**
Die Genehmigungsplanung setzt die Beauftragung der Grundlagenermittlung, Vor- und Entwurfsplanung voraus.

- **OLG Düsseldorf, Urteil vom 11.02.2000, BauR 2000, 908**
Der mit der Vor- und Entwurfsplanung betraute Architekt muß sich zunächst mit der Grundlagenermittlung befassen, sofern diese nicht ausnahmsweise anderweitig erbracht ist, und hat deshalb auch Anspruch auf Honorierung der Leistungsphase 1 des § 15 HOAI. Mit der Äußerung des Wunsches, der Architekt solle die „endgültige Planung" anfertigen, und der Unterzeichnung des Bauantrags erteilt der Bauherr den Antrag zur Genehmigungsplanung.

Unterzeichnung des Bauträgers ist Auftragserteilung

- **OLG Düsseldorf, Urteil vom 04.06.1995, Sch/F/H § 5 Nr. 2 HOAI**
Wird ein Architekt mündlich mit der Planung des An- und Umbaus eines Einfamilienhauses beauftragt, wird aber der vom Architekten vorgelegte und unterzeichnete Einheitsarchitektenvertrag, der als Leistungsumfang die Leistungsphasen 1–8 vorsieht, vom Auftraggeber nicht unterschrieben, so spricht keine Vermutung dafür, daß dem Architekten die Vollarchitektur oder auch nur die Leistungsphasen 1–8 übertragen worden sind. Meist wird vielmehr nur die Genehmigungsplanung der Leistungsphasen 1 bis 4 beauftragt worden sein.

- **OLG München, Urteil vom 11.10.1995, IBR 1996, 248**
Es besteht keine Vermutung, daß die Beauftragung eines Architekten regelmäßig die Beauftragung der sog. Vollarchitektur darstellt. Bestreitet der Bauherr die Beauftragung, muß der Architekt den Auftrag für jede berechnete Leistungsphase nachweisen.

- **OLG Düsseldorf, Urteil vom 23.12.1980, BauR 1981, 401**
Wird einem Architekten der Auftrag erteilt, die zur Baugenehmigung notwendigen Architektenleistungen zu erbringen, so umfaßt dieser Architektenvertrag in der Regel die Leistungen der Leistungsphasen 1–4 des § 15 HOAI, da im allgemeinen eine Genehmigungsplanung nicht ohne Entwurfsplanung, eine Entwurfsplanung nicht ohne Vorplanung und eine Vorplanung nicht ohne Grundlagenermittlung möglich ist. Eine Ausnahme von dieser Regel kommt nur dann in Betracht, wenn die Vorstufen der Genehmigungsplanung bereits von anderer Seite erbracht worden sind und der beauftragte Architekt darauf aufbauen kann.

Auftrag mit Genehmigungsplanung erfaßt Lph 1–4

3.4
Unverbindlich heißt nicht kostenlos

- **OLG Köln, Urteil vom 06.02.1993, IBR 1993, 161**
In der Aufforderung des Bauherrn, eine unverbindliche, grobe Kostenschätzung zu erstellen, liegt die Beauftragung des Architekten mit der Vornahme der Grundleistungen der Leistungsphase 1 und 2 des § 15 HOAI.

- **OLG Düsseldorf, Urteil vom 05.06.1992, IBR 1992, 498, NJW-RR 1992, 1172**

unverbindlich heißt nicht kostenlos — Werden Architektenleistungen „unverbindlich" in Anspruch genommen, so kann ohne besondere Absprache nicht davon ausgegangen werden, der Architekt werde seine Leistungen kostenlos erbringen. Aus der Vereinbarung der Unverbindlichkeit läßt sich lediglich auf den eingeschränkten Umfang der Beauftragung schließen, nämlich die Grundlagenermittlung und Vorplanung.

3.5
Darlegungs- und Beweislast

- **BGH, Urteil vom 05.06.1997, BauR 1997, 1060**

Aus dem Tätigwerden allein kann noch nicht der Abschluß eines Vertrages hergeleitet werden; dessen Zustandekommen hat vielmehr der Architekt vorzutragen und im Bestreitensfall zu beweisen. Die Umstände, nach denen Architektenleistungen gem. § 632 Abs. 1 BGB nur gegen Vergütung zu erwarten sind, muß der Architekt darlegen und beweisen.

- **BGH, Urteil vom 09.04.1987, BauR 1987, 454**

Architekten arbeiten entgeltlich — Zwar kommt es immer wieder vor, daß Architekten „auf eigenes Risiko" arbeiten; damit wird aber nicht der Erfahrungssatz aufgehoben, daß Architekten üblicherweise entgeltlich tätig werden. Entscheidend ist, ob die Umstände des Einzelfalles ergeben, daß eine Vergütung bestimmter Architektenleistungen üblich ist. Die Umstände, nach denen Architektenleistungen, die nicht der HOAI unterliegen, nur gegen Vergütung zu erwarten sind, muß der Architekt, daß die Leistungen gleichwohl unentgeltlich erbracht werden sollen, muß der Bauherr darlegen und beweisen.

4
EXKURS 2: Folgen fehlender Architekteneigenschaft

Karsten Meurer — Ein Planer muß den Bauherrn über eine fehlende Architekteneigenschaft bei Vertragsabschluß aufklären, wenn die Architekteneigenschaft für die Ausführung des Vertrages von Bedeutung ist oder der Bauherr erkennbar nur mit einem Architekten einen Vertrag abschließen möchte. Unterläßt der Planer dies, kann der Bauherr den Vertrag dann wegen arglistiger Täuschung anfechten. Zudem stehen ihm Schadensersatzansprüche aus Verschulden bei Vertragsschluß (c. i. c.) zu. Der Bauherr ist dann so zu stellen, als ob der Vertrag nicht zustande gekommen wäre. Sind die Planungsleistungen allerdings vom Bauherrn bereits entgegen genommen und verwertet worden, hat der Planer gegen den Bauherrn einen Anspruch aus ungerechtfertigter Bereicherung auf die Erstattung jenes Wertes, durch den der Bauherr durch Verwertung der Planung bereichert ist. Die Aufklärungspflicht besteht nicht, wenn die Architekteneigenschaft für den Bauherren bei Ausführung des Vertrages erkennbar nicht von Bedeutung ist.

4.1
Aufklärungspflichten und Rechtsfolgen

- **OLG Nürnberg, Urteil vom 12.09.1997, BauR 1998, 1273**
Ein Auftraggeber kann einen mit einem Ingenieur geschlossenen Architektenvertrag wegen arglistiger Täuschung anfechten, wenn der Ingenieur den Hinweis unterlassen hat, weder Architekt noch Bauingenieur zu sein. Hat der Ingenieur bereits Leistungen erbracht, kann sein Anspruch aus ungerechtfertigter Bereicherung nicht höher als der Betrag sein, der ihm bei Wirksamkeit des Vertrages als Honorar zustehen würde.

Anfechtung des Vertrages

- **OLG Stuttgart, Urteil vom 17.12.1996, BauR 1997, 681**
Beim Abschluß des Planungsvertrages muß offenbart werden, daß man nicht Architekt ist, außer man täuscht dies nicht vor und es besteht auch kein Interesse des Bestellers, gerade einen Architekten zu beauftragen, z. B. weil man jederzeit einen Architekten zur Unterzeichnung des Baugesuchs an der Hand hat.

- **OLG Naumburg, Urteil vom 08.11.1995, IBR 1996, 379**
Wer Architektenleistungen nach HOAI anbietet, muß den Bauherrn über eine fehlende Architekteneigenschaft bei Vertragsschluß aufklären, sonst haftet er auf Schadensersatz. Der Bauherr kann verlangen, so gestellt zu werden, als sei kein Vertrag zustande gekommen. Demzufolge steht der GmbH kein Honorar zu. Sie kann allenfalls die Herausgabe der Unterlagen verlangen.

- **OLG Düsseldorf, Urteil vom 05.02.1993, NJW-RR 1993, 1173**
Ein Auftragnehmer, der zur Führung der Berufsbezeichnung Architekt nicht befugt ist, muß dies dem künftigen Bauherrn schon bei den Vertragsverhandlungen, die der Beauftragung mit Architektenleistungen vorausgehen, offenbaren, wenn er sich nicht wegen Verschuldens beim Vertragsschluß schadensersatzpflichtig machen will.

- **OLG Köln, Urteil vom 03.05.1985, BauR 1986, 467 (468)**
Die fehlende Architekteneigenschaft hat nach herrschender Auffassung aber keine Nichtigkeit eines gleichwohl abgeschlossenen Vertrages über Architektenleistungen zur Folge. Allerdings muß der Planer hierüber aufklären. Fehlt es daran, so hat der Beklagte einmal ein Recht zur Anfechtung des Vertrages nach § 123 BGB und ferner einen Schadensersatzanspruch wegen vorvertraglichen Verschuldens durch fehlende Aufklärung.

4.2
Entfallen von Aufklärungspflichten und Ersatzansprüchen

- **OLG Hamburg, Urteil vom 16.08.1996, IBR 1996, 517**
Die Pflicht eines Planers, auf seine fehlende Architekteneigenschaft hinzuweisen entfällt, wenn Interessen des Bauherrn nicht berührt sind. Dies kann der Fall sein,

Hinweispflicht entfällt

wenn der Planer bauvorlageberechtigt ist und das zu bauende Objekt keine besonderen künstlerischen Fähigkeiten verlangt.

- **OLG Köln, Urteil vom 19.04.1983, BauR 1985, 338**
Eine bei Vertragsschluß fehlende Architekteneigenschaft, die später nachgeholt wird, ist für den Honoraranspruch des Planers dann unerheblich, wenn das Bauvorhaben fertig gestellt ist und durch den Besteller in Benutzung genommen wurde.

5
Honorarvereinbarungen in der Rechtsprechung der Gerichte

Karsten Meurer

Die HOAI schreibt für die von ihr erfaßten Leistungsbilder ein bestimmtes Mindest- und Höchsthonorar vor. Treffen die Parteien keine Honorarvereinbarung gelten die Mindestsätze als vereinbart. Bei Auftragserteilung und schriftlich können von den Mindestsätzen abweichende Honorarvereinbarungen getroffen werden. Gleiches gilt für von der HOAI abweichende Honorarermittlungsvereinbarungen und die Vereinbarung eines Pauschalhonorars. Die Mindestsätze unterschreitende oder die Höchstsätze überschreitende Honorarvereinbarungen, sind nur zulässig, wenn ein Ausnahmefall im Sinne des § 4 HOAI vorliegt und dies schriftlich bei Auftragserteilung vereinbart wird. Nach Erbringung der Planungsleistungen kann ein Vergleich oder ein Erlaß über die Höhe des Honorars getroffen werden. Die Mindest- und Höchstsätze finden hier keine Anwendung mehr.

5.1
Voraussetzungen für von den Mindestsätzen abweichende Honorarvereinbarungen/Pauschalhonorare

Von den Mindestsätzen der HOAI abweichende Honorare oder Honorarberechnungsvereinbarungen – bspw. Pauschalhonorarvereinbarungen – müssen schriftlich und bei Auftragserteilung getroffen werden.

5.1.1
Beispiele für von den Mindestsätzen abweichende Honorarvereinbarungen

- **LG Magdeburg, Urteil vom 12.05.2000, BauR 2001, 986**
Gewährt der Architekt, der mit dem Bauherrn einen schriftlichen Architektenvertrag abgeschlossen hat, während der Bauphase nach aufgetretenen Meinungsverschiedenheiten mündlich einen Nachlaß und unterschreitet dadurch das Gesamthonorar die Mindestsätze der HOAI, so ist die mündlich vor Abschluß der Architektenleistungen getroffene Nachlaßvereinbarung gem. § 4 Abs. 2 HOAI unwirksam.

- **BGH, Urteil vom 06.05.1999, BauR 1999, 1045**
Eine Vergütungsvereinbarung, die vorsieht, daß zu den anrechenbaren Kosten des Vertragsgegenstandes Kosten eines Objektes der Berechnung des Honorars zugrunde gelegt werden sollen, das nicht Gegenstand des Auftrages ist, muß bei Auftragserteilung und schriftlich vgl. § 4 Abs. 2 HOAI getroffen werden.

- **BGH, Urteil vom 19.02.1998, BauR 1998, 579**
Die Parteien eines Architektenvertrages können im Rahmen der Privatautonomie bei Auftragserteilung eine bedingte Honorarvereinbarung treffen, wonach der Honoraranspruch des Architekten erst entsteht, wenn der Auftraggeber das Bauvorhaben ausführt.

- **OLG Naumburg, Urteil vom 19.12.1996, IBR 1997, 378**
Die Vereinbarung von Pauschalhonorar stellt eine Umgehung des in § 4 Abs. 3 HOAI normierten gesetzlichen Verbots dar und ist gem. § 134 BGB unwirksam, soweit der Preis den Vorschriften der HOAI entgegensteht und die Vereinbarung nicht schriftlich und bei Auftragserteilung getroffen worden ist. *Pauschalhonorar*

- **OLG Hamm, Urteil vom 19.01.1994, NJW-RR 1994, 984**
Zu der notwendigerweise schriftlichen Honorarvereinbarung i. S. v. § 4 HOAI zählen auch Vereinbarungen über die zugrunde liegenden anrechenbaren Kosten nach § 10 Abs. 2 HOAI.

- **OLG München, Urteil vom 06.07.1993, IBR 1994, 344**
Die Vereinbarung einer Erfolgsprämie mit einem Architekten fällt unter die Bestimmungen der HOAI. Daher ist die mündliche Vereinbarung eines Erfolgshonorars für den Erfolg einer risikoreichen Baugenehmigungsplanung gem. § 4 Abs. 1 HOAI unwirksam, so daß der Architekt allenfalls gem. § 4 Abs. 4 HOAI die Mindestsätze verlangen kann. Die Wirksamkeit der Vereinbarung eines Erfolgshonorars setzt gem. § 4 Abs. 4 HOAI voraus, daß sie in Schriftform und bei Auftragserteilung getroffen wird und sich im Rahmen der Mindest- und Höchstsätze bewegt. *Erfolgshonorar*

- **OLG Suttgart, Urteil vom 02.11.1994, BauR 95, 414**
Eine von den Regeln der HOAI abweichende Vereinbarung über das Architektenhonorar ist nur wirksam, wenn sie bei Auftragserteilung oder nach vollständiger Beendigung der Architektentätigkeit getroffen wird.

- **OLG Düsseldorf, Urteil vom 25.07.1986, BauR 1987, 590**
Dem Schriftformerfordernis für die Honorarvereinbarung gemäß § 4 Abs. 1 und 4 HOAI unterliegt auch eine Vereinbarung über die der Honorarberechnung zugrundezulegenden anrechenbaren Kosten gem. § 10 Abs. 2 HOAI.

5.1.2
Schriftform gem. § 4 Abs. 4 HOAI

Ist die Honorarvereinbarung nicht schriftlich getroffen worden, ist sie unwirksam, es sei denn dem Auftragnehmer ist ein Berufen hierauf verwehrt.

5.1.2.1 Anforderungen an schriftliche Honorarvereinbarung gem. § 126 BGB

Schriftform bedeutet gem. § 126 BGB, daß die Unterschriften auf einer Urkunde von beiden Parteien eigenhändig geleistet sind und den Vertragstext auch räumlich abschließen. Eine Ausnahme gilt nur dann, wenn zwei deckungsgleiche Urkunden von je einer Partei unterschrieben sind. Durch Telefaxübermittlung wird die Schriftform nicht gewahrt, erforderlich ist daher, daß die per Fax übermittelten Angebote unterschrieben zurückgesendet werden. Bei einer Vertragsübernahme eines Architektenvertrages ist die Schriftform des § 4 HOAI nicht erneut anzuwenden.

- **BGH, Urteil vom 16.12.1999, IBR 2000, 177**

Wird ein Architekten- oder Ingenieurvertrag übernommen, bedarf es für den wirksamen Übergang einer schriftlichen Honorarvereinbarung nicht erneut der Schriftform.

- **OLG Hamm, Urteil vom 09.06.1999 BauR 1204 ff.**

Fax per Post zurücksenden

Nach § 126 BGB ist die Schriftform nur gewahrt, wenn die Parteien die Urkunde eigenhändig unterschrieben haben. Ein schriftlicher Vermerk auf einem Telefax reicht nicht aus. Bei einer Honorarvereinbarung per Telefax ist die Schriftform allenfalls dann erfüllt, wenn eine Vertragspartei ein Angebot übermittelt und die andere das erhaltene Fax unterzeichnet und (per Post) zurücksendet.

- **BGH, Urteil vom 30.07.1997 NJW 1997, 3169**

Die Übermittlung einer Telefaxkopie der im Original, der Kopiervorlage, unterzeichneten Urkunde reicht zur Wahrung der Schriftform gem. § 126 BGB nicht aus.

- **OLG Düsseldorf, Urteil vom 07.10.1997, BauR 1998, 887**

räumliches Abschließen der Urkunde

Die Schriftform nach § 126 BGB ist nur dann eingehalten, wenn die Unterschrift den Urkundentext räumlich abschließt, d. h. sie muß unterhalb des Textes stehen und damit die urkundliche Erklärung vollenden. Nachträge, die unterhalb der Unterschrift auf der Urkunde angebracht sind, müssen besonders unterzeichnet sein, außer, wenn sie durch Hinweiszeichen (z. B. Pfeil) als zum unterzeichneten Text gehörend markiert sind.

- **KG, Urteil vom 19.09.1997, IBR 97, 511**

Dem Schriftformerfordernis des § 4 Abs. 4 HOAI ist nur durch eine von beiden Parteien unterzeichnete Vetragsurkunde Genüge getan.

- **OLG Celle, Urteil vom 26.05.1994, IBR 1995, 67**
Schriftform nach § 4 Abs. 4 HOAI setzt voraus, daß die Honorarvereinbarung von beiden Vertragspartnern unterzeichnet wird.

- **KG, Urteil vom 18.05.1994, BauR 1994, 791 ff.**
Für die Einhaltung des Schriftformerfordernis des § 126 BGB ist es erforderlich, daß die Honorarvereinbarung mit dem vollen Familien-, Firmennamen unterzeichnet ist und die Unterschriften beider Vertragspartner den das Honorar betreffenden Vertragstext voll inhaltlich decken.

- **OLG Düsseldorf, Urteil vom 28.10.1994, IBR 1995, 117**
Bestätigungsschreiben – auch kaufmännische/ wechselseitige – genügen zur Einhaltung der Schriftform nach § 4 Abs. 1 HOAI nicht. *kaufmännisches Bestätigungsschreiben*

- **BGH, Urteil vom 28.10.1993, BauR 1994, 131 und**
  OLG Hamm, Urteil vom 28.02.1996, IBR 1997, 202
Zur Einhaltung der Schriftform des § 126 BGB genügen das schriftliche Angebot und die schriftliche Annahme auf zwei Schriftstücken nicht aus.

- **OLG Frankfurt/ Main, Urteil vom 18.03.1993, BauR 1993, 497**
Eine Aufstellung der voraussichtlichen Baukosten und die anschließend hierauf vorgenommene Pauschalierung des Honoraranspruchs reichen für die Wahrung der Schriftform nicht aus.

- **BGH, Urteil vom 24.11.1988, BauR 1989, 222**
Eine Auftragsbestätigung reicht für Einhaltung der Schriftform gem. § 126 BGB nicht aus. *Auftragsbestätigung*

5.1.2.2 Schriftform bei Verträgen mit Kommunen und Kirchen

Die Gemeindeordnungen der Länder verlangen für Verträge, die nicht zu den laufenden Geschäften der Verwaltung gehören, die Schriftform. Hierbei handelt es sich jedoch um reine Regelungen über die Vertretungsmacht. Wird die Schriftform daher nicht beachtet, sind die Verträge (schwebend) unwirksam (vgl. § 179 BGB). In Einzelfällen wird trotz des Fehlens eines schriftlichen Vertrags gleichwohl von einer wirksamen Beauftragung ausgegangen. Für diesen Fall gelten dann allerdings nur die Mindestsätze als vereinbart, selbst wenn die Parteien abweichendes vereinbaren wollten. Wird der schriftliche Vertrag erst geschlossen, nachdem der Architekt bereits Leistungen erbracht hat, können gleichwohl auch jetzt noch von den Mindestsätzen der HOAI abweichende Honorarvereinbarungen geschlossen werden, da bis zu diesem Zeitpunkt kein wirksamer Vertrag vorlag.

- **OLG Stuttgart, Urteil vom 15.02.2000, IBR 2001, 121**
Beschließt der Kreistag nach zeitweiligem Ruhen des Projektes die Fortführung der

Unterzeichnung druch Landrat Planungen im Rahmen eines jeweils abzurufenden Leistungsstufen enthaltenden Baubetreuungsvertrages, so bedeutet dies nicht die wirksame Beauftragung mit der Erbringung einer weiteren Leistungsstufe. Diese Beauftragung bedarf der Schriftform und der Unterzeichnung durch den Landrat. Ein entsprechender Kreistagsbeschluß stellt lediglich die Ermächtigung der Verwaltung zur weiteren Durchführung des Projektes dar.

- **OLG Koblenz, Urteil vom 29.10.1998, IBR 1999, 586**
  BGH, Revision nicht angenommen
  Änderungen und Ergänzungen eines gemeindlichen Architektenvertrages bedürfen nach der Gemeindeordnung (hier NRW) der Schriftform, sonst sind sie unwirksam.

- **BGH, Urteil vom 20.01.1994, NJW 1994, 1528**
  Formvorschriften der Gemeindeordnungen, die von den Vertretern der Gemeinden beim Abschluß von Verträgen beachtet werden müssen, sind materielle Vorschriften über die Beschränkung der Vertretungsmacht. Eine Gemeinde kann sich ausnahmsweise dann nicht auf einen Verstoß gegen die Formvorschriften der Gemeindeordnung berufen, wenn das nach der Gemeindeordnung für die Willensbildung zuständige Organ den Abschluß des Verpflichtungsgeschäfts gebilligt hat. Bei der Vertragsauslegung geht ein übereinstimmender Wille der Parteien dem Wortlaut des Vertrages und jeder anderweitigen Interpretation vor.

- **OLG Hamm, Urteil vom 30.08.1994, BauR 1995, 129**
  Das Bestehen eines mündlichen Architektenvertrages hindert eine nachträgliche schriftliche Honorarvereinbarung ausnahmsweise dann nicht, wenn der ursprüngliche (mündliche) Vertrag unwirksam war. Die Vorschriften des § 4 Abs. 1 HOAI sind nämlich dahin zu ergänzen, daß nur die wirksame Erteilung des Auftrages gemeint ist.

- **OLG Rostock, Urteil vom 13.07.1994, IBR 1995, 438**
  In Mecklenburg-Vorpommern besteht keine Vorschrift im Kommunalrecht, die die Schriftform für Verträge vorschreibt. Da eine die Vollmacht des Bürgermeisters nach außen einschränkende Vorschrift fehlt, kann eine Beauftragung auch durch schlüssiges Handeln (konkludent) erfolgen.

- **OLG Frankfurt, Urteil vom 16.08.1988, NJW-RR 1989, 1505**
  Ausführung des Vertrages Ein Architektenvertrag mit einer hessischen Gemeinde ist auch als mündlicher Vertrag trotz § 71 Abs. 2 Hess. GemO wirksam, wenn der Vertrag ausgeführt worden ist und die Berufung auf den Mangel der Schriftform gegen Treu und Glauben verstößt.

- **OLG Frankfurt, Urteil vom 20.12.1988, NJW-RR 1989, 1425**
  Ein Architektenvertrag mit einer hessischen Gemeinde, der nicht unter Beachtung der Vorschriften des § 71 Abs. 2 Hess. GemO geschlossen wurde, ist unwirksam. Die Grundsätze über Anscheins- und Duldungsvollmacht finden keine Anwendung.

5.1.3
Bei Auftragserteilung gem. § 4 Abs. 4 HOAI

Von den Mindestsätzen abweichende Honorarvereinbarungen müssen zudem bei Auftragserteilung getroffen werden, da sie sonst ebenfalls unwirksam sind. Hat der Architekt/Ingenieur bereits Leistungen mit dem Willen des Auftraggebers erbracht und wird die Honorarvereinbarung erst später getroffen, ist diese grundsätzlich unwirksam. Werden zunächst Akquisitionsleistungen erbracht und dann die Honorarvereinbarung schriftlich getroffen, kann noch ein von den Mindestsätzen der HOAI abweichendes Honorar vereinbart werden. Gleiches gilt für den Fall, daß zwischen den Parteien vereinbart war, daß der Vertrag erst mit schriftlicher Niederlegung wirksam sein soll, da bis zu diesem Zeitpunkt der Vertrag gem. § 154 BGB als nicht geschlossen anzusehen ist. Eine nachträgliche Änderung der geschlossenen Vereinbarung ist ebenfalls nicht möglich, es sei denn die Architektenleistungen sind komplett erbracht worden.

5.1.3.1 Anwendungsfälle

- **OLG Karlsruhe Urteil vom 28.11.1996, IBR 1999, 171**
Bei Verlängerung der Bauzeit ist eine spätere ergänzende Honorarvereinbarung möglich (gegen OLG Hamm, BauR 96, 718). Verlängert sich die Bauzeit, so ist eine Wertung nach Treu und Glauben vorzunehmen (§ 242 BGB). Dabei ist auch zu berücksichtigen, ob die Schwierigkeiten, die zur Verlängerung der Bauzeit geführt haben, (mit) im Verantwortungsbereich des Architekten selbst lagen. *Verlängerung der Bauzeit und Honorarvereinbarung*

- **OLG Düsseldorf, Urteil vom 19.04.1996, BauR 1996, 893**
Eine schriftliche Honorarvereinbarung, die erst unterzeichnet wird, nachdem der Architekt zumindest schon die Leistungen der Phasen 1 bis 4 des § 15 HOAI erbracht hat, ist nach § 4 HOAI unwirksam, wenn nichts dafür spricht, daß der Architekt derartig umfangreiche Arbeiten auftragslos geleistet hat.

- **OLG Düsseldorf, Urteil vom 09.06.1995, BauR 1995, 740**
Eine Honorarvereinbarung ist nach § 4 HOAI unwirksam, wenn der Architekt bereits vorher eine Bauvoranfrage eingereicht und neben den dafür erforderlichen Grundleistungen der Phasen 1 und 2 des § 15 Abs. 2 HOAI weiter Grundleistungen der Phasen 2 und 3 erbracht sowie einen Vergütungsanspruch für die Bauvoranfrage angekündigt hat.

- **OLG Köln, Urteil vom 19.12.1995, IBR 1996, 206**
Der Auftraggeber kann sich nicht auf die Formunwirksamkeit einer Honorarvereinbarung berufen, wenn der Architekt in dem Glauben gelassen wurde, die besprochene und abgestimmte Vereinbarung werde alsbald gegengezeichnet zurückübermittelt, und der Architekt daraufhin seine Arbeiten beginnt. *fehlende Schriftform*

- **LG Köln, Urteil vom 20.11.1989, BauR 90, 635**
  Nach Wortlaut und Schutzrichtung des § 4 Abs. 4 HOAI werden somit diejenigen Fälle nicht erfaßt, in denen unter Einbeziehung bereits erbrachter Architektenleistungen erstmalig ein Vertrag geschlossen wird, mit dem ein höherer als der Mindestsatz oder eine entsprechende Pauschalvergütung vereinbart wird.

- **OLG Schleswig, Urteil vom 31.10.1986, NJW-RR 1987, 535,**
  Eine Vereinbarung, daß ein Architekt ein höheres Honorar als die Mindestsätze der HOAI und die Zusatzgebühr für Umbauarbeiten fordern darf, kann nicht mehr nach Abschluß des Architektenvertrages wirksam vereinbart werden.

- **OLG Düsseldorf, Urteil vom 22.07.1988, BauR 1988, 766**
  schriftlicher Architektenvertrag sieben Tage später Wird ein mündlich geschlossener Architektenvertrag sieben Tage später schriftlich niedergelegt, ist keine wirksame Honorarvereinbarung im Sinne des § 4 HOAI zustande gekommen.

- **BGH, Urteil vom 21.01.1988, BauR 1988, 364**
  Eine bei Auftragserteilung wirksam getroffene Honorarvereinbarung kann vor Beendigung der Architektentätigkeit bei unverändertem Leistungsziel nicht abgeändert werden.

- **BGH, Urteil vom 23.09.1986, BauR 1987,112**
  § 4 HOAI erfaßt alle Fälle, in denen die Beteiligten nicht schon bei Vertragsabschluß schriftlich eine nach § 4 Abs. 1 bis 3 HOAI zulässige Honorarvereinbarung getroffen haben. Damit sind sämtliche Vertragsänderungen ausgeschlossen, die nur die Höhe des Honorars für einen noch nicht erledigten Auftrag betreffen und die insoweit die Fiktion des § 4 Abs. 4 HOAI außer Kraft setzen sollen.

- **BGH, Urteil vom 06.05.1985, BauR 1985, 585**
  Eine bei Auftragserteilung versäumte Vereinbarung, wonach von den Mindesthonorarsätzen abgewichen werden soll, kann für einen noch unerledigten Auftrag nicht nachgeholt werden, soweit die Fiktion des § 4 Abs. 4 HOAI außer Kraft gesetzt werden soll.

- **OLG Stuttgart, Urteil vom 19.06.1984 BauR 1985, 346**
  unwirksame Honorarvereinbarung Wird eine Honorarvereinbarung ein Jahr nach Abschluß des mündlichen Architektenvertrages schriftlich getroffen, ist diese Vereinbarung nicht mehr „bei Auftragserteilung" getroffen worden und damit gem. § 4 HOAI unwirksam.

5.1.3.2 Beweislast

Der Architekt muß den unbedingten und uneingeschränkten Vertragsschluß beweisen, was in der Praxis häufig Schwierigkeiten macht und dazu führt, daß die Gerichte von einer auftragslosen Tätigkeit des Architekten ausgehen (vgl. oben Exkurs

Abgrenzung, Auftragserteilung und Akquisition). Darüber hinaus muß er beweisen, daß Honorarvereinbarungen bei Auftragserteilung und schriftlich erfolgt sind. Gelingt ihm dies nicht, gelten die Mindestsätze als vereinbart.

- **OLG Düsseldorf, Urteil vom 09.01.2001, BauR 2001, 1137**
Macht der Auftraggeber unter Bezugnahme auf § 4 Abs. 1 und 4 HOAI geltend, der Architektenauftrag sei bereits vor Vertragsunterzeichnung mündlich erteilt worden, so hat dies der Architekt erst dann zu widerlegen, wenn der Auftraggeber den früheren Vertragsabschluß nach Zeit, Ort und Inhalt nachvollziehbar dargelegt hat.

- **KG, Urteil vom 31.10.1997, NJW-RR 1999, 242**
Wendet bei einem Architektenvertrag der Auftraggeber ein, er habe mit dem Architekten ein Pauschalhonorar vereinbart, das das vom Architekten gem. §§ 10, 15 HOAI geltend gemachte Honorar unterschreitet, trifft den Architekten die Darlegungs- und Beweislast, daß eine Pauschalhonorarvereinbarung nicht zustande gekommen ist. Der Wirksamkeit einer Pauschalhonorarvereinbarung steht die fehlende Schriftform nicht in jedem Falle entgegen. Vielmehr kann es gerechtfertigt sein, die vom BGH im Zusammenhang mit dem Honoraranspruch des Architekten bei Unterschreitung der in der HOAI festgesetzten Mindestsätze entwickelten Grundsätze entsprechend heranzuziehen. *Beweislast Architekt*

- **OLG Hamm, Urteil vom 21.04.1995, IBR 1996, 155**
Fordert der Architekt ein über die Mindestsätze der Honorartafel hinausgehendes Honorar, dann muß er beweisen, daß der schriftliche Architektenvertrag „bei Auftragserteilung" geschlossen worden ist.

- **BGH, Urteil vom 04.10.1979, BauR 1980, 84**
Eine beweislastumkehrende Vermutung, daß Architekten regelmäßig mit allen Leistungsbildern beauftragt werden, gibt es nicht.

5.1.4
Unzulässigkeit des Berufens auf eine formell unwirksame Honorarvereinbarung

Im Einzelfall kann es dem Bauherrn verwehrt sein, sich auf die Unwirksamkeit der Honorarvereinbarung zu berufen, bspw. wenn er selbst den schriftlichen Abschluß des Vertrages verhindert hat. Die aus Treu und Glauben entwickelten Fallgruppen werden von der Rechtsprechung zunehmend angewandt. Zu beachten ist aber, daß allein die jahrelange Übung einer von der HOAI abweichenden Honorarabrechnung nicht von den Erfordernissen des § 4 Abs. 1 befreit und grundsätzlich keinen Ausnahmefall erfüllt.

- **OLG Koblenz, Urteil vom 10.11.2000, BauR 2001, 828**
Eine mündliche Honorarvereinbarung ist in Abweichung von § 4 HOAI nur bei schlechthin untragbaren Ergebnissen (§ 242 BGB) wirksam. Dies ist zumindest *mündliche Vereinbarung wirksam*

dann nicht der Fall, wenn nur eine mündliche Honorarvereinbarung zwischen den Parteien getroffen wurde. Das Berufen des Auftraggebers auf die fehlende Prüffähigkeit einer Honorarschlußrechnung (weil die Kostenaufstellung nicht der DIN 276 entspricht), ist aus Treu und Glauben unzulässig, wenn der Auftraggeber/Beklagter weder von dem Erblasser noch von den Erben eine Aufstellung nach der DIN 276 verlangt hat.

- **OLG Köln, Urteil vom 10.01.1997, NJW-RR 1997, 405 f.**

spätere Vereinbarung wirksam
Die Vereinbarung des HOAI Mittelsatzes in einem schriftlichen Architektenvertrag, den der Architekt vor Beginn seiner Tätigkeit für den Auftraggeber vorgelegt, unterschrieben und mit der Bitte um Gegenzeichnung übergeben hat, ist auch dann wirksam, wenn der Auftraggeber den Vertrag erst mehr als ein Jahr später unterschrieben zurückgegeben hat. Dies gilt allerdings nur dann, wenn aufgrund besonderer Umstände des Einzelfalles anzunehmen ist, daß der Architektenvertrag nach dem Willen der Vertragsparteien erst mit seiner schriftlichen Abfassung geschlossen sein sollte. Begründet kann eine derartige Annahme u. a. sein, wenn der Auftraggeber seiner Unterschrift kein abweichendes Datum beifügt und die zwischenzeitlich erbrachten Architektenleistungen, gemessen am Vertragsumfang nicht umfänglich waren.

- **OLG Düsseldorf, Urteil vom 01.09.1999, NJW-RR 2000, 312**

Eine jahrelange Übung zwischen Bauherrn und Architekten, Architektenleistungen in einer bestimmten Weise abzurechnen, befreit für den einzelnen Auftrag nicht von der Beachtung der Formvorschrift des § 4 Abs. 1 HOAI.

- **KG, Urteil vom 31.10.1997, NJW-RR 1999, 242**

Wirksamkeit trotz fehlender Schriftform
Wendet bei einem Architektenvertrag der Auftraggeber ein, er habe mit dem Architekten ein Pauschalhonorar vereinbart, daß das vom Architekten gem. §§ 10, 15 HOAI geltend gemachte Honorar unterschreitet, trifft den Architekten die Darlegungs- und Beweislast, daß eine Pauschalhonorarvereinbarung nicht zustande gekommen ist. Der Wirksamkeit einer Pauschalhonorarvereinbarung steht die fehlende Schriftform nicht in jedem Falle entgegen. Vielmehr kann es gerechtfertigt sein, die vom BGH im Zusammenhang mit dem Honoraranspruch des Architekten bei Unterschreitung der in der HOAI festgesetzten Mindestsätze entwickelten Grundsätze entsprechend heranzuziehen.

- **KG, Urteil vom 28.10.1997, BauR 1998, 818**

Ein Berufen auf die fehlende Schriftform ist dann nach Treu und Glauben unzulässig, wenn der Auftraggeber als Professor der Rechtswissenschaften genau weiß, was unter einer schriftlichen Honorarvereinbarung i. S. d. § 126 BGB zu verstehen ist, und er Leistungen entgegennimmt ohne dabei auf die Schriftlichkeit der Honorarvereinbarung ersichtlich Wert zu legen.

- **OLG Hamm, Urteil vom 28.02.1996, IBR 1997, 202**

Das Schriftformerfordernis des § 4 HOAI ist regelmäßig nicht gewahrt, wenn sich

Angebot und Annahme auf unterschiedlichen Schriftstücken befinden. Das schließt jedoch nicht aus, daß sich, wenn eine Partei ein schriftliches Angebot macht und die andere Partei dies schriftlich bestätigt, ausnahmsweise nach Treu und Glauben ein Vertragspartner nicht auf die Formunwirksamkeit berufen kann.

- **OLG Köln, Urteil vom 19.12.1995, IBR 1996, 206 ff.**

Der Auftraggeber kann sich nicht auf die Formunwirksamkeit einer Honorarvereinbarung berufen, wenn der Architekt in dem Glauben gelassen wurde, die besprochene und abgestimmte Vereinbarung werde alsbald gegengezeichnet zurückübermittelt, und der Architekt daraufhin seine Arbeiten beginnt.

- **OLG Karlsruhe, Urteil vom 16.07.1992, BauR 1993, 109 ff.**

Es verstößt gegen den Grundsatz von Treu und Glauben, wenn man aus den vom Auftraggeber durch Hinzufügen eines Zusatzes unter das Vertragsangebot des Auftragnehmers veranlaßten und für ihn nur vorteilhaften Änderungen (hier Vereinbarung eines Baukostenlimits) den weiteren Vorteil ziehen würde, daß die Honorarvereinbarung nicht nur zu ihren Gunsten verändert sondern ganz entfallen würde, weil die Schriftform im Sinne des § 126 BGB hierdurch nicht mehr eingehalten worden ist.

HOAI in der jeweils gültigen Fassung anwenden

- **OLG Frankfurt, Urteil vom 27.11.1984, BauR 1985, 584**

Die Anpassung eines zulässigen Pauschalhonorars nach den Grundsätzen vom Wegfall der Geschäftsgrundlage, ist durch das Schriftformerfordernis des § 4 HOAI eingeengt und kann nur ausnahmsweise angenommen werden.

5.2
Zulässigkeit von Mindestsatzunterschreitungen

Mindestsatzunterschreitungen sind nur in den von der Rechtsprechung herausgebildeten Ausnahmefällen zulässig. Voraussetzung für Ihre Wirksamkeit ist, daß die Vereinbarung schriftlich und bei Auftragserteilung getroffen wird. Liegt kein Ausnahmefall vor, ist die Mindestsatzunterschreitung unwirksam. Es gelten dann gem. § 4 HOAI die Mindestsätze als vereinbart (s. u.). Unerheblich hierbei ist zunächst, daß die Parteien positive Kenntnis von der Mindestsatzunterschreitung haben.

5.2.1
Vorliegen einer Mindestsatzunterschreitung

Jede den Anforderungen des § 4 Abs. 1 HOAI entsprechende Vereinbarung, die für die Erbringung einer Architekten- oder Ingenieurleistung ein Honorar unterhalb der Mindestsätze vorsieht, ist unwirksam, es sei denn, es liegt ein Ausnahmefall gem. § 4 Abs. 2 HOAI vor. Um zu ermitteln, ob eine Mindestsatzunterschreitung vorliegt oder nicht, ist das vereinbarte Honorar mit dem durch die HOAI vorgeschriebenen zu vergleichen.

- **OLG Zweibrücken, Urteil vom 12.03.1998, IBR 1998, 259**

falsche Honorarzone Die Vereinbarung eines Pauschalhonorars unterhalb der HOAI ist gegeben, wenn das Gebäude, wie zunächst angenommen, nicht in die Honorarzone III sondern in die Honorarzone IV einzustufen ist.

- **KG, Urteil vom 30.01.1996, IBR 1998, 115**

Die Vereinbarung, daß Haus- und Maschinentechnik bei der Ermittlung des Honorars nicht zur Anrechnung kommen sollen, kann eine Mindestsatzunterschreitung darstellen.

- **KG, Urteil vom 19.09.1997, IBR 1997, 511**

Die Vereinbarung einer 100%igen Leistung, die nur zu 85 % abrechenbar sein soll, ist eine unwirksame Unterschreitung der Mindestsätze nach § 4 Abs. 4 HOAI, es sei denn, es liegt ein Ausnahmefall vor.

- **OLG Düsseldorf, Urteil vom 18.03.1997, BauR 1997, 525**

Die Vereinbarung eines Nachlasses von 45 % bei einem Auftrag über zwei Gebäude, unterschreitet die Mindestsätze der HOAI in unzulässiger Weise und ist daher unwirksam.

- **OLG München, Urteil vom 29.11.1995, BauR 1997, 164**

Die Mindestsätze dürfen auch dann nicht unterschritten werden, wenn der Architekt nur mit einzelnen Leistungsphasen, nicht mit der Vollarchitektur beauftragt worden ist.

- **OLG Zweibrücken, Urteil vom 26.10.1995, IBR 1995, 528**

Die Vereinbarung eines Pauschalhonorars unterhalb der Mindestsätze ist in jedem Falle unwirksam, solange nicht ein Ausnahmefall im Sinne von § 4 Abs. 2 HOAI vorliegt. Die Vereinbarung einer falschen Honorarzone bei einer Pauschalhonorarvereinbarung, ist eine Mindestsatzunterschreitung.

- **OLG Düsseldorf, Urteil vom 23.06.1995, IBR 1995, 388**

Die Vereinbarung eines Nachlasses von 15 % auf das nach dem Mittelsatz gemäß HOAI zu ermittelnde Architektenhonorar ist unwirksam, wenn dadurch die Mindestsätze unterschritten werden.

- **OLG Düsseldorf, Urteil vom 16.02.1982, BauR 1982, 390**

abziehende anrechenbare Kosten Auch die Festlegung der anrechenbaren Kosten auf einen bestimmten Betrag stellt eine Mindestsatzunterschreitung dar, wenn die tatsächlichen anrechenbaren Kosten gem. § 10 HOAI höher sind. Dabei ist es unerheblich, ob die Parteien bei Festlegung der anrechenbaren Kosten wußten, daß ihre Vereinbarung zu einer Unterschreitung der Mindestsätze führen würde. Unabhängig von der Frage des Ausnahmefalles gem. § 4 Abs. 2 HOAI ist eine Unterschreitung der Mindestsätze nur möglich, wenn dies schriftlich, bei Auftragserteilung vereinbart wird.

5 Honorarvereinbarungen in der Rechtsprechung der Gerichte

- **BverfG, Beschluß vom 20.10.1981, Sch/F/H § 4 Nr. 1**

§ 4 Abs. 2 der Verordnung über die Honorare für Leistungen der Architekten und der Ingenieure vom 17.09.1976 überschreitet den Rahmen, der dem Verordnungsgeber durch die gesetzliche Ermächtigung gezogen ist, soweit die Vorschrift eine Unterschreitung der Mindestsätze nur „in Ausnahmefällen" zuläßt; in diesem Umfang entspricht die Regelung nicht den Anforderungen, die Art. 12 Abs. 1 Satz 2 GG an eine zulässige Regelung der Berufsausübung stellt.

5.2.2
Vorliegen eines Ausnahmefalles im Sinne von § 4 HOAI

Während in der älteren Rechtsprechung Ausnahmefälle nur sehr vereinzelt angenommen worden sind, hat der BGH durch seine Entscheidung vom 22.05.1997 festgelegt, daß ein Ausnahmefall auch bei engen Beziehungen rechtlicher, wirtschaftlicher, sozialer oder persönlicher Art sowie sonstigen besonderen Umständen gegeben sein kann. Grds sind die Fälle, in denen eine Mindestsatzunterschreitung zulässig ist, eng auszulegen.

- **BGH, Beschluß vom 16.03.2000, IBR 2000, 439**

Die Vereinbarung eines die Mindestsätze der HOAI deutlich unterschreitenden Pauschalhonorars als Ausgleich dafür, daß der Auftraggeber dem Architekten/Ingenieur einen anderen Auftrag vermittelt hat, ist kein zulässiger Ausnahmefall im Sinne des § 4 Abs. 2 HOAI.

- **BGH, Urteil vom 15.04.1999, IBR 1999, 325**

Ein Ausnahmefall im Sinne des § 4 Abs. 2 HOAI liegt nicht schon dann vor, wenn die Vertragspartner sich duzende Mitglieder desselben Tennisvereins sind und wenn der Architekt sich im Ruhestand befindet. *„duzende" Mitglieder*

- **BverwG Urteil vom 13.04.1999, DAB 1999, 1064 ff**

„Verpflichtet sich ein Architekt im Rahmen eines sogenannten Gutachterverfahrens vertraglich zu Leistungen, die durch die Leistungsbilder der HOAI erfaßt werden, begründet die Absicht des Auftraggebers, den Verfasser des von ihm gewählten Entwurfs mit weiteren Architektenleistungen zu beauftragen, keinen Ausnahmefall im Sinne des § 4 Abs. 2 HOAI und rechtfertigt daher nicht, die in der Honorarordnung festgesetzten Mindesthonorare zu unterschreiten". *Gutachterverfahren*

- **VGH Hessen, Urteil vom 03.03.1998, BauR 1998, 1037 ff.**

Auf ein Gutachterverfahren ist die HOAI anzuwenden, wenn die Leistungen aufgrund eines Vertrages erbracht werden. Allerdings stellt ein Gutachterverfahren einen Ausnahmefall im Sinne des § 4 Abs. 2 HOAI dar, in dem die Mindestsätze unterschritten werden dürfen.

- **OLG Köln, Urteil vom 25.09.1998, IBR 1999, 277**
Zur Annahme eines Ausnahmefalls, in dem die Mindestsätze der HOAI durch schriftliche Vereinbarung nach § 4 Abs. 2 HOAI unterschritten werden können, müssen Umstände im personellen oder im sozialen Bereich vorliegen, die ein Abweichen vom Mindestsatz nach unten rechtfertigen.

Ausnahmefall bei engen Beziehungen

- **BGH, Urteil vom 22.05.1997, BauR 1997, 677 ff.**
Alle die Umstände können eine Unterschreitung der Mindestsätze rechtfertigen, die das Vertragsverhältnis in dem Sinne deutlich von den üblichen Vertragsverhältnissen unterscheiden, so daß ein unter den Mindestsätzen liegendes Honorar angemessen ist. Das kann der Fall sein, wenn die vom Architekten oder Ingenieur geschuldete Leistung nur einen besonders geringen Aufwand erfordert. Ein Ausnahmefall kann ferner bspw. bei engen Beziehungen rechtlicher, wirtschaftlicher sozialer oder persönlicher Art oder sonstigen besonderen Umständen gegeben sein. Solche besonderen Umstände können insbesondere in der mehrfachen Verwendung einer Planung liegen.

- **BGH, Urteil vom 21.08.1997, BauR 1997, 1062**
Ein Ausnahmefall im Sinne des § 4 Abs. 2 HOAI liegt nicht schon dann vor, wenn im Laufe der geschäftlichen Zusammenarbeit die Vertragsparteien Umgangsformen entwickeln, die als freundschaftlich zu bezeichnen sind.

- **KG, Urteil vom 30.01.1996, IBR 1998, 115**
Ist einem Architekten im Rahmen der Leistungsphase 8 gem. § 15 HOAI die Überwachung eines Generalunternehmers übertragen und ist dafür ein Honorar von 21 % (statt 31 %) vereinbart, so stellt selbst bei außergewöhnlich geringem Arbeitsaufwand dies keine Ausnahme im Sinne von § 4 Abs. 2 HOAI dar, die eine Unterschreitung der Mindestsätze rechtfertigen würde.

- **OLG Hamm, Beschluß vom 14.07.1987, BauR 1988, 366**
Die Betriebsform (hier: Ein-Mann-Büro) begründet keinen Ausnahmefall im Sinne des § 4 Abs. 2 HOAI.

5.3
Zulässigkeit von Höchstsatzüberschreitungen/ungewöhnlich lange dauernde Leistungen

Auch Höchstsatzüberschreitungen sind nur in Ausnahmefällen möglich und müssen schriftlich bei Auftragserteilung getroffen werden. Liegt ein Ausnahmefall nicht vor, ist die Honorarvereinbarung unwirksam.

- **LG Heidelberg, Urteil vom 04.05.1994, BauR 1994, 802 f.**
Selbst bei einer dreifachen Verlängerung der vorgesehenen Bauzeit – hier von 8 auf 25 Monate – hat der Architekt grundsätzlich keinen Anspruch auf nachträgliche

Erhöhung seines Honorars. Eine nachträgliche Anpassung des Architektenhonorars *Verlängerung der* unter dem Gesichtspunkt des Wegfalls der Geschäftsgrundlage kommt nicht in Be- *Bauzeit* tracht, weil dadurch die zwingenden Regelungen des § 4 HOAI (vorherige schriftliche Vereinbarung) umgangen werden. Der Architekt kann eine Honoraranpassung wegen Bauzeitverlängerung allenfalls dann verlangen, wenn er in der schriftlichen Honorarvereinbarung bei Auftragserteilung dafür Vorsorge getroffen hat.

- **OLG Köln, Urteil vom 11.07.1989, BauR 1990, 762**
Die Klausel: „Wird die nach 8.2 zu vereinbarende Frist durch Umstände, die der Auftraggeber zu vertreten hat, um mehr als 10% überschritten, so werden dem Ingenieur die darüber hinaus entstandenen notwendigen Aufwendungen auf Nachweis zusätzlich erstattet" unterliegt rechtlich keinerlei Bedenken. Die Beweislast für das Verschulden der Verzögerung durch den Bauherrn, obliegt dem Ingenieur.

- **OLG Hamm, Urteil vom 11.06.1985, BauR 1986, 6**
Eine Vereinbarung, durch die die Höchstsätze überschritten werden, ist nur zulässig, wenn die Parteien eine Vereinbarung vor Leistungserbringung hierüber getroffen haben

5.4
Folgen unzulässiger Honorarvereinbarungen

Sind die Honorarvereinbarungen unwirksam, weil kein Ausnahmefall vorliegt, oder weil keine schriftliche Honorarvereinbarung bei Auftragserteilung getroffen worden ist, gelten grundsätzlich die Mindestsätze als vereinbart. Nur bei formell wirksamen aber gem. § 4 Abs. 3 HOAI unzulässigen Höchstsatzüberschreitungen gelten gem. § 140 BGB die Höchstsätze als vereinbart.

5.4.1
Folgen formell unwirksamer Honorarvereinbarungen oder unzulässiger Mindestsatzunterschreitungen

- **BGH, Urteil vom 16.04.1998, BauR 1998, 813**
In Übereinstimmung mit der Rechtsprechung des Senates hat das Berufungsgericht *Pauschalhonorar* zu Recht ausgeführt, daß der Auftragnehmer eines Architekten- oder Ingenieurvertrages, der ein Pauschalhonorar vereinbart hat, im Regelfall die Mindestsätze verlangen kann, wenn das Pauschalhonorar die Mindestsätze unterschreitet, weil durch Planänderungen die anrechenbaren Kosten gestiegen sind. Der Auftragnehmer ist dann berechtigt, das Mindestsatzhonorar nach § 10 Abs. 2 HOAI abzurechnen.

- **OLG Düsseldorf, Urteil vom 31.05.1996, BauR 1997, 165**
Die Formunwirksamkeit einer Pauschalhonorarvereinbarung nach § 4 Abs. 1 und 4 HOAI erfaßt auch eine im Zusammenhang mit ihr getroffene Fälligkeitsvereinbarung.

Die Vereinbarung ist daher insgesamt gem. § 4 Abs. 1 und 4 HOAI als unwirksam zu betrachten. Es gelten die Mindestsätze als vereinbart.

- **OLG Düsseldorf, Urteil vom 16.04.1996, BauR 1996, 746**

Pauschalpreis Die Vereinbarung eines Fest- oder Pauschalpreises für Ingenieurleistungen (hier Genehmigungsplanung, Ausschreibung und Vergabe für eine Rauchgasreinigungsanlage zu einer Müllverbrennungsanlage) ist gem. § 4 HOAI nichtig, wenn das Festhonorar die Mindestsätze der anzuwendenden Honorartafel unterschreitet. In diesem Falle stehen dem Ingenieur trotz des vereinbarten Pauschalhonorars die Mindestsätze zu.

- **KG, Urteil vom 30.01.1996, IBR 1998, 115**

Der Architekt muß sich an einer wirksam vereinbarten Mindestsatzunterschreitung festhalten lassen, wenn ein Ausnahmefall im Sinne von § 4 Abs. 2 HOAI vorliegt oder die Berufung auf die Mindestsätze einen Verstoß gegen Treu und Glauben darstellen würde.

- **BGH, Urteil vom 07.12.1989, Sch/F/H § 4 Nr. 18**

Zeithonorar Das Honorar für raumbildenden Ausbau richtet sich, wenn die Vereinbarung eines
unwirksam Zeithonorars unwirksam ist, weil es am schriftlichen Abschluß des Vertrages fehlt, nach den Mindestsätzen der §§ 10 ff. HOAI und nicht nach den Mindestsätzen des § 6 Abs. 2 HOAI.

- **OLG Stuttgart, Urteil vom 19.06.1984, BauR 1985, 346**

Das Versäumnis abweichender schriftlicher Festlegung des Honorars bei Auftragserteilung führt dazu, daß das Honorar aus preisrechtlichen Gründen nicht mehr korrigierbar ist. Dieses Ergebnis kann auch nicht dadurch umgangen werden, daß der mündlich abgeschlossene Architektenvertrag aufgehoben und durch einen schriftlichen Vertrag mit das Mindesthonorar übersteigenden Honorarsätzen ersetzt wird.

- **OLG Düsseldorf, Urteil vom 24.06.1980, BauR 1980, 488**

Bei Unwirksamkeit einer mindestsatzunterschreitenden (Pauschal-) Honorarvereinbarung ist nicht der gesamte Vertrag nichtig, sondern nur die Honorarvereinbarung. Es gelten dann die Mindestsätze gem. § 4 Abs. 4 HOAI als vereinbart.

5.4.2
Bindungswirkung an die Mindestsatzunterschreitung

In seiner Grundsatzentscheidung vom 22.05.1997 bejahte der BGH eine Bindung an eine formell wirksam vereinbarte Mindestsatzunterschreitung. Voraussetzung hierfür ist, daß der Bauherr auf die Wirksamkeit der Honorarvereinbarung vertraut hat, vertrauen durfte und sich in schutzwürdiger Weise darauf eingerichtet hat. Liegt eine unwirksame Honorarvereinbarung vor, kann eine Bindung an die Mindestsatzunterschreitung daher nur bejaht werden, wenn darüber hinaus ein Berufen auf die fehlende Schriftform unzulässig ist. Ob eine Bindung an die mindestsatzunterschreitende Honorarvereinbarung vorliegt, ist immer eine Frage des Einzelfalles, aber mit dem BGH nur in Ausnahmefällen zu bejahen.

- **BGH, Beschluß vom 16.03.2000, IBR 2000, 439**
Wer ständig in der Baubranche tätig ist, kann sich nicht darauf berufen, der Architekt/Ingenieur sei an eine mündliche, von den Mindestsätzen abweichende Honorarvereinbarung gebunden.

- **OLG Düsseldorf, Urteil vom 18.01.2000, BGH, Beschluß vom 12.10.2000, IBR 2000, 610**
Ein öffentlicher Auftraggeber ist an seine Honorarvereinbarung dann gebunden, wenn er die Honorarwünsche des Auftragnehmers kennt, sich darauf einläßt und das schriftliche Honorarangebot in einem gesonderten Schreiben annimmt, auch wenn sie den Formvorschriften der HOAI nicht genügt.

- **OLG Köln, Urteil vom 03.11.1999, IBR 2000, 83**
Allein der Umstand, daß das Statikerhonorar in eine abschließende Finanzierung eingerechnet wird, reicht nicht aus, um die Zahlung des Differenzbetrages zwischen Pauschalhonorar und Mindestsätzen als unzumutbar erscheinen zu lassen und somit eine Bindung an die Honorarvereinbarung, die unterhalb der Mindestsätzen lag, ohne daß ein Ausnahmefall vorlag, gegeben ist.

- **OLG Zweibrücken, Urteil vom 12.03.1998, IBR 1998, 259**
Eine Vereinbarung eines Pauschalhonorars unterhalb der Mindestsätze ist unwirksam, sofern kein Ausnahmefall vorliegt. Eine Bindungswirkung an eine unzulässige, die Mindestsätze unterschreitende Honorarvereinbarung kann allerdings entstehen, wenn der Auftraggeber gem. § 242 schutzwürdig ist und ihm die Zahlung eines Differenzbetrages nicht zugemutet werden kann. Ein solcher Fall kann vorliegen, wenn der Bauherr ein Baubetreuer ist, der gegenüber seinem Auftraggeber eine Baukostengarantie abgegeben hat und dies dem Architekten bei Vertragsabschluß bekannt war.

Baukostengarantie

- **KG, Urteil vom 10.07.1998, IBR 1999, 19**
Ein Architekt, der trotz der Vereinbarung einer die Mindestsätze der HOAI unterschreitenden Pauschalvergütung die Mindestsätze verlangt, handelt widersprüchlich. Er verstößt damit aber nur dann gegen Treu und Glauben, wenn der Auftraggeber auf die Wirksamkeit der Pauschale vertraut und sich darauf eingerichtet hat. Dies ist nicht der Fall, wenn auf die steigenden anrechenbaren Kosten frühzeitig durch den Architekten hingewiesen wurde und der Verkaufspreis des Gebäudes noch nicht feststeht.

- **OLG München, Urteil vom 11.02.1998, IBR 1999, 69**
Ein Bauherr konnte auf die Wirksamkeit einer mindestsatzunterschreitenden Honorarvereinbarung dann nicht vertrauen, wenn die Beauftragung des Architekten

nicht von der Wirksamkeit der Pauschalsumme abhängig gemacht wird, das Objekt durchgeführt wird und der Bauherr Abschlagszahlungen geleistet hat.

- **BGH, Urteil vom 22.05.1997, BauR 1997, 677 (Grundsatzurteil)**

Vereinbaren die Parteien eines Architektenvertrages wirksam ein Honorar, das die Mindestsätze in unzulässiger Weise unterschreitet (kein Ausnahmefall), so verhält sich der Architekt, der später nach den Mindestsätzen abrechnen will, widersprüchlich. Dieses widersprüchliche Verhalten steht nach Treu und Glauben einem Geltendmachen der Mindestsätze entgegen, sofern der Auftraggeber auf die Wirksamkeit der Vereinbarung vertraut hat, vertrauen durfte, und er sich darauf in schutzwürdiger Weise eingerichtet hat, daß ihm die Zahlung des Differenzbetrages zwischen dem vereinbarten Honorar und den Mindestsätzen nach Treu und Glauben nicht zugemutet werden kann.

- **OLG Düsseldorf, Urteil vom 26.09.1997, IBR 1998, 70**

Für die Bindung des Ingenieurs/Architekten an seine Schlußrechnung und/oder an eine unwirksame Pauschalhonorarvereinbarung kommt es darauf an, ob der Auftraggeber auf die Gültigkeit des Honorars tatsächlich vertraut und dementsprechend disponiert hat; die Rüge der Prüffähigkeit der Rechnung ist nur ein Beispielsfall, in welchem der Auftraggeber sich in der Regel nicht auf Vertrauen berufen kann.

- **OLG Celle, Urteil vom 19.11.1996, BauR 1997, 883**

Selbst wenn der Architekt schriftlich einen Pauschalpreis angeboten, der Auftraggeber (Bauträger) aber nicht schriftlich die Annahme erklärt hat und somit die Schriftform nach § 126 BGB nicht eingehalten worden ist, ist der Architekt nicht durch § 242 BGB gehindert nach Mindestsätzen abzurechnen.

5.4.3
Folgen von Höchstsatzüberschreitungen

Liegt kein Ausnahmefall vor, der eine Höchstsatzüberschreitung rechtfertigen würde, ist auch die formell wirksame Honorarvereinbarung unwirksam. Sie ist dann in eine zulässige Höchstsatzvereinbarung gem. § 140 BGB umzudeuten.

- **OLG Naumburg, Urteil vom 19.12.1996, IBR 1997, 378**

Höchstsätze Die Vereinbarung eines Pauschalhonorars stellt eine Umgehung des in § 4 Abs. 3 HOAI normierten gesetzlichen Verbots dar und ist gem. § 134 BGB unwirksam, soweit der Preis den Vorschriften der HOAI wegen einer Höchstsatzüberschreitung entgegensteht. Es gelten dann die Höchstsätze als vereinbart.

- **BGH, Urteil vom 09.11.1989, BauR 1990, 239 ff.**

Ist die schriftlich getroffene Vereinbarung eines Pauschalhonorars gemäß § 4 Abs. 3 HOAI unwirksam, weil die in der HOAI festgelegten Höchstsätze überschritten werden, ohne daß die erforderlichen Voraussetzungen vorliegen, so ist die Vereinbarung nicht etwa insgesamt nichtig. Der Architekt kann vielmehr die Höchstsätze verlangen.

- **OLG Köln, Urteil vom 03.05.1985, BauR 86, 467 (468)**
Die Einwendung, es liege ein Höchstpreisverstoß vor, muß vom Auftraggeber gemacht und erforderlichenfalls auch bewiesen werden. Fehlt eine solche Einwendung und ergibt sich eine Höchstsatzüberschreitung nicht aus den vorliegenden Zahlenwerken, darf das Gericht von der Wirksamkeit einer solchen Honorarvereinbarung ausgehen. *Beweislast Honorar*

5.5
Honoraranpassung wegen des Wegfalls der Geschäftsgrundlage

Eine Honoraranpassung über das Institut des Wegfalls der Geschäftsgrundlage, kann insbesondere dann in Betracht kommen, wenn sich die Bauzeit der Leistungsphase 8 derart verlängert, daß Architekten nicht mehr auskömmlich kalkulieren können und der Geschäftsgrund unter dem Aspekt der Wirtschaftlichkeit entfallen sein könnte. Allerdings reduziert die Rechtsprechung die Anwendung dieses Rechtsinstitutes auf extreme Fälle. Eine Anpassung des Honorars wegen wesentlicher Verlängerung der Bauzeit über § 4 a Satz 3 HOAI auch in Fällen, in denen keine Honorarvereinbarung nach § 4 a HOAI getroffen worden ist, ist nur nach Treu und Glauben möglich.

- **OLG Karlsruhe, Urteil vom 28.11.1996, IBR 1999, 171**
Bei Verlängerung der Bauzeit ist eine spätere ergänzende Honorarvereinbarung möglich (gegen OLG Hamm, BauR, 1986, 718). Verlängert sich die Bauzeit, so ist eine Wertung nach Treu und Glauben vorzunehmen (§ 242 BGB). Dabei ist auch zu berücksichtigen, ob die Schwierigkeiten, die zur Verlängerung der Bauzeit geführt haben, (mit) im Verantwortungsbereich des Architekten selbst lagen.

- **LG Heidelberg, Urteil vom 04.05.1994, BauR 1994, 802 f.**
Selbst bei einer dreifachen Verlängerung der vorgesehenen Bauzeit – hier von 8 auf 25 Monate – hat der Architekt grundsätzlich keinen Anspruch auf Erhöhung seines Honorars. Eine nachträgliche Anpassung des Architektenhonorars unter dem Gesichtspunkt des Wegfalls der Geschäftsgrundlage kommt nicht in Betracht, weil dadurch die zwingenden Regelungen des § 4 HOAI (vorherige schriftliche Vereinbarung) umgangen werden. Der Architekt kann eine Honoraranpassung wegen Bauzeitverlängerung allenfalls dann verlangen, wenn er in der schriftlichen Honorarvereinbarung bei Auftragserteilung dafür Vorsorge getroffen hat.

- **OLG Hamm, Urteil vom 11.06.1985, BauR 1986, 718**
Haben die Parteien keine schriftliche Honorarvereinbarung bei Auftragserteilung über die Honorierung von ungewöhnlich lange dauernden Leistungen getroffen, kommt eine nachträgliche Honoraranpassung nach Treu und Glauben nur in Ausnahmefällen in Betracht. *nachträgliche Honoraranpassung*

- **OLG Düsseldorf, Urteil vom 13.05.1985, BauR 1986, 719 ff.**

Honorar nachträglich anpassen Auch eine Vereinbarung, die eine wirksame Honorarvereinbarung nachträglich abändert, ist ungeachtet der Frage der Zulässigkeit dieser Vereinbarung von § 4 Abs. 4 HOAI erfaßt und bedarf der Schriftform. Finden die Grundsätze des Wegfalls der Geschäftsgrundlage auf eine Honorarvereinbarung Anwendung, dann richtet sich das angepaßte Honorar nach dem entstandenen Mehraufwand des Unternehmers und nicht nur nach der ortsüblichen Vergütung.

- **OLG Frankfurt, Urteil vom 27.11.1984, BauR 1985, 584**

Die Anpassung eines zulässigen Pauschalhonorars nach den Grundsätzen vom Wegfall der Geschäftsgrundlage ist durch das Schriftformerfordernis eingeengt und kann nur ausnahmsweise angenommen werden.

5.6
EXKURS 3: Folgen fehlender Aufklärung über den Honoraranspruch

Grundsätzlich müssen Planer nicht über die Höhe ihres Honoraranspruches aufklären, da dieser gesetzlich geregelt ist. Fragt allerdings der Bauherr nach der Höhe des Honorars und gibt der Planer hierüber keine umfassende oder eine falsche Auskunft, kann dem Bauherrn ein Schadensersatzanspruch aus vorvertraglichem Verschulden zustehen. Durchsetzbar ist dieser Anspruch allerdings nur selten, weil der Bauherr immer die Mindestsätze bezahlen muß und deshalb keinen Schaden hat.

- **OLG Hamm, Urteil vom 11.08.1999, IBR 1999, 587**

Grundsätzlich ist ein Architekt nicht verpflichtet, von sich aus auf die Höhe seines Honorars hinzuweisen. Fragt aber der Bauherr ausdrücklich danach, hat der Architekt umfassend über das nach dem Vertrag zu erwartende Honorar aufzuklären. Der Architekt verletzt seine Aufklärungspflicht, wenn er an einer ersten Besprechung die Frage des Bauherrn nach der Honorarhöhe falsch beantwortet und ihm auch bei der weiteren Kostenkontrolle nicht zutreffend erklärt.

- **BGH, Urteil vom 21.08.1997, IBR 1997, 465**

kein Schadenersatz Die fehlende Aufklärung des Architekten über die mögliche Unwirksamkeit einer Pauschalhonorarvereinbarung, die die Mindestsätze unterschreitet, begründet jedenfalls dann keinen Schadensersatzanspruch des Auftraggebers aus vorvertraglicher Pflichtverletzung (auf Ersatz des Differenzbetrages zwischen dem vereinbarten Honorar und den Mindestsätzen), wenn der Auftraggeber keine wirksame Vereinbarung hätte treffen können, die die Mindestsätze unterschreitet.

- **OLG Hamm, Urteil vom 18.11.1996, BauR 1997, 524**

Vereinbaren die Parteien, daß die Architektenleistungen „schwarz" ohne Rechnung geleistet werden sollen, ist der gesamte Vertrag gem. § 139 BGB nichtig. Gewährleistungsansprüche stehen dem Bauherrn dann nicht gegen den Architekten zu.

- **OLG Zweibrücken, Urteil vom 26.10.1995, IBR 1995, 528**
Ein Schadensersatzanspruch des Auftraggebers wegen unterlassener Beratung über das Mindesthonorar scheidet regelmäßig aus, weil der Auftraggeber einem anderen Architekten jedenfalls auch das Mindesthonorar hätte zahlen müssen.

5.7
Zulässigkeit eines Vergleichs, Erlasses oder Verzichtes nach Leistungserbringung

Nach dem gesetzlichen Wortlaut muß eine Honorarvereinbarung, in der von den Mindestsätzen abgewichen werden soll, vor Leistungserbringung getroffen werden. Während der Leistungserbringung kann eine solche Honorarvereinbarung nicht mehr nachgeholt werden. Nach Abschluß aller Leistungen kann zwischen den Parteien jedoch ein Vergleich oder ein Erlaß oder ein Verzicht über das Honorar vereinbart werden. Die Mindestsatzregelung des § 4 HOAI greift hier nicht ein.

- **LG Magdeburg, Urteil vom 12.05.2000, BauR 2001, 986**
Gewährt der Architekt, der mit dem Bauherrn einen schriftlichen Architektenvertrag abgeschlossen hat, während der Bauphase nach aufgetretenen Meinungsverschiedenheiten mündlich einen Nachlaß und unterschreitet dadurch das Gesamthonorar die Mindestsätze der HOAI, so ist die mündlich vor Abschluß der Architektenleistungen getroffene Nachlaßvereinbarung gem. § 4 Abs. 2 HOAI unwirksam. *unwirksame Nachlaßvereinbarung*

- **BGH, Beschluß vom 06.07.2000, OLG Frankfurt, Urteil vom 28.01.1998, BauR 2000, 438**
Nach Vertragsbeendigung ist eine Abrede über das Architektenhonorar bzw. über einen Honorarparameter (hier Festlegung der anrechenbaren Kosten) formlos möglich. Nach Vertragsbeendigung ist ferner eine Honorarabrede wirksam, auch wenn die ansonsten verbindlichen Mindestsätze unterschritten werden.

- **OLG Düsseldorf, Urteil vom 10.03.1998, BauR 1999, 507 ff.**
Regeln die Parteien nach Abschluß der Architekten-/ Ingenieurleistung alle zu diesem Zeitpunkt noch offenen Punkte ihrer endgültigen Vertragsabwicklung gleichzeitig neben der Honorarfrage, ist ein der Schriftform des § 4 Abs. 1 HOAI nicht entsprechender Vergleich wirksam.

- **OLG Hamm, Urteil vom 16.01.1998, BauR 1998, 819**
In der abschließenden Berechnung des wegen Unterschreitung der Mindestsätze der HOAI und mangelnder Schriftform unwirksam vereinbarten Pauschalhonorars durch den Architekten (Statiker) und dessen Zahlung durch den sachkundigen Bauherrn kann der stillschweigende Abschluß eines Erlaßvertrages hinsichtlich der weitergehenden Vergütung auf der Grundlage einer Mindestsatzabrechnung liegen. *Abschluß eines Erlaßvertrages*

- **OLG Düsseldorf, Urteil vom 07.10.1997, BauR 1998, 887**
Die Leistung der Schlußzahlung kann als zulässige, nachträgliche Vereinbarung

eines Stundensatzes gem. § 5 Abs. 4 i. V. m. § 6 HOAI gesehen werden, der über den Mindestsätzen des § 6 HOAI liegen kann.

- **OLG Düsseldorf, Urteil vom 18.03.1997, BauR 1997, 525**
Hat der Architekt nach Abschluß des Vertrages über das erste Gebäude eine Schlußrechnung gestellt, in der ein Nachlaß von 45 % ausgewiesen war, und kündigt der Bauherr den Vertrag über das zweite Gebäude, so ist der Architekt an diese Abrechnung gebunden, da darin eine wirksame Abrechnungsvereinbarung gem. § 782 BGB zu sehen ist, die nicht der HOAI unterliegt.

- **BGH, Urteil vom 14.03.1996, BauR 1996, 593**
Die nachträgliche Verzichtsvereinbarung über die Honorarvereinbarung eines Architekten, wonach der Architekt unter der Bedingung auf das vertraglich vereinbarte Honorar verzichtet, daß das Bauvorhaben nicht durchgeführt wird, richtet sich nicht nach der HOAI, sondern nach dem BGB

- **BGH, Urteil vom 22.06.1995, BauR 1995, 701**
An die Annahme eines konkludent erklärten Verzichts sind strenge Anforderungen zu stellen.

- **BGH, Urteil vom 05.11.1992, BauR 1993, 239**
Nach Leistungserbringung ist der Architekt nicht gehindert, seiner Schlußrechnung ein die Mindestsätze der HOAI unterschreitendes Honorar zu Grunde zu legen.

- **BGH, Urteil vom 21.01.1988, BauR 1988, 364**
Eine bei Auftragserteilung wirksam getroffene Honorarvereinbarung kann vor Beendigung der Architektentätigkeit bei unverändertem Leistungsziel nicht abgeändert werden.

- **BGH, Urteil vom 09.07.1987, BauR 1987, 706**
Ein vor Beendigung der Architektentätigkeit über die Honorarforderung abgeschlossener Vergleich fällt unter die Regelung des § 4 Abs. 4 HOAI und ist daher in aller Regel unzulässig.

- **OLG Düsseldorf, Urteil vom 30.01.1987, BauR 1987, 348**
§ 4 HOAI steht einer formlosen Vereinbarung nicht entgegen, durch welche die Parteien nach vollständiger Erbringung der Leistung des Statikers die Höhe seiner Vergütung abweichend von den Mindestsätzen festlegen.

- **BGH, Urteil vom 25.09.1986, BauR 1987, 112**
Ein nach Beendigung der Architektentätigkeit über die Honorarforderung abgeschlossener Vergleich fällt nicht unter die Regelung des § 4 Abs. 4 HOAI.

- **OLG Düsseldorf, Urteil vom 16.12.1986, BauR 1987, 587**
Nach Beendigung der Architektentätigkeit infolge Kündigung oder einverständli-

cher Vertragsaufhebung können die Vertragspartner sich mündlich wirksam auf einen bestimmten Betrag als restlichen Honoraranspruch des Architekten einigen.

- **OLG Düsseldorf, Urteil vom 13.05.1985, BauR 1986, 719 ff.**
Auch eine Vereinbarung, die eine wirksame Honorarvereinbarung nachträglich abändert, ist ungeachtet der Frage der Zulässigkeit dieser Vereinbarungen von § 4 Abs. 4 HOAI erfaßt und bedarf der Schriftform.

- **BGH, Urteil vom 14.01.1982, BauR 1982, 283**
Die den Vertragsparteien der öffentlichen Hand in der Regel bekannte Tatsache, daß die behördlichen Tätigkeiten durch Rechnungsprüfungsbehörden überwacht werden, spricht entscheidend dafür, daß Dienststellen der öffentlichen Hand im Zusammenhang mit Überprüfung von Rechnungen und der Anweisung von Zahlungen in aller Regel weder Vergleiche noch Schuldanerkenntnisse abgeben wollen, insbesondere nicht durch schlüssiges Verhalten.

öffentliche Hand

- **OLG Düsseldorf, Urteil vom 22.02.1983, Sch/F/H § 4 Nr. 5**
Schließen die Vertragspartner nach Leistungserbringung über die Honorarforderung des Architekten einen Vergleich, bei dem das Architektenhonorar über dem Mindestsatz nach der HOAI liegt, so ist dieser Vergleich auch dann nicht wegen Verstoßes gegen § 4 Abs. 1 HOAI unwirksam, wenn die Parteien keine schriftliche Honorarvereinbarung getroffen haben. Dies gilt sowohl für einen mündlichen als auch für einen gerichtlichen Vergleich.

Vergleich nach Leistungserbringung

6
Kürzungen des Honorars bei Nichterbringung von Leistungen; § 5 Abs. 1, 2 und 3 HOAI

6.1
Die HOAI als Preisrecht

Der BGH hat wiederholt betont, daß die HOAI nur öffentliches Preisrecht ist. Das bedeutet, daß die HOAI keine normativen Leitbilder des Werkvertrages enthält, so daß den dort genannten Leistungsbildern nicht zu entnehmen ist, welche Leistungen der Architekt zur Erreichung des werkvertraglichen Erfolges zu erbringen hat. Ist das Werk mangelfrei, ist der Erfolg eingetreten und das Gesamthonorar für die beauftragten Leistungsphasen zu vergüten. Der HOAI ist zu entnehmen, wie und unter welchen Voraussetzungen die erbrachten Leistungen der HOAI honoriert werden. Weigert sich der Bauherr nach Vertragsschluß für Besondere Leistungen ein Honorar schriftlich zu vereinbaren und ist diese Leistung für die Erreichung des werkvertraglichen Erfolges erforderlich, besteht kein Zurückbehaltungsrecht des Architekten/Ingenieurs hinsichtlich dieser Leistungen, es sei denn es wurde vertraglich vereinbart. Es empfiehlt sich daher bereits bei Vertragsabschluß zu überlegen,

Karsten Meurer

welche Besondere Leistungen für die Durchführung der Planung erforderlich werden können und für diese ggf. ein bedingtes Honorar zu vereinbaren.

- **BGH, Urteil vom 22.10.1998, BauR 1999, 187**

keine normativen Leitbilder Die HOAI enthält keine normativen Leitbilder für den Inhalt von Architekten- und Ingenieurverträgen. Die Auslegung des Werkvertrages und der Inhalt der vertraglichen Verpflichtung des Architekten oder Ingenieurs können nicht in einem Vergleich der Gebührentatbestände der HOAI und der vertraglich vereinbarten Leistungen bestimmt werden.

- **BGH, Urteil vom 24.10.1996, BauR 1997, 154 (Grundsatzurteil)**

Was ein Architekt oder Ingenieur vertraglich schuldet, ergibt sich aus dem geschlossenen Vertrag, in der Regel also aus dem Recht des Werkvertrages. Der Inhalt dieses Architekten-/Ingenieurvertrages ist nach den allgemeinen Grundsätzen des bürgerlichen Vertrages zu ermitteln. Die HOAI enthält keine normativen Leitbilder für den Inhalt von Architekten- und Ingenieurverträgen. Die in der HOAI geregelten „Leistungsbilder" sind Gebührentatbestände für die Berechnung des Honorars der Höhe nach. Ob ein Honoraranspruch dem Grunde nach gegeben oder nicht gegeben ist, läßt sich daher nicht mit Gebührentatbeständen der HOAI begründen. Mit der gebührenrechtlichen Unterscheidung zwischen Grundleistungen und Besonderen Leistungen wird nur geregelt, wann der Architekt/Ingenieur sich mit dem Grundhonorar begnügen muß und wann er, wenn die vertraglichen Voraussetzungen dem Grunde nach erfüllt sind, zusätzliches Honorar berechnen darf. Normative Bedeutung für den Inhalt des Vertrages kommt dieser Unterscheidung nicht zu.

6.2
Honorarkürzung bei Nichterbringung einzelner Leistungen

Umstritten ist, ob das Honorar bei Nichterbringung von einzelnen Grundleistungen oder ganzer Leistungsphasen gekürzt werden muß, was insbesondere von einigen Obergerichten vertreten wird. Mit der oben unter 1 genannten Rechtsprechung des BGH, die die HOAI als reines Preisrecht einstuft, muß zu Recht davon ausgegangen werden, daß der Architekt das komplette Honorar der Leistungsphasen 1 bis 9 für den Erfolgseintritt erhält.

Erbringt der Planer einzelne Leistungen nicht und tritt der werkvertraglich geschuldete Erfolg gleichwohl ein, hat er demnach Anspruch auf die volle Vergütung der Leistungsphasen 1–9. Tritt der werkvertragliche Erfolg nur mangelhaft ein, kann der Bauherr die Abnahme verweigern und Nachbesserung verlangen. Schlägt diese fehl, kann er Minderung des Werklohnes oder Schadensersatz verlangen, es sei denn, der Bauherr hat das Werk in Kenntnis des Mangels abgenommen (vgl. § 640 BGB). Eine Kürzung des durch die HOAI vorgesehen Gesamthonorars in analoger Anwendung des § 5 Abs. 2 HOAI erscheint daher nicht richtig.

Zu unterscheiden hiervon ist der in Rechtsprechung und Literatur unstreitige Fall, daß dem Architekten ausdrücklich nicht alle Leistungsphasen übertragen werden oder später einzelne Leistungen aus dem Leistungsbild herausgenommen werden. Hier handelt es sich dann um den Anwendungsbereich des § 5 Abs. 1, 2, 3 HOAI. Nach h. M. muß eine solche Vereinbarung aber ausdrücklich erfolgen. Eine konkludente Vereinbarung ist nicht möglich. Die Vereinbarung muß allerdings nach der HOAI nicht „bei Auftragserteilung und schriftlich" erfolgen.

6.2.1
Keine Honorarkürzung bei Fehlen von Leistungen (Ansicht BGH)

- **LG Stuttgart, Urteil vom 19.07.1996, IBR 1997, 203**

Die Nichtplanung eines Teils, welcher der Planung bedurft hätte (hier fehlende Detailzeichnungen und Einzelanweisungen), ist einem Planungsfehler gleichzustellen, wenn es zu Baumängeln kommt. Eine Honorarkürzung ist nicht gerechtfertigt.

Nichtplanung eines Teils

- **LG Waldshut-Tiengen, Urteil vom 22.08.1996, IBR 1997, 24**

Solange der werkvertraglich geschuldete Erfolg ein mangelfreies Bauwerk zu errichten, eingetreten ist, mindert sich der Vergütungsanspruch des Architekten grundsätzlich auch dann nicht, wenn einzelne in § 15 Abs. 2 HOAI aufgeführte Grundleistungen nicht erbracht worden sind.

- **LBG der Architekten, Urteil vom 27.09.1994, BauR 1995, 407**

Eine Minderung der Vergütung ist nicht gerechtfertigt, wenn einzelne Grundleistungen der Leistungsphase 2 nach der Natur des Bauvorhabens nicht anfallen. Eine Minderung der Vergütung ist nur dann gerechtfertigt, wenn trennbare und ausscheidbare Grundleistungen ganz oder teilweise nach der Natur des Bauvorhabens erbracht werden müssen, die Parteien aber vereinbaren, daß der Architekt sie nicht zu erbringen hat, sondern der Auftraggeber selbst oder ein Dritter.

keine Minderung der Vergütung

- **OLG Karlsruhe, Urteil vom 16.07.1992, BauR 1993, 109**

Keine Honorarminderung wegen nicht vollständiger Erbringung und Mängel einzelner Leistungen (hier Kostenberechnung), wenn kein Mangel des Gesamtwerkes vorliegt.

- **BGH, Urteil vom 11.03.1982, BauR 1982, 290**

Führt ein Architekt einzelne Teilleistungen, die im Architektenvertrag oder in § 19 GOA mit einem bestimmten Hundertsatz der Gesamtleistung bewertet sind (hier Bauführung § 19 Abs. 4 GOA) nur unvollständig aus, so verringert sich sein Vergütungsanspruch auch dann nicht, wenn das Architektenwerk nicht mangelfrei aber abgenommen ist; in diesem Fall kann der Bauherr nur Gewährleistungsansprüche geltend machen.

unvollständige Leistungserbringung

- **OLG Frankfurt, Urteil vom 24.03.1982, BauR 1982, 600**

Die Erbringung der Leistung einer Leistungsphase bedeutet für den Regelfall, daß die zu dieser Leistungsphase gehörenden Grundleistungen sämtlich erbracht sind.

Der Architekt braucht daher zu seiner Honorarforderung nicht im einzelnen darzulegen, daß er jede Grundleistung der betreffenden Leistungsphase erbracht habe.

- **OLG Frankfurt, Urteil vom 10.08.1977, BauR 1978, 68**
Die Entstehung der Teilgebühr für Bauvorlagen nach § 19 Abs. 1 c GOA setzt nicht voraus, daß der Architekt sämtliche für die behördliche Prüfung erforderlichen Unterlagen, insbesondere die – für ein Fertighaus vom Hersteller mitgelieferten – Bauzeichnungen und statischen Berechnungen selbst angefertigt hat.

6.2.2
Honorarkürzung bei Gesamtbeauftragung, aber dem Fehlen von Grundleistungen/ Theorie der zentralen Leistungen

zentrale Grundleistungen

Eine Honorarkürzung ist nach Auffassung vieler Obergerichte in analoger Anwendung des § 5 Abs. 2 HOAI gerechtfertigt, wenn „zentrale Grundleistungen" fehlen oder wenn Leistungen, die für die Ausführung des Vertrages erforderlich waren, nicht erbracht worden sind. Zentrale Leistungen sind solche, die einen eigenen Leistungserfolg darstellen oder notwendig sind, weil spätere Leistungen auf ihnen aufbauen. Fehlen diese Leistungen, ist das Honorar anteilig zu kürzen, es sei denn, eine andere gleichwertige Leistung ist hierfür erbracht worden.

Umstritten innerhalb der Rechtsprechung ist, ob es einen Katalog von zentralen Leistungen gibt, bei deren Fehlen immer eine Honorarkürzung vorgenommen werden muß, wie es insbesondere von Locher/Koeble/Frik und dem OLG Düsseldorf und OLG Hamm vertreten wird. Andere (insbesondere OLG Naumburg) bejahen eine Honorarkürzung nur dann, wenn Grundleistungen fehlen, die für die Ausführung des konkreten Vertrages erforderlich waren, aber gleichwohl nicht vom Planer erbracht worden sind (bspw. bei Fehlen des Kostenanschlages). Einigkeit besteht darüber, daß dann, wenn die Leistungen teilweise erbracht worden sind, der Honoraranspruch für diese Leistungen voll entstanden ist. Ist die Leistung fehlerhaft kann der Bauherr aber Nachbesserung oder Gewährleistungsansprüche verlangen.

Die Theorie der zentralen Leistungen ist abzulehnen, weil nach der Rechtsprechung des BGH bei Werkverträgen auf den Erfolg bzw. auf die Abnahme des Werkes durch den Bauherrn abzustellen ist. Es ist daher davon auszugehen, daß immer dann, wenn das Werk abgenommen und damit als vertragsgerecht gebilligt worden ist, auch das nach der HOAI vorgesehene Gesamthonorar für die Leistungsphasen 1 bis 9 anfällt. Die HOAI selbst kennt genau diesen Fall und führt daher in § 2 Abs. 2 aus, daß Grundleistungen solche Leistungen sind, die „regelmäßig" für die Ausführung eines Vertrages erforderlich sind. Darüber hinaus findet sich in der HOAI kein Anhaltspunkt, der eine Differenzierung zwischen zentralen und nicht zentralen Leistungen rechtfertigen würde. Auch das von Locher/Koeble/Frik (a. a. O.) angeführte Argument, daß der Bauherr mit einer Beweislastumkehr benachteiligt wird, trifft nicht zu, da es dem Bauherrn freisteht das Werk nicht abzunehmen.

Werden einzelne Grundleistungen nicht erbracht, obwohl dies für die Ausführung des Vertrages erforderlich war, ist eine Honorarkürzung ebenfalls nicht gerechtfertigt. Der Bauherr kann, wenn er das Werk für mangelhaft hält, die Abnahme verweigern und die Herstellung eines vertragsgemäßen Werkes verlangen. Nimmt er das Werk ab und zeigt sich der Mangel erst später, stehen ihm die Möglichkeiten der Nachbesserung, Minderung, ggf. Wandlung oder Schadensersatz zur Verfügung. Etwas anderes gilt nur dann, wenn die Parteien ausdrücklich eine Kürzung des Honorars gem. § 5 Abs. 1, 2 oder 3 HOAI vereinbart haben.

6.2.2.1 Honorarkürzung bei Fehlen von „zentralen Leistungen"

- **BGH, Beschluß vom 06.04.2000, OLG Köln, Urteil vom 12.02.1998, IBR 2000, 333**
Leistungen für die Leistungsphase der Genehmigungsplanung von haustechnischen Anlagen können nur dann abgerechnet werden, wenn Tätigkeiten in einem Genehmigungsverfahren nachgewiesen werden. Das Führen von Korrespondenz mit einem Energieversorgungsunternehmen reicht für eine Abrechnung der Leistungsphase 4 dagegen nicht aus.

Fehlen einer Leistungsphase

- **OLG Düsseldorf, Urteil vom 17.06.1999, IBR 2000, 233**
Hat der Architekt während der Planung und Ausführung des Bauvorhabens keine Kostenberechnung, keinen Kostenanschlag und keine Kostenfeststellung angefertigt, so steht ihm aus den Leistungsphasen 3, 7 und 8 des § 15 Abs. 1 HOAI nur ein geminderter Honoraranspruch zu, und zwar auch dann, wenn das Bauvorhaben fertiggestellt ist und der Auftraggeber diese Kostenermittlung vorher nicht ausdrücklich gefordert hat.

Fehlen der Kostenermittlung

- **OLG Naumburg Urteil vom 02.12.1997 IBR 1999, 220**
Das Architektenhonorar ist verdient, wenn der vertraglich vereinbarte Erfolg erreicht wurde. Eine Kürzung des Honorars kann dann erfolgen, wenn zentrale oder wesentliche Leistungen einer Leistungsphase nicht erbracht wurden. Kommt der fehlenden Leistung im konkreten Fall aber keine zentrale Bedeutung zu, muß von einer Kürzung des Honorars abgesehen werden.

- **OLG Köln, Urteil vom 19.01.1996, IBR 1996, 207**
Fehlt die Kostenberechnung oder ist sie unbrauchbar, vermindert sich das Honorar für die Entwurfsplanung nach § 15 Abs. 1 Nr. 3 HOAI um 0,8 %.

unbrauchbare Kostenberechnung

- **OLG Hamm, Urteil vom 19.01.1994, BauR 1994, 793**
Eine Honorarkürzung von 2 % ist in analoger Anwendung des § 5 Abs. 2 HOAI gerechtfertigt, wenn der Architekt die Kostenberechnung nach DIN 276 nicht erbracht hat, da diese zu den zentralen Teilleistungen von grundlegender Bedeutung der Leistungsphase 3 des § 15 HOAI zählt. Die Honorarkürzung entfällt nicht deshalb, weil der Architekt nach Vertragsbeendigung die Kostenberechnung nachgeholt hat, um seine Honorarschlußrechnung prüffähig zu machen.

- **OLG Düsseldorf, Urteil vom 28.10.1994, IBR 1995, 68**
Die vollzählige Ausführung aller in den Leistungsbildern des § 64 Abs. 3 Ziff. 2 und 3 HOAI beispielhaft aufgezählten Grundleistungen ist nicht unbedingte Voraussetzung für das Entstehen des auf die Leistungsphasen 2 und 3 entfallenden Honorars, wenn sie keine zentrale Bedeutung für das Werk des Architekten haben.

- **OLG Hamm, Urteil vom 08.10.1991, BauR 1992, 123**
Wird im Rahmen der Vorplanung die Kostenschätzung nicht erbracht, führt dies bei einem Vollauftrag nicht ohne weiteres zur Kürzung des Honorars, wenn dieser Leistung keine zentrale Bedeutung zukommt.

- **OLG Celle, Urteil vom 17.10.1990, BauR 1991, 371**
Kürzung des auf eine Leistungsphase entfallenden Honorars ist nur bei Auslassung zentraler Leistungen möglich.

6.2.2.2 Trotz teilweisem Nichterbringen und Mangelhaftigkeit der (Grund-)Leistung keine Kürzung des Honoraranspruchs

- **OLG Hamm, Urteil vom 16.01.1998, BauR 1998, 819**
Der Bauherr kann gegenüber der Honorarklage des Statikers grundsätzlich nicht mit dem Einwand gehört werden, einzelne übertragene Teilleistungen (Leistungsphasen) des § 64 Abs. 1 HOAI seien unvollständig erbracht, wenn die unvollständigen Teilleistungen nicht zu einem Mangel des Gesamtwerkes geführt haben.

- **OLG Hamm, Urteil vom 21.12.1995, IBR 1997, 72**
Erstellt der Architekt im Rahmen der Leistungsphasen 1 bis 4 nur eine Kostenaussage, die in der Genauigkeit einer Kostenberechnung entspricht, so kann er nach Erbringung der vertragsgemäßen Leistungen das volle Honorar für die Leistungsphasen 1 bis 4 verlangen.

- **OLG Düsseldorf, Urteil vom 19.04.1996, BauR 1996, 893 ff.**
Eine Kostenermittlung, die mit dem Begriff Kostenschätzung benannt ist, inhaltlich aber einer Kostenberechnung entspricht, ist als Kostenberechnung zu werten. Wurde diese Kostenberechnung vom Auftragnehmer erstellt, ist eine Honorarkürzung nicht gerechtfertigt.

- **OLG Düsseldorf, Urteil vom 28.05.1993, BauR 1994, 133**

erforderliche Grundleistungen Eine Honorarminderung ist dann nicht gerechtfertigt, wenn der Architekt zwar einzelne erforderliche Grundleistungen nicht erbracht hat, dafür aber ähnliche Leistungen (hier Bauteil-Kostenberechnung) erbracht hat.

- **OLG Karlsruhe, Urteil vom 16.07.1992, BauR 1993, 109**
Führt ein Architekt einzelne Teilleistungen, die im Architektenvertrag oder in der HOAI mit einem bestimmten Hundertsatz der Gesamtleistung bewertet sind, nur

unvollständig aus, so mindert sich sein Vergütungsanspruch nicht, wenn gleichwohl das Architektenwerk mangelfrei erbracht worden ist.

6.3
Honorarkürzung bei nur ausdrücklicher Beauftragung mit Teilleistungen gem. § 5 Abs. 1, 2 und 3 HOAI

Einigkeit besteht in der Rechtsprechung darüber, daß nicht das Gesamthonorar sondern nur ein Teilhonorar anfällt, wenn der Architekt mit bestimmten Leistungen gem. § 5 Abs. 2 HOAI ausdrücklich nicht beauftragt wurde oder diese später ausdrücklich aus seinem Auftrag herausgenommen worden sind. Gem. § 5 Abs. 1, 2 und 3 darf in diesem Fall eine Honorarkürzung vorgenommen werden. Bei der Bewertung des Arbeitsaufwandes von Grundleistungen ist immer auf den Einzelfall abzustellen. Nach ganz h. M. muß die Vereinbarung gem. § 5 Abs. 2 HOAI ausdrücklich getroffen werden. Eine konkludente Vereinbarung reicht hierfür nicht aus. Sie muß nicht schriftlich und nicht bei Auftragserteilung getroffen werden.

- **OLG Hamm, Urteil vom 16.01.1998, BauR 1998, 819**
Hat der Architekt die Leistungsphase 3 nicht angeboten und der Bauherr dieses Angebot angenommen, so kann das Honorar für die Leistungsphase 3 nicht in Rechnung gestellt werden.

- **OLG Frankfurt, Urteil vom 24.03.1982, BauR 1982, 600**
Eine Kürzung des Honorars um 0,7 % des Gesamthonorars für die Leistungsphase 3 ist gem. § 5 Abs. 3 HOAI gerechtfertigt, wenn zwischen den Parteien vereinbart war, daß der Architekt eine Grundleistung nicht erbringen muß. Ist eine Grundleistung einvernehmlich nicht erbracht worden, so kann das Gericht deren Anteil an der Leistungsphase schätzen. Die Erbringung der Leistung einer Leistungsphase bedeutet für den Regelfall, daß die zu dieser Leistungsphase gehörenden Grundleistungen sämtlich erbracht sind. Der Architekt braucht daher zur Begründung seiner Honorarforderung nicht im einzelnen darzulegen, daß er jede Grundleistung der betreffenden Leistungsphase erbracht habe.

Honorarkürzung bei Wegfall einer Leistungsphase

- **LG Waldshut-Tiengen, Urteil vom 24.06.1980, BauR 1981, 81 ff.**
Wird der Planer nur mit Erstellung des Gebäudes bis einschließlich Fertigstellung des Rohbaus beauftragt, ist das Honorar unter Zugrundelegung der Gesamtkosten des Gebäudes zu ermitteln. Unter Anwendung von § 5 Abs. 2 HOAI hat der Bauherr allerdings nur ein dem Anteil der übertragenen Leistungen entsprechendes Honorar zu bezahlen.

7
Besondere Leistungen gem. § 5 Abs. 4 HOAI

Karsten Meurer

Die Abgrenzung von Grund- und Besonderen Leistungen hat durch die Rechtsprechung des BGH, nach der die HOAI nicht als normatives Leitbild herangezogen werden kann, weitgehend an Bedeutung verloren. Während die Frage früher für die Abgrenzung der werkvertraglichen Pflichten von Bedeutung war, ist sie heute nur noch für die Frage von Bedeutung, ob für diese Leistungen ein zusätzliches Honorar gem. § 5 Abs. 4 HOAI verlangt werden kann oder ob sie in dem Grundleistungshonorar enthalten sind. Grundsätzlich besteht kein Zurückbehaltungsrecht des Architekten an Besonderen Leistungen, wenn sie für die Erreichung des werkvertraglichen Erfolges notwendig sind.

Für die Vergütung von ersetzenden Besonderen Leistungen, Besondere Leistungen, die an die Stelle von Grundleistungen treten, bedarf es keiner schriftlichen Honorarvereinbarung. Sie sind wie Grundleistungen zu vergüten.

7.1
Abgrenzung von Grund- und Besonderen Leistungen

- BGH, Urteil vom 18.04.2000, BauR 2000, 584

prüfen von Plänen Das Prüfen von Plänen fachlich an der Planung nicht Beteiligter ist dann keine Besondere Leistung, wenn hiervon Leistungen betroffen sind, die Gegenstand der anrechenbaren Kosten des Architektenhonorars sind und so schon zu einem Vergütungsanspruch führen.

- OLG Hamm, Urteil vom 05.07.1996, BauR 1997, 507

Der Auftrag des Bauherrn zu prüfen, ob sein Grundstück mit einem weiteren identischen Haus bebaut werden könne, beschränkt sich auf eine Voranfrage als Besondere Leistung, die zu den Grundleistungen des Architekten für das von ihm bereits geplante erste Haus hinzutritt. Für die Anwendung des § 5 Abs. 4 HOAI ist eine gleichzeitige Übertragung von Grund- und Besonderen Leistungen ebenso wenig erforderlich wie eine gleichzeitige Ausführung.

- OLG Hamm, Urteil vom 02.11.1993, BauR 1994, 535

Werden einem Architekten Leistungen erst ab der Leistungsphase 5 übertragen und muß der Architekt aufgrund von Änderungen auch die Leistungsphasen 2, 3 und 4 erneut planen, so sind diese Planungsleistungen Grund- und keine Besonderen Leistungen.

- OLG Köln, Urteil vom 17.09.1993, BauR 1995, 583

Besondere Leistung Geht die Tätigkeit eines Architekten über das normale Leistungsbild der HOAI hinaus, dann handelt es sich um Besondere Leistungen i. S. von § 2 Abs. 3 HOAI, wenn sie zur Errichtung des Objektes in Beziehung stehen. Liegt insoweit keine schriftliche Honorarvereinbarung vor, muß der Architekt nach § 5 Abs. 4 HOAI abrechnen.

- **BGH, Urteil vom 24.11.1988, BauR 1989, 222**
Ein Honorar für Besondere Leistungen kann nur dann verlangt werden, wenn ein bestimmbares oder bestimmtes Honorar für konkret bezeichnete Leistungen zuvor schriftlich vereinbart worden ist und wenn die Besonderen Leistungen im Verhältnis zu Grundleistungen einen nicht unwesentlichen Arbeitsaufwand verursachen.

nicht unwesentlichen Arbeitsaufwand

7.2
Schriftliche Honorarvereinbarung gem. § 5 Abs. 4 HOAI

Ein Honorar für Besondere Leistungen muß schriftlich aber nicht bei Auftragserteilung vereinbart werden. Schriftlich bedeutet auch hier gem. § 126 BGB unterschrieben auf einer Urkunde. Die Besondere Leistung muß genau bezeichnet werden. In bestimmten Fällen kann sich der Auftraggeber nicht auf das Fehlen der Schriftform berufen. Auf die Ausführungen zu § 4 HOAI sei vollumfänglich verwiesen.

- **OLG Köln, Urteil vom 12.02.1998**
  BGH, Beschluß vom 06.4.2000, IBR 2000, 334
Besondere Leistungen sind auch dann, wenn sie für die Vertragserfüllung erforderlich sind, nur dann vergütungspflichtig, wenn dafür eine schriftliche Honorarvereinbarung getroffen wurde.

schriftliche Honorarvereinbarung

- **OLG Celle, Urteil vom 11.11.1998, BauR 1999, 508**
Eine Besondere Leistung kann nur dann vergütet werden, wenn eine schriftliche Honorarvereinbarung vorliegt, es sei denn die Beklagte hat ausdrücklich auf die Einhaltung der Schriftform verzichtet und die Zahlung in Kenntnis des Formmangels zugesagt.

- **OLG Hamm, Urteil vom 05.07.1996, IBR 997, 340**
Wünscht der Bauherr zu prüfen, ob sein Grundstück mit einem weiteren Haus bebaut werden kann, das identisch ist mit einem bereits zu bauenden, handelt es sich um einen Auftrag zur Erstellung einer als Bauvoranfrage Besonderen Leistung, die zu Grundleistungen hinzutritt. Ein Honoraranspruch bedarf der schriftlichen Vereinbarung nach § 5 Abs. 4 HOAI.

- **OLG Düsseldorf, Urteil vom 10.11.1995, BauR 1996, 292**
Wenn keine schriftliche Honorarvereinbarung bei Auftragserteilung getroffen worden ist, steht dem Architekten für die neben Grundleistungen als Besondere Leistung erbrachte Bauvoranfrage selbst kein Honorar zu.

- **OLG Köln, Urteil vom 24.05.1993, BauR 1995, 576**
Änderungen bereits erstellter Pläne sind regelmäßig Besondere Leistungen und deshalb nur vergütungspflichtig, wenn die Voraussetzungen des § 5 Abs. 4 HOAI

erfüllt sind. Es handelt sich nur dann um wiederholt erbrachte Grundleistungen, wenn bei der Wiederholung der Grundleistungen grundsätzlich verschiedene Anforderungen zu erfüllen sind.

- **OLG Hamm, Urteil vom 13.05.1993, BauR 1993, 633**

konkrete besondere Leistung Die gem. § 5 Abs. 4 HOAI zu treffende schriftliche Honorarvereinbarung muß sich auf eine nach Art und Umfang festliegende Leistung beziehen. Die Vereinbarung eines Zeithonorars für ungewisse zukünftige wesentliche Planungsänderungen genügt diesen Anforderungen nicht und ist daher unwirksam.

7.3
Unbeachtlichkeit des Fehlens der Schriftform

Nach Treu und Glauben kann das Berufen auf die fehlende Schriftform unzulässig sein (vgl. II. 1.b. bb).

- **BGH, Urteil vom 21.08.1997, IBR 1997, 466**

Der Anspruch auf Honorierung der ersetzenden Besonderen Leistungen erfordert, soweit die Leistungen zu den vertraglich vereinbarten Leistungen gehören, keine gesonderte Honorarvereinbarung.

- **OLG Hamm, Urteil vom 25.11.1993, BauR 1994, 398**

Wird auf die schriftliche Honorarvereinbarung gem. § 5 Abs. 4 HOAI durch den Auftraggeber verzichtet, so kann der Auftragnehmer die erbrachten Besonderen Leistungen auch ohne Einhaltung der Schriftform abrechnen. Änderungsleistungen sind Besondere Leistungen.

7.4
Rechtsfolgen bei Fehlen einer schriftlichen Vereinbarung

- **OLG Köln, Urteil vom 23.05.1993, IBR 1996, 157 und
  OLG Hamm, Urteil vom 05.07.1996, BauR 1997, 507**

Bei fehlender schriftlicher Honorarvereinbarung kann der Architekt (Statiker) für Besondere Leistungen i. S. von § 5 Abs. 4 Satz 1 HOAI auch keine Vergütung aufgrund der §§ 677 ff, 812, BGB verlangen.

- **OLG Hamm, Urteil vom 13.05.1993, BauR 1993, 633**

Steht dem Architekten mangels schriftlicher Honorarvereinbarung gem. § 5 Abs. 1 HOAI ein Honorar für Besondere Leistungen nicht zu, scheiden Ansprüche aus § 812 BGB oder Geschäftsführung ohne Auftrag aus.

- **OLG Düsseldorf, Urteil vom 30.10.1992, BauR 1003, 758**

Wenn dem Architekten mangels schriftlicher Vereinbarung gem. § 5 Abs. 4 Satz 1

HOAI für Besondere Leistungen kein Honorar zusteht, scheiden auch Ansprüche aus § 812 BGB und/oder §§ 670, 683, 677 BGB aus.

7.5
Beispiele für Besondere Leistungen

- **OLG Köln, Urteil vom 07.03.2001, IBR 2001, 263**

Der Auftrag, eine Bauvoranfrage durchzuführen, beschränkt sich nur dann auf die sechste Besondere Leistung der Leistungsphase 2, wenn die Grundleistungen der Leistungsphase 1 und 2 bereits in Auftrag gegeben worden sind oder wenn sich die Bauvoranfrage auf Gesichtspunkte bezieht, zu deren Behandlung durch die Behörden die Beibringung bzw. Vorlage von Planunterlagen nicht erforderlich ist.

- **OLG Köln, Urteil vom 08.12.1998, BGH, Beschluß vom 04.11.1999, IBR 2000, 31**

Leistungen für einen Erdbebensicherheitsnachweis sind eine Besondere Leistung. Ein Honorar kann deshalb nur verlangt werden, wenn eine schriftliche Honorarvereinbarung vorliegt.

- **BGH, Urteil vom 05.06.1997, BauR 1997, 1060 ff.**

Wird die Bauvoranfrage als isolierte Leistung in Auftrag gegeben, ist sie nicht gem. § 632 Abs. 2 BGB nach der HOAI zu vergüten.

- **BGH, Urteil vom 21.08.1997, BauR 1997, 1062**

Die Erstellung einer Baubeschreibung bei einer Generalunternehmervergabe ist eine ersetzende Besondere Leistung, sofern Leistungsverzeichnisse nicht mehr erstellt werden müssen. Der Anspruch auf Honorierung der ersetzenden Besonderen Leistungen erfordert, soweit die Leistungen zu den vertraglich vereinbarten Leistungen gehören, keine gesonderte Honorarvereinbarung.

Baubeschreibung

- **OLG Düsseldorf, Urteil vom 10.11.1995, BauR 1996, 292**

Die Bauvoranfrage ist eine Besondere Leistung und ein Auftrag eine solche einzuholen, umfaßt regelmäßig auch die Leistungsphasen 1 bis 3 des § 15 HOAI.

- **OLG Düsseldorf, Urteil vom 20.06.1995, BauR 1995, 733**

Bei dem Entwässerungsgesuch gem. § 6 BauvorlagenVO NRW handelt es sich um eine Grundleistung nach § 73 Nr. 5 HOAI, wie sich aus § 68 NR. 1 HOAI ergibt, so daß eine Honorarberechnung auf Stundenlohnbasis entfällt und es sich auch nicht um eine Besondere Leistung gem. § 5 Abs. 4 HOAI handelt.

Entwässerungsgesuch

- **OLG Düsseldorf, Urteil vom 20.07.1994, IBR 1994, 420**

Das „Untersuchen von Lösungsmöglichkeiten nach grundsätzlich verschiedenen Anforderungen" ist eine Besondere Leistung im Sinne des § 5 Abs. 4 HOAI, die nur bei schriftlicher Honorarvereinbarung vergütet wird.

- **LG Mannheim Urteil vom 16.09.1993, IBR 1995, 214**
Die Umplanung des Grundrisses (1:100) von Dachgeschoßwohnungen in einer größeren Wohnanlage stellt eine Besondere Leistung im Sinne von § 2 Abs. 3 HOAI dar.

- **OLG Hamm, Urteil vom 25.06.1993, BauR 1993, 761**
Sind dem Architekten dagegen Grundleistungen nach der HOAI in Auftrag gegeben worden, so handelt es sich selbst dann um Besondere Leistungen i. S. der §§ 2, 5 HOAI, wenn es sich um Leistungen handelt, die nicht ohne weiteres zu den berufsbezogenen und berufstypischen Leistungen eines Architekten gehören (hier Leistungen nach der II. BerechnungsVO). Erforderlich ist lediglich, daß sie im Zusammenhang mit typischen Architektenleistungen erbracht werden und zu den Grundleistungen hinzutreten.

- **OLG Hamm Urteil vom 15.12.1993, IBR 1996, 122**
Wohnungswirtschaftliche Verwaltungsleistungen sind gem. §§ 2 Abs. 3, 5 HOAI Besondere Leistungen, wenn sie nicht isoliert in Auftrag gegeben sind.

- **OLG Düsseldorf, Urteil vom 30.10.1992, BauR 1993, 758**
Dem Architekten neben Grundleistungen i. S. der HOAI übertragene zusätzliche Leistungen sind selbst dann Besondere Leistungen i. S. der §§ 2 Abs. 3, 5 Abs. 4 Satz 1 HOAI, wenn es sich um außerhalb der HOAI liegende und nicht um typische, berufsbezogene Leistungen des Architekten handelt.

- **OLG Hamm, Urteil vom 08.01.1991, IBR 1991, 180**

Verwaltungsleistungen Verwaltungsleistungen im Rahmen der II. Berechnungsverordnung sind keine Besonderen Leistungen i. S. der HOAI. Für sie kann unbeschränkt ein Pauschalhonorar auch im Zusammenhang mit anderen Architektenleistungen vereinbart werden.

8
Stundenhonorarvereinbarungen gem. § 6 HOAI

Karsten Meurer

Stundenhonorarvereinbarungen gem. § 6 HOAI können immer dann getroffen werden, wenn die HOAI dies ausdrücklich zuläßt (bspw. § 16 Abs. 2 HOAI). § 6 HOAI enthält echte Mindest- und Höchstsätze, so daß ein von den Mindestsätzen abweichendes Honorar schriftlich und bei Auftragserteilung (siehe oben § 4 HOAI) getroffen werden muß. Vereinbaren die Parteien Stundenhonorare auch für Grundleistungen, so ist diese Vereinbarung nur zulässig, wenn sie bei Auftragserteilung schriftlich getroffen wurde und die Mindest- und Höchstsätze der HOAI beachtet. Nach Leistungserbringung können die Parteien auch vereinbaren, das Honorar nach Stunden abzurechnen (vgl. oben II. 6).

- **OLG Düsseldorf, Urteil vom 07.10.1997, BauR 1998, 887**
Entsprechend der h. M. ist davon auszugehen, daß Leistungen, die nach Zeitauf-

wand zu honorieren sind, bei denen jedoch keine schriftliche Vereinbarung über den Stundensatz bei Auftragserteilung getroffen wurde, in entsprechender Anwendung des § 4 Abs. 4 HOAI mit den Mindestsätzen des § 6 HOAI zu vergüten sind. Dies gilt dann nicht, wenn der Auftraggeber bereits Schlußrechnungen nach Leistungserbringung bezahlt hat, in denen ein höherer Stundensatz angesetzt worden ist.

ohne Schriftform Mindestsatz

- **OLG Düsseldorf, Urteil vom 19.04.1996, BauR 1996, 893**
Auch für die Vereinbarung von Stundensätzen, welche die Mindestbeträge des § 6 Abs. 2 HOAI übersteigen, gilt § 4 HOAI; mangels schriftlicher Vereinbarung bei Auftragserteilung steht dem Architekten nur der Mindeststundensatz zu.

- **BGH, Urteil vom 07.12.1989, BauR 1990, 236f**
Das Honorar für raumbildenden Ausbau richtet sich, wenn die Vereinbarung eines Zeithonorars unwirksam ist, weil es am schriftlichen Abschluß des Vertrages fehlt, nach den Mindestsätzen des § 10 HOAI und nicht nach den Mindestsätzen des § 6 Abs. 2 HOAI.

9
Nebenkostenvereinbarungen gem. § 7 HOAI

Karsten Meurer

Nebenkosten werden grds. gem. § 8 Abs. 3 in Verbindung § 7 Abs. 1 HOAI auf Einzelnachweis fällig. Die Parteien können aber gem. § 7 Abs. 3 HOAI auch eine pauschale Vereinbarung über die Abrechnung aller oder eines Teils der Nebenkosten bei Auftragserteilung schriftlich treffen (zu den Anforderungen an die Schriftform vgl. das oben unter II Gesagte). Die Höhe der Pauschale muß den tatsächlich anfallenden Nebenkosten entsprechen. Unwirksam ist eine Pauschale, wenn sie unangemessen hoch ist und durch sie letztlich eine Honorarerhöhung bewirkt werden soll, die die zulässigen Höchstsätze überschreitet. Gem. § 7 Abs. 1, S. 3 HOAI kann auf eine Erstattung der Nebenkosten ganz verzichtet werden.

- **OLG Düsseldorf, Urteil vom 26.07.2000, BauR 2000, 1889**
Übernachtungskosten und Verpflegungsmehraufwand fallen unter § 7 Abs. 2 Nr. 6 HOAI und sind deshalb nur dann zu ersetzen, wenn dies vor der Geschäftsreise schriftlich vereinbart worden war. Nebenkosten werden, wenn keine schriftliche Vereinbarung einer pauschalen Abrechnung getroffen ist, erst mit der Vorlage der Belege fällig.

Übernachtungskosten

- **BGH, Urteil vom 28.10.1993, BauR 1994, 131 ff.**
Nebenkosten können pauschal nur abgerechnet werden, wenn die Beteiligten dies bei Auftragserteilung schriftlich vereinbart haben. Dazu genügen ein schriftliches Angebot und eine schriftliche Annahme auf unterschiedlichen Schriftstücken nicht aus.

- **LG Münster, Urteil vom 03.12.1993, TBAE Nr. 719**

Nebenkosten- Die Vereinbarung einer Nebenkostenpauschale gem. § 7 Abs. 3 HOAI in Höhe von
pauschale 8 % ist in einem schriftlichen Architektenvertrag mit einer Gemeinde über die Gestaltung einer Fußgängerzone durch Landschaftsarchitekten nicht zu beanstanden.

- **OLG Hamm, Urteil vom 11.01.1991, IBR 1991, 180**

An den Nachweis von Nebenkosten dürfen keine übertriebenen Anforderungen gestellt werden. Es genügt, wenn der Auftragnehmer seine Aufzeichnungen und Unterlagen vorlegt.

- **OLG Düsseldorf, Urteil vom 27.03.1990, BauR 1990, 640 ff.**

Die Grenze für Pauschalhonorarvereinbarungen der Nebenkosten liegt dort, wo eine Pauschalvereinbarung in krassem Mißverhältnis zu den tatsächlich entstandenen Nebenkosten steht und deren Wirksamkeit letztlich nur dazu führen würde, daß der Höchstpreischarakter der HOAI durch die Vereinbarung umgangen wird. Ist die vereinbarte Pauschale übersetzt (hier 10 %), kann eine niedrigere Pauschale nicht durch das Gericht zugesprochen werden. Es muß nach Einzelnachweis abgerechnet werden.

- **BGH, Urteil vom 12.10.1989, BauR 1990, 101**

Nebenkosten können nur dann pauschal und nicht nach Einzelnachweis abgerechnet werden, wenn die Beteiligten diese Art der Abrechnung bei Auftragserteilung und schriftlich vereinbart haben.

- **BGH, Urteil vom 24.11.1988, BauR 1989, 222**

Die Schriftform gem. § 4 HOAI ist auch bei Nebenkosten nur gewahrt, wenn die Parteien eine entsprechende Vereinbarung bei Auftragserteilung eigenhändig unterzeichnet haben (§ 126 BGB). Ist dies nicht der Fall, müssen die Nebenkosten auf Einzelnachweis abgerechnet werden.

- **OLG Düsseldorf, Urteil vom 16.02.1982, BauR 1982, 390**

Der Erstattungsanspruch des § 7 Abs. 1 HOAI bedarf keiner ausdrücklichen mündlichen oder schriftlichen Vereinbarung. § 7 Abs. 1 Satz 2 (HOAI 77) zeigt, daß die Erstattung die Regel ist und ein Fortfall dieses Erstattungsanspruches schriftlich vereinbart werden muß.

10
Die Ermittlung der anrechenbaren Kosten

Karsten Meurer In der Regel bestimmt die HOAI, daß das Honorar über anrechenbare Kosten ermittelt wird. Grundlage für die Ermittlung der anrechenbaren Kosten ist die DIN 276 in der Fassung 1981, da die HOAI immer nur auf deren Kostengruppen Bezug nimmt. Welche Kostengruppen dieser DIN angerechnet werden, wird in einer Norm des jeweiligen Leistungsbildes (vgl. bspw. §§ 10, 69, 62 HOAI) bestimmt. Bedeutung kommt der richtigen Ermittlung der anrechenbaren Kosten insbesondere deshalb zu, weil sie für die Erstellung einer prüffähigen Honorarschlußrechnung erforderlich ist.

Bei städtebaulichen Leistungen gem. §§ 35 ff. HOAI, werden keine anrechenbare Kosten, sondern anrechenbare Flächen ermittelt (vgl. § 38, 41 HOAI).

10.1
Anrechenbare Kosten bei Gebäuden, Umbau, Modernisierungen, raumbildenden Ausbauten und Instandsetzungen gem. § 10 HOAI

10.1.1
Anrechenbare Kosten nach DIN 276: 1981-4 gem. § 10 Abs. 2 HOAI

Gegenstand der anrechenbaren Kosten dürfen nur die Kosten von solchen Objekten/ Gewerken sein, die im Auftragsumfang des Planers enthalten sind, es sei denn es ist schriftlich bei Auftragserteilung etwas anderes vereinbart worden und die Mindestsätze sind hierdurch nicht unterschritten. Dieser Grundsatz gilt für alle Leistungsbilder, also bei Hochbauten, Umbauten, raumbildenden Ausbauten, Freianlagen etc. Die anrechenbaren Kosten müssen aus der DIN 276: 1981-4 ermittelt werden. Da Planer vertraglich oftmals verpflichtet werden, andere Kostenermittlungen zu verwenden (bspw. DIN 276: 1993-6) müssen sie zumindest teilweise zwei Kostenermittlungen anfertigen. Eine, um ihre werkvertraglichen Verpflichtungen zu erfüllen und eine nach der DIN 276: 1981-4, um eine nachvollziehbare und prüfbare Honorarschlußrechnung zu erstellen.

- **OLG Düsseldorf, Urteil vom 19.12.2000, IBR 2001, 123**
Erfolgt vom Architekten infolge der Vertragsbeendigung die Mitwirkung bei der Vergabe der Leistungsphase 7 des § 15 HOAI nur bezüglich der Rohbauarbeiten, so ist das Honorar für diese Leistungsphasen nicht nach den geringeren anrechenbaren Kosten nur dieses Rohbaus, sondern nach den gesamten anrechenbaren Kosten, aber mit ermäßigtem Prozentsatz von 2 % statt 4 % zu berechnen. *Beauftragung für Rohbauarbeiten*

- **BGH Beschluß vom 28.10.1999, IBR 2000, 32; OLG Naumburg, Urteil vom 10.12.1997**
Der Auftragsumfang bestimmt die anrechenbaren Kosten des Objektes. Plant der Architekt eine Tiefgarage, obwohl der Bauherr diese nicht beauftragt hat und auch keinen Nachtragsauftrag hierfür erteilt, kann er diese nicht den anrechenbaren Kosten hinzufügen oder gesondert abrechnen. Die Beweislast für den Auftragsumfang obliegt dem Architekten.

- **BGH, Urteil vom 06.05.1999, BauR 1999, 1045**
Die für die anrechenbaren Kosten gem. § 10 Abs. 1 HOAI des Objektes maßgeblichen Kosten werden durch den Vertragsgegenstand bestimmt und begrenzt.

- **BGH, Urteil vom 22.01.1998, BauR 1998, 354**
Die Verweisung der HOAI auf die DIN 276 in der Fassung 1981 ist eine statische Verweisung auf die Fassung 1981. Liegt einer Architektenrechnung die DIN 276 in der Fassung von 1993 zugrunde, so ist sie deshalb in aller Regel nicht prüffähig.

- **BGH, Urteil vom 18.07.1998, BauR 1998, 1109**
Die Anforderungen an Kostenermittlungen als Anknüpfungstatbestand für die Berechnung des Architektenhonorars müssen nicht die gleichen sein, wie die an Kostenermittlungen, die als Architektenleistungen zu honorieren sind.

- **OLG Düsseldorf, Urteil vom 13.08.1996, BauR 1998, 407**
Eine Reduzierung einer Kostenermittlung wegen behaupteter Unrichtigkeiten kommt allenfalls dann in Betracht, wenn und soweit die anrechenbaren Kosten schuldhaft und erheblich zu hoch angesetzt sind.

- **OLG Düsseldorf, Urteil vom 10.11.1995, BauR 1996, 293**
Der mit einer Bauvoranfrage beauftragte Architekt schuldet keine Kostenschätzung nach DIN 276 und ist auch nicht verpflichtet, eine solche allein zur Honorarberechnung nachzuliefern; er kann die anrechenbaren Kosten prüffähig als Produkt von Rauminhalt des geplanten Gebäudes und Nettobaukosten je Kubikmeter ermitteln.

Abrechnung nach Kostenberechnung

- **OLG Hamm, Urteil vom 16.01.1995, BauR 1995, 415**
Der Architekt kann sein Honorar für die Leistungsphasen 1 bis 4 auch dann nach der Kostenberechnung abrechnen, wenn er bei Vertragsschluß zunächst eine niedrigere Summe zugesichert hat, die auf der Grundlage der Entwurfsplanung rechtzeitig und ordnungsgemäß erstellte Kostenberechnung jedoch bereits höhere Kosten auswies und das Bauwerk nach der Entwurfsplanung erstellt worden ist. Das gilt auch dann, wenn die tatsächlich entstandenen Kosten niedriger lagen als die in der Kostenberechnung ermittelten Kosten und der Bauherr trotz der vorgelegten Kostenberechnung die Erwartung hatte, daß die ursprünglich kalkulierten Kosten nicht überschritten werden.

- **OLG Hamm, Urteil vom 19.01.1994, Sch/F/H § 8 Nr. 12**
Liefert der Architekt eine der DIN 276: 1981-4 sachlich gleichwertige Kostenermittlung, so hindert es die Fälligkeit seiner Honorarforderung nicht, daß er von der Verwendung des vorgeschriebenen Formblattes nach DIN 276: 1981-4 abgesehen hat.

- **OLG Düsseldorf, Urteil vom 13.01.1987, BauR 1987, 708**
Das Architektenhonorar für die Leistungsphasen 1 bis 4 errechnet sich auch dann nach der Kostenberechnung, wenn sich nachträglich herausstellt, daß die Kosten tatsächlich niedriger ausgefallen sind, es sei denn, der Architekt hat die Kosten schuldhaft zu hoch veranschlagt. Das ist aber nicht schon dann der Fall, wenn der Bauherr abweichend von den Ausschreibungsunterlagen durch eigene Verhandlungen mit den Bietern oder durch Schwarzarbeit eine erhebliche Reduzierung der Kosten erreicht.

- **OLG Düsseldorf, Urteil vom 13.05.1983, BauR 1985, 234**
Der Verweis der HOAI (Fassung 1977) auf die DIN 276 in der Fassung 1977 ist zwingend und bei der Erstellung der Kostenermittlungen für die anrechenbaren Kosten zu beachten.

- **BGH, Urteil vom 09.07.1981, BauR 1981, 582**
Die Klausel

„3. Honorar
Für die in diesem Vertrag festgelegten und zur Abwicklung des Bauvorhabens erforderlichen weiteren Leistungen des Architekten (ohne Sonderwünsche) wird ein Pauschalhonorar vereinbart, daß baldmöglichst von der Bautreuhand auf folgender Grundlage bestimmt wird:
1. ...
2. Die Bautreuhand schätzt als endgültige Honorargrundlage für alle Leistungsphasen des Architekten die Herstellungskosten nach Erfahrungswerten, wofür eingabereife Pläne und Kubikmeterberechnungen Voraussetzungen sind"

ist wegen Verstoßes gegen §§ 9–11 AGBG unwirksam, weil sie die erhebliche Gefahr in sich birgt, daß der beauftragte Architekt seine Leistungen nicht angemessen vergütet erhält, wie sie ihm nach der HOAI zustehen soll.

- **OLG Düsseldorf, Urteil vom 25.11.1975, BauR 1976, 287**
Beauftragt ein Generalunternehmer einen Architekten mit der Bauüberwachung, so ist die Wirksamkeit einer Pauschalhonorarvereinbarung nach den Bestimmungen der GOA §§ 5,6 und 19 zu überprüfen. Bei der Ermittlung der anrechenbaren Kosten sind diese nicht um einen Generalunternehmerzuschlag zu kürzen.

Generalunternehmerzuschlag

10.1.2
Maßgebliche Kostenermittlung bei nur teilweiser Beauftragung oder bei vorzeitiger Vertragsbeendigung gem. § 10 Abs. 2 HOAI

Die HOAI selbst schreibt in § 10 Abs. 2 vor, welche Kostenermittlung für welche Leistungsphase maßgeblich sein soll und was gilt, wenn eine Leistungsphase in der eine Kostenermittlung zu erstellen ist, noch nicht erreicht wurde. Einigkeit besteht in der Rechtsprechung darüber, daß § 10 Abs. 2 HOAI uneingeschränkt Anwendung findet, wenn der Vertrag nicht fortgeführt wird. Unklar ist in der Rechtsprechung des BGH jedoch, ob der Planer auch dann nach dem Kostenanschlag abrechnen kann, wenn dieser nicht mehr zu seinem Leistungsumfang gehört hat, er aber vom Folgeplaner erbracht worden ist.

Nach der Formulierung in § 10 Abs. 2 HOAI ist es wohl richtig, die Anwendung der HOAI auf den jeweiligen Auftrag des Planers zu begrenzen. Maßgeblich für die Ermittlung der anrechenbaren Kosten kann daher immer nur die Kostenermittlung sein, die vom Auftragsumfang erfaßt ist. Später durch Dritte gefertigte Kostenermittlungen heranzuziehen, erscheint daher unzumutbar, da der erste Architekt hierauf keinen Einfluß mehr hat. Dem Planer für diesen Fall frei zu stellen, seine letzte Kostenermittlung oder die des Folgeplaners anzuwenden, ist nicht vom Wortlaut der HOAI gedeckt und daher ebenfalls nicht richtig.

Wenn der Vertrag vorzeitig beendet worden ist, ist die bis zur Kündigung zuletzt erbrachte Kostenermittlung maßgeblich für die Bestimmung der anrechenbaren Kosten. Allerdings kann es dem Planer hier u.U. zumutbar sein, die bis zur Beendigung des Architektenvertrages geschuldeten aber nicht vorliegenden Planunterlagen für die Erstellung einer weiteren Kostenermittlung nachträglich zu ermitteln.

- **OLG Düsseldorf, Urteil vom 19.12.2000, IBR 2001, 208**
  Bei Beauftragung des Planers erst ab der Leistungsphase 4 des § 15 HOAI kann dieser das Honorar für diese Leistungsphase nach einer im Rahmen der Akquisition erbrachten Kostenschätzung berechnen, da die Kostenberechnung nicht zu seinen Vertragsleistungen gehörte.

- **BGH, Urteil vom 18.03.2000, BauR 2000, 1511**

  Kostenermittlung des jeweiligen Leistungsumfangs — Maßgebend für die Berechnung des Honorars sind jeweils die Kostenermittlungen, die in der jeweiligen Leistungsphase der HOAI dem Leistungsumfang entsprechen, der vertraglich vereinbart ist. Da die Kostenberechnung für die Leistungsphasen 2 und 3 bei Vertragskündigung nicht vorlag, und auch nicht mehr geschuldet wurde, darf der Architekt die Kosten nach der Kostenschätzung abrechnen.

- **OLG Brandenburg, Urteil vom 08.02.2000, IBR 2000, 505**
  Sind dem Architekten die Leistungen bis Vorentwurf für ein Wohngebäude mit Dachgeschoßausbau zunächst stufenweise übertragen, so kann der Architekt sein Honorar für die Leistungsphasen 1 und 2 auch dann nach den anrechenbaren Kosten der Kostenschätzung abrechnen, wenn er später mit der weiteren Planung, allerdings – wegen Wegfalls des Dachgeschoßausbaus – in erheblich reduzierter Weise und zu verringerten Kosten beauftragt wird.

- **OLG Düsseldorf, Urteil vom 26.07.2000, IBR 2000, S. 553**
  Bei einer Vertragskündigung während der Objektüberwachung muß der Architekt für die Honorarabrechnung nicht die noch fehlende Kostenfeststellung fertigen, sondern darf auf den Kostenanschlag zurückgreifen.

- **BGH, Urteil vom 18.05.2000, IBR 2000, 436**
  Erfolgt die Kündigung während der Leistungsphase 3, so ist der Architekt grundsätzlich gehalten, seine erbrachten Leistungen nach der Kostenberechnung abzurechnen. Liegt diese jedoch noch nicht vor, so ist er berechtigt, die erbrachten Teilleistungen nach der Kostenschätzung abzurechnen und mit einem bestimmten Prozentsatz zu bewerten. Denn dem Auftraggeber liegen die erbrachten Leistungen bzw. Pläne vor, so daß er als Architekt in der Lage ist, die vorgegebene Prozentzahl zu überprüfen.

- **BGH, Urteil vom 25.11.1999, BauR 2000, 591**
Endet der Vertrag insgesamt bei der Leistungsphase 5, kann das Architektenhonorar nach der Kostenberechnung ermittelt werden.

- **OLG Düsseldorf, Urteil vom 17.06.1999, BauR 2000, 290**
Der Architekt, der mit den Leistungsphasen 3, 4 und 8 beauftragt war, muß seine Leistungen nach der Kostenberechnung und der Kostenfeststellung abrechnen. Ist der Auftraggeber nicht jedoch der Architekt im Besitz sämtlicher Unternehmerrechnungen, so darf der Architekt die anrechenbaren Kosten schätzen. Der Auftraggeber muß dann substantiiert darlegen, in welchen Positionen die vom Architekten zur Begründung seiner Honorarforderung angefertigten Kostenermittlungen unrichtig sind. *anrechenbare Kosten schätzen*

- **BGH, Urteil vom 08.07.1999, BauR 1999, 1467**
Maßgebend für die Berechnung des Honorars ist auch bei Kündigung jeweils die Kostenermittlungsart, die der jeweiligen Leistungsphase zur Zeit der Kündigung entspricht. Ist danach zutreffend nach dem Kostenanschlag abgerechnet, ändert sich an der Maßgeblichkeit des Kostenanschlages nichts dadurch, daß nach Rechnungsstellung eine Kostenfeststellung vorgelegt wird. *Honorar bei Kündigung*

- **BGH, Urteil vom 17.09.1998, Sch/H/F § 10 Nr. 16**
Wenn ein Architektenvertrag vorzeitig beendet und das Bauvorhaben mit einem anderen Architekten fertig gestellt worden ist, kann es für die Frage, welche Kostenermittlungsart der Architekt seiner Berechnung zugrunde legen muß, darauf ankommen, ob es dem Architekten nach Treu und Glauben zumutbar ist, die bis zur Beendigung des Vertrages noch nicht vorliegenden Kostenermittlungsarten nachträglich zu ermitteln.

- **BGH, Urteil vom 16.04.1998, BauR 1998, 813**
Maßgeblich für die Berechnung des Honorars sind jeweils die Kostenermittlungsarten, die in der jeweiligen Leistungsphase der HOAI dem Leistungsumfang entsprechen, der vertraglich vereinbart ist. Dies gilt auch dann, wenn das Bauvorhaben durch Dritte vollendet wird.

- **OLG Frankfurt, Urteil vom 03.07.1997, NJW-RR 1998, 374**
Wird das Vertragsverhältnis zwischen den Parteien aufgelöst, aber anschließend von einem Dritten fortgeführt, dann hat der Architekt seinem Honorar für die Lph. 5, 6 und 8 die Kostenfeststellung zu Grunde zu legen, selbst wenn er sie vertraglich nicht schuldet.

- **KG, Urteil vom 30.04.1997, NJW-RR 1999, 97**
Wird der Vertrag mit einem Statiker in einem Zeitpunkt aufgehoben, in dem die Kostenfeststellung noch nicht vorlag, dann ist die Honorarrechnung auf Grund der Kostenschätzung zu erstellen und dem Statiker steht kein Anspruch auf Vorlage der Endabrechnung zu.

- **OLG Stuttgart, Urteil vom 17.12.1996, BauR 1997, 681**
  Wird die Leistungsphase 3 des § 10 HOAI vom Auftragnehmer nicht zu Ende geführt, kann nach der Kostenschätzung abgerechnet werden.

- **OLG Düsseldorf, Urteil vom 10.11.1995, BauR 1996, 293**

  keine Kostenschätzung bei Bauvoranfrage — Der mit einer Bauvoranfrage beauftragte Architekt schuldet keine Kostenschätzung nach DIN 276 und ist auch nicht verpflichtet, eine solche allein zur Honorarberechnung nachzuliefern; er kann die anrechenbaren Kosten prüffähig als Produkt von Rauminhalt des geplanten Gebäudes und Nettobaukosten je Kubikmeter ermitteln.

- **OLG Düsseldorf, Urteil vom 14.11.1995, BauR 1996, 293**

  Architektenvertrag endet bei Leistungsphase 5 — Haben die Parteien im Architektenvertrag festgelegt, daß das Honorar des Architekten nach den tatsächlich angefallenen Baukosten berechnet werden soll, so kann der Architekt gleichwohl sein Honorar für die Leistungsphasen 1 bis 5 des § 15 Abs. 2 HOAI insgesamt nach den anrechenbaren Kosten gemäß der Kostenberechnung verlangen, wenn der Architektenvertrag mit Erbringung der Leistungsphase 5 beendet worden ist, da es in diesem Fall zu einer Kostenfeststellung der tatsächlich angefallenen Baukosten und auch zu einem Kostenanschlag, wie er in der Leistungsphase 7 vorgesehen und gem. § 10 Abs. 2 HOAI für die Honorarberechnung der Leistungsphase 5 vorgeschrieben ist, nicht mehr kommt. Bei vorzeitiger Vertragsbeendigung bzw. Nichtweiterbeauftragung hat der Architekt daher sein Honorar grundsätzlich nach der zuletzt von ihm erbrachten bzw. zu erbringenden Kostenermittlung zu berechnen.

- **OLG Düsseldorf, Urteil vom 28.10.1994, BauR 1995, 419**
  Eine nachvollziehbare Schätzung der anrechenbaren Kosten kann der Honorarberechnung der Tragswerksplanung zugrunde gelegt werden, auch wenn sie möglicherweise nicht der DIN 276 entspricht.

- **OLG Frankfurt/M, Urteil vom 15.04.1994, BauR 1994, 657**
  Der Architekt darf ausnahmsweise die anrechenbaren Kosten für die Leistungsphase 5 des § 15 HOAI statt nach der Kostenfeststellung oder dem Kostenanschlag nach der Kostenberechnung abrechnen, wenn er infolge Kündigung des Auftraggebers die Leistungsphase 5 nicht ausgeführt hat und sich die tatsächlich entstandenen Kosten nicht beschaffen kann, weil der Auftraggeber das Bauvorhaben nicht durchführt.

- **OLG Köln, Urteil vom 01.04.1992, BauR 1992, 669**

  nur Leistungsphase 8 beauftragt — Wenn der Architekt lediglich die Leistungsphase 8 beauftragt bekommen hat und ihm während der Leistungserbringung aber vor Erstellung der Kostenfeststellung gekündigt wird, darf er die anrechenbaren Kosten aus den Gesamtherstellungskosten ermitteln. Ein Rückriff auf den Kostenanschlag ist dem Auftragnehmer nicht zuzumuten, weil er diese Kostenansätze nicht gebildet hat. Das Verlangen einer gem. § 10 HOAI vorgeschriebenen Kostenermittlung ist dem Auftraggeber verwehrt.

10 Die Ermittlung der anrechenbaren Kosten

- **OLG Stuttgart, Urteil vom 01.06.1990, BauR 1991, 491**
Ist der Architektenvertrag nach Erbringung der Leistungsphasen 1 bis 4 vorzeitig beendet worden, so ist die Kostenberechnung maßgeblich für die Ermittlung der anrechenbaren Kosten und nicht die Kostenfeststellung. Dies gilt selbst dann, wenn das Bauvorhaben aufgrund geänderter Anweisungen durch den Bauherrn weniger aufwendig als vom Architekten geplant durchgeführt wird.

Architektenvertrag endet nach Erbringung der Leistungsphase 4

- **BGH, Urteil vom 12.10.1989, IBR 1990, 149**
Die anrechenbaren Kosten sind grundsätzlich nach DIN 276 zu ermitteln. Ausnahmsweise können jedoch die anhand des umbauten Raumes ermittelten durchschnittlichen Baukosten zugrundegelegt werden, wenn wegen einer Kündigung des Architektenvertrages die nachträgliche Konstruktion der maßgeblichen Kostenansätze praktisch nicht möglich und auch unzumutbar ist.

- **OLG München, Urteil vom 16.01.1990, BauR 1991, 650**
Da der Vertrag zu einem Zeitpunkt beendet wurde, als der Entwurf noch nicht vollständig fertiggestellt war, die primär maßgebliche Kostenberechnung aber nur nach Fertigstellung des Entwurfs vorgenommen werden kann, ist für anrechenbare Kosten die Kostenschätzung maßgebend.

- **OLG Celle, Urteil vom 11.04.1984, BauR 1985, 591**
Nach der Systematik des § 10 Abs. 2 HOAI sind die Gebühren stets nach der für den letzten Leistungsstand maßgeblichen Berechnungsart abzurechnen. Will der Architekt ein Honorar für die Leistungsphasen 3 und 4 abrechnen, muß er hierbei die Kostenberechnung zugrunde legen.

10.1.3
Auskunftsanspruch über die anrechenbaren Kosten; Schätzung der anrechenbaren Kosten

Kennt der Planer die anrechenbaren Kosten nicht, hat er gegenüber dem Bauherrn einen Auskunftsanspruch. Er kann wahlweise aber auch die anrechenbaren Kosten schätzen. Der Bauherr muß die geschätzten Kosten dann substantiiert bspw. durch Vorlage der Belege oder Rechnungen bestreiten.

- **OLG Düsseldorf, Urteil vom 28.05.1999, BauR 2000, 915**
Der Architekt kann vor Berechnung seines Honorars von dem Bauherrn auch Auskunft über die Herstellungskosten und alle weiteren Kosten der für die Kostenermittlung benötigten Daten verlangen. Er muß von dieser Möglichkeit aber nicht Gebrauch machen, sondern kann statt dessen auch auf Grund von Schätzwerten sogleich Leistungsklage erheben.

anrechenbare Kosten schätzen

- **BGH, Urteil vom 17.09.1998, BauR 1999, 265**
Wenn ein Architektenvertrag vorzeitig beendet und mit einem anderen Architekten

Auskunftsklage fertiggestellt worden ist, kann es für die Frage, welche Kostenermittlungsart der Architekt seiner Berechnung zu Grunde legen muß, darauf ankommen, ob es ihm nach Treu und Glauben zuzumuten ist, die bis zur Vertragsbeendigung noch nicht vorliegenden Kostenermittlungsgrundlagen nachträglich zu ermitteln. Hierfür muß der Architekt für noch benötigte Angaben keine Auskunftsklage erheben, sondern kann diese nach den Grundsätzen der Entscheidung vom 27.10.1994 (BauR 1995, 126 ff) schätzen.

- **BGH, Urteil vom 16.04.1998, BauR 1998, 813**

Ein Auskunftsanspruch des Architekten gegenüber dem Bauherrn auf Herausgabe der Werte der Kostenfeststellung besteht nicht, wenn diese für die Honorarberechnung des Architekten nicht von Bedeutung ist.

- **OLG Düsseldorf, Urteil vom 22.03.1996, BauR 1996, 742**

Ein Ingenieur, dem die genauen Herstellungskosten der einzelnen Anlagengruppen für die Berechnung seines Honorars nach §§ 68, 69 HOAI unbekannt sind, ist nicht gehalten, von der durch den BGH in BauR 1995, 126, 128 aufgezeigten Möglichkeit, aufgrund von Schätzwerten sogleich Leistungsklage zu erheben, Gebrauch zu machen, sondern kann von seinem Auftraggeber zunächst Auskunft über die Herstellungskosten verlangen. Zur Auskunftserteilung über die Herstellungskosten sind die Baukosten im einzelnen mitzuteilen und Rechnungen vorzulegen; durch die bloße Angabe einer Summe der Herstellungskosten wird der Auskunftsanspruch nicht erfüllt.

- **OLG Düsseldorf, Urteil vom 20.06.1996, Sch/F/H § 8 Nr. 13**

Ein Bauherr hat einem Statiker Auskunft über die zur Honorarermittlung erforderlichen Informationen zu erteilen, wenn er über die entsprechenden Unterlagen verfügt. Der Bauherr ist dazu aber nicht verpflichtet, die Ermittlung der anrechenbaren Kosten aufgrund der Rechnung der Bauunternehmer selbst vorzunehmen; es reicht aus, die Rechnungsunterlagen zugänglich zu machen. Die Verjährung eines Auskunftsanspruches richtet sich nach der Verjährung des Hauptanspruches auf Zahlung.

- **OLG Frankfurt/M., Urteil vom 11.07.1996, BauR 1997, 158**

Hat sich der Bauherr verpflichtet, die Kostenfeststellung nach § 10 Abs. 2 Nr. 3 HOAI selbst anzufertigen, kann der Architekt entsprechende Auskunft verlangen. Der Bauherr genügt dieser Auskunftspflicht nicht, wenn er dem Architekten lediglich anbietet, die entsprechenden Abrechnungsunterlagen in seinen Geschäftsräumen einzusehen.

- **BGH, Urteil vom 27.10.1994, BauR 1995, 126 (Grundsatzurteil)**

anrechenbare Kosten schätzen Eine Honorarschlußrechnung, die auf Schätzung beruhende Angaben enthält, kann ausnahmsweise schon dann für den Architekten prüffähig sein, wenn der Architekt alle ihm zugänglichen Unterlagen sorgfältig auswertet und der Bauherr die fehlenden Angaben anhand seiner Unterlagen unschwer ergänzen kann. Kann der Architekt die in seiner Schlußrechnung genannten anrechenbaren Kosten (hier nach Kostenschätzung) insgesamt oder teilweise nur schätzen, weil er die Grundlagen für ihre Ermittlung in zumutbarer Weise nicht selbst beschaffen kann, und erteilt ihm der Auftraggeber vertragswidrig die erforderlichen Auskünfte nicht und stellt er ihm die in seinem Besitz befindlichen Unterlagen nicht zur Verfügung, genügt der Architekt seiner Darlegungslast, wenn er die geschätzten Berechnungsgrundlagen vorträgt. Unter diesen Voraussetzungen obliegt es dem beklagten Auftraggeber, die geschätzten anrechenbaren Kosten in der Weise zu bestreiten, daß er unter Vorlage der Unterlagen die anrechenbaren Kosten konkret berechnet.

- **OLG Hamm, Urteil vom 11.03.1994, IBR 1994, 24**

Der Bauherr ist verpflichtet, dem Statiker die Baukosten im einzelnen mitzuteilen, und handelt treuwidrig, wenn er sich auf ein Bestreiten der von dem Statiker zulässig angesetzten anrechenbaren Kosten beschränkt. *Baukosten im einzelnen mitteilen*

- **OLG Frankfurt/Main, Urteil vom 18.03.1993, BauR 1993, 497**

Ein Auskunftsanspruch des Architekten auf Auskunft über die Kosten des Bauwerks besteht gem. § 242 BGB aus Treu und Glauben, wenn der Berechtigte über das Bestehen und den Umfang seines Rechts im Ungewissen ist und der Verpflichtete die zur Beseitigung der Ungewißheit erforderlichen Auskunft unschwer geben kann. Ein Auskunftsanspruch besteht nicht, wenn es für die Berechnung des Gebührenanspruchs auf die anrechenbaren Kosten nicht ankäme, bspw. wenn die Parteien ein Pauschalhonorar vereinbart haben.

- **OLG Köln, Urteil vom 30.05.1990, BauR 1991, 16**

Dem Planer steht gegenüber dem Bauherrn ein Auskunftsanspruch zu, wenn dieser die Kosten des Bauvorhabens nicht offenbart. Der Anspruch entfällt nicht durch die zwischenzeitliche Stellung einer Schlußrechnung und durch Kündigung des Vertrages.

- **BGH, Urteil vom 12.10.1989, BauR 1990, 97 ff.**

Die Berechnung der nach § 10 Abs. 2 maßgeblichen Kostensätze kann gem. § 242 BGB dann durch ein Sachverständigengutachten erfolgen, wenn der Architekt aufgrund einer von beiden Parteien für wirksam gehaltenen Pauschalhonorarvereinbarung keine Kostenermittlungen erstellt hat und dies nachträglich praktisch nicht möglich ist. *maßgebliche Kostensätze durch Sachverständigengutachten*

- **OLG Stuttgart, Urteil vom 05.12.1983, BauR 1985, 587**

Ist der Architekt nicht im Besitz der anrechenbaren Kosten, darf er diese nicht schätzen, sondern muß sich diese im Wege der Auskunftsklage besorgen.

10.1.4
Anrechenbarkeit der ortsüblichen Preise gem. § 10 Abs. 3 HOAI

In bestimmten eng begrenzten Fällen des § 10 Abs. 3 HOAI darf der Planer anstelle der tatsächlichen Kosten, die ortsüblichen Preise ansetzen. Rechtsprechung hierzu gibt es nur wenig.

- **OLG Köln, Urteil vom 12.02.1998, BGH, Beschluß vom 06.04.2000, IBR 2000, 388**
  Ein Preisnachlaß in Höhe von einem Prozent stellt eine übliche Vergünstigung dar, und ist deshalb bei den anrechenbaren Kosten gem. § 69 Abs. 4 i. V. m. § 10 Abs. 3 Nr. 2 zu berücksichtigen.

keine Gewerkerechnungen
- **OLG Köln, Urteil vom 30.05.1990, BauR 91, 116**
  Soweit keine Gewerkerechnungen vorliegen, beschränkt sich die Auskunftspflicht des Bauherrn auf die Darstellung von Art und Umfang der durchgeführten Arbeiten, um den Architekten in die Lage zu versetzen, die anrechenbaren Kosten nach ortsüblichen Preisen zu ermitteln.

10.1.5
Anrechenbarkeit vorhandener und mitverarbeiteter Bausubstanz gem. § 10 Abs. 3 a HOAI

Durch die 3. HOAI Novelle wurde die Vorschrift des § 10 Abs. 3 a eingeführt. Umstritten ist insoweit, ob vorhandene Bausubstanz auch ohne schriftliche Vereinbarung angerechnet wird, was zu bejahen ist. Umstritten ist auch, was unter einer „angemessenen" Berücksichtigung zu verstehen ist.

Klarstellungsfunktion
- **LG Hamburg, Urteil vom 21.06.1995, BauR 1996, 581**
  Gemäß § 10 Abs. 3 a HOAI bedarf der Umfang der Anrechnung der vorhandenen Bausubstanz der schriftlichen Vereinbarung. Wenn aber bereits der Umfang der schriftlichen Vereinbarung bedarf, dann spricht schon der Wortlaut gegen eine bloße Klarstellungsfunktion und führt der Schriftformmangel dazu, daß kein Umfang angerechnet werden kann, was mit einem Nichtansatz dieses Postens gleichbedeutend ist.

- **OLG Hamm, Urteil vom 21.12.1995, IBR 1996, 341**
  Die vorhandene Bausubstanz, soweit sie technisch oder gestalterisch mitverarbeitet wird, kann auch dann bei den anrechenbaren Kosten berücksichtigt werden, wenn dies vertraglich nicht festgelegt ist.

- **OLG Düsseldorf, Urteil vom 23.07.1995, BauR 1996, 289 ff.**
  Das Schriftformerfordernis des § 10 Abs. 3 a hat nur Klarstellungsfunktion. Eine Anrechenbarkeit dieser Kosten kann auch ohne schriftliche Vereinbarung erfolgen.

- **BGH, Urteil vom 19.06.1986, BauR 1986, 593 ff.**
Soweit bei einem Umbau stehenbleibende Gebäudeteile mitverarbeitet werden, gelten die ortsüblichen Preise als anrechenbare Kosten i. S. des § 10 Abs. 3 Nr. 4 HOAI. Eine vorherige Vereinbarung über die Höhe der Anrechenbarkeit ist nicht erforderlich (Anm.: Heute § 10 Abs. 3 a HOAI).

10.1.6
Anrechenbarkeit der teilweise anrechenbaren Kostengruppen gem. § 10 Abs. 4 HOAI

Die Kostengruppen 3.2 und 3.4 gehören zu den „teilweise anrechenbaren Kosten" des § 10 Abs. 4 HOAI.

- **OLG Saarbrücken, Urteil vom 28.11.2000, IBR 2001, 207**
Soweit der Architekt sowohl mit der Gebäudeplanung nach Teil II HOAI als auch mit der Planung der Technischen Ausrüstung nach Teil IX HOAI beauftragt ist, ist er berechtigt, die Kosten der Gebäudeausrüstung bei den anrechenbaren Kosten beider Leistungsbilder zu berücksichtigen. *Kosten der Gebäudeausrüstung doppelt berücksichtigen*

- **KG, Urteil vom 30.01.1996, IBR 98, 115**
Die Vereinbarung, daß Haus- und Maschinentechnik bei der Ermittlung des Honorars nicht zur Anrechnung kommen sollen, kann eine Mindestsatzunterschreitung darstellen.

10.1.7
Anrechenbarkeit der unter Umständen anrechenbaren Kostengruppen § 10 Abs. 5 HOAI

In § 10 Abs. 5 HOAI bestimmt die HOAI welche Kosten nur dann zur Anrechnung kommen, wenn der Auftragnehmer diese Leistungen geplant oder deren Ausführung überwacht oder bei ihrer Beschaffung mitgewirkt hat. Umstritten ist insbesondere, ob „fachliche Planungsleistungen" erforderlich sind, um diese Kosten anzurechnen, was zu verneinen sein dürfte, weil der Wortlaut der HOAI selbst nur „Planungsleistungen" fordert .

- **OLG Frankfurt, Urteil vom 21.04.1999, BauR 2000, 435**
Zu den anrechenbaren Kosten gem. § 10 Abs. 5 HOAI gehören auch Kosten für das Herrichten des Baugrundstückes und die nicht öffentliche Erschließung (Kanalanschluß), wenn der Auftragnehmer diese überwacht hat. Nicht hierzu gehören jedoch auch die Aufwendungen für die öffentliche Erschließung. *nicht öffentliche Erschließung*

- **OLG Hamm, Urteil vom 16.01.1995, BauR 1995, 415**
Planung im Sinne des § 10 Abs. 5 Nr. 2 HOAI sind nur architektonische Leistungen, die sich direkt auf das Herrichten des Grundstückes beziehen. Mittelbare Überle-

gungen, die im Rahmen der Gebäudeplanung das Herrichten des Grundstückes einbeziehen, gehören nicht dazu. Nicht ausreichend sind solche Leistungen, die die für das Herrichten des Grundstückes notwendigen anderweitigen Planungsleistungen in die gebäudebezogenen Planungsüberlegungen des Architekten integrieren oder diese Leistungen koordinieren.

- **BGH, Urteil vom 21.04.1994, BauR 1994, 654**

Die technische Einrichtung einer Ortsvermittlungsstelle der deutschen Bundespost-Telekom gehörte bei der seinerzeit geltenden Fassung der HOAI 1988 zu den Einrichtungen nach § 1c Abs. 5 Nr. 6 HOAI (Anm. heute § 10 Abs. 5 Nr. 10 HOAI).

10.2
Anrechenbaren Kosten bei Leistungen der Tragwerksplanung gem. § 62 HOAI

Für Leistungen der Tragwerksplanung bestimmt § 62 HOAI die anrechenbaren Kosten, der wie § 10 HOAI in stets, zum Teil oder unter Umständen anrechenbare Kosten untergliedert. Rechtsprechung hierzu existiert allerdings sehr wenig. Welche Kostenermittlung gilt, wenn nur eine teilweise Beauftragung zu Stande kommt oder der Vertrag vorzeitig beendet wird, ist auch hier umstritten. Das oben zu § 10 Abs. 2 HOAI Gesagte gilt entsprechend. Zu beachten ist hierbei aber, daß die Parteien gem. § 62 Abs. 2 Ziff. 1 b und Ziff. 2 eine andere Zuordnung der Leistungsphasen vereinbaren können. Da es sich hierbei um gesetzliche Regelungen handelt, stellt eine solche Vereinbarung keine von den Mindestsätzen abweichende Honorarvereinbarung dar. Durch sie wird daher selbst der Mindestsatz definiert, so daß sie immer wirksam ist.

- **OLG Köln, Urteil vom 08.12.1998, BGH Beschluß vom 04.11.1999, IBR 2000, 31**

Leichte Trennwände gehören bei einer Abrechnung nach der sogenannten Gewerkeliste zu den anrechenbaren Kosten der Tragwerksplanung.

- **OLG Hamm, Urteil vom 22.09.1994, IBR 1995, 253**

statische Auswirkungen Die Kosten für die in § 62 Abs. 4 a a. F. (= Abs. 6 n. F.) HOAI genannten Leistungen sind unabhängig davon anrechenbar, ob sie im Einzelfall statische Auswirkungen haben. Die Kosten eines nach § 14 LBO NRW notwendigen Bauschildes sind deshalb anrechenbar. Gemäß § 62 Abs. 4 HOAI a. F. sind nur die Kosten solcher Leistungen anrechenbar, die in den entsprechenden DIN-Normen erfaßt sind. Drainagearbeiten gehören nicht dazu. Die Kosten des Einbaus von Innenfensterbänken aus Betonwerksteinen durch den Rohbauunternehmer sind nach § 62 Abs. 4 Nr. 2 oder 5 HOAI a. F. anrechenbar; § 62 Abs. 7 Nr. 9 HOAI ist nicht einschlägig.

10.3
Anrechenbare Kosten bei Leistungen der Technischen Ausrüstung gem. § 69 HOAI

Auch § 69 HOAI kennt für die Leistungen der technischen Ausrüstung Kostengruppen, die stets voll oder nur zum Teil oder unter Umständen anrechenbar sind. Rechtsprechung existiert auch hierzu wenig. Maßgeblich für die Ermittlung der anrechenbaren Kosten ist immer die Kostenermittlung, die als letztes erbracht wurde. Dies gilt auch dann, wenn der Vertrag vorzeitig beendet wird oder eine Vollbeauftragung nicht vereinbart war. Das oben zu § 10 Abs. 2 HOAI Gesagte gilt entsprechend. Das Entwässerungsgesuch ist eine Leistung nach § 68 ff. HOAI. Allerdings gehört der Teil der nichtöffentlichen Erschließung Kgr. 2.2 nicht zu den anrechenbaren Kosten des Teils IX. Leistungen hierfür sind entweder pauschal oder nach Stunden oder, wenn sie isoliert erbracht werden, nach Teil VII (Ingenieurbauwerken) abzurechnen.

- **OLG Köln, Urteil vom 12.02.1998, BGH, Beschluß vom 06.04.2000, IBR 2000, 332**
Die Kosten der nichtöffentlichen Erschließung, Kostengruppe 2.1 nach DIN 276, gehören bei der technischen Ausrüstung (§ 68 ff. HOAI) nicht zu den anrechenbaren Kosten (vgl. § 68 S. 2 HOAI). *Kosten der nichtöffentlichen Erschließung*

- **OLG Düsseldorf, Urteil vom 20.06.1995, BauR 1995, 733**
Ein Architekt, der neben der Genehmigungsplanung gem. § 15 Abs. 1 Nr. 1 bis 4 auch das gem. § 6 BauvorlagenVO NW erforderliche Entwässerungsgesuch erstellt, erbringt damit keine Besondere Leistung nach § 5 Abs. 4 HOAI, sondern eine Grundleistung nach § 73 NR. 5 HOAI, wie sich aus § 68 Nr. 1 HOAI ergibt, so daß er dafür auch ohne schriftliche Honorarvereinbarung das Mindesthonorar verlangen kann. *Entwässerungsgesuch*

- **OLG Hamm, Urteil vom 21.09.1994, IBR 1995, 212**
Die Honorarberechnung für Ingenieurleistungen bei der Technischen Ausrüstung ist nicht nach Einzelgewerken vorzunehmen, sondern richtet sich gemäß § 69 Abs. 1 HOAI vielmehr nach den anrechenbaren Kosten der in einer Anlagengruppe nach § 68 Satz 1 Nr. 1–6 HOAI zusammenzufassenden Anlagen.

- **BGH, Urteil vom 14.07.1994, BauR 1994, 787**
Vergibt ein Architekt/Ingenieur Teile seines Gesamtauftrages (hier Heizungsanlage) an andere Architekten/Ingenieure, so werden deren Leistungen nach den anrechenbaren Kosten der ihnen übertragenen Teilgewerke (hier nach § 69 HOAI) berechnet, nicht anteilig nach den anrechenbaren Kosten des Gesamtprojekts. *Subvergabe von Leistungen*

11
Honorarzone

Karsten Meurer

Eine Rechtsprechung zur Einstufung der Objekte in bestimmte Honorarzonen ist nur wenig vorhanden. Die HOAI kennt bei den einzelnen Leistungsbildern in der Regel zumindest zwei Honorarzonen, die zu einer leistungsgerechten Vergütung führen sollen (vgl. bspw. §§ 11, 12, 13, 14, 14 a und b, 36 a, 39 a, 45, 53, 63 HOAI). Die Honorarzonen bestimmen sich objektiv. Das heißt, daß sie grundsätzlich nicht verhandelbar sind. Wird ein Objekt somit in eine zu niedrige Honorarzone eingestuft, so ist diese Honorarvereinbarung grundsätzlich als Mindestsatzunterschreitung zu bewerten und daher unwirksam. Es gelten dann die Mindestsätze als vereinbart. Die Beweislast für das Vorliegen der Honorarzone trägt grundsätzlich der Planer, es sei denn, es liegt ein in der HOAI genanntes Regelbeispiel vor (vgl. bspw. § 12 HOAI). In diesem Fall muß der Bauherr beweisen, daß das Regelbeispiel nicht vorliegt.

- **OLG Zweibrücken, Urteil vom 12.03.1998, IBR 1998, 259**

Unterschreitung der Mindestsätze
Die Vereinbarung eines Pauschalhonorars unterhalb der HOAI ist gegeben, wenn das Gebäude, wie zunächst angenommen, nicht in die Honorarzone III sondern in die Honorarzone IV einzustufen ist.

- **LG Stuttgart, Urteil vom 18.10.1996, IBR 1997, 74**

Die Vereinbarung einer zu niedrigen Honorarzone führt zu einer unwirksamen Unterschreitung der Mindestsätze.

- **OLG Köln, Urteil vom 06.03.1996, IBR 1996, 208**

Eine Pauschalvergütung ist HOAI-widrig, wenn die Wahl der falschen Honorarzone zur Unterschreitung der Mindestsätze führt. Der Architekt darf, solange kein Ausnahmefall vorliegt, nach den Mindestsätzen abrechnen.

- **OLG Düsseldorf Urteil vom 19.04.1996, BauR 1996, 193.**

Will der Architekt den Umbau einer Villa gem. § 11 HOAI abweichend von der Honorarzone III in die Honorarzone IV eingestuft haben, dann obliegt ihm insoweit die Beweislast.

- **OLG Düsseldorf, Urteil vom 20.06.1995, BauR 1995, 733**

Honorarzone bei Umbau
Planungsleistungen für den An- und Umbau eines Einfamilienhauses können sowohl der Honorarzone III als auch der Honorarzone IV zuzuordnen sein. Entscheidend ist bei der Einordnung nicht auf das umzubauende Altgebäude, sondern auf das als Planungsziel angestrebte umgebaute Neugebäude abzustellen, da durch die HOAI eine leistungsbezogene, den Planungsanforderungen Rechnung tragende Vergütung gewollt ist. Bei der Ermittlung der für die Honorarzone maßgeblichen Punktezahl ist bei Umbauten gem. § 24 n. F. HOAI in sinngemäßer Anwendung des § 11 HOAI anstelle des Kriteriums „Einbindung in die Umgebung" auf die Einbindung in das vorhandene Gebäude abzustellen.

- **LG Heilbronn, Urteil vom 16.04.1992, IBR 1993, 246**
Der Architekt muß in der Schlußrechnung die Honorarzone begründen. Sofern er sich nicht auf die Objektliste gem. § 12 HOAI bezieht, muß er angeben, auf Grund welcher Bewertungsmerkmale er zu den Punktzahlen gem. § 11 HOAI gelangt. Eine Begründung der Honorarzone kann allenfalls entfallen, wenn die Honorarzone zwischen den Parteien unstreitig ist.

Honorarzone begründen

- **OLG Frankfurt, Urteil vom 24.03.1982, BauR 1982, 600**
Ist die Einstufung einer Planung in eine bestimmte Honorarzone zwischen den Parteien streitig, so braucht das Gericht kein Sachverständigengutachten einzuholen, wenn es selbst die nötige Sachkunde besitzt.

12
Rechtsprechung zu den Leistungsbildern der HOAI

12.1
Leistungsbilder des § 15 HOAI

Rechtsprechung zu den Leistungsbildern der HOAI befaßt sich in erster Linie mit der Haftung des Architekten, wenn einzelne Leistungen nicht vollständig oder gar nicht ausgeführt werden und die Planung damit mangelhaft ist. Da die HOAI keine normativen Leitbilder für die Leistungspflichten des Architekten enthält, bestimmt sich der genaue Leistungsumfang nach dem für die Ausführung des Vertrages im Einzelfall Erforderlichen, unabhängig ob es sich bei den erforderlichen Leistungen um Grund- oder Besondere Leistungen handelt. Die früher sehr stark problematisierte Unterscheidung von Grund- und Besonderen Leistungen hat nur noch für die Frage Bedeutung, wann der Architekt neben dem Grundleistungshonorar ein zusätzliches Honorar nach § 5 Abs. 4 HOAI verlangen darf (vgl. oben III Nr. 1). Da die Gebührentatbestände der HOAI und die Leistungspflichten nach richtiger Auffassung aber wohl nicht so konsequent zu trennen sind, wie dies der BGH fordert, soll vorliegend auch Rechtsprechung aufgeführt werden, die die Leistungspflichten des Architekten behandelt. Dem Leser soll nur ein Überblick über diese Rechtsprechung verschafft werden.

Alfred Morlock
Karsten Meurer

12.1.1
§ 15 Abs. 2 HOAI Leistungsphase 1

- **OLG Zweibrücken, Urteil vom 02.12.1999, BGH, Beschluß vom 23.11.2000, IBR 2001, 130**
Es ist die Pflicht eines jeden mit der Planung eines Bauvorhabens mit Kellergeschoß beauftragten Architekten, auch ohne entsprechende Anhaltspunkte oder Hinweise, sich nach den Grundwasserständen zu erkundigen.

Grundwasserstände

- **BGH, Urteil vom 17.01.1991, BauR 1991, 366**
Schon zur Ermittlung der Grundlagen des Leistungsbedarfes in der Leistungsphase 1 gehört es, den wirtschaftlichen Rahmen abzustecken.

- **OLG Frankfurt, Urteil vom 13.01.1987, NJW-RR 1987, 535**
Führt ein Architekt im Auftrag des Bauherrn Verhandlungen mit einem Grundstücksnachbarn, um die Grenzbebauungsfähigkeit des Grundstücks zu klären, und fertigt er auftragsgemäß für die Verhandlungen erforderliche Pläne und Skizzen, so sind die Gebührentatbestände nach § 15 Abs. 1 Nr. 1 und 2 HOAI erfüllt. Im Rahmen der Grundlagenermittlung hat er auf Wünsche des Bauherrn einzugehen, z. B. indem er Vorverhandlungen mit dem Nachbarn führt.

12.1.2
§ 15 Abs. 2 HOAI Leistungsphase 2

wirtschaftliche Rahmenbedingungen

- **OLG Düsseldorf, Urteil vom 27.02.1997, BauR 1998, 880**
Der mit den Leistungsphasen 1 und 2 beauftragte Architekt hat die wirtschaftlichen Rahmenbedingungen abzuklären und mit dem Bauherrn abzustimmen. Unterläßt er dieses und würde das Bauwerk entsprechend seiner Vorplanung für den Bauherrn unrentabel, so steht ihm kein Honoraranspruch zu.

- **OLG Stuttgart, Urteil vom 17.12.1996, BauR 1997, 681**
Soll der Architekt die Bebaubarkeit eines Grundstücks abklären, ist die Einreichung einer Bauvoranfrage der richtige Weg. Darauf hat er hinzuweisen; Honoraransprüche hat er nur für die Leistungsphasen 1 und 2.

- **OLG Düsseldorf, Urteil vom 13.08.1996, BauR 1998, 407**
Wenn ein Bauherr ein Vermietungsangebot für ein noch zu errichtendes Zentrallager abgeben will und einen Architekten mit den dafür notwendigen Leistungen beauftragt, umfaßt dieser Auftrag die Leistungsphasen 1 und 2.

Bauvorbescheid

- **OLG Düsseldorf, Urteil vom 12.12.1995, BauR 1996, 286**
Bei einer riskanten Planung muß der Architekt, bevor er die Entwurfs- und Genehmigungsplanung in Angriff nimmt, im Regelfall die Bebauungsmöglichkeiten durch Beantragung eines Bauvorbescheides klären. Andernfalls hat er, wenn keine Genehmigung erteilt wird, Anspruch nur für die Phasen 1 und 2.

- **Landesberufsgericht für Architekten Stuttgart Urteil, vom 27.09.1994, IBR 1996, 124**
In der Regel ist eine Vorplanung nur nach Grundlagenermittlung möglich. Beauftragt eine Gemeinde einen Architekten mit der Erarbeitung eines Planungskonzept und gibt sie ihm in ihrer Ausschreibung die wesentlichen Grundlagen (Aufgabenstellung, planerische Randbedingungen, Raum- und Funktionsbedarf usw.) vor, so ist er mit der Grundlagenermittlung (Leistungsphase 1 des § 15 HOAI) nicht beauftragt.

- **OLG Frankfurt, Urteil vom 13.01.1987, NJW-RR 1987, 535**
Führt der Architekt im Auftrag des Bauherrn Verhandlungen mit einem Grundstücks- *Verhandlungen mit* nachbarn, um die Grenzbebauungsfähigkeit des Grundstücks zu klären, und fertigt *Grundstücks-* er auftragsgemäß für die Verhandlungen erforderliche Pläne und Skizzen, so sind *nachbarn* die Gebührentatbestände von Leistungsphase 1 und 2 erfüllt.

12.1.3
§ 15 Abs. 2 HOAI Leistungsphase 3

- **KG Berlin, Urteil vom 05.03.1996, IBR, 1996, 250**
Das Planungskonzept schlägt sich im allgemeinen in einer zeichnerischen Darstellung im Maßstab 1:100 nieder.

- **OLG Düsseldorf, Urteil vom 28.5.1993, BauR 1994, 133**
Mit der Fertigung des Entwurfs im Maßstab 1:100 genügt der Architekt den üblichen Anforderungen an entsprechende Entwürfe.

12.1.4
§ 15 Abs. 2 HOAI Leistungsphase 4

- **OLG Düsseldorf, Urteil vom 20.06.2000, BauR 2000, 1515**
Ein Architekt muß den Bauherrn eingehend über das Risiko aufklären, das dieser eingeht, wenn er sich mit der Einreichung eines Baugesuchs im Vorstadium, d. h. vor der Erstellung von Entwurf und Bauvorlagen (§ 15 Abs. 2 Ziff. 3 und 4 HOAI), vor Klärung der Zweifelsfragen einverstanden erklärt.

- **OLG Brandenburg, Urteil vom 21.04.1999, IBR 2000, 511**
Ein Architekt ist verpflichtet, die Bauvorlagen so zu erstellen, daß der Bauantrag *Bauantrag* genehmigungsfähig ist. *genehmigungsfähig*

- **OLG Frankfurt, Urteil vom 21.04.1999, BauR 2000, 435**
Werden Nachtragsunterlagen zur Baugenehmigung erforderlich, ohne daß der Architekt diese Änderungen zu vertreten hat (hier: eigenmächtige Planungsänderung aufgrund abweichender Ausführung des Dachstuhls durch den Bauherrn), so handelt es sich um eine Besondere Leistung des Architekten, die aber einen Honoraranspruch nur bei schriftlicher Vereinbarung eines Zeithonorars auslöst. Es handelt sich insoweit nicht um wiederholt erbrachte Grundleistungen.

- **BGH, Urteil vom 25.2.1999, BauR 1999, 934,**
Hat sich der Architekt verpflichtet, eine genehmigungsfähige Planung zu erwirken, so hat er seine vertraglich zugesagten Leistungen nicht erbracht, wenn die angestrebte Baugenehmigung zunächst zwar erteilt, jedoch später von Dritten erfolgreich angefochten worden ist. Er hat damit auch keinen Anspruch auf Vergütung.

- **BGH, Urteil vom 25.03.1999, IBR 1999, 376**

  dauerhafte genehmigungsfähige Planung
  Der mit der Genehmigungsplanung beauftragte Architekt schuldet auch im unbeplanten Innenbereich des § 34 BauGB eine dauerhafte genehmigungsfähige Planung. Dieser Erfolgshaftung genügt er nur, wenn seine Planung innerhalb eines sich aus den unbestimmten Rechtsbegriffen des § 34 BauGB etwaig ergebenden Beurteilungsspielraums liegt.

- **OLG Hamburg, Urteil vom 18.12.1998, IBR 2000, 131**

  Der Architekt, der ein Bauvorhaben übernimmt, nachdem ein anderer bereits das Baugesuch eingereicht hat, muß dessen Planung eigenverantwortlich überprüfen.

- **OLG Karlsruhe, Urteil vom 22.12.1998, IBR 2000, 335**

  Der Architekt, der nur mit der Genehmigungsplanung beauftragt ist, muß unabdingbar die vorausgehenden Leistungsschritte und damit auch die Grundlagenermittlung über die Grundwasserverhältnisse erbringen.

- **OLG Düsseldorf, Urteil vom 31.5.1996, IBR 1996, 469**

  Aufklärung über Risiko
  Der Architekt schuldet eine Planung, die zu einer dauerhaften und nicht mehr rücknehmbaren Baugenehmigung führt. Es entlastet ihn nicht, daß seine Genehmigungsplanung zunächst genehmigt wurde, wenn diese später wieder aufgehoben wird. Eine Ausnahme liegt nur dann vor, wenn er den Bauherrn umfassend und zutreffend über das Risiko aufgeklärt hat.

- **KG Berlin, Urteil vom 5.3.1996, BauR 1996, 892, IBR 1996, 250**

  Die Beauftragung mit der Genehmigungsplanung umfassen auch die vorangehenden Leistungsphasen 1–3, da diese unabdingbare Vorleistungen sind.

- **OLG Düsseldorf, Urteil vom 15.6.1982, BauR 1982, 597**

  Der Auftrag an den Architekten, den Bauantrag zu erstellen, umfaßt in aller Regel die Leistungen der Phasen 1–4.

12.1.5
§ 15 Abs. 2 HOAI Leistungsphase 5

- **OLG Düsseldorf, Urteil vom 20.10.2000, BauR 2001, 280**

  Der mit den Leistungsphasen 5 und 6 des § 15 HOAI für Freianlagen beauftragte Architekt muß das zu verwendende Material besonders sorgfältig bestimmen und im Leistungsverzeichnis so klar und eindeutig beschreiben, daß Unklarheiten und Mißverständnisse bei der Ausführung vermieden werden.

- **BGH, Urteil vom 18.5.2000, IBR 2000, 445**

  Mangels anderer vertraglicher Vereinbarung hat der mit der Ausführungsplanung beauftragte Architekt die Lösung der Bauaufgabe ausführungsreif zeichnerisch darzustellen und mit den erforderlichen textlichen Ausführungen zu versehen. Der mit den Grundleistungen der Leistungsphasen 4–9 des § 15 HOAI beauftragte Architekt schuldet die Ausführungsplanung auch dann als eigene Leistung, wenn der Bauherr ihm bereits vorliegende Entwurfs- und Ausführungspläne zur Verfügung stellt; auf Mängel dieser Pläne kann der Architekt sich zu seiner Entlastung nicht berufen. *Lösung der Bauaufgabe*

- **OLG Hamm, Urteil vom 4.6.1998, BauR 1998, 1110**
Der Architekt ist nicht zur Erstellung von Ausführungsplänen nach dem letzten Stand der Bauausführung verpflichtet, wenn es während der Bauausführung wiederholt zu Änderungen kommt, deren Ausführung der Architekt überwacht hat und das Bauwerk fertiggestellt ist. Ausführungspläne besagen oft genug nichts Endgültiges, weil es häufig im Laufe des Bauvorhabens zu Änderungen oder Zusätzen kommt.

- **OLG Koblenz, Urteil vom 17.12.1996, BauR 1997, 503**
Im Rahmen der Ausführungsplanung sind die mit dem Bauvorhaben verbundenen bauphysikalischen Anforderungen, hier namentlich der Feuchtigkeitsschutz, vom Architekten zu berücksichtigen und angemessen zu lösen Dazu gehört bei Bedarf auch die Anordnung einer Dampfsperre bzw. -bremse.

- **OLG Düsseldorf, Urteil vom 28.09.1990, BauR 1991, 91**
Bei einer Gründung im grundwassergefährdeten Bereich bedarf die Abdichtung im Boden-/Wandbereich gegen drückendes Wasser einer Detailplanung.

- **BGH, Urteil vom 05.11.1987, NJW-RR 1988, 275**
Die Abdichtung eines Schwimmbadbeckens nach unten bedarf einer Detailplanung des Architekten.

- **BGH, Urteil vom 18.04.1985, BauR 1985, 584**
Hat der Architekt innerhalb der ihm übertragenen Ausführungsplanung Elementpläne für Fertigbetonteile auf Übereinstimmung mit seinen Ausführungsplänen zu prüfen, so kann er jedenfalls dann keine zusätzliche Vergütung beanspruchen, wenn diese Leistungen Anlagen betreffen, die in den anrechenbaren Kosten erfaßt sind, gleichviel ob der Ersteller der Elementpläne zu den „an der Planung fachlich Beteiligten" gehört oder nicht.

- **OLG Celle, Urteil vom 08.01.1983, BauR 1984, 647**
Der Architekt hat die Ausführungsplanung und die anschließende Vergabe nach den anerkannten Regeln der Technik und den entsprechenden DIN-Normen zu planen. *anerkannte Regeln der Technik*

- **OLG Frankfurt, Urteil vom 12.01.1983, BauR 1985, 344**
Allein die Wahl des Maßstabes 1:50 für Grundrißzeichnungen in den Bauvorlagen rechtfertigt es nicht, solche Zeichnungen als Ausführungsplanung i. S. Leistungsphase 5 zu bewerten.

12.1.6
§ 15 Abs. 2 HOAI Leistungsphase 6

- **OLG Düsseldorf, Urteil vom 22.03.1994, BauR 1994, 534**

Dem Architekten steht ein Honoraranspruch für die Leistungsphase 6 des § 15 HOAI grundsätzlich nicht zu, wenn er Leistungen erbracht hat, bevor die Baugenehmigung erteilt worden ist. Eine Ausnahme gilt nur dann, wenn der Auftraggeber das Vorziehen der Leistungsphase ausdrücklich verlangt und das Risiko übernommen hat, daß diese vorgezogenen Leistungsphasen später nicht mehr benötigt werden (z. B wegen Nichterteilung der Baugenehmigung oder Verzicht auf die Bauausführung) oder die eingeholten Angebote später überholt sind.

- **OLG Celle, Urteil vom 05.03.1992, BauR 1992, 801 ff.**

Abdichtungs- Abdichtungsmaßnahmen müssen vom Architekten nach DIN 18195 i. V. m. 4095,
maßnahmen soweit diese für die Ausführung des Bauwerkes erforderlich sind, geplant und bei der Vergabe berücksichtigt werden.

- **LG Aachen, Urteil vom 16.09.1987, NJW-RR 1988, 1364**

Der Vergütungsanspruch für die Leistungsphase 6 kann entfallen, wenn die Arbeiten zur Vorbereitung der Vergabe, insbesondere die Leistungsverzeichnisse, trotz Nachbesserung unbrauchbar sind.

- **OLG Celle, Urteil vom 18.01.1984, BauR 1984, 647**

Die Ausschreibung des Außenanstriches muß Anstrichmittel und Anstrichstärke angeben.

12.1.7
§ 15 Abs. 2 HOAI Leistungsphase 7

- **BGH, Urteil vom 14.02.2001, BauR 2001, 823**

Schutz gegen Der mit den Architektenleistungen der Phasen 1 bis 7 des § 15 Abs. 2 beauftragte
drückendes Wasser Architekt schuldet eine mangelfreie und funktionstaugliche Planung. Er muß den nach Sachlage notwendigen Schutz gegen drückendes Wasser vorsehen.

- **OLG Düsseldorf, Urteil vom 06.11.1997, BauR, 1998, 1023**

Der mit der Planung und Bauüberwachung betraute Architekt gilt als bevollmächtigt, namens des Bauherrn zusätzliche Arbeiten in Auftrag zu geben, soweit dies zur mangelfreien Errichtung des geplanten Bauwerks zwingend erforderlich ist, insbesondere wegen Vorgaben der erst nachträglich vorliegenden endgültigen Statik oder weil sich – bei einem Umbau – erst während der Bauausführung herausstellt, daß andernfalls gegen Bestimmungen des öffentlichen Baurechts verstoßen würde.

- **OLG Stuttgart, Urteil vom 13.04.1994, BauR 1994, 789**

Die originäre Architektenvollmacht ist eine Mindestvollmacht, durch die umfangreiche, einen vereinbarten Pauschalwerklohn überschreitende Zusatzaufträge nicht gedeckt sind.

- **OLG Köln, Urteil vom 03.04.1992, BauR 1993, 243**
Ist der Architekt im Rahmen des Architektenvertrages bevollmächtigt, Angebote von Unternehmern einzuholen, bedeutet dies nicht, daß er auch berechtigt ist, den Auftrag ohne weitere Bevollmächtigung des Bauherrn an den Unternehmer zu vergeben.

- **BGH, Urteil vom 02.12.1982, BauR 1983, 168 ff.**
Hat der Architekt die Verträge mit den Bauhandwerkern vorzubereiten und wurde vom Bauherrn die Vereinbarung einer 5 jährigen Gewährleistungsfrist vorgegeben, hat der Architekt dies in die Verträge einzustellen. Andernfalls ist sein Werk mangelhaft.

Gewährleistungsfrist

12.1.8
§ 15 Abs. 2 HOAI Leistungsphase 8

- **KG, Urteil vom 22.02.2001, BauR 2001, 1151**
Ein Architekt ist im Rahmen der Objektüberwachung nicht verpflichtet, die ordnungsgemäße Durchführung von Anstricharbeiten persönlich zu überwachen oder durch geeignete Mitarbeiter überwachen zu lassen. Dies gilt unabhängig davon, ob ein Wärmedämmverbundsystem oder eine Putzoberfläche beschichtet werden soll, weil es sich in beiden Fällen um einfache und gängige Arbeiten handelt, bei denen sich der Architekt grundsätzlich auf die Ordnungsmäßigkeit der Bauausführung verlassen kann.

Anstricharbeiten persönlich überwachen

- **OLG Stuttgart, Urteil vom 09.11.2000, BauR 2000, 671**
Der bauüberwachende Architekt ist verpflichtet, die hinreichende Austrocknung des Estrichs zu prüfen, bzw. entsprechende Messungen zu veranlassen und zu prüfen, bevor er darauf den Oberboden (hier: Fliesen) verlegen läßt. Unterläßt er diese Prüfung und kommt es daraufhin wegen zu hoher Restfeuchte des Estriches zu Mängeln, so ist er zum Schadensersatz verpflichtet.

Austrocknung des Estrichs prüfen

- **OLG Schleswig, Urteil vom 06.07.2000, BGH, Beschluß vom 23.11.2000, IBR 2001, 131**
Handwerkliche Selbstverständlichkeiten sind jedenfalls dann vom bauleitenden Architekten besonders zu kontrollieren, wenn sie durch den weiteren Baufortschritt verdeckt werden.

- **OLG Brandenburg, Urteil vom 11.01.2000**
Isolierungs- und Abdichtungsarbeiten gehören zu dem Baugeschehen, dem ein Architekt stets besondere Aufmerksamkeit widmen muß.

- **BGH, Urteil vom 18.05.2000, IBR 2000, 444**

Altbausanierung Wird ein Gebäude umgebaut und modernisiert, so schuldet der Architekt regelmäßig eine Bauaufsicht, die sich an den Besonderheiten einer Altbausanierung zu orientieren hat.

- **BGH, Urteil vom 06.07.2000, IBR, 2000, 506**

Ist der Architekt nur mit der Bauüberwachung beauftragt, muß er auch die vorhandenen Pläne auf ihre Mangelfreiheit überprüfen. Bei wichtigen oder bei kritischen Baumaßnahmen, die erfahrungsgemäß ein hohes Mängelrisiko aufweisen, ist der Architekt zu erhöhter Aufmerksamkeit verpflichtet. Das gilt in besonderem Maße dann, wenn das Bauwerk nicht nach der eigenen Planung, sondern nach den Vorgaben eines Dritten ausgeführt wird.

- **KG, Urteil vom 11.11.1999, IBR 2000, 510**

Auf Arbeiten zur Herstellung der Wärmedämmung am Dach hat der objektüberwachende Architekt selbst oder durch einen zuverlässigen Mitarbeiter ein besonderes Augenmerk zu richten.

- **OLG Brandenburg, Urteil vom 30.11.1999, ZfBR 2001, 111**

Die Objektüberwachung nach § 15 Abs. 2 Ziff. 8 HOAI umfaßt ausdrücklich die Ausführung der Baumaßnahmen nach den anerkannten Regeln der Technik. Der Auftragnehmer muß sich deshalb über die wissenschaftliche Sicherung der Brauchbarkeit der Folie und über deren allgemeine Anerkennung in der Praxis und ihren dortigen Einsatz informieren und vergewissern, und zwar mit höchster Sorgfalt. Die Sorgfaltsanforderungen richten sich nach dem Einzelfall und sind um so höher, je wichtiger der Bauabschnitt und die Brauchbarkeit des Materials für das Gelingen des gesamten Werkes sind. Isolierungs- und Abdichtungsarbeiten gehören zu den Baugeschehen, dem ein Architekt stets besondere Aufmerksamkeit widmen muß.

- **OLG Oldenburg, 07.07.1999, NZBau 2000, 255**

Umfang der Bauaufsichtspflicht Der Umfang der Bauaufsichtspflicht des Architekten richtet sich nach den Umständen des Einzelfalles. Übliche und einzelne Bauarbeiten muß der Architekt in der Regel nicht überwachen. Kritische Bauabschnitte, von denen das Gelingen des ganzen Werkes abhängt, sind dagegen persönlich oder durch einen erprobten Erfüllungsgehilfen unmittelbar zu kontrollieren.

- **BGH, Urteil vom 14.05.1998, BauR 1998, 869 ff.**

Der mit der Objektüberwachung beauftragte Architekt ist verpflichtet, Abschlagsrechnungen der Bauunternehmer daraufhin zu überprüfen, ob sie fachtechnisch und rechnerisch richtig sind, die zugrundegelegten Leistungen erbracht sind und ob sie den vertraglichen Vereinbarungen entsprechen.

- **OLG Karlsruhe, Urteil vom 22.12.1998, BGH, Beschluß vom 04.05.2000, IBR 2000, 335**

Ein Architekt, der mit den Leistungsphasen 1–4 für die Planung des Gebäudes und der Statik beauftragt worden ist, muß im Rahmen der Grundlagenermittlung die

Bodenwasserverhältnisse prüfen. Stellt sich später heraus, daß der Rohbau naß ist, muß er auch dessen Umbauten, im Wege der Nachbesserung überwachen.

- **BGH, Urteil vom 10.02.1994, BauR 1994, 392**
Der mit Objektüberwachung beauftragte Architekt ist zu erhöhter Aufmerksamkeit verpflichtet, wenn sich im Verlaufe der Bauausführung Anhaltspunkte für Mängel ergeben.

- **LG Heidelberg, Urteil vom 04.05.1994, BauR 1994, 802**
Selbst bei einer dreifachen Verlängerung der vorgesehenen Bauzeit – hier von 8 auf 25 Monate – hat der Architekt grundsätzlich keinen Anspruch auf Erhöhung seines Honorars.

- **OLG München, Urteil vom 14.07.1993, BauR 1994, 145**
Es gehört zu den Leistungspflichten des bauleitenden Architekten, die Funktionsfähigkeit der verlegten Drainage zu überprüfen, bevor die Arbeitsgräben wieder verfüllt werden. *Drainage*

- **OLG Bamberg, Urteil vom 08.07.1991, NJW-RR 1992, 91**
Der allein mit der Objektüberwachung beauftragte Architekt ist auch verpflichtet zu überprüfen, ob in der Planung Fehler vorgegeben sind, was bedeutet, daß der objektüberwachende Architekt neben dem planenden Architekten dessen Planungsleistungen auf Verstöße gegen die Regeln der Technik zu überprüfen hat.

- **OLG Schleswig, Urteil vom 27.06.1991, BauR 1992, 118**
Es gehört nicht zu den Leistungspflichten des Architekten aus seinem Architektenvertrag, für den Bauherrn den Ortstermin als auch die Prüfung des Gutachtens des gerichtlichen Sachverständigen wahrzunehmen. Der Architekt ist berechtigt, hierfür zusätzliche Kosten in Rechnung zu stellen. Diese sind erstattungsfähig, weil sie zur zweckentsprechenden Rechtsverteidigung des Bauherrn notwendig sind. *Prüfung des Gutachtens*

- **BGH, Urteil vom 11.10.1990, BauR 1991, 111**
Der Architekt hat besonders gefahrträchtige Arbeiten besonders intensiv zu überwachen. Hierzu gehören auch Isolierungsarbeiten. Verletzt er diese Pflicht kann der Architekt auch Mietern deliktisch haften.

- **BGH, Urteil vom 06.12.1984, BauR 1985, 229 ff**
Auch wenn der Architekt von der Baustelle verwiesen wurde, der Vertrag aber noch nicht beendet worden ist, muß er dafür Sorge tragen, daß bis zur endgültigen Klärung die Bauüberwachung gewährleistet wird.

- **BGH, Urteil vom 17.11.1969, BauR 1970, 62**
Der Architekt ist nicht zur Überwachung der Sonderfachleute (hier Statiker) verpflichtet.

12.1.9
§ 15 Abs. 2 HOAI Leistungsphase 9

- **OLG Düsseldorf, Urteil vom 15.09.2000, IBR 2001, 206**
Die Objektbetreuung ist eine Zusatzleistung, die lediglich zum Zwecke einer einheitlichen Darstellung des Architektenhonorars an das normale Leistungsbild angekoppelt worden ist. Von der Vermutung, daß im Zweifel alle Architektenleistungen übertragen worden sind, ist deshalb hinsichtlich der Leistungsphase 9 eine Ausnahme zu machen.

- **BGH, Urteil vom 10.02.1994, BauR 1994, 392**
Der mit der Leistungsphase 9 beauftragte Architekt kann erst nach vollständiger Ausführung der Leistungsphase 9 Abnahme seines Werks verlangen; ein Anspruch auf Teilabnahme setzt eine dahin gehende vertragliche Vereinbarung voraus.

- **OLG Köln, Urteil vom 19.12.1991, Sch/F/H § 15 Nr. 7**
Ablauf der Gewährleistungsfristen Gehört zu dem Werk, das der Architekt zu erbringen hat, auch die Objektbetreuung (Leistungsphase 9 des § 15 HOAI), so ist das versprochene Werk erst mit dem Abschluß der Arbeiten hergestellt und kann erst dann abgenommen werden. In diesem Fall kann der Architekt ein abnahmefähiges Werk erst anbieten, wenn alle Gewährleistungsfristen abgelaufen sind. Das hat zur Folge, daß sich der Anspruch des Architekten auf Abnahme seiner Leistung und sein Anspruch auf das restliche Honorar bis zur Beendigung dieses Zeitraumes hinausschieben und daß die Verjährung von Ansprüchen gegen den Architekten wegen mangelhafter Planung unter Umständen noch Jahre nach Fertigstellung des Bauwerkes nicht zu laufen beginnt, weil der Architekt die vergleichsweise gering dotierte Objektbetreuung übernommen hat.

12.1.10
Künstlerische Oberleitung gem. § 15 Abs. 3 HOAI

Die Vereinbarung der künstlerischen Oberleitung setzt gem. § 15 Abs. 3 HOAI voraus, daß dem Planer Leistungen der Leistungsphasen 1 bis 7 nicht jedoch die Objektüberwachung gem. Leistungsphase 8 übertragen worden sind. Für die Überwachung der Herstellung des Objektes hinsichtlich der Einzelheiten der Gestaltung kann dann ein zusätzliches Honorar vereinbart werden. Die Vereinbarung muß schriftlich erfolgen.

- **OLG Schleswig, Urteil vom 13.11.1996, NJW-RR 97, 723**
Die Vereinbarung einer Honorierung für die künstlerische Oberleitung bedarf der Schriftform (§ 15 Abs. 3 HOAI). Steht dem Architekten mangels schriftlicher Vereinbarung kein Honorar zu, scheiden auch Ansprüche aus ungerechtfertigter Bereicherung und/oder Geschäftsführung ohne Auftrag aus.

12.2
Leistungsbilder des § 40 HOAI

- **OLG Rostock, Urteil vom 07.08.1996, IBR 1997, 467**

Die Vergütung des Architekten für einen Vorhaben- und Erschließungsplan bestimmt sich nach § 40 HOAI. Hat der Architekt den Vorentwurf für einen Vorhaben- und Erschließungsplan erstellt, so kann er in Ermangelung einer schriftlichen Vereinbarung für die Leistungsphasen 1 und 2 nur insgesamt 11 % (1 %+10 %) verlangen.

Vorhaben- und Erschließungsplan

12.3
Leistungsbilder des § 55 HOAI

- **OLG Düsseldorf, Urteil vom 16.04.1996, BauR 1996, 746**

Die Leistungen des Ingenieurs für die Erweiterung der Müllverbrennungsanlage durch ein neues Rauchgasreinigungssystem sind Grundleistungen bei Ingenieurleistungen gem. §§ 51 Abs. 1 Nr. 2, 55 HOAI; es handelt sich dabei nicht um Anlagen der Verfahrens- und Prozeßtechnik i. S.des § 55 Abs. 4 Satz 2 HOAI, da sie nicht zusätzlich („auch") zu Grundleistungen der Leistungsphasen 4, 6 und 7 hinzutreten, so daß das Honorar nicht frei vereinbart werden kann.

12.4
Leistungsbilder des § 63 HOAI

- **OLG Düsseldorf, Urteil vom 28.05.1999, BauR 2000, 915**

Ein Auftrag für die Tragwerksplanung gemäß Leistungsphase 4 des § 64 Abs. 3 HOAI umfaßt notwendig die vorausgehenden Leistungshasen 1 bis 3, es sei denn, die Vorarbeiten sind von einem Dritten erbracht und stehen bei der Genehmigungsplanung zur Verfügung.

- **OLG Hamm, Urteil vom 05.05.1998, IBR 1998, 391**

Ein Tragwerksplaner, der auftragsgemäß die Genehmigungsplanung nach § 64 Abs. 3 Nr. 4 HOAI erbracht hat, kann auch ein Honorar für Leistungen der Phasen 1–3 des § 64 Abs. 3 HOAI verlangen. Der Bauherr muß auch ohne entsprechenden ausdrücklichen Auftrag die Ausführungsplanung des Statikers (§ 64 Abs. 3 Nr. 5 HOAI) bezahlen, wenn er nach diesen Plänen baut.

Leistungen der Phasen 1–3

- **OLG Hamm, Urteil vom 05.05.1998, BauR 1998, 1277**

Eine Beauftragung bloß mit der Genehmigungsplanung des § 64 HOAI setzt voraus, daß auch die vorhergehenden Leistungsphasen erbracht werden. Die Tragwerksplanung ist gekennzeichnet davon, daß sie wenig planerische Züge hat, weil sie im allgemeinen nur dazu dient, die Vorgaben des planenden Architekten zu untersuchen und zu kontrollieren. Vorgaben seitens des Auftraggebers entheben den Tragwerksplaner nicht von der Notwendigkeit, sich in das Planungskonzept einzuarbeiten und diese auf ihre Richtigkeit und Umsetzbarkeit zu überprüfen und in die spezielle Tragwerksplanung einzuarbeiten.

- **OLG Düsseldorf, Urteil vom 28.02.1997, BauR 1997, 685**

statische Vorermittlung Der aus Anlaß der vorgesehenen Aufstockung eines Gebäudes, deren Ausführung von den statischen Möglichkeiten abhängen soll, mit einer „statischen Vorermittlung" beauftragte Tragwerksplaner muß bereits im Rahmen der Leistungsphase 2 des § 64 HOAI die vorhandene Bausubstanz einer gründlichen Überprüfung unterziehen; wenn nur eine ungeprüfte Statik des aufzustockenden Gebäudes vorliegt, muß er diese prüfen.

- **OLG Hamm, Urteil vom 11.03.1994, BauR 1994, 536**

Der Statiker hat, ebenso wie der Architekt, die ihm obliegenden Pflichten stufenweise zu erfüllen. Vor Erteilung der Baugenehmigung ist die Ausführungsplanung objektiv nicht geboten. Daraus folgt, daß der Statiker eine Vergütung seiner verfrühten Ausführungsplanung nicht verlangen kann.

- **OLG Hamm, Urteil vom 25.11.1993, BauR 1994, 398**

Änderungen der Ausführungsplanung des Statikers gehören als Koordinierungsaufwand zu den Grundleistungen des § 64 Abs. 3 Nr. 5 HOAI, wenn dem Statiker zunächst nur eine erkennbar unvollständige o-Serie der Ausführungsplanung des Architekten zur Verfügung gestellt wird.

- **OLG Frankfurt, Urteil vom 28.06.1990, IBR 1992, 53**

Wärmedämmaßnahmen Im Bereich der Tragwerksplanung ist die Planung von Wärmedämmaßnahmen vom Statiker als Grundleistung im Rahmen der Genehmigungsplanung des § 64 HOAI zu erbringen.

12.5
Leistungsbilder des § 73 HOAI

- **OLG Köln, Urteil vom 12.02.1998; BGH Beschluß vom 06.04.2000, IBR 2000, 333**

Leistungen für die Genehmigungsplanung von haustechnischen Anlagen können nur dann abgerechnet werden, wenn Tätigkeiten in einem Genehmigungsverfahren nachgewiesen werden. Das Führen von Korrespondenz mit einem Energieversorgungsunternehmen reicht für eine Abrechnung der Leistungsphase 4 dagegen nicht aus. Die Kosten der öffentlichen Erschließung, Kostengruppe 2.1 nach DIN 276 (04/81) gehören bei der technischen Ausrüstung nicht zu den anrechenbaren Kosten.

- **OLG Düsseldorf, Urteil vom 26.09.1997, BauR 1998, 409**

Ein Ingenieur, der die Ausführungsplanung nach § 73 Abs. 3 Nr. 5 HOAI erbracht hat, muß sich auch mit der Grundlagenermittlung, der Vorplanung und der Entwurfsplanung befaßt haben, weil dies notwendig vorausgehende Entwicklungsschritte sind, soweit diese Vorarbeiten nicht ausnahmsweise bereits anderweitig erbracht waren; ihm steht deshalb auch ein Honorar für die Leistungsphasen 1 bis 3 zu. Wenn ein Gewerk mangelfrei ist, liegt es nahe, daß der Ingenieur die Ausführung ausreichend überwacht hat.

- **OLG Düsseldorf Urteil vom 23.06.1995, BauR 1995, 733**
Im Rahmen der Grundlagenermittlung der Leistungsphase 1 nach § 73 HOAI (Technische Ausrüstung) ist ein Ingenieur nicht verpflichtet, eigene Untersuchungen und Messungen anzustellen, um die Daten zu erhalten, die er für die Berechnung des Leistungsbedarfs der Anlage benötigt. Die Erstellung des Entwässerungsgesuchs zur Baugenehmigung gem. § 6 BauvorlagenVO NW im Rahmen eines Architektenvertrages ist keine Besondere Leistung i. S. des § 5 Abs. 4 HOAI, sondern eine Grundleistung nach § 73 Nr. 5 HOAI und deshalb auch ohne schriftliche Honorarvereinbarung mit den dafür vorgesehenen Mindestsätzen zu vergüten.

eigene Untersuchungen

12.6
Leistungsbilder des § 96 HOAI

- **LG Kiel, Urteil vom 12.04.1990, BauR 1991, 372**
Die Vergütung eines öffentlich bestellten Vermessungsingenieurs für Zwecke der Landesvermessung und des Liegenschaftskatasters ist im Verwaltungsrechtsweg zu verfolgen. Sie stellen keine Leistungen nach § 96 HOAI dar.

- **OLG Hamm, Urteil vom 27.02.1984, BauR 1984, 670**
Für die Gebührenklage eines öffentlich bestellten Vermessungsingenieurs gegen einen privaten Auftraggeber ist der Verwaltungsrechtsweg gegeben, wenn der Auftrag auf die Feststellung und Wiederherstellung von Grundstücksgrenzen gerichtet ist.

13
Anrechenbare Kosten außerhalb der Honorartafeln der HOAI

Liegen die anrechenbaren Kosten außerhalb der Honorartafeln der HOAI, ist das Honorar regelmäßig frei vereinbar. Es wird auch von anderen Leistungsbildern immer auf § 16 HOAI verwiesen (vgl. bspw. § 65 Abs. 2, 74 Abs. 2 etc.). Danach kann das Honorar bei anrechenbaren Kosten unterhalb der Honorartafel pauschal oder nach Stunden (§ 6 HOAI) vereinbart werden, höchstens jedoch bis zu den in der Honorartafel nach Absatz 1 für anrechenbare Kosten von 50.000.– DM festgesetzten Höchstsätze. Übersteigen die anrechenbaren Kosten die Werte der Honorartafel, kann das Honorar frei vereinbart werden. Fehlt eine schriftliche Vereinbarung hierüber, gilt die ortsübliche Vergütung gem. § 632 Abs. 2 BGB. Einige Gerichte sehen die fortgeschriebenen Honorartabellen der staatlichen Hochbauverwaltung in Baden Württemberg (Rift-Tabellen abgedruckt in diesem Buch) als ortsübliche Vergütung an.

Karsten Meurer

- **KG Berlin, Urteil vom 23.05.2000, BauR 2001, S. 126**

Pauschalhonorar Überschreiten die anrechenbaren Kosten die Höchstgrenzen der Honorartafeln der HOAI (hier § 65 HOAI) im Nachhinein, so bleibt ein zuvor vereinbartes Pauschalhonorar, das unterhalb der Mindestsätze der Honorartafel bei den Höchstsätzen der anrechenbaren Kosten liegt, wirksam, weil das Preisrecht der HOAI in diesen Fällen keine Anwendung findet.

- **LG Berlin, Urteil vom 20.10.2000, AZ 3.O.148/96**

Bei anrechenbaren Baukosten von über 50 Mio. DM kann das Honorar frei vereinbart werden. Fehlt eine solche Vereinbarung gilt gem. § 632 Abs. 2 BGB die ortsübliche Vergütung als vereinbart. Als solche sind auch bei privaten Auftraggebern die Rift-Sätze der staatlichen Hochbauverwaltung Baden Württemberg anzusehen. Dafür, daß die Tabelle von Baden Württemberg nicht auf Berlin übertragbar sein soll, ergibt sich kein Anhaltspunkt.

- **LG Berlin, Urteil vom 19.12.2000, AZ 3.O.684/96**

Rift-Brief Bei anrechenbaren Kosten der Tragwerksplanung von über 30. Mio. DM ist die ortsübliche Vergütung für die Honorarbestimmung heranzuziehen. In der Praxis richtet sich die Fortschreibung der Honorartabelle für private Auftraggeber nach dem sogenannten Rift-Brief der staatlichen Hochbauverwaltung Baden-Württemberg, der von allen öffentlichen Auftraggebern angewandt wird. Auch ein Großteil der Literatur sieht die Richtwerte der öffentlichen Hand für private Bauherren mangels anderer Anhaltspunkte als allgemein gebräuchlich an. Dafür, daß die Tabelle von Baden Württemberg nicht auf Berlin übertragbar sein soll, ergibt sich kein Anhaltspunkt.

- **OLG Stuttgart, Urteil vom 16.04.2000, BauR 1999, 67 ff.**

Nach § 16 Abs. 2 HOAI sind Gebäude bei anrechenbaren Kosten unter 50.000.– DM nach Stunden gem. § 6 HOAI abzurechnen und nicht etwa durch eine Interpolation unter der 50.000.– DM Grenze.

- **KG, Urteil vom 14.10.1997, AZ 27 U 4560/95**

Die Rift-Sätze der staatlichen Hochbauverwaltung Baden Württemberg sind als ortsübliche Vergütung für Honorar bei anrechenbaren Kosten über 50 Mio. DM anzusehen.

- **KG, Urteil vom 16.03.1995, IBR 1995, 479**

Bei anrechenbaren Kosten für die Objektplanung (§ 15 HOAI) von mehr als 50 Mio. DM kann der Honoraranspruch nicht auf eine fortgeschriebene HOAI-Tabelle gestützt werden.

- **OLG München, Urteil vom 17.03.1993, BauR 1994, 66**

Liegen die anrechenbaren Kosten über 50 Mio. DM, kann das Honorar frei vereinbart werden. Eine Bindung an Höchst- und Mindestsätze besteht nicht. § 4 HOAI findet keine Anwendung. Es kommt nicht darauf an, ob die Parteien bewußt eine solche Vereinbarung treffen wollen.

- **LG Nürnberg-Fürth, Urteil vom 27.04.1992, AZ 12 O 10202/90**
Die erweiterte baden-württembergische Honorartafel für Architektenleistungen bei anrechenbaren Kosten über 50. Mio. DM bis zu 100 Mio. DM ist als übliche und zutreffende Honorarermittlungsmethode anzusehen.

übliche und zutreffende Honorarermittlungsmethode

- **OLG Düsseldorf, Urteil vom 13.01.1987, BauR 1987, 708**
Der Architekt kann sein Honorar für Grundleistungen bei anrechenbaren Kosten unter 50.000.– DM gem. § 16 Abs. 2 HOAI nur als Pauschalhonorar bei entsprechender schriftlicher Vereinbarung als Zeithonorar mit dem Mindeststundensatz berechnen.

14
Vor- und Entwurfsplanung als Einzelleistung gem. § 19 HOAI

Werden Vor- und Entwurfsplanungen bei Gebäuden, raumbildenden Ausbauten und Freianlagen als Einzelleistung in Auftrag gegeben, können die Prozentsätze erhöht werden. Wird nur die Leistungsphase 8 in Auftrag gegeben, kann das Honorar aus Vomhundertsätzen der anrechenbaren Kosten nach § 10 HOAI berechnet werden. Erforderlich ist aber, daß nur eine Leistungsphase in Auftrag gegeben wird.

Karsten Meurer

- **Landesberufsgericht für Architekten Stuttgart, Urteil vom 27.09.1994, IBR 1996, 124**
In der Regel ist eine Vorplanung nur nach Grundlagenermittlung möglich. Beauftragt eine Gemeinde einen Architekten mit der Erarbeitung eines Planungskonzept und gibt sie ihm in ihrer Ausschreibung die wesentlichen Grundlagen vor, so ist er mit der Grundlagenermittlung (Leistungsphase 1 des § 15 HOAI) nicht beauftragt.

- **OLG Düsseldorf, Urteil vom 05.06.1992, IBR 1992, 498**
Eine Erhöhung des Honorars nach § 19 Abs. 1 HOAI setzt eine schriftliche Vereinbarung bei Auftragserteilung voraus.

- **OLG Düsseldorf, Urteil vom 15.06.1982, BauR 1982, 596**
Der Auftrag an den Architekten, den Bauantrag zu erstellen, umfaßt in aller Regel die Leistungen der Phasen 1 bis 4 des § 15 HOAI. Die Leistungen der Phase 4 können gewöhnlich nicht als Einzelleistung i. S. des § 19 HOAI übertragen werden.

- **OLG Düsseldorf, Urteil vom 23.12.1980, BauR 1981, 401**
Die Leistungsphasen der HOAI bauen aufeinander auf, so daß der Auftrag für die Baugenehmigung auch die Leistungsphasen 1, 2 und 3 umfaßt. Eine Ausnahme von dieser Regel kommt nur dann in Betracht, wenn die Vorstufen der Genehmigungs-

planung bereits von anderer Seite erbracht worden sind und der Architekt darauf aufbauen kann.

15
Die Honorierung von Änderungsleistungen nach § 20 HOAI

Karsten Meurer

Wann Änderungsleistungen vorliegen und wie sie zu vergüten sind, ist durch die Anwendung von § 20 HOAI nicht abschließend geklärt. Änderungsleistungen liegen unstreitig vor, wenn der Architekt nach den Zielvorstellungen der Planer erbrachte Leistungen nachträglich aufgrund von neuen Vorgaben/Zielvorstellungen ändern muß. Sind die Änderungen grundsätzlich verschieden, besteht ein neuer Honoraranspruch mit neuen eigenen anrechenbaren Kosten, bei dem die Vergütung der Leistungshasen 2 und 3 nach den Vorgaben des § 20 HOAI zu mindern ist. Sind die Änderungsleistungen lediglich nach verschiedenen Anforderungen erbracht worden, liegen nach Ansicht der Rechtsprechung Besondere Leistungen vor, die nach den Voraussetzungen des § 5 Abs. 4 HOAI zu vergüten sind.

Nach Ansicht der Literatur handelt es sich auch bei diesen Leistungen um wiederholt erbrachte Grundleistungen, so daß eine Vergütung dieser Leistungen nach den Regeln der Grundleistungen erfolgen muß. Änderungsleistungen können auch vorliegen, wenn das Leistungsbild des Planers reduziert wird. Liegen geänderte Zielvorstellungen des Bauherrn vor, können die erbrachten Leistungen nach den anrechenbaren Kosten des Planungsumfanges und der Honorarzone, der das Objekt angehört, vergütet werden. Für die durch die Reduzierung des Planungsumfanges anfallenden Änderungsleistungen und die darüber hinaus erbrachten Grundleistungen ist ein eigenes Honorar nach den Grundsätzen der HOAI unter Beachtung von § 20 HOAI zu ermitteln.

Weitergehende Ansprüche aus Kündigung des bestehenden Vertragsverhältnisses gem. § 649 ff. BGB bestehen grundsätzlich nicht. Sie kommen nur dann in Betracht, wenn die neuen Zielvorstellungen so verschieden sind, daß sie nicht mehr vom Weisungsrecht des Auftraggebers beinhaltet sind, sondern letztlich eine Kündigung des alten Vertrages und eine Beauftragung mit neuen Leistungen beinhalten. Dies dürfte bspw. der Fall sein, wenn die Planungen zwei verschiedene Grundstücke betreffen.

- **OLG Brandenburg, Urteil vom 08.02.2000, IBR 2000, 505**

Sind dem Architekten die Leistungen bis Vorentwurf für ein Wohngebäude mit Dachgeschoßausbau zunächst stufenweise übertragen, so kann der Architekt sein Honorar für die Leistungsphasen 1 und 2 auch dann nach den anrechenbaren Kosten der Kostenschätzung abrechnen, wenn er später mit der weiteren Planung, allerdings – wegen Wegfalls des Dachgeschoßausbaus – in erheblich reduzierter und zu verringerten Kosten beauftragt wird.

- **OLG Düsseldorf, Urteil vom 26.07.2000, BauR 2000, 1889**
Ein Wiederholungshonorar für eine weitere Vor- und Entwurfsplanung ist gerechtfertigt, wenn die weitere Planung eine eigene geistige Leistung enthält, die nicht nur als Anpassung des Bauentwurfs im Rahmen des üblichen Bauverlaufs anzusehen ist. Dies ist der Fall, wenn die zunächst für eine Arztpraxis vorgesehen, im Rohbau fertiggestellten Räume für eine Post- und eine Bankfiliale umgestaltet werden. *eigene geistige Leistung*

- **OLG Frankfurt, Urteil vom 21.04.1999, BauR 2000, 435**
Werden Nachtragsunterlagen zur Baugenehmigung erforderlich, ohne daß der Architekt diese Änderungen zu vertreten hat (hier: Planungsänderung aufgrund abweichender Ausführung des Dachstuhls durch den Bauherrn), so handelt es sich um Besondere Leistungen des Architekten, die aber einen Honoraranspruch nur bei schriftlicher Vereinbarung eines Zusatzhonorars auslösen. Es handelt sich insoweit nicht um wiederholt erbrachte Grundleistungen.

- **OLG Düsseldorf, Urteil vom 13.08.1996, BauR 407**
Wenn mehrere Planungen verschiedene Grundstücke betreffen, handelt es sich schon deshalb nicht um dasselbe Gebäude i. S. des § 20 HOAI.

- **BGH, Urteil vom 09.06.1994, BauR 1994, 655**
Verlangt der Architekt eine besondere Vergütung für mehrere Vor- und Entwurfsplanungen gem. § 20 HOAI oder einen Zuschlag für Umbauten und Modernisierungen nach § 24 HOAI, dann ist eine Honorarschlußrechnung nur ordnungsgemäß, wenn in der Rechnung diese Honoraranteile gesondert aufgeführt und deren Voraussetzungen prüffähig angegeben werden.

- **OLG Düsseldorf, Urteil vom 20.07.1994, IBR 1994, 420**
Das „Untersuchen von Lösungsmöglichkeiten nach grundsätzlich verschiedenen Anforderungen" ist eine Besondere Leistung im Sinne des § 5 Abs. 4 HOAI, die nur bei schriftlicher Honorarvereinbarung vergütet wird.

- **OLG Düsseldorf, Urteil vom 22.03.1994, BauR 1994, 534**
Wird der Architekt beauftragt, für die Bebauung eines Grundstücks ein Bürogebäude und alternativ ein Hotel zu planen und eine Kostenschätzung zu erstellen, so handelt es sich dabei nicht um bloße Planungsvarianten oder -alternativen für dasselbe Gebäude als Besondere Leistung zu § 15 Abs. 1 Nr. 2 HOAI, sondern um verschiedene selbständige Aufträge für unterschiedliche Gebäude mit unterschiedlichen Zielvorstellungen, so daß beide Aufträge getrennt nach ihren anrechenbaren Kosten abzurechnen sind. *verschiedene selbständige Aufträge*

- **OLG Köln, Urteil vom 24.05.1993, BauR 1995, 576**
  Änderungen bereits erstellter Pläne sind regelmäßig Besondere Leistungen und deshalb nur vergütungspflichtig, wenn die Voraussetzungen des § 5 Abs. 4 HOAI erfüllt sind. Es handelt sich nur dann um wiederholt erbrachte Grundleistungen, wenn bei der Wiederholung der Grundleistungen grundsätzlich verschiedene Anforderungen zu erfüllen sind.

- **OLG Hamm, Urteil vom 02.11.1993, BauR 1994, 535**
  Werden einem Architekten Leistungen erst ab der Leistungsphase 5 übertragen und muß der Architekt aufgrund von Änderungen auch die Leistungsphasen 2, 3 und 4 erneut planen, so sind diese Planungsleistungen Grund- und keine Besonderen Leistungen.

- **OLG Hamm, Urteil vom 25.11.1993, BauR 1994, 398**
  Änderungsleistungen sind dann Besondere Leistungen, wenn sie einen erheblichen Mehraufwand verursachen und ein Honorar für diese Leistungen schriftlich vereinbart worden ist.

- **LG Mannheim, Urteil vom 16.09.1993, IBR 1995, 214**
  Die Umplanung des Grundrisses (1:100) von Dachgeschoßwohnungen in einer größeren Wohnanlage stellt eine Besondere Leistung im Sinne von § 2 Abs. 3 HOAI dar.

16
Getrennte Honorarberechnungen bei mehreren Gebäuden – Honorierung mehrfacher Planverwendungen

Karsten Meurer

In mehreren Leistungsbildern sieht die HOAI eine Reduzierung des Honorars für die Leistungsphasen 1 bis 7 vor, wenn der Planer mehrere gleiche, spiegelgleiche oder im wesentlichen gleichartige Gebäude im zeitlichen oder örtlichen Zusammenhang für denselben Auftragnehmer plant (vgl. § 22 HOAI) oder für diesen Fachplanungsleistungen (bspw. § 52 HOAI) erbringt. Der Grundsatz der Ermittlung getrennter anrechenbarer Kosten für jede Gebäude- oder Fachplanung gilt indes immer. Getrennte Gebäude liegen vor, wenn funktional und konstruktiv verschiedene Funktionseinheiten vorliegen.

Die HOAI und bspw. § 22 HOAI finden indes keine Anwendung wenn eine wiederholte Verwendung der Planung zwischen den Vertragsparteien durch den Auftraggeber vereinbart wird, weil hierfür keine nach der HOAI zu vergütenden Leistungen durch den Planer erbracht werden. Auch kein Fall des § 22 HOAI liegt vor, wenn eine Planung bei verschiedenen Auftraggebern wiederholt verwendet wird. Allerdings kann in diesem Fall ein Unterschreiten der Mindestsätze zulässig sein, wenn der Leistungsaufwand erheblich reduziert ist, was der BGH in seinem Urteil vom 22.05.1997 entschieden hat (vgl. oben II).

16.1
Gemäß § 22 HOAI

- **BGH, Beschluß vom 06.07.2000, BauR 2000, 513**

Einer getrennten Berechnung nach § 22 Abs. 1 HOAI bedarf es für eine prüfbare Schlußrechnung schon deshalb, um gebäudebezogen auszugliedern, ob und gegebenenfalls welche Kosten gem. § 10 HOAI voll, gemindert oder gar nicht Grundlage der Honorarabrechnung sein sollen. *getrennte Berechnung*

- **OLG Düsseldorf, Urteil vom 28.05.1999, BauR 2000, 915**

Die Vereinbarung zwischen Tragwerksplaner und Bauträger, daß dieser bei jeder weiteren Verwendung der für bestimmte Gebäude gefertigten statischen Berechnung bei anderen baugleichen Bauten ein festgelegtes Entgelt zahlen soll, erfüllt keinen in der HOAI geregelten Vergütungstatbestand, da der Architekt für diese Planung keine neuen Leistungen erbringen muß. Die Vereinbarung ist daher auch unabhängig von § 4 Abs. 1 HOAI wirksam.

- **OLG Düsseldorf, Urteil vom 09.06.1995, BauR 1995, 740**

Wenn das dem Architekten in Auftag gegebene Objekt in der Honorarvereinbarung als „Neubau eines Wohngebäudes" bezeichnet wird, während tatsächlich 5 Reihenhäuser errichtet werden sollen, ist das Architektenhonorar nach § 22 HOAI zu berechnen; handelt es sich um im wesentlichen gleiche oder spiegelgleiche Reihenhäuser/Eckhäuser so ist es vertretbar, die für das Gesamtobjekt ermittelten anrechenbaren Kosten zu gleichen Teilen auf die 5 Häuser aufzuteilen.

- **OLG Düsseldorf, Urteil vom 23.06.1995, BauR 1996, 289**

Wenn der Architektenauftrag den Umbau eines vorhandenen Gebäudes und die Neuerrichtung eines Anbaus umfaßt, wobei letzterer versorgungstechnisch mit dem übrigen Gebäude zusammenhängt und auch ansonsten in die Gestaltung des Gesamtobjekts einbezogen ist, handelt es sich nicht um mehrere Gebäude i. S. des § 22 Abs. 1 HOAI.

- **OLG München, Urteil vom 16.01.1990; Beschluß des BGH vom 31.01.1991, BauR 1991, 650**

Bei der Beurteilung der Frage, ob das Honorar gem. § 22 HOAI getrennt zu berechnen ist, ist darauf abzustellen, ob selbständige Funktionseinheiten vorliegen, soweit nicht schon die Gebäude durch einen Zwischenraum getrennt sind. Hierbei kann auch nach architektonischen Gesichtspunkten gewertet werden. *Funktionseinheiten*

- **OLG Hamm, Urteil vom 08.12.1989, NJW-RR 1990, 522**

Daß die Honorarrechnung unzutreffend ausgestellt ist, nimmt ihr nicht ohne weiteres die Prüffähigkeit. Eine Mehrzahl von Gebäuden ist nicht gegeben, wenn mehreren Gebäudeteilen die konstruktive und funktionelle Selbständigkeit fehlt.

- **OLG Düsseldorf, Urteil vom 15.06.1982, BauR 1983, 283**
Bei der Auslegung des Begriffes „im wesentlichen gleichartig" ist der Regelungszusammenhang zu berücksichtigen, in welchem er verwendet wird. Er steht als dritte Alternative neben den Begriffen „gleich" und „spiegelgleich". Das spricht für eine enge Auslegung. Deshalb ist der Auffassung zuzustimmen, daß im wesentlichen gleichartige Gebäude nur bei ganz nebensächlichen und für die Konstruktion sowie die sonstige bauliche Gestaltung unerheblichen Veränderungen vorliegen.

- **BGH, Urteil vom 09.07.1981, BauR 1981, 582**
Die Klausel:
„Umfaßt dieser Auftrag mehrere gleiche, spiegelgleiche oder nach einem im wesentlichen gleichen Entwurf auszuführende Gebäude, so hat die Honorarabrechnung aus der Gesamtsumme der geschätzten anrechenbaren Kosten zu erfolgen. Das Honorar ist durch die Zahl der Gebäude zu teilen und für die Wiederholungen um die in § 22 Abs. 2 HOAI vorgesehenen Vomhundertsätze ohne Rücksicht auf zeitlichen oder örtlichen Zusammenhang und gleiche oder ungleiche bauliche Verhältnisse zu kürzen"
ist wegen Verstoßes gegen § 22 HOAI unwirksam.

16.2
Gemäß § 53 HOAI

- **LG Kiel, Urteil vom 27.04.1990, BauR 1990, 639**

Eine Addition der anrechenbaren Kosten

Zwei Ingenieurbauwerke müssen regelmäßig auch getrennt abgerechnet werden (vgl. §§ 52 Abs. 8 i. V. m. 22 HOAI). Hierfür müssen für jedes Bauwerk, die Honorarzone und die anrechenbaren Kosten ermittelt werden. Eine Addition der anrechenbaren Kosten kommt dann nicht mehr in Betracht.

16.3
Gemäß § 66 HOAI

- **OLG Rostock, Urteil vom 15.03.2000, IBR 2000, 441**
Ob ein Auftrag über mehrere Tragwerke gemäß § 66 HOAI vorliegt, hängt nicht davon ab, ob mehrere Tragwerke geplant werden, sondern ob hier mehrere Gebäude vorliegen.

16.4
Gemäß § 69 Abs. 7 i. V. m. § 22 HOAI

- **LG Berlin, Urteil vom 30.10.2000, BauR 2001, 439**
Plant der Sonderfachmann (Ingenieur) für mehrere selbständige Gebäude (hier: Hauptgebäude und Wirtschaftsgebäude) haustechnische Anlagen i. S. von § 68 HOAI, so ist er auch dann zur getrennten Berechnung der Honorare für jede Anlage berech-

tigt, wenn die in den einzelnen Gebäuden untergebrachten Anlagen nicht jeweils getrennt voneinander arbeiten können, sondern durch Kabel oder Leitungen miteinander verbunden sind.

17
Getrennte Honorarberechnung bei verschiedenen Leistungen an einem Gebäude gem. § 23 HOAI

Karsten Meurer

§ 23 HOAI schreibt die getrennte Honorarberechnung vor, wenn Leistungen bei Wiederaufbauten, Erweiterungsbauten oder Umbauten an einem Gebäude gleichzeitig erbracht werden. Bei raumbildenden Ausbauten ist § 25 Abs. 1 HOAI als lex specialis zu beachten, so daß entgegen dem Wortlaut des § 23 HOAI eine getrennte Honorierung nicht erfolgt.

Voraussetzung für die getrennte Honorarberechnung ist zudem, daß die einzelnen Leistungen auch eine gewisse Planungsintensität haben. Gem. § 23 Abs. 2 HOAI ist das Honorar zu mindern, wenn sich der Umfang jeder einzelnen Leistung durch die gleichzeitige Ausführung der Leistungen mindert.

- **BGH, Urteil vom 18.06.1998, BauR 1998, 1109**

Werden Umbau-, Modernisierungs- und Instandsetzungsarbeiten gleichzeitig an einem Gebäude erbracht, muß eine Trennung der anrechenbaren Kosten gem. § 23 HOAI für die Erstellung einer prüffähigen Honorarschlußrechnung nicht vorgenommen werden.

- **OLG Düsseldorf, Urteil vom 20.06.1995, BauR 1995, 733**

Planungsleistungen für den An- und Umbau eines Einfamilienhauses können sowohl der Honorarzone III als auch der Honorarzone IV zuzuordnen sein. Entscheidend ist bei der Einordnung nicht auf das umbauende Altgebäude, sondern auf das als Planungsziel angestrebte umgebaute Neugebäude abzustellen.

- **OLG Düsseldorf, Urteil vom 13.01.1987, BauR 1987, 708 ff.**

Die selbständige Honorarermittlung für Erweiterung und Umbau setzt voraus, daß es sich jeweils um getrennte, nicht ineinandergreifende Leistungen handelt; hieran fehlt es, soweit die räumliche Einbeziehung eines Anbaus notwendigerweise die Entfernung einer bisher vorhandenen Wand verlangt; wird außerdem ein bisher vorhandener Zugang wegen des nunmehr erweiterten Raums vergrößert, steht dieser Umbau in einem unmittelbaren Zusammenhang mit dem Erweiterungsbau und ist insgesamt von untergeordneter Bedeutung, so daß auch insoweit keine getrennten Architektenleistungen angenommen werden können.

18
Die Zulässigkeit der Vereinbarung von Zuschlägen

Karsten Meurer

Bei Umbau, Instandsetzungen oder raumbildenden Ausbauten, sieht die HOAI in den jeweiligen Leistungsbildern vor, zu den sich aus den Tabellen errechnenden Honoraren Zuschläge zu vereinbaren.

18.1
Zuschlag für Umbau- und Modernisierung

18.1.1.
Zuschlag für Umbau- und Modernisierung gem. § 24 HOAI

Gem. § 3 Ziff. 5 HOAI liegt ein Umbau vor, wenn die Umgestaltung eines vorhandenen Objekts mit wesentlichen Eingriffen in Konstruktion und Bestand vorgenommen wird. Eine Modernisierung ist gem. § 3 Ziff. 5 gegeben, wenn eine Maßnahme zur nachhaltigen Erhöhung des Gebrauchswertes eines Objektes dient, soweit sie nicht Erweiterungsbauten, Umbauten oder Instandsetzungen im Sinne des § 3 HOAI sind. Eine Modernisierung kann zugleich auch Instandsetzungsmaßnahme sein.

18.1.1.1 Zuschlagshöhe und Vereinbarungszeitpunkt

Durch den Zuschlag wird das sich aus den Tabellenwerten des §§ 10, 11, 15, 16 HOAI ergebende Honorar um einen bestimmten Prozentsatz erhöht. Die Höhe des zu vereinbarenden Zuschlages hängt vom Schwierigkeitsgrad ab. Bei unterdurchschnittlichem Schwierigkeitsgrad (Honorarzone 1 und 2) kann ein Zuschlag von 0 bis 33 % vereinbart werden; bei durchschnittlichem Schwierigkeitsgrad (Honorarzone 3) muß ein Zuschlag von 20 bis 33 % vereinbart werden, wobei es sich hierbei um echte Mindest- und Höchstsätze handelt. Bei überdurchschnittlichem Schwierigkeitsgrad (Honorarzone 4 und 5) kann ein Zuschlag über 20 % frei vereinbart werden. Nach einer Entscheidung des OLG Düsseldorf, muß der Zuschlag bei Auftragserteilung und schriftlich getroffen werden. Dies wird zu Recht in der Literatur abgelehnt, da die HOAI keine Regelung über den Vereinbarungszeitpunkt enthält, weswegen von einer freien Vereinbarung diesbezüglich auszugehen ist.

- **KG, Urteil vom 12.12.1997, BGH, Beschluß vom 06.04.2000, IBR 2000, 389**

Mindestsätze Durch Vereinbarung eines Umbauzuschlags von 10 % werden die Mindestsätze der HOAI unterschritten, wenn das Gebäude in die Honorarzone III oder höher einzustufen ist.

- **OLG Düsseldorf Urteil vom 19.04.1996, IBR 1996, 342**

Ein von § 24 Abs. 1 S. 4 abweichender Umbauzuschlag muß bei Auftragserteilung vereinbart werden. Durch eine Vereinbarung nach Auftragserteilung kann ein höherer Zuschlag nicht vereinbart werden (vgl. BGH BauR 1983, 281).

Umbauzuschlag bei Auftragserteilung vereinbaren

- **OLG Düsseldorf, Urteil vom 23.06.1995, TBAE Nr. 789**
Auf einen vor dem 01.01.1991 mündlich und im Juni 1991 schriftlich geschlossenen Architektenvertrag, der keine eindeutige Regelung trifft, daß die HOAI in ihrer jeweils neuesten Fassung gelten soll, ist § 24 Abs. 1 Satz 4 HOAI nicht anwendbar.

- **BGH, Urteil vom 23.03.1983, BauR 1983, 281**
Jede nicht nur die 20 v. H. übersteigende Erhöhung des Honorars für Leistungen bei Umbauten und Modernisierungen gem. § 24 HOAI muß bei Auftragserteilung vereinbart werden. Ob eine mündliche Absprache genügt, bleibt offen (Heute: § 24 Abs. 1 S. 4).

- **OLG Düsseldorf, Urteil vom 16.02.1982, BauR 1982, 390**
Betreffen die Architektenleistungen Umbauten oder Modernisierungen, so steht dem Architekten bei Fehlen einer schriftlichen oder mündlichen Vereinbarung gem. § 24 HOAI jedenfalls der Mindestzuschlag von 20% zu, da auch insoweit nach § 4 Abs. 2 eine Unterschreitung dieses Mindestzuschlagsatzes nur schriftlich bei Auftragserteilung erfolgen kann.

18.1.1.2 Honorarzone

Bei der Bestimmung der Honorarzone ist auf die Schwierigkeit des zu planenden Umbaus, nicht auf das vorhandene Gebäude abzustellen. § 12 HOAI findet keine Anwendung. Sofern einzelne Bewertungsmerkmale des § 11 nicht vorliegen, sind diese sinngemäß anzuwenden. Erst wenn eine sinngemäße Anwendung ausscheidet, ist das Merkmal wegzulassen und die Gesamtpunktezahl der Bewertung um die Gesamtpunktezahl dieses Merkmals herabzusetzen.

- **BGH, Beschluß vom 08.02.2001; OLG Jena, Urteil vom 28.10.1998, IBR 2001, 262**
Sofern das modernisierte Gebäude bereits steht und äußerlich nicht verändert wird, entfällt bei der Ermittlung der Honorarzone das Wertungsmerkmal „Einbindung in die Umgebung" ganz. Für die Ermittlung der Honorarzone ist nicht die Honorarzone des früheren Gebäudes maßgebend, sondern diejenige des Umbaus und der Modernisierung. Eine Reduzierung der Gesamtpunktezahl muß dann jedoch nicht vorgenommen werden.

- **OLG Düsseldorf, Urteil vom 20.06.1995, BauR 1995, 733**
Planungsleistungen für den An- und Umbau eines Einfamilienhauses können sowohl der Honorarzone III als auch der Honorarzone IV zuzuordnen sein. Entscheidend ist bei der Einordnung nicht auf umbauende Altgebäude, sondern auf als Planungsziel angestrebte umgebaute Neugebäude abzustellen, da eine leistungsbezogene den Planungsanforderungen gerecht werdende Einstufung gewollt ist. Bei

umgebaute Neugebäude

der Ermittlung der für die Honorarzone maßgeblichen Punktezahl ist bei Umbauten gemäß § 24 HOAI in sinngemäßer Anwendung des § 12 HOAI anstelle des Kriteriums „Einbindung in die Umgebung" auf die „Einbindung in das vorhandene Gebäude" abzustellen.

18.1.1.3 Beispiel für Umbauten

- **OLG Düsseldorf, Urteil vom 19.04.1996, BauR 1996, 893**
Wenn zur Aufteilung einer Dachgeschoßwohnung in zwei Wohnungen unter Einbeziehung des Spitzbodens Wände versetzt und Treppen eingebaut werden, erfolgt eine wesentliche Veränderung des Bestands und damit ein Umbau i. V. von § 3 Nr. 5 HOAI.

18.1.2
Zuschlag für Umbau bei technischer Ausrüstung gem. § 76 HOAI

Auch bei technischen Ausrüstungen kann ein Umbauzuschlag vereinbart werden. Die Höhe des Zuschlages liegt bei 20 bis 50 %. Im übrigen gilt das oben zu § 24 HOAI Gesagte entsprechend.

Anlage der Technischen Ausrüstung
- **OLG Brandenburg, Urteil vom 05.11.1999, BauR 2000, 1221**
Für die Frage, ob eine Maßnahme als Umbau im Sinne von § 76 HOAI zu bewerten ist, ist auf die zu planende Anlage der Technischen Ausrüstung und nicht auf das Gebäude abzustellen. Ein Umbau i. S. von § 76 HOAI liegt nicht vor, wenn eine vollständig neue technische Anlage im Rahmen des Umbaus eines Gebäudes geplant wird.

18.2
Zuschlag bei raumbildenden Ausbauten gem. § 25 HOAI

Gem. § 25 kann bei raumbildenden Ausbauten ein Zuschlag vereinbart werden. Die Höhe des Zuschlages liegt bei 25 bis 50 % ab durchschnittlichem Schwierigkeitsgrad (Honorarzone III). Hierbei handelt es sich wie bei § 24 HOAI um echte Mindest- und Höchstsätze. Bei unterdurchschnittlichem Schwierigkeitsgrad (Honorarzone I und II) kann ein Zuschlag von 0 bis 50 % vereinbart werden. Bei überdurchschnittlichem Schwierigkeitsgrad kann ein Zuschlag über 25 % frei vereinbart werden. Die Vereinbarung des Zuschlags muß schriftlich aber nicht bei Auftragserteilung erfolgen. Die Honorarzone bestimmt sich bei raumbildenden Ausbauten nach §§ 14 a und b HOAI.

- **OLG Schleswig, Urteil vom 17.02.2000, BauR 2000, 1886**
Bei Übernahme von Hochbauarchitektenleistungen durch eine Architektengemeinschaft dürfen Innenarchitektenleistungen auch dann nicht gesondert berech-

net werden, wenn diese nur von einem Partner der Architektengemeinschaft und zeitversetzt vertraglich mit dem Bauherrn erbracht werden.

- **OLG Koblenz, Urteil vom 16.11.1999, BauR 2000, 911**
Der Anspruch des Architekten auf einen Zuschlag für Leistungen des raumbildenden Ausbaus in einem bestehenden Gebäude besteht nach § 25 HOAI ab durchschnittlichem Schwierigkeitsgrad auch dann, wenn keine schriftliche Vereinbarung eines Zuschlags erfolgt ist.

keine schriftliche Vereinbarung

18.3
Zuschlag bei Instandsetzungen und Instandhaltungen gem. § 27 HOAI

Bei Instandsetzungen kann unabhängig vom Schwierigkeitsgrad ein Zuschlag von bis zu 50 % vereinbart werden. Der Zuschlag sollte schriftlich muß aber nicht bei Auftragserteilung vereinbart werden. Entgegen der h. M. ist nicht davon auszugehen, daß § 4 HOAI auf die Vereinbarung des Zuschlages anzuwenden ist, da dies vom Verordnungsgeber im Tatbestand hätte geregelt werden müssen.

- **OLG Düsseldorf, Urteil vom 18.12.1998, BGH BauR 1999, 519**
Eine Erhöhung des Architektenhonorars für die Bauüberwachung bei Instandsetzungen kann nicht einseitig, sondern nur auf Grund einer Vereinbarung mit dem Bauherrn verlangt werden.

19
Leistungen bei Einrichtungsgegenständen gem. § 26 HOAI

Neben Leistungen des raumbildenden Ausbaus können auch Leistungen für die Planung von Werbeanlagen und Einrichtungsgegenständen geplant werden. Für diese Leistungen steht dem Planer dann ein zusätzliches Honorar nach § 26 HOAI zu. Vereinbaren die Parteien kein Pauschalhonorar gelten die Stundensätze nach § 6 HOAI als vereinbart.

Karsten Meurer

- **OLG Schleswig, Urteil vom 17.02.2000, BauR 2000, 1886**
Einrichtungsgegenstände im Sinne des § 26 HOAI sind nach Einzelplanung angefertigte und nicht serienmäßig bezogene Gegenstände, die jedoch keine wesentlichen Bestandteile des Objekts sein dürfen. Ein Honorar nach § 26 HOAI kann neben dem Honorar des raumbildenden Ausbaus gem. § 25 HOAI gegeben sein. Vereinbaren die Parteien gem. § 26 HOAI ein Pauschalhonorar, dann bedarf es keiner prüffähigen Honorarschlußrechnung sondern nur der Abnahme, damit die Verjährung zu laufen beginnt.

20
Projektsteuerungsvertrag gem. § 31 HOAI

Karsten Meurer

Nach wohl inzwischen h. M. ist der Projektsteuerungsvertrag als Dienstvertrag einzustufen, da die prägenden Elemente dienstvertraglicher Art sind. Nur im Einzelfall kann von einem Werkvertrag ausgegangen werden. Dem Projektsteuerer kommt zudem eine besondere Vertrauensstellung zu. Der Dienstvertrag kann daher gem. §§ 627, 628 BGB jederzeit gekündigt werden. Schadensersatz für die beauftragten aber nicht erbrachten Leistungen gibt es dann nur unter den Voraussetzungen des § 628 BGB. Honorare für Projektsteuerungsleistungen können entgegen dem Wortlaut von § 31 HOAI auch nach Auftragserteilung und mündlich getroffen werden.

- **LG Düsseldorf, Urteil vom 26.01.2001, IBR 2001, 267**

Dienst- oder Werkvertrag Den Vertragsparteien steht es frei, die Leistungsbeziehungen eines Projektsteuerungsvertrages dem Werkvertrag zu unterstellen. Haben die Parteien ein Pauschalhonorar vereinbart, genügt für eine prüffähige Schlußrechnung die Angabe der vereinbarten Pauschale und der erfolgten Abschlagsrechnungen sowie die Möglichkeit des Auftraggebers die Restforderung zu ermitteln. Kommt es zu einer Änderung der Projektbedingungen, die mit Leistungsminderungen eines Projektsteuerers einhergehen, liegt in der vorbehaltlosen Vereinbarung eines neuen (verminderten) Honorars, das konkludente Einverständnis mit dem neuen reduzierten Leistungsumfang.

- **OLG Oldenburg, Urteil vom 25.10.2000, IBR 2000, 619**

Der Projektsteuerungsvertrag ist ein Dienstvertrag, wenn eine Tätigkeit und kein Erfolg geschuldet ist. Daran ändert sich auch nichts, wenn neben dem Grundhonorar ein Erfolgshonorar vereinbart ist. Die Pflichten der Vertragsparteien ergeben sich aus den vertraglichen Vereinbarungen.

- **OLG Dresden, Urteil vom 29.07.2000, IBR 2000, 558**

Ist Grundlage eines Projektsteuerungsvertrages, das besondere Vertrauen des Auftraggebers in die fachliche Kompetenz eines Mitarbeiters des Auftragnehmers, dann kann der Auftraggeber das Vertragsverhältnis aus wichtigem Grund kündigen, wenn das Projektsteuerungsunternehmen das Arbeitsverhältnis mit dem Mitarbeiter/Ansprechpartner gekündigt hat, ohne den Auftraggeber hiervon sogleich zu unterrichten.,

- **BGH, Urteil vom 10.06.1999, BauR 1999, 1317**

Ob auf einen Projektsteuerungsvertrag das Recht des Dienst- oder Werkvertrages anwendbar ist, ergibt die Auslegung der vertraglichen Vereinbarung. Hat der Projektsteuerer verschiedene Aufgaben übernommen, ist Werkvertragsrecht anwendbar, wenn die erfolgsorientierten Aufgaben dermaßen überwiegen, daß sie den Vertrag prägen. Werkvertragsrecht ist anwendbar, wenn die zentrale Aufgabe des Projektsteuerers die technische Überwachung eines Generalunternehmers ist.

- **OLG Düsseldorf, Urteil vom 16.04.1999, BauR 1999, 1049**
Ein Projektsteuerungsvertrag ist als Dienstvertrag einzuordnen, auch wenn das *erfolgsorientierte*
Leistungsmodell des Deutschen Verbandes der Projektsteuerer (DVP) Vertrags- *Aufgaben*
grundlage ist. Erst dann, wenn der Vertrag konkret werkvertraglich Erfolgsverpflichtungen enthält, die über das Leistungsmodell des DVP hinausgehen, kann ein Werkvertrag vorliegen (z. B. bei Vereinbarung eines Kosten- oder eines bestimmten Zeitrahmens). Bei Anwendung von Dienstvertragsrecht besteht ein Honoraranspruch allein für die bis zur Kündigung erbrachten Leistungen (vgl. §§ 627,628 BGB).

- **OLG Düsseldorf, Urteil vom 01.10.1998, BauR 1999, 508**
Werden in einem Projektsteuerungsvertrag in erster Linie Beratungs-, Informations- und Koordinierungsleistungen übertragen, so handelt es sich um einen Dienstvertrag.

- **BGH, Urteil vom 09.01.1997, BauR 1997, 497**
§ 31 Abs. 2 1. Halbsatz ist mangels Ermächtigung nichtig, soweit die Wirksamkeit von Honorarvereinbarungen für Projektsteuerungsleistungen davon abhängig gemacht wird, daß sie „schriftlich" und „bei" Auftragserteilung getroffen worden sind. Der Anwendungsbereich von § 31 HOAI ist nicht auf den Fall beschränkt, daß ein Architekt oder Ingenieur neben preisrechtlich gebundenen Leistungen auch solche der Projektsteuerung übernimmt.

- **BGH, Urteil vom 26.01.1995, BauR 1995, 572**
Allein aus der Vereinbarung eines Erfolgshonorars (Honorar für erteilte Einsparungen) für Projektsteuerungsleistungen kann nicht hergeleitet werden, daß ein Projektsteuerungsvertrag ein Werkvertrag ist.

- **OLG München, Urteil vom 07.11.1995, IBR 1997, 377**
Ein Projektsteuerer erbringt Dienste höherer Art i. S. d. § 627 Abs. 1 BGB, wenn er von seinem Auftraggeber beauftragt wird, Baukosten einzusparen. In diesem Fall ist der Projektsteuerungsvertrag ein Geschäftsbesorgungsvertrag mit überwiegend dienstvertraglichen Elementen. Ein Vergütungsanspruch für erbrachte Teilleistungen scheidet aus, wenn die erbrachten Teilleistungen für den Auftraggeber infolge einer vom Projektsteuerer schuldhaft vertragswidrig veranlaßten Kündigung nutzlos sind.

21
Abschlagsrechnungen gem. § 8 HOAI

Karsten Meurer

Abschlagsrechnungen sind Akontozahlungen. Gem. § 8 Abs. 2 HOAI können sie in zeitlich angemessenen Abständen für nachgewiesene Leistungen gefordert werden. Nach wohl richtiger Ansicht müssen Abschlagsrechnungen prüffähig sein. Abschlagsrechnungen verjähren selbständig, können aber auch dann, wenn sie verjährt sind, in der Schlußrechnung geltend gemacht werden. Ob § 8 Abs. 2 HOAI nach der aktuellen Rechtsprechung des BGH noch von der Ermächtigungsgrundlage des MRVG gedeckt ist, ist zweifelhaft. Hieran hat sich insbesondere auch für den Bereich der Abschlagszahlungen durch die Einführung des Gesetzes zur Beschleunigung fälliger Zahlungen nichts geändert. Der neu eingeführte § 632 a BGB sieht Abschlagszahlungen nur für den Fall der in sich abgeschlossenen Leistungen vor, die bei einem Architektenvertrag nur nach Abschluß der Leistungsphasen 1 bis 4, 5 bis 7 und 8 und 9 vorliegen dürften. § 8 HOAI sieht hingegen Abschlagszahlungen in angemessenen zeitlichen Abständen für erbrachte Leistungen vor und ist damit weitergehender. Abschlagsrechnungen können auch eingeklagt werden, allerdings nur bis zur Erstellung einer Schlußrechnung. Die Umstellung einer Klage von Abschlags- auf Schlußrechnung ist eine Klageänderung. Etwaige Überzahlungen können vom Auftraggeber zurückgefordert werden.

- **OLG Köln, Urteil vom 07.03.2001, IBR 2001, S. 26**

Abschlagsrechnung ist Schlußrechnung
Auch wenn eine Architektenrechnung als „Abschlagsrechnung" bezeichnet ist, handelt es sich in Wirklichkeit um eine Schlußrechnung, wenn sie aus der Sicht des Auftraggebers abschließenden Charakter hat und die gesamten in Auftrag gegebenen und erbrachten Leistungen abrechnet.

- **OLG Celle, Urteil vom 10.02.2000, BauR 2000, 763**

Ob § 8 Abs. 2 HOAI von der Ermächtigungsgrundlage in Art. 10 MRVG gedeckt ist, ist zweifelhaft. Vereinbaren die Parteien eines Architektenvertrages, daß Grundleistungen gem. § 15 HOAI erbracht werden sollen, wird damit zumindest stillschweigend zum Ausdruck gebracht, daß die HOAI auch sonst für die Abrechnung der Leistungen gelten soll, so daß § 8 Abs. 2 HOAI Vertragsbestandteil wird.

- **OLG Stuttgart, Urteil vom 16.04.1998, BauR 1999, 67**

Die Fälligkeit einer Honorarabschlagsrechnung für nachgewiesene Leistungen setzt deren Prüffähigkeit voraus, wozu es für die Leistungsphasen 5 bis 8 eines Kostenanschlages nach DIN 276 und der Angabe der in jeder Leistungsphase ausgeführten Grundleistungen jedenfalls dann bedarf, wenn Teile der Vergabe und der Überwachung nicht übertragen und deshalb abzuziehen sind.

- **BGH, Urteil vom 05.11.1998, BauR 1999, 267**

Verjährung
Abschlagsforderungen verjähren selbständig. Verjährte Abschlagsforderungen können von dem Architekten als Rechnungsposten in die Schlußrechnung eingestellt

und geltend gemacht werden. Eine Abschlagsforderung wird erst fällig, wenn dem Auftraggeber eine prüffähige Abschlagsrechnung zugegangen ist. Abschlagsforderung und Schlußrechnung sind verschiedene Streitgegenstände. Die Umstellung einer Klage auf Abschlagsforderung in eine Klage auf Schlußforderung ist eine Klageänderung i. S. des § 263 ZPO.

- **OLG Celle, Urteil vom 07.10.1998, BauR 1999, 268**
Verjährte Abschlagsforderungen können vom Architekten in seiner Schlußrechnung geltend gemacht werden. Die Einrede der Verjährung der Abschlagsforderung greift nicht durch.

- **OLG Köln, Urteil vom 13.03.1998, BGH 1999, 193**
Der Begriff „nachgewiesene Leistungen" in § 8 Abs. 2 HOAI ist jedenfalls in dem Sinne zu verstehen, daß der Auftragnehmer angeben muß, auf welche Teilleistungen sich die geforderte Abschlagszahlung bezieht, und nachweist, daß er diese Leistungen auch tatsächlich erbracht hat. Dieser Pflicht genügt er im Regelfall, indem er den Auftraggeber in großen Zügen über den Stand der Leistungen unterrichtet und seine Angaben auf Verlangen belegt.

- **OLG Düsseldorf, Urteil vom 17.11.1997, BauR 1998, 823**
Kann eine Besondere Leistung (hier Abnahme der Bewehrung), die zum beauftragten Leistungsumfang gehört, vom beauftragten Tragwerksplaner noch nicht ausgeführt werden, kann er auch bei Vereinbarung eines Pauschalhonorars eine Abschlagszahlung in Höhe der von ihm erbrachten Grundleistungen des § 64 HOAI verlangen. *Pauschalhonorar*

- **BGH, Urteil vom 12.10.1995, BauR 1996, 138**
An eine Honorarabschlagsrechnung ist der Architekt nicht wie an eine Schlußrechnung gebunden.

- **OLG Zweibrücken, Urteil vom 20.09.1993, IBR 1996, 154**
Wird ein Architektenvertrag gekündigt, entfällt der Anspruch auf Abschlagszahlungen. Der Architekt/Ingenieur muß eine Honorarschlußrechnung vorlegen. Ist vor Ausspruch der Kündigung eine Honorarabschlagsrechnung fällig gewesen, kann der Architekt allerdings Verzugszinsen vom Eintritt des Verzuges bis zum Zugang der Kündigung verlangen. *Kündigung Architektenvertrag*

- **OLG Celle, Urteil vom 17.10.1990, BauR 1991, 371**
Mit Erstellung der Schlußrechnung können die sonst selbständig einklagbaren Abschlagsrechnungen nicht mehr eingeklagt werden, weil mit Erstellung der Schlußrechnung nach vollständiger Erbringung der Leistung Ansprüche aus Abschlagszahlungen untergehen.

- **OLG Köln, Urteil, vom 11.08.1992, NJW-RR 92, 1438**
Ausnahmsweise kann der Architekt, obwohl er schon seine Schlußrechnung gestellt hat, noch Abschlagszahlung verlangen und gerichtlich geltend machen, wenn der

Bauherr hinsichtlich dieser Abschlagsrechnung ein deklaratorisches Schuldanerkenntnis abgegeben hat.

- **BGH, Urteil vom 09.07.1981, BauR 1981, 582 (587)**

§ 8 HOAI ist von der Ermächtigungsgrundlage des Art. 10 MRVG gedeckt. Der Gesetzgeber wollte in der Ermächtigungsgrundlage ersichtlich die Befugnis erteilen zu regeln, wann das Honorar fällig ist, da die HOAI sonst unvollständig wäre.

21.1
EXKURS 4: Rückforderung von Abschlagszahlungen

Da Abschlagszahlungen lediglich Akontozahlungen sind, können etwaige Überzahlungen vom Auftraggeber zurückgefordert werden. Hierbei kann er eine eigene Berechnung zu Grunde legen, wenn die Schlußrechnung des Auftragnehmers nicht prüffähig ist.

- **OLG Düsseldorf, Urteil vom 01.09.1999, NJW-RR 2000, 312**

Rückforderung Die Vereinbarung in einem Architektenvertrag, daß Abschlagszahlungen geleistet werden sollen, enthält die Verpflichtung des Architekten, abzurechnen und eventuelle Überzahlungen zurückzuzahlen. Ein Auftraggeber von Architektenleistungen, der überhöhte Abschlagszahlungen behauptet, kann seine Forderung auf Rückzahlung des Überschusses mit einer eigenen Berechnung begründen, wenn die Schlußrechnung des Architekten nicht prüffähig ist. Mit der Übernahme einzelner Angaben aus einer an sich unzureichenden Schlußrechnung erkennt der Auftraggeber noch nicht deren Prüffähigkeit an. Der Berechnung des Auftraggebers muß der Architekt mit einer prüffähigen Rechnung entgegentreten.

- **LG Berlin, Beschluß vom 24.06.1998, BauR 2000, 294**

Der Bauherr kann vom Architekten geleistete Abschlagszahlungen nicht zurückfordern, wenn der Wert der Architektenleistungen dem der Abschlagszahlung entspricht, da der Rechtsgrund für die Zahlungen nicht entfallen ist, auch wenn eine prüffähige Honorarschlußrechnung fehlt.

- **OLG Düsseldorf, Urteil vom 07.09.1993, BauR 1994, 272**

Die nach Vertragsbeendigung erhobene Klage des Auftraggebers gegen den Architekten auf Rückzahlung geleisteter Abschlagszahlungen ist begründet, wenn der Architekt nicht darlegt, daß ihm ein fälliger Honoraranspruch in entsprechender Höhe zusteht. Es muß eine prüffähige Schlußrechnung überreicht worden sein.

- **OLG Karlsruhe, Urteil vom 31.05.1994, 1996, 405**

Abschlagszahlungen können nicht mehr verlangt werden, wenn das Werk abgenommen oder abnahmereif und Schlußrechnung erteilt ist, es sei denn, es wird eine Vereinbarung getroffen, daß eine gewisse Summe als auf jeden Fall geschuldet angesehen und somit als unbestrittenes Guthaben bezahlt werden soll.

- **OLG Köln, Urteil vom 17.09.1993, BauR 1995, 583**
Zahlt der Auftraggeber eines Architekten Akonto oder aufgrund einer Rechnung, die nicht den Anforderungen der HOAI entspricht, dann kann der Auftraggeber seine Leistungen wegen ungerechtfertigter Bereicherung zurückverlangen, wenn nicht der Architekt die Berechtigung seiner Honorarforderung entsprechend der HOAI beweist.

22
Fälligkeit des Honoraranspruchs bei Kündigung und Vertragserfüllung

Ob § 8 HOAI von der Ermächtigungsgrundlage des MRVG gedeckt ist, ist zweifelhaft. Bisher ist dies vom BGH noch nicht entschieden worden, obwohl hierzu bereits Gelegenheit bestanden hätte. Nach § 8 Abs. 1 HOAI ist das Honorar fällig, wenn die Leistung abnahmefähig erbracht und eine prüffähige Honorarschlußrechnung erstellt und dem Auftraggeber übergeben worden ist. Es ist nicht erforderlich, daß eine Abnahme erfolgt ist, sondern nur daß die Leistungen abnahmefähig erbracht worden sind. Haben sich mangelhafte Leistungen bereits im Bauwerk niedergeschlagen, können diese oftmals nicht mehr nachgebessert werden. Da das Werk nicht mehr abnahmefähig erstellt werden kann, wird das Honorar mit Übergabe einer prüffähigen Honorarschlußrechnung fällig. Allerdings stehen dem Bauherrn Minderungs- oder Schadensersatzansprüche zu.

Karsten Meurer

Einigkeit besteht darüber, daß eine nicht prüffähige Schlußrechnung, deren fehlende Prüffähigkeit vom Auftraggeber gerügt wurde, den Honoraranspruch nicht fällig werden läßt.

Umstritten zwischen BGH und den Obergerichten ist, ob dies auch dann gilt, wenn der Auftraggeber die fehlende Prüffähigkeit nicht gerügt hat. Bedeutung kommt dem Fälligkeitszeitpunkt deshalb zu, weil erst mit Fälligkeit des Honoraranspruches die Verjährung der Forderung beginnt und die Verzugsfristen berechnet werden. Nach Ansicht des BGH wird auch bei Kündigung des Vertrages, das Honorar erst fällig, wenn eine prüffähige Honorarschlußrechnung übergeben worden ist. Ist auch die Leistungsphase 9 des § 15 HOAI beauftragt worden, ist das Werk des Planers erst abnahmefähig, wenn auch diese vollständig erbracht ist. Von den Parteien kann im Einzelfall ein anderer Fälligkeitszeitpunkt vereinbart werden.

- **OLG Schleswig, Urteil vom 17.02.2000, BauR 2000,1886**
Vereinbaren die Parteien gem. § 26 HOAI ein Pauschalhonorar, dann bedarf es keiner prüffähigen Honorarschlußrechnung sondern nur der Abnahme, damit die Verjährung zu laufen beginnt und die Honorarforderung fällig wird.

Pauschalhonorar

- **OLG Oldenburg, Urteil vom 25.06.1998, BGH, Beschluß vom 13.07.2000, IBR 2000, 554**
Auch eine nicht prüffähige Honorarschlußrechnung löst die zweijährige Verjährung

- **OLG Frankfurt, Urteil vom 21.04.1999, BauR 2000, 435**

Abnahmefähigkeit Die Fälligkeit des Honoraranspruchs setzt zwar grundsätzlich die vertragsgemäße Leistungserbringung und damit die Abnahme oder jedenfalls die Abnahmefähigkeit voraus. Diese ist aber entbehrlich, wenn eine Nachbesserung des Architekten wegen Fertigstellung des Bauwerks nicht möglich ist. Dem Bauherrn stehen allerdings Minderungs- oder Schadensersatzansprüche zu.

- **BGH, Urteil vom 11.11.1999, BauR 2000, 589**

Ein Architektenhonorar wird auch bei vorzeitiger Beendigung des Architektenvertrages erst fällig, wenn der Architekt eine prüfbare Schlußrechnung erteilt.

- **OLG Koblenz, Urteil vom 24.09.1998, BauR 2000, 755**

Formuliert der Architekt, „die Schlußrechnung würde lauten", erstellt er diese sodann und bietet er einen Nachlaß von 1/3 für eine Bereinigung der Angelegenheit an, so ist dies trotz der konjunktivischen Formulierung eine prüfbare Schlußrechnung, die den Lauf der Verjährungsfrist in Gang setzt.

- **OLG Hamm, Urteil vom 16.01.1998, BauR 1998, 819**

Der Prozeßvortrag in einem Schriftsatz eines Architekten (Statikers) kann die Voraussetzungen einer prüfbaren Honorarschlußrechnung i. S. von § 8 Abs. 1 HOAI erfüllen und die Erstellung einer zusätzlichen Schlußrechnung zum Eintritt der Fälligkeit der Vergütung entbehrlich machen.

- **BGH, Urteil vom 18.09.1997, Sch/F/H Nr. 14**

stufenweise Ist der Architekt zunächst nur mit der Entwurfsplanung als einem selbständigen
Beauftragung Architektenwerk beauftragt und erhält er später den Auftrag, eine Genehmigungsplanung zu erstellen (sogenannte stufenweise Beauftragung), so kann er Honorar für eine als solche mangelfreie Entwurfsplanung auch dann verlangen, wenn ihm die Erstellung einer genehmigungsfähigen Planung nicht gelingt.

- **OLG Düsseldorf, Urteil vom 31.05.1996, BauR 1997, 165**

Die Formunwirksamkeit einer Pauschalhonorarvereinbarung nach § 4 Abs. 1 und 4 HOAI erfaßt auch eine im Zusammenhang mit ihr getroffene Fälligkeitsvereinbarung.

- **OLG Düsseldorf, Urteil vom 20.06.1996, Sch/F/H § 8 Nr. 13**

Die Fälligkeit des Honoraranspruches setzt die vertragsgemäße Erbringung der Leistung und die prüffähige Honorarschlußrechnung voraus.

- **OLG Düsseldorf, Urteil vom 30.11.1995, BauR 1996, 422**

Regelmäßig beginnt der Lauf der Verjährungsfristen mit dem Zeitpunkt, in dem die Forderung fällig ist. Die gem. § 196 Abs. 1 Nr. 7 fällige Verjährungsfrist für Honorarforderungen des Architekten beginnt damit erst mit dem Schluß des Jahres, in dem die ordnungsgemäße Rechnungsstellung erfolgte. Der Architekt, der erneut eine prüffähige Rechnung stellt, verhält sich auch nicht treuwidrig gem. § 242 BGB.

- **BGH, Urteil vom 10.02.1994, BauR 1994, 392**
Der mit der Leistungsphase 9 beauftragte Architekt kann erst nach vollständiger Ausführung der Leistungsphase 9 Abnahme seines Werks verlangen; ein Anspruch auf Teilabnahme setzt eine dahin gehende vertragliche Vereinbarung voraus. *Leistungsphase 9*

- **OLG Stuttgart, Urteil vom 02.11.1994, BauR 1995, 414**
Das Honorar des Klägers ist erst fällig, wenn die Leistungen vertragsgemäß erbracht worden sind, und eine prüffähige Honorarschlußrechnung überreicht wurde. (§ 8 Abs. 1 HOAI). Ist auch die Leistungsphase 9 beauftragt, sind die Leistungen erst erbracht, wenn die letzte Leistung der Leistungsphase 9 ebenfalls erbracht worden ist.

- **OLG Frankfurt, Urteil vom 12.01.1994, IBR 1994, 465**
Das Planungshonorar ist nur fällig, wenn eine prüffähige Rechnung übergeben wird. Die an die Prüffähigkeit zu stellenden Anforderungen hängen auch von der Sachkunde des Auftraggebers ab.

- **BGH, Urteil vom 09.06.1994, BauR 1994, 655**
Verlangt ein Architekt nach vorzeitiger Beendigung des Architektenvertrages gemäß § 649 BGB für nicht erbrachte Leistungen Honorar, wird die Honorarforderung grundsätzlich erst dann fällig, wenn der Architekt eine prüfbare Schlußrechnung über sein Honorar für die bereits erbrachten und die nicht erbrachten Leistungen erteilt hat.

- **OLG Köln, Urteil vom 19.12.1991, Sch/F/H § 15 Nr. 7**
Gehört zu dem Werk, das der Architekt zu erbringen hat, auch die Objektbetreuung (Leistungsphase 9 des § 15 HOAI), so ist das versprochene Werk erst mit dem Abschluß der Arbeiten hergestellt und kann erst dann abgenommen werden. In diesem Fall kann der Architekt ein abnahmefähiges Werk erst anbieten, wenn alle Gewährleistungsfristen abgelaufen sind. Das hat zur Folge, daß sich der Anspruch des Architekten auf Abnahme seiner Leistung und sein Anspruch auf das restliche Honorar bis zur Beendigung dieses Zeitraumes hinausschieben und daß die Verjährung von Ansprüchen gegen den Architekten wegen mangelhafter Planung unter Umständen noch Jahre nach Fertigstellung des Bauwerkes nicht zu laufen beginnt, weil der Architekt die vergleichsweise gering dotierte Objektbetreuung übernommen hat.

- **OLG Düsseldorf, Urteil vom 24.06.1986, BauR 1988, 237**
Fälligkeit des Honoraranspruchs tritt bei Kündigung des Architektenvertrages mit Beendigung des Vertragsverhältnisses ein. *Kündigung*

- **OLG Düsseldorf, Urteil vom 30.12.1985, BauR 1986, 244**
Im Falle einer vorzeitigen Beendigung des Architektenvertrages durch Kündigung

tritt die Fälligkeit des Architektenhonoraranspruches grundsätzlich mit sofortiger Wirkung ein, da der Architekt zu weiteren Leistungen nicht mehr verpflichtet ist. Auch in diesem Fall bedarf es jedoch einer prüffähigen Honorarschlußrechnung. Fehlt diese, so ist die Honorarklage mangels Fälligkeit als derzeit unbegründet abzuweisen.

- **BGH, Urteil vom 19.06.1986, BGH BauR 1986, 596**

Auch bei vorzeitiger Vertragsbeendigung eines Architektenvertrages wird das Architektenhonorar erst fällig, wenn der Architekt eine prüfbare Honorarrechnung erteilt hat.

- **OLG Frankfurt, Urteil vom 22.01.1984, BauR 1985, 469**

Ist der Architekt auch mit der Leistungsphase 9 beauftragt, ist sein Honorar erst fällig, wenn er auch diese Leistungsphase erbracht hat.

22.1
Die Prüffähigkeit der Honorarschlußrechnung als Fälligkeitsvoraussetzung

22.1.1
Wann ist eine Rechnung eine Schlußrechnung?

Damit eine Rechnung eine Schlußrechnung ist, muß diese nicht als Schlußrechnung benannt sein. Es muß nur der Wille des Auftragnehmers erkennbar sein, seine Leistungen abschließend abrechnen zu wollen.

- **OLG Köln, Urteil vom 07.03.2001, IBR 2001, 26**

Auch wenn eine Architektenrechnung als „Abschlagsrechnung" bezeichnet ist, handelt es sich in Wirklichkeit um eine Schlußrechnung, wenn sie aus der Sicht des Auftraggebers abschließenden Charakter hat und die gesamten in Auftrag gegebenen und erbrachten Leistungen abrechnet.

- **OLG Karlsruhe, Urteil vom 06.05.1997, BauR 1998, 171**

Hat der Auftragnehmer die von ihm erbrachten Leistungen vollständig und prüfbar in die Abrechnung eingestellt, und damit den vorzeitig beendeten Vertrag abgerechnet, sind die Voraussetzungen einer Schlußrechnung erfüllt.

- **OLG Düsseldorf, Urteil vom 14.06.1996, BauR 1997, 163**

Eine Rechnung ist auch dann eine Schlußrechnung, wenn sie nicht als solche bezeichnet ist, aus ihr aber hinreichend deutlich hervorgeht, daß ein bestimmtes Bauvorhaben endgültig abgerechnet werden soll.

- **BGH, Urteil vom 12.10.1995, BauR 1996, 138**

Eine Teilschlußrechnung kommt nur in Betracht, wenn die Parteien eine entsprechende Vereinbarung getroffen haben.

22.1.2
Prüffähigkeit der Honorarschlußrechnung

Die Zahl der Höchst- und Obergerichtlichen Entscheidungen, die sich mit der Frage der Prüffähigkeit einer Honorarschlußrechnung von Architekten oder Ingenieuren beschäftigen, sind fast nicht mehr zu überblicken. Die Anforderungen an Art und Umfang der Darstellung, hängen letztlich vom Einzelfall und von dem berechtigten Informationsinteresse des Bauherrn ab. Ist der Bauherr selbst sachkundig, sinken diese Anforderungen. Die Prüffähigkeit ist kein Selbstzweck und ist zu unterscheiden von der sachlichen Richtigkeit der in der Schlußrechnung geltend gemachten Positionen. Erforderlich ist aber regelmäßig, daß die anrechenbaren Kosten unter Angabe der Kostengruppen der DIN 276: 1981-4 angegeben werden, damit der Auftraggeber unter Hinzuziehung der HOAI prüfen kann, ob diese Kosten anrechenbar sind.

War der Planer vertraglich dazu verpflichtet eine von der DIN 276: 1981-4 abweichende Honorarermittlung anzufertigen, kann diese nicht für die Erstellung einer prüffähigen Honorarschlußrechnung herangezogen werden. Hierfür müssen wenigstens diejenigen Kosten, die anrechenbar sein sollen, den Kostengruppen der DIN 276: 1981-4 zugewiesen werden. Die Erstellung einer kompletten Kostenermittlung nach der DIN 276: 1981-4 ist genau so wenig, wie das Verwenden von Formularvordrucken erforderlich.

Wichtig ist auch, daß der Auftragnehmer diejenigen Kostenermittlungen für die Ermittlung der anrechenbaren Kosten heranzieht, die er nach dem Umfang der Beauftragung zu erbringen hat und seinem Leistungsumfang entsprechen (vgl. auch maßgebliche Kostenermittlung und Umfang der Beauftragung).

- **OLG Koblenz, Urteil vom 10.11.2000, BauR 2001, 828**

Das Berufen des Auftraggebers auf die fehlende Prüffähigkeit einer Honorarschlußrechnung, weil die Kostenaufstellung nicht der DIN 276 entspricht, ist aus Treu und Glauben unzulässig, wenn der Auftraggeber/Beklagter weder bei Ausführung des Vertrages von dem Erblasser noch von den prozeßführenden Erben in der ersten Instanz eine Aufstellung nach der DIN 276 verlangt hat und die Parteien eine von § 10 HOAI abweichende Honorarvereinbarung vereinbart hatten, die unwirksam war, und der planende Architekt zwischenzeitlich verstorben war, so daß die Kostenermittlungen auch nicht nachgeholt werden konnten.

- **OLG Düsseldorf, Urteil vom 09.01.2001, BauR 2001, 1137**

Die Prüffähigkeit einer Architektenhonorarrechnung hängt nicht von der Angabe der für die Ermittlung des Honoraranspruches maßgeblichen Vorschriften der HOAI ab. Sie setzt auch nicht zwingend die Verwendung des Formulars der DIN 276: 1981-4 voraus; es genügt vielmehr jede Kostenermittlung, die im konkreten Einzelfall in gleicher (oder besserer) Weise dem Prüfungs- und Kontrollinteresse des Auftraggebers entspricht. Dies gilt auch dann, wenn der Architekt seiner Aufstellung eine spätere Fassung der DIN 276 zugrunde gelegt hat.

- **OLG Koblenz, Urteil vom 05.12.2000, BauR 2001, 664**
  Bei der Frage, ob die Außenanlagen in den anrechenbaren Kosten zutreffend gem. § 10 Abs. 5 HOAI berücksichtigt werden oder nicht, handelt es sich nicht um eine Frage der inhaltlichen Richtigkeit, sondern der Prüffähigkeit.

- **BGH, Beschluß vom 30.03.2000, BauR 2000, 120**

Fälligkeit Honorarschlußrechnung Die Honorarschlußrechnung des Architekten wird nur fällig, wenn die Rechnung prüffähig ist. Dazu reicht aus, daß die vom Architekten vorgelegten Unterlagen zusammen mit der Schlußrechnung alle Angaben enthalten, die der Auftraggeber zur Beurteilung der Frage benötigt, ob das geltend gemachte Honorar den vertraglichen Vereinbarungen entsprechend abgerechnet worden ist. Es bedarf insbesondere keiner Kostenfeststellung nach DIN 276.

- **BGH, Beschluß vom 06 07.2000, BauR 2000, 1513**
  Einer getrennten Berechnung nach § 22 Abs. 1 HOAI bedarf es für eine prüffähige Schlußrechnung schon deshalb, um gebäudebezogen aufzugliedern, ob und gegebenenfalls welche Kosten gemäß § 10 HOAI voll, gemindert oder gar nicht Grundlage der Honorarberechnung sein sollen.

- **BGH, Urteil vom 18.03.2000, BauR 2000, 1511**

Informations- und Kontrollinteressen Die Anforderungen an die Prüfbarkeit einer Architektenschlußrechnung ergeben sich aus den Informations- und Kontrollinteressen des Auftraggebers. Diese bestimmen und begrenzen die Anforderungen an die Prüfbarkeit. Die Prüfbarkeit ist somit kein Selbstzweck. Unter welchen Voraussetzungen eine Schlußrechnung als prüfbar angesehen werden kann, kann nicht abstrakt bestimmt werden. Die Anforderungen hängen vielmehr von den Umständen des Einzelfalles ab. Dabei ist u. a. der beiderseitige Kenntnisstand über die tatsächlichen und rechtlichen Umstände von Bedeutung, auf dem die Berechnung des Honorars beruht. Ist der Auftraggeber selbst Architekt, dann sind die Anforderungen an eine prüffähige Honorarschlußrechnung herabgesetzt, sofern der Auftraggeber die abgerechneten Leistungen selbst nachvollziehen konnte.

- **OLG Düsseldorf, Urteil vom 26.07.2000, IBR 2000, 553**
  Der Prüffähigkeit der Honorarschlußrechnung des Architekten steht nicht entgegen, daß eine Abschlagsrechnung des Auftraggebers nicht berücksichtigt ist. Für die Prüffähigkeit sind auch Unterlagen zu beachten, die innerhalb des Prozesses überreicht werden.

- **OLG Brandenburg, Urteil vom 08.02.2000, IBR 2000, 611**
  Eine prüfbare Honorarschlußrechnung gegenüber einem Unternehmen für Wohnungsbau erfordert nicht die Angaben der Vorschriften der HOAI.

- **BGH, Urteil vom 18.05.2000, IBR 2000, 436**
  Erfolgt die Kündigung während der Leistungsphase 3, so ist der Architekt grundsätzlich gehalten, seine erbrachten Leistungen nach der Kostenberechnung abzurech-

nen. Liegt diese jedoch noch nicht vor, so ist er berechtigt, die erbrachten Teilleistungen mit einem bestimmten Prozentsatz zu bewerten. Denn dem Auftraggeber liegen die erbrachten Leistungen bzw. Pläne vor, so daß er als Architekt in der Lage ist, die vorgegebenen Prozentzahlen zu überprüfen.

- **BGH, Urteil vom 25.11.1999, BauR 2000, 591**
Die Prüffähigkeit einer Architektenschlußrechnung kann nicht deshalb verneint werden, weil aus ihr nicht hervorgeht, ob der Architekt bei Ermittlung der anrechenbaren Kosten die Umsatzsteuer gem. § 9 Abs. 2 HOAI herausgerechnet hat. Legt der Architekt der Honorarermittlung lediglich die anrechenbaren Kosten des Bauwerks (DIN 276: 1981-4 Kostengruppe 3.1) zugrunde, bedarf es zur Prüffähigkeit seiner Schlußrechnung keiner Angaben zu den übrigen Kostengruppen. Da der Vertrag insgesamt bei der Leistungsphase 5 endet, kann das Architektenhonorar nach der Kostenberechnung ermittelt werden.

- **BGH, Urteil vom 30.09.1999, BauR 2000, 124**
Legt der Architekt seiner Schlußrechnung eine Kostenermittlungsart zugrunde, die nicht dem § 10 Abs. 2 HOAI entspricht, ist die Rechnung prüfbar, wenn der sachkundige Auftraggeber den der Höhe nach nicht bezweifelten Angaben die anrechenbaren Kosten entnehmen kann. Die berechtigten Informations- und Kontrollinteressen des Auftraggebers, die für die Anforderungen an die Prüfbarkeit der Schlußrechnung des Architekten maßgeblich sind, sind nach der jeweiligen Sachkunde des Auftraggebers zu beurteilen. *Sachkunde des Auftraggebers*

- **BGH, Urteil vom 28.10.1999, BauR 2000, 430**
Die Nichtberücksichtigung der Abschlagsrechnungen in einer Schlußrechnung führt nur dann zur fehlenden Prüffähigkeit, wenn die Informations- und Kontrollinteressen des Auftraggebers deren Berücksichtigung erfordern.

- **BGH, Urteil vom 24.06.1999, BauR 1999, 1319**
Orientiert sich das Gliederungsschema einer Kostenschätzung an der DIN 276: 1981-4, kann die Prüffähigkeit einer Honorarschlußrechnung des Architekten nicht deshalb verneint werden, weil nicht das Formularmuster der DIN 276: 1981-4 verwendet wurde. Ob die in der Kostenschätzung angesetzten Preise richtig sind, ist keine Frage der Prüfbarkeit, sondern der inhaltlichen Richtigkeit.

- **BGH, Urteil vom 08.07.1999, BauR 1999, 1467**
Die Anforderungen an die Ermittlung der anrechenbaren Kosten dienen allein der Überprüfung der Rechnungsstellung. Dazu genügt eine Aufstellung, aus der ersichtlich ist, ob und gegebenenfalls welche Kosten gem. § 10 HOAI voll, gemindert oder gar nicht Grundlage des Honorars sind. Hierbei müssen die anrechenbaren Kosten nicht nach der DIN 276 aufgestellt sein. Es reicht insoweit aus, wenn der Bauherr die anrechenbaren Kosten nachprüfen kann. *anrechenbare Kosten*

- **OLG Koblenz, Urteil vom 24.09.1998, BauR 2000, 755**
  Eine Honorarschlußrechnung ist auch dann prüfbar, wenn der Architekt formuliert „die Schlußrechnung würde lauten", anschließend die prüffähige Rechnung folgt und er abschließend vergleichsweise einen Preisnachlaß von 1/3 anbietet. Prüfbarkeit einer Rechnung bedeutet nur Nachvollziehbarkeit, nicht auch Richtigkeit. Das gilt auch für den Fall einer unwirksamen Pauschalpreisabrede.

- **BGH, Urteil vom 18.06.1998, BauR 1998, 1109**

Kostenermittlung Die Anforderungen an Kostenermittlungen als Anknüpfungstatbestand für die Berechnung des Architektenhonorars müssen nicht die gleichen sein, wie die an Kostenermittlungen, die als Architektenleistungen zu honorieren sind. Für die Kostenermittlung im Zusammenhang mit der Rechnungsstellung ist für den konkreten Fall zu prüfen, was die berechtigten Informationsinteressen des Auftraggebers an Umfang und Differenzierung der Angaben erfordern. Anforderungen an die Ermittlung der anrechenbaren Kosten dienen allein der Überprüfung der Rechnungsstellung. Für diesen Zweck genügt eine Aufstellung, aus der ersichtlich ist, ob und gegebenenfalls welche Kosten gem. § 10 HOAI voll, gemindert oder gar nicht Grundlage der Honorarberechnung sein sollen.

- **BGH, Urteil vom 08.10.1998, BauR 1999, 63**

Prüffähigkeit der Schlußrechnung kein Selbstzweck Die Prüffähigkeit der Schlußrechnung ist kein Selbstzweck. Die Anforderungen an die Prüffähigkeit ergeben sich aus den Informations- und Kontrollinteressen des Auftraggebers. In welchem Umfang die Schlußrechnung aufgeschlüsselt werden muß, ist eine Frage des Einzelfalls, die abgesehen von den Besonderheiten der Vertragsgestaltung und Vertragsdurchführung auch von den Kenntnissen und Fähigkeiten des Auftraggebers und seiner Hilfsperson abhängt.

- **OLG Koblenz, Urteil vom 30.10.1997, BauR 1998, 1043**
  Eine Schlußrechnung, die ein Architekt bei vorzeitiger Beendigung des Architektenvertrages erstellt (Teilleistungen), ist dann nicht prüffähig, wenn für die einzelnen Leistungsphasen des § 15 HOAI Prozentsätze ohne nähere Begründung genannt werden und wenn die Kostenermittlung gemäß DIN 276 fehlt.

- **OLG Düsseldorf, Urteil vom 19.04.1996, BauR 1996, 893**
  Die Honorarschlußrechnung ist auch dann prüffähig, wenn die nach § 5 a HOAI vorzunehmende erforderliche lineare Interpolation in ihr nicht vorgerechnet, sondern nur deren Ergebnis mitgeteilt wird.

- **OLG Düsseldorf, Urteil vom 23.06.1995, BauR 1996, 289**
  Der Vorlage einer Kostenberechnung bedarf es zur Prüffähigkeit des Honorars für die Leistungsphasen 1 bis 4 des § 15 HOAI nicht, wenn sie zur weiteren Information des Auftraggebers nicht erforderlich ist und die vorgelegte Kostenschätzung soweit differenziert ist, daß eine Beurteilung nach § 10 Abs. 4 HOAI möglich ist.

- **OLG Düsseldorf, Urteil vom 14.11.1995, BauR 1996, 293**
Die Kostenberechnung , die im wesentlichen entsprechend der Spalte 2 der Kostengliederung der DIN 276: 1981-4 Teil 2 erfolgt ist, kann als Grundlage für die Honorarberechnung genügen, wenn die Ermittlung der anrechenbaren Kosten nach der Art ihrer Aufstellung und Aufgliederung den Formblättern der DIN 276: 1981-4 im wesentlichen gleichwertig ist.

- **BGH, Urteil vom 09.06.1994, BauR 1994, 655**
Die Schlußrechnung ist für den Auftrag insgesamt zu erteilen; sie ist nur dann prüffähig, wenn die Abschlagszahlungen in der Schlußrechnung ausgewiesen sind. Verlangt der Architekt eine besondere Vergütung für mehrere Vor- und Entwurfsplanungen nach § 20 HOAI oder einen Zuschlag für Umbauten oder Modernisierungen nach § 24 HOAI, dann ist eine Honorarschlußrechnung nur ordnungsgemäß, wenn in der Rechnung diese Honoraranteile gesondert aufgeführt und deren Voraussetzungen prüffähig angegeben sind.

- **OLG Düsseldorf, Urteil vom 28.10.1994, IBR 1995, 119**
Eine nachvollziehbare Schätzung der anrechenbaren Kosten kann der Honorarberechnung der Tragwerksplanung zugrunde gelegt werden, auch wenn sie möglicherweise nicht der DIN 276 entspricht (BGH IBR 1995, 67).

- **OLG Frankfurt/M, Urteil vom 15.04.1994, BauR 1994, 657**
Die Prüfbarkeit der Architektenhonorarschlußrechnung setzt nicht voraus, daß die den anrechenbaren Kosten zugrundeliegende Kostenermittlung sachlich und rechnerisch richtig ist. *sachlich und rechnerisch richtig*

- **BGH, Urteil vom 27.10.1994, BauR 1995, 126**
Eine Honorarschlußrechnung, die auf Schätzung beruhende Angaben enthält, kann ausnahmsweise schon dann für den Auftraggeber prüffähig sein, wenn der Architekt alle ihm zugänglichen Unterlagen sorgfältig auswertet und der Bauherr die fehlenden Angaben anhand seiner Unterlagen unschwer ergänzen kann. Kann der Architekt die in seiner Schlußrechnung genannten anrechenbaren Kosten insgesamt oder teilweise nur schätzen, weil er die Grundlagen für ihre Ermittlung in zumutbarer Weise nicht selbst beschaffen kann, und erteilt ihm der Auftraggeber vertragswidrig die erforderlich Auskünfte nicht und stellt er ihm die in seinem Besitz befindlichen Unterlagen nicht zur Verfügung, genügt der Architekt seiner Darlegungslast, wenn er die geschätzten Berechnungsgrundlagen vorträgt. Unter diesen Voraussetzungen obliegt es dem beklagten Auftraggeber, die geschätzten anrechenbaren Kosten in der Weise zu bestreiten, daß er unter Vorlage der Unterlagen die anrechenbaren Kosten konkret berechnet. *Schätzung der anrechenbaren Kosten*

- **OLG Köln, Urteil vom 01.04.1992, BauR 1992, 668**
Auch im Fall der Kündigung, aufgrund derer der Auftragnehmer einzelne Gewerke nicht mehr zu betreuen hat, bleibt es bei den vollen anrechenbaren Kosten des

ganzen Objekts als Abrechnungsbasis. Soweit eine Korrektur erforderlich ist, findet diese über die Vergütungssätze nach § 15 HOAI statt.

- **OLG Düsseldorf, Urteil vom 05.06.1980 BauR 1980, 490**
Für die Erstellung einer prüffähigen Honorarschlußrechnung ist erforderlich, daß die einzelnen Bestimmungen der HOAI, auf die sich die Abrechnung bezieht, die Ermittlung der anrechenbaren Kosten gem. § 10 HOAI unter Zugrundelegung des Kostenermittlungsverfahrens nach DIN 276, die Angabe und Begründung der Honorarzone, die Darlegung des Leistungsbildes, der Leistungsphasen und der entsprechenden Vomhundertsätze sowie die Spezifikation der Nebenkosten erfolgt, so daß die Auftraggeberin in der Lage ist, die Rechnung in ihren Einzelheiten nachzuvollziehen.

22.1.3
Prozessuales/Beweislast

Der Planer muß eine prüffähige Honorarschlußrechnung vorlegen. Gelingt ihm dies nicht, ist der Honoraranspruch als zur Zeit unbegründet abzuweisen. Das Honorar muß dann erneut eingeklagt werden. Stellt der Bauherr allerdings einen uneingeschränkten Klageabweisungsantrag, ist der Antrag nur dann erschöpfend durch den Richter gewürdigt, wenn er auch zur Begründetheit der Honorarforderung Ausführungen gemacht hat. Ob eine Schlußrechnung prüffähig ist, ist eine Rechtsfrage und daher vom Gericht zu entscheiden. Das Gericht muß konkrete Hinweise geben, warum die Rechnung nicht prüffähig ist. Die Prüffähigkeit einer Rechnung kann auch während des Prozesses hergestellt werden. Rügt der Auftraggeber die Prüffähigkeit der Honorarschlußrechnung nicht, sondern stellt er die rechnerische und sachliche Richtigkeit der Rechnung außer Streit, ist ihm der Einwand der fehlenden Prüffähigkeit abgeschnitten und kann von ihm nicht mehr nachträglich erhoben werden.

Hinweispflicht der Gerichte
- **OLG Koblenz, Urteil vom 05.12.2000, BauR 2001, 664**
Wenn die Frage der Prüffähigkeit einer Architektenhonorarschlußrechnung in der mündlichen Verhandlung erörtert und die der Rechnung zu Grunde liegende Kostenfeststellung erstmals in diesem Termin vorgelegt wird, muß das Gericht, dem eine eingehende Prüfung in der Verhandlung noch nicht möglich war, in der Folgezeit darauf hinweisen, daß diese Kostenfeststellung unzureichend ist und dem Kläger Gelegenheit geben, den Klagevortrag entsprechend zu ergänzen; in der Unterlassung des Hinweises und der Abweisung der Honorarklage als derzeit unbegründet ist ein Verstoß gegen das verfahrensrechtliche Gebot der richterlichen Aufklärung zu sehen (Fortführung der Rechtsprechung des BGH BauR 99, 635).

- **BGH, Urteil vom 28.09.2000, VII ZR 57 / 00**
Hat der Architekt seine Honorarklage im Vorprozeß auf eine wegen fehlender Schriftform unwirksame Pauschalpreisvereinbarung gestützt und verlangt er im Folge-

prozeß das nach der HOAI zulässige Mindesthonorar, handelt es sich um denselben Streitgegenstand. Hat das Gericht im Vorprozeß die Honorarklage abgewiesen, weil die Pauschalpreisvereinbarung unwirksam und der Anspruch auf Honorar nach Mindestsätzen wegen fehlender Darlegung der anrechenbaren Kosten nicht "schlüssig" sei, ergibt die Auslegung der Urteilsgründe regelmäßig, daß die Klage als derzeit unbegründet abgewiesen worden ist.

- **BGH, Urteil vom 04.05.2000, BauR 2000, 1182**
Die beklagte Partei ist beschwert, wenn sie endgültige Klageabweisung erstrebt, die Klage jedoch mangels Fälligkeit der Honorarforderung nur als zur Zeit unbegründet abgewiesen wird. Das Gericht hat in diesem Fall auch zu prüfen, ob die geltend gemachte Forderung begründet ist.

- **OLG Düsseldorf, Urteil vom 26.07.2000, IBR 2000, 553**
Der Prüffähigkeit der Honorarschlußrechnung des Architekten steht nicht entgegen, daß eine Abschlagsrechnung des Auftraggebers nicht berücksichtigt ist. Für die Prüffähigkeit sind auch Unterlagen zu beachten, die innerhalb des Prozesses überreicht werden.

- **OLG Stuttgart, Beschluß vom 11.01.1999, BauR 1999, 514**
Die Einholung eines Sachverständigengutachtens zur Frage der Prüffähigkeit einer Architektenhonorarrechnung stellt eine unrichtige Sachbehandlung durch das Gericht dar, die die Niederschlagung der dadurch verursachten Kosten gem. § 8 GKG rechtfertigt

- **OLG Frankfurt, Urteil vom 21.04.1999, IBR 1999, 278**
Der Planer kann eine prüffähige Schlußrechnung noch in II. Instanz vorlegen. Die inhaltliche Richtigkeit der Schlußrechnung ist keine Voraussetzung zu deren Prüffähigkeit. Legt der Planer eine prüffähige Schlußrechnung erst in II. Instanz vor, so trägt er die dadurch entstandenen Kosten, § 97, Abs. 2 ZPO.

- **BGH, Urteil vom 11.02.1999, BauR 1999, 516**
Welche Anforderungen an eine prüffähige Schlußrechnung zu stellen sind, hängt vom Einzelfall ab. Das Gericht hat den Auftragnehmer unmißverständlich darauf hinzuweisen, welche Anforderungen seiner Ansicht nach noch nicht erfüllt sind und dem Auftragnehmer Gelegenheit zu geben, dazu ergänzend vorzutragen. Allgemeine, pauschale oder mißverständliche Hinweise auf die fehlende Prüffähigkeit genügen nicht. *Anforderungen an eine prüffähige Schlußrechnung*

- **OLG Hamm, Urteil vom 16.01.1998, BauR 1998, 819**
Der Prozeßvortrag in einem Schriftsatz eines Architekten (Statikers) kann die Voraussetzungen einer prüfbaren Honorarschlußrechnung i. S. von § 8 Abs. 1 HOAI erfüllen und die Erstellung einer zusätzlichen Schlußrechnung zum Eintritt der Fälligkeit der Vergütung entbehrlich machen.

- **BGH, Urteil vom 18.09.1997, BauR 1997, 1065**
Stellt der Auftraggeber eine Architektenrechnung als im Ergebnis sachlich und rechnerisch richtig außer Streit, so kann er mangelnde Prüffähigkeit der Rechnung nicht mehr einwenden. Ist die sachliche und rechnerische Richtigkeit des Rechnungsergebnisses unstreitig, kommt es deshalb nicht darauf an, daß die Rechnung den formalen Anforderungen an eine prüfbare Rechnung entspricht. Die Prüffähigkeit der Architektenrechnung ist kein Selbstzweck.

- **BGH, Urteil vom 09.06.1994, BauR 1994, 655**
Bei der vorzeitigen Beendigung des Architektenvertrages trägt der Architekt die Darlegungs- und Beweislast für die von ihm bis zur Beendigung als tatsächlich erbracht abgerechneten Leistungen.

Honorarzone begründen

- **LG Heilbronn Urteil vom 16.04.1992, IBR 1993, 246**
Der Architekt muß in der Schlußrechnung die Honorarzone begründen. Sofern er sich nicht auf die Objektliste gem. § 12 HOAI bezieht, muß er angeben, auf Grund welcher Bewertungsmerkmale er zu den Punktzahlen gem. § 11 HOAI gelangt. Eine Begründung der Honorarzone kann allenfalls entfallen, wenn die Honorarzone zwischen den Parteien unstreitig ist.

- **OLG Düsseldorf, Urteil vom 24.06.1986, Sch/F/H § 8 Nr. 5**
Fehlt es im Ingenieurhonorarprozeß sowohl an einer Kostenschätzung als auch an einer Kostenberechnung, einem Kostenanschlag als auch an einer Kostenfeststellung, legt vielmehr der Ingenieur seiner Honorarberechnung ohne nähere Begründung nur eine bestimmte Baukostensumme zugrunde, so kann sich der Bauherr nicht auf ein bloßes Bestreiten der Höhe der anrechenbaren Kosten beschränken und deshalb auf eine fehlende Fälligkeit des Ingenieurhonoraranspruches berufen, da ihm die anrechenbaren Kosten bekannt sind oder er sie von seinem Architekten erfragen kann und er verpflichtet ist, dem Ingenieur die von dem Architekten zu erstellende Kostenermittlung zur Verfügung zu stellen.

22.2
Prüffähigkeit der Honorarschlußrechnung bei Pauschalhonorarvereinbarungen

Bei zulässigen Pauschalhonorarvereinbarungen sind die Anforderungen der Prüffähigkeit erheblich herabgesetzt und richten sich letztlich nach der Vereinbarung der Parteien. Der Auftragnehmer muß nur prüfbar darlegen, welche Leistungen von ihm erbracht worden sind und was er dafür abrechnet. Eine Darstellung der anrechenbaren Kosten, wie es § 10 HOAI vorsieht, ist nicht erforderlich. Teilweise wird vertreten, daß es überhaupt keiner prüffähigen Honorarschlußrechnung für die Fälligkeit des Honorars bedarf.

- **LG Düsseldorf, Urteil vom 26.01.2001, IBR 2001, 267**
Den Vertragsparteien steht es frei, die Leistungsbeziehungen eines Projektsteuerungs-

vertrages dem Werkvertrag zu unterstellen. Haben die Parteien ein Pauschalhonorar vereinbart, genügt für eine prüffähige Schlußrechnung die Angabe der vereinbarten Pauschale und der erfolgten Abschlagsrechnungen sowie die Möglichkeit des Auftraggebers die Restforderung zu ermitteln.

- **OLG Schleswig, Urteil vom 17.02.2000, BauR 2000,1886**
Vereinbaren die Parteien gem. § 26 HOAI ein Pauschalhonorar, dann bedarf es keiner prüffähigen Honorarschlußrechnung sondern nur der Abnahme, damit die Verjährung zu laufen beginnt und die Honorarforderung fällig wird.

- **KG, Urteil vom 22.02.1999, BauR 2000, 594**
Vereinbaren die Parteien für die Objektüberwachung gem. § 15 Abs. 2 Nr. 8 HOAI ein Pauschalhonorar für eine Bauzeit von 2 Jahren und wird dieser Vertrag während der Bauzeit gekündigt oder einverständlich beendet, so kann der bauleitende Architekt seinen restlichen Honoraranspruch für die bis zur Kündigung erbrachten Leistungen nicht nach der vereinbarten Abschlagszahlungsregelung und auch nicht zeitanteilig im Verhältnis der zeitlich ausgeführten Bauleitung zur Gesamtbauzeit prüfbar abrechnen, da die Bauleistungsaufgaben nicht zeitabhängig gleichmäßig anfallen.

- **OLG Naumburg, Urteil vom 02.12.1997, IBR 1999, 220**
Haben die Parteien ein Pauschalhonorar vereinbart, genügt für die Erstellung einer prüffähigen Honorarschlußrechnung eine Rechnung, die das vereinbarte Pauschalhonorar für die in Auftrag gegebenen Leistungen ausweist.

- **OLG Düsseldorf, Urteil vom 14.06.1996, BauR 1997, 163**
Bei vereinbartem Pauschalhonorar und vorzeitiger Vertragsbeendigung genügt für eine prüffähige Honorarschlußrechnung des Architekten die Angabe, welche Leistungsphasen erbracht sind und welcher Anteil der Pauschale dafür beansprucht wird. Auch wenn die Pauschalhonorarvereinbarung wegen Unterschreitung der Mindestsätze unwirksam ist, muß der Architekt, welcher nur das anteilige Pauschalhonorar verlangt, keine Schlußrechnung nach den höheren Mindestsätzen erteilen.

- **OLG Hamm, Urteil vom 03.11.1993, IBR 1994, 240**
Bei einem vereinbarten Pauschalhonorar für Leistungen bei der Tragwerksplanung *Pauschalpreis* genügt zur Prüffähigkeit der Honorarschlußrechnung die Angabe des Pauschalpreises und erfolgter Zahlungen. Hat der Architekt einen Pauschalhonorarvertrag gekündigt, so wird sein Honorar gem. § 8 HOAI erst fällig, wenn die überreichte Honorarschlußrechnung erkennen läßt, welche Leistungen erbracht worden sind und welcher Anteil des Pauschalhonorars dafür berechnet wird.

22.3
Prüffähigkeit der Honorarschlußrechnung nach Kündigung gem. § 649 BGB

Der Bauherr kann den Werkvertrag gem. § 649 BGB jederzeit kündigen. Der Auftragnehmer erhält zum Ausgleich hierfür die volle Vergütung abzüglich der ersparten Aufwendungen. Nach der grundlegenden Entscheidung des BGH vom 08.02.1996 dürfen diese nicht mehr pauschal mit 40 % abgerechnet werden. Vielmehr muß nunmehr ihre Höhe und die Ersparnisse substantiiert durch den Auftragnehmer vorgetragen werden. Dies gilt sowohl bei der Abrechnung nach HOAI als auch bei Pauschalhonorarvereinbarungen. Zwischenzeitlich hat der BGH zahlreiche Urteile erlassen, wie die ersparten Aufwendungen abzurechnen sind. Erforderlich ist eine Darstellung von erbrachten und nicht erbrachten Leistungen. Darüber hinaus muß durch den Auftragnehmer bezogen auf den einzelnen Auftrag dargelegt werden, wie, wann und ggf. mit wievielen Mitarbeitern er ausgeführt worden wäre, da deren Kosten eingespart werden können. Eine Kündigung der Mitarbeiter ist nicht erforderlich und zumutbar. Dargestellt werden muß aber, ob der Auftragnehmer die Mitarbeiter und/oder seine eigene Arbeitskraft anderweitig einsetzen konnte. Erspart sind darüber hinaus regelmäßig für den Vertrag aufzuwendende Büromaterialien, Fahrkosten unter 15 km (vgl. § 7 Abs. 2 Ziff. 4 HOAI) und die ersparten Kosten der Haftpflichtversicherung. Der Architekt muß die ersparten Aufwendungen schlüssig vortragen. Die Unrichtigkeit dieses Vortrages ist vom Bauherrn zu beweisen.

- **OLG Koblenz, Urteil vom 28.11.2000, BauR 2001, 826**
Eine Schlußrechnung ist nur dann prüfbar, wenn sie den Auftraggeber in die Lage versetzt, zu überprüfen, ob sie sachlich und rechnerisch richtig ist. Das bedeutet, daß der Architekt die Rechnung so aufstellen und gliedern muß, daß der Auftraggeber ihr entnehmen kann, welche Leistungen im einzelnen berechnet werden und auf welchem Wege und unter Zugrundelegung welcher, ebenfalls überprüfbarer Parameter die Berechnung vorgenommen wird. Sind – wie hier – nicht alle Leistungen erbracht worden, so hat der Architekt die erbrachten und nicht erbrachten Leistungen voneinander abzugrenzen und die Honorarteile zuzuordnen.

- **BGH, Urteil vom 21.12.2000, BauR 2001, 666**
Der Auftraggeber hat die Beweislast für ersparte Aufwendungen, anderweitige Verwendung der Arbeitskraft oder deren böswilliges Unterlassen. Den Auftragnehmer trifft lediglich eine erhöhte Darlegungslast.

- **OLG Düsseldorf, Urteil vom 19.12.2000, IBR 2001, 123**
Erfolgt vom Architekten infolge der Vertragsbeendigung die Mitwirkung bei der Vergabe der Leistungsphase 7 des § 15 HOAI nur bezüglich der Rohbauarbeiten, so ist das Honorar für diese Leistungsphasen nicht nach den geringeren anrechenbaren Kosten nur dieses Rohbaus, sondern nach den gesamten anrechenbaren Kosten, aber mit ermäßigtem Prozentsatz von 2 % statt 4 % zu berechnen. Ein Honoraranspruch besteht für erbrachte Teilleistungen einer Leistungsphase, also nicht nur für vollständig erbrachte Leistungsphasen.

- **BGH, Urteil vom 21.12.2000, IBR 2001, 125**
Der Auftraggeber hat die Beweislast für ersparte Aufwendungen, anderweitige Verwendung der Arbeitskraft oder deren böswilliges Unterlassen. Der Architekt bleibt auch nach einer Kündigung grds. berechtigt und verpflichtet, Mängel seiner bis zur Kündigung erbrachten Planung nachzubessern.

- **BGH, Urteil vom 28.10.1999, BauR 2000, 430**
Auch Architekten und Ingenieure müssen mit der Schlußrechnung die ersparten Aufwendungen aus einem gekündigten Werkvertrag konkret abrechnen, wenn sie die Vergütung nach § 649 S. 2 BGB fordern. Personalkosten gehören grundsätzlich nur dann zu den ersparten Aufwendungen, wenn sie infolge der Kündigung nicht mehr aufgewendet werden müssen. Er muß sich jedoch dasjenige anrechnen lassen, was er durch anderweitigen Einsatz des Personals erwirbt. Er muß sich grundsätzlich nicht solche Personalkosten anrechnen lassen, die dadurch entstehen, daß er eine rechtlich mögliche Kündigung des Personals nicht vorgenommen hat. Ersparte Kosten freier Mitarbeiter oder Subunternehmer muß er konkret vertragsbezogen ermitteln. Ein aus der Vergütung nach der HOAI berechneter durchschnittlicher Stundensatz ist keine tragfähige Grundlage für diese Berechnung. Er muß sich diejenigen sachlichen, projektbezogenen Aufwendungen als Ersparnis anrechnen lassen, die er infolge der Kündigung nicht hat und die mit der Vergütung abgegolten werden. Es genügt in der Regel, wenn er die Sachmittel zusammenfassend so beschreibt und bewertet, daß der Auftraggeber in der Lage ist, die Richtigkeit des dafür angesetzten Betrages beurteilen zu können. Anderweitigen Erwerb muß der Architekt nachvollziehbar und ohne Widerspruch zu den Vertragsumständen angeben. Zur Offenlegung seiner Geschäftsstruktur ist er nicht von vornherein verpflichtet.

Personalkosten

- **BGH, Urteil vom 30.09.1999, IBR 2000, 28**
Ist die Rechnung nur hinsichtlich der nicht erbrachten Leistungen nicht prüffähig, ist die Klage wegen des Honorars für erbrachte und nicht erbrachte Leistungen nicht vollumfänglich als derzeit unbegründet abzuweisen. Die Darstellung der ersparten Aufwendungen ist prüffähig, wenn sie bei den als erspart anzurechnenden Aufwendungen im Sinne des § 649 BGB die Personalkosten nach Stundenzahl und Stundenkosten ausweist und jeweils einen Gemeinkostenzuschlag von 50 % variabler Kosten (nämlich Verbrauchsmaterial wie Zeichen- und Büromaterial, die nach dem Auftragsvolumen berechnete Haftpflichtversicherung, Telefon, Porto, Fotokopie, und Kfz-Kosten, Verschleiß an Zeichen- und Schreibgerät) enthält. Eine weitere Zuordnung nach Leistungsphasen ist grundsätzlich nicht erforderlich.

- **OLG Celle, Urteil vom 08.07.1999, IBR 1999, 581**
Trägt ein Einzelarchitekt vor, er hätte keine weiteren Mitarbeiter beschäftigt und auch bei Fortführung des Vertrages keine eingestellt, sämtliche Leistungen hätte er selbst erbracht, dann ist ein Ansatz eines Pauschalbetrages von 40% für ersparte Aufwendungen berechtigt, wenn der Bauherr dem Vortrag des Architekten nicht widerspricht und keine Anhaltspunkte vorträgt, die diesen in Frage stellen. Eine konkrete Nachkalkulation ist dann entbehrlich.

- **OLG Celle, Urteil vom 22.04.1999, IBR 1999, 427**

konkrete Berechnung Der Architekt muß im einzelnen vortragen, welche ersparten Aufwendungen und welchen anderweitigen Erwerb er sich anrechnen lassen will. Es genügt nicht, nur einen bestimmten Prozentsatz in Ansatz zu bringen. Erforderlich ist eine konkrete Berechnung bezogen auf das konkrete Bauvorhaben. Der Architekt muß, wenn der Bauherr dessen Behauptung bestreitet, keinen Mitarbeiter beschäftigt und keine Ersatzaufträge hereinbekommen zu haben, Nachkalkulationen vorlegen und im einzelnen vortragen, welche sonstigen Aufträge er im fraglichen Zeitraum wahrgenommen hat und welche Versuche er gemacht hat, statt des gekündigten Auftrages Ersatzaufträge hereinzubekommen. Für eine Schätzung ist kein Raum, weil es im Einzelfall durchaus möglich sein kann, daß ersparte Aufwendungen und zumutbare anderweitige Verdienste zur völligen Kompensation des eigentlichen Vergütungsanspruchs führt.

- **BGH, Urteil vom 17.09.1998, BGH BauR 1999, 265**

Ist die Architektenschlußrechnung nur hinsichtlich der nicht erbrachten Leistungen nicht prüffähig, kann der auf die erbrachten Leistungen gerichtete Klageteil nicht als derzeit unbegründet abgewiesen werden.

Die Beurteilung der Prüffähigkeit einer Architektenrechnung setzt voraus, daß das Gericht hinreichende Feststellungen zu den Grundlagen der rechtlichen Prüffähigkeit getroffen hat. Die Anforderungen an die Prüffähigkeit können von der Anspruchsgrundlage abhängen, auf die der Architekt seine Forderung stützen kann.

- **OLG Celle, Urteil vom 16.07.1998, IBR 1999, 173**

Bei der Abrechnung eines gekündigten Architektenvertrages gem. § 649 BGB muß ein Architekt, der ein Ein-Mann-Büro ohne Personal betreibt, keine Nachkalkulation vorlegen, um die ersparten Aufwendungen darzutun. Seine Behauptung, daß er keine Ersatzaufträge hereinbekommen hat, reicht für die Schlüssigkeit der auf Zahlung des vollen Honorars gerichteten Klage aus.

- **KG, Urteil vom 06.07.1998, IBR 1999, 380**

anderweitiger Erwerb Der Architekt, dem es im Fall der vom Auftraggeber zu vertretenden Kündigung vertraglich gestattet ist, das Honorar unter Abzug eines pauschalierten Anteils an ersparten Aufwendungen von 40 % zu verlangen, muß sich daneben den durch die Kündigung möglich gewordenen anderweitigen Erwerb anrechnen lassen. Dem Auftraggeber obliegt die Darlegung dafür, daß dem Architekten durch die Kündigung eine solche Erwerbsmöglichkeit eröffnet wurde. (Da der Vertrag vom Architekten nicht einseitig gestellt war, kam das AGBG nicht zur Anwendung.)

- **BGH, Urteil vom 27.10.1998, BauR 1999, 167**

An den Umfang der Substantiierungspflicht dürfen keine überzogenen Anforderungen gestellt werden. Es ist für eine Darlegung der ersparten Aufwendungen nicht erforderlich, daß die erbrachten Leistungen von den nicht erbrachten Leistungen abgegrenzt werden, wenn lediglich die Höhe der Abzüge, nicht aber der Ausgangswert selbst im Streit stand. Das erkennende Gericht muß von sich aus den Parteien angeben, warum es den Vortrag der Partei als nicht ausreichend ansieht.

- **BGH, Urteil vom 08.02.1996, BauR 1996, 412 (Grundsatzentscheidung)**
Bei den als erspart anzurechnenden Aufwendungen ist auch beim Architektenvertrag auf den konkreten Vertrag abzustellen. Welche ersparten Aufwendungen und welchen anderweitigen Erwerb er sich anrechnen läßt, hat der Architekt vorzutragen und zu beziffern. Trägt er nur einen bestimmten Prozentsatz vor (hier 40 %), so genügt das nicht, weil nicht ersichtlich ist, wie er für den konkreten Vertrag gerade zu diesem Prozentsatz gekommen ist und ob er von dem richtigen Begriff der Ersparnisse ausgegangen ist.

- **OLG Stuttgart, Urteil vom 18.12.1996, IBR 1997, 470**
Kündigt der Bauherr den Architektenvertrag vorzeitig und ohne einen wichtigen Grund, so steht dem Architekten auch für die von ihm nicht erbrachte Leistung ein Vergütungsanspruch zu, hinsichtlich dessen ein Abzug für ersparte Aufwendungen dann ausscheidet, wenn der Architekt den für die Auftragsausführung zuständigen Mitarbeiter nach der Kündigung weiterbeschäftigt hat und binnen eines Jahres kein Ersatzauftrag eingegangen ist, für welchen dieser Mitarbeiter hätte eingesetzt werden können. Der Bauherr trägt die Beweislast dafür, daß die vom Architekten vorgetragenen Tatsachen unzutreffend sind.

- **OLG Düsseldorf, Urteil vom 12.01.1996, IBR 1996, 120**
Nach Kündigung des Architektenvertrags durch den Bauherrn aus wichtigem Grund während der Leistungsphase 8 des § 15 HOAI muß der Architekt auch dann, wenn ein Pauschalhonorar und ein Verzicht auf die Erstellung einer Schlußrechnung vereinbart war, zur Berechnung seines Honorars im einzelnen den Fertigstellungsstand des Bauvorhabens und den Umfang seiner erbrachten Leistung vortragen.

- **OLG Hamm, Urteil vom 13.05.1993, BauR 93, 633**
Hat der Architekt einen Pauschalhonorarvertrag gekündigt, wird sein Honoraranspruch gem. § 8 Abs. 1 HOAI erst fällig, wenn die überreichte Honorarschlußrechnung erkennen läßt, welche Leistungen erbracht worden sind und welcher Anteil des Pauschalhonorars dafür berechnet wird.

23
Bindungswirkung an die Honorarschlußrechnung

Karsten Meurer

In einer grundlegenden Entscheidung aus dem Jahre 1985 bejahte der BGH die Bindung des Architekten an seine einmal erstellte Honorarschlußrechnung. Nachforderungen waren regelmäßig ausgeschlossen, weil der Auftraggeber ein schutzwürdiges Vertrauen auf die Endgültigkeit dieser Abrechnung besitzt. Im Jahre 1992 lockerte der BGH die Bindungswirkung an die Honorarschlußrechnung. Eine Bindungswirkung besteht seitdem nur dann, wenn der Bauherr darauf Vertrauen durfte, daß keine weiteren Forderungen mehr an ihn gestellt werden und er entsprechend disponiert hat. Dies ist bspw. nicht der Fall, wenn die Schlußrechnung einen Vorbehalt enthält oder der Bauherr die Rechnung insgesamt als unrichtig oder nicht prüffähig zurückweist. Letztlich ist es immer eine Frage des Einzelfalles, ob an eine Schlußrechnung Bindungswirkung besteht oder nicht.

- **OLG Koblenz, Urteil vom 28.11.2000, BauR 2001, 826**
Der Architekt ist an eine einmal erstellte Schlußrechnung nach Treu und Glauben (§ 242 BGB) gebunden, wenn eine umfassende Prüfung der beiderseitigen Interessen die Schutzwürdigkeit des Auftraggebers ergibt. Dies ist dann nicht der Fall, wenn zwischen den Parteien von Anfang an Streit über die Zahlungsverpflichtung aus der ersten Schlußrechnung besteht und der Auftraggeber sie deshalb nicht bezahlt hat.

- **OLG Koblenz, Urteil vom 05.12.2000, BauR 2001, 664**
Der Architekt ist nicht gehindert, noch im Berufungsverfahren eine überarbeitete und in der Höhe abweichende neue Schlußrechnung vorzulegen, wenn der Auftraggeber schon die erste Schlußrechnung nicht beglichen hat; dann verstößt die Erteilung der neuen Schlußrechnung (und wesentlich höheren) Schlußrechnung nicht gegen Treu und Glauben. Eine Bindungswirkung an die alte Rechnung besteht daher nicht.

- **OLG Düsseldorf, Urteil vom 12.05.2000, BauR 2001, 277**
Eine Bindung des Architekten an seine Schlußrechnung scheidet aus, wenn der Auftraggeber nichts dafür vorträgt, daß er sich auf eine abschließende Berechnung der Honorarforderung eingerichtet hat.

- **BGH, Beschluß vom 06.04.2000, KG, Urteil vom 12.12.1997, IBR 2000, 389**

Darlegungslast Das Bestreiten der Prüffähigkeit der Architektenschlußrechnung verhindert das Entstehen einer schutzwürdigen Position des Bauherrn im Hinblick auf die Endgültigkeit der Rechnung.

- **BGH, Urteil vom 19.02.1998, BauR 1998, 579**
Ein Architekt ist nicht schon deshalb unter dem Gesichtspunkt widersprüchlichen Verhaltens daran gehindert, eine Nachforderung zur Schlußrechnung geltend zu machen, weil der Auftraggeber die mangelnde Prüffähigkeit der Schlußrechnung nicht alsbald, sondern erst im Prozeß rügt.

- **OLG Köln, Urteil vom 25.09.1998, IBR 1999, 233**
Eine Bindung an eine Honorarschlußrechnung des Architekten kann auch dann gegeben sein, wenn der Architekt ein unter den Mindestsätzen liegendes Honorar abrechnet, weil er dem Auftraggeber ob dessen schwerer Erkrankung finanziell entgegen kommen wollte. Ein Berufen auf die Mindestsätze, um dessen Undankbarkeit sanktionieren zu wollen, ist dann unzulässig.

- **OLG Köln, Urteil vom 13.01.1998, IBR 1998, 162**
Hat der Auftragnehmer sein Honorar zunächst nur aufgrund der Pauschalhonorarvereinbarung in einer Teilschlußrechnung abgerechnet und bestehen „gute Gründe" für eine nachträgliche Änderung der Rechnung, so stellt eine Nachforderung zur Schlußrechnung nicht stets ein treuwidriges Verhalten nach § 242 BGB dar, wenn eine Schutzwürdigkeit des Auftraggebers nicht vorliegt. Eine zwangsläufige Bindungswirkung der Rechnung besteht insofern also nicht.

- **OLG Düsseldorf, Urteil vom 26.09.1997, BauR 1998, 409**
Für die Bindung des Ingenieurs/Architekten an seine Schlußrechnung und/oder an eine unwirksame Pauschalhonorarvereinbarung kommt es darauf an, ob der Auftraggeber auf die Gültigkeit des Honorars tatsächlich vertraut und dementsprechend disponiert hat; die Rüge der Prüffähigkeit der Rechnung ist nur ein Beispielfall, in welchem der Auftraggeber sich in der Regel nicht auf Vertrauen berufen kann. *Vertrauen des Auftraggebers*

- **OLG Frankfurt, Urteil vom 03.07.1997, IBR 1998, 262**
Schiebt ein Architekt nach Bezahlung einer zuvor gestellten Rechnung eine höhere Honorarschlußrechnung nach, so ist hierin jedenfalls dann kein treuwidriges Verhalten zu sehen, wenn der Architekt aus Sicht des Bauherrn seine Leistung nicht endgültig abrechnen will.

- **OLG Düsseldorf, Urteil vom 31.05.1996, BauR 1997, 165**
Eine Bindung des Architekten an seine zunächst erteilte Honorarschlußrechnung ist zu verneinen, wenn keine Anhaltspunkte dafür bestehen, daß der Auftraggeber sich auf den Fortbestand der ursprünglichen Berechnung eingerichtet hat, weil die Neuberechnung schon nach rund 9 Monaten erfolgt und nur zu einem um wenige tausend DM höheren Honorar führt.

- **OLG Düsseldorf, Urteil vom 22.03.1996, BauR 1996, 742**
Eine Bindungswirkung an die Herstellungskosten tritt dann nicht ein, wenn die für die Berechnung maßgeblichen Umstände, nämlich die genauen Herstellungskosten, nicht mitgeteilt worden sind, so daß diese nur geschätzt werden können und auch dann nicht, wenn die Rechnung vom Bauherren nicht anerkannt und insbesondere keine Schlußzahlung hierauf geleistet wurde, so daß sich der Bauherr auf Vertrauensschutz nicht berufen kann.

- **OLG Düsseldorf, Urteil vom 28.10.1994, IBR 1995, 121**
Die BGH Rechtsprechung zur – eingeschränkten – Bindung des Architekten an seine Honorarschlußrechnung gilt für den Tragwerksplaner entsprechend. Eine Nachforderung des Tragwerksplaner nach erteilter Schlußrechnung kann gegen Treu und Glauben verstoßen. Sofern in der Änderung der Schlußrechnung eine unzulässige Rechtsausübung im Sinne von § 242 BGB liegt, ist der Tragwerksplaner an seine Schlußrechnung gebunden. Das ergibt sich allerdings noch nicht aus der Erteilung einer Schlußrechnung allein, sondern setzt vielmehr eine umfassende Abwägung der beiderseitigen Interessen voraus.

- **OLG Hamm, Urteil vom 11.03.1994, BauR 1994 795**
Eine Bindung an eine Honorarschlußrechnung ist abzulehnen, wenn dem Architekten die für die Honorarberechnung maßgeblichen Umstände – hier die Rohbaukosten – nicht vom Bauherren mitgeteilt worden sind, und das Fertigen der Kostenfeststellung vereinbarungsgemäß vom Bauherren zu erbringen war.

- **BGH, Urteil vom 05.11.1992, BauR 1993, 236 (Grundsatzentscheidung)**
Erteilt ein Architekt nach der HOAI eine Schlußrechnung, so liegt darin regelmäßig die Erklärung, daß er seine Leistung abschließend berechnet habe. Eine Nachforderung zur Schlußrechnung stellt nicht stets ein treuwidriges Verhalten nach § 242 BGB dar. Es müssen in jedem Einzelfall die Interessen des Architekten und die des Auftraggebers umfassend geprüft und gegeneinander abgewogen werden. Auf schutzwürdiges Vertrauen wird sich der Auftraggeber dann nicht berufen können, wenn er alsbald die fehlende Prüffähigkeit der Rechnung rügt, da er in diesem Fall in die Schlußrechnung gerade kein Vertrauen setzt.

- **BGH, Urteil vom 05.11.1992, BauR 1993, 239**
Sofern in der Änderung der Schlußrechnung eine unzulässige Rechtsausübung liegt, ist der Architekt an seine Schlußrechnung gebunden. Unterschreitet ein Architekt in seiner Schlußrechnung die Mindestsätze der HOAI, so entfällt nicht schon deswegen ein etwaiges schutzwürdiges Vertrauen des Auftraggebers in die Richtigkeit der Rechnung.

- **BGH, Urteil vom 01.03.1990, BauR 1990, 382**
Ein Vorbehalt auf einer Honorarschlußrechnung kann den durch sie begründeten Vertrauenstatbestand des Auftraggebers einschränken, wenn der Auftraggeber aufgrund des Inhalts des Vorbehaltes und der genannten besonderen Umstände des Einzelfalles das Risiko abschätzen kann, aus welchem Rechtsgrund, für welche Leistungen und in welcher Höhe der Architekt eine zusätzliche Honorarforderung möglicherweise nachträglich verlangen wird.

- **OLG Hamm, Urteil vom 29.01.1988, BauR 1989, 351 ff.**
Eine Bindungswirkung besteht auch an eine nicht prüffähige Honorarschlußrechnung. Es wäre nicht sach- und interessengerecht, wenn der Architekt, der nur eine nicht prüffähige Schlußrechnung vorlegen würde, besser behandelt würde, als wenn er eine prüffähige Schlußrechnung vorlegen würde.

- **BGH, Urteil vom 06.05.1985, BauR 1985, 582**
Daß der Architekt nach Treu und Glauben an seine Honorarschlußrechnung, die er in Kenntnis der für die Berechnung seiner Vergütung maßgeblichen Umstände erteilt hat, grundsätzlich gebunden ist, gilt auch für den Geltungsbereich der HOAI.

24
EXKURS 5: Rückforderung von Honorarüberzahlungen durch den Auftraggeber

Karsten Meurer

Verlangt der Architekt in seiner Honorarschlußrechnung Honorar, daß ihm weder nach dem Vertrag noch nach der HOAI zusteht, kann der Bauherr das überbezahlte Honorar nach den Grundsätzen des Bereicherungsrechts zurückverlangen. Der Architekt kann sich allerdings im Gegenzug auf den Wegfall der Bereicherung (vgl. § 818 BGB) berufen. Der Rückforderungsanspruch ist ausgeschlossen, wenn der Auftraggeber bei Zahlung die Nichtschuld gekannt hat (vgl. §§ 814 und 817 (nur bei Höchstsatzüberschreitungen) BGB). Ein Rückforderungsanspruch kann auch nach § 242 BGB verwirkt sein, wenn der Auftragnehmer bei objektiver Betrachtung darauf vertrauen durfte, daß eine Rückforderung nicht geltend gemacht wird.

- **VOB-Stelle Niedersachsen, 16.09.1998 , IBR 1999, 122**
Hat ein öffentlicher Auftraggeber die vom Auftragnehmer eingereichte Schlußrechnung überprüft und die dabei ermittelte Schlußzahlung geleistet, kann er unberechtigt geleistete Beträge nachher zurückfordern, wenn die Voraussetzungen einer Leistungskondiktion gem. § 812 Abs. 1 BGB vorliegen.

- **LG Düsseldorf, Urteil vom 21.04.1998, BauR 98, 1106**
Kennt der Auftragnehmer das Ergebnis der Rechnungsprüfung durch das Rechnungsprüfungsamt des Auftraggebers (Kommune) und haben die Parteien darüber sodann ein Jahr vorgerichtlich verhandelt und im Anschluß daran die Korrespondenz eingestellt, so muß der Auftragnehmer vier Jahre später nicht mehr damit rechnen, daß der öffentliche Auftraggeber wieder darauf zurückkommt. Der Auftragnehmer kann sich in diesem Falle erfolgreich auf den Einwand der Verwirkung berufen.

- **OLG Hamm, Urteil vom 03.06.1993, IBR 1993, 430**
Mehrwertsteuer, die vom Architekten vor der ersten Verordnung zur Änderung des § 9 HOAI vom 17.07.1984 in Rechnung gestellt wurde, hat dieser nach Bereicherungsrecht an den Bauherrn wieder herauszugeben. Dies gilt auch, wenn Bauherr und Architekt einen Vergleich über Honorar und Gegenansprüche abgeschlossen haben. Dann kann sich der Bauherr mit Erfolg auf die Regeln der fehlerhaften Geschäftsgrundlage berufen.

- **BGH, Urteil vom 11.06.1992, BauR 1992, 761**
Hat der Auftraggeber eine Honorarüberzahlung geleistet, kann er das zuviel bezahlte Honorar zurückverlangen. Der Rückforderungsanspruch scheitert nur dann an § 814 BGB, wenn der Auftraggeber nicht nur Kenntnis der Rechtsumstände sondern auch positiv weiß, nichts leisten zu müssen.

- **BGH, Urteil vom 06.12.1990, BauR 91, 223**
Fordert der Auftraggeber überzahlten Werklohn zurück, trägt er die Beweislast dafür, daß die Leistung ohne Rechtsgrund erfolgt ist. Dies gilt auch dann, wenn der Unternehmer zur Rechtfertigung des erhaltenen Werklohns einen anderen als den ursprünglich angegebenen Rechtsgrund behauptet.

- **LG München, Urteil vom 23.11.1988, BauR 1989, 486**
Der Begriff der gezogenen Nutzungen gem. § 818 Abs. 1 umfaßt nur die tatsächlich empfangenen Zinsen, nicht jedoch die ersparten Aufwendungen.

- **BGH, Urteil vom 14.01.1982, BauR 1982, 283**
Die den Vertragsparteien der öffentlichen Hand in der Regel bekannte Tatsache, daß die behördlichen Tätigkeiten durch Rechnungsprüfungsbehörden überwacht werden, spricht entscheidend dafür, daß Dienststellen der öffentlichen Hand im Zusammenhang mit Überprüfung von Rechnungen und der Anweisung von Zahlungen in aller Regel weder Vergleiche noch Schuldanerkenntnisse abgeben wollen, insbesondere nicht durch schlüssiges Verhalten. Ein Zeitraum von nicht ganz drei Jahren seit Eingang der Schlußzahlung reicht nicht schon deshalb zur Verwirkung des Anspruchs auf Rückzahlung überzahlten Werklohns aus, weil der Anspruch auf Zahlung des Werklohns nach zwei Jahren verjährt.

- **OLG Köln, Urteil vom 23.02.1978, BauR 1979, 252**
Ein bestehender Rückzahlungsanspruch der Auftraggeber ist verwirkt, wenn die Zeitspanne zwischen Bezahlung der Schlußrechnung und Rückforderung des überbezahlten Betrages unangemessen lang ist. Dies ist bei einer Zeitspanne von 7 Jahren der Fall, wenn der Auftragnehmer sich darauf verlassen durfte, daß eine Rückforderung nicht erfolgen werde und der Auftraggeber bei objektiver Betrachtung der Tatumstände diesen Eindruck erweckt hat.

25
Verjährung der Honorarforderung

Karsten Meurer

Die Verjährung der Honorarforderung beginnt gem. § 196 BGB am Ende des Jahres in dem sie gestellt worden ist und läuft für weitere zwei Jahre. Ist die Leistung für den Gewerbetrieb des Schuldners erbracht worden, beträgt die Verjährungsfrist vier Jahre (vgl. § 196 Abs. Ziff. 1 und Abs. 2 BGB).

Nach Ansicht des BGH beginnt die Verjährungsfrist erst zu laufen, wenn der Auftragnehmer eine prüffähige Honorarschlußrechnung gestellt hat. Dies gilt auch für den Fall der vorzeitigen Vertragsbeendigung. Der Auftragnehmer kann im Ergebnis den Beginn der Verjährungsfristen beliebig hinausschieben. Um einen früheren Verjährungsbeginn annehmen zu können, müssen besondere Umstände des Einzelfalles hinzutreten, um aus Gründen von Treu und Glauben die Fälligkeit des Honoraranspruchs bereits für einen Zeitpunkt annehmen zu können, in dem eine prüfbare

Honorarschlußrechnung des Architekten noch nicht vorgelegen hat. Nach Ansicht einiger Oberlandesgerichte ist dies der Fall, wenn der Auftraggeber den Auftragnehmer zur Rechnungsstellung auffordert und dieser dem nicht in angemessener Frist nachkommt.

Zudem kann das Recht auf Rechnungsstellung gem. § 242 BGB in Ausnahmefällen verwirkt sein, wenn nämlich neben dem Zeitablauf aus dem Verhalten des Auftragnehmers der Eindruck gewonnen werden konnte, daß dieser auf den Auftraggeber mit seiner Honorarrechnung nicht mehr zukommen wird.

- **BGH, Urteil vom 06.07.2000, IBR 2000, 507**

Die Verjährungsfrist gegen einen Architekten beginnt erst mit Abnahme bzw. mit der abnahmereifen Herstellung sämtlicher geschuldeter Leistungen, bei Vereinbarung der Leistungsphase 9 also regelmäßig erst 5 Jahre nach Fertigstellung des Bauwerks.

- **BGH, Urteil vom 16.12.1999, IBR 2000, 177**

Werden die ersparten Aufwendungen nach § 649 BGB in den AGB des Auftragnehmers auf 60% pauschaliert, ist eine Berücksichtigung des anderweitigen Erwerbs dennoch nicht verzichtbar.

- **BGH, Urteil vom 11.11.1999, BauR 2000, 589**

Ein Architektenhonorar wird auch bei vorzeitiger Beendigung des Architektenvertrages erst fällig, wenn der Architekt eine prüfbare Schlußrechnung erteilt. Weder die Vorlage einer nicht prüfbaren Rechnung, noch die spätere Vorlage einer prüfbaren Rechnung bedeuten für sich alleine treuwidrige Verhaltensweisen des Architekten. Vielmehr müssen zusätzliche Umstände gegeben sein, um aus Gründen von Treu und Glauben rechtliche Folgen einer Fälligkeit des Honoraranspruchs für den Zeitpunkt annehmen zu können, in dem eine prüfbare Honorarschlußrechnung des Architekten noch nicht vorgelegen hat.

prüfbare Schlußrechnung

- **OLG Oldenburg, Urteil vom 25.06.1998; BGH, Beschluß vom 13.07.2000 IBR 2000, 554**

Auch eine nicht prüffähige Honorarschlußrechnung löst die zweijährige Verjährung gem. § 196 BGB aus. Dies gilt jedoch nicht für den Fall, daß der Auftraggeber die mangelnde Prüffähigkeit rügt.

- **OLG Koblenz, Urteil vom 24.09.1998, BauR 2000, 755**

Formuliert der Architekt, „die Schlußrechnung würde lauten", erstellt er diese sodann und bietet er einen Nachlaß von 1/3 für eine Bereinigung der Angelegenheit an, so ist dies trotz der konjunktivischen Formulierung eine prüfbare Schlußrechnung, die den Lauf der Verjährungsfrist in Gang setzt.

- **LG Dortmund, Urteil vom 07.02.1996, BauR 1996, 744**

Das alleinige Abstellen auf den Eintritt der Fälligkeit der Honorarforderung durch Erteilung einer prüffähigen Schlußrechnung führt nämlich zu dem unbilligen Ergebnis, daß der Architekt den Beginn der Verjährungsfrist willkürlich und endlos hinausschieben kann. Der Auftraggeber kann daher dem Architekten eine angemessene Frist zur Erstellung der Schlußrechnung setzen, mit deren Ablauf muß er sich gemäß §§ 162 Abs. 1, 242 BGB so behandeln lassen, als habe er die prüffähige Schlußrechnung binnen angemessener Frist erstellt.

- **OLG Köln, Urteil vom 19.12.1991, Sch/F/H § 15 Nr. 7**

Leistungsphase 9 Gehört zu dem Werk, das der Architekt zu erbringen hat, auch die Objektbetreuung (Leistungsphase 9 des § 15 HOAI), so ist das versprochene Werk erst mit dem Abschluß der Arbeiten hergestellt und kann erst dann abgenommen werden. In diesem Fall kann der Architekt ein abnahmefähiges Werk erst anbieten, wenn alle Gewährleistungsfristen abgelaufen sind. Das hat zur Folge, daß sich der Anspruch des Architekten auf Abnahme seiner Leistung und sein Anspruch auf das restliche Honorar bis zur Beendigung dieses Zeitraumes hinausschieben und daß die Verjährung von Ansprüchen gegen den Architekten wegen mangelhafter Planung unter Umständen noch Jahre nach Fertigstellung des Bauwerkes nicht zu laufen beginnt, weil der Architekt die vergleichsweise gering dotierte Objektbetreuung übernommen hat.

- **BGH, Urteil vom 14.03.1991, BauR 1991, 489**

Die Verjährung der Honorarforderung des Architekten beginnt erst mit dem Schluß des Jahres nach ordnungsgemäßer Rechnungsstellung zu laufen. Dabei sind gem. § 10 Abs. 2 HOAI die der Honorarberechnung zugrunde zu legenden anrechenbaren Kosten nach DIN 276 zu ermitteln.

- **BGH, Urteil vom 19.06.1986, BauR 1986, 596**

Der Auftraggeber kann einem mit der Schlußrechnung säumigen Architekten eine angemessene Frist zur Rechnungsstellung setzen. Kommt dieser dann seiner Obliegenheit nicht alsbald nach, so kann dies dazu führen, daß er sich hinsichtlich der Verjährung seines Honoraranspruchs nach Treu und Glauben (§§ 162 Abs. 1, 242 BGB) so behandeln lassen muß, als sei die Schlußrechnung innerhalb angemessener Frist erteilt worden. Der Verordnungsgeber hat sich bei der Formulierung des § 8 HOAI zwar in etwa an die Regelung der VOB/B gehalten, jedoch davon abgesehen, dabei auch Bestimmungen wie die §§ 14 Nr. 3 und 4, 16 Nr. 3 Abs. 1 VOB/B zu treffen. Das muß hingenommen werden und rechtfertigt jedenfalls keine unterschiedliche Behandlung voll ausgeführter und vorzeitig beendeter Verträge.

- **OLG Düsseldorf, Urteil vom 24.06.1986, BauR 1988, 237**

Fälligkeit des Honoraranspruchs tritt bei Kündigung des Architektenvertrages mit Beendigung des Vertragsverhältnisses ein.

26
Honorar und AGB

Oftmals wird in Verträgen versucht die Abrechnungsmodalitäten der HOAI zu umgehen oder andere Honorarparameter zur Honorarberechnung heranzuziehen. Solche Klauseln sind in allgemeinen Geschäftsbedingungen (AGB) unzulässig und unwirksam, wenn durch sie die Mindestsätze unterschritten werden oder von den Honorarberechnungsvorschriften der HOAI überraschend abgewichen wird. Dies gilt insbesondere auch für Klauseln, in denen bestimmt wird, daß der Auftragnehmer das Honorar nach vom Auftraggeber geschätzten oder genehmigten Kosten zu ermitteln oder die Abrechnung mehrerer Gebäude nicht getrennt zu erfolgen hat. Ebenfalls problematisch sind Klauseln, in denen die Vomhundertsätze abgeändert werden, wenn einzelne Grundleistungen entfallen.

Karsten Meurer

Eine Klausel, nach der die Leistungen der Leistungsphasen 1 bis 8 nach Abschluß der Leistungsphase 8 fällig wird und die Leistungsphase 9 gesondert erbracht und abgerechnet wird, ist zulässig. Unzulässig sind Klauseln, in denen die Fälligkeit des Honorars von Ereignissen abhängig gemacht wird, auf die der Auftragnehmer selbst keinen Einfluß hat.

Ein Aufrechnungsverbot, wie es im Einheitsarchitektenvertrag von 1994 verwendet worden ist, ist zulässig. Unzulässig sind jedoch unbeschränkte Aufrechnungsverbote.

Allgemeine Geschäftsbedingungen, in denen die ersparten Aufwendungen nach Kündigung des Vertrages mit 40 % angesetzt werden, ohne daß die Einkünfte des Auftragnehmers durch anderweitige Verwendung seiner Arbeitskraft berücksichtigt werden und dem Auftraggeber der Nachweis höherer ersparter Aufwendungen verbleibt, sind ebenfalls unwirksam.

Ob § 8 Abs. 1 und 2 HOAI von der Ermächtigungsgrundlage des MRVG gedeckt ist, ist zweifelhaft. Hieran hat sich insbesondere auch für den Bereich der Abschlagszahlungen durch die Einführung des Gesetzes zur Beschleunigung fälliger Zahlungen nichts geändert. Der neu eingeführte § 632 a BGB sieht Abschlagszahlungen nur für den Fall der in sich abgeschlossenen Leistungen vor, die bei einem Architektenvertrag nur nach Abschluß der Leistungsphasen 1 bis 4, 5 bis 7 und 8 und 9 vorliegen dürften. § 8 HOAI sieht hingegen Abschlagszahlungen in angemessenen zeitlichen Abständen für erbrachte Leistungen vor. Die Geltung des § 8 HOAI kann zulässigerweise auch stillschweigend vereinbart werden.

- **BGH, Beschluß vom 23.11.2000; OLG Schleswig, Urteil vom 06.07.1999, IBR 2001, 70**

Ist dem Architekten die Vollarchitektur (Leistungsphasen 1 bis 9) übertragen worden, ist die Vereinbarung einer Teilabnahme nach Leistungsphase 8 in Allgemeinen Geschäftsbedingungen wegen mittelbarer Verkürzung der Verjährungsfrist unwirksam.

Vereinbarung einer Teilabnahme

- **BGH, Beschluß vom 15.06.200, IBR 2000, 387**
Durch in einen Architektenvertrag einbezogene AGB kann der Anspruch des Architekten aus § 649 Satz 2 BGB für nicht erbrachte Objektüberwachung nicht wirksam auf den Ersatz nachgewiesener notwendiger Aufwendungen beschränkt werden. Ein kalkulatorisches Gehalt des Architekten ist keine ersparte Aufwendung.

- **OLG Celle, Urteil vom 10.02.2000, BauR 2000, 763**
Ob § 8 Abs. 2 HOAI von der Ermächtigungsgrundlage in Art. 10 MRVG gedeckt ist, ist zweifelhaft. Vereinbaren die Parteien eines Architektenvertrages, daß Grundleistungen gem. § 15 HOAI erbracht werden sollen, wird damit zumindest stillschweigend zum Ausdruck gebracht, daß die HOAI auch sonst für die Abrechnung der Leistungen gelten soll, so daß § 8 Abs. 2 HOAI Vertragsbestandteil wird.

- **BGH, Urteil vom 06.05.1999, BauR 1999, 1045**
Eine Vergütungsvereinbarung, die vorsieht, daß zu den anrechenbaren Kosten des Vertragsgegenstandes Kosten eines Objektes der Berechnung des Honorars zugrunde gelegt werden sollen, das nicht Gegenstand des Auftrages ist, ist unwirksam.

- **OLG Frankfurt, Urteil vom 21.04.1999, BauR 2000, 435**
Die Aufrechnung mit Schadensersatzansprüchen des Bauherrn gegenüber dem Honoraranspruch des Architekten, kann in AGB wirksam auf unbestrittene und rechtskräftig festgestellte Ansprüche beschränkt werden.

- **OLG Celle, Urteil vom 25.05.1999, BauR 2000, 759**

Gewährleistungsansprüche Die vorformulierte Klausel in einem Architektenvertrag, wonach Gewährleistungsansprüche gegen den Architekten in 2 Jahren beginnend mit der Abnahme verjähren, ist gemäß § 11 Nr 10 f AGBG und auch bei Kaufleuten gem. § 9 AGBG unwirksam.

- **OLG Düsseldorf, Urteil vom 03.09.1999, IBR 2000, 87**
Das freie Kündigungsrecht des Auftraggebers kann durch Allgemeine Geschäftsbedingungen des Architekten nicht wirksam beschränkt werden.

- **OLG Köln, Urteil vom 13.03.1998, BauR 1999, 192**

Fälligkeitszinsen Im Nichtkaufmännischen Verkehr können im Wege von AGB nicht wirksam Fälligkeitszinsen vereinbart werden, weil eine solche Regelung der Inhaltskontrolle gemäß § 9 Abs. 2 Nr. 1 ABGB nicht standhält. Das Verbot des § 11 Nr. 4 AGBG erfaßt auch Klauseln über Verzugszinsen, die zwar nicht ausdrücklich Mahnung und Fristsetzung für entbehrlich erklären, die die Rechtsfolgen aber bei Nichtleistung innerhalb eines bestimmten Zeitraums ohne weiters eintreten lassen. Unter § 11 Nr. 5 b AGBG fällt auch eine Klausel, die für den rechtlich ungewandten Vertragspartner den Eindruck einer endgültigen, einen Gegenbeweis ausschließenden Festlegung einer Schadenspauschale erweckt („ ... ist mit ... % zu verzinsen").

- **BGH, Urteil vom 27.10.1998, BauR 1999, 167**
Die in Allgemeinen Geschäftsbedingungen eines Planungsbüros enthaltene Klausel:
„*Wird aus einem Grund gekündigt, den der Auftraggeber zu vertreten hat, erhält der Auftragnehmer für die ihm übertragenen Leistungen die vereinbarte Vergütung unter Abzug der ersparten Aufwendungen; diese werden auf 40 % der Vergütung für die noch nicht erbrachten Teilleistungen festgelegt.*"
ist auch im kaufmännischen Geschäftsverkehr unwirksam. Für die Auslegung des Begriffes der Klausel „vertreten hat" ist nicht § 276 BGB heranzuziehen, sondern eine Abgrenzung nach Risikosphären vorzunehmen.

- **BGH, Urteil vom 19.02.1998, BauR 1998, 579**
Die Parteien eines Architektenvertrages können im Rahmen der Privatautonomie vereinbaren, daß der Honoraranspruch des Architekten erst entsteht, wenn der Auftraggeber das Bauvorhaben ausführt.

- **BGH, Urteil vom 04.12.1997, BauR 1998, 357**   *60:40 Klausel*
Ist ein Architekt Verwender einer nach dem AGB-Gesetz unwirksamen Klausel über die Abrechnung nicht erbrachter Leistungen, nach der das auf diesen Leistungsanteil entfallende Honorar abzüglich pauschal 40 % für ersparte Aufwendungen ohne Regelung des Gegenbeweises vereinbart ist, dann kann er selbst nicht mehr als 60% seines Honorars verlangen, wenn sich nach den Grundsätzen über die Abrechnung vorzeitig beendeter Architektenverträge ein Honorar ergeben sollte, daß über 60% der Forderung übersteigt.

- **BGH, Urteil vom 10.10.1996, BauR 1997, 156**   *60:40 Klausel*
Die in Allgemeinen Geschäftsbedingungen eines Planungsunternehmers enthaltene Klausel
„*In den übrigen Fällen (also abgesehen von den Fällen, in denen ein wichtiger Grund vorliegt, den der Auftragnehmer zu vertreten hat) behält der Auftragnehmer den Anspruch auf das vertragliche Honorar, jedoch unter Abzug der ersparten Aufwendungen, die mit 40 % für die vom Auftragnehmer noch nicht erbrachten Leistungen vereinbart werden*"
ist entsprechend §§ 11 Nr. 5b und 10 Nr. 7 AGBG unwirksam.

- **OLG Düsseldorf, Urteil vom 24.11.1995, IBR 1996, 140**
Die Klausel
„*der Auftragnehmer ist verpflichtet, seine Ansprüche vor Beginn der Arbeiten schriftlich geltend zu machen und eine schriftliche Vereinbarung herbeizuführen, wenn er meinen sollte, für eine solche Leistung Anspruch auf eine besondere, über die schriftliche Vereinbarung hinausgehende Vergütung zu haben; geschieht dies nicht, besteht kein Anspruch auf Vergütung hierfür*"   *Schriftformklausel*
gilt nicht für völlig selbständige Leistungen, die der Auftragnehmer nach Beendigung seiner vertraglichen Leistungen erbringt. Sofern für solche Leistungen kein wirksamer Auftrag erteilt ist, sind sie nach den Regeln der Geschäftsführung ohne Auftrag zu vergüten.

- **OLG Oldenburg, Urteil vom 23.03.1994, IBR 1995, 70**

Aufrechnungs- Das Aufrechnungsverbot in § 4.5 der Allgemeinen Vertragsbestimmungen zum
verbot Einheitsarchitektenvertrag AVA ist wirksam, so daß der Bauherr mit seinem (streitigem) Schadensersatzanspruch nicht einmal gegen die Honoraransprüche aufrechnen kann.

- **OLG Düsseldorf, Urteil vom 27.03.1992, BauR 1992, 541**

In AGB eines Architektenvertrages, durch den der Architekt mit allen Leistungen des § 15 HOAI einschließlich der Phase 9 beauftragt wird, ist die Klausel
„die Verjährung beginnt mit der Abnahme des Bauwerks. Die Abnahme erfolgt spätestens mit der Ingebrauchnahme."
wegen Verstoßes gegen § 11 Nr. 10 f. AGBG unwirksam.

- **OLG Düsseldorf, Urteil vom 25.07.1986, BauR 1987, 590**

Die Klausel in einem Architektenvertrag, nach der die endgültige Honorarberechnung auf der Grundlage der durch die Bewilligungsbehörde anerkannten Gesamtkosten bei Schlußabrechnung erfolgen soll, hält einer Inhaltskontrolle nach § 242 BGB nicht stand und ist daher unwirksam.

- **BGH, Urteil vom 09.07.1981, BauR 1981, 582**

Die Klausel
"3. Honorar
*Für die in diesem Vertrag festgelegten und zur Abwicklung des Bauvorhabens erforderlichen weiteren Leistungen des Architekten (ohne Sonderwünsche) wird ein Pauschalhonorar vereinbart, das baldmöglichst von der Bautreuhand auf folgender Grundlage bestimmt wird:
1. ...
2. Die Bautreuhand schätzt als endgültige Honorargrundlage für alle Leistungsphasen des Architekten die Herstellungskosten nach Erfahrungswerten, wofür eingabereife Pläne und Kubikmeterberechnungen Voraussetzungen sind"*
ist wegen Verstoßes gegen §§ 9–11 AGBG unwirksam, weil sie die erhebliche Gefahr in sich birgt, daß der beauftragte Architekt seine Leistungen nicht angemessen vergütet erhält, wie sie ihm nach der HOAI zustehen soll.

- **BGH, Urteil vom 09.07.1981, BauR 1981, 582**

Die Klausel
„umfaßt dieser Auftrag mehrere zusammen konzipierte Gebäude auf gleichem oder benachbartem Gelände, so hat die Honorarberechnung aus der Gesamtsumme der geschätzten anrechenbaren Kosten zu erfolgen"
ist unwirksam, da sie gegen den wesentlichen Grundgedanken des § 22 HOAI verstößt.

- **BGH, Urteil vom 09.07.1981, BauR 1981, 582**

Die Klausel
„Umfaßt dieser Auftrag mehrere gleiche, spiegelgleiche oder nach einem im wesentlichen gleichen Entwurf auszuführende Gebäude, so hat die Honorarabrechnung aus der Gesamt-

summe der geschätzten anrechenbaren Kosten zu erfolgen. Das Honorar ist durch die Zahl der Gebäude zu teilen und für die Wiederholungen um die in § 22 Abs. 2 HOAI vorgesehenen Vomhundertsätze ohne Rücksicht auf zeitlichen oder örtlichen Zusammenhang und gleiche oder ungleiche bauliche Verhältnisse zu kürzen."

mehrere Gebäude

ist wegen Verstoßes gegen § 22 HOAI unwirksam.

- **BGH, Urteil vom 09.07.1981, BauR 1981, 582**
Die Klausel
„Der Architekt stellt seine Schlußrechnung nach Nachweis über die Behebung sämtlicher bei der Objektübergabe festgestellter Baumängel und mängelfreier Ausführung etwaiger Restarbeiten sowie nach Eingang der amtlichen Gebrauchsabnahmebescheinigung bei der Bautreuhand."
ist wegen Verstoßes gegen die Fälligkeitsvorschrift des § 8 HOAI unwirksam, da der Fälligkeitszeitpunkt des Honorars unangemessen und auf für den Architekten unbestimmbare Zeit hinausgeschoben wird.

27
Honorarrecht und Wettbewerbsrecht

Auftraggeber gehen oftmals dazu über, von Architekten Honorarangebote zu verlangen. Unzulässig sind solche Aufforderungen dann, wenn sie dazu auffordern, die Mindestsätze der HOAI zu unterschreiten, weil zum Beispiel keine oder falsche Honorarparameter (Honorarzone, anrechenbare Kosten und Zuschläge, prozentuale Bewertung der Grundleistungen) genannt worden sind. Da es in erster Linie Sache der Architekten und Ingenieure ist, die Honorarordnung einzuhalten, handelt der Auftraggeber nur dann wettbewerbswidrig, wenn ihm der Verstoß gegen das Honorarrecht erkennbar ist.

Karsten Meurer

- **OLG Düsseldorf, Urteil vom 25.04.2000, BauR 2001, 274**
Eine Kommune handelt gem. §§ 1004 BGB i. V. m. § 1 UWG wettbewerbswidrig, wenn sie Honorarangebote über Ingenieurleistungen abfragt,
– ohne die Honorarzone vorzugeben
– ohne die Bewertung der Grundleistungen nach der Honorarordnung für Architekten und Ingenieure in Prozentsätzen anzugeben
– in denen das Erstellen der bauphysikalischen Nachweise für den Wärmeschutz und der bauphysikalischen Nachweise für den Schallschutz als „Besondere Leistung" eingeordnet ist.,
– in denen der Umbau- und der Anpassungszuschlag zum und im Altbau als „Besondere Leistung" eingeordnet ist, weil es ihr dann deutlich erkennbar ist, daß ihre Ausschreibung gegen die das für Architekten und Ingenieure geltende Preisrecht der Honorarordnung verstößt.

- **BGH, Urteil vom 10.10.1996, NJW 1997, 2180**
Die Einhaltung der Mindestsätze der HOAI ist in erster Linie Sache der Architekten und Ingenieure. Verstößt eine Aufforderung zur Angebotsabgabe über die Höhe des Honorars gegen die Mindestsatzregelung der HOAI, dann kommt eine wettbewerbsrechtliche Haftung des Ausschreibenden nur dann in Betracht, wenn er dies selbst in zumutbarer Weise hätte erkennen können.

- **OLG Bremen, Urteil vom 14.11.1996, BauR 1997, 499**

Festpreisangebot Wer Architekten oder Ingenieure zur Abgabe eines Festpreisangebotes auffordert, ohne die erforderlichen anrechenbaren Kosten des Objektes anzugeben, provoziert, daß die Mindestsätze der HOAI unterschritten werden und handelt damit wettbewerbswidrig.

- **OLG München, Urteil vom 26.10.1995, BauR 1996, 283**
Fordert der Auftraggeber Architekten und Ingenieure zur Abgabe eines Angebotes für Leistungen auf, für die in der HOAI Mindestsätze vorgeschrieben sind, so handelt er als Störer gem. § 1004 BGB i. V. m. § 1 UWG, wenn in dem Aufforderungsschreiben die Höhe der anrechenbaren Kosten nicht angegeben ist. Hierdurch bringt der Auftraggeber nämlich zum Ausdruck, daß Angebote außerhalb dieses Kriteriums und unter Mißachtung der Mindestsätze der HOAI abgegeben werden sollen, was er auch hätte erkennen können.

- **OLG Braunschweig, Urteil vom 01.06.1995, IBR 1996, 205**

Honorarzone Eine Ausschreibung ist nicht bereits deshalb wettbewerbswidrig, weil in Ihr keine Angaben zur Honorarzone gemacht werden, wenn der Ausschreibung die Pläne beigefügt worden sind. Eine Wettbewerbswidrigkeit ist erst dann gegeben, wenn die Aufforderung als Abgabe eines Angebotes unterhalb der Mindestsätze verstanden werden muß.

- **LG Marburg, Beschluß vom 04.11.1993, IBR 1994, 69**
Anfragen an Architekten über die Höhe des Honorars für von der HOAI erfaßte Architektenleistungen sind unzulässig, wenn die für die Einordnung in ein Leistungsbild und in die zutreffende Honorarzone notwendigen Angaben fehlen und die anrechenbaren Kosten nicht genannt sind.

- **OLG Frankfurt, Urteil vom 26.05.1992 NJW-RR 1992, 1321**

wettbewerbs- Die Werbung: „kostenlose Erstellung eines Wohnanlagenentwurfes" verstößt dann
widrige Werbung gegen § 3 UWG, wenn nur eine grobe provisorische Planungsskizze kostenlos erstellt wird, weil wesentliche Verkehrskreise, zu denen auch die Mitglieder des Senates gehören durch diese Werbung, den Entwurf einer schon in der Grundstruktur „fertigen" Wohnanlage erwarten, der dann noch als Skizze individuell verändert werden kann.

- **LG Nürnberg-Fürth, Urteil vom 12.06.1992, BauR 1993, 105**
Das Angebot der Auftraggeberin, die geforderten Architektenleistungen für ein unter den Mindestsätzen liegendes Honorar (hier 10.000.– DM) zu erbringen, stellt eine Aufforderung zu einem Verstoß gegen § 4 Abs. 2 HOAI dar und ist damit wettbewerbswidrig, weil ihr dies erkennbar war.

- **BGH, Urteil vom 02.05.1991, BauR 1991, 638**
Eine öffentlich-rechtliche Gebietskörperschaft (hier: eine Stadt) ist wettbewerbsrechtlich als Störer zur Unterlassung verpflichtet, wenn sie im Zusammenhang mit der Erschließung eines Baugebietes Honoraranfragen an Ingenieure richtet, die so abgefaßt sind, daß sie zu einer wettbewerbswidrigen Unterbietung der Mindestsätze der Honorarordnung für Architekten und Ingenieure (HOAI) führen können. Dies gilt insbesondere dann, wenn die prozentuale Bewertung der Grundleistungen durch den Auftragnehmer selbst erbracht werden kann.

28
EXKURS 6: Herausgabeansprüche des Bauherrn

Karsten Meurer

Der Architektenvertrag ist ein Werkvertrag. Die Hauptleistungspflicht des Bauherrn ist die Bezahlung des Honorars und die Abnahme des Werkes. Die Hauptleistungspflicht des Planers besteht in dem Entstehenlassen des Bauwerkes, einschließlich dem Erstellen der Pläne, wobei der Auftragnehmer verpflichtet ist vorzuleisten. Ein Zurückbehaltungsrecht an Planunterlagen steht dem Auftragnehmer nach der Rechtsprechung grundsätzlich auch nach Kündigung des Vertrages nicht zu. Dies gilt selbst dann, wenn der Bauherr fällige Abschlagsrechnungen nicht bezahlt hat.

- **OLG Hamm, Urteil vom 20.08.1999, BauR 2000, 295**
Der planende Architekt ist im Hinblick auf erstellte Baupläne und sonstige Unterlagen vorleistungspflichtig, so daß er sich nicht auf ein Zurückbehaltungsrecht oder sonstiges Leistungsverweigerungsrecht wegen noch offen stehender Honoraransprüche berufen kann. Dies gilt auch bei einem vorzeitig gekündigten Architektenvertrag für die bis zur Kündigung erstellten Planungsunterlagen, deren Herausgabe (Mutterpausen) im Wege der einstweiligen Verfügung verlangt werden kann.

Vorleistungpflicht

- **OLG Hamm, Urteil vom 04.06.1998, NJW-RR 1999, 96**
Ein Bauherr hat nach Fertigstellung eines Bauwerks gegen den planenden und bauleitenden Architekten keinen Anspruch auf Herstellung und Herausgabe weiterer Ausführungszeichnungen und auf Herstellung und Herausgabe eines Bautagebuchs.

- **OLG Köln, Beschluß vom 11.07.1997, BauR 1999, 189**
Bauunterlagen, die für die Durchführung des Bauvorhabens dringend erforderlich sind, können auch im Wege der einstweiligen Verfügung vom Architekten herausverlangt werden. Ein Zurückbehaltungsrecht wegen vom Bauherrn nicht bezahlter

kein Zurückbehaltungsrecht

Abschlagsrechnungen steht dem Architekten nicht zu. Ein Architekt ist verpflichtet seinem Bauherrn Mutterpausen zur Verfügung zu stellen, wenn er ein Urheberrecht an den Plänen geltend macht.

- **OLG Frankfurt, Beschluß vom 21.01.1982, BauR 1982, 295**

Selbst wenn die Architektenpläne für ein Zweifamilienhaus als die Verkörperung eines Werkes der bildenden Kunst anzusehen sind und daher das schon begonnene Bauwerk Urheberschutz genießt, kann der Architekt, der die Pläne im Auftrag des Bauherrn hergestellt hat, die weitere Ausführung des Baues im Zweifel nicht verbieten, weil der Bauherr mit dem Werklohn im Rückstand sei oder weil er (abredewidrig) den Architekten nicht mit der Ausführung beauftragt habe. Der Architekt ist somit hinsichtlich der Nutzungsbefugnis seiner Pläne vorleistungspflichtig. Nur bei Vorliegen besonderer Umstände, insbesondere einer entsprechenden Abrede, kann der Architekt berechtigt sein, die urheberrechtliche Nutzungsbefugnis gleichsam zurückzurufen.

- **OLG Köln, Urteil vom 08.11.1972, BauR 1973, 251**

Originalzeichnungen Der Architekt ist Eigentümer der von ihm hergestellten Originalzeichnungen. Mangels besonderer Vereinbarung ist er nicht verpflichtet, die Originale dem Auftraggeber zu übereignen. Dieser hat üblicherweise nur einen Anspruch auf Lichtpausen.

Abkürzungsverzeichnis

AZ	Aktenzeichen
a. A.	anderer Ansicht
a. F.	alte Fassung
AGBG	Allgemeines Geschäftsbedingungsgesetz
BauR	Zeitschrift für gesamte öffentliche und private Baurecht
BauGB	Baugesetzbuch
BGH	Bundesgerichtshof
BGB	Bürgerliches Gesetzbuch
bspw.	beispielsweise
BverfG	Bundesverfassungsgericht
BverwG	Bundesverwaltungsgericht
DAB	Deutsches Architektenblatt
d. h.	das heißt
gem.	gemäß
grds.	grundsätzlich
GKG	Gerichtskostengesetz
h. M.	herrschende Meinung
HOAI	Honorarordnung für Architekten und Ingenieure
Hess.GemO	Hessische Gemeindeordnung
IBR	Zeitschrift Immobilien und Baurecht
i. d. F.	in der Fassung
i. V. m.	in Verbindung mit
KG	Kammergericht
LG	Landgericht
LBG der Architekten	Landesberufsgericht der Architekten
Lph.	Leistungsphase
MRVG	Gesetz zur Verbesserung des Mietrechts und zur Begrenzung des Mietanstiegs sowie zur Regelung von Ingenieur- und Architektenleistungen
m. M.	Minder Meinung
NJW	Neue Juristische Wochenschrift
NJW-RR	Neue Juristische Wochenschrift Rechtsprechungsreport
NZ-Bau	Neue Zeitschrift für Baurecht
OLG	Oberlandesgericht
Rspr.	Rechtsprechung
Sch/F/H	Schäfer, Finnern, Hochstein, Rechtsprechungs-Loseblattsammlung
TBAE	Tabellarische Übersicht der Entscheidungen des Bau- und Architektenrechtes
u. U.	unter Umständen
UWG	Gesetz gegen den unlauteren Wettbewerb
VOB/B	Verdingungsordnung für freiberufliche Leistungen Teil B

Abkürzungsverzeichnis (Fortsetzung)

z. B.	zum Beispiel
ZfBR	Zeitschrift für deutsches und internationales Baurrecht
ZPO	Zivilprozeßrecht

Erklärung der Abkürzung der Gerichte:

BGH VII ZR 95/ oc

Bedeutet:	Gericht:	BGH
	VII	7. Senat
	ZR	Zivilrecht
	95	laufende Aktennummer
	oo	aus dem Jahr 2000

III
Die Honorarklage des Architekten
Wegweiser für eine erfolgreiche Prozeßführung

Rechtsanwalt Christian Wirth

Partner der
Rechtsanwaltssozietät White & Case, Feddersen LLP
Kurfürstendamm 32
10719 Berlin

III Die Honorarklage des Architekten

Inhalt

1	**Einführung**	287
2	**Die Rechtliche Grundlage der Honorarforderung**	287
2.1	Grundlage des Anspruchs: Der Architektenvertrag	288
2.1.1	Abgrenzung zur Akquisitionstätigkeit	289
2.1.2	Voraussetzungen des Honoraranspruchs	289
2.1.3	Leistungsbeschreibung durch Bezugnahme auf § 15 HOAI	289
2.1.4	Leistungsbeschreibung ohne Bezugnahme auf § 15 HOAI	290
2.2	Unterschiedliche Vertragsgestaltungen	290
2.2.1	Erhöhung des Honorarsatzes	291
2.2.2	Pauschalhonorar	291
2.2.3	Zeithonorar	291
2.2.4	Wirksame Honorarvereinbarung	292
2.2.4.1	Voraussetzung: „Schriftliche Vereinbarung"	292
2.2.4.2	Voraussetzung: „Bei Auftragserteilung"	292
2.3	Vertragspartner	292
2.3.1	Gesellschaftsformen auf der Architektenseite	292
2.3.2	Gesellschaftsformen auf der Auftraggeberseite	293
2.4	Verjährung des Honoraranspruchs	294
2.4.1	Beginn der Verjährungsfrist	294
2.4.2	Ende der Verjährungsfrist	295
2.4.3	Neuerungen durch die Schuldrechtsreform	295
2.5	Folgen für die Honorarklage	296
2.5.1	Möglichst genaue Leistungsbeschreibung im Architektenvertrag	296
3	**Einige Grundsätze des Prozeßrechtes**	296
3.1	Vorbemerkung	296
3.2	Dispositionsmaxime	297
3.3	Verhandlungsgrundsatz (Beibringungsmaxime)	297
3.4	Die Bedeutung der Begriffe Schlüssigkeit und Substantiierung	297
3.4.1	Schlüssigkeit	298
3.4.2	Substantiierung	299
3.4.3	Mündlichkeitsgrundsatz und Verspätung	300
3.5	Die Beweislast	301
3.6	Streitverkündung	301
3.7	Das gerichtliche Mahnverfahren	303

4	**Umfang und Fälligkeit der Vergütung: Voraussetzungen einer Honorarklage**	*304*
4.1	Grundvoraussetzung: Eine prüfbare Schlußrechnung	*304*
4.1.1	Die Honorarzone	*305*
4.1.2.	Anrechenbare Kosten	*305*
4.1.2.1	Ermittlung nach DIN 276	*305*
4.1.2.2	Kostenermittlungsarten	*306*
4.1.3	Auskunftsanspruch und Kostenschätzung	*307*
4.2	Angabe der erbrachten Leistungen	*308*
4.3	Bindungswirkung der Schlußrechnung	*308*
4.4	Abschlagszahlungen	*313*
5	**Der gekündigte Vertrag**	*314*
5.1	Honoraranspruch bei gekündigtem Vertragsverhältnis	*314*
5.2	Besonderheit: Pauschalisierungsvereinbarungen	*314*
6	**Praktische Tips für eine erfolgreiche Klage**	*315*
6.1	Vorbereitung auf das Erstgespräch mit dem Rechtsanwalt	*315*
6.1.1	Zugrundeliegender Architektenvertrag	*316*
6.1.2	Geschuldeter Leistungsinhalt	*316*
6.1.3	Die mangelfreie und vollständige Erbringung der geschuldeten Leistung	*316*
6.1.4	Generelle Zurverfügungstellung der gesamten Korrespondenz oder ausschnittsweise Überreichung?	*318*
6.1.5	Die Übersendung einer prüffähigen Schlußrechnung (Mahnungen)	*318*
6.1.6	Einwendungen der Gegenseite	*319*
6.2	Präventive Maßnahmen zur Verbesserung der Prozeßchancen	*319*
7	**Exkurs: Das Gesetz zur Modernisierung des Schuldrechts und die Reform der ZPO**	*322*
7.1	Modernisierung des Schuldrechts	*322*
7.2	Das Zivilprozeßreformgesetz	*323*
8	**Schlußwort**	*323*
	Literatur	*324*

1
Einführung[1)]

Das moderne Wirtschaftsleben ist durch einen immer härter werdenden Wettbewerb gekennzeichnet. Diese Entwicklung hat auch und gerade die Bauwirtschaft und damit auch die Architekten erfaßt. Es ist überall zu sehen, daß sehr große Investitionen und Anstrengungen unternommen werden, um wettbewerbsfähig zu bleiben. Das Hauptaugenmerk wird dabei natürlich in erster Linie auf die Stärkung der eigenen Leistungskraft und damit der Akquisition und möglichst effektiven Umsetzung eines Auftrages gerichtet. So atemberaubend hier zum Teil die Entwicklung ist, so erstaunlich ist gleichzeitig, daß in den Überlegungen vieler die Sicherung und effektive Realisierung des Honoraranspruches häufig keine oder allenfalls eine nur untergeordnete Rolle spielt. Konsequenz und Folge daraus ist, daß auch kein auf den Ernstfall zugeschnittenes Aktenmanagement erfolgt. Eine strategische Vertragsgestaltung und Bearbeitung mit dem Ziel, im Ernstfall bereits für eine gerichtliche Auseinandersetzung gerüstet zu sein, findet sehr selten statt. Hinzu kommt, daß häufig auch gar nicht bekannt ist, welche Möglichkeiten einer effektiven Vorsorge aber auch eines effektiven und durch möglichst wenig Reibungsverluste gekennzeichneten Verhalten bei dem Weg zu den Gerichten besteht.

In diesem Kapitel soll deshalb nicht nur das materiell-rechtliche Umfeld und die prozessuale Situation etwas näher erläutert, sondern auch konkrete Tips für die Ausnutzung von Gestaltungsspielräumen gegeben werden.

Um das Ziel, eine für die tägliche Handhabung brauchbaren Ratgeber an die Hand zu geben umzusetzen, war eine Themenauswahl unerläßlich. Ein Anspruch auf Vollständigkeit kann und soll die Abhandlung nicht erheben. Wo es angezeigt schien, ist auf weiterführende und vertiefende Literatur verwiesen worden.

Zum Redaktionsschluß dieses Buchkapitels war die zum 1.1.2002 in Kraft getretene Schuldrechts- und Zivilrechtsreform noch nicht verabschiedet. Die nachstehenden Ausführungen orientieren sich daher noch an der für die Altverträge auch grundsätzlich noch fortgeltenden Rechtslage bis zum 31.12.2001. Soweit möglich, sind im Text Hinweise auf Änderungen angebracht. Einen Ausblick und eine stichpunktartige Zusammenfassung der maßgeblichen Modifikationen enthält der Exkurs zu 7.

2
Die Rechtliche Grundlage der Honorarforderung

Bevor auf die prozessualen Anforderungen eingegangen wird, sei zunächst das Augenmerk auf den Honoraranspruch selbst gerichtet. Dieser ist unbedingt von den dem Architekten vertrauten Leistungsphasen der HOAI zu unterscheiden.

[1)] Ich danke Herrn RA Frederik Paul für tatkräftige Unterstützung und Herrn RA Thomas Michalczyk, für wertvolle Hinweise und Anregungen.

Grundlage des Honoraranspruchs ist der zwischen dem Architekten und dem Auftraggeber geschlossene Architektenvertrag. Rechtlich handelt es sich beim Architektenvertrag um einen Werkvertrag im Sinne des § 631 ff. BGB, das heißt der Architekt schuldet seinem Auftragnehmer grundsätzlich einen Leistungserfolg, der jeweils im konkreten Architektenwerk liegt. Für dieses Gewerk kann der Architekt nach Fertigstellung eine Vergütung beanspruchen, wobei er sich bei der Rechnungslegung an den verschiedenen in der HOAI enthaltenen Leistungsbildern orientiert.

Dies führt oft zu einem Mißverständnis über die Bedeutung der HOAI. Häufig wird die HOAI quasi als eine Beschreibung der vom Architekten geschuldeten Leistungen behandelt. Dies ist nicht richtig.

In einer Entscheidung vor einigen Jahren hat der Bundesgerichtshof klargestellt, daß es sich bei der HOAI um ein rein-öffentlich-rechtliches-Preisrecht handelt. Das bedeutet, daß die HOAI nichts dazu sagt, welche Leistungen der Architekt für die Erfüllung des konkreten Planungsauftrages erbringen muß. Welche Leistungen der Architekt schuldet, ergibt sich ausschließlich aus dem Architektenvertrag und der darin zwischen den Parteien ursprünglich festgelegten Leistungsbeschreibung.

Die HOAI dagegen regelt in erster Linie, in welcher Höhe der Architekt ein Honorar für die vertragsmäßig erbrachte Leistung verlangen kann.

Merksatz **Die HOAI regelt grundsätzlich das Honorar lediglich der Höhe nach!**

Daneben enthält die HOAI auch besondere (preisrechtliche) Regelungen, unter welchen Voraussetzungen für erbrachte Leistungen ein Honorar verlangt werden kann. So bestimmt etwa beispielsweise § 4 HOAI, daß Honorarvereinbarungen, die die Mindestsatzhonorare überschreiten, der Schriftform bedürfen.

Merksatz **Ob ein Honoraranspruch dem Grunde nach besteht, regelt sich nach den allgemeinen zivilrechtlichen Grundsätzen (Werkvertragsrecht des BGB)!**

2.1
Grundlage des Anspruchs: Der Architektenvertrag

Ob der Architekt tatsächlich eine Leistung vertragsgemäß erbracht hat, wird hingegen durch die allgemeinen Regeln des Werkvertragsrechtes des Bürgerlichen Gesetzbuches bzw. unmittelbar durch den zwischen den Parteien geschlossenen Architektenvertrag bestimmt.

In diesem Zusammenhang sei nur kurz darauf hingewiesen, daß sich tatsächlich die geschuldete Leistung oftmals nicht direkt aus den Verträgen ergibt, sondern im Wege der Auslegung ermittelt werden muß.

2.1.1
Abgrenzung zur Akquisitionstätigkeit

Aus der praktischen Erfahrung bedeutend ist hierbei die Abgrenzung zur vorbereitenden Aquisitionstätigkeit, die noch keinen Honoraranspruch des Architekten auslöst.

Dies ist vor allem dann problematisch, wenn (noch) kein schriftlicher Vertrag vorliegt und sich die Tätigkeit des Architekten noch im Anfangsstadium befindet. Denn lediglich werbende Tätigkeiten des Architekten muß der Auftraggeber nicht vergüten. Dies ist etwa dann der Fall, wenn sich der Architekt „anbietet" und auf „eigenes Risiko" tätig wird oder sich mit Mitbewerbern auseinandersetzen muß.

Die Rechtsprechung zieht die Grenze dort, wo der Architekt absprachemäßig in die konkrete Planung übergeht. Dabei muß eine konkretes Honorar nicht erörtert worden sein. Es besteht jedoch die Möglichkeit sich vorbereitende Tätigkeiten durch einen sogenannten Vorvertrag gesondert vergüten zu lassen. Weitere Ausführungen zur Vertragsgestaltung würden den Rahmen der Erörterung sprengen und vom eigentlichen Thema der Honorarklage wegführen. Zur Vertiefung verweisen wir hierzu auf die sehr detaillierten Ausführungen in Löffelmann/Fleischmann, „Architektenrecht", Kapitel 3.

2.1.2
Voraussetzungen des Honoraranspruchs

Für die Honorarstreitigkeit mit dem Auftraggeber ist diese Differenzierung zwischen Preisrecht einerseits und Vertragsrecht anderseits von großer Bedeutung. Will der Architekt seinen Honoraranspruch gerichtlich geltend machen, so reicht es nicht, darauf zu verweisen, daß er bestimmte Leistungsbilder der HOAI erbracht hat. Denn wie gesagt, die HOAI regelt nur das Honorar der Höhe nach. Um einen Honoraranspruch geltend zu machen, muß der Architekt nachweisen, daß ihm das Honorar auch dem Grunde nach zusteht, so daß es auf den geschlossenen Vertrag ankommt. Der Architekt muß also darlegen, welcher Auftrag ihm erteilt wurde, was Inhalt des mit dem Auftraggeber geschlossenen Vertrags ist, und welche der nach dem Vertrag zu erbringenden Leistungen erfüllt sind.

2.1.3
Leistungsbeschreibung durch Bezugnahme auf § 15 HOAI

In der Praxis hat diese Differenzierung häufig deshalb keine entscheidende Bedeutung. Dies deshalb, weil sich die Parteien des Werkvertrages häufig an den Begrifflichkeiten der HOAI orientieren. Sie vereinbaren also beispielsweise, daß der Architekt für ein bestimmtes Bauvorhaben die Grundlagenermittlung, die Vorplanung, die Entwurfsplanung und die Genehmigungsplanung erbringen soll, und beziehen sich dabei auf z. B. § 15 HOAI. In solchen Fällen haben die Vertragsparteien quasi den Inhalt der HOAI als Beschreibung der geschuldeten Leistung verwendet und so zum Gegenstand des Vertrages gemacht. Das heißt, daß in der Praxis häufig die Leistungsbilder der HOAI durch die Wiedergabe im zugrundeliegenden Vertrag auch zum Teil der Leistungsbeschreibung geworden sind.

Merksatz

Die Leistungsbilder der HOAI können dann Grundlage des Honoraranspruchs sein, wenn sie durch die Vertragspartner ausdrücklich in den Architektenvertrag als Leistungsbeschreibung eingeführt worden sind.

2.1.4
Leistungsbeschreibung ohne Bezugnahme auf § 15 HOAI

Entscheidend ist die Differenzierung zwischen Preisrecht einerseits und Vertragsrecht andererseits, wenn der Auftraggeber den Architekt z. B. damit beauftragt, „alle für die Errichtung des Bauvorhabens X erforderlichen Architektenleistungen" zu erbringen. In solchen Fällen kann die Frage, ob dem Architekten Honorar dem Grunde nach zusteht, nicht an der HOAI bemessen werden. Hier muß gefragt werden, welche Leistungen der Architekt erbringen muß, um das konkrete Bauvorhaben zu realisieren. Das ergibt sich jedoch nicht aus der HOAI, sondern aus dem Auftrag selbst. Zur Verdeutlichung ein Beispiel:

Beispiel

Handelt es sich bei dem Bauvorhaben etwa um einen Neubau, wird der Architekt sicher die Leistung erbringen müssen, die in der HOAI als Grundlagenermittlung, Vorplanung, Entwurfsplanung, Genehmigungsplanung etc. bis einschließlich der Bauüberwachung beschrieben sind. Handelt es sich bei dem Bauvorhaben dem gegenüber z. B. um eine Sanierung, wird je nach dem, welche Arbeiten ausgeführt werden sollen, die Leistung individuell bestimmt. In diesem Fall kann etwa eine Genehmigungsplanung nicht erforderlich sein, sofern die Bauarbeiten nicht genehmigungsbedürftig sind.

2.2
Unterschiedliche Vertragsgestaltungen

Grundsätzlich gilt gemäß § 632 Abs. 2 BGB, daß sofern in dem Architektenvertrag das Honorar der Höhe nach nicht vereinbart ist dem Architekten die „übliche Vergütung" zusteht. Diese bemißt sich nach den vorstehend geschilderten Maßstäben an der HOAI und zwar nach dem Mindestsatz. Soweit, wie es häufig in der Praxis geschieht, Mindestsatzhonorare „vereinbart" werden, handelt es sich im eigentlichen Sinne um keine Vereinbarung, sondern um eine lediglich deklaratorische Festschreibung dessen, was dem Architekten nach dem Bürgerlichen Gesetzbuch ohnehin zusteht.

Das Honorar kann der Höhe nach jedoch in Grenzen abweichend von den Mindestsätzen vereinbart werden. Hier gibt es im wesentlichen drei Möglichkeiten:

2.2.1
Erhöhung des Honorarsatzes

In der Regel unproblematisch ist eine Erhöhung des Honorarsatzes, also ein Honorar über den Mindestsätzen. Begrenzt wird die Möglichkeit das Honorar zu vereinbaren hier nur durch den Höchstsatzcharakter der HOAI.

Für die Schlußrechnung gilt hier dasselbe wie vorstehend erläutert, nur eben mit der abweichenden Honorarsatz für die erbrachten Leistungen.

2.2.2
Pauschalhonorar

Häufig wird ein Pauschalhonorar vereinbart. Auch dies ist innerhalb der Mindest- und Höchstsätze unproblematisch.

Für die Schlußrechnung ist die Vereinbarung eines Pauschalhonorars insoweit von Vorteil, als die Angabe von Honorarzone, anrechenbare Kosten usw. in der Schlußrechnung entbehrlich sind. Es genügt eine Bezugnahme auf die Pauschalvereinbarung.

Problematisch sind hier natürlich die Fälle, in denen der Architektenvertrag von Abschluß der Leistung gekündigt wurde. Hier ist es zur Durchsetzung des Honoraranspruches in der Regel erforderlich, eine Vergleichsrechnung nach HOAI Maßstäben anzufertigen. Der Architekt muß berechnen, welches Honorar sich nach HOAI für die vollständige Leistung ergebe und welcher Honoraranteil für die gekündigten Leistungen zustünde. Dieses Verhältnis – volles Honorar zu anteiligem Honorar – entspricht dem anteiligen Pauschalhonoraranspruch für die gekündigten Leistungen.

2.2.3
Zeithonorar

Es gibt häufig Fälle, in denen die Architekten Zeithonorare vereinbaren. Hier ist wichtig zu wissen, daß Rechtsprechung und Kommentar der Literatur fast durchweg davon ausgehen, daß ein Zeithonorar nur in den Fällen wirksam vereinbart werden kann, in denen die HOAI ein Zeithonorar ausdrücklich zuläßt, also beispielsweise für besondere Leistungen, die nicht mit einer Grundleistung vergleichbar sind (§ 5 Abs. 4 Satz 3 HOAI), die Entwicklung und Herstellung von Fertigteilen (§ 28 Abs.3 Satz 1 HOAI) oder bestimmte Gutachten (§ 33 HOAI).

Für „normale Grundleistungen" oder sonst übliche Architektenleistung kann im Regelfall ein Zeithonorar nicht wirksam vereinbart werden.

2.2.4
Wirksame Honorarvereinbarung

Die Durchsetzung des Honoraranspruchs auf Grundlage einer von den Mindestsätzen abweichenden Vereinbarung setzt – von Ausnahmefällen abgesehen – voraus, daß die Vereinbarung wirksam ist. Wie oben erwähnt ist hier zum einen der Mindest- und Höchstsatzcharakter zu beachten. Viele Honorarvereinbarungen, vor allem Pauschalhonorarvereinbarungen scheitern aber daran, daß die Maßgaben des § 4 Abs. 4 HOAI nicht eingehalten worden sind. Hier ist zweierlei zu beachten:

2.2.4.1 Voraussetzung: „Schriftliche Vereinbarung"
Zum einen muß das Honorar schriftlich vereinbart werden. Es bedeutet, daß die Honorarvereinbarung von beiden Parteien des Vertrages unterzeichnet werden muß. Ist diese Formvorschrift nicht eingehalten, ist die Vereinbarung unwirksam. Dies bedeutet allerdings nicht – wie oft geäußert wird – daß der Architektenvertrag unwirksam ist. Unwirksam ist in solchen Fällen nur die Vereinbarung des Honorars selbst. Dies hat zur Folge, daß dem Architekten dann jedenfalls das Mindestsatzhonorar zusteht.

2.2.4.2 Voraussetzung: „Bei Auftragserteilung"
Zum anderen muß die schriftliche Honorarvereinbarung bei Auftragserteilung getroffen werden. Dies wird in der Praxis häufig übersehen. Es kommt regelmäßig vor, daß der Architekt zunächst mündlich beauftragt wird, mit seinen Leistungen beginnt und die Honorarvereinbarung zu einem späteren Zeitpunkt getroffen wird. Diese Vereinbarung ist, mit den bereits genannten Folgen, ebenfalls unwirksam. Wieder steht dem Architekten nur das Mindestsatzhonorar zu.

Macht also der Architekt sein Honorar auf Grundlage einer von den Mindestsätzen abweichenden Vereinbarung geltend, muß diese Vereinbarung in beiden eben genannten Anforderungen „schriftlich" und „bei Auftragserteilung" entsprechen. Ist dies nicht der Fall, ist eine auf Basis der unwirksamen Honorarvereinbarung aufgestellte Schlußrechnung vor Gericht nicht durchsetzbar.

2.3
Vertragspartner

Wesentlich für eine Klage ist auch, wer Vertragspartner und damit Inhaber der Honorarforderung geworden ist. Die Vertragsgestaltung ist nicht Gegenstand dieses Buches. Wir verweisen insoweit auf die weiterführende Literatur, insbesondere Werner/Pastor „Der Bauprozeß", Rn. 600 ff. An dieser Stelle soll nur kurz auf einen wichtigen Punkt hingewiesen werden, der häufig prozessual von Bedeutung ist: Die genaue Kenntnis der jeweiligen Vertragsparteien.

2.3.1
Gesellschaftsformen auf der Architektenseite

Haben sich mehrere Architekten in Form einer eingetragenen Kapitalgesellschaft (GmbH oder AG) zusammengeschlossen, so ist es relativ einfach nachzuvollziehen, daß Gläubiger eines Honoraranspruches nur die Gesellschaft sein kann, die ihre Forderung geltend machen muß.

Die klassischen Personengesellschaften des HGB(KG und OHG) sind allerdings für Architekten nicht ohne weiteres zugänglich, da ihre Tätigkeit grundsätzlich kein Handelsgewerbe darstellt. Vielfach sind Architektenbüros daher in Partnerschaften organisiert, die keine richtigen Gesellschaftsstrukturen aufweisen.

Das Gesetz kennt zwar seit 1994 die Möglichkeit der eingetragenen Partnerschaftsgesellschaft für die sogenannten „freien Berufe", zu denen auch die Architekten gehören. Diese Rechtsform hat sich in der Praxis jedoch bisher nicht durchgesetzt. Die eingetragene Partnerschaft kann in Analogie zur OHG selbst klagen und verklagt werden. Sie wird ebenfalls wie die Handelsgesellschaften selbst Vertragspartner und damit Gläubigerin einer entstehenden Honorarforderung.

Häufig haben sich zwei oder mehrere Architekten jedoch ohne besondere Rechtsform zusammengeschlossen und treten nach außen gegenüber Geschäftspartnern gemeinsam auf.

In der Praxis nennt man eine solche nicht besonders vereinbarte Gesellschaftsform eine Gemeinschaft bürgerlichen Rechts „GbR". Hat eine solche GbR einen Architektenvertrag geschlossen, so kann ein Partner alleine nicht Zahlung an sich, sondern nur an die Gesellschaft verlangen. Den Gläubiger der Honorarforderung ist auch hier stets die Gesellschaft in ihrer Gesamtheit.

Da alle Gesellschafter einer GbR auch für die Handlungen der GbR nach außen haften, sollte daher stets das Vorgehen der Gesellschaft mit den Partnern abgestimmt sein.

2.3.2
Gesellschaftsformen auf der Auftraggeberseite

Bedeutender ist die Frage der richtigen Vertragspartner jedoch auf der Gegenseite. Hier können unterschiedlichste Konstellationen vorliegen, so daß es wichtig ist, die genaue Gesellschaftsform und die jeweiligen gesetzlichen Vertreter der Gesellschaft zu kennen.

Handelt es sich bei dem Auftraggeber um eine GmbH, so kann diese unproblematisch direkt verklagt werden. Der Geschäftsführer haftet hingegen nicht unmittelbar. Er kann nur in Ausnahmefällen bei einer Insolvenz der GmbH subsidär in die Haftung genommen werden.

Häufig hat man es in der Praxis jedoch auch auf der Gegenseite mit einer nicht besonders ausgestalteten Mehrheit von Gesellschaftern zu tun. Der gängigste Fall ist dabei die sogenannte Wohnungseigentümergemeinschaft „WEG", die rechtlich eine GbR darstellt.

Nach der bisherigen Rechtsprechung mußten alle Gesellschafter gemeinsam als persönlich haftende Mitglieder der GbR verklagt werden, sofern man die GbR direkt in Anspruch nehmen wollte. Es bestand daneben die Möglichkeit nach der sogenannten Doppelverpflichtung auch die jeweiligen Gesellschafter alleine persönlich in Anspruch zu nehmen. Ein Zugriff auf das Gesellschaftsvermögen war dabei nicht möglich.

Die GbR selbst war nicht rechtsfähig und konnte deshalb nicht unmittelbar in Anspruch genommen werden. Dadurch erhöht sich die Zahl der Beklagten und somit das Prozeßrisiko erheblich.

In einer jüngsten Entscheidung hat der Bundesgerichtshof nunmehr die Rechte der formlosen „GbR" verbessert und ihr die Möglichkeit eingeräumt selbst als Prozeßpartei auftreten zu können. In der Entscheidung vom 29. Januar 2001, AZ: II ZR 331/00 (in NJW 2001, S. 1056) hat er ausgeführt:

Urteil

„Die (Außen-)GbR besitzt Rechtsfähigkeit, soweit sie durch Teilnahme am Rechtsverkehr eigene Rechte und Pflichten begründet. In diesem Rahmen ist sie zugleich im Zivilprozeß aktiv und passiv parteifähig."

Der BGH hat damit die GbR den anderen Personengesellschaften gleichgestellt, soweit sie im Rechtsverkehr als Vertragspartner gegenüber Dritten auftritt.

Merksatz

Für die Geltendmachung von Ansprüchen ist daher stets zu berücksichtigen, wer genau Partei des Architektenvertrages und folglich Inhaber und Schuldner der Honorarforderung ist.

2.4
Verjährung des Honoraranspruchs

Der dem Architekten zustehende Vergütungsanspruch besteht auch nicht für ewige Zeiten. Die Durchsetzung des Vergütungsanspruchs wird durch die sogenannte Verjährung begrenzt. Sinn und Zweck dieses Rechtsinstituts ist es, nach einer gewissen Zeit einen dauerhaften Rechtsfrieden herzustellen, indem der Schuldner nicht mehr damit rechnen muß, mit Forderungen überzogen zu werden.

Ob eine Klage überhaupt noch Sinn macht, bestimmt sich daher auch danach, wann der Honoraranspruch verjährt. Der Architekt sollte daher die nachfolgenden Regeln der Verjährung beherzigen und sich bereits bei Legung der Schlußrechnung die Verjährungsfristen notieren.

2.4.1
Beginn der Verjährungsfrist

Maßgeblich für jede Verjährung ist zunächst der Zeitpunkt, ab dem die Verjährung zu laufen beginnt. Generell ist dies der Zeitpunkt der sogenannten Fälligkeit, das heißt der Zeitpunkt, an dem der Vergütungsanspruch vom Vertragspartner verlangt werden kann.

Im Falle des Architektenhonorars setzt dies die Erbringung der vertragsgemäßen Leistung und die Übergabe einer prüffähigen Honorarschlußrechnung an den Vertragspartner voraus. Wann eine prüffähige Rechnung vorliegt, wird noch nachfolgend unter 4. erläutert werden.

Die Verjährungsfrist beginnt dann gemäß §§ 198, 201 BGB zum Ende des Jahres, indem die prüffähige Honorarschlußrechnung an den Vertragspartner übergeben worden ist.

2.4.2
Ende der Verjährungsfrist

Nach den allgemeinen Regeln der Verjährung kann eine Vergütung für eine erbrachte Leistung grundsätzlich nur binnen zwei Jahren verlangt werden, § 196 Abs.1 Nr. 7 BGB. Nach Ablauf dieser Frist ist die Durchsetzung des Honoraranspruchs dauerhaft gehemmt, sofern der Schuldner eine entsprechende Einrede erhebt. Diese Einrede wird regelmäßig spätestens in einem Prozeß erhoben.

Eine vierjährige Verjährungsfrist bestimmt § 197 BGB, wenn sowohl der Vertragspartner, als auch der Architekt ordentliche Kaufleute im Sinne des HGB sind und der Auftrag im Rahmen eines Handelsgeschäfts erfolgte. Ein solcher Fall kann etwa gegeben sein, wenn für kommerzielle Investoren eine Architektenauftrag durchgeführt wird.

Die Honorarforderung verjährt in der Regel nach zwei Jahren. Sind beide Vertragspartner ordentliche Kaufleute, verjährt die Honorarforderung ausnahmsweise nach vier Jahren.
Die Verjährungsfrist beginnt mit der Übergabe einer prüffähigen Honorarschlußrechnung.
Die Honorarforderung verjährt in der Regel nach zwei Jahren.
Die Verjährungsfrist beginnt zum Ende des Jahres, in dem eine prüffähige Honorarschlußrechnung an den Auftraggeber übergeben worden ist.

Merksatz

2.4.3
Neuerungen durch die Schuldrechtsreform

Die Schuldrechtsreform hat auch das Verjährungsrecht grundsätzlich neu strukturiert. Die vorstehenden Ausführungen zu Ziffer 2.4 gelten daher uneingeschränkt nur für Altverträge, das heißt solche, die vor dem 1.1.2002 geschlossen worden sind. Für Neuverträge gelten bereits die Reformvorschriften, die im Exkurs zu Ziffer 7 unter Hinweis weiterführende Literatur stichpunktartig zusammengefaßt sind.

2.5
Folgen für die Honorarklage

Aus dem Vorangesagten ergeben sich bereits zwei wesentliche Aspekte, die vom Architekten beherzigt werden sollten.

2.5.1
Möglichst genaue Leistungsbeschreibung im Architektenvertrag

Der Architekt sollte sich bereits bei Vertragsgestaltung darüber im klaren sein, welche Leistungen erbracht werden sollen und für eine entsprechende Beschreibung sorgen. Dies vereinfacht bei einem späteren Prozeß die Darlegung, welche Leistungen dem Grunde nach vertragsgemäß erbracht worden sind.

3
Einige Grundsätze des Prozeßrechtes

3.1
Vorbemerkung

Obwohl viele Architekten schon durch ihre berufliche Tätigkeit über sehr weitreichende materielle Rechtskenntnisse verfügen, beschäftigen sich die wenigsten mit dem gemeinhin als trocken und übertrieben formalistisch geltendem Prozeßrecht, der Zivilprozeßordnung (ZPO).
　Dies ist ein großer Fehler, der häufig sehr viel Geld kostet. Sofern Architekten mit ihrer Honorarforderung vor Gericht nicht durchdringen, liegt dies meistens gar nicht in dem Fehlen eines Anspruches, sondern vielmehr in der ungenügenden Beachtung der einzuhaltenden Formvorschriften begründet. Hierbei wird dann meistens auch verkannt, daß die Befassung mit dem Prozeßrecht nicht erst dann einsetzen muß, wenn die Klage schon unmittelbar bevor steht, sondern zu einem viel früheren Stadium, nämlich von Anbeginn an mit Abschluß des Vertrages.
　Es wäre ein hoffnungsloses Unterfangen, wollte man den Versuch unternehmen, das gesamte Verfahrensrecht auch nur annähernd vollständig darzustellen. Die nachstehenden Grundzüge bilden nur einen kleinen Ausschnitt, der am typischen Regelfall orientiert ist. Auf die Darstellung der durch die Rechtsprechung im Einzelfall entwickelten Ausnahmen und Besonderheiten wurde bewußt verzichtet. Dies würde auch den Umfang dieser Abhandlung sprengen.

3.2
Dispositionsmaxime

Das Verfügungsrecht über den Prozeß im Ganzen steht nicht etwa dem Gericht, sondern allein den Parteien zu. Sie können durch Antrag den Beginn des Verfahrens und seinen Umfang oder seine Beendigung bestimmen. Auf die Ausnahmen muß an dieser Stelle hier nicht eingegangen werden. Da die Parteien Herren des Verfahrens sind, muß ein Gericht z. B. grundsätzlich auch Vereinbarungen der Parteien etwa über die rechtliche Bewertung präjudizieller Rechtsverhältnisse nicht nur beachten, sondern es ist ausdrücklich daran gebunden. Dies eröffnet für den Architekten vertragliche Gestaltungsmöglichkeiten, die selten genutzt werden.

3.3
Verhandlungsgrundsatz (Beibringungsmaxime)

Er betrifft die Beschaffung des Prozeßstoffs. Anders als etwa im Verwaltungs- oder Strafverfahren darf ein Gericht seiner Entscheidung nur das Tatsachenmaterial zugrunde legen, daß von den Parteien vorgetragen ist (§ 253 ZPO). Zugestandenes muß es grundsätzlich ohne Beweisaufnahme übernehmen, auch wenn die eigene (vielleicht sogar bessere) Sachkenntnis des Richters anders ausfällt.

Es ist in der Praxis ein sehr häufig auftauchendes Phänomen, daß selbst erfahrene Architekten die sehr strikte Handhabung dieser Beibringungsmaxime durch das Gericht unterschätzen und deshalb von sich aus nicht oder nicht hinreichend aktiv an der Sachverhaltsdarstellung mitarbeiten.

Dem Gericht kommt in der Phase bis zur Urteilsfindung im wesentlichen nur eine „moderierende" Rolle zu. Sie ist während des Verfahrens im wesentlichen dadurch gekennzeichnet, dem Vorbringen der Parteien rechtliches Gehör zu gewähren und darauf zu achten, daß diese bei ihrem Vorbringen innerhalb der ihnen gesetzten Grenzen bleiben.

In der Zivilprozeßordnung gilt die sogenannte Beibringungsmaxime, d. h. die Parteien müssen alle erheblichen Tatsachen selbständig bei Gericht vortragen und hierfür geeignete Beweise anbieten. Der Richter darf von sich aus grundsätzlich nicht ermittelnd tätig werden.

Merksatz

3.4
Die Bedeutung der Begriffe Schlüssigkeit und Substantiierung

Eine zentrale Rolle spielen im Klageverfahren die Begriffe der Schlüssigkeit und Substantiierung. Haben wir oben gesehen, daß das Gericht von sich aus nicht aktiv wird, sondern nur ihm dargebotenen Streitstoff prüft, ist damit noch lange nicht gesagt, daß der vielleicht mühsam zusammengestellte Sachverhalt auch tatsächlich in das angestrebte Ziel einer Verurteilung mündet. Es müssen vielmehr ebenfalls die beiden oben genannten Hürden übersprungen werden. Was ist nun genau darunter zu verstehen?

3.4.1
Schlüssigkeit

Ein Vortrag ist dann schlüssig, wenn er als wahr unterstellt die angestrebte Rechtsfolge zu begründen vermag.

Ein Beispiel:

Beispiel

Wer eine Werklohnforderung bei einem Bauvertrag allein unter Hinweis auf einen unstreitig abgeschlossenen Vertrag mit einer Pauschalvergütung einklagt ohne gleichzeitig vorzutragen, daß er seine Leistungen erbracht hat und diese auch abgenommen wurden, wird vom Gericht unerbittlich abgewiesen werden. Der Werklohnanspruch wird nach dem Gesetz erst mit der Abnahme fällig (§ 641 BGB). Wird diese nicht vorgetragen (obwohl sie vielleicht vorliegt), fehlt eine notwendige gesetzliche Anspruchsvoraussetzung. Wir erinnern uns: Der Richter darf grundsätzlich weder eigenständig ermitteln, noch eigene Mutmaßungen zugrunde legen (daß der Bundesgerichtshof in bestimmten Fällen gewisse Hinweis- und Aufklärungspflichten für das Gericht in einigen Entscheidungen näher bestimmt hat, sei an dieser Stelle einmal vernachlässigt. Verlassen darauf, daß eine Kammer gerade im eigenen Fall milde auf Schwachstellen im eigenen Vortrag aufmerksam machen könnte, sollte sich niemand).

Auf unsere Honorarklage bezogen heißt das, daß der Architekt alles vortragen muß, was im Regelfall seinen Honoraranspruch begründet. Dies umfaßt im einzelnen:

- den zugrundeliegenden Architektenvertrag (einschließlich der Behauptung, den „richtigen" Vertragspartner in Anspruch zu nehmen!)
- den geschuldeten Leistungsinhalt
- die mangelfreie und vollständige Erbringung der geschuldeten Leistung
- die Übersendung einer prüffähigen Schlußrechnung, und
- die erfolglose Mahnung des Honoraranspruchs.

Letztere Voraussetzung gehört streng genommen nicht mehr unmittelbar zur Forderungsdarstellung. Im Prozeß ist diese Voraussetzung gleichwohl wichtig. Wer seine Vertragspartner nämlich ohne Mahnung zu früh verklagt, läuft Gefahr, auf den Kosten sitzen zu bleiben, wenn der Gegner keinen Anlaß zur Klage gegeben hat und den geltend gemachten Anspruch im Termin sofort anerkennt (§ 93 ZPO).

Eine Abnahme der Leistung ist im übrigen nicht Voraussetzung der Fälligkeit des Honoraranspruches des Architekten (OLG Düsseldorf BauR 80, 488).

3.4.2
Substantiierung

Mit dem Begriff Substantiiertheit wird der Prüfungsmaßstab für das Gericht an den einzelnen Tatsachenvortrag bezeichnet. Dies bedeutet, daß der Kläger oder die Klägerin alle vorgetragenen Tatsachen so detailliert vortragen muß, daß sie für das Gericht ohne Zweifel nachvollziehbar sind. Von besonderer Bedeutung ist hierbei das Wechselspiel zwischen dem Vorbringen des Anspruchstellers und der Verteidigung der in Anspruch genommenen Partei.

Ein ursprünglich noch hinreichend substantiierter Vortrag kann auf ein entsprechendes Bestreiten des Beklagten hin unsubstantiiert werden. Dann muß der Architekt nachlegen, ansonsten wird das Gericht den geltend gemachten Anspruch ohne Beweisaufnahme abweisen.

Wiederum ein Beispiel:
Ein Architekt nimmt den Bruder seines in wirtschaftliche Schwierigkeiten geratenen Vertragspartners mit der Behauptung in Anspruch, dieser habe mit ihm seinerzeit vereinbart, für die Werklohnforderung gesamtschuldnerisch einzustehen. Wird diese Aussage nicht bestritten, reicht sie zunächst aus, um die angestrebte Rechtsfolge zu tragen. Bestreitet jedoch der in Anspruch genommene Bruder eine derartige Vereinbarung, so genügt der ursprünglich einmal hinreichend substantiierte Vortrag selbst dann nicht mehr aus, wenn der Architekt sich nunmehr auf das Zeugnis eines nicht näher vorgestellten Dritten bezieht ("... wenn der Beklagte seine Verpflichtung bestreitet, beziehe ich mich zum Beweis für meine Behauptung nunmehr auf das Zeugnis von Herrn Friedrich Mustermann ...").

Beispiel

Der Anspruchsteller muß nun nämlich genauer darlegen, wann, wo und mit welchem Inhalt ein derartiger Vertrag zustande gekommen sein soll, und wieso der jetzt benannte Herr Mustermann zu dieser Behauptung irgend etwas sagen kann.

Es ist ein weit verbreiteter Irrtum, daß Gerichte im Streitfalle automatisch immer Beweis erheben müssen. In Umsetzung der oben beschriebenen Dispositions- und Beibringungsmaxime gilt vielmehr der leider viel zu selten beachtete Grundsatz des Verbotes einer unzulässigen Ausforschung.

Dem Richter ist es nicht nur verboten, unmittelbar und direkt nicht vorgetragene Tatsachen und Umstände zu ermitteln oder selbständig Beweise erheben; er darf diese Erkundigungen auch nicht über den Umweg eines nicht richtig in den Prozeß eingeführten Beweismittel einholen.

Was dies bedeutet, mag unser kleines Eingangsbeispiel verdeutlichen. Hier dürfte der Richter unseren Herrn Mustermann deshalb nicht als Zeugen laden, weil gar nicht vorgetragen ist, wieso dieser irgend etwas zur Sache aussagen kann.

Notwendig wäre in unserem kleinen Fall also eine kurze Erläuterung hierzu, etwa:

„Herr Mustermann war zum Zeitpunkt des Vertragsabschlusses bei mir im Büro Praktikant und hat mich zu allen Vertragsunterredungen begleitet. Er war auch am Tage XY in meinem Büro anwesend, als ich mit dem Beklagten die Vereinbarung schloß".

Beispiel

Von der Substantiierung strikt zu trennen ist die Frage, ob ein bestimmtes Vorbringen tatsächlich auch richtig ist. Dies wiederum darf der Richter nicht vorab würdigen, sondern muß bei gehörigem Vortag beider Parteien hierüber abschließend erst nach Ausschöpfung aller angebotenen Beweismittel entscheiden.

3.4.3
Mündlichkeitsgrundsatz und Verspätung

Die Parteien verhandeln (bis auf hier zu vernachlässigende Ausnahmefälle) über den Rechtsstreit vor dem erkennenden Gericht mündlich (§ 128 Abs. 1 ZPO). Der sogenannte Grundsatz der Mündlichkeit steht in engem Zusammenhang mit der Garantie einer öffentlichen Verhandlung (§169 GVG, Art. 6 Abs. 1 MRK). So wesentlich das Grundrecht auf eine öffentliche Verhandlung auch und gerade vor unserem historischen Hintergrund ist, so überschätzt wird gleichzeitig von vielen die mündliche Verhandlung in ihrer Bedeutung für den Zivilprozeß. Die mündliche Verhandlung wird nämlich (jedenfalls in Anwaltsprozessen) durch Schriftsätze vorbereitet (§ 129 Abs. 1). Diese Schriftsätze müssen in tatsächlicher Hinsicht bereits alles enthalten was eine Partei zur Durchsetzung ihrer Rechte vortragen kann und will, einschließlich aller in Betracht kommenden Beweismittel. Die Erörterung in der Sitzung selbst bezieht sich dann im wesentlichen nur noch auf den schon bekannten Prozeßstoff und natürlich die erste und den Parteien bislang noch nicht bekannte Rechtseinschätzung des Gerichts. Das Gericht setzt beiden Seiten für ihr vorbereitendes Vorbringen im Regelfall Fristen. Wer diese Fristen nicht einhält, ohne dafür einen hinreichenden Entschuldigungsgrund vorbringen zu können, läuft Gefahr, mit seinem Vorbringen ausgeschlossen zu werden. Das Gericht kann entgegen einer hierfür gesetzten Frist vorgebrachte Angriffs- und Verteidigungsmittel (ohne Rücksicht auf deren materielle Richtigkeit!) wegen Verspätung zurückweisen, wenn der Rechtsstreit dadurch verzögert würde (und keine hinreichende Entschuldigung vorgebracht wird [§ 296 Abs. 1 ZPO]).

Auch ohne ausdrückliche Anordnung von richterlichen Fristen kann ein Vorbringen wegen Verspätung vom Gericht zurückgewiesen werden. In der Zivilprozeßordnung ist ganz allgemein bestimmt, daß jede Partei ihre Angriffs- und Verteidigungsmittel so zeitig vorzubringen hat, wie es nach der Prozeßlage einer sorgfältigen und auf Förderung des Verfahrens bedachten Prozeßführung entspricht (§ 282 ZPO). Auf die Einzelheiten der verschiedenen Regelungstatbestände sowie die sehr umfängliche Kasuistik zur Verspätungsproblematik soll an dieser Stelle nicht weiter eingegangen werden. Wichtig zu wissen ist jedoch, daß sich niemand irgendwelche Trümpfe für die mündliche Verhandlung aufsparen sollte. Dann ist es (meistens) schon zu spät.

Auch in diesem Bereich hat die zum 1.1.2002 in Kraft getretene Zivilrechtsreform einschneidende Veränderungen gebracht. Die Berufungsinstanz eröffnet nur noch unter sehr engen Voraussetzungen die Möglichkeit für neues Tatsachenvorbringen. Im Kern prüft die II. Instanz nur noch Rechtsfehler.

3.5
Die Beweislast

Wenn Architekten ihr Honorar einklagen müssen, liegt dem meistens ein ganzes Bündel an Problemen und Einwendungen, häufig auch Drittbeziehungen zugrunde. Wie auch im täglichen Leben sind auch im Verfahren die Dinge selten ganz eindeutig. Häufig wird sich das Gericht auch nach Ausschöpfung aller prozessual zu Gebote stehender Beweismittel keine Überzeugung von der Wahrheit oder Unwahrheit einer streitigen und entscheidungserheblichen Tatsachenbehauptung gewinnen können (sogenanntes „non liquet"). Diese Situation ist beispielsweise gegeben, wenn auch ein Sachverständigengutachten keine konkrete Aussage zu behaupteten Mängeln und ihre Verursachung bzw. Verantwortlichkeit bringen kann, oder nach Anhörung von Zeugen diese jeweils unterschiedliche Darstellungen über eine Behauptung machen, ohne das Anhaltspunkte dafür vorliegen, der eine oder andere Zeuge hätte bewußt gelogen. In all diesen Fällen greifen die Regeln der Beweislast ein. Das Gericht stellt dann nur noch die Unaufklärbarkeit des gesamten oder jedenfalls des entscheidungserheblichen Sachverhaltes fest und entscheidet dann, zu wessen Lasten diese Unaufklärbarkeit geht. Es würde den Rahmen dieser Abhandlung sprengen, wenn versucht würde, auch nur ansatzweise die verschiedenen Einzelfallgestaltungen zur Lehre der Beweislastverteilung darstellen zu wollen. Es mag für die tägliche Praxis deshalb der allgemeine Grundsatz genügen, wonach derjenige, der eine ihm günstige Rechtsfolge behauptet, diese im Zweifel auch beweisen muß, und das Risiko der Unaufklärbarkeit trägt. Kommt es also bei einem der Bereiche, die wir oben als Voraussetzung für eine schlüssige Honorarklage beschrieben haben, zu einem „non liquet" geht dies zu Lasten des Architekten, er unterliegt mit seinem (möglicherweise ehrlich und wohlverdienten!) Werklohnverlangen.

Zu Lasten des Auftraggebers geht es demgegenüber grundsätzlich, wenn dieser Einwendungen (wie z. B. Mängel) behauptet, sie aber nicht beweisen kann.

3.6
Streitverkündung

Gerade bei größeren Bauvorhaben mit verschiedenen Beteiligten kommt der Architekt mit seinem Honorarverlangen in einem Strudel verschiedener Auseinandersetzungen. Jeder Architekt wird wohl schon einmal von seinem Bauherren gehört haben, daß er ihn „ja grundsätzlich bezahlen wolle, aber der vom Bauherren wegen eines Mangel in Anspruch genommene Generalunternehmer G habe sich damit verteidigt, daß doch eigentlich ein Planungsfehler vorliege" etc. Sehr häufig werden dann in eigentlich reine Honorarprozesse über diesen Umweg alle Schwierigkeiten einer möglicherweise problematisch verlaufenden Baustellen hineingetragen. Der Architekt wird dann sehr schnell selbst vom Kläger zum Beklagten und läuft Gefahr, „zwischen die Stühle zu geraten".

Was ist z. B., wenn die Kammer, bei der er seine Werklohnklage anhängig gemacht hat, diesen Werklohnanspruch nun unter Hinweis auf Gegenrechte aus angeblichen Planungsfehlern ganz oder teilweise abweist und sich der Architekt nun beispielsweise im Innenverhältnis an den (so unterstellen wir hier einmal) gesamtschuldnerisch mithaftenden Generalunternehmer halten will? Etwaige Ansprüche, die er dort geltend macht, werden vor einer ganz anderen Kammer verhandelt. Diese ist an die Feststellungen des ersten Spruchkörpers, welcher über die Honorarklage befunden hat, nicht gebunden.

Der Zivilprozeßordnung ist dieses Problem von Anfang an bewußt gewesen. Sie hat im dritten Titel Regelungen für die Beteiligung Dritter am Rechtsstreit getroffen (§ 64 ff. ZPO), deren Lektüre dringend empfohlen wird. Auch hier können wir nur einen Teilausschnitt mit einigen Grundzügen ohne Anspruch auf Vollständigkeit darstellen.

Für die Praxis mit Abstand am wichtigsten ist die Möglichkeit einer sogenannten Streitverkündung gemäß § 72 ZPO. Eine Partei, die für den Fall des ihr ungünstigen Ausgangs des Rechtsstreites einen Anspruch auf Gewährleistung oder Schadloshaltung gegen einen Dritten erheben zu können glaubt, dies wäre in unserem obigen Beispiel eben der beschriebene Generalunternehmer, oder den Anspruch eines Dritten besorgt, kann bis zur rechtskräftigen Entscheidung des Rechtsstreits dem Dritten gerichtlich der Streit verkünden.

Dieser Dritte kann dem Rechtsstreit entweder auf Seiten des Klägers oder des Beklagten beitreten. Die wohl wichtigste Folge dieser Streitverkündung ist die sogenannte Bindungswirkung. Der Streitverkündete wird nämlich im Verhältnis zur Hauptpartei nicht mehr mit der Behauptung gehört, daß der Rechtsstreit wie er dem Richter in dem Verfahren in dem ihm der Streit verkündet wurde, unrichtig entschieden sei (§ 68 ZPO). Damit erzielt der Architekt genau den Schutz, den er so dringend benötigt. Alle Feststellungen, die ihm entgegengehalten werden, sind im Falle einer wirksamen Streitverkündung nunmehr auch dem Dritten gegenüber bindend festgestellt. Er kann in einem Folgeprozeß (so die Voraussetzungen vorliegen) einen berechtigten Anspruch leichter weiterreichen (auch wenn die Streitverkündung als solche noch keine Titel gegen den Dritten schafft). Ein weiterer und sehr wichtiger Nebeneffekt einer Streitverkündung ist ein materiell-rechtlicher. Eine Streitverkündung in dem Prozeß, von dessen Ausgang der Anspruch abhängt, unterbricht nämlich die Verjährung gegenüber dem Dritten so, als sei diesem eine Klage zugestellt worden (§ 209 Abs. 2 Ziffer 4 BGB). Besonders hinzuweisen ist in diesem Zusammenhang auf eine versteckte Vorschrift des BGB. Wer in einem Prozeß den Streit verkündet hat, darf nach seinem dortigen Unterliegen trotz der Verjährungsunterbrechung nicht lange mit der Weiterreichung und Geltendmachung seines Anspruches gegen den Dritten warten. Die durch Streitverkündung zunächst einmal herbeigeführte Unterbrechung der Verjährung gilt nämlich als nicht erfolgt, wenn nicht binnen sechs Monaten nach der Beendigung des Prozesses Klage auf Befriedigung oder Feststellung des Anspruches erhoben wird (§ 215 Abs. 2 BGB).

3.7
Das gerichtliche Mahnverfahren

Die Zivilprozeßordnung bietet die Möglichkeit, Zahlungsansprüche (so auch die Honorarforderungen der Architekten) im Wege des sogenannten gerichtlichen Mahnverfahrens geltend zu machen. Es kann an dieser Stelle auf die Lektüre der entsprechenden Vorschriften (§ 688 bis § 703 d) verwiesen werden. Ergänzend mögen hier folgende Hinweise genügen:

- Die Anspruchsstellung geschieht über standardisierte Mahnbescheidsformulare, die von Gerichtsbezirk zu Gerichtsbezirk unterschiedlich sein können. Formulare für eine Beantragung hier in Berlin gibt es meistens im Schreibwarengeschäft.
- Ist der Antrag richtig ausgefüllt, erläßt das Mahngericht daraufhin den Mahnbescheid (§692 ZPO). Jetzt hat der Antragsgegner zwei Wochen Zeit, um hiergegen Widerspruch einzulegen (§ 694 ZPO). Geschieht dies nicht, erläßt das Mahngericht auf Antrag Vollstreckungsbescheid gegen den Schuldner, welcher wiederum förmlich zugestellt wird. Dieser Vollstreckungsbescheid ist ein vollstreckbarer Titel im Sinne der Zivilprozeßordnung, er steht einem Versäumnisurteil gleich (§ 700 Abs. 1 ZPO). Der Schuldner kann nunmehr binnen weiterer zwei Wochen gegen den Vollstreckungsbescheid Einspruch erheben. Versäumt er dies, wären die Ansprüche rechtskräftig tituliert.
- Zuständig für den Erlaß des Mahnbescheides (und den späteren Vollstreckungsbescheid) ist das sogenannte Mahngericht. Anders als bei normalen Klage bestimmt sich hier die Zuständigkeit des Mahngerichtes nach dem Sitz des Antragstellers (§ 689 Abs. 2 ZPO).

Bei Honorarforderungen von Architekten ist es in der Praxis sehr selten, daß sich ein Schuldner gegen den Mahn- oder Vollstreckungsbescheid nicht wehrt. In den überwiegenden Fällen wird Widerspruch bzw. Einspruch eingelegt. Den meisten Antragstellern ist nicht recht bewußt, was dies bedeutet. Auch ein gerichtliches Mahnverfahren ist nämlich ein gerichtliches Klageverfahren, also nicht etwa nur eine besondere Form privatrechtlicher Zahlungsaufforderung.

Da das Mahngericht den geltend gemachten Anspruch materiell nicht prüft, werden die gesamten Akten nach einem Wider- bzw. Einspruch an das schon bei Antragstellung anzugebende Streitgericht übersandt. Dieses fordert den Architekten dann auf, den Anspruch binnen zwei Wochen im einzelnen in einer den Erfordernissen der ZPO entsprechenden Form zu begründen. Dann besteht die Situation so, als ob eine ganz normale Klage erhoben worden wäre. Man kann sich nicht, jedenfalls nicht ohne erhebliche Kostenfolgen, von einem eingeleiteten Mahnverfahren lösen.

Es kommt sogar bisweilen vor, daß ein Mahnverfahren längere Zeit nicht betrieben und dann parallel noch eine normale Klage eingereicht wird. Das Mahnverfahren nimmt man als Klage häufig gar nicht ernst. Dies ist jedoch ein Fehler, denn die doppelte Rechtshängigkeit führt dazu, daß in dem beschriebenen Beispiel die Zweitklage als unzulässig abgewiesen werden müßte (wiederum mit den jeweiligen Kostenfolgen).

Es ist auch ein weitverbreiteter Irrglaube, daß es im gerichtlichen Mahnverfahren mit der Durchsetzung der Forderung schneller ginge. Dies betrifft nur und ausschließlich den Fall, in denen sich ein Schuldner nicht wehrt. In den Fällen, in denen Widerspruch eingelegt wird, hat man unter dem Strich allein durch die zum Teil sehr umständliche Übersendung der Akten vom Mahn- zum Streitgericht häufig eher Zeit verschenkt. Im übrigen entgeht man nach der Aufforderung zur Klagebegründung durch das Streitgericht den strengen zivilprozessualen Anforderungen in keiner Weise.

Der eigentliche Hauptzweck des Mahnbescheides reduziert sich in der Praxis im wesentlichen auf die Fälle der Verjährungsunterbrechung. Sofern der Mahnbescheidsantrag nämlich ohne Beanstandungen durchgeht und alsbald zugestellt werden kann, gilt damit die Verjährung zunächst einmal als unterbrochen (§ 209 Abs. 2 Ziffer BGB).

Wer von vornherein weiß, daß der Honoraranspruch nicht unwidersprochen bleibt, sollte jedoch von einem gerichtlichen Mahnverfahren im Regelfall Abstand nehmen und statt dessen sofort Klage einreichen.

Merksatz   *Auch das gerichtliche Mahnverfahren begründet eine Rechtshängigkeit der geltend gemachten Forderung und löst Gerichts- und gegebenenfalls schon Anwaltskosten aus.*

4
Umfang und Fälligkeit der Vergütung: Voraussetzungen einer Honorarklage

Vergegenwärtigen wir uns nochmals, daß eine Klage schlüssig und substantiiert sein muß. Das heißt der Kläger alles vorzutragen hat, was seinen Klageanspruch begründet. Wie zu Beginn ausgeführt, richtet sich der Honoraranspruch des Architekten dem Grunde nach der vertraglich vereinbarten Leistung und der Höhe nach, nach den Regeln der HOAI. Zur Fertigung einer Klageschrift braucht der RA daher zunächst die Information: „Was war Inhalt des geschlossenen Architektenvertrages?"

4.1
Grundvoraussetzung: Eine prüfbare Schlußrechnung

Sodann benötigt der Rechtsanwalt, wir gehen zunächst davon aus, daß die Architektenleistungen beendet sind, die prüfbare Schlußrechnung, sofern ein Honorar nach der

HOAI zu berechnen ist. Zur abweichenden Honorarvereinbarungen wird an späterer Stelle noch Stellung genommen.

Ohne prüfbare Schlußrechnung ist der Honoraranspruch vor Gericht nicht durchsetzbar. Die prüfbare Schlußrechnung ist, wie sich aus § 8 Abs. 1 HOAI ergibt, sogenannte Fälligkeitsvoraussetzung. Unter Fälligkeit versteht man den Zeitpunkt, ab dem ein Gläubiger die Leistung vom Schuldner verlangen kann. Auf den vorliegenden Fall bezogen bedeutet dies, daß der Architekt die Zahlung der Honorarforderung erst dann verlangen kann, wenn er dem Auftraggeber eine prüffähige Schlußrechnung vorgelegt hat.

Anforderungen an eine Schlußrechnung

Um prüfbar zu sein, muß die Schlußrechnung die Honorarparameter des Abrechnungssystems der HOAI enthalten. Diese sind:

- Angaben zur Honorarzone,
- Angaben zu den anrechenbaren Kosten des Objektes,
- Angaben zu den vertraglich erbrachten tatsächlichen Leistungen.

4.1.1
Die Honorarzone

Die Honorarzone ist meist unproblematisch. Die HOAI enthält in den entsprechenden Paragraphen Bewertungsmerkmale, nach denen die Honorarzone objektiv zu bewerten ist.

4.1.2
Anrechenbare Kosten

Die anrechenbaren Kosten stellen hingegen in der Praxis häufig einen Streitgegenstand hinsichtlich ihrer Höhe dar. Zu den anrechenbaren Kosten wird nachfolgend im Kapitel IV näher Stellung genommen. An dieser Stelle wollen wir uns daher lediglich auf einen kurzen Überblick beschränken, damit deutlich wird, welche substantiellen Anforderungen an eine Klage zu stellen sind.

4.1.2.1 Ermittlung nach DIN 276
Für den Honorarprozeß ist es zunächst wichtig zu wissen, daß die Prüfbarkeit der Rechnung nur voraussetzt, daß die anrechenbaren Kosten gemäß DIN 276 in der Fassung von 1981 ermittelt worden sind.

Ob die Angabe zur Höhe der anrechenbaren Kosten richtig ist, ist für die Prüfbarkeit der Rechnung nicht entscheidend. Hier ist zu unterscheiden zwischen der sachlichen Richtigkeit und der Prüfbarkeit der Rechnung. Auch wenn die Kosten der Höhe nach unrichtig angegeben sind, bleibt die Rechnung prüffähig. Die Höhe der anrechenbaren Kosten ist im Rechtsstreit ggf. durch den Sachverständigen zu klären.

Anrechenbare Kosten nach der DIN 276: 1981-4

Maßgeblich für die Begründetheit ist, ob der Auftraggeber aus seiner Sicht heraus die Rechnung nachvollziehen kann. Es reicht daher aus, daß die vorgelegten Unterlagen inklusive der Schlußrechnung alle Angaben enthalten, die es dem Auftraggeber ermöglichen, das abgerechnete Honorar mit den vertraglichen Vereinbarungen zu vergleichen und damit zu prüfen. Soweit daher beide Parteien sich auf einen von der DIN 276 abweichenden Modus der Rechnungslegung verständigen, muß nicht zwingend entsprechend der DIN 276 abgerechnet werden, (vgl. BGH, Urteil vom 30. September 1999, AZ: VII ZR 231/97 in MDR 2000, 16).

Das OLG Stuttgart (NJW-RR 1998, 1392) fordert hingegen sogar den Nachweis, daß die abgerechneten Leistungen konkret erbracht wurden. Diese Auffassung hat der BGH in einer jüngeren Entscheidung (Baurecht 2000, 1216) verworfen und nochmals bestätigt, daß es eines Nachweises gemäß der DIN 276 (1981) nicht ausdrücklich bedarf.

Wenn der Auftraggeber die Höhe der vom Architekt angegebenen anrechenbaren Kosten bestreitet, muß er konkret andere Zahlen behaupteten. Insoweit trifft den Auftraggeber die Beweislast. Er kann sich daher nicht, was häufig in der Praxis der Fall ist, einfach darauf zurückziehen, im Prozeß zu bestreiten, daß die Angaben des Architekten der Höhe nach richtig seien.

4.1.2.2 Kostenermittlungsarten

Zur Prüfbarkeit der Angabe der anrechenbaren Kosten gehört natürlich auch, daß die jeweiligen Kostenermittlungsarten, Kostenschätzung, Kostenberechnung, Kostenanschlag und Kostenfestsetzung eingehalten sind. Für die Prüfbarkeit der Schlußrechnung ist es zwingende Voraussetzung, daß für die in der entsprechenden HOAI Paragraphen genannten Leistungsphasen die vorgesehenen Kostenermittlungsarten angefertigt wurden und auf dieser Basis das Honorar berechnet wird.

Für die Planung von Gebäuden, Freianlagen und raumbildenden Ausbauten ist § 10 HOAI maßgeblich. Diese Vorschrift verlangt, daß die anrechenbaren Kosten für die Leistungsphasen 1 bis 4 nach der Kostenberechnung, für Leistungsphasen 5 bis 7 nach dem Kostenanschlag und für die Leistungsphasen 8 und 9 nach der Kostenfeststellung ermittelt werden. § 10 Abs. 2 HOAI enthält hier bestimmte Ausnahmen, die in der Praxis häufig mißverstanden werden. So gilt gemäß § 10 Abs. 2 Nr. 1 HOAI, daß für die Leistungsphasen 1 bis 4 die Kostenschätzung zugrundegelegt werden kann, solange die Kostenrechnung nicht vorliegt. Diese Ausnahmeregel darf nicht dahingehend mißverstanden werden, daß die Kostenberechnung schlechthin unterbleiben kann, wenn sie noch nicht angefertigt wurde. Die Obergerichte und der Bundesgerichtshof sind ständiger Rechtsprechung der Auffassung, daß diese Ausnahme nur gilt, wenn der Architekt nach dem erreichten Planungsstand noch nicht verpflichtet war, die gemäß HOAI für die betreffende Leistungsphase vorgesehene Kostenermittlung anzufertigen. So ist der Architekt beispielsweise verpflichtet, im Rahmen der Entwurfsplanung die Kostenrechnung anzufertigen. Das bedeutet, daß der Architekt dann, wenn er sein Schlußrechnungshonorar für die Leistungen 1 bis 3 oder 1 bis 4 geltend macht, zwingend eine Kostenberechnung zugrunde zu legen hat.

Nur dann, wenn er beispielsweise nur mit den Leistungsphasen 1 bis 2 beauftragt wurde oder vor Abschluß der Entwurfsplanung ein Abschlagshonorar geltend macht, bevor die Kostenberechnung angefertigt wurde, ist er berechtigt, die Kostenschätzung zugrunde zu legen. Für die späteren Leistungsphasen gilt das entsprechend. Das heißt, der Architekt, der nach Abschluß der Leistungsphase 8 Schlußrechnung legt, muß zwingend für diese Leistungsphase die Kostenfeststellung zugrunde legen und für die vorangehenden Leistungsphasen die jeweils vorgesehene Kostenermittlungsart bestimmt haben.

Hat er die Kostenermittlung nicht im Zuge des Planungsfortschritts angefertigt, so muß er dies gegebenenfalls nachholen.

4.1.3
Auskunftsanspruch und Kostenschätzung

In der Praxis häufig werden die Fälle streitig, in denen der Architekt vor Abschluß seiner Leistung gekündigt wurde und ihm aus diesem Grunde die anrechenbaren Kosten nicht vollständig bekannt sind. Der Architekt hat in diesen Fällen nach gefestigter Rechtsprechung einen Auskunftsanspruch gegenüber seinem Auftraggeber. Das heißt er kann verlangen, daß der Auftraggeber ihm mit den entsprechenden Belegen die Kosten des Bauvorhabens mitteilt. Leider ebenfalls häufig sind Fälle, in denen der Bauherr diesen Auskunftsanspruch nicht erfüllt. Das bedeutet nicht, daß der Architekt von einer ordnungsgemäßen Kostenermittlung absehen darf. Da der Bauherr gegen seine Verpflichtungen, dem Architekten die notwendigen Auskünfte zu erteilen, verstoßen hat, gibt es aber Erleichterungen zu Gunsten des Architekten. Das heißt er darf - sofern er über ausreichende Information verfügt – die anrechenbaren Kosten schätzen.

Für den Honorarprozeß ist daher wichtig, daß diese Kostenschätzung nicht mit der Kostenschätzung gemäß DIN 276 verwechselt werden darf. Macht der Architekt beispielsweise das Honorar für die Leistungsphase 8 geltend, für die normalerweise die Kostenfeststellung zugrunde zu legen ist, muß er eine nachvollziehbare Schätzung der Höhe der tatsächlich anfallenden Baukosten vorlegen. Hierfür kann der Architekt zum Beispiel die ihm vorliegenden Angebote oder gegebenenfalls teilweise vorliegende Zwischenrechnung der ausführenden Unternehmen zugrunde legen. Falls der Architekt über keinerlei geeignete Information verfügt, um eine nachvollziehbare Schätzung der Kosten anzufertigen, kann er die notwendigen Auskünfte im Wege einer Auskunftsklage beim Bauherren anfordern.

In der Praxis kann eine solche Auskunftsklage auch mit der sich anschließenden Zahlungsklage verbunden werden. Diese besondere Klageform nennt man Stufenklage. In dieser Klageform wird zunächst über das Auskunftsbegehren entschieden. Aufgrund der erteilten Auskunft muß der Kläger sodann seine Forderung (hier den Honoraranspruch) beziffern und diese in der „zweite Stufe" geltend machen (§254 ZPO).

Vorteil der Stufenklage ist eine Beschleunigung des Verfahrens und die Möglichkeit, drohende Verjährung zu unterbrechen. Denn durch die Trennung von Auskunfts- und Zahlungsklage werden zwar für beide Ansprüche die Verjährungsfristen unterbrochen, jedoch wird die auf Zahlung gerichtete Klage nicht direkt rechtshängig. Dies mindert zunächst die Prozeßkosten.

4.2
Angabe der erbrachten Leistungen

Zur Prüfbarkeit der Schlußrechnung gehört die Angabe der erbrachten Leistungen und deren Bewertung entsprechend der HOAI. Problematisch sind hier erneut die Fälle, in denen der Architektenvertrag vor Abschluß der Leistung gekündigt wurde.

Die geltend gemachte Honorarforderung ist nur begründet, wenn die erbrachte Leistung dargelegt wird. Dies setzt jedoch anders als etwa in Bauverträgen nach der VOB/B nicht den Nachweis der Abnahme der Leistung durch den Auftraggeber voraus. In solchen Fällen ist es vielmehr erforderlich, den Stand der erbrachten Leistungen nachvollziehbar zu bewerten. Im Regelfall nicht ausreichend ist es, ohne nähere Erläuterung einen prozentualen Leistungsstand anzugeben oder einfach einen anteiligen vom Hundertsatz des in der HOAI für die betreffende Leistungsphase vorgesehenen vom Hundertsatz anzugeben.

Die Rechtsprechung verlangt vielmehr, daß hier konkret angegeben wird, welche Teilleistungen einer Leistungsphase erbracht worden. Diese Teilleistungen müssen dann angemessen bewertet werden. Für diese anteilige Bewertung gibt es keine objektiven Maßstäbe. Es gibt verschiedene Autoren, die versucht haben, die einzelnen Teilleistungen mit einer Spannbreite von Hundersätzen zu bewerten, so beispielsweise im Kommentar von Pott/Dahlhoff/Kniffka und die bekannte Steinforttabelle (siehe Tabelle 1). Obgleich es sich bei diesen Tabellen um bloße Vorschläge von Fachleuten handelt, werden sie in der gerichtlichen Praxis im Regelfall akzeptiert. Der Architekt ist daher gut beraten, sich anhand der abgedruckten Tabellen zu orientieren.

4.3
Bindungswirkung der Schlußrechnung

Abschließend sei noch auf einen in der Praxis wichtigen Aspekt hingewiesen. Die Bindungswirkung der Schlußrechnung. Der BGH hatte stets die Auffassung vertreten, daß der Architekt mit der von ihm erstellten Honorarschlußrechnung einen Vertrauenstatbestand gesetzt hat, an dem er sich festhalten lassen muß. Es ist dem Architekten daher grundsätzlich verwehrt, durch Legung einer zweiten Schlußrechnung nachträglich die Vergütung zu erhöhen. Davon hat der BGH jedoch in der jüngeren Rechtsprechung teilweise Abstand genommen, faßt eine zweite Schlußrechnung nicht mehr grundsätzlich als treuwidrig auf. Maßgeblich ist im wesentlichen, ob der Auftraggeber die Schlußrechnung als in jedem Falle abgeschlossen verstehen konnte. In diesem Fall darf der Auftraggeber darauf vertrauen, daß er nicht mit weiteren Nachforderungen überzogen wird. Von dieser Grundregel weicht die Rechtsprechung ausnahmsweise ab, wenn der Auftraggeber deutlich zu erkennen gibt, daß er selbst die Schlußrechnung nicht für bindend erachtet. So etwa wenn er die „mangelnde Prüffähigkeit" alsbald rügt.

In einem Prozeß hat der Auftraggeber grundsätzlich zu beweisen, daß ein schutzwürdiges Vertrauen in die Endgültigkeit der Schlußrechnung bestand.

4 Umfang und Fälligkeit der Vergütung: Voraussetzungen einer Honorarklage

Grundleistungen von Gebäude			v. H.
1		**Grundlagenermittlung**	
	1.1	Klären der Aufgabenstellung	0,8–1,5 %
	1.2	Beraten zum gesamten Leistungsbedarf	0,5–1,2 %
	1.3	Formulieren von Entscheidungshilfen für die Auswahl anderer an der Planung fachlich Beteiligter	0,3–0,5 %
	1.4	Zusammenfassen der Ergebnisse	0,3–0,5 %
		Volle Leistung	*3 %*
2		**Vorplanung**	
	2.1	Analyse der Grundlagen	0,2–0,3 %
	2.2	Abstimmen der Zielvorstellungen (Randbedingungen, Zielkonflikte)	0,2–0,3 %
	2.3	Aufstellen eines planungsbezogenen Zielkatalogs (Programmziele)	0,2–0,3 %
	2.4	Erarbeiten eines Planungskonzepts einschließlich Untersuchung der alternativen Lösungsmöglichkeiten nach gleichen Anforderungen mit zeichnerischer Darstellung und Bewertung, zum Beispiel versuchsweise zeichnerische Darstellungen, Strichskizzen, gegebenenfalls mit erläuternden Angaben	2,8–3,5 %
	2.5	Integrieren der Leistungen anderer an der Planung fachlich Beteiligter	0,2-0,3 %
	2.6	Klären und Erläutern der wesentlichen städtebaulichen, gestalterischen, funktionalen, technischen, bauphysikalischen, wirtschaftlichen, energiewirtschaftlichen (zum Beispiel hinsichtlich rationeller Energieverwendung und der Verwendung erneuerbarer Energien) und landschaftsökologischen Zusammenhänge, Vorgänge und Bedingungen, sowie der Belastung und Empfindlichkeit der betroffenen Ökosysteme	0,7–1,2 %
	2.7	Vorverhandlungen mit Behörden und anderen an der Planung fachlich Beteiligten über die Genehmigungsfähigkeit	0,4–0,8 %
	2.8	– entfällt – (nur bei Freianlagen)	–
	2.9	Kostenschätzung nach DIN 276 oder nach dem wohnungsrechtlichen Berechnungsrecht	0,8–1,0 %
	2.10	Zusammenstellen aller Vorplanungsergebnisse	0,3–0,4 %
		Volle Leistung	*7 %*

Tabelle 1:
Tabelle zur Bewertung von einzelnen Grundleistungen für Gebäude [5] Seite 973 ff.

Tabelle 1:
Tabelle zur Bewertung von einzelnen Grundleistungen für Gebäude

[5] Seite 973 ff. (Fortsetzung)

Grundleistungen von Gebäude		v. H.
3	**Entwurfsplanung**	
3.1	Durcharbeiten des Planungskonzepts (stufenweise Erarbeitung einer zeichnerischen Lösung) unter Berücksichtigung städtebaulicher, gestalterischer, funktionaler, technischer, bauphysikalischer, wirtschaftlicher, energiewirtschaftlicher (zum Beispiel hinsichtlich rationeller Energieverwendung und der Verwendung erneuerbarer Energien) und landschaftsökologischer Anforderungen unter Verwendung der Beiträge anderer an der Planung fachlich Beteiligter bis zum vollständigen Entwurf	2,0–3,0 %
3.2	Integrieren der Leistungen anderer an der Planung fachlich Beteiligter	0,2–0,5 %
3.3	Objektbeschreibung mit Erläuterung von Ausgleichs- und Ersatzmaßnahmen nach Maßgabe der naturschutzrechtlichen Eingriffsregelung	0,3–0,7 %
3.4	Zeichnerische Darstellung des Gesamtentwurfs, zum Beispiel durchgearbeitete, vollständige Vorentwurfs- und/oder Entwurfszeichnungen (Maßstab nach Art und Größe des Bauvorhabens; bei Freianlagen: im Maßstab 1:500 bis 1:100, insbesondere mit Angaben zur Verbesserung der Biotopfunktion, zu Vermeidungs-, Schutz-, Pflege- und Entwicklungsmaßnahmen sowie zur differenzierten Bepflanzung; bei raumbildenden Ausbauten: im Maßstab 1:50 bis 1:20, insbesondere mit Einzelheiten der Wandabwicklungen, Farb-, Licht- und Materialgestaltung), gegebenenfalls auch Detailpläne mehrfach wiederkehrender Raumgruppen	5,0–6,0 %
3.5	Verhandlungen mit Behörden und anderen an der Planung fachlich Beteiligten über die Genehmigungsfähigkeit	0,5–1,0 %
3.6	Kostenberechnung nach DIN276 oder nach dem wohnungsrechtlichen Berechnungsrecht und	
3.7	Kostenkontrolle durch Vergleich der Kostenberechnung mit der Kostenschätzung	0,8–1,2 %
3.8	Zusammenfassen aller Entwurfsunterlagen	0,4–0,5 %
	Volle Leistung	**11 %**
4	**Genehmigungsplanung**	
4.1	Erarbeiten der Vorlagen für die nach den öffentlich-rechtlichen Vorschriften erforderlichen Genehmigungen oder Zustimmungen einschließlich der Anträge auf Ausnahmen und Befreiungen unter Verwendung der Beiträge anderer an der Planung fachlich Beteiligter sowie noch notwendiger Verhandlungen mit Behörden	4,0–4,8 %
4.2	Einreichen dieser Unterlagen	0,4–0,8 %
4.3	Vervollständigen und Anpassen der Planungsunterlagen, Beschreibungen und Berechnungen unter Verwendung der Beiträge anderer an der Planung fachlich Beteiligter	0,8–1,0 %
4.4	Freianlagen und raumbildenden Ausbauten	–
	Volle Leistung	**6 %**

Grundleistungen von Gebäude		v. H.
5	*Ausführungsplanung*	
5.1	Durcharbeiten der Ergebnisse der Leistungsphasen 3 und 4 (stufenweise Erarbeitung und Darstellung der Lösung) unter Berücksichtigung städtebaulicher, gestalterischer, funktionaler, technischer, bauphysikalischer, wirtschaftlicher, energiewirtschaftlicher (zum Beispiel hinsichtlich rationeller Energieverwendung und der Verwendung erneuerbarer Energien) und landschaftsökologischer Anforderungen unter Verwendung der Beiträge anderer an der Planung fachlich Beteiligter bis zur ausführungsreifen Lösung	4,0–6,0 %
5.2	Zeichnerische Darstellung des Objekts mit allen für die Ausführung notwendigen Einzelangaben, zum Beispiel endgültige, vollständige Ausführungs-, Detail- und Konstruktionszeichnungen im Maßstab 1:50 bis 1:1, bei Freianlagen je nach Art des Bauvorhabens im Maßstab 1:200 bis 1:50, insbesondere Bepflanzungspläne, mit den erforderlichen textlichen Ausführungen	15,0–16,0 %
5.3	– entfällt – (nur bei raumbildenden Ausbauten)	–
5.4	Erarbeiten der Grundlagen für die anderen an der Planung fachlich Beteiligten und Integrierung ihrer Beiträge bis zur ausführungsreifen Lösung	1,8–2,5 %
5.5	Fortschreiben der Ausführungsplanung während der Objektausführung	1,8–2,5 %
	Volle Leistung	**25 %**
6	Vorbereitung der Vergabe	
6.1	Ermitteln und Zusammenstellen von Mengen als Grundlage für das Aufstellen von Leistungsbeschreibungen unter Verwendung der Beiträge anderer an der Planung fachlich Beteiligter	3,0–4,0 %
6.2	Aufstellen von Leistungsbeschreibungen mit Leistungsverzeichnissen nach Leistungsbereichen	5,0–6,5 %
6.3	Abstimmen und Koordinieren der Leistungsbeschreibungen der an der Planung fachlich Beteiligten	0,5–1,0 %
	Volle Leistung	**10 %**
7	Mitwirkung bei der Vergabe	
7.1	Zusammenstellen der Verdingungsunterlagen für alle Leistungsbereiche	0,3–0,4 %
7.2	Einholen von Angeboten	0,1–0,2 %

Tabelle 1:
Tabelle zur Bewertung von einzelnen Grundleistungen für Gebäude

[5] Seite 973 ff. (Fortsetzung)

Tabelle 1:
Tabelle zur Bewertung von einzelnen Grundleistungen für Gebäude

[5] Seite 973 ff. (Fortsetzung)

	Grundleistungen von Gebäude	v. H.
7.3	Prüfen und Werten der Angebote einschließlich Aufstellen eines Preisspiegels nach Teilleistungen unter Mitwirkung aller während der Leistungsphasen 6 und 7 fachlich Beteiligten	1,5–2,0 %
7.4	Abstimmen und Zusammenstellen der Leistungen der fachlich Beteiligten, die an der Vergabe mitwirken	0,2–0,5 %
7.5	Verhandlung mit Bietern	0,4–0,6 %
7.6	Kostenanschlag nach DIN 276 aus Einheits- oder Pauschalpreisen der Angebote und	
7.7	Kostenkontrolle durch den Vergleich des Kostenanschlages mit der Kostenberechnung	0,4–0,8 %
7.8	Mitwirken bei der Auftragserteilung	0,4–0,6 %
	Volle Leistung	**4 %**
8	Objektüberwachung	
8.1	Überwachen der Ausführung des Objekts auf Übereinstimmung mit der Baugenehmigung oder Zustimmung, den Ausführungsplänen und den Leistungsbeschreibungen sowie mit den allgemein anerkannten Regeln der Technik und den einschlägigen Vorschriften	7,2–9,2 %
8.2	Überwachen der Ausführung von Tragwerken nach § 63 Abs. 1 Nr. 1 und 2 auf Übereinstimmung mit dem Standsicherheitsnachweis	3,8–5,0 %
8.3	Koordinieren der an der Objektüberwachung fachlich Beteiligten	1,0–1,6 %
8.4	Überwachung und Detailkorrektur von Fertigteilen	0,2–0,5 %
8.5	Aufstellen und Überwachen eines Zeitplanes (Balkendiagramm)	0,5–1,0 %
8.6	Führen eines Bautagebuches	0,5–0,7 %
8.7	Gemeinsames Aufmaß mit den bauausführenden Unternehmen	3,5–4,0 %
8.8	Abnahme der Bauleistungen unter Mitwirkung anderer an der Planung und Objektüberwachung fachlich Beteiligter unter Feststellung von Mängeln	1,2–2,0 %
8.9	Rechnungsprüfung	4,5–6,0 %
8.10	Kostenfeststellung nach DIN 276 oder nach dem wohnungsrechtlichen Berechnungsrecht	0,8–1,0 %
8.11	Antrag auf behördliche Abnahmen und Teilnahme daran	0,4–0,6 %

Grundleistungen von Gebäude		v. H.
8.12	Übergabe des Objekts einschließlich Zusammenstellung und Übergabe der erforderlichen Unterlagen, zum Beispiel Bedienungsanleitungen, Prüfprotokolle	0,4–0,6 %
8.13	Auflisten der Gewährleistungsfristen	0,2–0,5 %
8.14	Überwachen der Beseitigung der bei der Abnahme der Bauleistungen festgestellten Mängel	1,0–1,5 %
8.15	Kostenkontrolle durch Überprüfen der Leistungsabrechnung der bauausführenden Unternehmen im Vergleich zu den Vertragspreisen und dem Kostenanschlag	1,0–1,5 %
	Volle Leistung	31 %
9	Objektbetreuung und Dokumentation	
9.1	Objektbegehung zur Mängelfeststellung vor Ablauf der Verjährungsfristen der Gewährleistungsansprüche gegenüber den bauausführenden Unternehmen	0,7–0,8 %
9.2	Überwachen der Beseitigung von Mängeln, die innerhalb der Verjährungsfristen der Gewährleistungsansprüche, längstens jedoch bis zum Ablauf von fünf Jahren seit Abnahme der Bauleistungen auftreten	1,2–1,5 %
9.3	Mitwirken bei der Freigabe von Sicherheitsleistungen	0,2–0,3 %
9.4	Systematische Zusammenstellung der zeichnerischen Darstellungen und rechnerischen Ergebnisse des Objekts	0,6–0,8 %
	Volle Leistung	3 %

Tabelle 1:
Tabelle zur Bewertung von einzelnen Grundleistungen für Gebäude

[5] Seite 973 ff. (Fortsetzung)

4.4
Abschlagszahlungen

Es besteht weiterhin die Möglichkeit, daß der Architekt bereits aus der Abschlagszahlung seine Honorarforderung einklagt.

Der Anspruch auf Stellung von Abschlagszahlungen hat das OLG Celle in einer jüngeren Entscheidung vom 10. Februar 2000, in BauR 2000, 763 bekräftigt. In diesem Fall hatten die Parteien vereinbart, „daß die Grundleistungen gemäß § 15 HOAI zu erbringen seien". Damit, so das OLG Celle, seien konkludent auch die Abrechnungsregeln der HOAI vereinbart gewesen, mit der Folge, daß ein Anspruch auf Abschlagszahlungen besteht.

Zur Vertiefung verweisen wir auf Werner/Pastor, „Der Bauprozeß", Rn.980 ff.

5
Der gekündigte Vertrag

Bei den bisherigen Ausführungen sind wir immer davon ausgegangen, daß die Leistungen sämtlich von dem Architekten erbracht und dieser Schlußrechnung gelegt hat. Bei einem gekündigten Vertrag können nur die bisher erbrachten Teilleistungen berechnet werden.

Oben wurde bereits kurz erläutert, wie die erbrachten Teilleistungen dargelegt werden müssen, um den darauf entfallenden Honoraranteil durchzusetzen. Im Falle einer vorzeitigen Kündigung des Architektenvertrages ist zunächst danach zu unterscheiden, wer das Vertragsverhältnis kündigt. Erfolgt die Kündigung durch den Architekten selbst, so hat er gemäß § 645 BGB Anspruch auf Vergütung der bisher erbrachten Leistungen. Wird dem Architekten gekündigt, so hat er gemäß § 649 BGB einen Vergütungsanspruch. Dieser umfaßt auch die noch nicht erbrachten Leistungen.

Auf die Voraussetzungen und die weiteren Folgen einer vorzeitigen Vertragsbeendigung kann hier nicht eingegangen werden. Zur Vertiefung sei zum Beispiel auf die exzellente Darstellung in Werner/Pastor, „Der Bauprozeß", 9. Auflage, Rnr. 938 ff. hingewiesen. An dieser Stelle folgen nur ergänzende Hinweise zur Berechnung des Honorars für die nicht erbrachten Leistungen.

5.1
Honoraranspruch bei gekündigtem Vertragsverhältnis

Grundsätzlich kann der Architekt auch für die nicht erbrachten Leistungen gemäß § 649 BGB eine Vergütung vom Auftraggeber verlangen, wenn dieser den Vertrag vor Vollendung des Werkes gekündigt hat. Er muß sich dabei jedoch das anrechnen lassen, was er aufgrund der Vertragsaufhebung erspart hat.

Bei diesen sogenannten ersparten Aufwendungen handelt es sich um solche, die der Unternehmer bei Ausführung des Vertrages hätte machen müssen, wegen der Kündigung aber nicht mehr machen muß. Hierzu gehören insbesondere auch die anderweitige Verwendung der ansonsten zur Verfügung gestellten Arbeitskraft, wie auch nicht mehr verwendet Material oder nicht mehr erfolgte Anschaffungen.

5.2
Besonderheit: Pauschalisierungsvereinbarungen

Der Bundesgerichtshof hat vor einigen Jahren entschieden, daß die früher üblichen Pauschalvereinbarungen, wonach die ersparten Aufwendungen mit 40 % vereinbart werden, in allgemeinen Geschäftsbedingungen unwirksam sind.

Das ist von Bedeutung, wenn der Architekt als Verwender von allgemeinen Geschäftsbedingungen – in der Regel sind das die AVB zum Einheitsarchitektenvertrag –

ist. Ist der Bauherr Verwender eines Formularvertrages, in dem die Pauschalisierung enthalten sind, kann der Architekt natürlich auf dieser Basis das Honorar für die nicht erbrachten Leistungen abrechnen. Es sei ergänzend noch angemerkt, daß der Bundesgerichtshof in seiner Entscheidung offen gelassen hat, ob die Pauschalisierungsregelung auch dann unwirksam ist, wenn in den AGB dem Auftraggeber der Nachweis ermöglicht wird, höhere Ersparungen auf ersparte Aufwendungen nachzuweisen. Eine Rechtsprechungstendenz zu dieser Frage gibt es bislang nicht.

6
Praktische Tips für eine erfolgreiche Klage

6.1
Vorbereitung auf das Erstgespräch mit dem Rechtsanwalt

„Gib mir die Informationen, dann gebe ich Dir das Recht". So lautet einer der Rechtsgrundsätze, die auch heute in der täglichen Praxis noch das Verhältnis zwischen Anwalt und Mandant bestimmen. Auch die ausgefeilteste rechtliche Abhandlung ist nur so gut wie sie durch entsprechende Tatsachen und Beweise gestützt werden kann. Bereits beim Gang zum Anwalt gibt es oft Mißverständnisse und Reibungsverluste, die leicht vermeidbar sind. Natürlich ist die Pflicht und Aufgabe des Anwaltes, den Sachverhalt soweit es geht durch Nachfragen aufzuklären. Der Anwalt ist aber kein Hellseher. Man muß sich vor Augen führen, daß der Mandant mit der Kenntnis eines zum Teil jahrelang betreuten Vorhabens im Kopf das Erstgespräch sucht. Wenn er „von seinem Fall" spricht, hat er zunächst ein ganz anderes Bild vor Augen als der Anwalt, der den Sachverhalt nun zum ersten Mal hört und sich zunächst einmal selbst einen Gesamteindruck verschaffen muß. Der Mandant beginnt bei seiner Schilderung aber meist nicht chronologisch, sondern am Schluß der Entwicklungskette. Das letzte Ablehnungsschreiben, die letzte erfolglose Mahnung ist es ja gerade, die ihn gezwungen haben, sich nunmehr rechtlichen Beistand zu suchen. Häufig wird deshalb dieser gerade letzten Entwicklung des Architektenvertrages zu starken Gewicht in der Darstellung beigemessen.

Wichtig ist aber, daß der Architekt „seinen Anwalt" zunächst einmal von Beginn an auf den gleichen Erkenntnisstand bringt wie sich selbst, und dazu ist es unerläßlich, die Aufbereitung der Problemfelder zu strukturieren. Orientiert man sich an der nachstehend beispielhaft dargestellten Abfolge, ist man häufig erstaunt, wie effektiv bereits das erste Beratungsgespräch ausfallen kann. Hüten sollte man sich allerdings vor einer allzu schematischen Anwendung sogenannter Listen, die nur noch angekreuzt werden. Diese verstellen häufig den Blick für die Besonderheiten des Einzelfalles.

6.1.1
Zugrundeliegender Architektenvertrag

Der Anwalt benötigt sämtliche Vertragsunterlagen einschließlich aller Anlagen etc. Zu den Verträgen gehören auch spätere Nachträge, Abänderungen etc. Sämtliche schriftlichen Vertragsunterlagen müssen und sollten bereits beim Erstgespräch zur Verfügung stehen. Vertragsunterlagen sollen ferner in zeitlich geordneter Reihenfolge übergeben werden. Häufig werden Vertragsinhalte auch mündlich abgeschlossen oder ergänzt. Soweit sich der Honoraranspruch auf Umstände stützt, die auch oder ausschließlich auf der Basis mündlicher Vereinbarungen getroffen wurden, sollte man dies in einem gesonderten Teil zusammen mit den Vertragsunterlagen registrieren und vermerken. Dazu gehören insbesondere folgende Angaben:

- Welchen Inhalt hat die mündliche Vereinbarung?
- Wann, wo und zwischen wem ist diese geschlossen worden?
- Wer kann diese Vereinbarung im Konfliktfall beweisen? Gibt es bestätigende Korrespondenz etc.?

Die gerade beschriebene Aufstellung hilft dabei, die eigenen Ansprüche realistisch einzuschätzen. Auch für das Erstgespräch ist es schon wichtig zu wissen, wohin die Reise gehen könnte. Wenn die Beweis- und Nachweissituation nicht so optimal ist, sollte man sofort die Prozeßstrategie entsprechend ausrichten oder, schlimmstenfalls, zu dem Ergebnis gelangen, daß der Honoraranspruch ganz oder teilweise nicht zu beweisen sein wird. Diese Überlegungen dürfen nicht erst einsetzen, wenn das Verfahren bereits läuft und erhebliche Kosten angefallen sind.

6.1.2
Geschuldeter Leistungsinhalt

Es handelt sich letztlich um einen Unterfall der gerade beschriebenen Zusammenstellung der Vertragsunterlagen. Gleichwohl empfiehlt sich zur Eigenkontrolle eine Trennung. Häufig hat sich nämlich der Vertrag in eine Richtung entwickelt, die vom ursprünglich einmal Vereinbarten deutlich abweicht. Die Trennung zwischen Leistungsinhalt und Zusammenstellung der Vertragsunterlagen hilft dabei kritisch zu prüfen, ob das was tatsächlich erbracht oder abverlangt wurde, auch wirklich vom Vertrag gedeckt ist.

6.1.3
Die mangelfreie und vollständige Erbringung der geschuldeten Leistung

Hier gilt es insbesondere folgendes zu beachten:

Welche Leistungen sind wie und wann genau erbracht worden? Alle erbrachten Pläne und sonstige zu Papier gebrachten Tätigkeiten sollten entweder bereits mitgebracht oder in einer inhaltlichen Übersicht abschließend erfaßt werden. Wie wir oben gesehen haben, kann es natürlich für die Substantiierung einer Honorarklage ausreichen, wenn in der Klageschrift lediglich pauschal behauptet wird, alle vertraglich übertragenen Leistungen seien vollständig und mangelfrei erbracht. Spätestens auf Bestreiten der Gegenseite muß dann aber Farbe bekannt werden. Wer erst dann beginnt die Nachweise für seine Tätigkeiten zusammenzusuchen, kommt häufig in Zeitprobleme. Es empfiehlt sich auch für das Erstgespräch hinsichtlich der erbrachten Leistungen zusammen zu stellen, welche Beweismittel für die Erbringung im Bestreitensfall zur Verfügung stehen (Quittungen für übergebene Pläne etc.). Wenn etwa über die Mängelfreiheit von eigenen Leistungen bereits Gutachten vorliegen, sollten diese ebenfalls sofort mitgebracht werden. Sehr hilfreich ist auch eine Aufstellung über sämtliche in Betracht kommenden Zeugen mit vollständigem Vor- und Zunamen, ladungsfähige Anschrift und der Berufsbezeichnung. Diese Liste kann jederzeit ergänzt oder abgeändert werden. Man sollte hinter diese Zeugen schon vermerken, für welche Tatsachen diese Personen als Zeugen etwas bekunden können. Die Stichworte hierzu sind denkbar einfach:

Was kann der Zeuge bekunden?
Warum kann der Zeuge hierüber etwas bekunden?

Systematisch gehört auch die Kündigung (sei es durch den Architekten selber, sei es durch den Vertragspartner) hierher. Ob eine Leistung vollständig erbracht wurde, hängt davon ab, was überhaupt zu leisten ist. Bei einem wirksam vorzeitig beendeten Vertrag muß daher die Fragestellung lauten, welche Leistungen bis zum Wirksamwerden erbracht worden sind bzw. welche Aufwendungen erspart wurden. In allen Fällen der vorzeitigen Vertragsbeendigung (dazu zählt auch eine einvernehmliche Vertragsaufhebung) müssen insbesondere die Kündigungsschreiben einschließlich etwaiger Zugangsnachweise und die vorausgehende Korrespondenz lückenlos mitgebracht werden.

Der Anwalt wird dann zu erst die Frage zu prüfen haben, ob ausgesprochene Kündigungen überhaupt wirksam sind. Von dieser Einschätzung hängt dann das gesamte weitere Vorgehen ab. Insbesondere wenn sich abzeichnet, daß über die Frage der Berechtigung einer Kündigung zwischen den Parteien Streit entsteht, der sich dann auf die Bereitschaft zur Honorarzahlung niederschlagen wird, ist es anzuraten, sehr kurzfristig den Weg zum Anwalt zu suchen.

Hat der Architekt den Vertrag außerordentlich gekündigt, ist er nach den oben beschriebenen Grundsätzen für die Berechtigung darlegungs- und beweispflichtig. Es gilt also sehr zeitnah, so noch nicht geschehen, alle Beweismittel zusammenzutragen, die den Kündigungsausspruch stützen oder belegen.

Geht man hierbei so strukturiert vor wie vorstehend beschrieben, wird schon im Erstgespräch sehr schnell deutlich werden, ob eine Kündigung auf starken oder eher tönernen Füßen steht. Noch besser und für die Wahrung der Honoraransprüche häufig wesentlich ist natürlich die Beratung mit dem Anwalt bevor eine Kündigung ausgesprochen wird.

Gleichzeitig sollte der Architekt bei vorzeitig beendeten Vertragsverhältnissen dem Anwalt auch alle Unterlagen und Informationen zur Verfügung stellen, mit denen seine bisherige Leistung von den Tätigkeiten etwaig nachgeschaltet eingesetzter Architekten abgegrenzt werden kann. Sofern schon sehr früh in einer Krise der Weg zum Anwalt gesucht wird, kann man häufig dann schon im ersten Beratungsgespräch klären, ob möglicherweise zur Rechtswahrung noch akut Maßnahmen zu veranlassen sind (z. B. Beweissicherungen, Bestandsaufnahmen, etc.).

6.1.4
Generelle Zurverfügungstellung der gesamten Korrespondenz oder ausschnittsweise Überreichung?

Es steht völlig außer Frage, daß der Architekt im Idealfall lediglich den wirklich wichtigen Schriftverkehr überlassen sollte. Nur: Woher weiß man, ob ein Schriftverkehr nun wichtig ist oder nicht? Dies zu klären fällt häufig auch im Erstgespräch sehr schwer. Manchmal ergibt sich die Bedeutung eines bestimmten Schreibens auch erst aus der prozessualen Einlassung des Gegners. Um dieser Gefahr zu begegnen, werden häufig kommentarlos sämtliche Ordner mit der überwiegend umfänglichen Korrespondenz auf den Tisch gestellt. Dies führt jedoch nur zu einer Scheinsicherheit. Obwohl sich auch hier jede schematische Lösung verbietet, kann z. B. folgendes Vorgehen in Betracht kommen:

Der Mandant stellt in einem Ordner die gesamte Korrespondenz zusammen, die aus seiner Sicht für die Durchsetzung seines Honoraranspruches wesentlich ist. So erhält der Anwalt bereits im ersten Gespräch einen Eindruck davon, welchen Schwerpunkt der Mandant setzt. Häufig ist dieser Schwerpunkt dann auch der tatsächlich im Prozeß entscheidende. Dies gilt allerdings nicht ohne Ausnahme.

Um die auch im Interesse möglichst umfassender Beurteilung notwendige Gegenkontrolle effektiv zu gestalten, kann neben dieser Zusammenstellung dann der gesamte Schriftverkehr mit der Gegenseite zur Verfügung gestellt werden, die der Anwalt im Anschluß an das Erststudium der "ausgesuchten Exemplare" noch einmal durchsieht. Diese Zweistufigkeit in der Vorgehensweise beugt sehr wirksam der Gefahr einer gewissen Betriebsblindheit vor.

6.1.5
Die Übersendung einer prüffähigen Schlußrechnung (Mahnungen)

Die Zurverfügungstellung der vollständigen und kompletten Schlußrechnung ist schon für das Erstgespräch unverzichtbar. Der Anwalt kann zwar keine prüffähige Schlußrechnung erstellen (dies ist ein weit verbreiteter Irrtum), wohl kann er aber die Prüfbarkeit einer Schlußrechnung beurteilen und dem Mandant sagen, wo gegebenenfalls noch Nachbesserungsbedarf besteht. Auch hier gilt, daß sämtliche Unterlagen, die zur Stützung der Schlußrechnung herangezogen werden, schon beim Erstgespräch übergeben werden sollten. Im übrigen ist auf die Darstellung zum Kapitel prüffähige Schlußrechnung zu verweisen.

Der Anwalt benötigt regelmäßig mindestens folgende Informationen:

- Wann ist die Schlußrechnung der Gegenseite zugegangen? Kann der Zugang nachgewiesen werden (Einschreiben/Rückschein, Empfangsbestätigung etc.)?
- Ist nach Übersendung der Schlußrechnung gemahnt worden? Wenn ja, wann sind die Schreiben dem Gegner zugegangen? (Nachweis wie oben)
- Falls Teilzahlungen geleistet worden sind: Wann und möglicherweise auf welchen Teil der Forderung sind diese erbracht worden?

6.1.6
Einwendungen der Gegenseite

Bereits beim Erstgespräch sollte der Architekt seinem Anwalt reinen Wein einschenken. Es hilft gar nichts, die Dinge rosiger darzustellen, als sie in Wirklichkeit sind. Wer etwa in einem Prozeß ihm schon aus dem Vorfeld bekannte Einwendungen völlig ausblendet und den Eindruck suggeriert, es handle sich um einen völlig unstreitigen Anspruch, kann sich sehr wohl bereits erste atmosphärische Nachteile beim Gericht einhandeln, wenn die Gegenseite schon in der ersten Erwiderung seitenlang die bereits in der unmittelbaren Korrespondenz abgehandelten Streitpunkte anspricht. Sicherlich wird sehr genau zu überlegen sein, ob man aus taktischen Gründen bereits in der Klageschrift auf jedes denkbare oder irgendwann einmal angesprochene Argument eingeht.

Vorbereitet sein muß man aber in jedem Fall. Es gilt auch hier das zu den übrigen Punkten Gesagte entsprechend. Wer erst auf entsprechendes Bestreiten seinen Anwalt von Schwierigkeiten berichtet, verschenkt wertvolle Zeit. In einem laufenden Prozeß sind die Schriftsatzfristen sehr häufig knapp gesetzt. Von daher wird man schon aus Kapazitätsgründen immer einen Vorteil erzielen, wenn man, soweit möglich, sich mit bekannten Einwendungen schon vor Einreichung der Klage auseinandersetzt, auch wenn sie aus wohl erwogenen Gründen heraus möglicherweise in der Klageschrift noch nicht oder nur ansatzweise Niederschlag finden.

6.2
Präventive Maßnahmen zur Verbesserung der Prozeßchancen

Wer einen Architektenvertrag abschließt, denkt nicht sofort an die gerichtliche Auseinandersetzung. Man will sich ja schließlich „vertragen". Diese Betrachtungsweise führt jedoch leider dazu, daß nicht genug in denkbaren Konfliktmöglichkeiten gedacht wird, und bisweilen dringend notwendige Vorsorgemaßnahmen unterbleiben.

Es ist nicht ehrenrührig, auch bei zunächst reibungslos verlaufenden Verträgen immer auch die eigene rechtliche Durchsetzbarkeit im Streitfalle im Blick zu behalten. Generell gilt der viel zitierte Grundsatz:

„Wer schreibt der bleibt".

Viele Architekten berücksichtigen nicht genügend die zeitliche Abfolge einer Honorarklage. Bis es überhaupt zu einem Rechtsstreit kommt, sind in aller Regel etliche Jahre nach Vertragsabschluß vergangen. Umstände, Einigungen und Sachverhalte die noch während der direkten Phase der Leistungserbringung allen Beteiligten frisch im Gedächtnis und präsent waren, verblassen allmählich. Dementsprechend ist dann häufig auch die Korrespondenz aufgebaut. Sie richtet sich sehr oft nur an den unmittelbaren Vertragspartner und baut (unausgesprochen) auf beiden Seiten möglicherweise bekannten Umständen auf, die dann in einem Verfahren für den zur Entscheidung angerufenen Richter jedoch häufig nicht verständlich sind oder, noch schlimmer, der Gegner behauptet plötzlich einen von der wirklichen Intention abweichenden Inhalt.

Genauso mühsam ist es, wenn man, den Eingangs erwähnten Anforderungen an die hohe Substantiierungsanforderung Rechnung tragend, die näheren Umstände eines Sachverhalts, auf den man in einem Schreiben früher nur schlagwortartig Bezug genommen hat, nachträglich zu ermitteln.

Noch schwieriger wird es, wenn man zur notwendigen Substantiierung im Nachhinein erst die näheren Umstände, unter denen eine bestimmte Vereinbarung zustande gekommen sein soll (Ort, Zeit etc.), mühsam rekonstruieren muß, und dann noch nicht einmal auf Begleitschreiben Bezug nehmen kann.

Diesen Widrigkeiten kann man sehr effektiv dadurch beggenen, in dem man die Korrespondenz von vornherein so aufbaut, als sei sie für einen Dritten geschrieben.

Es kostet in aller Regel nicht viel Zeit, eine mündliche Festlegung, die etwa vor Ort auf der Baustelle getroffen worden ist, im Büro angekommen in einem kurzen Schreiben noch einmal zu bestätigen und in diesem Schreiben indirekt alle die Punkte unterzubringen, die man später auch für eine Substantiierung in einem Prozeßverfahren braucht. So kann man beispielsweise schon im Betreff den Ort und die Zeit der Unterredung einsetzen und das Thema über das gesprochen wurde, in einen Einleitungssatz zu stellen. Sehr hilfreich ist auch die kurze Erläuterung der etwa dem Gespräch vorangegangenen Historie („also etwa: Hatten wir uns in den letzten Wochen mehrfach über unsere unterschiedlichen Auffassungen zum Vertragspunkt XY unterhalten. Wie Sie wissen, folge ich Ihrer Einschätzung ... aus folgenden Gründen nicht ... Um so erfreulicher ist es, daß wir nunmehr am ... folgendes Resultat gefunden haben: ...").

Die zeitnahe Abfassung derartiger Korrespondenz kostet häufig nur ein paar Minuten. Sie erspart im Konfliktfall später aber erheblichen Zeit- und Kostenaufwand bei der notwendigen Sachverhaltsaufbereitung. Der Anwalt wird bei derart selbsterläuternden Schreiben sehr oft schon allein nach Aktenlage erste Entwürfe für eine Klageschrift fertigen können.

Es versteht sich von selbst, daß natürlich die schriftlich gegengezeichnete Bestägigung des Vertragspartners immer die sicherste aller Abmachungen ist. Diese wird aber nicht immer zu erzielen sein. Wenn nun tatsächlich einmal mündliche Vereinbarungen getroffen werden sollen, so muß der Architekt immer sorgfältig darauf achten, daß er ein solches Gespräch nicht allein führt, sondern im Zweifelsfall einen Zeugen mitbringt. Dieser Zeuge darf allerdings nicht selbst Partei sein (der zweite Geschäftsführer einer GmbH würde daher ausscheiden). Ein sehr selten genutztes aber im Ergebnis sehr effektives Mittel der Beweissicherung ist die Einholung von schriftlichen Zeugenaussagen.

Wenn der Inhalt eines Gespräches so wesentlich ist, kann er z. B. vom Architekten schriftlich zusammengefaßt und dem Zeugen zur Unterschrift vorgelegt werden. Man muß immer daran denken, daß für den Zeugen (auch wenn er nicht gezielt in dieser Funktion am Gespräch teilnimmt) der Umstand, der dann später vor Gericht einmal zu klären ist, entweder gar keine oder jedenfalls nicht die überragende Bedeutung hat. Auch bei bemühtesten Zeugen läßt, insbesondere wenn dieser dann in der Zwischenzeit schon mehrere weitere Bauvorhaben zu betreuen hatte, die Erinnerung irgendwann einmal nach. Stehen dann derartige gegengezeichnete Vermerke zur Verfügung, können diese nicht nur selber als Nachweis in den Prozeß eingeführt werden, sondern helfen den Zeugen in der direkten Befragung dann direkt auch, die Erinnerung wieder aufleben zu lassen.

Sofern die Leistungserbringung des Architekten in der Zurverfügungstellung von Plänen oder sonstigen schriftlichen Unterlagen oder Tätigkeiten gehört, sollte die Einholung von Empfangsbestätigungen zur Regel gehören. Wer z. B. für seinen Auftraggeber Verhandlungen mit der Baubehörde führt, sollte diese nach Tag, Zeit und Inhalt dokumentieren und am besten von den Gesprächspartner gegenzeichnen lassen.

Erstaunlich selten Gebrauch gemacht wird von der Möglichkeit, bereits im Vertrag zwischen den Parteien Regelungen zur Konfliktvermeidung zu treffen. So kann man beispielsweise für die oben erwähnten Verhandlungen mit Behörden oder Nachbarn, die auf einer Stundenbasis geführt werden sollen, für die Abrechnungsmodalitäten feste Regelungen treffen, etwa die, daß Stundenlisten mit schlagwortartiger Beschreibung der Tätigkeiten monatlich übersandt werden, und diese Listen als genehmigt gelten, wenn nicht binnen einer näher zu definierenden Frist schriftlich Einwendungen oder Gegenvorstellungen geäußert werden. Zwar muß bei diesem Beispiel gleich hinzu gesetzt werden, daß eine derartige Regelung unter dem Blickwinkel des Rechtes der Allgemeinen Geschäftsbedingungen nicht unproblematisch wäre. Zumindest als Nachweiserleichterung in einem Prozeß sind derartige Vereinbarungen ausgesprochen hilfreich. Denkbar sind beispielsweise auch Regelungen, die der Architekt mit seinem Bauherren für den Fall einer Kündigung oder einer sonst anderweitig vorzeitigen Beendigung des Vertrages trifft, z. B. feste Abreden für zeitnahe Bestandsaufnahmen, wo dies möglich und erforderlich ist.

Denkbar ist schließlich auch, daß die Parteien Zweifelsregelungen für einen erbrachten Leistungsstand von sich aus für bestimmte Zeitpunkte vorfristiger Vertragsbeendigung festlegen und definieren. Sicherlich, sofern man in Allgemeinen Geschäftsbedingungen versucht mit prozentualen Angaben als Architekt zu arbeiten, ist dies generell kritisch. Eine am konkreten Einzelfall ausgehandelte Regelung wird hingegen im Regelfall rechtlich unbedenklich und auch vernünftig dem Vertragspartner vermittelbar sein.

Als letztes Beispiel für eine Vertragsgestaltung sei der Komplex der Kündigung erwähnt. Hier bietet es sich an, zumindest Grundsätze aufzustellen, unter denen eine Kündigung für den Bauherren möglich sein soll oder nicht. Soweit die Rechtsprechung in diversen Einzelfallentscheidungen immer wieder zu der Frage Stellung nehmen muß, ob ein bestimmtes Verhalten aus Rechtsgründen eine Kündigung zu tragen vermag, ist dies überwiegend in einem diesbezüglich vertraglich ungeklärten Rahmen geschehen. Wenn die Parteien bestimmte Kündigungsgründe von vornherein festlegen und bestimmte Tatbestände von einem Kündigungsausspruch ausschließen, sind die Gerichte hieran grundsätzlich gebunden.

7
Exkurs: Das Gesetz zur Modernisierung des Schuldrechts und die Reform der ZPO

7.1
Modernisierung des Schuldrechts

Die Bundesregierung hat im Laufe des Jahres 2000 wesentliche Teile des Schuldrechts überarbeitet. Zum Zeitpunkt des Redaktionsschlusses war der Regierungsentwurf noch nicht im Bundestag verabschiedet. Das sehr kontrovers diskutierte Gesetz wurde jedoch vom Gesetzgeber noch in letzter Minute in verschiedenen Abschnitten überarbeitet. Für die Architekten relevanten Änderungen betreffen vor allem die Gewährleistungsansprüche des Bestellers und die Verjährung. Da die Gesetzesänderungen bereits zum 1.1.2002 für alle neuen Verträge in Kraft treten, ist es dringend angeraten alle bisherigen Vertragsvorlagen und Allgemeinen Geschäftsbedingungen anzupassen.

Das Werksvertragsrecht wurde im wesentlichen an das Kaufrecht angepaßt. Dies hat jedoch für das Werkvertragsrecht keine erheblichen Änderungen gebracht. Neu ist lediglich, daß nunmehr gemäß § 632 Abs. 3 ein Kostenvoranschlag im Zweifel nicht zu vergüten ist. Im neuen Werkrecht muß wie bisher der Besteller zunächst zur Nacherfüllung oder Nachbesserung auffordern, ehe er seine Rechte der Selbstvornahme (§§ 636, 323, 326 Abs. 5 anstelle des bisherigen Rechtsinstitutes der Wandlung) oder Minderung geltend machen kann (§ 638). Hierbei hat das Gesetz ausdrücklich dem Unternehmer das Wahlrecht eingeräumt zu entscheiden, ob er die Mängel beseitigt oder ein neues Werk herstellt (§ 635 Abs. 1).

Die Verjährungsfristen sind im BGB wesentlich verkürzt und vereinheitlicht worden. Jedoch hat der Gesetzgeber ausdrücklich für die Gewerke des Architekten weiterhin eine fünfjährige Verjährung in § 634 a Abs. 1 Nr. 2 vorgesehen, damit ein Gleichlauf zu der ebenfalls fünfjährigen Gewährleistung für Bauwerke sichergestellt ist. Der Vergütungsanspruch des Architekten verjährt nunmehr in der Regel in drei Jahren (§ 195 BGB). Im Unterschied zum bisherigen Recht beginnt jedoch die Verjährungsfrist erst mit Schluß des Jahres zu laufen, in dem der Anspruch entstanden ist (§ 199 Abs. 1 BGB).

Die Änderungen des Verjährungsrechtes haben ferner zur Folge, daß grundsätzlich nur noch eine Hemmung der Ansprüche durch Verhandlung, Klage oder Beweissicherungsverfahren erreicht wird. Die Frist beginnt daher nach dem Wegfall der Verjährung hemmenden Gründe nicht mehr neu zu laufen. Es ist daher zwingend erforderlich, die Ansprüche möglichst zeitnah durchzusetzen, um nicht Gefahr zu laufen, daß die Ansprüche verjährt sind.

Um eine rasche Verkürzung der Verjährung zu erreichen, hat der Gesetzgeber darüber hinaus bestimmt, daß im Rahmen des Übergangs vom alten auf neues Schuldrecht stets die kürzere Verjährungsfrist gilt. Es muß daher künftig auch bei Altverträgen, die vor dem 1.1.2002 geschlossen wurden, und für die auch weiterhin altes Recht Anwendung findet, geprüft werden, ob die Verjährungsfirst nunmehr kürzer ist als nach altem Recht. In diesem Fall ist die neue Verjährungsfrist maßgeblich. Hinsichtlich der Abgrenzung altes und neues Recht hat das Gesetz bestimmt, daß grundsätzlich alle Verträge vor dem 1.1.2001 nach altem Schuldrecht und alle danach geschlossenen Verträge nach neuem Schuldrecht zu beurteilen sind. Ausgenommen sind hiervon lediglich Dauerschuldverhältnisse, die bereits vor dem 1.1.2002 begründet wurden. Bei diesen Verträgen ist nunmehr maßgeblich, ob einzelne Ansprüche aus den Dauerschuldverhältnissen vor oder nach dem 1.1.2002 entstanden sind. Je nach dem ist altes oder neues Recht anzuwenden.

7.2
Das Zivilprozeßreformgesetz

Kernpunkte der seit dem 1.1.2002 in Kraft getretenen ZPO-Reform sind: Stärkung der streitbeendenden Funktion der I. Instanz durch Ausbau der Streitschlichtung. So ist etwa nunmehr auch die schon aus dem Arbeitsgerichtsgesetz bekannte Güteverhandlung in der normalen Zivilgerichtsbarkeit verankert. Die richterlichen Aufklärungs- und Hinweispflichten sind erheblich ausgebaut worden. Dafür wurde die Möglichkeit eingeschränkt, in II. Instanz neue Tatsachen vorzutragen. Im wesentlichen überprüfen die Oberlandesgerichte das angegriffene Urteil nur noch auf Rechtsfehler. Der Bundesgerichtshof ist als letzte Instanz nur noch bei gesonderter Zulassung oder Sachen von grundsätzlicher Bedeutung zuständig. Die Tätigkeit der Einzelrichter ist ausgeweitet. Bei den Landgerichten wird der originär zuständige Einzelrichter eingeführt. Völlig aussichtslose Berufungen können künftig, wie jetzt beim Bundesverfassungsgericht durch einstimmigen Beschluß zurückgewiesen werden. Ob all diese Maßnahmen dem übergeordneten Ziel einer Beschleunigung des Zivilprozeßverfahrens tatsächlich dienen, muß abgewartet werden.

8
Schlußwort

Die vorstehende Abhandlung möge einen hilfreichen Leitfaden für den bisweilen langen Weg durch die Gerichtsinstanzen bieten. Damit ist jedoch nicht das Anliegen verbunden, zu einer Prozeßfreudigkeit zu ermuntern. Die Einreichung einer Klage sollte immer der allerletzte Schritt sein. Der außergerichtlich getroffene Vergleich ist im Zweifel häufig vorzugswürdiger. Trotz dieser Intention ist die Befassung mit einigen prozessualen Grundlagen unerläßlich. Nur wer sich über seine Möglichkeiten diesbezüglich vollständig im klaren ist, kann beizeiten geeignete Vorsorgemaßnahmen treffen und seine argumentativen „Geschütze laden".

Häufig genügt ja dann schon die Abschreckung mit gut vorbereiteten Angriffsmitteln, um den Gang zum Gericht zu vermeiden. Wenn dieses Buch deshalb dazu beitragen kann, den einen oder anderen Vergleich oder auch nur die Schaffung einer günstigeren Rechtsposition zu fördern, wäre der Zweck mehr als erfüllt.

Literatur:
[1] Löffelmann, P., Fleischmann, G.: Architektenrecht, 4. Aufl., Werner Verlag, Düsseldorf, 2000
[2] Ulrich, W., Pastor, W.: Der Bauprozeß, 9. Aufl., Werner Verlag, Düsseldorf, 1999
[3] Sangenstedt, H.-R.: Die Honorarklage des Architekten und Ingenieurs, ZAP Fach 5, 35.46;
[4] Hesse, H., Korbion, H. Mantscheff, J., Vygen, K,: Honorarordnung für Architekten und Ingenieure (HOAI), 5. Aufl., C. H. Verlagsbuchhandlung, Köln, 1996
[5] Pott, W., Dahlhoff, W., Kniffka, R.: Verordnung über die Honorare für Leistungen der Architekten und der Ingenieure, 7. Aufl., Verlag für Wirschaft und Verwaltung Hubert Wingen, Essen, 1996
[6] Wenner, Christian: Zur Fälligkeit und dem Beginn der Verjährung eines Architektenhonorars, EWiR 2000, S. 395
[7] Koeble, Wolfgang: Die Prüfbarkeit der Honorarrechnung des Architekten und der Ingenieure, Baurecht 2000, S. 785
[8] Wenner, Christian: Prüffähigkeit der Architektenhonorar-Rechnung – Kostenberatung als Gegenstand werkvertraglicher Pflichten des Architekten gegenüber dem Bauherrn, EWiR 1998, S. 843
[9] Deckers, Stefan: Zur Rechtskraft des die Architektenhonorarklage als zur Zeit unbegründet abweisenden Urteils, Baurecht 1999, S. 987
[10] Peters, Frank: Zum Honoraranspruch eines Architekten und zur Schlüssigkeit einer Klage wegen Mängeln des Architektenwerkes, JR 1998, S. 194
[11] Wenner, Christian: Typische Einwendungen des Bauherrn gegen den Honoraranspruch des Architekten, EWiR 1998, S. 539
[12] Koeble, Wolfgang: Probleme des Gerichtsstandes sowie der Darlegungs- und Beweislast im Architektenhonorarprozeß, Baurecht 1997, S. 191
[13] „Sondertagung der Zivilrechtslehrervereinigung am 30./31. März 2001", JZ 10/2001
[24] Hartmann, Peter: „Zivilprozeß 2001/2002 Hunderte wichtige Änderungen", NJW 2001 S. 2577

IV
Die anrechenbaren Kosten nach DIN 276 in der HOAI

Dipl. Ing. Klaus-Dieter Siemon, Architekt

Dipl. Ing. Klaus-Dieter Siemon, Architekt

von der Architektenkammer Niedersachsen
öffentlich bestellter und vereidigter Sachverständiger
für Leistungen und Honorare der Architekten

Am Breiten Busch 65
37520 Osterode/Harz
Internet: www.architektenhonorar.de

IV Die anrechenbaren Kosten nach DIN 276 in der HOAI

Inhalt

1 Grundlagen 329
1.1   Allgemeines 329
1.2   Bedeutung der anrechenbaren Kosten in Bezug auf die Prüffähigkeit
      der Honorarrechnung 329
1.3   Kostenermittlungsarten für die anrechenbaren Kosten 330
1.4   Mehrstufige Ermittlung der anrechenbaren Kosten 331
1.5   Das Verhältnis der 3-stufigen Kostenermittlung nach DIN 276: 1981-4
      zur Kostenplanung nach DIN 276: 1993-3 336
1.6   Übersicht der nach DIN 276: 1981-4 anrechenbaren Kosten 337
1.7   Abweichende Ermittlung der anrechenbaren Kosten nach HOAI § 4 a .. 338
1.8   Anrechenbare Kosten bei Eigenleistungen 340
1.9   Preisnachlässe, Einbehalte und die anrechenbaren Kosten 341
1.10 Ermittlung der anrechenbaren Kosten trotz fehlender Angaben .. 343
1.11 Kürzungen des Auftraggebers an den Kostenermittlungen 343
1.12 Einbau von vorhandenen oder vorbeschafften Baustoffen und Bauteilen .. 345

2 Anrechenbare Kosten beim Bauen im Bestand 345
2.1   Grundlagen 345
2.2   Die Mitverarbeitung 346
2.3   Schriftformerfordernis 347
2.4   Die Bewertung der Kosten der mitverarbeiteten
      vorhandenen Bausubstanz 348
2.5   Ermittlungsverfahren zu § 10 (3 a) HOAI 351
2.6   Vorhandene Bausubstanz und Systematik der DIN 276: 1981-4 353
2.7   Planbereiche und anrechenbare Kosten nach HOAI § 10 (3 a) 355
2.8   HOAI § 10 (3 a) bei Pauschalhonorarvereinbarungen 355

3 Anrechenbare Kosten nach DIN 276: 1981-4 bei Sonderfällen 356
3.1   Abbrucharbeiten 356
3.2   Mehrere Gebäude auf einem Grundstück 357
3.3   Generalunternehmerzuschlag und anrechenbare Kosten 358
3.4   Bauzeitverlängerungen und anrechenbare Kosten 359
3.5   Winterbau-Schutzmaßnahmen 360
3.6   Bauschlussreinigung 361

**4 Besonderheiten zu anrechenbaren Kosten nach DIN 276: 1981-4
   bei weiteren Planbereichen** 362
4.1   Tragwerkplanung 362
4.2   Technische Ausrüstung 363

1
Grundlagen

1.1
Allgemeines

Als anrechenbare Kosten werden die als Grundlage der Honorarermittlung heranzuziehenden Kosten bezeichnet. Die anrechenbaren Kosten bilden neben anderen Kriterien wie Honorarsatz, Honorarzone, Leistungsumfang usw. die rechnerische Grundlage, auf der das Honorar für Architekten- und Ingenieurleistungen ermittelt wird.

Die anrechenbaren Kosten sind häufig nicht identisch mit den Ergebnissen der Kostenermittlungen nach der DIN 276. Dieser Unterschied führt nicht selten zu Auseinandersetzungen. Vielfach hat es Bestrebungen zur Vereinfachung bei den anrechenbaren Kosten gegeben, bisher jedoch ohne greifbares Ergebnis. *DIN 276: 1981-4 für die anrechenbaren Kosten*

Ein wichtiges Anliegen für die nahe Zukunft dürfte sein, dass die Ermittlungsarten für die anrechenbaren Kosten möglichst den Kostenermittlungen, die im Zuge der Baukostenplanung und Überwachung erbracht werden, auch angepasst werden. Unbefriedigend ist hier also insbesondere die Anwendung von zwei unterschiedlichen Normen, einerseits die DIN 276 in der Fassung von 1981 (für die anrechenbaren Kosten) und andererseits die DIN 276 in der Fassung von 1993 (für die Kostenplanung und Kostendatenbanken). *DIN 276: 1993-6 für die Kostenplanung und Kostendatenbanken*

1.2
Bedeutung der anrechenbaren Kosten in Bezug auf die Prüffähigkeit der Honorarrechnung

Die anrechenbaren Kosten stellen für die Honorare der Architekten- und Ingenieurleistungen seit Jahren ein zentrales Thema bei Auseinandersetzungen dar. Das liegt daran, dass die Ermittlung der auf das Honorar anrechenbaren Kosten neben der eigentlichen Kostenplanung und Kostenkontrolle gesondert zu erfolgen hat und somit zu zusätzlichem Zeitaufwand führt. Nur bei konsequenter Anwendung der Einzelbestimmungen der HOAI lassen sich im Bereich der anrechenbaren Kosten Probleme vermeiden.

Sind die anrechenbaren Kosten nicht nachvollziehbar, bzw. nicht prüfbar in der Honorarrechnung dargestellt, dann fehlt eine Voraussetzung für die Fälligkeit des Honorars. Das Oberlandesgericht Düsseldorf hat (BauR 1985, 587) mit seiner Entscheidung zur Prüffähigkeit von Honorarrechnungen den folgenden, bis heute gültigen Leitsatz formuliert:

> „Prüffähigkeit der Honorarrechnung bedeutet, dass die Rechnung so aufgegliedert sein muss, dass der Auftraggeber die sachliche und rechnerische Richtigkeit überprüfen und daraus entnehmen kann, welche Leistungen im Einzelnen berechnet worden sind und auf welchem Wege und unter Zugrundelegung welcher Faktoren die Berechnung vorgenommen worden ist".

Dieser Leitsatz trifft besonders auf die anrechenbaren Kosten zu. Prüfbarkeit einer Honorarrechnung und insbesondere der anrechenbaren Kosten bedeutet jedoch nicht, dass die Ermittlung der anrechenbaren Kosten rechnerisch richtig sein muss, sondern eben nur nachprüfbar. Ist die Ermittlung der anrechenbaren Kosten rechnerisch falsch und kann dies im Zuge der Rechnungsprüfung vom Auftraggeber rechnerisch mit einfachen Schritten richtig gestellt werden, dann ist davon die Prüffähigkeit der Honorarrechnung nicht betroffen; auch eine solche rechnerisch falsche Honorarrechnung ist prüfbar. Dabei ist zugrunde zu legen, dass die Anforderungen an die Prüfbarkeit einzelfallbezogen auf die jeweilige Fachkunde des Bauherrn zu beziehen sind.

1.3
Kostenermittlungsarten für die anrechenbaren Kosten

Die Art der Ermittlung von anrechenbaren Kosten ist in der HOAI für jeden Planbereich gesondert festgelegt. Dabei sind jeweils verschiedene Ermittlungsmethoden anzuwenden. Grundsätzlich lassen sich aber folgende Rahmenbedingungen für alle Planbereiche festhalten:

Rahmenbedingungen der Kostenermittlungsart

- Die anrechenbaren Kosten werden jeweils ohne Umsatzsteuer ermittelt.
- Baunebenkosten gehören nicht zu den anrechenbaren Kosten.
- Die anrechenbaren Kosten gelten nur als Basis für die Honorarermittlung für die Grundleistungen; für zusätzliche oder besondere Leistungen können die Honorargrundlagen frei gewählt werden.
- Die Ermittlung der anrechenbaren Kosten erfolgt ähnlich wie die Baukostenplanung in einem mehrstufigen Verfahren, soweit nicht bei Auftragserteilung etwas anderes schriftlich vereinbart wurde.
- Für alle Kostenermittlungsarten, die Grundlage für die Honorarermittlung sind, gilt, dass grundsätzlich die vollen anrechenbaren Kosten für die Honorarermittlung maßgeblich sind. Dieser Grundsatz ist auch dann anzuwenden, wenn die Beauftragung nicht alle Grundleistungen einer Leistungsphase umfasst.
- Die anrechenbaren Kosten für die meisten Planbereiche sind nach der Gliederung der DIN 276: 1981-4 zu ermitteln. Dabei ist die Gliederungssystematik zwingend einzuhalten, die Anwendung des DIN-Formulars dagegen ist nicht zwingend. Die Gliederungstiefe orientiert sich ausschließlich an der Regelung des § 10 HOAI.

Von diesen Rahmenbedingungen kann mit schriftlicher Vereinbarung bei Auftragserteilung auch ganz abgewichen werden. Beispielsweise sind pauschale Honorarvereinbarungen ohne Bezug auf anrechenbare Kosten möglich. Dabei ist der Honorarrahmen zwischen Mindestsatz und Höchstsatz zwingend einzuhalten. Zu überprüfen ist die Einhaltung des Honorarrahmens jedoch nur, indem zunächst eine Honorarkalkulation auf Basis von anrechenbaren Kosten durchgeführt wird.

Außerhalb des Rahmens der HOAI, z. B. bei Überschreitung der anrechenbaren Kosten aus den Honorartabellen, ist die Höhe des Honorars nicht mehr geregelt. Die

1 Grundlagen

Tabellen der anrechenbaren Kosten enden im oberen Bereich je Planbereich sehr unterschiedlich. Bei Überschreitung der anrechenbaren Kosten über dem Höchstwert aus den Honorartabellen nach HOAI wird häufig auf die sogenannten Rift-Briefe (siehe Kapitel VI im Honorarhandbuch) als einvernehmlich zu vereinbarende anrechenbare Kosten zugegriffen. Dies wäre als Individualklausel im Planungsvertrag zu regeln. Eine Teilbeauftragung von Grundleistungen wird durch reduzierte v.-H.-Sätze geregelt und nicht durch Reduzierung von anrechenbaren Kosten. Dieser Grundsatz gilt auch für Aufträge, die vorzeitig durch einseitige Kündigung beendet werden.

Praxisbeispiel
Werden bei einem Pauschalpreisvertrag mit einem Bauunternehmer dem Architekten Teile der Bauüberwachungsleistungen, wie Aufmaß, nicht beauftragt, dann werden nicht die anrechenbaren Kosten reduziert, sondern lediglich der v.-H.-Satz. Gleiches gilt für den Ausnahmefall, dass der Architekt nur mit der Bauüberwachung der Rohbauarbeiten beauftragt wird. Auch hier sind nicht die anrechenbaren Kosten auf die Rohbaukosten zu reduzieren, sondern es sind bei vollen anrechenbaren Kosten die v.-H.-Sätze bei der Leistungsphase Bauüberwachung anzupassen.

1.4
Mehrstufige Ermittlung der anrechenbaren Kosten

Die HOAI regelt in den jeweiligen Planbereichen, welche Kostenermittlungsarten nach DIN 276: 1981-4 welchen Leistungsphasen der Honorarermittlung zugrunde zu legen sind. Die DIN 276: 1981-4 unterscheidet dabei 4 verschiedene Arten der Kostenermittlung. Bild 1 zeigt die einzelnen Leistungsphasen der Planung und Bauüberwachung und die zugehörigen Kostenermittlungsarten nach DIN 276: 1981-4 am Beispiel der Architektenleistungen. Sinngemäß gilt das auch für die Leistungen der anderen Planbereiche.

Leistungsphase	Stufe	Honorargrundlage	soweit noch nicht vorliegend
Leistungsphase 1	1. Stufe	Kostenberechnung	Kostenschätzung
Leistungsphase 2	1. Stufe	Kostenberechnung	Kostenschätzung
Leistungsphase 3	1. Stufe	Kostenberechnung	Kostenschätzung
Leistungsphase 4	1. Stufe	Kostenberechnung	Kostenschätzung
Leistungsphase 5	2. Stufe	Kostenanschlag	Kostenberechnung
Leistungsphase 6	2. Stufe	Kostenanschlag	Kostenberechnung
Leistungsphase 7	2. Stufe	Kostenanschlag	Kostenberechnung
Leistungsphase 8	3. Stufe	Kostenfeststellung	Kostenanschlag
Leistungsphase 9	3. Stufe	Kostenfeststellung	Kostenanschlag

Bild 1:
3-stufige Ermittlung der anrechenbaren Kosten nach § 10 HOAI

Bei Anwendung der DIN 276: 1993-6 im Rahmen der Kostenplanung und Kostenkontrolle ist zur Honorarberechnung eine Umrechnung der anrechenbaren Kosten in die Systematik der DIN 276: 1981-4 vorzunehmen. Es ist nicht erforderlich beide DIN-Fassungen zur Kostenplanung und Kostenkontrolle gleichermaßen anzuwenden. Weitere Einzelheiten dazu sind in Ziffer 1.5 dieses Abschnittes enthalten. Die nachfolgenden Erläuterungen geben allgemeine Anwendungshinweise zur Leistungserbringung und beziehen sich sinngemäß auf beide Fassungen der DIN 276.

Erläuterungen zu den jeweiligen Kostenermittlungsarten
• Kostenschätzung

Kostenschätzung Die Kostenschätzung als Bestandteil der Vorplanung dient der überschlägigen Ermittlung der Gesamtkosten auf Basis von Bedarfsangaben, Flächen, Rauminhalten, skizzenhafter Zeichnungen und erläuternden Angaben. Die Kostenschätzung ist als Basis zur Ermittlung der anrechenbaren Kosten anzuwenden, wenn eine Abschlagsrechnung vor Fertigstellung der Entwurfsplanung erstellt wird, oder wenn der Leistungsumfang die Erstellung der Entwurfsplanung nicht umfasst, also lediglich die Grundlagenermittlung und Vorplanung beauftragt ist.

Darüber hinaus ist die Kostenschätzung als Grundlage der anrechenbaren Kosten anzuwenden, wenn der Planungsvertrag vor Erstellung der Entwurfsplanung gekündigt wird.

• Kostenberechnung

Kostenberechnung Die Kostenberechnung ist Bestandteil der Entwurfsplanung, sie wird auf Basis der Entwurfszeichnungen, Beschreibungen zur Entwurfsplanung, Kenntnisse zu Bauart, Gebäudeform, Grundflächen, Rauminhalten, Zweckbestimmung und vorgesehener Art der Nutzung erstellt. Die Ausführungsplanung oder Unternehmerangebote sind nicht Grundlage einer Kostenberechnung.

Die Regelungen der DIN 276 stellen u. a. klar, dass die Kostenberechnung zum Entwurf lediglich die annähernden Gesamtkosten darstellt und diese Kostenermittlung Voraussetzung für die Entscheidung ist, ob die Baumaßnahme so wie im Entwurf geplant, durchgeführt werden soll. Außerdem dient die Kostenberechnung zum Entwurf als Grundlage für die Finanzierungsplanung der Baumaßnahme. Damit ist auch klargestellt, dass die Kostenberechnung aufgrund der noch nicht erstellten Ausführungsplanung und sonstigen Planungsvertiefung vom später zu erstellenden Kostenanschlag durchaus abweichen darf.

Im Rahmen der Kostenberechnung dürfen die Kosten für die Baukonstruktion in zusammengefasster Form entsprechend der angewendeten DIN-Fassung dargestellt werden. Eine weitere Aufgliederung dieser Kosten ist im Rahmen der Kostenberechnung bei Beauftragung der Grundleistungen ohne Weiteres nicht erforderlich.

Demgegenüber sind die Kosten der besonderen Baukonstruktion, der Erschließung des Baugrundstückes, der Installationen, der zentralen Betriebstechnik, des Gerätes sowie der Außenanlagen bei den anrechenbaren Kosten differenzierter zu ermitteln und anzugeben. Der nur mit den Architektenleistungen beauftragte Planer hat die Angaben zu den weiteren Kostengruppen (z. B. Technische Ausrüstung, Außenanlagen ...) die nicht seinen Planungsauftrag betreffen, auf Grundlage der

Beiträge der weiteren Planungsbeteiligten in seine Kostenberechnung aufzunehmen. Bereits im Zuge der Kostenberechnung sind also die Beiträge der weiteren an der Planung Beteiligten (Tragwerkplaner, Fachingenieure für technische Ausrüstung, Landschaftsarchitekt ...) einzuarbeiten. Zu beachten ist dabei, dass auch der Tragwerkplaner seine Beiträge dem Architekten zur Berücksichtigung bei den Kosten der Baukonstruktion vorzulegen hat.

Sind in Ausnahmefällen zur Entwurfsplanung außer den Leistungen bei Gebäuden keine weiteren Leistungen (Technische Ausrüstung, Außenanlagen ...) in Auftrag gegeben, dann können zur Honorarermittlung für die Architektenleistungen hilfsweise eigene Annahmen als Ersatz für die fehlenden Kostenangaben der anderen Planbereiche getroffen werden, um das eigene Honorar zu ermitteln. Diese eigenen Annahmen dienen lediglich der Honorarermittlung und sind möglichst nachvollziehbar aufzuführen.

- **Kostenanschlag**

Der Kostenanschlag ist die genaue Ermittlung der tatsächlich zu erwartenden Kosten als systematische Zusammenstellung von geprüften Angeboten der Bauunternehmer und gegebenenfalls eigener weitergehender Ermittlungen.

Kostenanschlag

Dem Kostenanschlag liegt üblicherweise die Ausführungsplanung und Ausschreibung bzw. Angebotseinholung zugrunde. Beim Kostenanschlag ist die Gliederung der Kosten der Baukonstruktion differenzierter als bei der Kostenberechnung vorzunehmen.

Mögliche Arten des Kostenanschlages
a) stufenweise erstellter Kostenanschlag

Beim Kostenanschlag ist zu beachten, dass er in der Regel „stufenweise" erstellt wird. In der Praxis werden die Unternehmerangebote zeitlich versetzt eingeholt, um die Realisierung des Bauvorhabens noch schneller, vor Abschluss aller Planungen, beginnen zu können. Damit liegt aber der vollständige Kostenanschlag, wenn er auf Basis von Unternehmerangeboten erstellt wird, in der Regel bei größeren Baumaßnahmen erst kurz vor Fertigstellung des Objektes, z. B. nach Einholung der Angebote für die Schließanlage, vor. Das hat seinen Grund in der oben erwähnten zeitlich versetzten Einholung der Unternehmerangebote.

Kostenanschlag stufenweise erstellen

Bei dieser Vorgehensweise dient der Kostenanschlag zunächst der Feststellung der anrechenbaren Kosten, während die Kostenkontrolle dabei häufig auf Grundlage der Vergabeeinheiten/Gewerke erfolgt. Der direkte gewerkeweise Kostenvergleich ist eine in der Praxis sehr häufig mit Erfolg angewandte Methode der Kostenkontrolle. Die stufenweise Erstellung des Kostenanschlages hat sich in der Praxis als bewährt durchgesetzt. Gleichzeitig lassen sich die anrechenbaren Kosten hier nach einem in sich geregeltem Verfahren rechnerisch genau ermitteln. Die Aufträge und die Nachtragsaufträge (auch denen liegen zeitversetzte Planungen des Architekten zugrunde) sind mit ihren Kosten als Honorargrundlage anzuwenden.

b) zeitlich zusammengefasster Kostenanschlag

Kostenanschlag zeitlich zusammenfassen

Nur bei kleineren Bauvorhaben, z. B. beim Einfamilienhaus, ist es möglich, alle Ausschreibungen bzw. Angebotseinholungen zeitgleich parallel durchzuführen, so dass ein in sich abgeschlossener Kostenanschlag vorliegt.

c) „gemischter" Kostenanschlag

Kostenanschlag gemischter

Es ist aber auch alternativ möglich, den Kostenanschlag aus bereits vorliegenden Unternehmerangeboten und ergänzenden eigenen Berechnungen (z. B. in der Sortierung von Leistungspositionen) zu erstellen. Damit kann der vollständige Kostenanschlag zwar zu einem früheren Zeitpunkt erstellt werden, in welchem noch nicht alle Angebote vorliegen. Aber die fehlenden Kostenangaben sind bei diesem Verfahren vom Planer auf der Grundlage der erreichten Planungsvertiefung gesondert zu ermitteln. Diese Vorgehensweise ist jedoch mit planerischem Zusatzaufwand verbunden (gesonderte Kostenermittlung der noch nicht ausgeschriebenen Gewerke auf Grundlage der zwischenzeitlich erreichten Planungsvertiefung) und wäre vom Planer nur dann zu erbringen, wenn eine entsprechende vertragliche Vereinbarung über diese Zusatzleistung getroffen wird.

Dieses letztgenannte Verfahren hat in der Praxis nur wenig Bedeutung. Einerseits ist der Nutzen für den Bauherrn nur sehr begrenzt und andererseits ist damit unnötiger planungsseitiger Mehraufwand verbunden. Darüber hinaus wäre die Definition der tatsächlich anrechenbaren Kosten (z. B. bei Planungsänderungen) nicht immer zweifelsfrei nachvollziehbar. Deshalb ist der stufenweise Kostenanschlag die sinnvollste und in der Praxis bewährte Methode zur Ermittlung der anrechenbaren Kosten. Bis zur Vorlage des vollständigen Kostenanschlages ist die zum Entwurf erstellte Kostenberechnung als Honorargrundlage für Abschlagsrechnungen anzuwenden. Wird der Planungsvertrag nur bis zur Ausführungsplanung erfüllt und vor Erstellung des Kostenanschlages vorzeitig beendet und das Bauvorhaben auf Wunsch des Auftraggebers nicht weitergeführt, dann ist die Kostenberechnung als Grundlage zur Ermittlung der anrechenbaren Kosten für alle bis dahin erbrachten Leistungen heranzuziehen.

- **Kostenfeststellung**

Kostenfeststellung

Die Kostenfeststellung ist der rechnerische Beleg über die tatsächlich entstandenen Kosten der Baumaßnahme. Die Kostenfeststellung erfolgt am Ende der Leistungsphase 8, nachdem sämtliche Rechnungen geprüft worden sind. Die Kostenfeststellung bei großen Baumaßnahmen kann mitunter erst Monate oder eventuell in wenigen Fällen sogar Jahre nach Inbetriebnahme des Bauwerkes erstellt werden, was sich auch auf die Erstellung der Honorarschlussrechnung auswirken kann.

Die Beträge der anrechenbaren Kosten sind nicht grundsätzlich identisch mit den tatsächlich ausgezahlten Beträgen. Skonti, Nachlässe, Vertragsstrafen, und Mängeleinbehalte führen zu Abweichungen von anrechenbaren Kosten und der Kostenfeststellung. Darauf wird unten gesondert eingegangen.

Solange die Kostenfeststellung nicht vorliegt, ist der Kostenanschlag als Grundlage der auf das Honorar anrechenbaren Kosten heranzuziehen.

1 Grundlagen

Anwendungshinweise

Die HOAI hat in ihren Honorartatbeständen der Grundleistungen in den jeweiligen Planbereichen die Kostenermittlungsarten explizit aufgenommen und so die Bedeutung dieser Leistungen herausgestellt. Diese Kostenermittlungen stellen wichtige Leistungen der Architektentätigkeit dar. Ein Weglassen dieser Leistungen kann eventuell Honorareinbußen zur Folge haben. Besonders zu beachten ist, dass diese Leistungen auch gleichzeitig Grundlage für die eigene Honorarermittlung sind und somit auch im Interesse der Planer stets erstellt werden sollten.

Der Grad der Vertiefung von Kostenermittlungen hat sich an der jeweiligen Bauaufgabe einzelfallbezogen zu orientieren. So ist z. B. davon auszugehen, dass beim Bauen im Bestand eine höhere Detaillierung der Kostenberechnung üblich ist, als beim Neubau auf der „grünen Wiese".

Die Mehrstufigkeit der Kostenermittlungsarten berücksichtigt die zunehmende Planungsvertiefung und den damit einhergehenden sich vertiefenden Erkenntnisstand über die Baukosten. Es ist deshalb grundsätzlich üblich, dass sich zwischen den einzelnen Kostenermittlungsarten Abweichungen ergeben, ohne dass diese Abweichungen durch Planungsänderungen begründet sind. Im Zuge der Kostenberechnung sind noch längst nicht die Planungsdetails ausgearbeitet, so dass die Kostenberechnung naturgemäß mit gemittelten Vergleichskostenwerten auskommen muss. Über die Höhe der „zulässigen" Abweichungen der Kostenermittlungsarten untereinander besteht keine einheitlich durchgehende, in allen Fällen anzuwendende Auffassung. Die entscheidende Rolle hierbei spielen auf das jeweilige Einzelobjekt bezogene Umstände.

In der praktischen Anwendung ist zu beachten, dass die Kostenermittlungsverfahren für die anrechenbaren Kosten bei allen Planungsbeteiligten je Maßnahme gleich sein sollten. Ist z. B. für die Architektenleistungen ein Pauschalhonorar ohne Bezug auf die anrechenbaren Kosten nach DIN 276: 1981-4 wirksam vereinbart, kann es zu Honorarproblemen kommen, wenn der Tragwerkplaner und der Planer der den Wärmeschutznachweis erbringt, die anrechenbaren Kosten in der Systematik nach DIN 276: 1981-4 benötigen, um ihr eigenes Honorar zu ermitteln.

Gleiche Kostenermittlungsverfahren bei allen Planungsbeteiligten

Nachträgliche Änderungen an der Kostenberechnung und am Kostenanschlag sind grundsätzlich nicht zulässig, wenn die Kostenberechnung zum Zeitpunkt ihrer Erstellung vertragsgemäß war und die ortsüblichen Kosten berücksichtigte. Der Planer hat es nicht in der Hand, durch vertragswidrige Kostenermittlungen die Höhe seines Honorars selbst zu bestimmen. Beim stufenweise erstellten Kostenanschlag stellen zeitversetzte Auftragsvergaben an Bauunternehmen keine nachträgliche Änderung dar. Gleiches gilt für Planungsänderungen auf Veranlassung des Auftraggebers. Planungsänderungen bewirken oft auch Entwurfsänderungen und somit eine neue Kostenberechnung.

1.5
Das Verhältnis der 3-stufigen Kostenermittlung nach DIN 276: 1981-4 zur Kostenplanung nach DIN 276: 1993-3

Spätestens seit Einführung der neuen DIN 276: 1993-6 gilt die Fassung von 1981 als veraltet. Alle bedeutenden Baukostendatenbanken als Grundlage für die Kostenermittlungen und Kostenvergleiche sind ebenfalls nicht mehr nach der alten DIN 276: 1981-4 sortiert.

Darüber hinaus erfolgt im Tagesgeschäft der Planungs- und Bauabwicklung die Kostenkontrolle gegliedert nach der neuen DIN 276: 1993-6. Die so verarbeiteten Kostendaten sind in Kostengruppen gemäß DIN 276: 1981-4 umzurechnen, nur um die auf das Honorar anrechenbaren Kosten zu erhalten. Ansonsten ist die DIN 276: 1981-4 bedeutungslos.

Bei der nur zum Zwecke der Honorarberechnung durchgeführten Umrechnung ist lediglich die Gliederungstiefe im Hinblick auf die Anforderungen nach § 10 HOAI erforderlich, alles andere wäre unnötige Förmelei. Die Kostengruppe 3.1 in der Sortierung nach der DIN 276: 1981-4 ist z. B. bei der Umrechnung zusammengefasst darzustellen, weil die Kostengruppe 3.1 ausnahmslos und uneingeschränkt anrechenbar ist. Das nachstehende Beispiel zeigt das Prinzip der Umrechnung

Abbildung 1: Übersicht der nach DIN 276:1981-4 anrechenbaren Kosten

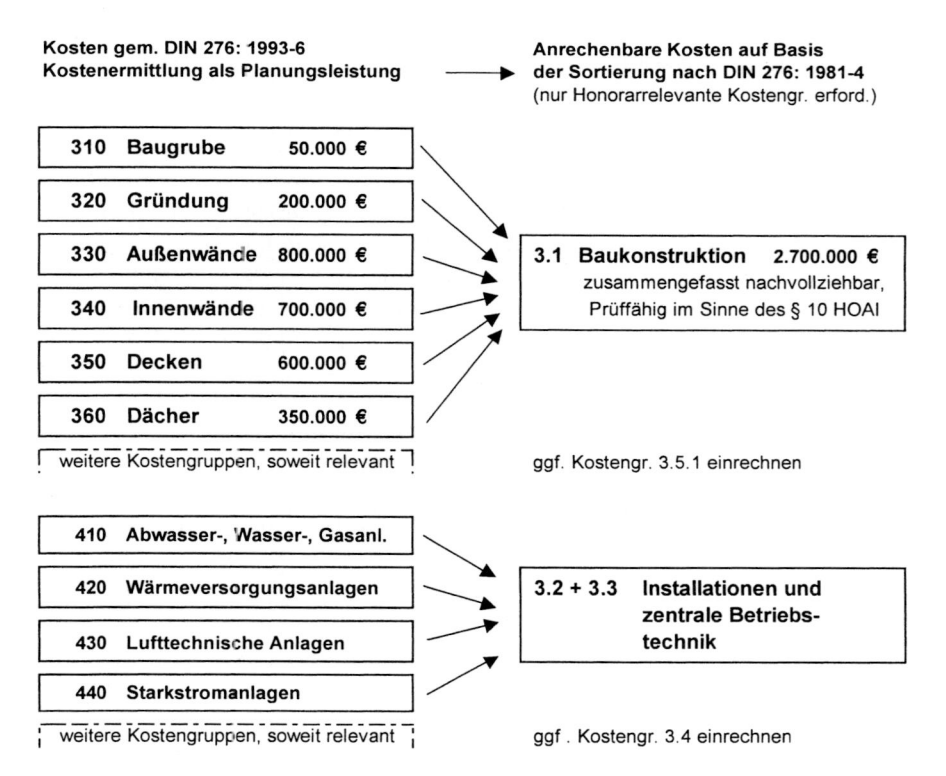

Kosten gem. DIN 276: 1993-6
Kostenermittlung als Planungsleistung

- 310 Baugrube — 50.000 €
- 320 Gründung — 200.000 €
- 330 Außenwände — 800.000 €
- 340 Innenwände — 700.000 €
- 350 Decken — 600.000 €
- 360 Dächer — 350.000 €
- weitere Kostengruppen, soweit relevant

- 410 Abwasser-, Wasser-, Gasanl.
- 420 Wärmeversorgungsanlagen
- 430 Lufttechnische Anlagen
- 440 Starkstromanlagen
- weitere Kostengruppen, soweit relevant

Anrechenbare Kosten auf Basis der Sortierung nach DIN 276: 1981-4
(nur Honorarrelevante Kostengr. erford.)

- 3.1 Baukonstruktion 2.700.000 € zusammengefasst nachvollziehbar, Prüffähig im Sinne des § 10 HOAI

ggf. Kostengr. 3.5.1 einrechnen

- 3.2 + 3.3 Installationen und zentrale Betriebstechnik

ggf. Kostengr. 3.4 einrechnen

1 Grundlagen

1.6
Übersicht der nach DIN 276: 1981-4 anrechenbaren Kosten

Die Übersicht in Tabelle 1 zeigt die anrechenbaren Kosten für Architektenleistungen im Überblick.

Tabelle 1: Anrechenbare Kosten für Architektenleistungen

Kostengruppe (DIN 276/81)	Bezeichnung	Hinweise zur Anrechenbarkeit bei Architektenleistungen Näheres: § 10 HOAI
1.1 bis 1.3	Verkehrswert, Erwerb und Freimachen des Baugrundstücks	nicht anrechenbar
1.4	Baugrundstück herrichten (incl. Abbruch vorhandener Baukonstruktion)	anrechenbar, soweit der Architekt die Herrichtung plant oder überwacht
2.1	Öffentliche Erschließung	nicht anrechenbar
2.2	Nichtöffentliche Erschließung	anrechenbar, soweit Architekt Erschließung plant und/oder überwacht
2.3	Andere einmalige Abgaben	nicht anrechenbar
3.1	Baukonstruktionen	anrechenbar
3.2 bis 3.4	Installationen, Zentrale Betriebstechnik und Betriebliche Einbauten	beschränkt anrechenbar, bis 25 % der sonstigen anrechenbaren Kosten voll anrechenbar, darüber hinaus zur Hälfte anrechenbar.
3.5.1	Besondere Baukonstruktionen	anrechenbar
3.5.2 bis 3.5.4	Besondere Installationen, Besondere Zentrale Betriebstechnik und Besondere Betriebliche Einbauten	beschränkt anrechenbar, bis 25 % der sonstigen anrechenbaren Kosten voll anrechenbar, darüber hinaus zur Hälfte anrechenbar.
3.5.5	Kunstwerke und künstlerisch gestaltete Bauteile	Kunstwerke sind anrechenbar, soweit sie wesentliche Bestandteile des Objektes sind; künstlerisch gestaltete Bauteile sind anrechenbar, soweit Auftragnehmer sie plant oder überwacht
4	Gerät gesamt	anrechenbar, soweit der Architekt die Planung erbringt oder ihren Einbau (oder die Ausführung) überwacht oder bei der Beschaffung mitwirkt
4.5	Beleuchtung	anrechenbar, soweit der Architekt die Planung erbringt oder ihren Einbau (oder die Ausführung) überwacht oder bei der Beschaffung mitwirkt
5.1 und 5.2	Einfriedung, Geländebearbeitung und -gestaltung	nicht anrechenbar, soweit nicht unter Nr. 4 erfaßt
5.3	Abwasser- und Versorgungsanlagen	anrechenbar, soweit Auftragnehmer sie plant oder überwacht
5.4	Wirtschaftsgegenstände	anrechenbar, soweit der Architekt die Planung erbringt oder ihren Einbau (oder die Ausführung) überwacht oder bei der Beschaffung mitwirkt
5.6	Anlagen für Sonderzwecke	nicht anrechenbar, soweit nicht in 5.3 oder 5.7 enthalten

Kostengruppe (DIN 276/81)	Bezeichnung	Hinweise zur Anrechenbarkeit bei Architektenleistungen Näheres: § 10 HOAI
5.7	Verkehrsanlagen	anrechenbar, soweit Auftragnehmer sie plant oder Ausführung überwacht
5.8	Grünflächen	nicht anrechenbar
5.9	Sonstige Außenanlagen	nicht anrechenbar
6	Zusätzliche Maßnahmen	nicht anrechenbar
6	Winterbauschutzvorkehrungen	Sonderregelung, § 32 Abs. 4 HOAI
7	Baunebenkosten	nicht anrechenbar

Tabelle 1: Anrechenbare Kosten für Architektenleistungen (Fortsetzung)

1.7 Abweichende Ermittlung der anrechenbaren Kosten nach HOAI § 4 a

Seit der vom 01. Jan. 1996 an geltenden Fassung der HOAI ist die Möglichkeit einer abweichenden Honorarermittlung gegeben. Die Vertragsparteien können schriftlich bei Auftragserteilung vereinbaren, dass das Honorar für alle Leistungsphasen auf der Grundlage einer nachprüfbaren Ermittlung der voraussichtlichen Herstellungskosten nach Kostenberechnung oder nach Kostenanschlag ermittelt wird. Diese Möglichkeit der Honorarermittlung bringt eine Reihe von Vereinfachungen im Tagesgeschäft mit sich, denn die auf das Honorar anrechenbaren Kosten sind in diesem Fall nur noch einmal zu ermitteln und auf alle Leistungsphasen anzuwenden.

Zunächst ist zu beachten, dass diese abweichende Art der Honorarermittlung wie oben erwähnt wirksam nur schriftlich bei Auftragserteilung vereinbart werden kann. Bei Anwendung des § 4 a HOAI ist grundsätzlich zu bedenken, dass aus praktischen Erwägungen für alle Planungsbeteiligten eine einheitliche Regelung zur Ermittlung der anrechenbaren Kosten getroffen werden sollte.

Beispiel

Kostenberechnung als Grundlage für die Honorarermittlung

Vereinbart der Architekt nach § 4 a HOAI die Ermittlung der auf sein Honorar anrechenbaren Kosten für alle Leistungsphasen auf Grundlage der Kostenberechnung, dann kann eventuell für weitere an der Planung Beteiligte (Tragwerkplaner, Landschaftsarchitekt, Fachingenieure der technischen Ausrüstung usw.) mit 3-stufiger Ermittlung der anrechenbaren Kosten das Problem bestehen, dass der Kostenanschlag und die Kostenfeststellung nach der Gliederung gemäß DIN 276: 1981-4 für weiteren Planer nicht zur Verfügung steht.

Bei Anwendung der Kostenberechnung als Grundlage für die Ermittlung des Honorars aller Leistungsphasen ist bereits im Zuge der Entwurfsplanung der Höhe der jeweiligen Einzelkostengruppen große Bedeutung zuzumessen. So kann eine Verschiebung von Kosten der Baukonstruktion zu den Kosten der technischen Ausrüstung im Zuge der Entwurfsplanung Auswirkungen auf das Honorar aller Leistungsphasen haben, während im 3-stufigen Kostenermittlungsverfahren diese Verschiebungen nachträglich durch Kostenanschlag und Kostenfeststellung teilweise wieder zurückgenommen werden. Alle beteiligten Planer sollten deshalb bei Anwendung der Kostenberechnung als Honorargrundlage für alle Leistungsphasen bereits bei der Entwurfsplanung die Kosten der jeweiligen Planbereiche rechtzeitig abstimmen. Ein bloßes Übernehmen des Kostenbeitrages von Planungsbeteiligten ohne gleichzeitige fachliche Berücksichtigung und Einarbeitung ist bei Anwendung des § 4 a HOAI nicht sinnvoll.

Die Regelung des neuen § 4 a ist vorzugsweise dort anzuwenden, wo das Bauprogramm bereits zu Beginn der Planung relativ klar definiert ist. Das ist in der Regel im Wohnungsbau grundsätzlich möglich, wenn das Raumprogramm und das zur Verfügung stehende Budget klar ist.

§ 4 a HOAI beim Bauen im Bestand
Beim Bauen im Bestand ist dieser Regelungsmöglichkeit der anrechenbaren Kosten mit Skepsis gegenüberzustehen. Gerade bei Umbauten und Erweiterungen werden die Kosten im Zuge der Kostenberechnung nicht immer mit hinreichender Genauigkeit ermittelt werden können, wenn im Planungsvertrag die bei Neubauten obligatorischen Grundleistungen nicht um die beim Bauen im Bestand erforderlichen zusätzlichen und besonderen Leistungen ergänzt werden. Aufgrund dieser häufig nur unzureichend vertraglich vereinbarten Planungsleistungen sind bei Umbauten nach Erstellung der Kostenberechnung oft zusätzliche Kosten (sogenannte Ohnehinkosten) zu erwarten. Nur wenn alle erforderlichen besonderen und zusätzlichen Leistungen beim Bauen im Bestand von Beginn an Vertragsbestandteil sind und die Kostenermittlungen somit hinreichend genau sein können, ist die Anwendung des § 4 a HOAI beim Bauen im Bestand praxisgerecht.

§ 4 a HOAI und Planungsänderungen
Auch bei abweichender Honorarermittlung sind Mehrleistungen, die auf Veranlassung des Auftraggebers zurückzuführen sind, zusätzlich zu honorieren. Bei einer Verlängerung der Planungs- und Bauzeit, die der Planer nicht zu vertreten hat, besteht demgegenüber lediglich die Möglichkeit im beiderseitigen Einvernehmen die Honorare anzupassen. Die Ermittlung des in diesen Fällen zusätzlichen Honorars ist nach den gleichen Maßstäben vorzunehmen wie bei der herkömmlichen Honorarberechnung, jedoch mit dem Unterschied, dass als Ausgangswert die einstufig ermittelten anrechenbaren Kosten zur Verfügung stehen. Das sind die wichtigsten Unterschiede zur Vereinbarung eines festen Pauschalhonorars.

Dieser vereinfachten Honorarermittlung stehen, wie oben bereits erwähnt, jedoch auch Risiken gegenüber. Wird das Honorar auf Grundlage der Kostenberechnung vereinbart und findet nach Fertigstellung des Entwurfs z. B. eine Reihe von geringfügigen Planungsänderungen statt, die in ihrer Summe zu relevanten Kostenveränderungen führen, dann stellt sich immer wieder die Frage, ab wann die zusätzliche Honorierung nach § 4 a HOAI einsetzt. Hierzu liegen keine Urteile der Obergerichte vor. Es ist aber davon auszugehen, dass die zusätzliche Honorierung bereits bei der ersten Planungsänderung (also prinzipiell genauso wie bei der herkömmlichen Honorarberechnung) einsetzt. Grundsätzlich ist dabei die Grenze zwischen Planungsfortschreibung und Planungsänderung zu beachten.

1.8
Anrechenbare Kosten bei Eigenleistungen

Eigenleistungen sind nicht nur bei Einfamilienhäusern anzutreffen, sondern auch im gewerblichen Bereich bei Baumaßnahmen für große Unternehmen. Teilweise erbringen die Bauabteilungen von Industrieunternehmen eigene Bauleistungen. Bei Leasingbaumaßnahmen treten auch Bauunternehmen als Leasinggeber auf und erbringen mit ihrem eigenen Personal umfangreiche Teilleistungen am Bau.

Mit Eigenleistungen reduzieren sich zwar die kassenwirksamen Ausgaben aus dem Bauetat, aber die Planungs- und Überwachungsleistungen der Planungsbeteiligten bleiben davon unberührt. Aus diesem Grund können die so künstlich reduzierten kassenwirksamen Baukosten nicht zu einem gleichermaßen künstlich reduzierten Honorar führen. Deshalb ist bei Eigenleistungen aller Art in der Weise zu verfahren, dass für die betroffenen Gewerke statt der reduzierten kassenwirksamen Kosten, die ortsüblichen angemessenen Gesamtkosten des betreffenden Gewerkes als anrechenbare Kosten anzusetzen sind. Dieses Verfahren zur Ermittlung der anrechenbaren Kosten ist bereits bei der Kostenberechnung (und bei allen anderen nachfolgenden Ermittlungen der anrechenbaren Kosten) anzuwenden.

Üblich ist, dass in Fällen von Eigenleistungen die Ermittlung der anrechenbaren Kosten nach DIN 276: 1981-4 zweispaltig aufgestellt werden, wobei die erste Spalte grundsätzlich ortsübliche angemessene Gesamtpreise (also die anrechenbaren Kosten) insgesamt enthält und die zweite Spalte dann zur Kostenplanung für die Belange des Auftraggebers die durch Eigenleistungen reduzierten Kostenansätze aus dem Bauetat enthalten kann. Die HOAI regelt diesen Fall der Eigenleistung in § 10 (3) ganz eindeutig. In der amtlichen Begründung zur HOAI ist hierzu noch einmal klargestellt, dass die Honorarberechnung grundsätzlich auf Basis des tatsächlichen Bauwertes erfolgen soll. Künstliche Reduzierungen der kassenwirksamen Baukosten sind somit nicht honorarwirksam und deshalb auch nicht den anrechenbaren Kosten zugrunde zu legen. Bei Eigenleistungen des Auftraggebers ist die Leistungspflicht des Planers nicht eingeschränkt. Im Zuge der Planung und Bauüberwachung sind die Eigenleistungen erbringenden Beteiligten uneingeschränkt genauso zu überwachen wie ausführende Bauunternehmen. Das gilt nicht nur hinsichtlich der Ausführungsqualität, sondern ebenfalls auch im Hinblick auf die Einhaltung der Verkehrssicherheitspflichten und die Einhaltung der vereinbarten Termine sowie alle anderen Maßgaben zur Bauausführung.

Beispiel
Folgendes Berechnungsbeispiel aus der Praxis zeigt die Bedeutung der in Rede stehenden Honorarunterschiede:

Errichtet sich ein Stahlbauunternehmen mit eigenen Facharbeitern ein eigenes neues Produktions- und Verwaltungsgebäude für 4 Mio. € anrechenbare Kosten selbst und „spart" dadurch ca. 18 % der gesamten Baukosten aus dem Bauetat, dann würde diese Reduzierung – umgerechnet auf das Honorar – ca. 40.000,- € an Honorardifferenz nur für Architektenleistungen bei Leistungsphase 1–9 ausmachen. Der Planbereich Tragwerkplanung ist ebenfalls davon betroffen.

1 Grundlagen

Die Personalkosten für die Facharbeiter sind in diesem Falle nicht dem Neubauetat, sondern dem Personalkostenbereich des Unternehmens zugeordnet. Solche rein rechnerischen Verschiebungen haben jedoch keinerlei Auswirkung auf die Höhe des Architektenhonorars. In solchen Fällen sind die ortsüblichen Kosten einschließlich Lohn und Material als anrechenbare Kosten anzusetzen. Entsprechend ist beim Einfamilienhaus oder beim Leasingbau bei den anrechenbaren Kosten zu verfahren.

1.9
Preisnachlässe, Einbehalte und die anrechenbaren Kosten

Bei der Ermittlung der auf das Honorar anrechenbaren Kosten für die Leistungsphasen 5–7 und 8–9 sind folgende Maßgaben zu beachten:

- Nach § 10 (3) HOAI gelten auch dann ortsübliche Preise als anrechenbare Kosten, wenn von bauausführenden Unternehmen oder Lieferanten sonst nicht übliche Vergünstigungen gewährt oder Lieferungen/Leistungen in Gegenrechnung ausgeführt werden. Danach sind besonders günstige sogenannte Freundschaftspreise, die den ortsüblichen Kosten nicht entsprechen, nicht als anrechenbare Kosten der Honorarermittlung zugrunde zu legen.
- Ein Mengenrabatt als echte Preisänderung im Rahmen des Üblichen mindert jedoch die anrechenbaren Kosten.
- Ein im Rahmen einer Vertragsverhandlung angebotener üblicher Nachlass auf einen Angebotspreis führt zur Minderung der honorarfähigen Kosten für die Leistungsphasen 5–7.

Die Grenze zwischen ortsüblichen Angebotspreisen und sonst nicht üblichen Vergünstigungen ist jeweils einzelfallbezogen zu ziehen. Es ist davon auszugehen, dass ein Preisnachlass in Höhe von 20 % auf ein vorgelegtes Angebot bereits eine sonst nicht übliche Vergünstigung darstellt und somit den anrechenbaren Kosten nicht zugrunde zu legen ist.

Zahlungszielvereinbarungen, die Nachlässe in Verbindung mit einem Zahlungsziel anbieten, also Skontovereinbarungen, führen nicht zur Minderung der anrechenbaren Kosten. Skontovereinbarungen vermindern nicht den Bauwert.

Praxis

Die Auswirkungen der Hinzurechnung der Skontobeträge auf die tatsächlich ausgezahlten Summen sind sehr unterschiedlich. Dabei kommt es nicht auf die Anzahl der Unternehmen, mit denen Skonti vereinbart wurde, an, sondern ausschließlich auf die Auftragshöhe. So kann bei verschiedenen mittleren und großen Baumaßnahmen davon ausgegangen werden, dass die wesentlichen Aufträge (Rohbau, Fassade ...) auch im Hinblick auf die Höhe der anrechenbaren Kosten besonders relevant sind. Als Beispiel sei hier eine Baumaßnahme mit anrechenbaren Kosten in Höhe von ca. 25 Mio. € angeführt, bei der die skontobedingte Honorardifferenz netto ca. 3.000,- € betragen hatte. Im Einfamilienwohnhausbau macht sich die Berück-

Auswirkungen Skontobeträge

Tabelle 2:
Übersicht zu Kostenreduzierungen und deren Auswirkung auf die anrechenbaren Kosten

Kosten	Reduzierung der anrechenbaren Kosten
Nachlass	nur wenn üblich
Skonto	nein
Vertragsstrafe	nein
Sicherheitseinbehalt	nein
Schadenersatz	nein
Minderung	nein
Gegengeschäft (Bauschild ...)	nein

sichtigung der Skontobeträge bei der Ermittlung der honorarfähigen Kosten nur sehr gering bemerkbar. Es kann davon ausgegangen werden, dass die Berücksichtigung von Skontovereinbarungen bei Einfamilienhäusern im Rahmen der Ermittlung der anrechenbaren Kosten zu einer Honorardifferenz von unter 250,- € führt.

Abzüge, Einbehalte
Im Zuge der Kostenfeststellung ergeben sich ebenfalls Abweichungen zwischen den tatsächlich ausgezahlten Beträgen und den anrechenbaren Kosten. Diese Abweichungen können aus Rechnungsabzügen bestehen. So sind Sicherheitseinbehalte (oft in Höhe von 5 % bzw. 3 % von der geprüften Schlussrechnungssumme) nicht auch bei den anrechenbaren Kosten zu berücksichtigen; hier sind die ungekürzten geprüften Rechnungssummen, also die Bauwerte, als anrechenbare Kosten anzusetzen. Außerdem sind Einbehalte wegen vorhandener Ausführungsmängel oder aber Abzüge wegen Verwirkung der Vertragsstrafe nicht gleichsam bei den anrechenbaren Kosten abzusetzen. Auch hier liegen die anrechenbaren Kosten unberührt von den Abzügen beim tatsächlichen Bauwert.

Gelegentlich werden im Rahmen des Bauvertrages Abzüge für die Bauschuttentsorgung oder für ein Bauschild, auf dem die Baumaßnahme und die beteiligten Unternehmen dargestellt sind, vertraglich vereinbart. Auch diese Rechnungsabzüge werden bei den anrechenbaren Kosten nicht berücksichtigt, denn diese Rechnungsabzüge mindern nicht den tatsächlichen Bauwert. Es handelt sich hier um ein sogenanntes Gegengeschäft. Aus dem oben genannten folgt, dass die Baubuchhaltung zweigleisig erfolgen sollte. Neben den tatsächlich geleisteten Zahlungen ist der jeweilige Bauwert, der die anrechenbaren Kosten darstellt, zu erfassen und der Honorarrechnung zugrunde zu legen.

Praxis
Im Zuge der Abrechnung ist zunächst der Bauwert aller erbrachten Leistungen je Gewerk zu ermitteln. Erst danach sind eventuell Abzüge vorzunehmen. Dieses Verfahren dient einerseits der Kostenfeststellung und andererseits gleichzeitig der Ermittlung der anrechenbaren Kosten.

1 Grundlagen

1.10
Ermittlung der anrechenbaren Kosten trotz fehlender Angaben

Fehlen Angaben zu den anrechenbaren Kosten, hat es in den zurückliegenden Jahren erheblichen Streit zwischen Planern und Auftraggebern gegeben. Der Bundesgerichtshof hat hierzu mit Urteil vom 27.10.1994 (VII ZR 217/93) entschieden, dass ein Planer in seiner Schlussrechnung die anrechenbaren Kosten dann schätzen darf, wenn er die Grundlagen für die Ermittlung der anrechenbaren Kosten in zumutbarer Weise nicht selbst besorgen kann und der Auftraggeber ihm die erforderlichen Auskünfte dazu nicht gibt. In diesem Falle genügt der Architekt seiner Darlegungslast hinsichtlich der anrechenbaren Kosten, wenn er die von ihm selbst geschätzten anrechenbaren Kosten schlüssig ermittelt hat und ordnungsgemäß in die Ermittlung der anrechenbaren Kosten nach DIN 276: 1981-4 einfließen lässt.

Unter diesen Umständen obliegt es dem Auftraggeber, die so vom Architekten geschätzten anrechenbaren Kosten begründet zu bestreiten. Begründet bedeutet in diesem Fall, dass der Auftraggeber substantielle Kritik an der Höhe der eingesetzten Kosten vorzutragen hat. Das oben erwähnte BGH-Urteil zeigt, dass der Architekt auch ohne Herausgabe der erforderlichen Unterlagen in der Lage ist, seine eigene Honorarrechnung und die dazugehörige Ermittlung der anrechenbaren Kosten ordnungsgemäß zu erstellen. Mit diesem Urteil wird ebenso deutlich, dass sich der Architekt keinen Verzögerungstaktiken des Auftraggebers anpassen muss. Es kommt insbesondere bei Großbauten vor, dass verschiedene Abrechnungen von der Bauabteilung des Auftraggebers selbst vorgenommen werden und Angaben über die Schlussrechnung an den Architekten nicht weitergeleitet werden. Das gleiche Szenario ist häufig beim Bauen im Bestand zu beobachten. Das Oberlandesgericht Düsseldorf hat mit Urteil vom 28.05.1999 (22 U 248/98) festgestellt, dass ein Tragwerkplaner für die Berechnung seines Honorars die anrechenbaren Kosten auch als Produkt des Rauminhaltes des geplanten Baukörpers und durchschnittlicher Baukosten pro m³ BRI schätzen darf, solange der Bauherr seiner Auskunftspflicht über die anrechenbaren Kosten nicht genügt. Damit dürfte klargestellt sein, dass die Ermittlung der anrechenbaren Kosten für das eigene Honorar hilfsweise auch ohne vollständige Kostenfeststellung durchgeführt werden kann. Die Abhängigkeit vom Auftraggeber wird dadurch weitgehend aufgehoben.

1.11
Kürzungen des Auftraggebers an den Kostenermittlungen

Vielfach werden von seiten des Auftraggebers einzelne Kostenansätze aus der Kostenberechnung als überhöht dargestellt und einfach gekürzt. Die HOAI sieht eine solche „Genehmigung" der Kostenberechnung zum Entwurf durch den Auftraggeber nicht vor. Der Architekt ist jedoch verpflichtet, die Kostenberechnung objektiv und dem Vertragsziel entsprechend aufzustellen und dabei ortsübliche Kosten zugrunde zu legen. Verfehlt der Architekt mit seinem Entwurf und der zugehörigen Kostenberechnung das vereinbarte Ziel, dann ist seine Leistung mangelhaft. Ist aber das vereinbarte Ziel erreicht, dann hat der Auftraggeber keine Gründe an der richtig erstellten Kostenberechnung Änderungen vorzunehmen. Eine einseitige Reduzierung von Kosten der Kostenberechnung auf eine nun „genehmigte Kostenberechnung" entspricht nicht dem Sinn der HOAI, hat also keinen Einfluss auf das Honorar des Architekten.

Praxis
Zu beobachten ist dieser Vorgang gelegentlich bei institutionellen und öffentlichen Baumaßnahmen, für die Fördermittel (in einem gesonderten Verfahren) zu beantragen sind. Bei öffentlich geförderten Baumaßnahmen wird üblicherweise der Entwurf vor seiner Fertigstellung mit den Zuwendungsgebern abgestimmt und enthält somit zur Fertigstellung des Entwurfes einvernehmlich vereinbarte Planungsinhalte. Diese, mithin recht aufwendige rechtzeitige Planungsabstimmung führt dazu, dass im Zuge der Kostenberechnung, die am Ende des Entwurfs erstellt wird, alle Maßgaben von Seiten des Auftraggebers und des Zuwendungsgebers berücksichtigt sind. Eine eventuell dann nachträglich noch stattfindende einseitige Reduzierung von Einzelansätzen aus der Kostenberechnung ohne entsprechende Berücksichtigung bei den Planungsinhalten des Architekten muss abgelehnt werden.

Alles andere wäre eine willkürliche, nicht in der HOAI vorgesehene Möglichkeit der einseitigen Honorarreduzierung.

Im Verhältnis zwischen Architekt und öffentlichen Bauherrn ist also kein anderer Maßstab hinsichtlich der anrechenbaren Kosten anzuwenden als im Verhältnis zwischen privatem Auftraggeber und Architekten.

Eine einseitige fachlich unbegründete Reduzierung von anrechenbaren Kosten auf eine niedrigere „genehmigte Kostenberechnung" führt zu einer unzulässigen Unterschreitung der Mindestsätze nach HOAI, wenn das Honorar des Architekten ansonsten an den Mindestsätzen orientiert ist. Die nach Abschluss der Entwurfsplanung von einer Fördermittel gebenden Behörde ermittelte Summe der Zuwendungen ist ein internes Verfahren zwischen öffentlichem Auftraggeber und seinem Fördermittelgeber und hat keine Auswirkungen auf das Honorar des Architekten.

Praxis
Die Auswirkungen einer solchen einseitigen Kürzung wären mithin erheblich. So ist als Beispiel bei einer öffentlich geförderten Baumaßnahme eine einseitige Reduzierung der Kosten der Fassade von ca. 2,15 Mio. € auf ca. 1,95 Mio. € bereits mit einem unzulässigen Honorarabzug von ca. 3.000,- € netto für die Leistungsphasen 1–4 verbunden. Bei diesem Beispiel ist ein etwaiger Umbauzuschlag nicht berücksichtigt. Hier zeigt sich sozusagen als Nebeneffekt, wie wichtig die rechtzeitige Abstimmung der Planungsinhalte ist. Werden die Leistungen der Entwurfsplanung abgestimmt und mit klarstellendem Hinweis in der Baubeschreibung ausgearbeitet, lassen sich unberechtigte Kürzungen bei den anrechenbaren Kosten vermeiden.

Sollte sich über die Höhe der anrechenbaren Kosten keine Einigung ergeben können und ein Rechtsstreit entstehen, dann kann davon ausgegangen werden, dass die Gerichte Auskünfte über die Angemessenheit von anrechenbaren Kosten bei Sachverständigen einholen werden. Da der Architekt in Bezug auf die Angemessenheit der anrechenbaren Kosten darlegungspflichtig ist, bietet sich eine ordnungsgemäße und insbesondere rechnerisch auch noch später nachvollziehbare Kostenermittlung zum Entwurf an.

1.12
Einbau von vorhandenen oder vorbeschafften Baustoffen und Bauteilen

Bei Um- oder Erweiterungsbauten sind bereits vorhandene Baustoffe oder Bauteile nicht selten auszubauen und an anderer Stelle wieder zu verwenden. Als Beispiel sind hier vom Bauherrn selbst beschaffte Natursteine im Rahmen einer Altbausanierung zu nennen. Darüber hinaus gibt es Fälle, in denen der Auftraggeber Baustoffe selbst beschafft. Die Kosten dieser vorhandenen oder selbstbeschafften Bauteile oder Baustoffe gehören ebenfalls zu den anrechenbaren Kosten.

Die Anwendbarkeit dieser Regelung (§ 10 Abs. 3 Nr. 4 HOAI) setzt voraus, dass die Baustoffe oder Bauteile, um die es hier geht, nicht vom Bauunternehmer oder Handwerker zur Verfügung gestellt werden, sondern vom Auftraggeber direkt und somit nicht in den Angebotspreisen des Bauunternehmers enthalten sind. Die Höhe der Anrechenbarkeit der Kosten von Bauteilen oder Baustoffen, die vom Auftraggeber bereitgestellt und anschließend eingebaut werden, richtet sich nach deren Erhaltungszustand und Wert zum Zeitpunkt des Einbaus. Diese Regelung ist klar abzugrenzen von der nach § 10 (3 a) HOAI mitverarbeiteten, vorhandenen Bausubstanz.

2
Anrechenbare Kosten beim Bauen im Bestand

2.1
Grundlagen

Das Bauen im Bestand macht ca. 50 % des Leistungsumfangs von Architekten und Ingenieuren aus. Die HOAI ist insbesondere auf Neubaumaßnahmen zugeschnitten. Das zeigt ein Blick in die Honorartatbestände der jeweiligen Grundleistungen in den jeweiligen Planbereichen. Mit gesonderten Regelungen, die an verschiedenen Stellen der HOAI verstreut angeordnet sind, wird jedoch der Honorarermittlung beim Bauen im Bestand ebenfalls Rechnung getragen.

In Bezug auf die anrechenbaren Kosten bildet der § 10 (3 a) das Kernstück für die Honorarermittlung beim Bauen im Bestand. § 10 (3 a) HOAI legt fest, dass vorhandene Bausubstanz, die technisch oder gestalterisch mitverarbeitet wird, bei den anrechenbaren Kosten neben den ohnehin anrechenbaren Kosten zusätzlich angemessen zu berücksichtigen ist. Weiter wird ausgeführt, dass der Umfang der Anrechnung der schriftlichen Vereinbarung bedarf.

In der Praxis sind hierzu eine Reihe von Auslegungen erforderlich. In Anbetracht der beim Bauen im Bestand sehr unterschiedlichen Bauaufgaben ist eine nicht ins Detail gehende Honorarregelung in der HOAI verständlich.

Die angemessene Berücksichtigung der Kosten der vorhandenen Bausubstanz, die technisch oder gestalterisch mitverarbeitet wird, ist unabhängig vom vereinbarten Honorarsatz und vom Umbauzuschlag zu betrachten. Der Verordnungsgeber hat keinesfalls gewollt, dass der Umfang der Anrechnung der Kosten der vorhandenen mitverarbeiteten Bausubstanz von der Höhe des Umbauzuschlages abhängig ist oder umgekehrt. Vielfach wird die Auffassung vertreten, dass es sich hier um eine Entweder-/Oder-Regelung handelt mit der Folge, dass entweder nur der Umbauzuschlag oder nur die Berücksichtigung der vorhandenen mitverarbeiteten Bausubstanz in die Honorarermittlung einfließt. Diese Auffassung ist ganz eindeutig unzutreffend.

Zunächst sind die Voraussetzungen für die Anwendbarkeit des § 10 (3 a) zu klären. Als vorhandene Bausubstanz kann nur die Bausubstanz angesehen werden, die fest mit dem Gebäude und fest mit dem Grund und Boden verbunden ist und in das neue Bauvorhaben eingegliedert wird. Die ursprüngliche Bestimmung der wieder eingegliederten vorhandenen Bausubstanz muss auch im neu umgebauten Objekt fortdauern. Baustoffe oder Bauteile, die nicht fest eingebaut sind, gehören nicht zur vorhandenen Bausubstanz. Bei Gerät (Kostengruppe 4) dürfte die Grenze von Bausubstanz zur beweglichen Einrichtung überschritten sein. Festeinbauten aus der Kostengruppe 3.4 gehören zur nach § 10 (3 a) zu berücksichtigenden Bausubstanz. Zur weiteren Abgrenzung wird auf § 10 (3) Nr. 4 hingewiesen, worin die Baustoffe und Bauteile bezüglich ihrer Anrechenbarkeit behandelt sind.

2.2
Die Mitverarbeitung

Als weitere Voraussetzung für die Berücksichtigung bei den anrechenbaren Kosten ist die technische oder gestalterische Mitverarbeitung zu nennen. Die gestalterische Mitverarbeitung zählt also gleichberechtigt. Ob ein bloßes Belassen vorhandener Bausubstanz bereits die gestalterische Mitverarbeitung begründet, dürfte zweifelhaft erscheinen. Der Fall der ausschließlich gestalterischen Mitverarbeitung tritt recht selten im Tagesgeschäft auf. Üblicherweise ist gestalterische Mitverarbeitung mit der technischen Mitverarbeitung verbunden.

Praxis
Die technische Mitverarbeitung, die auch darin bestehen kann, dass die mitverarbeitete vorhandene Bausubstanz mit ihren bauphysikalischen und konstruktiven Eigenschaften fachlich richtig in die neue Planungslösung integriert wird, führt dazu, dass die Kosten der mitverarbeiteten vorhandenen Bausubstanz nach § 10 (3 a) bei der Ermittlung der anrechenbaren Kosten zu berücksichtigen ist. Jeder Praktiker erkennt, welcher hohe planerische und bauüberwachende Aufwand bei der Integration der vorhandenen Bausubstanz in die neue Planungslösung erforderlich ist.

Die Bausubstanz, die im Rahmen der Baumaßnahme entfernt oder abgebrochen werden soll, zählt nicht zur vorhandenen mitverarbeiteten Bausubstanz im Sinne des §10 (3 a), denn diese Bausubstanz wird nicht Bestandteil des Planungsziels und ist nicht zu integrieren. Abzubrechende Bausubstanz gehört in die Kostengruppe 1.4.4 bzw. 3.1 nach DIN 276: 1981-4. Die Kosten der Kostengruppe 1.4.4 sind bedingt anrechenbar, d. h., dass die Anrechenbarkeit der Kosten an die Erbringung von Planungs- oder Überwachungsleistungen für den Abbruch geknüpft ist.

Wird beim Umbau innerhalb des Bauwerks im Zuge der Umbauarbeiten ein Bauteil abgebrochen, dann gehören diese Kosten zur Kostengruppe 3.1 und sind ungeschmälert anrechenbar.

Das folgende Urteil des BGH vom 19.6.1986 Az.: VII ZR 260/84, bis heute unverändert gültig, beschreibt die Anrechenbarkeit von Kosten der mitverarbeiteten vorhandenen Bausubstanz sinngemäß so:

> Im Hinblick auf die Anrechenbarkeit ist nur von Bedeutung, ob der Architekt die vorhandene Bausubstanz planerisch und baukonstruktiv in seine Leistung einbezieht, die alte Bausubstanz also in den Umbau eingliedern muss.
> BauR 1986, 593

2.3
Schriftformerfordernis

Nach der HOAI bedarf der Umfang der Anrechnung der Kosten der mitverarbeiteten vorhandenen Bausubstanz der schriftlichen Vereinbarung. Eine schriftliche Vereinbarung hierüber ist jedoch nicht immer einvernehmlich möglich. Wäre die schriftliche Vereinbarung grundsätzlich Wirksamkeitsvoraussetzung, dann würde die Höhe des Honorars bei Umbauten vom Zustimmungsverhalten des jeweiligen Auftraggebers abhängen, was nicht Sinn der HOAI ist. Es ist davon auszugehen, dass nach HOAI lediglich der Umfang der Anrechnung schriftlich vereinbart werden soll. Der Grundsatz, dass diese Kosten überhaupt Teil der anrechenbaren Kosten sind, bedarf somit nicht der schriftlichen Vereinbarung. Dies wird auch durch den Verordnungstext selbst geregelt. In § 10 (3 a) heißt es:
„.... der Umfang der Anrechnung bedarf der schriftlichen Vereinbarung ..."

Weil dieser Punkt trotz der an sich klaren Regelung in der HOAI umstritten ist, wird vorgeschlagen, dass sich Planer grundsätzlich in allen Fällen um die schriftliche Vereinbarung des Umfanges der Anrechnung der Kosten der vorhandenen mitverarbeiteten Bausubstanz bemühen. Diesem Bemühen wird dadurch Rechnung zu tragen sein, dass die Planer von sich aus eine nachvollziehbare Ermittlung des Umfanges der Anrechnung aufstellen und ihrem Auftraggeber mit der Bitte um Unterzeichnung vorlegen. Der Zeitpunkt dieser Aufstellung ist individuell wählbar, sollte aber möglichst früh liegen, sobald hinreichend Klarheit besteht.

Klar dürfte sein, dass eine solche Ermittlung der Kosten der mitverarbeiteten vorhandenen Bausubstanz nicht bereits bei Auftragserteilung erfolgen kann, denn bei Auftragserteilung besteht üblicherweise baufachlich keine hinreichende Detailkenntnis über den Umfang der zu berücksichtigenden Bausubstanz. Außerdem muss der Planer zunächst im Zuge der Grundlagenermittlung die Klärung der Aufgabenstellung und Beratung zum gesamten Leistungsbedarf vornehmen. Aus diesen Gründen ergibt sich ganz automatisch, dass die Ermittlung des Umfangs der mitverarbeiteten vorhandenen Bausubstanz nur im Zuge der Planungsvertiefung erfolgen kann. Insofern dürfte klar sein, dass eine Vereinbarung nach § 10 (3 a) nicht bereits bei Auftragserteilung erfolgen kann.

Zu beachten ist, dass der Planer, der sich nicht um den Abschluss einer schriftlichen Vereinbarung nach § 10 (3 a) bemüht, eventuell Gefahr läuft, dass diese Kosten letztendlich nicht als anrechenbare Kosten im Nachhinein anerkannt werden. Das Landgericht Hamburg hat in einem nicht unumstrittenen Urteil vom 21.06.1995 (322 O 639/94) die Auffassung vertreten, dass ohne Vorlage einer schriftlichen Vereinbarung anrechenbare Kosten für mitverarbeitete vorhandene Bausubstanz nicht anerkannt werden. Diesem Urteil lag allerdings der nicht zu empfehlende Fall zugrunde, dass der Architekt eine schriftliche Vereinbarung überhaupt nicht angestrebt hatte. Das Urteil wirft Fragen auf.

Deshalb sollten Planer beim Bauen im Bestand eine schriftliche Vereinbarung nach § 10 (3 a) HOAI vorbereiten und deren Abschluss anstreben. Beide Parteien können sich im Planungsvertrag verpflichten, eine schriftliche Vereinbarung nach § 10 (3 a) bei Vorlage des Entwurfes zu treffen.

Solche Regelungen setzen sich in der Praxis zunehmend durch. Das liegt u. a. daran, dass erst bei der Entwurfsplanung hinreichend Kenntnis über die mit zu verarbeitende vorhandene Bausubstanz besteht während die grundsätzliche Verpflichtung im Vertrag rein vorsorglich (zur Vermeidung der Wirkung des Hamburger Urteils) getroffen wird.

Fazit

Die schriftliche Vereinbarung hat nur Klarstellungsfunktion, sie ist aber nicht Anspruchsgrundlage. Mit dieser schriftlichen Vereinbarung ist nicht zu regeln, ob § 10 (3 a) überhaupt anzuwenden ist, sondern lediglich, wie hoch die entsprechenden anrechenbaren Kosten sind. Im Falle einer gerichtlichen Auseinandersetzung hierüber, kann davon ausgegangen werden, dass die Gerichte einen Sachverständigen mit der Ermittlung der anrechenbaren Kosten nach § 10 (3 a) HOAI beauftragen.

2.4
Die Bewertung der Kosten der mitverarbeiteten vorhandenen Bausubstanz

Amtliche Begründung zur HOAI

Die Amtliche Begründung zur HOAI trägt mit unglücklichen Formulierungen zu Unsicherheiten in der Praxis bei. Nach der amtlichen Begründung soll dann, wenn die Mitverarbeitung nur geringe Leistungen erfordert, auch nur ein entsprechend geringer Teil der Kosten als anrechenbar im Sinne des § 10 (3 a) vereinbart werden. Abgesehen davon, dass der Grad der Mitverarbeitung im Gegensatz zum effektiven Wert kaum rechnerisch nachvollziehbar dargestellt werden kann, kann diese Art der Bewertung entsprechend der amtlichen Begründung in höchstem Maße von subjektiven Einschätzungen geprägt sein. Gerade das sollte eine Gebührenordnung vermeiden. Außerdem wird an dieser Stelle der Grundsatz, dass die anrechenbaren

Kosten stets in ihrer Gesamtheit unabhängig von den jeweils anfallenden Einzelleistungen der Honorarberechnung zugrunde zu legen sind, verletzt. Dieser, wahrscheinlich ungewollten, Unsicherheit ist in der Praxis dadurch zu begegnen, dass die Planer im Vorfeld der schriftlichen Vereinbarung zu den nach § 10 (3 a) anrechenbaren Kosten detailliert aufzeigen, in welchem Umfang die vorhandene Bausubstanz bei der Planung und Bauüberwachung insgesamt mitverarbeitet wird. Folgende Aspekte der vorhandenen Bausubstanz sind dabei zu berücksichtigen:

- Einbindung in die Funktionalität (bereits in der Vorplanung)
- Bauphysik (Wärmeschutz, Schallschutz)
- Tragverhalten, Steifigkeit (z. B. Holzbalkendecke, Festigkeit
- Energetische Eigenschaften (Wärmespeicherung ...)
- Gestalterische Einbindung, (bis zur Oberflächengestaltung)
- Übergänge Alt-Neu bei der Baukonstruktion

Damit dürften letzte Zweifel am Umfang der Leistungen an der mitverarbeiteten Bausubstanz auszuräumen sein. Besonders wichtig ist, dass die Mitverarbeitung in allen beauftragten Leistungsphasen erfolgt. Denn bereits bei der Grundlagenermittlung und Vorplanung sind planerische Leistungen in Hinsicht auf die vorhandene Bausubstanz unumgänglich. Das geht mit der Entwurfsplanung und Ausführungsplanung (vorhandene Bausubstanz ist bei den Planungsdetails zu berücksichtigen) weiter über die Ausschreibung (z. B. Maßnahmen zum Schutz und Bearbeitung der vorhandenen Bausubstanz) bis zur Bauüberwachung und Abrechnung.

Gerade die vorhandene Bausubstanz mit ihren noch im Planungsprozess zu beurteilenden Eigenschaften sorgt in der Regel für anteilig höhere Planungs- und Überwachungsleistungen als völlig neue Bausubstanz, die durch das Bauproduktengesetz hinsichtlich ihrer Eigenschaften strengen Qualitätsfestlegungen von vornherein unterliegt.

Als Beispiel sei hier nur der Unterschied zwischen heutigem Mauerwerk entsprechend der gültigen Qualitätsnormen einerseits und vorhandenem altem Natursteinmauerwerk mit weitgehend unklaren Eigenschaften (Haftzugfestigkeit, Verträglichkeit von Fugenmörtel, Tragverhalten der Natursteinmauer, Oberflächengestaltung, Verhalten bei Frosteinwirkung ...) andererseits genannt.

Fazit
Die nach §10 (3 a) HOAI anrechenbaren Kosten sind üblicherweise in allen beauftragten Leistungsphasen gleichermaßen anrechenbar, weil die vorhandene Bausubstanz auch planerisch und bauüberwachend in allen Leistungsphasen bearbeitet wird.

Beispiel
Zunächst ist in der Leistungsphase 1 grundsätzlich und konzeptionell über die vorhandene Bausubstanz zu entscheiden. Eine solche Entscheidung des Architekten in Leistungsphase 1 kann nicht ohne fachliche und planerische Einbeziehung der vor-

handenen Bausubstanz erfolgen. Es sind z. B. Entscheidungen über die eventuell bautechnische Untersuchung der vorhandenen Bausubstanz herbeizuführen. Allein diese Beispiele zeigen wie fachfremd eine nach Leistungsphasen differenzierte Ermittlung der Kosten der mitverarbeiteten vorhandenen Bausubstanz wäre.

Für die weiteren Leistungsphasen 2–9 gilt das weitaus stärker, so dass sich hinsichtlich des Arbeitsaufwandes keine nach Leistungsphasen differenzierte Bewertung der mitverarbeiteten vorhandenen Bausubstanz ergibt. Grundsätzlich gilt, dass in jeder Leistungsphase oder beim Bauen im Bestand die vorhandene Bausubstanz (in mehr oder weniger intensiver Weise) einbezogen wird.

Tabelle 3 a:
Beispiel zur Ermittlung der anrechenbaren Kosten der mitverarbeiteten vorhandenen Bausubstanz nach § 10 (3 a) HOAI
Element-Methode

Gesamtkosten Bauwerk in € | 1.597.500,00 | m³ BRI | 4.500,00

alle Angaben in € netto sortiert nach DIN 276/81 | €/m³ BRI | 355,00

Nr.	Kostenart DIN 276/81	Gesamtkosten incl. MwSt.	davon gem. §10 (3a) HOAI berücksichtigt	Effektive Kosten incl. MwSt.	Effektive Kosten ohne MwSt.	anrechenbare Kosten ohne MwSt.
1	2	3	4	5	6	7
3.1	**Baukonstruktion**					
	Gründung	106.575,00	0,00	0,00	0,00	
	Fassaden	399.375,00	239.625,00	167.737,50	144.601,29	
	Dach	175.725,00	105.435,00	73.804,50	63.624,57	
	Innenwände					Kostengruppe 3.1 378.453,88
	Tragkonstruktion	79.875,00	15.975,00	14.377,50	12.394,40	
	nichttrag. Konstruktion	143.775,00	115.020,00	80.514,00	69.408,62	
	Decken					
	Tragkonstruktion	159.750,00	31.950,00	28.755,00	24.788,79	
	nichttrag. Konstruktion	127.800,00	102.240,00	71.568,00	61.696,55	
	Weiteres	45.000,00	4.500,00	2.250,00	1.939,66	
3.2	**Installation**					
	GWA	63.900,00	12.780,00	8.946,00	7.712,07	Kostengr. 3.2 17.352,16
	Heizung	79.875,00	15.975,00	11.182,50	9.640,09	
	Elektro (incl. Kommunikation)	95.850,00	0,00	0,00	0,00	
3.5.1	bes. Baukonstruktion	120.000,00	0,00	0,00	0,00	
	Summe	1.597.500,00	643.500,00	459.135,00	395.806,03	

2.5
Ermittlungsverfahren zu § 10 (3 a) HOAI

Die Verfahren zur Ermittlung der angemessenen Kosten der mitverarbeiteten vorhandenen Bausubstanz sind in der HOAI nicht weiter konkretisiert. Das führt bei der praktischen Anwendung oft zu Unsicherheiten. Eine möglichst objektive Ermittlung der Kosten, die auch im Nachhinein rechnerisch und baufachlich nachvollziehbar ist, vermeidet in der Regel Auseinandersetzungen. Dabei ist davon auszugehen, dass ein allgemein auf alle Baumaßnahmen übertragbares Verfahren nicht existiert. Die Baumaßnahmen im Bestand sind dazu zu unterschiedlich.

Einerseits sind bei Totalumbauten des gesamten Bauwerkes innen und außen, differenzierte Berechnungsverfahren (z. B. BRI-Methode oder Element-Methode nach DIN 276) unter Berücksichtigung verschiedener wertbildender Bauteile anzuwenden. Andererseits sind bei einer Fassadenmodernisierung nur einfache Berechnungsmethoden über lediglich ein einziges Bauteil möglich. Im Nachfolgenden sind verschiedene Ermittlungsverfahren als Beispiele dargestellt.

In der Praxis haben sich Ermittlungsverfahren durchgesetzt, die den effektiven Wert entsprechend dem Erhaltungszustand im Zeitpunkt der Baumaßnahme berücksichtigen. Dieser effektive Wert ist nicht der ortsübliche, heutige Marktpreis für die vorhandene mitverarbeitete Bausubstanz. Wäre das so, dann hätte die HOAI dies wahrscheinlich auch so zum Ausdruck gebracht.

Mit dem Begriff des effektiven Wertes ist die Berücksichtigung wertmindernder Merkmale der vorhandenen mitverarbeiteten Bausubstanz verbunden. So ist bei der Bewertung der Kosten der mitverarbeiteten Bausubstanz die Abnutzung, konstruktive oder gestalterische Mängel, historische Besonderheiten, der bauphysikalische Zustand, die Tragfähigkeit und der Erhaltungszustand allgemein zu berücksichtigen. Die Berücksichtigung dieser Merkmale des Erhaltungszustandes und der Verwertbarkeit kann sehr unterschiedlich ausfallen.

Als weiteres Kriterium ist der Nutzwert der vorhandenen Bausubstanz zu berücksichtigen. Ist der Nutzwert der Bausubstanz gering, sind hier angemessene Abschläge zu berücksichtigen. Die Festlegung, des Umfanges und der Höhe der Kosten der mitverarbeiteten Bausubstanz bietet also eine Reihe von Auslegungsmöglichkeiten, die nur durch logischen und später nachvollziehbaren rechnerischen Aufbau vermieden werden können.

Dazu folgende Beispiele:

Beispiel 1: Komplettumbau eines Gebäudes

Das nachstehende Beispiel mit den Tabellen 3 a und b zeigt eine Ermittlung der Kosten der mitverarbeiteten vorhandenen Bausubstanz nach der Bauelement-Methode. Dabei ist hier nur der rechnerische Teil wiedergegeben. In der ersten Tabelle 3 a ist der Rechengang dargestellt. In der Tabelle 3 b sind die daraus resultierenden anrechenbaren Kosten in der Systematik der DIN 276: 1981-4 aus der mitverarbeiteten Bausubstanz den sonstigen anrechenbaren Kosten hinzugefügt. Die zweite Tabelle kann ebenfalls als Anlage zur Honorarrechnung (Leistungsphase 1–4) dienen.

Tabelle 3 b:
Anrechenbare Kosten für die Leistungsphasen 1–4 (Grundlagenermittlung-Entwurfsplanung)

Angaben in € netto

Kostengruppe DIN 276: 1981-4		Anrechenbare Kosten		
KG	Bezeichnung	gem. § 10 (2)	gem. § 10 (3 a)	gesamt
1	Grundstück			
1.3	Freimachen			
1.4	Herrichten	23.400,00		23.400,00
2	Erschließung			
2.2	nichtöff. Erschl.			
3	Bauwerk			
3.1	Baukonstruktion	3.397.671,00	378.453,88	3.776.124,88
3.2	Installation	526.811,50	17.352,16	544.163,66
3.3	Zentr. Betriebstechnik	254.834,00		254.834,00
3.4	Betr. Einbauten	150.328,50		150.328,50
3.5.1	Bes. Baukonstruktion	44.450,00		44.450,00
4	Gerät			
4.1	allg. Gerät	243.012,50		243.012,50
4.2	Möbel	78.160,00		78.160,00
5	Außenanlagen			
6	Zusätzl. Maßnahmen			
7	Nebenkosten			

Beispiel 2: Fassadenmodernisierung

Beim Umbau oder Modernisierung einzelner Bauteile ist eine bauteilbezogene Ermittlung der Kosten der mitverarbeiteten Bausubstanz vorzunehmen. Das nachfolgende Beispiel zeigt dies bei einer Fassadenmodernisierung. Die Fassade (2.000 m²) wurde in den 60er Jahren als Mauerwerkfassade mit einfachen Stahlfenstern errichtet. Als Ausgangswert der vorhandenen Bausubstanz wird eine Mauerwerkfassade angenommen. Danach erfolgt die einzelfallbezogene Bewertung der Bausubstanz. Die vorhandenen Stahlfenster werden abgebrochen und fließen somit nicht in die mitverarbeitete vorhandene Bausubstanz ein:

Wert
Bauteil Fassade (gesamt)
(2.000 m² x 360,– €/m² = 720.000,– €)   360,– €/m²

Abzug
Wegen Wertminderung durch allg. Abnutzung   40,– €/m²

Abzug
Wegen nicht ausreichendem Wärmeschutz
und konstruktiven Mängeln   150,– €/m²

Abzug
Wegen eingeschränktem Nutzwert   25,– €/m²

Abzug
Innere Fassadenseite (nicht berücksichtigt)   50,– €/m²

Abzug
Wegen Feuchteschäden (Erhaltungszustand)   10,– €/m²

Effektiver Wert: 85,– €/m²   2.000 m² Fassade x 85 €/m² =   170.000,– €

Abzug
Kosten der Fenster (werden ersetzt)   60.000,– €

Anrechenbar nach § 10 (3 a) HOAI in Kostengruppe 3.1   110.000,– €

2.6
Vorhandene Bausubstanz und Systematik der DIN 276: 1981-4

Generell sollte beachtet werden, dass auch die Ermittlung der Kosten für die mitverarbeitete vorhandene Bausubstanz nach der Systematik der DIN 276: 1981-4 zu erfolgen hat (siehe Beispiel 1). Wie bereits oben erwähnt, ist die Einhaltung dieser Systematik eine von mehreren Grundlagen der Prüffähigkeit der Honorarrechnung. Das wird spätestens deutlich, wenn Kosten der mitverarbeiteten vorhandenen Bausubstanz in verschiedenen Planbereichen anfallen. Das kann z. B. bei einem Komplettumbau eines Gebäudes der Fall sein, wenn neben der Baukonstruktion auch die technische Ausrüstung umgebaut wird. Gravierende Auswirkungen auf die anrechenbaren Kosten und somit auf das Honorar kann die richtige Zuordnung der Kosten der mitverarbeiteten vorhandenen Bausubstanz haben, wenn dadurch die sog. 25 %-Regel des § 10 HOAI betroffen wird.

Führt die Hinzurechnung der mitverarbeiteten vorhandenen Bausubstanz bei der Baukonstruktion (Kostengruppe 3.1) dazu, dass die vormals über 25 % der sonstigen anrechenbaren Kosten liegenden Kosten der technischen Ausrüstung (Kostengruppe 3.2/3.3) nunmehr unter die 25 %-Grenze fallen, bedeutet das eine rein rechnerische Vermeidung von Honorarverlusten, weil die nun unter 25 % der sonstigen anrechenbaren Kosten liegenden Kosten der technischen Ausrüstung voll, also ungeschmälert, anrechenbar sind.

Das nachfolgende Beispiel zeigt die Honorardifferenzen, die bei einem Umbau mit ca. 0,4 Mio. € anrechenbaren Kosten nach § 10 Abs. 3 a HOAI auftreten können, wenn die Systematik nach DIN 276: 1981-4 nicht beachtet wird.

Praxisbeispiel

Umbau für ca. 0,4 Mio. € anrechenbare Baukosten, wovon die technische Ausrüstung ca. 0,25 Mio. € ausmacht. Daraus ergeben sich anrechenbare Kosten in folgender Höhe:

	Anrechenbar Kostengruppe 3.1		Anrechenbar Kostengruppe 3.2/3.3
	550.000,- €		250.000,- €
		25 % von 3.1	137.500,- €
		Rest z. Hälfte	56.250,- €
Summe je Kostengruppe	550.000,- €	+	193.750,- €
Zwischensumme		743.750,- €	
vorh. Bausubstanz § 10 (3 a)		400.000,- €	
Gesamt		1.143.750,- €	

Wir gehen bei diesem Beispiel davon aus, dass die vorhandene technische Ausrüstung abgängig ist und erneuert werden muss. Es kommt die mitverarbeitete vorhandene Bausubstanz aus Kostengruppe 3.1 nach § 10 (3 a) HOAI mit 400.000,- € hinzu. Diese 400.000,- € müssen nach DIN 276: 1981-4 richtig zugeordnet werden, sonst wird das Honorar entgegen der Systematik der HOAI zu niedrig berechnet. Oft praktiziert aber leider falsch ist, wenn die o. e. 400.000,- € (wie oben dargestellt) einfach den anrechenbaren Kosten am Schluss der Berechnung hinzuaddiert werden.

Das würde zu anrechenbaren Kosten in Höhe von 743.750,- € + 400.000,- € = 1.143.750,- € führen. Auch bei mitverarbeiteter vorhandener Bausubstanz ist die Systematik der DIN 276: 1981-4 einzuhalten.

So geht es richtig: Die 400.000,- € für vorhandene Bausubstanz werden an der richtigen Stelle, nämlich bereits in Kostengruppe 3.1 und nicht erst am Ende eingesetzt, dann ergibt sich folgendes Bild:

	Anrechenbar Kostengruppe 3.1		Anrechenbar Kostengruppe 3.2/3.3
	550.000,- €		250.000,- €
vorh. Bausubstanz § 10 (3 a)	400.000,- €		
		25 % von 3.1	237.500,- €
		Rest z. Hälfte	6.250,- €
Summe je Kostengruppe	950.000,- €	+	243.750,- €
Gesamt		1.193.750,- €	

Auf das Honorar anrechenbar sind statt der zunächst errechneten 1.143.750,– € somit 1.193.750,– €.

Nur die korrekte Zuordnung der vorhandenen Bausubstanz in die Kostengruppensystematik der anrechenbaren Kosten nach DIN 276: 1981-4 führt zu einem der HOAI entsprechendem Ergebnis, welches hier z. B. mit einer Differenz von 50.000,– € bei den anrechenbaren Kosten zu Buche schlägt.

Das bloße Hinzuaddieren der vorhandenen mitverarbeiteten Bausubstanz auf die Endsumme der sonstigen anrechenbaren Kosten ist nicht richtig. Auch die mitverarbeitete vorhandene Bausubstanz ist nach DIN 276: 1981-4 zu gliedern und bei der zutreffenden Kostengruppe hinzuzurechnen. Dazu wird auf das Beispiel 1 in Abschnitt 2.5 hingewiesen.

2.7
Planbereiche und anrechenbare Kosten nach HOAI § 10 (3 a)

Die nachfolgenden Planbereiche sind ebenfalls von der Regelung des § 10 (3 a) betroffen, so dass auch für diese Planbereiche die mitverarbeitete vorhandene Bausubstanz zu berücksichtigen ist:

§ 15	Objektplanung (ohne Freianlagen)
§ 55	Ingenieurbauwerke und Verkehrsanlagen
§ 64	Tragwerkplanung
§ 73	Technische Ausrüstung
§ 78	Wärmeschutz
§ 81	Bauakustik (Abs. 4)
§ 86	Raumakustische Planung und Überwachung

2.8
HOAI § 10 (3 a) bei Pauschalhonorarvereinbarungen

Die Frage nach der Berücksichtigung der Kosten der mitverarbeiteten, vorhandenen Bausubstanz bei Pauschalhonorarvereinbarungen ist in der Weise zu beantworten, dass diese Kosten bereits bei der Kalkulation des Pauschalhonorars mit einzurechnen sind.

Werden die Kosten nicht in das Pauschalhonorar eingerechnet, dann können Sie später nicht mehr in das Honorar einbezogen werden, wenn eine wirksame Pauschalhonorarvereinbarung getroffen worden ist, die ohne Einbeziehung der Kosten nach § 10 a zwischen Mindest- und Höchstsatz (gemessen an der konventionellen Honorarermittlung) liegt, so das Urteil des OLG Hamburg vom 0.08.99 Az.: 1 U 99/98

Anders sieht die Sache aus, wenn durch die fehlende Berücksichtigung der mitverarbeiteten vorhandenen Bausubstanz das Mindesthonorar nach HOAI unterschritten wird.

3
Anrechenbare Kosten nach DIN 276: 1981-4 bei Sonderfällen

3.1
Abbrucharbeiten

Nicht selten haben sich Architekten mit Abbrucharbeiten zu befassen, z. B. wenn zunächst abzubrechen ist, um eine neue Baufläche frei zu machen.

In DIN 276: 1981-4 sind die Abbruchkosten zur Herrichtung des Grundstückes in Kostengruppe 1.4 erfasst, sie sind nach § 10 Abs. 5 Nr. 2 HOAI dann anrechenbar, wenn die darauf bezogenen Leistungen geplant oder die Ausführung überwacht werden.

Ein planerisches Gesamtkonzept setzt die fachliche Beurteilung der gesamten auf dem Grundstück vorhandenen Bausubstanz durch den Architekten voraus. Nur so kann entschieden werden, inwieweit Abbrüche sinnvoll sind. Insofern ist es konsequent, die Kosten der grundstücksbezogenen Abbrucharbeiten als honorarfähig (in allen Leistungsphasen) zu verankern.

Die nachfolgende Tabelle zeigt die Honorardifferenzen (Netto-Honorar) für miterledigte Abbruchmaßnahmen vor Neubauten in Honorarzone 4 (ohne MWST).

Tabelle 4: Architektenhonorar (HOAI § 15) bei Abbrucharbeiten

Baukosten €	davon Abbruch €	Honorar ohne Abbruch €	Honorar mit Abbruch €
0,25 Mio.	10.000	34.900	36.050
0,75 Mio.	37.500	83.700	87.250
3,50 Mio.	50.000	333.100	337.250
6,00 Mio.	60.000	545.000	550.000
13,50 Mio.	80.000	1.178.300	1.184.850

Die oben dargestellten Beispiele zeigen die Auswirkungen von Kosten von Abbrucharbeiten auf das Honorar nach § 15 HOAI. Die Anrechenbarkeit bedeutet nicht, dass damit vom Architekten auch die besonderen bzw. zusätzlichen Leistungen (z. B. Schadstofferkundung) der abzubrechenden Bausubstanz abgegolten sind. Die Leistungen von Sonderfachleuten bei Abbrucharbeiten sind davon unberührt.

Abbrucharbeiten ohne anschließenden Neubau
Sollte Planung und Überwachung von grundstücksbezogenen Abbrucharbeiten ohne Zusammenhang mit Neubauplanungen in Auftrag gegeben werden, so sind die Bestimmungen der HOAI hinsichtlich von anrechenbaren Kosten nicht anwendbar. Das Honorar für die Planung, Ausschreibung und Bauüberwachung ohne anschließenden Neubau ist frei vereinbar.

Anzahl der Gebäude (anrechenbare Kosten)	zusammengefasste Honrarberechnung (€ netto)	getrennte Honrarberechnung (€ netto)
2 Gebäude (1,5 Mio. + 0,5 Mio.)	176.600,–	187.300,–
2 Gebäude (20 Mio. + 3,5 Mio.)	1.760.500,–	1.805.050,–
3 Gebäude (2 Mio. + 3 Mio. + 0,5 Mio.)	444.250,–	484.300,–
3 Gebäude (7 Mio. + 9 Mio. + 0,5 Mio.)	1.266.700,–	1.327.900,–

Tabelle 5: Honrarberechnung bei mehreren Gebäuden

3.2
Mehrere Gebäude auf einem Grundstück

Werden Gebäudegruppen (Gewerbebauten, Wohnsiedlungen, Verwaltungsgebäude oder Schulzentren) umgebaut, dann stellt sich die Frage nach der je getrennten Berechnung der anrechenbaren Kosten nach DIN 276: 1981-4. Grundlage dieser Planungen ist oft ein einziger Vertrag, der die verschiedenen Maßnahmen als einheitliches Werk umfasst.

Dabei geht man davon aus, dass es sich bei den vertraglich vereinbarten Leistungen um eine einzige, zusammenhängende geistige Leistung des Architekten (einheitliches Werk) handelt. Aber die Grundlage des Honorars ist davon losgelöst zu betrachten. Die HOAI ist eine Gebührenordnung und kein Leistungsverzeichnis für Architektenleistungen.

Nach welchen Kriterien wird getrennt abgerechnet?
Handelt es sich bei den in Rede stehenden Gebäuden, die Gegenstand von Planungen sind, um eigenständige, getrennte Gebäude, die auch konstruktiv und funktionell voneinander getrennt sind (z. B. je eine eigene innere Erschließung, eigene Gründungen und konstruktive Unabhängigkeit voneinander), so sind die Honorare und somit die nach DIN 276: 1981-4 anrechenbaren Kosten je Gebäude getrennt zu berechnen. Ein eventuell vorhandener Verbindungsgang zwischen bereits bestehenden Gebäuden macht aus 2 getrennten Gebäuden nicht ein einziges Gebäude.

Liegen diese Voraussetzungen vor, dann wird die Ermittlung der anrechenbaren Kosten nach DIN 276: 1981-4 für jedes Gebäude getrennt durchgeführt.

Die Ausnahme bilden gleiche, spiegelgleiche oder im Wesentlichen gleichartige Gebäude. Hier gilt HOAI § 22.

Die Kosten der zusammenhängenden Außenanlagen sind im Unterschied zu den Gebäudekosten zusammengefasst zu ermitteln und so als Honorargrundlage heranzuziehen.

Der besondere Fall: Wenn eine Planungslösung aus verschiedenen vorhandenen eigenständigen Gebäuden als Planungsergebnis ein insgesamt zusammenhängendes Gesamtbauwerk entstehen lässt, muss einzelfallbezogen über die Honorarermittlungsgrundlage entschieden werden. Der Schwerpunkt der Maßnahme ist ausschlaggebend.

Praxisbeispiele

Die Tabelle 5 zeigt die Honorarunterschiede bei getrennter oder gemeinsamer Honorarabrechnung von Gebäuden, für ihre Architektenleistungen (Honorarzone III). Dargestellt sind die Netto-Honorare für Architektenleistungen nach § 15 HOAI.

3.3
Generalunternehmerzuschlag und anrechenbare Kosten

Auch bei Generalunternehmerleistungen ist die DIN 276/81 Grundlage zur Ermittlung des Honorars. Probleme in der Praxis bestehen häufig im nicht vorhandenen Kostenanschlag und Kostenfeststellung nach DIN 276 und in der Frage der Anrechenbarkeit des GU-Zuschlages auf das Honorar bei Architektenleistungen. Der erste Komplex ist einfach lösbar, indem auch bei GU-Aufträgen jeweils die Gliederung nach DIN 276/81 für den Kostenanschlag und die Kostenfeststellung zugrundegelegt wird. Bei der 2. Problematik, der Anrechenbarkeit des GU-Zuschlages auf das Honorar, gehen die Meinungen auseinander. Nach einem ganz aktuellen, aber nicht unumstrittenen Urteil des Kammergerichtes Berlin vom 09.04.2001 (24 U 3445/99) soll der GU-Zuschlag nicht zu den honorarfähigen Kosten gehören. Die Konsequenz des Urteils wäre äußerst praxisfremd, praktisch in sehr vielen Fällen nicht durchführbar.

Beispiel

Ein Rohbauunternehmer eines Großbauwerkes gibt ein Angebot für die Rohbauarbeiten ab und erklärt im Angebot, dass er für die Erdarbeiten, die Bewehrungsarbeiten und die Schalungsarbeiten Subunternehmerleistungen einkalkuliert hat, eine im Tagesgeschäft häufige Tatsache. Das Angebot besteht aber, wie üblich, nur aus den einzelnen Leistungspositionen des Angebotes und enthält keine Position für sog. GU-Zuschläge. In diesen häufig auftretenden Fällen wäre es schlicht umöglich, die Preise der Subunternehmer bei der Honorarabrechnung für die Leistungsphasen 8 und 9 anzusetzen bzw. etwaige GU-Zuschläge von den anrechenbaren Kosten abzusetzen. Derlei Beispiele gibt es aus der Praxis in äußerst vielfältigen Kombinationen. Diese Situation wird nun durch Zusammenfassung mehrerer Gewerke zur GU-Beauftragung erweitert.

Ganz abgesehen von der Unmöglichkeit, in der Praxis generell die Kosten der Subunternehmer herauszufiltern, ist nach HOAI die Kostenfeststellung, Grundlage der Honorarermittlung für die Leistungsphasen 8 und 9. Die Kostenfeststellung ist eindeutig definiert als Feststellung der tatsächlich entstandenen Kosten, wobei die Ausführungen in Ziff. 1.9 zu berücksichtigen sind. Es bleibt zu hoffen, dass dieses o. e. Urteil ein Einzelfall bleibt.

Um entsprechende Probleme zu vermeiden, sollten die zu erstellenden Leistungsverzeichnisse auch beim GU-Vertrag nach DIN 276/81 gegliedert sein und keine gesonderten Positionen für einen evtl. GU-Zuschlag enthalten. Durch bloße Zusammenfassung der einzelnen Gewerke zu einer zusammengefassten GU-Ausschreibung erbringen Sie Ihre Architektenleistung korrekt und vermeiden dadurch unsachliche Honorarminderungen. Außerdem wird die Bauabrechnung dadurch erleichtert. Gesonderte Positionen für GU-Zuschläge sind nicht erforderlich.

Die Frage der Anrechenbarkeit des GU-Zuschlages ist außerdem vor folgendem fachlichen Hintergrund zu beantworten:

Der GU-Zuschlag ist nicht anders zu bewerten als die üblichen Gemeinkosten eines Bauunternehmers, die ja auch Bestandteil der Angebotspreise sind, also in die jeweiligen Einzelpositionen eingerechnet sind. Am Beispiel des o. e. Rohbauunternehmers wird dies deutlich. Die (an einen Subunternehmer weitergegebenen) Erdarbeiten erscheinen im Leistungsverzeichnis mit ihren ganz normalen Einheitspreisen und werden mit diesen Preisen auch abgerechnet. Die zwischen Hauptauftragnehmer und Subunternehmer vereinbarten Preise sind deren interne Angelegenheit.

Der oft verwendete Begriff der Regiekosten bei GU-Aufträgen ist irreführend, wenn damit Architektenleistungen aus der Leistungsphase Bauüberwachung in Verbindung gebracht werden. Die GU-Zuschläge gehören nicht in die Kostengruppe 7 nach DIN 276/81. Ein sehr altes Urteil des OLG Düsseldorf vom 25.11.1975 - Az 21 U 50/75 bestätigt die Ansicht des Verfassers. Danach ist klargestellt, dass die GU-Zuschläge wie Insgemeinkosten des Unternehmers zu behandeln sind, also zu den Baukosten gehören.

Es bleibt zu hoffen, dass sich diese Problemstellung in Kürze praxisgerecht im Sinne der HOAI löst. Ansonsten ist der Willkür Tür und Tor geöffnet.

Sonderfall: Ist ein Pauschalhonorar wirksam vereinbart, dann braucht kein Bezug auf die DIN 276/81 genommen zu werden, soweit das Pauschalhonorar im Honorarrahmen liegt.

3.4
Bauzeitverlängerungen und anrechenbare Kosten

Bauzeitverlängerungen führen zu höheren Baukosten beim Bauherrn und oft zu Honorarunterdeckungen bei Planern, insbesondere wegen der verlängerten Bauüberwachung. Es geht hier nur um die Anrechenbarkeit der verzögerungsbedingt höheren Baukosten. Die verlängerte Bauzeit führt in den meisten Fällen zu folgenden Zusatzkosten:

- Längere Vorhaltekosten Baustelleneinrichtung (Kranvorhaltung, Gerüstmiete, Geräte ...)
- Höhere Personalkosten (Firmenpersonal)
- Längere Bürgschaftsvorhaltung der Unternehmen (die Avalgebühren betragen ca. 1 %–2 % der Auftragssumme p. a.)

- Verlängerte Bewachungskosten auf großen Baustellen
- Verlängerte Bauzaunvorhaltekosten, Baustellenbeleuchtung, ...
- Baustellengemeinkosten der Unternehmer

Zugrunde gelegt wird, dass die Bauverzögerung nicht auf Planungsterminverzug zurückzuführen ist. Für die Anrechenbarkeit ist folgende Unterscheidung von Bedeutung:

Verzögerungsbedingte Mehrkosten der Bauausführung sind anrechenbar, wenn sie nicht als Schadensersatz an die Unternehmen gezahlt werden, sondern als Vergütung (z. B. als Kosten gem. § 2 Nr. 5 VOB/B). Werden die oben erwähnten Kosten als Schadensersatz (z. B. nach § 6 Nr. 6 VOB/B) an die Unternehmen gezahlt, dann sind das keine auf das Honorar anrechenbaren Kosten. Diese Unterscheidung mag zunächst nicht nachvollziehbar erscheinen, aber in HOAI § 10 Abs. 5 Nr. 11 ist das eindeutig geregelt.

Diese Problematik kann durch Aufnahme von entsprechenden Positionen in den Ausschreibungen gelöst werden. So ist es z. B. angebracht, die Baustelleneinrichtung gesondert in Positionen für Aufbau, Vorhaltung (nach Wochen oder Monaten) und Abbau zu erfassen. Das hat auch den weiteren Vorteil, dass bei eventuellen Bauverzögerungen nicht mehr um die Höhe von Vorhaltekosten mit dem Bauunternehmer gestritten werden muss, da diese Kosten vorkalkulatorisch bei der Angebotsausarbeitung als Wettbewerbskosten ermittelt werden. Ähnlich lässt sich mit den weiteren Schutzmaßnahmen am Bau (Gerüste, Bauzaun ...) verfahren.

3.5
Winterbau-Schutzmaßnahmen

Häufig werden Winterbauschutzmaßnahmen geplant und überwacht. Das ermöglicht eine schnellere Baudurchführung und spart dem Bauherrn Geld (z. B. früherer Einzugstermin, geringere Zwischenfinanzierung).

Zusätzliche Winterbauschutzmaßnahmen bedeuten nicht nur Planungsarbeit, sondern auch Haftungsrisiken und Koordinierungsaufwand bei der Bauüberwachung. Zu den Winterbauschutzmaßnahmen zählen insbesondere folgende Provisorien auf der Baustelle:

1. Überdachung der offenen Baustelle
2. Fassadenabdichtungen, Folienfenster
3. Provisorische Beheizung der Baustelle und Beleuchtung der Baustraßen

Nach DIN 276: 1981-4 gehören Winterbauschutzmaßnahmen in die Kostengruppen 6.1.2 / 6.2.2 / 6.3.2 und sind laut § 10 (5) Nr. 10. HOAI zunächst nicht anrechenbar. Da aber § 32 (4) HOAI unberührt bleibt, kann sich das schnell ändern. So ist eine Regelung nach § 32 (4) HOAI zu treffen, wenn Winterbauschutzmaßnahmen anstehen. Das geht mit einer schriftlichen Vereinbarung im Planungsvertrag. So kann die Vereinbarung aussehen:

„Soweit Winterbauschutzmaßnahmen erforderlich werden, sind die entsprechenden Planungs- und Überwachungsleistungen vom Architekten durchzuführen. Die Kosten der Winterbauschutzmaßnahmen gehören dann zu den anrechenbaren Kosten für das Architektenhonorar in allen beauftragten Leistungsphasen, nach Maßgabe des § 32 (4) HOAI."

Die entsprechenden Kosten sind vom Architekten in die Kostenberechnungen, den Kostenanschlag und die Kostenfeststellung aufzunehmen. Das Honorar (anrechenbare Kosten) fällt bei dieser Vertragsregelung nur dann an, wenn die Winterbauschutzmaßnahmen auch tatsächlich geplant und durchgeführt werden.

Es gibt auch andere Möglichkeiten, das Honorar für die Winterbauschutzmaßnahmen zu vereinbaren, z. B. als Zeithonorar oder als festes Pauschalhonorar. Ingenieurbüros für technische Ausrüstung sind auch an Winterbauschutzmaßnahmen beteiligt. Wird z. B. ein Bauwerk beim Winterbau provisorisch beheizt, dann sind die oben genannten Maßgaben ebenfalls zutreffend. Ingenieurbüros für Elektroinstallationen sind dabei ebenfalls beteiligt.

Schutzmaßnahmen gegen Witterungseinflüsse
Die oben erwähnten Winterbauschutzmaßnahmen dienen der stetigen Durchführung von Bauarbeiten auch im Winter. Zu bedenken ist, dass die ohnehin erforderlichen Schutzmaßnahmen vor Witterungseinflüssen bei Baustillstand im Winter (Frostschutz der Fundamente ...) nicht unter den Begriff der Winterbauschutzmaßnahmen fallen.

3.6
Bauschlussreinigung

Bei großen Baumaßnahmen wird normalerweise eine gesonderte Bauschlussreinigung beauftragt. Nach DIN 276: 1981-4 gehören die Kosten der Bauschlussreinigung in Kostengruppe 6.2.6, sie sind somit nach HOAI nicht honorarfähig. Grundreinigung ist eigentlich keine Architektenleistung. Durch die Abwicklung unter Regie des Architekten wird jedoch eine koordinierte Gesamtleistung aus einem Guss möglich. Die terminliche Organisation der Bauschlussreinigung hängt sehr eng mit den ohnehin zu planenden und zu überwachenden Leistungen zusammen wie z. B. :

- Einbau der Schließanlage
- Restmängelbeseitigungen
- bewegliche Einrichtung (soweit im Auftrag)

Parallel hierzu läuft die restliche Einregulierung der Haustechnik und die Abnahmen durch die Fachingenieure.

Das Honorar für Leistungen bei der Bauschlussreinigung kann als besondere Leistung entweder pauschal oder als Zeithonorar nach § 5 (4) HOAI vereinbart wer-

den. Außerdem besteht die Möglichkeit, die Kosten der Bauschlussreinigung in die sonstigen anrechenbaren Kosten aufzunehmen.
Die entsprechenden Honorarregelungen sind schriftlich zu vereinbaren.

Praxisbeispiel
Bei einem Umbau eines Verwaltungsgebäudes mit ca. 15.000 m² BGF kann die Einbeziehung in die anrechenbaren Kosten ca. 2.000,- € netto an anteiligem Honorar ausmachen. Zu bedenken ist dabei, ob das auskömmlich ist oder nicht. Im Zweifelsfall ist das Zeithonorar vorzuziehen.

4
Besonderheiten zu anrechenbaren Kosten nach DIN 276: 1981-4 bei weiteren Planbereichen

4.1
Tragwerkplanung

Anrechenbarkeit nach Kostengruppen
Die anrechenbaren Kosten nach DIN 276: 1981-4 bei der Tragwerkplanung werden grundsätzlich in einem 2-stufigen Verfahren ermittelt. Dabei sind anteilige Ansätze der Kostengruppen 3.1. und 3.5.1 sowie der Kostengruppen 3.2 und 3.5.2 anzusetzen.

In der Praxis werden bei Kostenermittlungen nach DIN 276: 1981-4 oft die Kostengruppen 3.2 (Installationen) und 3.3 (zentrale Betriebstechnik) zusammengefasst. Diese Zusammenfassung wird jedoch nicht empfohlen, da mit Blick auf die anrechenbaren Kosten bei der Tragwerkplanung eine Zusammenfassung (anrechenbar sind aus der technischen Ausrüstung lediglich Kostengruppe 3.2 und 3.5.2) nicht sinnvoll ist.

Anrechenbarkeit nach Gewerken
Unter bestimmten Voraussetzungen ist zulässig, dass die anrechenbaren Kosten auf Basis von Gewerkekosten gebildet werden. Hierzu ist jedoch eine schriftliche Vereinbarung bei Auftragserteilung erforderlich. In den weitaus meisten Fällen wird die Ermittlung der anrechenbaren Kosten nach den Kostengruppen gemäß DIN 276: 1981-4 vorgenommen.

Werden die Kosten nach den Gewerken auf der Grundlage der Gewerkegliederung der VOB/C ermittelt, dann erfolgt keine stufenweise Ermittlung der anrechenbaren Kosten, sondern es werden grundsätzlich alle Kosten nach der Kostenfeststellung angesetzt. Solange die Kostenfeststellung nicht vorliegt, ist der Kostenanschlag anzuwenden.

Die gewerkeorientierte Ermittlung der anrechenbaren Kosten bei der Tragwerkplanung bringt jedoch einige Abgrenzungsschwierigkeiten mit sich. In § 62 Abs. 6 u. 7 sind die jeweiligen anrechenbaren und nicht anrechenbaren Kosten nach ihrer Gewerkeorientierung aufgeführt. Die rechnerischen Schwierigkeiten bzw. Mehraufwendungen liegen in erster Linie darin, dass bei der gewerkeorientierten Ermittlung der anrechenbaren Kosten weder die Gliederung nach DIN 276 noch die zusammengefasste Kostenermittlung je Gewerk durchgehend anzuwenden ist.

So sind z. B. bei den Maurerarbeiten die nichttragenden Wände nicht anrechenbar. Bei den Stahlbeton- und Betonarbeiten gelten u. a. die Bodenplatten ohne statischen Nachweis als nicht anrechenbar.

Mitverarbeitete vorhandene Bausubstanz

Die Regelungen zur Anrechenbarkeit vorhandener mitverarbeiteter Bausubstanz gelten bei der Tragwerkplanung ebenfalls. Die Regelung aus § 10 (3) HOAI hinsichtlich Eigenleistungen des Auftraggebers oder sonstiger Abweichungen von den ortsüblichen Preisen gelten auch beim Planbereich Tragwerkplanung.

Außerdem ist bei der Tragwerkplanung sinngemäß die Regelung der Honorierung von Leistungen für den Winterbau gemäß § 32 HOAI anzuwenden.

Eine besondere Regelung zur Anrechenbarkeit von Baukosten enthält § 62 (8) HOAI; danach besteht die Möglichkeit, dass Kosten von Arbeiten, die nicht in den sonstigen Regelungen zu anrechenbaren Kosten (§ 62 Abs. 4–6 sowie Abs. 7 Nr. 7 HOAI) geregelt sind, dennoch zu den anrechenbaren Kosten gehören können, wenn der Tragwerkplaner wegen dieser Arbeiten Mehrleistungen für das Tragwerk erbringt. Diese Regelung ermöglicht, insbesondere bei Um- und Erweiterungsbauten, weitere Kosten als anrechenbar zu vereinbaren.

Das kann z. B. der Fall sein, wenn ein vorhandenes Holzdachtragwerk noch einmal völlig neu dimensioniert werden muss. Der Unterschied zur Regelung über die mitverarbeitete vorhandene Bausubstanz besteht hier insbesondere darin, dass die Bewertungen hinsichtlich des Erhaltungszustandes nicht vorzunehmen sind. Diese Erweiterung der anrechenbaren Kosten gemäß § 68 Abs. 8 HOAI ist jedoch nur dann wirksam, wenn sie schriftlich bei Auftragserteilung getroffen wird.

4.2
Technische Ausrüstung

3-Stufigkeit

Die Ermittlung der anrechenbaren Kosten erfolgt – wie bei den Architektenleistungen – im 3-stufigen Verfahren auf Basis der Systematik nach DIN 276: 1981-4.

Anlagengruppen

Bei der technischen Ausrüstung erfasst die HOAI als Honorargrundlage 6 Anlagengruppen. Für jede dieser 6 Anlagengruppen ist das Honorar gesondert zu ermitteln. Das bedeutet, dass auch die anrechenbaren Kosten jeweils getrennt zu ermitteln sind.

Die jeweiligen Anlagengruppen können unterschiedlichen Honorarzonen zugeordnet werden. Die Anlagen, die die anrechenbaren Kosten bilden, müssen nicht mehr innerhalb von Gebäuden liegen, sondern dürfen auch unmittelbar in der Nähe oder auf den fraglichen Objekten angeordnet sein.

Honorarzonen

Es ist zulässig, Anlagen innerhalb einer Anlagengruppe verschiedenen Honorarzonen zuzurechnen. Bei dieser Konstellation ist das Honorarermittlungserfahren nach § 69 (2) HOAI anzuwenden.

Mitverarbeitete Bausubstanz

Die Regelungen zur Berücksichtigung von anrechenbaren Kosten gemäß HOAI § 10 Abs. 3 u. 3 a HOAI gelten uneingeschränkt auch für die Technische Ausrüstung.

Winterbauschutzvorkehrungen

Gleiches gilt für die Leistungen bei Winterbauschutzvorkehrungen, die zunächst nicht anrechenbar sind, jedoch unter Bezugnahme auf § 32 HOAI einbezogen werden können.

Anrechenbare Kosten anderer Planbereiche

Bei der technischen Ausrüstung ist zu beachten, dass auch Teile, die vom Architekten und Tragwerkplaner geplant und überwacht werden, zu den anrechenbaren Kosten zählen können. Hierzu gehören Baukonstruktionen, die zwar in die Kostengruppe 3.1 gehören, aber ebenso Bestandteil von Installationen oder zentraler Betriebstechnik sind. Als Beispiel sind hier Lüftungskanäle in Stahlbetonausführung zu nennen, die baufachlich vom Planer der technischen Ausrüstung dimensioniert und konzipiert werden, jedoch im Rahmen der Stahlbetonarbeiten vom Architekten und Tragwerkplaner planerisch bearbeitet werden. Die hier stattfindende planerische Überschneidung von Einzelleistungen verschiedener Planbereiche spiegelt sich in der gleichzeitigen Anrechenbarkeit für die betroffenen Planbereiche der Architektur und der technischen Ausrüstung wider.

Leistungsabgrenzungen

Bei der technischen Ausrüstung spielt die Leistungsabgrenzung eine besonders wichtige Rolle. In der Praxis sollte versucht werden, bei den jeweiligen Anlagengruppen vor Planungsbeginn mit den weiteren Planungsbeteiligten Leistungsabgrenzungen zu vereinbaren. Diese Leistungsabgrenzungen führen nicht nur zur eindeutigen Definition der anrechenbaren Kosten, sondern zur Haftungs- und Gewährleistungsabgrenzung zwischen den beteiligten Planern. Das führt dann dazu, dass die Ausschreibungsinhalte mit der Leistungsabgrenzung identisch sind.

Bei der Anlagengruppe Gas-, Wasser-, Abwasser- und Feuerlöschtechnik empfiehlt sich eine genaue Abgrenzung der Planungs- und Überwachungsleistungen mit dem Architekten. Hier spielt eine Reihe von bauaufsichtlich relevanten Planungsvorgaben eine wichtige Rolle.

Beispiele

1. Zuordnung der Feuerlöschtechnik mit allen Einzelheiten
2. Zuordnung der Abwassergrundleitungen zum Rohbau

Bei der Anlagengruppe Elektrotechnik sind insbesondere bei der Planung von EDV-

und sonstigen Kommunikationstechniken Leistungsabgrenzungen zu weiteren Sonderfachleuten oder der späteren Gebäudenutzer von großer Bedeutung.

Bei der Anlagengruppe der Medizin- und Labortechnik sind insbesondere Leistungsabgrenzungen zwischen der Planung der technischen Ausrüstung und der Fachplanung „Medizintechnik" erforderlich. In der Regel wird die Leistungsgrenze hier an den Übergabestellen (Wandauslass) festgelegt. Dabei sind die jeweiligen Leistungsdaten beider Planer abzustimmen.

Die Abgrenzung zwischen der Anlagengruppe 1 (Gasinstallationen und Anlagen) und der Anlagengruppe 6 (Medizin- und Labortechnik) bereitet gelegentlich Schwierigkeiten. Hierzu ist festzustellen, dass zur Anlagengruppe 6 (Medizin- und Labortechnik) auch die Anlagen für medizinische Gase, wie Sauerstoff, Stickstoff, Druckluft oder Vakuum, gehören. Diese Anlagen können somit in der Praxis auch von unterschiedlichen Auftragnehmern ausgeführt werden. Auch diese Abgrenzung sollte zu Planungsbeginn vereinbart werden, um Doppelbearbeitungen zu vermeiden.

Maschinentechnik

Ganz generell ist zur Abgrenzung der anrechenbaren Kosten aller Anlagengruppen zu den nicht anrechenbaren Kosten festzustellen, dass der Anwendungsbereich der technischen Ausrüstung unter Bezugnahme auf die DIN 276: 1981-4 so zu verstehen ist, dass hiermit die zum Betrieb des Gebäudes oder eines Ingenieurbauwerkes im Regelfall erforderlichen Installationen und Anlagen gemeint sind.

Die in § 68 HOAI erfassten Installationen und Anlagen dienen dazu, das Gebäude erst funktionsfähig zu machen. Diejenigen Installationen und Anlagen, die in dem Gebäude lediglich untergebracht sind und nicht der Funktionsfähigkeit des Gebäudes dienen, sondern z. B. für die Produktion erforderlich sind, gehören nicht zu den anrechenbaren Kosten der technischen Ausrüstung. Als Beispiel sei hier die Maschinentechnik einer Druckerei erwähnt.

Nichtöffentliche Erschließung

Eine Sonderstellung bei der Planung der technischen Ausrüstung genießen die Anlagen der nichtöffentlichen Erschließung sowie die Abwasser- und Versorgungsanlagen in den Außenanlagen. Diese Anlagen sind in der Systematik der DIN 276: 1981-4 den Kostengruppen 2.2 u. 5.3 zugeordnet. Werden diese Leistungen geplant, so können die Vertragsparteien das Honorar für diese Leistungen frei vereinbaren. Wird ein Honorar bei der Auftragserteilung nicht schriftlich vereinbart, so ist das Honorar für diese Leistungen als Zeithonorar zu berechnen. Diese Regelung führt dazu, dass die Kosten für die Anlagen der nichtöffentlichen Erschließung sowie Abwasser- und Versorgungsanlagen in den Außenanlagen in der Regel bei den anrechenbaren Kosten nicht berücksichtigt werden, weil hier die Honorarabrechnung als Zeithonorar durchgeführt wird.

V
Die prüffähige Honorarschlußrechnung

Dipl.-Ing. Manfred v. Bentheim

Dipl.-Ing.
Manfred v. Bentheim
ö. b. u. v. Sachverständiger für die HOAI
Heerstr. 21
52391 Vettweiß
Internet: www.hoai-beratung.de

Inhalt

1	**Allgemeines**	*371*
2	**Aktuelle Hinweise zu den EURO-Tafeln**	*371*
3	**Die Grundlagen der Honorarermittlung und Einzelheiten der Honorarschlußrechnung**	*372*
3.1	Die Bezeichnung der Maßnahme	*372*
3.2	Das Datum der Rechnung	*372*
3.3	Das Datum des Vertragsabschlusses	*372*
3.4	Die Honorarzone	*373*
3.5	Der Honorarsatz	*373*
3.6	Der Umbauzuschlag	*374*
3.7	Der Instandsetzungszuschlag	*374*
3.8	Die Nebenkosten	*374*
3.9	Das Zeithonorar	*375*
3.10	Die Besonderen Leistungen	*375*
3.11	Die anrechenbaren Kosten	*375*
3.12	Die erbrachten Leistungen	*379*
3.13	Die Mehrwertsteuer	*379*
3.14	Die Abschlagszahlungen	*379*
3.15	Exkurs: Das Honorar für die Leistungsphase 9	*380*
3.16	Checkliste: Anlagen zur Honorarschlußrechnung	*381*
4	**Beispiele für prüffähige Honorarschlußrechnungen**	*382*
4.1	Honorarschlußrechnung für Leistungen bei Gebäuden (§§ 15 ff. HOAI)	*383*
4.2	Honorarschlußrechnung für Leistungen bei der Tragwerksplanung (§§ 62 ff. HOAI)	*386*
4.3	Honorarschlußrechnung für Leistungen bei der Technischen Ausrüstung (§§ 68 ff. HOAI)	*388*

… V *Die prüffähige Honorarschlußrechnung*

1
Allgemeines

Die Prüffähigkeit einer Honorarschlußrechnung ist eine der drei Voraussetzungen zur Fälligkeit des Honoraranspruches. Dies ist in § 8 HOAI geregelt. Als weitere Voraussetzungen für die Fälligkeit des Honoraranspruchs sind dort die vertragsgemäße Erbringung der vereinbarten Leistungen und die Überreichung der Honorarschlußrechnung genannt.

Die vertragsgemäße Erbringung der Leistungen geht aus dem Vergleich des Gegenstandes des Vertrages mit dem fertigen Werk hervor, die Überreichung der Honorarschlußrechnung erfolgt sinnvollerweise unter Zeugen, hier aber soll die prüffähige Honorarschlußrechnung im Vordergrund stehen. *Kostenermittlungen nach DIN 276: 1981-4*

Deshalb wird empfohlen, stets die Grundlagen und den Rechengang der Honorarermittlung so ausführlich und schlüssig wie möglich darzustellen und insbesondere die Kostenermittlungen (Kostenberechnung, Kostenanschlag und Kostenfeststellung nach DIN 276: 1981-4) und alle sonstigen Ermittlungen (Honorarzone, Umbauanteil, mitverarbeitete Bausubstanz, nicht mehr erbrachte Leistungen) der Honorarschlußrechnung beizufügen, damit der Auftraggeber (Rechnungsempfänger) allein anhand dieser Unterlagen (und des HOAI-Textes) in die Lage versetzt wird, die Rechnung prüfen zu können.

2
Aktuelle Hinweise zu den EURO-Tafeln

Ab dem 01.01.2002 gibt es die DM nicht mehr. Ab diesem Zeitpunkt müssen alle Rechnungen in EURO ausgestellt und das Honorar unter Anwendung der jeweils zutreffenden EURO-Tafeln und den Änderungen im Verordnungstext ermittelt werden.

Da der Verordnungsgeber nur die Honorartafeln (und die DM-Werte im Verordnungstext) nach der 5. Änderungsverordnung zur HOAI auf EURO-Werte umgerechnet hat, sind Honorare für zurückliegende Leistungen, die vor dem 01.01.1996 erbracht und nach der 4. Änderungsverordnung (oder ggf. frühere) berechnet werden müssen, nach den damaligen Honorartafeln in DM zu ermitteln und nur der Rechnungsendbetrag mit dem Umrechnungsfaktor 1 EUR = 1,95583 DM umzurechnen und in Rechnung zu stellen.

Gleiches gilt wohl auch, wenn im Honorarprozeß ursprünglich in DM gestellte Forderungen nach dem 01.01.2002 geltend gemacht werden sollen.

Die Beispiele der Honorarschlußrechnungen sind so gewählt, daß sie insbesondere für die „Übergangszeit" gelten, wenn noch Vereinbarungen in DM erfolgt, Abschlagszahlungen in DM bereits erfolgt und Kostenermittlungen ebenfalls in DM vorliegen.

3
Die Grundlagen der Honorarermittlung und Einzelheiten der Honorarschlußrechnung

3.1
Die Bezeichnung der Maßnahme

Mit der Bezeichnung der Maßnahme ist die Anwendung der korrekten Terminologie nach § 3 HOAI wichtig. Dies dient u. a. auch zur Klarstellung des Objektes und ist nicht zuletzt wegen der Berücksichtigung der einschlägigen HOAI-Vorschriften (Zuschläge, Wiederholungen usw.) relevant.

Praxisbeispiel *Ein Architekt hatte im Architektenvertrag, im Bauantrag, auf allen Plänen und auf seinen Abschlagsrechnungen die Maßnahme stets bezeichnet mit: „Neubau von 5 Doppelhäusern". In Anwendung der Vorschriften des § 22 HOAI (Auftrag für mehrere Gebäude) stellte sich jedoch bei Schlußrechnungslegung heraus, daß es sich im Sinne und in der Systematik der HOAI um 10 Einfamilienhäuser handelte, deren Planungen nach dem Wiederholungsfaktor nach § 22 HOAI zu berücksichtigen waren, da es sich um insgesamt 10 eigenständige Gebäude handelte.*

3.2
Das Datum der Rechnung

Mit dem Datum der Rechnungslegung beginnt auch die Verjährung der Honorarforderung. Der Anspruch ist am 31. Dezember des übernächsten Jahres nach der Rechnungslegung verjährt. Anfang Dezember eines jeden Jahres sollte man prüfen, ob nicht bezahlte Honoraranforderungen zu verjähren drohen.

3.3
Das Datum des Vertragsabschlusses

Das Datum des Vertragsabschlusses ist insofern wichtig, als es die anzuwendende HOAI-Fassung dokumentiert. Unter Berücksichtigung des § 103 HOAI kann bei Inkrafttreten einer neuen HOAI-Fassung während der Durchführung eines Auftrages die neue Verordnung hinsichtlich aller Vorschriften der Honorarermittlung (und insbesondere die neuen Honorartafeln und Stundensätze) vereinbart werden.

Für die Anwendung der EURO-Tafeln ist dies spätestens ab dem 01.01.2002 zwingend erforderlich, da es ab diesem Zeitpunkt die Währung Deutsche Mark nicht mehr gibt und folglich die seit dem 01.01.1996 geltenden Honorartafeln nicht mehr angewendet werden können. Honorartafeln und DM-Angaben aus früheren Verordnungen müssen (soweit sie noch anzuwenden sind) zum offiziellen Umrechnungskurs (1 EUR = 1,95583 DM) in EURO umgewandelt werden.

3.4
Die Honorarzone

Entgegen der häufig anzutreffenden Meinung ist die Honorarzone nicht verhandelbar. Sie ist nach §§ 11 und 12 HOAI für die Leistungen bei Gebäuden hinreichend bestimmt. Gleichwohl wird vom Verfasser immer wieder empfohlen, die Bewertung der Honorarzone (nach Punkten) der Honorarschlußrechnung beizufügen, um Einwendungen des Auftraggebers vorzubeugen. Im Streitfall ist die Bestimmung der zutreffenden Honorarzone per Sachverständigengutachten einzuholen.

Im Allgemeinen ist die HOAI auf Neubauten zugeschnitten. Ein erheblicher Teil der heutigen Architektenaufgaben sind aber im Bestand zu finden, so daß das erste Bewertungsmerkmal (bei der Objektplanung Gebäude) „Einbindung in die Umgebung" in dieser Formulierung nicht zutrifft. Hier hilft ein Urteil des OLG Düsseldorf (Urteil vom 20.06.1995, AZ. 21 U 98/94, BauR 1995, 733) weiter, in dem das erste Bewertungskriterium durch das Kriterium „Einbindung in das vorhandene Gebäude" ersetzt werden kann.

Bei Maßnahmen an einem Objekt (z. B. Umbau) ist nicht die Maßnahme selbst einer Honorarzone zuzurechnen, sondern der Zustand des Objektes nach Durchführung der Maßnahme zu betrachten und einer Honorarzone zuzuordnen.

3.5
Der Honorarsatz

Der Honorarsatz zwischen dem Mindest- und dem Höchstsatz der Honorartafel ist eines der wenigen Kriterien, die der freien Vereinbarung unterliegen. Hier liegt es am Verhandlungsgeschick des Auftragnehmers, einen höheren als den Mindestsatz (eine beliebige Prozentzahl über den Mindestsatz bis zu 100 % = Höchstsatz) argumentativ auszuhandeln. Häufig wird ein erhöhter Aufwand und/oder Schwierigkeitsgrad bei der Planung/Durchführung genannt, um eine Erhöhung des Mindestsatzes zu erreichen.

Öffentliche Auftraggeber berufen sich gerne auf (interne) Erlasse, nach denen generell nur der Mindestsatz zugestanden wird. Auch wenn dies unzulässigerweise den Verhandlungsspielraum praktisch außer Kraft setzt, wird es argumentativ kaum gelingen, den Auftrag zu einem höheren Honorarsatz als dem Mindestsatz zu erhalten.

3.6
Der Umbauzuschlag

Der Umbauzuschlag nach § 24 HOAI wird in der vereinbarten/zutreffenden Höhe (20 % bis 33 % bei mittlerem Schwierigkeitsgrad) auf das Grundhonorar aller Leistungen aufgeschlagen, jedoch mit der Maßgabe, daß bei nur teilweisem Umbau (z. B.: „Umbau und Erweiterung ...") dieser Zuschlag nur auf den Anteil des Umbaus am Gesamtobjekt berechnet werden darf. Hierfür muß der Honorarschlußrechnung die nachprüfbare Darstellung des Anteiles des Umbaus an der Gesamtmaßnahme schlüssig dargestellt und beigefügt werden. Der Umbauanteil kann zum Beispiel über die anrechenbaren Kosten oder über den umbauten Raum jeweils im Verhältnis zur Gesamtmaßnahme ermittelt werden.

Mit der Anrechnung des Umbauzuschlages erhält der Architekt eine Honorarerhöhung für den meist deutlich höheren Aufwand in Planung und Realisierung. Der Umbauzuschlag wird auch nicht durch die anrechenbaren Kosten der mitverarbeiteten Bausubstanz oder zusätzliche Vergütung für Aufmaßpläne ersetzt. Die fehlende Vereinbarung über einen Umbauzuschlag sichert gleichwohl den Mindestanspruch von 20 %.

3.7
Der Instandsetzungszuschlag

Der Instandsetzungszuschlag nach § 27 HOAI wird in der vereinbarten Höhe (von 0 % bis 50 %) auf das Grundhonorar nur der Leistungsphase 8 aufgeschlagen, jedoch mit der Maßgabe, daß bei nur teilweiser Instandsetzung (z. B. „Erweiterung und Instandsetzung ...") dieser Zuschlag nur auf den (schlüssig dargestellten) Anteil der Instandsetzung am Gesamtobjekt berechnet werden darf. Hierfür ist in der Musterrechnung die Darstellung des Anteiles der Instandsetzung an der Gesamtmaßnahme vorgesehen. Die nachvollziehbare Ermittlung dieses Anteiles sollte (wie beim Umbauzuschlag) dargestellt und der Honorarschlußrechnung beigefügt werden. Die fehlende Vereinbarung über einen Instandsetzungszuschlag führt dazu, daß ein solcher nicht berechnet werden darf.

3.8
Die Nebenkosten

Der Anspruch auf die Erstattung der im Zusammenhang mit der Ausführung des Auftrages entstehenden notwendigen Auslagen (Nebenkosten) regelt sich nach § 7 HOAI. Die Nebenkostenerstattung kann auf Nachweis (Regelfall) oder pauschal (prozentual oder nominal) vereinbart werden.

Meist werden die Nebenkosten als prozentuale Pauschale (bezogen auf das Nettohonorar) vereinbart; daß dies nicht der Regelfall ist, stellt man fest, wenn die Pauschale z. B. unwirksam (zu hoch, nur mündlich) vereinbart ist. Die unwirksam vereinbarte Pauschale wird nicht auf ein „erträgliches" Maß zurückgefahren, sondern findet insgesamt keine Berücksichtigung.

Ein Architekt hatte die Erstattung der Nebenkosten mit 8 % mündlich vereinbart. Im Zuge einer streitigen Auseinandersetzung über den tatsächlichen Honoraranspruch fand diese Vereinbarung wegen der fehlenden Schriftlichkeit keine Anwendung. Letztlich hätte der Architekt nur noch den Anspruch aus den tatsächlichen und nachgewiesenen Auslagen. Dies war im Nachhinein kaum mehr möglich. *Praxisbeispiel*

3.9
Das Zeithonorar

Die Abrechnung von Leistungen zu den Stundensätzen nach dem Zeithonorar des § 6 HOAI ist eher die Ausnahme. Gleichwohl rechnen Auftragnehmer immer wieder Leistungen, die sie nicht direkt zuordnen können, nach Stundensätzen ab.

Erfahrungsgemäß sind dies häufig: Änderungsleistungen an bereits fertigen Plänen, vermeintlicher zusätzlicher Aufwand in der Objektüberwachung, Leistungen aus anderen Leistungsbildern und Leistungen, die in der HOAI nicht beschrieben sind. Auch für diese Leistungen ist ein Honorar zu beanspruchen, es ermittelt sich allerdings nicht nach dem Zeitaufwand.

Der Tabelle 1 sind diejenigen Fälle zu entnehmen, in denen die HOAI die Anwendung der Zeithonorare überhaupt zuläßt.

3.10
Die Besonderen Leistungen

Die Ermittlung der Honorare für die Erbringung von Besonderen Leistungen sind in § 5 (4), (4 a) und (5) der HOAI geregelt, wobei die fehlende schriftliche Vereinbarung ein häufiger Formfehler ist, der es verhindert, daß ein Honorar für die Besondere Leistung überhaupt berechnet werden kann.

Während die in § 15 (2) aufgeführten Grundleistungen die abschließende Aufzählung derjenigen Grundleistungen sind, die im allgemeinen erforderlich sind, um ein Objekt zu planen und zu errichten, sind die dort genannten Besonderen Leistungen weder abschließend aufgezählt noch in ihrer Zuordnung zwingend der jeweiligen Leistungsphase zuzurechnen.

3.11
Die anrechenbaren Kosten

Grundsätzlich ist zu unterscheiden zwischen den Kostenermittlungen, die im Rahmen der Planung/Durchführung eines Objektes (als zu erbringende Grundleistung) erstellt werden und denjenigen, die als Darstellung der anrechenbaren Kosten bei

Tabelle 1:
Anwendung der Stundensätze des § 6 HOAI

HOAI §§	HOAI Teil	Leistungen (Leistungsbild)	Honorar auch als Zeithonorar frei vereinbar	Zeithonorar zwingend vorgeschrieben	Zeithonorar zulässig
16 (2)	II	Gebäude, Freianlagen und raumbildender Ausbau			x
16 (3)	II		x		
26	II				x
28 (3)	III	zusätzliche Leistungen			x
29 (2)	III			x	
31 (2)	III		x		
32 (3)	III				x
33	IV	Gutachten und Wertermittlungen			x
33	IV		x		
34 (4)	IV				x
34 (4)	IV		x		
38 (8)	V	Städtebauliche Leistungen	x		
39	V			x	
41 (3) 1–3	V		x		
42 (2)	V			x	
42 (2)	V		x		
45 b (4)	VI	Landschaftsplanerische Leistungen		x	
45 b (4)	VI		x		
48 b (3)	VI		x		
49 (2)	VI			x	
50 (2)	VI		x		
55 (4)	VII	Ingenieurbauwerke und Verkehrsanlagen	x		
57 (3)	VII		x		
61 (4)	VII		x		
61 (4)	VII			x	
61 a (3)	VIIa	Verkehrsplanerische Leistungen	x		
67 (4)	VIII	Tragwerksplanung		x	
67 (4)	VIII		x		
79	X	Thermische Bauphysik	x		
84	XI	Schallschutz und Raumakustik	x		
86 (6)	XI		x		
90	XI		x		
92 (5)	XII	Bodenmechanik, Erd- und Grundbau	x		
95	XII		x		
97 (5)	XIII	Vermessungstechnische Leistungen	x		
98 (4)	XIII		x		
100 (4)	XIII		x		

der Honorarermittlung dienen. Die Darstellung der anrechenbaren Kosten zur Honorarermittlung erfolgen zusammenfassend, wobei Grundlage die DIN 276: 1981-4 ist und die der Honorarschlußrechnung beigefügte Einzelermittlung aus Kostenberechnung, Kostenanschlag und Kostenfeststellung dieser immer beizufügen ist, da sie sonst nicht prüffähig ist.

Die Verwendung dieser DIN-Fassung ist in § 10 (2) zwingend vorgeschrieben. An allen anderen Stellen in der HOAI ist diese Fassung, wenn von der DIN 276 die Rede ist, ebenfalls gemeint. Es gibt zahlreiche Urteile, in denen darauf hingewiesen wird, daß es nicht gelingt, mit Hilfe anderer Kostenermittlungen die anrechenbaren Kosten nach der Systematik der HOAI darzustellen. Die im Rahmen der Grundleistungen zu erbringenden Kostenermittlungen sind an der neuesten DIN 276: 1993-6 oder

Tabelle 2: Ermittlung der anrechenbaren Kosten nach § 10 HOAI aus der Kostenberechnung (Lph. 1–4)

KG	Bezeichnung	grundsätzlich	bedingt bei Planung/ Überwachung/ Mitwirkung	bedingt	nicht	Hinweis in § 10 HOAI
	DIN 276: 1981-4		anrechenbar			
1	2	3	4	5	6	7
1	**Baugrundstück**					
1.1	Wert				88 000,00	Abs. 5 Nr. 1
1.2	Erwerb					Abs. 5 Nr. 1
1.3	Freimachen					Abs. 5 Nr. 1
1.4	Herrichten					Abs. 5 Nr. 2
2	**Erschließung**					Abs. 5 Nr. 3
2.1	Öffentliche Erschließung		16 750,00			Abs. 5 Nr. 4
2.2	Nichtöffentliche Erschließung					Abs. 5 Nr. 3
3	**Bauwerk**					
3.1	Baukonstruktion	240 000,00				
3.2	Installation			26 000,00		Abs. 4
3.3	Zentrale Betriebstechnik					Abs. 4
3.4	Betriebliche Einbauten					Abs. 4
3.5	**Besondere Bauausführungen**					
3.5.1	Besondere Baukonstruktionen					
3.5.2	Besondere Installationen					Abs. 4
3.5.3	Besondere zentrale Betriebstechnik					Abs. 4
3.5.4	Besondere betriebliche Einbauten					Abs. 4
3.5.5	Kunstwerke, künstl. Bauteile					Abs. 5 Nr. 9

KG	Bezeichnung	grund-sätzlich	bedingt bei Planung/ Überwachung/ Mitwirkung	bedingt	nicht	Hinweis in § 10 HOAI
	DIN 276: 1981-4		anrechenbar			
1	2	3	4	5	6	7
4	**Gerät**					
4.1	Allgemeines Gerät					Abs. 5 Nr. 6
4.2	Möbel					Abs. 5 Nr. 6
4.3	Textilien					Abs. 5 Nr. 6
4.4	Arbeitsgerät					Abs. 5 Nr. 6
4.5	Beleuchtung					Abs. 5 Nr. 6
5	**Außenanlagen**					
5.1	Einfriedungen				4 500,00	Abs. 5 Nr. 5
5.2	Geländebearbeitung/ -gestaltung				19 000,00	Abs. 5 Nr. 5
5.3	Abwasser- und Versorgungsanlagen					Abs. 5 Nr. 5
5.4	Wirtschaftsgegenstände					Abs. 5 Nr. 5
5.5	Kunstwerke					Abs. 5 Nr. 5
5.6	Anlagen für Sonderzwecke					Abs. 5 Nr. 5
5.7	Verkehrsanlagen				34 000,00	Abs. 5 Nr. 5
						Abs. 5 Nr. 5
6	**Zusätzliche Maßnahmen**					Abs. 5 Nr. 10
7	**Baunebenkosten**					Abs. 5 Nr. 12
	Fernmeldetechn. Einrichtungen					Abs. 5 Nr. 13
Summen		240 000,00	16 750,00	26 000,00	145 500,00	
25 % der sonstigen anrechenbaren Kosten				60 000,00		Abs. 4
Bedingt anrechenbare Kosten > 25 %					57 500,00	Abs. 4
Summe Kostengruppe 5 (Außenanlagen)						§ 18
Voll anrechenbare Kosten		240 000,00	aus Spalte 3			Abs. 4
Bedingt anrechenbare Kosten		16 750,00	aus Spalte 4			Abs. 4
25 % der bedingt anrechenbaren Kosten		26 000,00	aus Spalte 5			Abs. 4
zur Hälfte anrechenbar			aus Spalte 6			Abs. 4
zuzüglich Außenanlagen < 7 500 EUR			aus Spalte 7			§ 18
Anrechenbare Kosten insgesamt		282 750,00				

auch (je nach Bauherrenwunsch) jede andere Systematik zu orientieren. Es gibt auch Objekte und Auftraggeber, die überhaupt keiner Kostenermittlung bedürfen (Fertighaushersteller, Festpreisanbieter usw. oder die seltenen Fälle, in denen die Baukosten für den Auftraggeber überhaupt keine Rolle spielen). In diesen Fällen müssen gleichwohl die anrechenbaren Kosten nach der DIN 276: 1981-4 aufgestellt werden, damit der Honoraranspruch überhaupt ermittelt werden kann. Ein Muster für eine solche Darstellung bei der Kostenberechnung zeigt Tabelle 2.

3.12
Die erbrachten Leistungen

Die Darstellung der erbrachten Leistungen orientiert sich an den in § 15 (1) HOAI aufgeführten prozentualen Bewertungen der Leistungsphasen 1 bis 9.

Schwierig wird die Darstellung der Leistungen beim abgebrochenen (gekündigten) Vertrag, wenn eine Leistungsphase nicht mehr vollständig erbracht wurde. Es muß dann dargestellt werden, welche Grundleistungen dieser Leistungsphase nicht mehr erbracht wurden, beziehungsweise welche Grundeistungen dieser Leistungsphase noch hätten erbracht werden müssen, um diese vollständig abrechnen zu können.

3.13
Die Mehrwertsteuer

Die Mehrwertsteuer ist nach § 9 HOAI dem ermittelten Netto-Honoraranspruch aufzuschlagen, auch wenn eine diesbezügliche Vereinbarung nicht getroffen wurde. Beim abgebrochenen (gekündigten) Vertrag kann auf die Honoraranteile von nicht (mehr) erbrachten Leistungen die Mehrwertsteuer nicht aufgeschlagen werden, da kein „umsatzsteuerpflichtiges Austauschgeschäft" vorliegt.

3.14
Die Abschlagszahlungen

Auch ohne besondere Vereinbarung regelt der § 8 (2) HOAI, daß man für nachgewiesene Leistungen einen Anspruch auf Abschlagszahlungen hat. Dies bedeutet, daß auch Abschlagsrechnungen den Anforderungen an eine Honorarschlußrechnung entsprechen müssen.

3.15
Exkurs: Das Honorar für die Leistungsphase 9

Der Fälligkeitszeitpunkt des Honoraranspruches bei vertraglicher Vereinbarung über die Erbringung der Leistungsphasen 1 bis 9 (sog. „Auftrag über die Vollarchitektur") richtet sich nach den mit den ausführenden Firmen vereinbarten Gewährleistungsfristen. Daß davon auch der Ablauf der Gewährleistung für die Architektenleistungen abhängt, zeigen folgende Übersichten, die von unterschiedlichen Gewährleistungsfristen der ausführenden Firmen ausgehen.

Diese Verlängerung der Gewährleistungsfristen läßt sich vermeiden, wenn – wie von Berufsverbänden und Architektenkammern häufig empfohlen – der (Haupt-) Vertrag nur über die Leistungsphasen 1 bis 8 abgeschlossen und eine zusätzliche vertragliche Vereinbarung (über die Erbringung der Leistungsphase 9) zum gegebe-

Tabelle 3: Fälligkeit des Honoraranspruchs für die Leistungsphase 9 § 15 HOAI

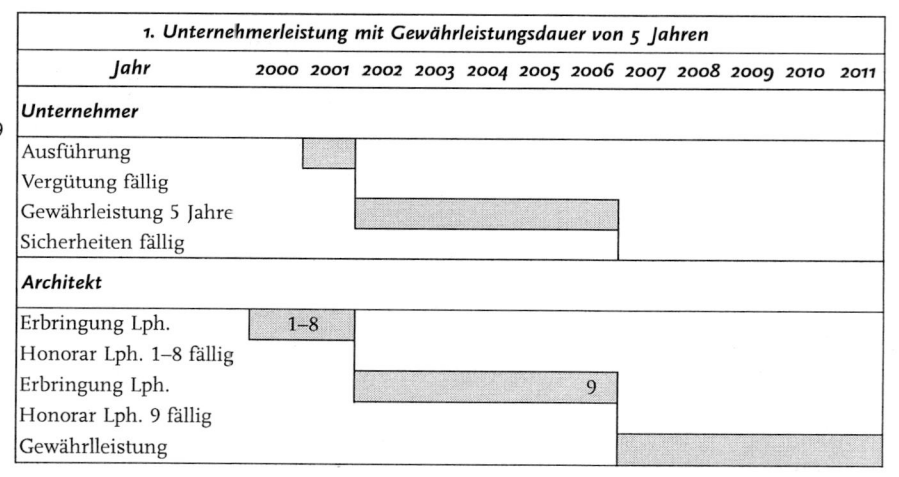

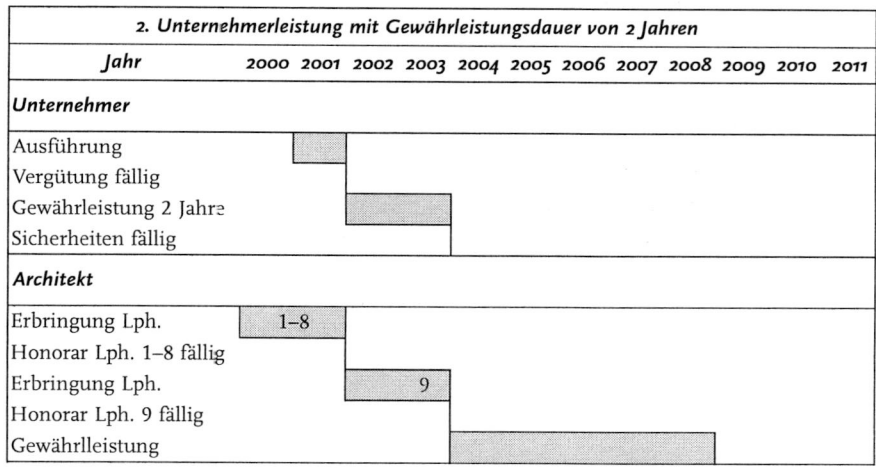

1. Unternehmerleistung mit Gewährleistungsdauer von 5 Jahren												
Jahr	2000	2001	2002	2003	2004	2005	2006	2007	2008	2009	2010	2011
Unternehmer												
Ausführung			▬									
Vergütung fällig												
Gewährleistung 5 Jahre				▬▬▬▬▬								
Sicherheiten fällig												
Architekt												
Erbringung Lph.		1–8										
Honorar Lph. 1–8 fällig												
Erbringung Lph.				▬▬▬▬▬ 9								
Honorar Lph. 9 fällig												
Gewährlleistung								▬▬▬▬▬				

2. Unternehmerleistung mit Gewährleistungsdauer von 2 Jahren												
Jahr	2000	2001	2002	2003	2004	2005	2006	2007	2008	2009	2010	2011
Unternehmer												
Ausführung			▬									
Vergütung fällig												
Gewährleistung 2 Jahre				▬▬								
Sicherheiten fällig												
Architekt												
Erbringung Lph.		1–8										
Honorar Lph. 1–8 fällig												
Erbringung Lph.					9							
Honorar Lph. 9 fällig												
Gewährlleistung						▬▬▬▬▬						

nen Zeitpunkt getroffen wird. Oft wird nach Erbringung der Leistungsphase 8 die Honorarschlußrechnung gestellt, obwohl die vertraglich vereinbarte Leistungsphase 9 noch gar nicht erbracht ist.

Es ist denkbar und praktikabel, daß das Honorar für die Leistungsphase 9 dann separat ermittelt, aber (noch) nicht oder nur gegen Sicherheit ausgezahlt wird. Ein Anspruch auf vorzeitige Auszahlung dieses Honoraranteiles besteht (zu diesem Zeitpunkt noch) nicht.

3.16
Checkliste: Anlagen zur Honorarschlußrechnung

Nachfolgend eine Übersicht über die erforderlichen Anlagen zu einer Honorarschlußrechnung, wobei die „empfohlenen" Anlagen auf Praxiserfahrungen des Verfassers beruhen.

Tabelle 4: Anlagen zu einer Honorarschlußrechnung

Bezeichnung	Zweck	zwingend	dringend empfohlen	im Bedarfsfall	§§ HOAI
Darstellung des Auftragsdatums	Grundlage für Honoraranspruch		x		
Kostenberechnung nach DIN 276: 1981-4	Anrechenbare Kosten	x			10 (2)
Kostenanschlag nach DIN 276: 1981-4	Anrechenbare Kosten	x			10 (2)
Kostenfeststellung nach DIN 276: 1981-4	Anrechenbare Kosten	x			10 (2)
Ermittlung der Honorarzone	Zuordnung in die Honorarzone		x		11 (2) und (3)
Ermittlung des Umbauanteils	Umbauzuschlag			x	24
Ermittlung des Instandsetzungsanteils	Instandsetzungszuschlag			x	27
Einzelaufstellung der Auslagen	Erstattung	x			7
Wert der mitverarbeitenden Bausubstanz	Anrechenbare Kosten	x			10 (3 a)
Stundennachweise	Erstattung	x			6
erhaltene Abschlagzahlungen	Berücksichtigung	x			8 (2)

4
Beispiele für prüffähige Honorarschlußrechnungen

Für die Darstellung der prüffähigen Honorarschlußrechnung folgen Beispiele aus den Leistungsbildern Objektplanung Gebäude, Tragwerksplanung und Technische Ausrüstung als Muster für den angenommen Umbau eines Einfamilienwohnhauses.

Zur Einbindung der EURO-Honorartafeln wurde weiter angenommen, daß der Objektplaner (Architekt) die Honorarvereinbarung im Herbst 2001 abgeschlossen und den Entwurfsteil (Leistungsphasen 1 bis 4) noch in 2001 erbracht hat; die übrigen Leistungen wurden in 2002 erbracht, desgleichen die gesamten Leistungen der beiden Fachplaner.

Da die EURO-Anpassung der HOAI nur die Honorartafeln, das Zeithonorar nach § 6 HOAI und die Anpassungen von DM-Werten im Text umfassen, müssen Honoraranteile, die (vor dem 01.01.2002) noch in DM vereinbart wurden (z. B. Pauschalbeträge) und erhaltene Zahlungen (z. B. Abschlagszahlungen) zum offiziellen Umrechnungsfaktor in EURO umgerechnet werden. Diese Vorgehensweise wurde in den nachfolgenden Beispielen bei der Honorarschlußrechnung des Objektplaners für Gebäude (Architekt) entsprechend angenommen und dargestellt.

4.1
Honorarschlußrechnung für Leistungen bei Gebäuden (§§ 15 ff. HOAI)

siehe Beispiel 1

4.2
Honorarschlußrechnung für Leistungen bei der Tragwerksplanung (§§ 62 ff. HOAI)

siehe Beispiel 2

4.3
Honorarschlußrechnung für Leistungen bei der Technischen Ausrüstung (§§ 68 ff. HOAI)

siehe Beispiel 3

4 Beispiele für prüffähige Honorarschlußrechnungen

Beispiel 1:
Honorarschlußrechnung für Leistungen bei Gebäuden
(§§ 15 ff. HOAI)

Bauvorhaben/Objekt:	Umbau eines Einfamilienwohnhauses
Ort des Vorhabens:	29313 Woltersdorf
Bauherr/Auftraggeber:	Bruno M. Seifert
Auftragnehmer:	Architektin Kerstin Grube
Rechnungsdatum/Nr.	101/2002 vom 17.05.2002

Grundlagen der Honorarermittlung

Datum des Vertragsabschlusses	05.10.2001
Leistungsbild	Objektplanung Gebäude (Teil II HOAI)
Anzuwendende Honorartafel	§ 16 HOAI
Honorarzone nach §§ 11, 12 HOAI	III
Vereinbarter Honorarsatz	25 % (Viertelsatz)
Höhe des Umbauzuschlages nach § 24 HOAI	25 % bezogen auf 100 % Umbauanteil
Nebenkosten nach § 7 HOAI	4,5 % pauschal
	1 500,00 DM Auslagenpauschale (Fahrtkosten)

Anrechenbare Kosten der vorhandenen Bausubstanz nach § 10 (3 a) HOAI	160 000,00 DM	bei der Kostenberechnung
	80 000,00 EUR	bei dem Kostenanschlag
	80 000,00 EUR	bei der Kostenfeststellung
Besondere Leistungen nach § 5 HOAI	3 500,00 DM	pauschal (Bestandsaufnahme)

Honorarberechnung für den Entwurfsteil

Anrechenbare Kosten nach Kostenberechnung	282 750,00 DM	=	144 567,25 EUR
Anrechenbare Kosten nach § 10 (3 a) HOAI	160 000,00 DM	=	81 806,40 EUR
Anrechenbare Kosten insgesamt			226 373,65 EUR

Nächstniedrigerer Tafelwert	200 000,00 EUR
Mindestsatz	21 586,00 EUR
Höchstsatz	26 792,00 EUR
Nächsthöherer Tafelwert	250 000,00 EUR
Mindestsatz	26 380,00 EUR
Höchstsatz	32 373,00 EUR
Linear interpoliertes Grundhonorar bei Honorarsatz 25 %	25 519,99 EUR

Erbrachte Leistungen		
Lph 1 (Grundlagenermittlung)	3 %	765,60 EUR
Lph 2 (Vorplanung)	7 %	1 786,40 EUR
Lph 3 (Entwurfsplanung)	11 %	2 807,20 EUR
Lph 4 (Genehmigungsplanung)	6 %	1 531,20 EUR
Nettohonorar für die Leistungsphasen 1 bis 4		6.890,40 EUR

Honorarberechnung für den Mittelteil

Anrechenbare Kosten nach Kostenanschlag	150.510,00 EUR
Anrechenbare Kosten nach § 10 (3 a) HOAI	80.000,00 EUR
Anrechenbare Kosten insgesamt	230.510,00 EUR

Beispiel 1:
Honorar-
schlußrechnung
für Leistungen
bei Gebäuden
(§§ 15 ff. HOAI)
Fortsetzung

Nächstniedrigerer Tafelwert		200 000,00 EUR
Mindestsatz		21 586,00 EUR
Höchstsatz		26 792,00 EUR
Nächsthöherer Tafelwert		250 000,00 EUR
Mindestsatz		26 380,00 EUR
Höchstsatz		32 373,00 EUR

Linear interpoliertes Grundhonorar
bei Honorarsatz 25 %   25 932,86 EUR

Erbrachte Leistungen
Lph 5 (Ausführungsplanung)	25 %	6 483,22 EUR
Lph 6 (Vorbereitung der Vergabe)	10 %	2 593,29 EUR
Lph 7 (Mitwirkung bei der Vergabe)	4 %	1 037,31 EUR

Nettohonorar für die Leistungsphasen 5 bis 7   10 113,82 EUR

Honorarberechnung für den Ausführungsteil
Anrechenbare Kosten nach Kostenfeststellung	166 500,10 EUR
Anrechenbare Kosten nach § 10 (3 a) HOAI	80 000,00 EUR
Anrechenbare Kosten insgesamt	246 500,10 EUR

Nächstniedrigerer Tafelwert	200 000,00 EUR
Mindestsatz	21 586,00 EUR
Höchstsatz	26 792,00 EUR
Nächsthöherer Tafelwert	250 000,00 EUR
Mindestsatz	26 380,00 EUR
Höchstsatz	32 373,00 EUR

Linear interpoliertes Grundhonorar
bei Honorarsatz 25 %   27 561,86 EUR

Erbrachte Leistungen
Lph 8 (Objektüberwachung)	31 %	8 544,18 EUR
Lph 9 (Objektbetreuung und Doku.)	3 %	826,86 EUR

Nettohonorar für die Leistungsphasen 8 bis 9   9 371,04 EUR

Zusammenstellung
Nettohonorar für die Leistungsphasen 1 bis 4	6 890,40 EUR
Nettohonorar für die Leistungsphasen 5 bis 7	10 113,82 EUR
Nettohonorar für die Leistungsphasen 8 bis 9	9 371,04 EUR
Nettohonorar insgesamt	26 375,26 EUR
zuzügl. 25 % Umbauzuschlag	6 593,82 EUR
Zwischensumme	32 969,08 EUR
Honorar für Besondere Leistungen vereinbart 3 500,- DM =	1 789,52 EUR
Zwischensumme	34 758,60 EUR
zuzügl. 4,5 % Nebenkosten pauschal	1 564,14 EUR
zuzügl. Nebenkostenpauschale 1.500,- DM =	766,96 EUR
Zwischensumme	37 089,70 EUR

4 Beispiele für prüffähige Honorarschlußrechnungen

Zwischensumme (Übertrag letzte Seite)	37 089,70 EUR
zuzügl. 16 % MwSt.	5 934,35 EUR
Honoraranspruch insgesamt	**43 024,05 EUR**
abzügl. Abschlagszahlungen vor dem 01.01.2002	12.270, 96 EUR (24.000,00 DM)
abzügl. Abschlagszahlung Feb. 2002	10.000,00 EUR
Resthonoraranspruch	**20.753,09 EUR**

Beispiel 1:
Honorar-
schlußrechnung
für Leistungen
bei Gebäuden
(§§ 15 ff. HOAI)
Fortsetzung

Anlagen
1. Punktebewertung nach § 11 (2) und (3) HOAI zur Einordnung des Objektes in eine Honorarzone
2. Ermittlung der anrechenbaren Kosten der Kostenberechnung, des Kostenanschlages und der Kostenfeststellung jeweils in der Systematik der DIN 276: 1981-04
3. Ermittlung der anrechenbaren Kosten der mitverarbeiteten Bausubstanz bei den Kostenermittlungsarten

Hinweis
Nominale vertragliche Vereinbarungen, die in DM erfolgten, wurden mit dem offiziellen Umrechnungsfaktor von 1,95583 in EURO umgerechnet.

Beispiel 2:
Honorar-
schlußrechnung
für Leistungen
bei der
Tragwerksplanung
(§§ 62 ff. HOAI)

Bauvorhaben/Objekt:	Umbau eines Einfamilienwohnhauses
Ort des Vorhabens:	62345 Wildau
Bauherr/Auftraggeber:	Bruno M. Schuster
Auftragnehmer:	Tragwerksplaner Erich Kronshage
Rechnungsdatum/Nr.	102/2002 vom 17.05.2002

Grundlagen der Honorarermittlung

Datum des Vertragsabschlusses	05.01.2002
Leistungsbild	Tragwerksplanung (Teil VIII HOAI)
anzuwendende Honorartafel	§ 65 HOAI
Honorarzone nach § 63 HOAI	III
vereinbarter Honorarsatz	50 % (Mittelsatz)
Höhe des Umbauzuschlages nach § 66 HOAI	20 % bezogen auf 100 % Umbauanteil
Nebenkosten nach § 7 HOAI	3,0 % pauschal

Anrechenbare Kosten der vorhandenen Bausubstanz nach § 10 (3 a) HOAI	30 000,00 EUR bei der Kostenberechnung
	30 000,00 EUR bei der Kostenfeststellung

Honorarberechnung für den Entwurfsteil

Anrechenbare Kosten nach Kostenberechnung	75 000,00 EUR
Anrechenbare Kosten nach § 10 (3 a) HOAI	30 000,00 EUR
Anrechenbare Kosten insgesamt	105 000,00 EUR
Nächstniedrigerer Tafelwert	100 000,00 EUR
Mindestsatz	9 761,00 EUR
Höchstsatz	12 450,00 EUR
nächsthöherer Tafelwert	150 000,00 EUR
Mindestsatz	13 463,00 EUR
Höchstsatz	17 086,00 EUR
Linear interpoliertes Grundhonorar bei Honorarsatz 50 %	11 522,40 EUR

Erbrachte Leistungen		
Lph 1 (Grundlagenermittlung)	3 %	345,67 EUR
Lph 2 (Vorplanung)	10 %	1 152,24 EUR
Lph 3 (Entwurfsplanung)	12 %	1 382,69 EUR
Nettohonorar für die Leistungsphasen 1 bis 3		2 880,60 EUR

Honorarberechnung für den Ausführungsteil

Anrechenbare Kosten nach Kostenfeststellung	79 510,50 EUR
Anrechenbare Kosten nach § 10 (3 a) HOAI	30 000,00 EUR
Anrechenbare Kosten insgesamt	109 510,50 EUR
Nächstniedrigerer Tafelwert	100 000,00 EUR
Mindestsatz	9 761,00 EUR
Höchstsatz	12 450,00 EUR
Nächsthöherer Tafelwert	150 000,00 EUR
Mindestsatz	13 463,00 EUR
Höchstsatz	17 086,00 EUR
Linear interpoliertes Grundhonorar bei Honorarsatz 50 %	11 898,49 EUR

4 Beispiele für prüffähige Honorarschlußrechnungen

Beispiel 2: Honorarschlußrechnung für Leistungen bei der Tragwerksplanung (§§ 62 ff. HOAI)

Erbrachte Leistungen
Lph 4 (Genehmigungsplanung)	30 %	3 569,55 EUR
Lph 5 (Ausführungsplanung)	42 %	4 997,37 EUR
Lph 6 (Vorbereitung der Vergabe)	3 %	356,95 EUR

Nettohonorar für die Leistungsphasen 4 bis 6   8 923,87 EUR

Zusammenstellung

Nettohonorar für die Leistungsphasen 1 bis 3	2 880,60 EUR
Nettohonorar für die Leistungsphasen 4 bis 6	8 923,87 EUR
Nettohonorar insgesamt	**11 804,47 EUR**
zuzügl. 20 % Umbauzuschlag	2 360,89 EUR
Zwischensumme	14 165,36 EUR
zuzügl. 3,0 % Nebenkosten pauschal	424,96 EUR
Zwischensumme	14 590,32 EUR
zuzügl. 16 % MwSt.	2 334,45 EUR
Honoraranspruch insgesamt	16 924,77 EUR
abzügl. Abschlagszahlungen	10 000,00 EUR
Resthonoraranspruch	**6 924,77 EUR**

Anlagen
1. Punktebewertung nach § 63 (2) HOAI zur Einordnung des Objektes in eine Honorarzone
2. Ermittlung der anrechenbaren Kosten der Kostenberechnung, und der Kostenfeststellung jeweils in der Systematik der DIN 276: 1981-04
3. Ermittlung der anrechenbaren Kosten der mitverarbeiteten Bausubstanz bei den Kostenermittlungsarten

Beispiel 3:
Honorar-
schlußrechnung
für Leistungen bei
der Technischen
Ausrüstung
(§§ 68 ff. HOAI)

Bauvorhaben/Objekt:	Umbau eines Einfamilienwohnhauses
Ort des Vorhabens:	13086 Berlin
Bauherr/Auftraggeber:	Bruno M. Klimt
Auftragnehmer:	Fachingenieur Claire Grube
Rechnungsdatum/Nr.	103/2002 vom 17.05.2002

Grundlagen der Honorarermittlung

Datum des Vertragsabschlusses	31.01.2001
Leistungsbild	Technische Ausrüstung (Teil IX HOAI)
anzuwendende Honorartafel	§ 74 HOAI
Anlagengruppe	3. Elektrotechnik
Anlage	Elektro-Installation
Honorarzone nach §§ 71, 72 HOAI	II
vereinbarter Honorarsatz	0 % (Mindestsatz)
Nebenkosten nach § 7 HOAI	5,0 % pauschal

Besondere Leistungen nach § 73 (3) HOAI	750,00 EUR pauschal (Wirtschaftlichkeitsnachweis)

Honorarberechnung für den Entwurfsteil

Anrechenbare Kosten nach Kostenberechnung		22 800,00 EUR
Nächstniedrigerer Tafelwert		20 000,00 EUR
Mindestsatz		5 693,00 EUR
Höchstsatz		6 914,00 EUR
Nächsthöherer Tafelwert		25 000,00 EUR
Mindestsatz		6 808,00 EUR
Höchstsatz		8 273,00 EUR
Linear interpoliertes Grundhonorar bei Honorarsatz 0 %		6 317,40 EUR
Erbrachte Leistungen		
Lph 1 (Grundlagenermittlung)	3 %	189,52 EUR
Lph 2 (Vorplanung)	11 %	694,91 EUR
Lph 3 (Entwurfsplanung)	15 %	947,61 EUR
Lph 4 (Genehmigungsplanung)	6 %	379,04 EUR
Nettohonorar für die Leistungsphasen 1 bis 4		2 211,08 EUR

Honorarberechnung für den Mittelteil

Anrechenbare Kosten nach Kostenanschlag	19 956,00 EUR
Nächstniedrigerer Tafelwert	15 000,00 EUR
Mindestsatz	4 528,00 EUR
Höchstsatz	5 503,00 EUR
nächsthöherer Tafelwert	20 000,00 EUR
Mindestsatz	5 693,00 EUR
Höchstsatz	6 914,00 EUR
Linear interpoliertes Grundhonorar bei Honorarsatz 0 %	5 681,87 EUR

4 Beispiele für prüffähige Honorarschlußrechnungen

erbrachte Leistungen		
Lph 5 (Ausführungsplanung)	18 %	1 022,74 EUR
Lph 6 (Vorbereitung der Vergabe)	6 %	340,91 EUR
Lph 7 (Mitwirkung bei der Vergabe)	5 %	284,09 EUR
Nettohonorar für die Leistungsphasen 5 bis 7		1 647,74 EUR

Honorarberechnung für den Ausführungsteil

Anrechenbare Kosten nach Kostenfeststellung	24 555,55 EUR
Nächstniedrigerer Tafelwert	20 000,00 EUR
Mindestsatz	5 693,00 EUR
Höchstsatz	6 914,00 EUR
Nächsthöherer Tafelwert	25 000,00 EUR
Mindestsatz	6 808,00 EUR
Höchstsatz	8 273,00 EUR
Linear interpoliertes Grundhonorar bei Honorarsatz 0 %	6 708,89 EUR

Erbrachte Leistungen		
Lph 8 (Objektüberwachung)	33 %	2 213,93 EUR
Lph 9 (Objektbetreuung und Doku.)	3 %	201,27 EUR
Nettohonorar für die Leistungsphasen 8 bis 9		2 415,20 EUR

Zusammenstellung

Nettohonorar für die Leistungsphasen 1 bis 4	2 211,08 EUR
Nettohonorar für die Leistungsphasen 5 bis 7	1 647,74 EUR
Nettohonorar für die Leistungsphasen 8 bis 9	2 415,20 EUR
Nettohonorar insgesamt	6 274,02 EUR
Honorar für Besondere Leistungen	750,00 EUR
Zwischensumme	7 024,02 EUR
zuzügl. 5,0 % Nebenkosten pauschal	351,20 EUR
Zwischensumme	7 375,22 EUR
zuzügl. 16 % MwSt.	1 180,04 EUR
Honoraranspruch insgesamt	**8 555,26 EUR**
abzügl. Abschlagszahlung Febr. 2002	4 000,00 EUR
Resthonoraranspruch	**4 555,26 EUR**

Beispiel 3:
Honorar-schlußrechnung für Leistungen bei der Technischen Ausrüstung (§§ 68 ff. HOAI) Fortsetzung

Anlagen
1. Punktebewertung nach § 71 HOAI zur Einordnung der Anlage in eine Honorarzone
2. Ermittlung der anrechenbaren Kosten der Kostenberechnung, des Kostenanschlages und der Kostenfeststellung jeweils in der Systematik der DIN 276: 1981-04

VI
Aktuelle Honorarvorschläge

A
Die juristische Bewertung von Honorarvoschlägen

Rechtsanwalt Dr. Hans Rudolf Sangenstedt

Kanzlei
Bellgardt, Dr. Sangenstedt & Coll.
Wachsbleiche 26
53111 Bonn
Internet: www.bellgardt-sangenstedt.de

Inhalt

1	**Rechtliche Einordnung der Ingenieur- und Architektenverträge ...**	*395*
1.1	Werkvertragsrecht, §§ 631 bis 651 BGB	*395*
1.1.1	Stand der BGH-Meinung	*395*
1.1.2	Rechtsprechungsbeispiele für das Vorliegen von Werkverträgen	*397*
1.2	Dienstvertragsrecht, §§ 611 bis 630 BGB	*398*
1.2.1	Ausnahmecharakter des Dienstvertrages	*399*
1.2.2	Projektsteuerungsvertrag	*399*
1.2.3	BGH-Rechtsprechung	*400*
1.2.4	Typologie, Ordnungsschema	*401*
2	**Vergütungspflicht von Ingenieur- und Architektenverträgen**	*402*
3	**Die übliche Vergütung der Ingenieure und Architekten**	*403*

1
Rechtliche Einordnung der Ingenieur- und Architektenverträge

Die Architekten- und Ingenieurleistung ist eine **Werkleistung**. Für den Architektenvertrag ist dies seit der Entscheidung des BGH im Jahre 1959 (BGHZ 31, 224 = NJW 1960, 431) endgültig entschieden. Der BGH führt aus:

Architekten- und Ingenieurleistung ist eine Werkleistung

„Die planende wie bauleitende Tätigkeit des Architekten dient der Herbeiführung desselben Erfolges (§ 631 Abs. 2 BGB), der Erstellung des Bauwerkes. Der auch mit der Oberleitung und Bauführung betraute Architekt schuldet zwar nicht das Bauwerk selbst als körperliche Sache. Er hat aber durch zahlreiche ihm obliegende Einzelleistungen dafür zu sorgen, daß das Bauwerk plangerecht und frei von Mängeln entsteht und zur Vollendung kommt. Die erforderlichen Verhandlungen mit Behörden, die Massen- und Kostenberechnung, das Einholen von Angeboten, das Vergeben der Aufträge im Namen des Bauherrn, insbesondere der planmäßige und reibungslose Einsatz der an dem Bauwerk beteiligten Unternehmer und Handwerker, die Überwachung ihrer Tätigkeit und die Einhaltung der technischen Regeln, behördlichen Vorschriften und vertraglichen Vereinbarungen, die Abnahme der Arbeiten, die Feststellung der Aufmaße, die Prüfung der Rechnungen, alle diese Tätigkeiten dienen der Verwirklichung des im Bauplan verkörperten geistigen Werkes und haben somit den Zweck, den dem Bauherrn geschuldeten Erfolg, nämlich die mangelfreie Errichtung des geplanten Bauwerkes zu bewirken."

Der BGH hat damit festgelegt, daß auch die Erbringung einer **geistigen Leistung**, die erfolgsorientiert ist, eine Werkleistung im Sinne des Gesetzes ist.

Eine erfolgsorientierte geistige Leistung ist auch eine Werkleistung

1.1
Werkvertragsrecht, §§ 631 bis 651 BGB

§ 631 (Wesen des Werkvertrages)
Abs. 1: Durch den Werkvertrag wird der Unternehmer zur Herstellung des versprochenen Werkes, der Besteller zur Entrichtung der vereinbarten Vergütung verpflichtet.
Abs. 2: Gegenstand des Werkvertrags kann sowohl die Herstellung oder Veränderung eine Sache als ein anderer durch Arbeit oder Dienstleistung herbeizuführender Erfolg sein.

1.1.1
Stand der BGH-Meinung

Der BGH hat durch die oben zitierte Entscheidung endgültig festgelegt, daß auch die Erbringung einer geistigen Leistung, die erfolgsorientiert ist, eine Werkleistung im Sinne des Gesetzes ist. Dem Wortlaut der oben zitierten Entscheidung nach galt dies zunächst nur für diejenigen Fälle, in denen die komplette Leistung für die Errichtung eines Objektes beauftragt war.

In Weiterführung seiner Rechtsprechung hatte der BGH, (NJW 1974, 898) dann entschieden, daß ein Werkvertrag auch dann vorläge, wenn dem Architekten weder der Vorentwurf noch der Entwurf von Bauvorlagen obläge, er jedoch die **sonstigen Leistungen** nach der damaligen GOA im Auftrag hätte. Überträgt man diese Grundsätze auf die Gebührentatbestände der HOAI, so kann heute daraus gefolgert werden, daß Ausführungsplanung, Vorbereitung der Vergabe, Mitwirkung an der Vergabe, Objektüberwachung und Objektbetreuung jeweils Werkverträge sind. Die Rechtsprechung des BGH urteilte konsequent weiter, daß auch die reine Übertragung der Objektüberwachung, damals nach GOA noch Bauaufsicht, ein Werkvertrag sei (BGH, NJW 1982, 438).

Von dieser Rechtsprechung ausgehend, die in den konkreten Fällen jeweils Architekten betrafen, gilt heute, daß die Verträge der Ingenieure und Architekten, regelmäßig Werkverträge sind (BGH, NJW 1997, 586).

Dies gilt deshalb, weil zum einen im Zeitpunkt der ursprünglichen Entscheidung des BGH es den gesetzlich definierten Beruf des Architekten noch gar nicht gab, zum anderen, weil der BGH in den darauf folgenden Entscheidungen jeweils **allein leistungsbezogen** entschieden hat und nicht danach, ob der Auftragnehmer nach den jeweiligen Ingenieur- oder Architektengesetzen die Berufsbezeichnung Ingenieur oder Architekt zu Recht oder zu Unrecht führte oder nicht.

Für alle Ingenieur- oder Architektenverträge läßt sich heute generalisierend feststellen, daß diejenigen Leistungen, die die HOAI in Leistungsbildern erfaßt, als Werkvertragsleistungen angesehen werden müssen.

Da die in die HOAI aufgenommenen Gebührentatbestände rein leistungsbezogen aufgebaut sind (BGH, NJW 1997, 2329) ist es für das Vorliegen eines Werkvertrages, der Ingenieur- oder Architektenleistungen zum Inhalt hat, nicht maßgeblich, ob die verpflichtete Person eine natürliche oder juristische Person ist oder ob diese die Voraussetzungen zur Führung der Berufsbezeichnung Ingenieur oder Architekt selbst oder im Firmennamen erfüllt oder nicht.

Gebührentatbestände in der HOAI

Läßt sich eine vertragliche Leistung unter einen **Gebührentatbestand** der HOAI subsummieren, liegt regelmäßig eine werkvertragliche Leistung vor. Ob diese dann auch nach HOAI abrechnungsfähig ist, ergibt sich nicht aus persönlichen Eigenschaften des Auftragnehmers, sondern allein aus dem Leistungsgegenstand. Da die HOAI auf Anbieter nicht anwendbar ist, die neben oder zusammen mit Bauleistungen auch Ingenieur- oder Architektenleistungen erbringen, ist im Umkehrschluß jede einzelne Leistung, die durch Honorare der HOAI erfaßt werden, als Werkleistung anzusehen.

Dies hat die Konsequenz, daß auf Ingenieur- und Architektenverträge die werkvertraglichen Vorschriften betreffend

- Leistung
- Vergütung
- Gewährleistung

nach §§ 631–651 BGB zur Anwendung kommen.

Die Berufsbezeichnung „Beratender Ingenieur", „Ingenieur", „Freier Architekt", „Architekt" hat so auf die rechtliche Einordnung eines Vertrages keinen Einfluß, ebensowenig die wirtschaftliche Zuordnung der Tätigkeit der vorgenannten Berufe zur Dienstleistungswirtschaft.

Nach § 631 Abs. 1 BGB schuldet der Werkunternehmer die Herstellung des **versprochenen Werkes**. Damit schulden Ingenieur und Architekt einen Erfolg, ein Arbeitsergebnis, nicht eine bestimmte Tätigkeit. Das Gesetz fordert nicht eine bestimmte Art der Tätigkeit. Da der Ingenieur oder Architekt sein Werk als geistiges Werk schuldet, schuldet er selbstverständlich nicht die körperliche Herstellung einer technischen Anlage oder eines Gebäudes. Dies ist ausschließlich Aufgabe der ausführenden Unternehmen. Das geistige Ingenieur-/Architektenwerk kann je nach den vertraglichen Vereinbarungen ein Gesamtwerk sein, welches von der Grundlagenermittlung über die Planung, über die Genehmigung, über die Ausschreibung, über die Objektüberwachung bis zur Objektbetreuung intellektuell geschuldet wird oder aber, auch aus Teilen aus Leistungsbildern der HOAI bestehen, etwa die isolierte Herbeiführung der Genehmigungsfähigkeit einer Anlage, die Erstellung von Ausschreibungsunterlagen, die Objektüberwachung eines Bauwerkes.

Werkunternehmer schuldet die Herstellung des versprochenen Werkes

Was also der Ingenieur oder Architekt als Werkunternehmer schuldet, ergibt sich aus dem abgeschlossene Werkvertrag (BGH NJW 1997, 586).

Aus diesem Grunde ist bereits bei Abschluß eines Ingenieur-/Architektenvertrages genau darauf zu achten, welche Leistungen erbracht werden sollen und welche Verpflichtungen daraus folgen. Die vertragliche Vereinbarung bestimmt also das **geistige Werk**, welches geschuldet wird. Der Ingenieur hat allein diejenigen Leistungen zu erbringen, zu denen er sich verpflichtet hat und die Vertragsgegenstand sind. Stellt sich im Rahmen der Abwicklung eines Vertrages heraus, daß er ergänzende Leistungen erbracht werden müssen, die bisher nicht Vertragsgegenstand waren, hat entweder eine Nachbeauftragung zu erfolgen, oder der Auftraggeber hat diese Leistungen selbst zu erbringen.

Die vertragliche Vereinbarung bestimmt das geistige Werk

Bei der tatsächlichen Übernahme von Leistungen, die ursprünglich nicht vereinbart worden sind und die mit Wissen und Wollen für den Auftraggeber erbracht werden, liegt eine konkludente Beauftragung vor, also eine Beauftragung durch faktisches Handeln.

1.1.2
Rechtsprechungsbeispiele für das Vorliegen von Werkverträgen

- Sind sämtliche Phasen des § 15 Abs. 1 HOAI übertragen worden, liegt ein Werkvertrag vor (BGH NJW 1974, 894).
- Werden aus dem Leistungsbild des § 15 Abs. 1 HOAI nur einzelne Leistungsphasen übertragen, von 1–7, so ist auch diese vertragliche Vereinbarung als Werkvertrag anzusehen.
Die Übertragung von Kombinationen einzelner Grundleistungen aus den Leistungsphasen 1–7, die nach § 5 Abs. 2 HOAI möglich ist, stellt in jedem eine Falle Werkleistung dar.
- Wird die Bauleitung (Objektüberwachung) nach § 15 Abs. 1 Nr. 8 HOAI übertragen, liegt ein Werkvertrag vor (BGH NJW 1982, 438, LG Würzburg, NJW-RR

1992, 89). Selbst die Übertragung von nur Teilleistungen aus dem Bereich der Objektüberwachung sind nicht dienstvertraglich zu qualifizieren. Werden also geschuldet die Führung eines Bautagebuches oder ein gemeinsames Aufmaß oder Rechnungsprüfung oder Auflistung der Gewährleistungsfristen, so sind auch diese Tätigkeiten in die ordnungsgemäße Erstellung des Bauwerks eingebunden, mithin ist Werkvertragsrecht anzuwenden.

- Werden Alleinleistungen des § 15 Nr. 9 HOAI (Objektbetreuung und Dokumentation) übertragen, soll auch ein hierauf gerichteter Vertrag ein Werkvertrag sein. Entscheidend ist, ob eine erfolgsbezogene und nicht nur eine betreuerische Einzelleistung erbracht werden soll. Auch wenn das Bauwerk bereits besteht, kann die Vorname der Objektbetreuung und der Dokumentation werkvertraglichen Charakter haben.
- Tragwerksplanervertrag (Teil VIII HOAI), BGHZ NJW 1967, 2259
- Vertrag über Vermessungsleistungen (Teil VIII HOAI), BGH BauR 1972, 255
- Vertrag eines Heizungsingenieurs (Teil IX HOAI) OLG Stuttgart, BauR 1980, 72; OLG München, NJW 1974, 2238; BGH NJW 1979, 214
- Vertrag des Ingenieurs über Sanitär- und Elektroarbeiten (Teil IX HOAI), OLG München NJW 1974, 2238; NJW 1975, 391
- Leistungen betreffend die Teile X, XI, XII HOAI; BGH NJW 1979, 214; BGH NJW 1976, 152
- Privatgutachten sind, da sie erfolgsbezogen aufgestellt werden, werkvertragliche Leistungen, auch wenn sie nicht unter Teil IV HOAI fallen (BGHZ 42, 313 und BGHZ 67, 1 = NJW 1976, 1502)
- Werden entsprechend § 5 Abs. 2 HOAI nicht alle Grundleistungen einer Leistungsphase übertragen, ist im Einzelfall festzustellen, ob die Tätigkeit des Ingenieurs, Architekten ergebnisorientiert ist oder ob lediglich die Tätigkeit als solche in einer Mitwirkung geschuldet ist, ohne Arbeitsergebnis.

Abschließend kann festgestellt werden, daß die Rechtsprechung regelmäßig werkvertragliche Verpflichtungen des Ingenieurs und Architekten annimmt, da diese Berufsgruppen mit Aufträgen versehen werden, die zu Arbeitsergebnissen führen sollen und nicht für ihre **Tätigkeit an und für sich** bezahlt werden.

Dies gilt auch dann, wenn Ingenieure oder Architekten mit Aufgaben betraut werden, für die die HOAI keine Gebühren vorsieht. Hierbei ist der gesamte Bereich der technischen Entwicklung zu sehen.

1.2
Dienstvertragsrecht, §§ 611 bis 630 BGB

§ 611 (Wesen des Dienstvertrags)
Abs. 1: Durch den Dienstvertrag wird derjenige, welcher Dienste zusagt, zur Leistung der versprochenen Dienste, der andere Teil zur Gewährung der vereinbarten Vergütung verpflichtet.
Abs. 2: Gegenstand des Dienstvertrags können Dienste jeder Art sein.

1.2.1
Ausnahmecharakter des Dienstvertrages

In besonderen Ausnahmefällen kann der Vertrag eines Ingenieurs und Architekten auch als Dienstvertrag charakterisiert werden.

Kriterium ist, ob der Ingenieur/Architekt einen Erfolg schuldet oder ob er lediglich bestimmte Tätigkeiten zu erbringen hat. § 611 BGB definiert den Dienstvertrag so, daß derjenige, welcher Dienste zusagt, zur Leistung der versprochenen Dienste, der andere Teil zur Gewährung der vereinbarten Vergütung, verpflichtet ist. Die **Grenze** zum Werkvertrag ist **fließend**. Welcher Vertragstypus Anwendung findet, kann nur aus dem abgeschlossenen Vertrag im jeweiligen Einzelfall entnommen werden.

Werden aus einem Leistungsbild nur **Teilleistungen** beauftragt, ist auf das Kriterium abzustellen, ob sich diese Teilleistungen in ein Gesamtwerk, an dem Dritte mitwirken, einbinden lassen, dann Werkvertrag, oder ob diese Teilleistungen **isolierte Aufgaben** sind, die nicht zu einem Arbeitsergebnis, sondern zu einer begleitenden Tätigkeit für den Auftraggeber genutzt werden. Hierzu wären typisch:

- isolierte Übernahme der Tätigkeit eines verantwortlichen Bauleiters nach den jeweiligen Landesbauordnungen.
- Überwachung von Renovierungsarbeiten, die vollständig in den Händen beauftragter Handwerker liegen
- Mitwirkung bei der Finanzierung von Bauvorhaben
- Beratung bei der Durchsetzung von Mängelansprüchen

„Ein Vertrag, in dem ein Architekt es übernimmt, einen Bauherrn wegen etwaiger Mängelansprüche gegen einen Bauunternehmer zu beraten, ist ein Dienstvertrag." (OLG Hamm NJW-RR 1995, 400 ff.)

1.2.2
Projektsteuerungsvertrag

Eine zunehmend an Bedeutung gewinnende Tätigkeit von Architekten und Ingenieuren ist die **Projektsteuerung** nach § 31 HOAI. Werden Leistungen übernommen, für die § 31 HOAI eine Vergütung vorsieht, so übernimmt der Auftragnehmer steuernde und kontrollierende Bauherrnfunktionen, die letzterer entweder selber zu erbringen hat oder Dritten übertragen kann.

Die Tätigkeit des Projektsteuerers gewinnt an Bedeutung

Soweit also Leistungen, die nach § 31 HOAI vergütet werden, isoliert in Auftrag gegeben werden, ist das zugrundeliegende Vertragsverhältnis als Dienstvertrag zu charakterisieren. Den **Projekterfolg** schuldet nicht der Projektsteuerer, sondern die am Bau beteiligten Ingenieure, Architekten und Unternehmen. Dagegen hat der Projektsteuerer nach der Definition des Verordnungsgebers Leistungen des Auftraggebers zu erbringen, mit der Konsequenz, daß diese Leistungen als Koordinierungs-, Steuerungs-, Überwachungs- und Beratungsleistungen nicht auf einen Erfolg hin gerichtet sind, sondern Leistungen erfaßt, die neben die sonstigen Leistungen der

Wer schuldet den Projekterfolg?

Leistungsbilder der HOAI treten. Die Konsequenz ist, daß für die Projektsteuerung nach § 31 HOAI kein Raum mehr für einen besonderen Leistungserfolg vorliegt, da dieser bereits durch die übrigen Leistungsbilder der HOAI vollständig abgedeckt ist.

Mischformen von Verträgen
In der Praxis treten jedoch **Mischformen** von Verträgen auf, die Leistungen aus der Projektsteuerung mit denen aus anderen Leistungsbildern kombinieren. In diesen Fällen ist wiederum genau zu prüfen, welcher Vertragstyp bei Projektsteuerungsverträgen vorliegt. Um Werkvertragsrecht anwenden zu können, müssen Vertragsziele und Arbeitsergebnisse definiert und als Erfolg festgelegt worden sein. Lediglich in diesen Fällen kann der Projektsteuerungsvertrag als Werkvertrag angesehen werden. (Für die Art der Vergütung: BGH NJW 1997, 1694 f.)

Freie Mitarbeiterverträge sind auch Werks- oder Dienstverträge
Die von Ingenieuren und Architekten regelmäßig geschlossenen **Freien Mitarbeiterverträge** sind ebenfalls, je nach Vertragsinhalt und -zweck als Werk- oder Dienstvertrag zu charakterisieren. Wird einem Freien Mitarbeiter die selbständige Objektüberwachung oder die selbständige Ausschreibung, das Herstellen von Ausführungsplänen o.ä. überantwortet, so handelt es sich eindeutig um Werkverträge, die durch die Vergütungsregelungen der HOAI erfaßt werden.

Handelt es sich dagegen lediglich um die Übernahme **unselbständiger Leistungen**, die der beauftragende Ingenieur und Architekt erst in sein eigenes Werk durch eigene Bearbeitung einfügt, kann von einer selbständigen werkvertraglichen Verpflichtung des Freien Mitarbeiters nicht mehr gesprochen werden. Die Art und Weise der jeweiligen Vergütung des Freien Mitarbeiters ist für die Charakterisierung des Mitarbeitervertrages zwar nicht maßgeblich, gibt aber den deutlichen Hinweis, welche Art und welchen Umfang die Leistungen des Freien Mitarbeiters haben sollen. Wird dieser arbeitnehmerähnlich vergütet, ist in aller Regel von einem Dienstverhältnis auszugehen. Der auftraggebende Ingenieur oder Architekt übernimmt die Dienstleistungen des Freien Mitarbeiters als eigene in seine werkvertragliche Verpflichtung. Die Konsequenz ist, daß sich Vergütung und Haftung nicht nach werkvertraglichen Vorschriften richten.

1.2.3
BGH-Rechtsprechung

„Allein aus der Vereinbarung eines Erfolgshonorars (Honorar für erzielte Einsparungen) für Projektsteuerungsleistungen kann nicht hergeleitet werden, daß ein Projektsteuerungsvertrag ein Werkvertrag ist."
BGB § 632; HOAI § 31.

Urteil BGH, Urteil vom 26. Januar 1995 – VII ZR 49/94 – BauR 1995, 572 f.
„*Werden in einem Projektsteuerungsvertrag in erster Linie Beratungs-, Informations- und Koordinierungsleistungen übertragen, so handelt es sich um einen Dienstvertrag.*"

OLG Düsseldorf, Urteil vom 1. Oktober 1998 – 5 U 182/98 (BauR 1999, 508 f.)
a)„*Ob auf einen Projektsteuerungsvertrag das Recht des Dienst- oder Werkvertrages anwendbar ist, ergibt die Auslegung der vertraglichen Vereinbarung*"

b) „Hat der Projektsteuerer verschiedene Aufgaben übernommen, ist Werkvertragsrecht anwendbar, wenn die erfolgsorientierten Aufgaben dermaßen überwiegen, daß sie den Vertrag prägen."

c) „Werkvertragsrecht ist anwendbar, wenn die zentrale Aufgabe des Projektsteuerers die technische Bauüberwachung eines Generalunternehmers ist."

OLG Düsseldorf, Urteil vom 16. April 1999, – 22 U 17/98 –, BauR 1999, 1050 ff.
„Ein Projektsteuerungsvertrag ist bei Vereinbarung des Vollbildes der Leistungen nach § 31 HOAI oder des vergleichbaren, im wesentlichen gegenüber § 31 HOAI nur genauer differenzierten DVP-Modells, ohne daß die Abrede konkreter werkvertraglicher Erfolgsverpflichtungen hinzutritt, nicht als Werkvertrag, sondern als Dienstvertrag einzuordnen."

1.2.4
Typologie, Ordnungsschema

	Werkvertrag **Ingenieur und Architekt**	**Dienstvertrag** **Ingenieur und Architekt (ohne Anstellungsverhältnisse)**
Vertragsinhalt	Intellektuelle, erfolgsorientierte Leistung	Unselbständige Mitwirkungsleistung für Aufgabe oder Werk eines Dritten
Vertragsschluß	Schriftlich, mündlich, konkludent	Schriftlich, mündlich, konkludent
Vergütung	Soweit durch HOAI erfaßt, Honorar nach HOAI, sonst übliche Vergütung nach § 632 Abs. 2 BGB	Nach jeweiliger vertraglicher Vereinbarung, sonst übliche Vergütung nach § 612 Abs. 2 BGB
Haftung	Verschuldensunabhängiges Einstehen für Leistungserfolg. Verschuldensabhängige Haftung für Schäden. 5 Jahre bei Bauwerken	Verschuldensabhängige Haftung bei Vertragsbruch für Verzug und Unmöglichkeit der Dienstleistungserbringung Regelverjährung 30 Jahre
Kündigungsrecht	Durch AG jederzeit nach § 649 BGB, durch Ingenieur und Architekt nur bei besonderem Grund	Für beide Parteien nur nach § 621 BGB, abhängig von der vereinbarten Vergütungsregelung*)

Ordnungsschema von Werk- und Dienstvertrag

*) Der Projektsteuerungsvertrag kann außerordentlich gekündigt werden, § 627 BGB (BGH, BauR 1999, 1371 f.)

2
Vergütungspflicht von Ingenieur- und Architektenverträgen

Die Eigenheit des Werkvertrages und damit des Ingenieur- und Architektenvertrages liegt darin, daß dieser auch dann wirksam ist, wenn über das Honorar keine ausdrückliche Vereinbarung getroffen wurde. Über § 632 Abs. 1 BGB wird eine stillschweigende Einigung über die Entgeltlichkeit im Werkvertrag fingiert. Über Abs. 2 wird ergänzend die taxmäßige oder übliche Vergütung als vereinbart angesehen. Dies bedeutet, daß der Ingenieur oder Architekt niemals ohne Honorar ausgeht, wenn er Leistungen erbringt, es sei denn reine Akquisitionsleistungen. Genau das Gleiche gilt nach § 612 Abs. 1 BGB, wenn der Vertrag ausnahmsweise ein Dienstvertrag ist.

Die HOAI stellt die taxmäßige Vergütung nach § 632 Abs. 2 BGB dar (BGH NJW 1969, 1855). Dies bedeutet, daß sämtliche Leistungen, die in der HOAI geregelt sind, auch nach der HOAI abgerechnet werden müssen. Die HOAI ist eine staatliche Gebührenordnung, also geltendes Preisrecht. Ihre Anwendung auf die in ihr beschriebenen Leistungen ist zwingend.

Soweit Ingenieure und Architekten Leistungen erbringen, die in der HOAI nicht geregelt sind, sind diese entweder frei zu vereinbaren oder durch andere Gebührenordnungen vorgegeben, etwa Gesetz zur Entschädigung von Zeugen, Sachverständigen und Gutachter (ZSEG).

Die HOAI regelt nämlich Preise nur für Leistungen, die in ihr erfaßt sind.

§ 1 HOAI (Anwendungsbereich)
„Die Bestimmungen dieser Verordnung gelten für die Berechnung der Entgelte für die Leistungen der Architekten und Ingenieure (Auftragnehmer), soweit sie durch Leistungsbilder oder andere Bestimmungen dieser Verordnung erfaßt werden."

Soweit Honorare nicht über die preisrechtlichen Bestimmungen der HOAI festgelegt sind, herrscht absolute Vertragsfreiheit. Es können also Honorare vereinbart werden ohne jede preisrechtliche Beschränkung.

Folgende Fälle sind möglich:

1. Die HOAI regelt Preise für die erbrachten Leistungen überhaupt nicht.
   Zum Beispiel:
   Wirtschaftliche Beratungen, Standortüberlegungen für ein Objekt, Planung der Inbetriebnahme des Objektes, Betrieb und Wartung usw.

2. Die HOAI regelt Preise nur innerhalb bestimmter anrechenbarer Kosten.
   Zum Beispiel:
   Anrechenbare Kosten für die Leistungen bei Gebäuden und raumbildenden Ausbauten, Einsatz bei 50.000 DM, Beendigung bei 50.000.000 DM

3. Die HOAI stellt die Preisvereinbarung ausdrücklich frei.
Zum Beispiel:
Für bestimmte Leistungen in den Teilen V, VI, XII, XIII

4. Systemüberblick

Leistungen, die vor oder parallel zu den Leistungen nach den Leistungsphasen der HOAI erbracht werden können und frei vergütbar sind	Markforschung, Rentabilitätsprüfung, Standortauswahl, Prüfung von Grundstückseignungen, Projektanalyse, Entwicklung von alternativen Lösungsmöglichkeiten, Finanzierungsberatung, LBO-Bauleitung, Sicherheitskoordinierung nach BaustellV
Leistungen nach den Leistungsphasen der HOAI-Leistungsbilder die innerhalb der Grenzen der anrechenbaren Kosten und der Sätze der HOAI vergütet werden müssen.	Grundlagenprüfung, Vorplanung, Entwurfsplanung, Genehmigungsplanung, Ausführungsplanung, Vorbereitung der Planung, Mitwirkung bei der Planung, Objektüberwachung, Objektbetreuung
Leistungen, die nach Abschluß der Leistungen der Leistungsphasen nach HOAI erbracht werden können, teilweise parallel hierzu und frei vergütbar sind.	Mitwirkung bei der Öffentlichkeitsarbeit, Planung von Umzug und Inbetriebnahme, Betrieb und Wartung, Instandhaltung, Verwaltung, Gebäude-Informationssystem, Organisation von Reinigungs- und Pflegedienst, ständiger Renovierungs- und Sanierungsbetrieb

3
Die übliche Vergütung der Ingenieure und Architekten

Gleichgültig, ob der Regelfall vorliegt, wonach der Ingenieur-/Architektenvertrag Werkvertrag ist oder ob ein Ausnahmefall vorliegt, wonach der Vertrag als Dienstvertrag zu charakterisieren ist, gelten die gleichlautenden Regelungen des § 632 BGB und des § 612 BGB, jeweils Absätze 1 und 2.

1. Eine Vergütung gilt als stillschweigend vereinbart, wenn die Herstellung des Werkes (die Dienstleistung) den Umständen nach nur gegen eine Vergütung zu erwarten ist.

2. Ist die Höhe der Vergütung nicht bestimmt, so ist bei dem Bestehen einer Taxe die taxmäßige Vergütung, in Ermangelung einer Taxe, die übliche Vergütung als vereinbart anzusehen.

Fallen also Leistungen von Ingenieuren und Architekten nicht in eine taxmäßige Vergütung und werden über Honorare überhaupt keine Absprachen getroffen, hat der Gesetzgeber mit Fiktionen gearbeitet. Zum einen wird fingiert, daß eine Vergütung als stillschweigend vereinbart anzusehen ist. Es gilt der Grundsatz, daß jedermann, der Leistungen in Anspruch nimmt, die üblicherweise nur gegen Vergütung erwartet werden können, dies auf vertraglicher Grundlage tut. Dies gilt insbesondere für Ingenieure und Architekten, die freiberuflich tätig sind. In der Entgegennahme von erbrachten Ingenieur- oder Architektenleistungen liegt gleichzeitig die stillschweigende Erklärung, diese Leistungen als vertragliche Leistungen in Anspruch zu nehmen, so daß eine Verpflichtung zur Honorierung der Leistung parallel hierzu entsteht. Wer Leistungen eines Ingenieurs oder Architekten in Anspruch nimmt, muß davon ausgehen, daß dies auf vertraglicher Grundlage geschieht (BGH BauR 1987, 454 ff = NJW 1987, 2742 ff.). Der BGH geht in dieser Entscheidung von dem Erfahrungsgrundsatz aus, daß der freischaffende Ingenieur oder Architekt im Regelfall entgeltlich tätig ist. Lediglich eine honorarfreie Akquisitionstätigkeit kommt vor. Diese ist aber die Ausnahme. Es obliegt dem Auftraggeber diese Ausnahmen darzustellen und zu beweisen, wenn der Ingenieur/Architekt die Umstände dargelegt und bewiesen hat, nach denen seine Leistungen nur gegen eine Vergütung zu erwarten ist.

Ist erst einmal diese Schwelle überschritten oder ist ein schriftlicher Auftrag erteilt worden, greifen § 632 bzw. 612 BGB, jeweils die Absätze 1 und 2. Eine Vergütung wird fingiert, wenn die Leistung nur gegen eine Vergütung über Absatz 1 zu erwarten ist. Über Absatz 2 wird eine Bestimmungsregelung über die Höhe der Vergütung bei fehlender Vereinbarung getroffen. Da eine taxmäßige Vergütung im nicht geregelten Preisbereich der HOAI ausscheidet, gilt die Regel der üblichen Vergütung. Während im allgemeinen Werkvertragsrecht die übliche Vergütung des § 632 Abs. 2 BGB, nach Einheitspreisen zu bemessen ist und nur ausnahmsweise ein Stundenlohn zugrundegelegt werden kann, ist dies für die intellektuellen Leistungen von Ingenieuren und Architekten nicht so. Für diese gilt als übliche Vergütung der Stundensatz, wenn nicht eine andere übliche Vergütung festgestellt werden kann.
Eine übliche Vergütung außerhalb der HOAI wäre eine Vergütung, die von der maßgeblichen Berufsgruppe, also den Ingenieuren und Architekten, üblicherweise verlangt wird und die auf der Gegenseite üblicherweise auch akzeptiert und bezahlt wird. Privat entwickelte Gebührenordnungen oder -empfehlungen können deshalb so lange nicht als übliche Vergütung angesehen werden, als sie nicht von der entsprechenden Berufsgruppe durchgängig angewendet wird und von den Auftraggebern der Berufsgruppe ebenfalls nicht als übliche Vergütung dem Vertrag zugrundegelegt werden braucht. Man kann in Analogie zur geltenden Regel der Technik sagen, daß eine übliche Vergütung in Form von Honorarempfehlungen erst dann vorliegt, wenn sie sich bei dem maßgeblichen Auftraggeber- und Auftragnehmerkreisen durchgesetzt hat.

Die von Berufsorganisationen insoweit entwickelten Honorarempfehlungen entfalten ohne diese Voraussetzung ihre volle Wirksamkeit allein dann, wenn sie über § 631 Abs. 1 BGB bzw. 612 Abs. 1 BGB als vereinbarte Vergütung in den Vertrag mit einbezogen worden sind.

Ist dies nicht geschehen und kommt es zum Streit, ist sowohl dem Grunde als der Höhe nach bei der Geltendmachung von Vergütungen von festen Beweisregeln auszugehen. Behauptet der Besteller einer Ingenieur- oder Architektenleistung die Vereinbarung der Unentgeltlichkeit, so hat er die Unentgeltlichkeit zu beweisen, weil er insofern die Abweichung von einer gesetzlichen Regelung, nämlich von der Vergütungsverpflichtung für sich in Anspruch nimmt. Behauptet der Besteller dagegen, die Vereinbarung einer bestimmten – niedrigeren – Vergütung als der Ingenieur oder Architekt sie auf Basis einer Vergütungsempfehlung geltend macht, hat letzterer zu beweisen, daß die niedrigeren Vergütungsvereinbarung, wie vom Auftraggeber behauptet, nicht getroffen ist.

Dies bedeutet, daß der die übliche Vergütung einklagende Ingenieur oder Architekt die Behauptung seines Auftraggebers widerlegen muß, es sei ein geringeres Honorar vereinbart oder das Honorar sei nicht nach Vergütungsempfehlungen zu berechnen. Behauptet deshalb der Ingenieur oder Architekt außerhalb der HOAI nach Honorarempfehlungen abrechnen zu dürfen, die nicht vertraglich vereinbart worden sind und die nicht allgemein durchgesetzt sind, wird er sich regelmäßig dem Argument stellen müssen, daß die Berechtigung des Honorars nach einer Honorarempfehlung nicht die übliche Vergütung ist, diese nicht analog einem Handelsbrauch durchgesetzt sei und insofern über Stunden abzurechnen sei, wobei die Stunden der Höhe nach der üblichen Vergütung des Ingenieurs oder Architekten zu entsprechen haben. Schlimmer ist es, wenn die Gegenseite behauptet, bestimmte Pauschalvergütungen seien getroffen worden, gerade weil über die Vergütungshöhe keine Absprache getroffen oder bestimmte Honorarhöhen für den Stundensatz abgesprochen. seien.

Auch für diesen Fall steht der Ingenieur oder Architekt vor dem Problem, daß sich die Beweislast zu seinen Ungunsten auswirkt und er glaubhaft darstellen, schlimmstenfalls beweisen muß, daß die ihm gegenüber behauptete Honorarabsprache gerade nicht getroffen worden ist.

Auf sicherem Terrain befindet sich deshalb der Ingenieur oder der Architekt nur, wenn er Leistungen erbringt, die nach der HOAI vergütet werden müssen oder wenn er außerhalb des geregelten Bereiches der HOAI Honorarabsprachen trifft, die die HOAI fortschreiben oder, soweit bestimmte Leistungsbilder durch die HOAI nicht erfaßt sind, diese einschließlich ihrer Vergütungsregelungen zum Gegenstand des Vertrages macht.

Honorarempfehlungen außerhalb der HOAI entfalten ihre volle Wirksamkeit deshalb nur, wenn sie in ein Vertragsverhältnis mit einbezogen werden und klargestellt wird, daß Leistung und Honorar sich nach der Honorarempfehlung richten. Dies ist deshalb für beide vertragschließende Parteien sinnvoll, weil die Honorarempfehlung ein objektiviertes Verhältnis zwischen Leistung und Honorar herstellt, über welches bei außergerichtlichen oder gerichtlichen Auseinandersetzungen der Wert einer Leistung festgestellt werden kann und überhaupt erst meßbar wird. Honorarempfehlungen folgen der Grundidee nach dem HOAI-Muster durch Relation von Leistungen und Honorar, letzteres nachvollziehbar und meßbar zu machen. Die Honorarempfehlung beruht insofern auf der gleichen Idee wie die der HOAI selbst, nämlich über eine objektivierte Leistungsbewertung die Bestimmung der üblichen Vergütung abzuleiten. Die Honorarempfehlung versucht deshalb nicht nur eine übliche Vergütung festzuschreiben, sondern schafft in ihrem Leistungsteil erst einmal den Maßstab für den Umfang und die Bewertung einer Leistung, aus der sich dann zwangsläufig auch deren Honorierung dem Grunde und der Höhe nach ergibt.

Der Wert der Honorarempfehlung liegt also in der Transparenz und der Nachverfolgbarkeit für Auftraggeber und Auftragnehmer bei der Honorarermittlung.

Vom Ergebnis kann deshalb festgestellt werden, daß die Honorarempfehlung weniger dazu taugt, im nachherein eine übliche Vergütung festzustellen. Sie ist aber besonders geeignet vor oder bei Abschluß von Verträgen die Basis von Leistungen und Honorarvereinbarungen zu sein. Sie gibt beiden Parteien Rechtssicherheit, indem sie eine zu erbringende intellektuelle Leistung beschreibbar und damit kalkulierbar für beide Parteien macht. Die Honorarempfehlung bringt so Sicherheit im Leistungs- und im Honorarteil in ein Vertragsverhältnis.

VI
Aktuelle Honorarvorschläge

B
Leistungs- und Honorarvorschlag Projektsteuerung

Prof. Dr.-Ing. C. J. Diederichs

Aus der Schriftenreihe Nr. 9 des AHO
Untersuchungen zum Leistungsbild des § 31 HOAI
und zur Honorierung für die Projektsteuerung

erarbeitet von der AHO-Fachkommission Projektsteuerung
Stand: August 1998

Herausgeber der Schriftenreihe:
AHO e.V.
Spandauer Damm 73
14059 Berlin

Inhalt

1	**Einleitung**	*411*
1.1	Regelungsnotwendigkeit	*411*
1.2	Regelungsfähigkeit	*412*
1.3	Ergebnis	*413*
2	**Leistungs- und Honorarvorschlag Projektsteuerung**	*414*
§ 201	Projektsteuerung	*414*
§ 202	Grundlagen des Honorars	*414*
§ 203	Honorarzonen für Leistungen der Projektsteuerung	*414*
§ 204	Leistungsbild Projektsteuerung	*416*
§ 205	Leistungsbild Projektleitung	*424*
§ 206	Honorartafel für die Grundleistungen der Projektsteuerung	*424*
§ 207	Honorar für die Wahrnehmung der Projektleitung	*430*
§ 208	Teilleistungen der Projektsteuerung als Einzelleistung	*430*
§ 209	Wiederholte Projektsteuerungsleistungen	*431*
§ 210	Zeitliche Trennung der Leistungen	*431*
§ 211	Auftrag für mehrere Projekte	*431*
§ 212	Umbauten und Modernisierungen	*431*
§ 213	Instandhaltungen und Instandsetzungen	*431*
§ 214	Einschaltung eines Generalplaners und/oder Generalunternehmers/-übernehmers	*431*
	Honorartafel für die Grundleistungen der Projektsteuerung zu § 206 Abs. 1 (DM)	*425*

1
Einleitung

Die AHO-Fachkommission „Projektsteuerung" wurde im September 1993 gegründet.

1.1
Regelungsnotwendigkeit

Die Regelungsnotwendigkeit für ein Leistungsbild und für Honorarvorschläge zur Projektsteuerung ergab sich aus den Schwierigkeiten bei der Anwendung des § 31 HOAI in der Praxis seit seiner Einführung im Jahre 1976.

Das heterogene Leistungsbild führte zu Problemen bei der Abgrenzung von Planungs- und Projektsteuerungsleistungen aus der gleichzeitigen Wahrnehmung von auftragnehmerseitigen Planungs- und auftraggeberseitigen Projektsteuerungsaufgaben (die nach der Berufsordnung des DVP nicht zulässig ist) sowie daraus entstehenden Interessenskollisionen, Loyalitätskonflikten und Kompetenzstreitigkeiten.

Die in § 31 (1) HOAI beispielhaft aufgezählten Leistungen sind nicht nach Projektphasen differenziert. Dies ist jedoch wesentliches Kennzeichen der anderen Leistungsbilder der Planungsleistungen in der HOAI. Viele Auftraggeber fordern ausdrücklich eine stufenweise Beauftragung, um sich nicht für die Dauer des gesamten Projektes an den Auftragnehmer binden zu müssen oder aber auch aus Unsicherheit über die Realisierung des Projektes wegen noch abzuklärender Risiken, z. B. der Genehmigungsfähigkeit oder aber der Finanzierung.

Gemäß § 31 (2) HOAI dürfen Honorare für Leistungen bei der Projektsteuerung nur berechnet werden, wenn sie bei Auftragserteilung schriftlich vereinbart worden sind; sie können frei vereinbart werden. Diese freie Vereinbarung führt immer wieder zu sehr diffusen Vorstellungen über das angemessene Honorar auf der Auftraggeberseite und auch zu sehr stark streuenden Honorarangeboten auf der Auftragnehmerseite. Diese Streuungen sind auch vielfach begründet durch unklare Leistungsbeschreibungen sowie Vermischung von Projektsteuerungs-, Projektleitungs- und Planungsaufgaben.

Von Gegnern der Projektsteuerung wird immer wieder angeführt, daß durch deren Beauftragung Überschneidungen mit Leistungen aus anderen Leistungsbildern der HOAI aufträten. Sie sehen darin eine mögliche Aushöhlung ihrer Leistungsbilder und eine unliebsame Konkurrenz. Die Grundleistungen der Projektsteuerung umfassen die neutrale und unabhängige Wahrnehmung von Auftraggeberaufgaben in beratender Stabsfunktion und in organisatorischer, technischer, wirtschaftlicher und rechtlicher Hinsicht. Sie sind daher zwangsläufig nicht in den Grundleistungen anderer Leistungsbilder enthalten. Nach dem klassischen organisatorischen Grundprinzip der strikten Trennung von Planung, Ausführung und Kontrolle verbietet sich auch die gleichzeitige Wahrnehmung von Projektsteuerungs- und Planerfunktionen bei einem Projekt durch eine Institution. Anders verhält es sich bei den Besonderen

Leistungen. Diese lassen sich einteilen in:
- planungsergänzende Leistungen (z. B. Untersuchung von Lösungsmöglichkeiten nach grundsätzlich verschiedenen Anforderungen), die immer vom Planer durchgeführt werden sollten zur zweifelsfreien Abgrenzung der Leistungsbilder und zur eindeutigen Erhaltung der Haftungsgrenzen,
- Beratungs-, Koordinations-, Informations- und Kontrollleistungen, z. B. Mitwirkung beim Veranlassen und Abstimmen besonderer Anpassungsmaßnahmen (Krisenmanagement), die immer vom Projektsteuerer wahrgenommen werden sollten, damit keine Selbstkontrolle von Planerleistungen entsteht, und
- Leistungen, die Grundlagen der Planungs- und Entscheidungsvorbereitung schaffen sollen (z. B. Standortanalyse, Aufstellen eines Raum- und Funktionsprogramms, Überprüfen von Wertermittlungen für Grundstücke und Gebäude), die entweder vom Planer oder vom Projektsteuerer erbracht werden können, da hier Interessenskollisionen ausgeschlossen sind.

Mit Einführung von Grundleistungen für Projektsteuerung in die HOAI sind die nur beispielhaft genannten Besonderen Leistungen der übrigen Leistungsbilder daraufhin zu überprüfen, ob und inwieweit dort Leistungen aufgeführt sind, die mit den Grundleistungen für Projektsteuerung identisch sind. Da die Besonderen Leistungen in den Leistungsbildern ohnehin nicht abschließend aufgeführt sind (vgl. § 2 (3) Satz 2 HOAI), stehen einer entsprechenden Bereinigung im Rahmen der 6. Novellierung auch keinerlei rechtliche Bedenken entgegen. Solche Besonderen Leistungen sind z. B. gemäß § 15 Abs. 2 HOAI:
- Aufstellen eines Zeit- und Organisationsplanes (Leistungsphase 2)
- Aufstellen eines Finanzierungsplanes (Leistungsphase 2)
- Wirtschaftlichkeitsberechnung (Leistungsphase 3)
- Aufstellen, Überwachen und Fortschreiben eines Zahlungsplanes (Leistungsphase 8)
- Aufstellen, Überwachen und Fortschreiben von differenzierten Zeit-, Kosten- oder Kapazitätsplänen (Leistungsphase 8)
- Ermittlung und Kostenfeststellung zu Kostenrichtwerten (Leistungsphase 9).

1.2
Regelungsfähigkeit

Der fehlenden Strukturierung der Leistungen der Projektsteuerung nach Leistungsphasen in § 31 HOAI wurde begegnet durch eine Aufteilung in fünf Projektstufen anstelle der neun Leistungsphasen nach HOAI sowie einer vorgeschalteten Phase 0 – Projektentwicklung, um einerseits Wiederholungen zu vermeiden, andererseits jedoch klare Meilensteine im Projektablauf zu setzen.

Aus einer Differenzierung nach fünf Projektstufen sowie nach Grundleistungen und Besonderen Leistungen sowie jeweils nach vier Handlungsbereichen innerhalb jeder Projektstufe ergab sich die in Kapitel 2 (dort § 204) dargestellte Struktur des Leistungsbildes Projektsteuerung.

Die Grundlagen der Honorarermittlung für die Grundleistungen der Projektsteuerung konnten aus den Honorargrundlagen für die übrigen Leistungsbilder der HOAI abgeleitet werden. Die Honorartafeln basieren auf einer gutachterlichen Untersuchung der WIBERA Wirtschaftsberatung AG, Düsseldorf, zur Wirtschaftlichkeit und Organisation der Staatshochbauverwaltung Nordrhein-Westfalen aus dem Jahre 1983 und aus einer von der AHO–Fachkommission durchgeführten Honorarumfrage im Frühjahr 1995, durch die die Tafelwerte aus der WIBERA–Untersuchung in hohem Maße bestätigt wurden.

1.3
Ergebnis

Das entwickelte Leistungsbild Projektsteuerung erfüllt mit seinen klar strukturierten Grundleistungen die Anforderungen der Auftraggeber nach einer eindeutigen und erschöpfenden Leistungsbeschreibung mit konkret definierten Leistungsergebnissen. Der Kommentar zu den Grundleistungen der Projektsteuerung in Kapitel 3 bietet darüber hinaus Hinweise zur Bearbeitung der einzelnen Teilleistungen und zur erwarteten Struktur der Leistungsergebnisse.

Die Besonderen Leistungen sind häufig hinzutretende oder an die Stelle von Grundleistungen tretende Aufgaben der Projektsteuerung. Bei ihrer Aufzählung wurde – wie auch bei den Grundleistungen – sorgfältig darauf geachtet, daß Aufgaben rechtsbesorgender Projektsteuerung nicht gegen das Rechtsberatungsgesetz verstoßen. Zur Honorarermittlung werden die auch bei den übrigen Leistungsbildern der HOAI benötigten Parameter herangezogen (anrechenbare Kosten des Projekts, Honorarzonen, Honorartafel, Honoraranteile in den fünf Projektstufen). Die Basis für die anrechenbaren Kosten und damit für eine frühzeitige Pauschalierung des Projektsteuerungshonorars bildet die genehmigte Kostenberechnung oder der genehmigte Kostenanschlag. Der mit der 5. Novelle der HOAI ab 01.01.1996 neu eingeführte § 5 (4 a) HOAI, wonach für Besondere Leistungen, die unter Ausschöpfung der technisch-wirtschaftlichen Lösungsmöglichkeiten zu einer wesentlichen Kostensenkung ohne Verminderung des Standards führen, ein Erfolgshonorar zuvor schriftlich vereinbart werden kann, das bis zu 20 v. H. der vom Auftragnehmer durch seine Leistungen eingesparten Kosten betragen kann, kann und darf für die Projektsteuerung nicht zur Anwendung kommen, da der Projektsteuerer durch seine ureigene Tätigkeit optimierte Lösungsmöglichkeiten von den fachlich Beteiligten einzufordern hat. Daher ist § 5 (4 a) HOAI für die Anwendung auch bei den in der HOAI bereits geregelten Planungsleistungen ungeeignet.

Der vorliegende Entwurf einer Leistungs- und Honorarordnung Projektsteuerung ermöglicht es dem Auftraggeber, den Auftragnehmer für die Projektsteuerung über den Leistungswettbewerb zu einem objektiv angemessenen Honorar auszuwählen. Damit wird das Vertrauensverhältnis zwischen Auftraggeber und Projektsteuerer gefördert. Eine effiziente Projektsteuerung dient der Verwirklichung der Projektziele des Auftraggebers und damit den einzelwirtschaftlichen Interessen des Investors, aber auch der Optimierung des Mitteleinsatzes der Projektbeteiligten. Sie bewirkt damit auch eine gesamtwirtschaftliche Nutzenstiftung.

2
Leistungs- und Honorarvorschlag Projektsteuerung

§ 201 Projektsteuerung

(1) Leistungen der Projektsteuerung werden von Auftragnehmern erbracht, wenn sie Funktionen des Auftraggebers bei der Steuerung von Projekten mit mehreren Fachbereichen übernehmen.

(2) Honorare für Leistungen bei der Projektsteuerung dürfen nur berechnet werden, wenn sie bei Auftragerteilung schriftlich vereinbart worden sind.

(3) Die nachfolgenden Regelungen zu den Leistungen und den Honoraren für die Projektsteuerung gelten für folgende Investitionsarten:
- Hochbauten gem. Teil II der HOAI
- Ingenieurbauwerke gem. § 51 (1) der HOAI
- Verkehrsanlagen gem. § 51 (2) der HOAI
- Anlagenbauten
- Altlastensanierung inkl. Abbruch, Rückbau, Wiederverwendung und Verwertung.

§ 202 Grundlagen des Honorars

(1) Das Honorar für Grundleistungen der Projektsteuerung richtet sich nach den anrechenbaren Kosten des Projektes gem. DIN 276 (Juni 1993) mit den Kostengruppen 100 bis 700 ohne 110, 710 und 760, nach der Honorarzone, der das Projekt angehört, sowie nach der Honorartafel in § 206.

(2) Die anrechenbaren Kosten richten sich
1. für die Projektstufen 1 bis 2 nach der Kostenberechnung, solange diese nicht vorliegt, nach der Kostenschätzung;
2. für die Projektstufen 3 bis 5 nach der Kostenfeststellung, solange diese nicht vorliegt, nach dem Kostenanschlag.

(3) Die Parteien können bei Vertragsabschluß schriftlich vereinbaren, daß sich die anrechenbaren Kosten für die Projektstufen 1 bis 5 nach der genehmigten Kostenberechnung oder nach dem genehmigten Kostenanschlag richten sollen.

(4) Vorhandene Bausubstanz gem. § 10 (3 a) HOAI, die technisch oder gestalterisch mit verarbeitet wird, ist bei den anrechenbaren Kosten in Ausnahmefällen angemessen zu berücksichtigen. Der Umfang der Anrechnung bedarf der schriftlichen Vereinbarung.

§ 203 Honorarzonen für Leistungen der Projektsteuerung

(1) Die Honorarzone wird bei Leistungen der Projektsteuerung auf Grund folgender Bewertungsmerkmale ermittelt:
1. Honorarzone I:
Projekte mit sehr geringen Projektsteuerungsanforderungen, d. h. mit
– sehr geringer Komplexität der Projektorganisation

- sehr hoher spezifischer Projektroutine des Auftraggebers
- sehr wenigen Besonderheiten in den Projektinhalten
- sehr geringem Risiko bei der Projektrealisierung
- sehr wenigen Anforderungen an die Terminvorgaben
- sehr wenigen Anforderungen an die Kostenvorgaben

2. Honorarzone II:
Projekte mit geringen Projektsteuerungsanforderungen, d. h. mit
- geringer Komplexität der Projektorganisation
- hoher spezifischer Projektroutine des Auftraggebers
- wenigen Besonderheiten in den Projektinhalten
- geringem Risiko bei der Projektrealisierung
- wenigen Anforderungen an die Terminvorgaben
- wenigen Anforderungen an die Kostenvorgaben

3. Honorarzone III:
Projekte mit durchschnittlichen Projektsteuerungsanforderungen, d. h. mit
- durchschnittlicher Komplexität der Projektorganisation
- durchschnittlicher Projektroutine des Auftraggebers
- durchschnittlichen Besonderheiten in den Projektinhalten
- durchschnittlichem Risiko bei der Projektrealisierung
- durchschnittlichen Anforderungen an die Terminvorgaben
- durchschnittlichen Anforderungen an die Kostenvorgaben

4. Honorarzone IV:
Projekte mit überdurchschnittlichen Projektsteuerungsanforderungen, d. h. mit
- hoher Komplexität der Projektorganisation
- geringer spezifischer Projektroutine des Auftraggebers
- vielen Besonderheiten in den Projektinhalten
- hohem Risiko bei der Projektrealisierung
- hohen Anforderungen an die Terminvorgaben
- hohen Anforderungen an die Kostenvorgaben

5. Honorarzone V:
Projekte mit sehr hohen Projektsteuerungsanforderungen, d. h. mit
- sehr hoher Komplexität der Projektorganisation
- sehr geringer spezifischer Projektroutine des Auftraggebers
- sehr vielen Besonderheiten in den Projektinhalten
- sehr hohem Risiko bei der Projektrealisierung
- sehr hohen Anforderungen an die Terminvorgaben
- sehr hohen Anforderungen an die Kostenvorgaben

(2) Bei der Zurechnung eines Projektes zu einer Honorarzone sind entsprechend dem Schwierigkeitsgrad der Projektsteuerungsanforderungen die vorstehenden Bewertungsmerkmale bezüglich Komplexität der Projektorganisation, spezifischer

Auftraggeberroutine, Besonderheiten in den Projektinhalten und Risiko der Projektrealisierung mit je bis zu 10 Punkten zu bewerten, bezüglich Termin- und Kostenvorgaben mit je bis zu 5 Punkten. Das Projekt ist dann nach der Summe der Bewertungspunkte folgenden Honorarzonen zuzurechnen:

1. Honorarzone I:
Projektsteuerungsleistungen mit bis zu 10 Punkten
2. Honorarzone II:
Projektsteuerungsleistungen mit 11 bis 20 Punkten
3. Honorarzone III:
Projektsteuerungsleistungen mit 21 bis 30 Punkten
4. Honorarzone IV:
Projektsteuerungsleistungen mit 31 bis 40 Punkten
5. Honorarzone V:
Projektsteuerungsleistungen mit 41 bis 50 Punkten

§ 204 Leistungsbild Projektsteuerung

(1) Das Leistungsbild der Projektsteuerung umfaßt die Leistungen von Auftragnehmern, die Funktionen des Auftraggebers bei der Steuerung von Projekten mit mehreren Fachbereichen übernehmen. Die Grundleistungen sind in den in Abs. 2 aufgeführten Projektstufen 1 bis 5 zusammengefaßt. Sie werden in der folgenden Tabelle für die Erbringung aller vier Handlungsbereiche
A – Organisation, Information, Koordination und Dokumentation,
B – Qualitäten und Quantitäten,
C – Kosten und
D – Termine
nach Projektstufen mit nachfolgenden Vomhundertsätzen der Honorare des § 206 bewertet.

Projektstufen	Bewertung der Grundleistungen in v. H. des Grundhonorars nach § 206 (1)
1 Projektvorbereitung (Projektentwicklung, strategische Planung, Grundlagenermittlung)	26
2 Planung (Vor-, Entwurfs- u. Genehmigungsplanung)	21
3 Ausführungsvorbereitung (Ausführungsplanung, Vorbereiten der Vergabe und Mitwirken bei der Vergabe)	19
4 Ausführung (Projektüberwachung)	26
5 Projektabschluß (Projektbetreuung, Dokumentation)	8
Summe	100

(2) Für das Leistungsbild sind folgende Hinweise zu beachten:
1. Das Aufstellen, Abstimmen und Fortschreiben im Sinne des Leistungsbildes beinhaltet:

- die Vorgabe der Solldaten (Planen/Ermitteln)
- die Kontrolle (Überprüfen und Soll-/Ist-Vergleich) sowie
- die Steuerung (Abweichungsanalyse, Anpassen, Aktualisieren).

2. Mitwirken im Sinne des Leistungsbildes heißt stets, daß der beauftragte Projektsteuerer die genannten Teilleistungen in Zusammenarbeit mit den anderen Projektbeteiligten inhaltlich abschließend zusammenfaßt und dem Auftraggeber zur Entscheidung vorlegt.
3. Sämtliche Ergebnisse der Projektsteuerungsleistungen erfordern vor Freigabe und Umsetzung die vorherige Abstimmung mit dem Auftraggeber.

Grundleistungen   *Besondere Leistungen*

1. Projektvorbereitung

A Organisation, Information, Koordination und Dokumentation

1 Entwickeln, Vorschlagen und Festlegen der Projektziele und der Projektorganisation durch ein projektspezifisch zu erstellendes Organisationshandbuch
2 Auswahl der zu Beteiligenden und Führen von Verhandlungen
3 Vorbereitung der Beauftragung der zu Beteiligenden
4 Laufende Information und Abstimmung mit dem Auftraggeber
5 Einholen der erforderlichen Zustimmungen

1 Mitwirken bei der betriebswirtschaftlich-organisatorischen Beratung des Auftraggebers zur Bedarfsanalyse, Projektentwicklung und Grundlagenermittlung
2 Besondere Abstimmungen zwischen Projektbeteiligten zur Projektorganisation
3 Unterstützen der Koordination innerhalb der Gremien des Auftraggebers
4 Besondere Berichterstattung in Auftraggeber- oder sonstigen Gremien

B Qualitäten und Quantitäten

1 Mitwirken bei der Erstellung der Grundlagen für das Gesamtprojekt hinsichtlich Bedarf nach Art und Umfang (Nutzerbedarfsprogramm NBP)
2 Mitwirken beim Ermitteln des Raum-, Flächen- oder Anlagenbedarfs und der Anforderungen an Standard und Ausstattung durch das Bau- und Funktionsprogramm
3 Mitwirken beim Klären der Standortfragen, Beschaffen der standortrelevanten Unterlagen, der Grundstücksbeurteilung hinsichtlich Nutzung in privatrechtlicher und öffentlich-rechtlicher Hinsicht
4 Herbeiführen der erforderlichen Entscheidungen des Auftraggebers

1 Mitwirken bei Grundstücks- und Erschließungsangelegenheiten
2 Erarbeiten der erforderlichen Unterlagen, Abwickeln und/oder Prüfen von Ideen-, Programm- und Realisierungswettbewerben
3 Erarbeiten von Leit- und Musterbeschreibungen, z. B. für Gutachten, Wettbewerbe etc.
4 Prüfen der Umwelterheblichkeit und der Umweltverträglichkeit

1 Projektvorbereitung

	Grundleistungen	Besondere Leistungen

C Kosten und Finanzierung

1 Projektvorbereitung

1. Mitwirken beim Festlegen der Rahmens für Investitionen und Baunutzungskosten
2. Mitwirken beim Ermitteln und Beantragen von Investitionsmitteln
3. Prüfen und Freigeben von Rechnungen zur Zahlung
4. Einrichten der Projektbuchhaltung für den Mittelabfluß

1. Überprüfen von Werteermittlungen für bebaute und unbebaute Grundstücke
2. Festlegen des Rahmens der Personal- und Sachkosten des Betriebs
3. Einrichten der Projektbuchhaltung für den Mittelzufluß und die Anlagenkonten

D Termine und Kapazitäten

1. Entwickeln, Vorschlagen und Festlegen des Terminrahmens
2. Aufstellen/Abstimmen der Generalablaufplanung und Ableiten des Kapazitätsrahmens

2. Planung

A Organisation, Information, Koordination und Dokumentation

2 Planung

1. Fortschreiben des Organisationshandbuches
2. Dokumentation der wesentlichen projektbezogenen Plandaten in einem Projekthandbuch
3. Mitwirken beim Durchsetzen von Vertragspflichten gegenüber den Beteiligten
4. Mitwirken beim Vertreten der Planungskonzeption mit bis zu fünf Erläuterungs- und Erörterungsterminen
5. Mitwirken bei Genehmigungsverfahren
6. Laufende Information und Abstimmung mit dem Auftraggeber
7. Einholen der erforderlichen Zustimmungen des Auftraggebers

1. Veranlassen besonderer Abstimmungsverfahren zur Sicherung der Projektziele
2. Vertreten der Planungskonzeption gegenüber der Öffentlichkeit unter besonderen Anforderungen und Zielsetzungen sowie bei mehr als fünf Erläuterungs- und Erörterungsterminen
3. Unterstützen beim Bearbeiten von besonderen Planungsrechtsangelegenheiten
4. Risikoanalyse
5. Besondere Berichterstattung in Auftraggeber- oder sonstigen Gremien

B Qualitäten und Quantitäten

1. Überprüfen der Planungsergebnisse auf Konformität mit den vorgegebenen Projektzielen
2. Herbeiführen der erforderlichen Entscheidungen des Auftraggebers

1. Vorbereiten, Abwickeln oder Prüfen von Wettbewerben zur künstlerischen Ausgestaltung
2. Überprüfen der Planungsergebnisse durch besondere Wirschaftlichkeitsuntersuchungen

Grundleistungen	Besondere Leistungen	
	3 Festlegen der Qualitätsstandards ohne/mit Mengen oder ohne/mit Kosten in einem Gebäude- und Raumbuch bzw. Pflichtenheft 4 Veranlassen oder Durchführen von Sonderkontrollen der Planung 5 Änderungsmanagement bei Einschaltung eines Generalplaners	*2 Planung*

C Kosten und Finanzierung

Grundleistungen	Besondere Leistungen
1 Überprüfen der Kostenschätzungen und -berechnungen der Objekt- und Fachplaner sowie Veranlassen erforderlicher Anpassungsmaßnahmen 2 Zusammenstellen der voraussichtlichen Baunutzungskosten 3 Planung von Mittelbedarf und Mittelabfluß 4 Prüfen und Freigeben der Rechnungen zur Zahlung 5 Fortschreiben der Projektbuchhaltung für den Mittelabfluß	1 Kostenermittlung und -steuerung unter besonderen Anforderungen (z. B. Baunutzungskosten) 2 Fortschreiben der Projektbuchhaltung für den Mittelzufluß und die Anlagenkonten

D Termine und Kapazitäten

Grundleistungen	Besondere Leistungen
1 Aufstellen und Abstimmen der Grob- und Detailablaufplanung für die Planung 2 Aufstellen und Abstimmen der Grobablaufplanung für die Ausführung 3 Ablaufsteuerung der Planung 4 Fortschreiben der General- und Grobablaufplanung für Planung und Ausführung sowie der Detailablaufplanung für die Planung 5 Führen und Protokollieren von Ablaufbesprechungen der Planung sowie Vorschlagen und Abstimmen von erforderlichen Anpassungsmaßnahmen	1 Ablaufsteuerung unter besonderen Anforderungen und Zielsetzungen

Grundleistungen

3. Ausführungsvorbereitung

A Organisation, Information, Koordination, Dokumentation

3 Ausführungsvorbereitung

1 Fortschreiben des Organisationshandbuches
2 Fortschreiben des Projekthandbuches
3 Mitwirken beim Durchsetzen von Vertragspflichten gegenüber den Beteiligten
4 Laufende Information und Abstimmung mit dem Auftraggeber
5 Einholen der erforderlichen Zustimmungen des Auftraggebers

B Qualitäten und Quantitäten

1 Überprüfen der Planungsergebnisse inkl. eventueller Planungsänderungen auf Konformität mit den vorgegebenen Projektzielen
2 Mitwirken beim Freigeben der Firmenliste für Ausschreibungen
3 Herbeiführen der erforderlichen Entscheidungen des Auftraggebers
4 Überprüfen der Verdingungsunterlagen für die Vergabeeinheiten und Anerkennen der Versandfertigkeit
5 Überprüfen der Angebotsauswertungen in technisch-wirtschaftlicher Hinsicht
6 Beurteilen der unmittelbaren und mittelbaren Auswirkungen von Alternativangeboten auf Konformität mit den vorgegebenen Projektzielen
7 Mitwirken bei den Vergabeverhandlungen bis zur Unterschriftsreife

C Kosten und Finanzierung

1 Vorgabe der Soll-Werte für Vergabeeinheiten auf der Basis der aktuellen Kostenberechnung
2 Überprüfen der vorliegenden Angebote im Hinblick auf die vorgegebenen Kostenziele und Beurteilung der Angemessenheit der Preise
3 Vorgabe der Deckungsbestätigungen für Aufträge
4 Überprüfen der Kostenanschläge der Objekt- und Fachplaner sowie Veranlassen erforderlicher Anpassungsmaßnahmen

Besondere Leistungen

1 Veranlassen besonderer Abstimmungsverfahren zur Sicherung der Projektziele
2 Durchführen der Submissionen
3 Besondere Berichterstattung in Auftraggeber- oder sonstigen Gremien

1 Überprüfen der Planungsergebnisse durch besondere Wirtschaftlichkeitsuntersuchungen
2 Fortschreiben des Gebäude- und Raumbuches unter Einbeziehung der Ergebnisse der Ausführungsplanung
3 Veranlassen oder Durchführen von Sonderkontrollen der Ausführungsvorbereitung
4 Versand der Ausschreibungsunterlagen
5 Änderungsmanagement bei Einschaltung eines Generalplaners

1 Kostenermittlung und -steuerung unter besonderen Anforderungen (z. B. Baunutzungskosten)
2 Fortschreiben der Projektbuchhaltung für den Mittelzufluß und die Anlagenkonten

Grundleistungen *Besondere Leistungen*

5 Zusammenstellen der aktualisierten Baunutzungskosten
6 Fortschreiben der Mittelbewirtschaftung
7 Prüfen und Freigeben der Rechnungen zur Zahlung
8 Fortschreiben der Projektbuchhaltung für den Mittelabfluß

3 Ausführungsvorbereitung

D Termine und Kapazitäten

1 Aufstellen und Abstimmen der Steuerungsablaufplanung für die Ausführung
2 Fortschreiben der General- und Grobablaufplanung für Planung und Ausführung sowie der Steuerungsablaufplanung für die Planung
3 Vorgabe der Vertragstermine und -fristen für die Besonderen Vertragsbedingungen der Ausführungs- und Lieferleistungen
4 Überprüfen der vorliegenden Angebote im Hinblick auf vorgegebene Terminziele
5 Führen und Protokollieren von Ablaufbesprechungen der Ausführungsvorbereitung sowie Vorschlagen und Abstimmen von erforderlichen Anpassungsmaßnahmen

1 Ermitteln von Ablaufdaten zur Bieterbeurteilung (erforderlicher Personal-, Maschinen- und Geräteeinsatz nach Art, Umfang und zeitlicher Verteilung)
2 Ablaufsteuerung unter besonderen Anforderungen und Zielsetzungen

4. Ausführung

A Organisation, Information, Koordination, Dokumentation

1 Fortschreiben des Organisationshandbuches
2 Fortschreiben des Projekthandbuches
3 Mitwirken beim Durchsetzen von Vertragspflichten gegenüber den Beteiligten
4 Laufende Information und Abstimmung mit dem Auftraggeber
5 Einholen der erforderlichen Zustimmungen des Auftraggebers

1 Veranlassen besonderer Abstimmungsverfahren zur Sicherung der Projektziele
2 Unterstützung des Auftraggebers bei Krisensituationen (z. B. bei außergewöhnlichen Ereignissen wie Naturkatastrophen, Ausscheiden von Beteiligten)
3 Unterstützung des Auftraggebers beim Einleiten von Beweissicherungsverfahren
4 Unterstützung des Auftraggebers beim Abwenden unberechtigter Drittforderungen
5 Besondere Berichterstattung in Auftraggeber- oder sonstigen Gremien

4 Ausführung

Grundleistungen   *Besondere Leistungen*

B Qualitäten und Quantitäten

4 Ausführung

1 Prüfen von Ausführungsänderungen, ggf. Revision von Qualitätsstandards nach Art und Umfang
2 Mitwirken bei der Abnahme der Ausführungsleistungen
3 Herbeiführen der erforderlichen Entscheidungen des Auftraggebers

1 Mitwirken beim Herbeiführen besonderer Ausführungsentscheidungen des Auftraggebers
2 Veranlassen oder Durchführen von Sonderkontrollen bei der Ausführung, z. B. durch Einschalten von Sachverständigen und Prüfbehörden
3 Änderungsmanagement bei Einschaltung eines Generalunternehmers

C Kosten und Finanzierung

1 Kostensteuerung zur Einhaltung der Kostenziele
2 Freigabe der Rechnungen zur Zahlung
3 Beurteilen der Nachtragsprüfungen
4 Vorgabe von Deckungsbestätigungen für Nachträge
5 Fortschreiben der Mittelbewirtschaftung
6 Fortschreiben der Projektbuchhaltung für den Mittelabfluß

1 Kontrolle der Rechnungsprüfung der Objektüberwachung
2 Kostensteuerung unter besonderen Anforderungen
3 Fortschreiben der Projektbuchhaltung für den Mittelzufluß und die Anlagenkonten

D Termine und Kapazitäten

1 Überprüfen und Abstimmen der Zeitpläne des Objektplaners und der ausführenden Firmen mit den Steuerungsablaufplänen der Ausführung des Projektsteuerers
2 Ablaufsteuerung der Ausführung zur Einhaltung der Terminziele
3 Überprüfen der Ergebnisse der Baubesprechungen (Baustellen-Jours-fixes) anhand der Protokolle der Objektüberwachung, Vorschlagen und Abstimmen von Anpassungsmaßnahmen bei Gefährdung von Projektzielen

1 Ablaufsteuerung unter besonderen Anforderungen an Zielsetzungen

Grundleistungen *Besondere Leistungen*

5. Projektabschluß

A Organisation, Information, Koordination und Dokumentation

1. Mitwirken bei der organisatorischen und administrativen Konzeption und bei der Durchführung der Übergabe/Übernahme bzw. Inbetriebnahme/Nutzung
2. Mitwirken beim systematischen Zusammenstellen und Archivieren der Bauakten inkl. Projekt- und Organisationshandbuch
3. Laufende Information und Abstimmung mit dem Auftraggeber
4. Einholen der erforderlichen Zustimmung des Auftraggebers

1. Mitwirken beim Einweisen des Bedienungs- und Wartungspersonals für betriebstechnische Anlagen
2. Prüfen der Projektdokumentation der fachlich Beteiligten
3. Mitwirken bei der Überleitung des Bauwerks in die Bauunterhaltung
4. Mitwirken bei der betrieblichen und baufachlichen Beratung des Auftraggebers zur Übergabe/Übernahme bzw. Inbetriebnahme/Nutzung
5. Unterstützung des Auftraggebers beim Prüfen von Wartungs- und Energielieferungsverträgen
6. Mitwirken bei der Übergabe/Übernahme schlüsselfertiger Bauten
7. Organisatorisches und baufachliches Unterstützen bei Gerichtsverfahren
8. Baufachliches Unterstützen bei Sonderprüfungen
9. Besondere Berichterstattung beim Auftraggeber zum Projektabschluß

5 Projektabschluß

B Qualitäten und Quantitäten

1. Veranlassen der erforderlichen behördlichen Abnahmen, Endkontrollen und/oder Funktionsprüfungen
2. Mitwirken bei der rechtsgeschäftlichen Abnahme der Planungsleistungen
3. Prüfen der Gewährleistungsverzeichnisse

1. Mitwirken bei der abschließenden Aktualisierung des Gebäude- und Raumbuches zum Bestandsgebäude- und -raumbuch bzw. -pflichtenheft
2. Überwachen von Mängelbeseitigungsleistungen außerhalb der Gewährleistungsfristen

C Kosten und Finanzierung

1. Überprüfen der Kostenfeststellungen der Objekt- und Fachplaner
2. Freigabe der Rechnungen zur Zahlung
3. Veranlassen der abschließenden Aktualisierung der Baunutzungskosten
4. Freigabe von Schlußabrechnungen sowie Mitwirken bei der Freigabe von Sicherheitsleistungen
5. Abschluß der Projektbuchhaltung für den Mittelabfluß

1. Abschließende Aktualisierung der Baunutzungskosten
2. Abschluß der Projektbuchhaltung für den Mittelzufluß und die Anlagenkonten inkl. Verwendungsnachweis

| Grundleistungen | Besondere Leistungen |

D Termine und Kapazitäten

5
Projektabschluß

1 Veranlassen der Ablaufplanung und -steuerung zur Übergabe und Inbetriebnahme

1 Ablaufplanung zur Übergabe/Übernahme und Inbetriebnahme/Nutzung

§ 205 Leistungsbild Projektleitung

(1) Sofern seitens des Auftaggebers auch die Projektleitung in Linienfunktionen beauftragt wird, gehören dazu im wesentlichen folgende Grundleistungen:

1. Rechtzeitiges Herbeiführen bzw. Treffen der erforderlichen Entscheidungen sowohl hinsichtlich Funktion, Konstruktion, Standard und Gestaltung als auch hinsichtlich Qualität, Kosten und Terminen.
2. Durchsetzen der erforderlichen Maßnahmen und Vollzug der Verträge unter Wahrung der Rechte und Pflichten des Auftraggebers.
3. Herbeiführen der erforderlichen Genehmigungen, Einwilligungen und Erlaubnisse im Hinblick auf die Genehmigungsreife.
4. Konfliktmanagement zur Orientierung der unterschiedlichen Interessen der Projektbeteiligten auf einheitliche Projektziele hinsichtlich Qualitäten, Kosten und Termine, u. a. im Hinblick auf
   - die Pflicht der Projektbeteiligten zur fachlich-inhaltlichen Integration der verschiedenen Planungsleistungen und
   - die Pflicht der Projektbeteiligten zur Untersuchung von alternativen Lösungsmöglichkeiten.
5. Leiten von Projektbesprechungen auf Geschäftsführungs-, Vorstandsebene zur Vorbereitung/Einleitung/Durchsetzung von Entscheidungen.
6. Führen aller Verhandlungen mit projektbezogener vertragsrechtlicher oder öffentlich rechtlicher Bindungswirkung für den Auftraggeber.
7. Wahrnehmen der zentralen Projektanlaufstelle; Sorge für die Abarbeitung des Entscheidungs-/Maßnahmenkatalogs.
8. Wahrnehmen von projektbezogenen Repräsentationspflichten gegenüber dem Nutzer, dem Finanzier, den Trägern öffentlicher Belange und der Öffentlichkeit.

(2) Für den Nachweis der übertragenen Projektleitungskompetenzen ist dem Auftragnehmer vom Auftraggeber eine entsprechende schriftliche Handlungsvollmacht auszustellen.

§ 206 Honorartafel für die Grundleistungen der Projektsteuerung

(1) Die Honorarsätze für die in § 204 (2) aufgeführten Grundleistungen der Projektsteuerung sind in der nachfolgenden Honorartafel für Hochbauten, Ingenieurbauwerke und Anlagenbauten festgesetzt. Bei Verkehrsanlagen sind die Werte der nachfolgenden Honorartafel im Verhältnis der Tafelwerte der Honorartafel Verkehrs-

Honorartafel für die Grundleistungen der Projektsteuerung zu § 206 Abs. 1 (DM)

Anrechenbare Kosten DM	Zone I von DM	Zone I bis DM	Zone II von DM	Zone II bis DM	Zone III von DM	Zone III bis DM	Zone IV von DM	Zone IV bis DM	Zone V von DM	Zone V bis DM
1.000.000	29.100	35.700	35.700	45.500	45.500	54.700	54.700	61.400	61.400	71.000
2.000.000	52.239	63.914	63.914	81.435	81.435	97.755	97.755	109.769	109.769	126.889
3.000.000	73.128	89.302	89.302	113.759	113.759	136.415	136.415	153.219	153.219	177.075
4.000.000	92.556	112.856	112.856	143.738	143.738	172.221	172.221	193.475	193.475	223.558
5.000.000	110.897	135.045	135.045	171.974	171.974	205.904	205.904	231.356	231.356	267.286
6.000.000	128.373	156.147	156.147	198.821	198.821	237.895	237.895	267.345	267.345	308.819
7.000.000	145.128	176.345	176.345	224.513	224.513	268.480	268.480	301.759	301.759	348.527
8.000.000	161.267	195.768	195.768	249.215	249.215	297.862	297.862	334.826	334.826	386.673
9.000.000	176.867	214.515	214.515	273.052	273.052	326.190	326.190	366.715	366.715	423.452
10.000.000	191.989	232.660	232.660	296.122	296.122	353.583	353.583	397.557	397.557	459.018
11.000.000	206.680	250.265	250.265	318.500	318.500	380.134	380.134	427.458	427.458	493.492
12.000.000	220.979	267.378	267.378	340.250	340.250	405.921	405.921	456.503	456.503	526.974
13.000.000	234.919	284.041	284.041	361.424	361.424	431.008	431.008	484.763	484.763	559.547
14.000.000	248.529	300.287	300.287	382.067	382.067	455.447	455.447	512.300	512.300	591.280
15.000.000	261.831	316.148	316.148	402.217	402.217	479.286	479.286	539.165	539.165	622.234
16.000.000	274.846	331.648	331.648	421.906	421.906	502.564	502.564	565.403	565.403	652.461
17.000.000	287.592	346.811	346.811	441.164	441.164	525.317	525.317	591.053	591.053	682.006
18.000.000	300.085	361.656	361.656	460.016	460.016	547.576	547.576	616.149	616.149	710.909
19.000.000	312.339	376.201	376.201	478.484	478.484	569.368	569.368	640.723	640.723	739.207
20.000.000	324.367	390.461	390.461	496.589	496.589	590.717	590.717	664.802	664.802	766.930
21.000.000	336.180	404.451	404.451	514.349	514.349	611.646	611.646	688.411	688.411	794.109
22.000.000	347.787	418.184	418.184	531.780	531.780	632.175	632.175	711.572	711.572	820.768
23.000.000	359.200	431.672	431.672	548.897	548.897	652.323	652.323	734.306	734.306	846.932
24.000.000	370.425	444.924	444.924	565.714	565.714	672.104	672.104	756.631	756.631	872.621
25.000.000	381.471	457.952	457.952	582.244	582.244	691.536	691.536	778.564	778.564	897.856

Honorartafel für die Grundleistungen der Projektsteuerung zu § 206 Abs. 1 (DM)

Anrechenbare Kosten DM	Zone I von DM	Zone I bis DM	Zone II von DM	Zone II bis DM	Zone III von DM	Zone III bis DM	Zone IV von DM	Zone IV bis DM	Zone V von DM	Zone V bis DM
26.000.000	392.345	470.763	470.763	598.497	598.497	710.632	710.632	800.121	800.121	922.655
27.000.000	403.053	483.367	483.367	614.486	614.486	729.404	729.404	821.317	821.317	947.035
28.000.000	413.603	495.771	495.771	630.218	630.218	747.865	747.865	842.164	842.164	971.011
29.000.000	423.998	507.981	507.981	645.704	645.704	766.027	766.027	862.675	862.675	994.598
30.000.000	434.246	520.006	520.006	660.952	660.952	783.898	783.898	882.862	882.862	1.017.808
31.000.000	444.350	531.851	531.851	675.970	675.970	801.490	801.490	902.736	902.736	1.040.656
32.000.000	454.315	543.521	543.521	690.766	690.766	818.810	818.810	922.307	922.307	1.063.151
33.000.000	464.146	555.022	555.022	705.345	705.345	835.868	835.868	941.583	941.583	1.085.306
34.000.000	473.846	566.360	566.360	719.716	719.716	852.671	852.671	960.575	960.575	1.107.131
35.000.000	483.420	577.539	577.539	733.883	733.883	869.228	869.228	979.290	979.290	1.128.635
36.000.000	492.871	588.564	588.564	747.854	747.854	885.544	885.544	997.737	997.737	1.149.827
37.000.000	502.203	599.439	599.439	761.633	761.633	901.627	901.627	1.015.923	1.015.923	1.170.717
38.000.000	511.418	610.167	610.167	775.225	775.225	917.482	917.482	1.033.854	1.033.854	1.191.312
39.000.000	520.521	620.754	620.754	788.636	788.636	933.117	933.117	1.051.538	1.051.538	1.211.620
40.000.000	529.513	631.202	631.202	801.869	801.869	948.537	948.537	1.068.981	1.068.981	1.231.649
41.000.000	538.397	641.515	641.515	814.930	814.930	963.746	963.746	1.086.189	1.086.189	1.251.405
42.000.000	547.177	651.697	651.697	827.823	827.823	978.750	978.750	1.103.168	1.103.168	1.270.895
43.000.000	555.854	661.749	661.749	840.552	840.552	993.555	993.555	1.119.923	1.119.923	1.290.126
44.000.000	564.431	671.677	671.677	853.120	853.120	1.008.164	1.008.164	1.136.459	1.136.459	1.309.103
45.000.000	572.911	681.481	681.481	865.531	865.531	1.022.582	1.022.582	1.152.782	1.152.782	1.327.832
46.000.000	581.295	691.165	691.165	877.789	877.789	1.036.813	1.036.813	1.168.895	1.168.895	1.346.319
47.000.000	589.585	700.733	700.733	889.897	889.897	1.050.862	1.050.862	1.184.805	1.184.805	1.364.569
48.000.000	597.784	710.185	710.185	901.858	901.858	1.064.732	1.064.732	1.200.514	1.200.514	1.382.588
49.000.000	605.893	719.524	719.524	913.676	913.676	1.078.427	1.078.427	1.216.028	1.216.028	1.400.379
50.000.000	613.915	728.754	728.754	925.352	925.352	1.091.950	1.091.950	1.231.349	1.231.349	1.417.947

2 Leistungs- und Honorarvorschlag Projektsteuerung

Honorartafel für die Grundleistungen der Projektsteuerung zu § 206 Abs. 1 (DM)

Anrechenbare Kosten DM	Zone I von DM	Zone I bis	Zone II von DM	Zone II bis	Zone III von DM	Zone III bis	Zone IV von DM	Zone IV bis	Zone V von DM	Zone V bis
51.000.000	621.851	737.875	737.875	936.891	936.891	1.105.306	1.105.306	1.246.483	1.246.483	1.435.298
52.000.000	629.702	746.891	746.891	948.294	948.294	1.116.497	1.116.497	1.261.432	1.261.432	1.452.435
53.000.000	637.470	755.802	755.802	959.564	959.564	1.131.526	1.131.526	1.276.201	1.276.201	1.469.362
54.000.000	645.158	764.612	764.612	970.705	970.705	1.144.397	1.144.397	1.290.792	1.290.792	1.486.084
55.000.000	652.766	773.322	773.322	981.717	981.717	1.157.112	1.157.112	1.305.209	1.305.209	1.502.604
56.000.000	660.295	781.934	781.934	992.604	992.604	1.169.675	1.169.675	1.319.455	1.319.455	1.518.925
57.000.000	667.748	790.449	790.449	1.003.368	1.003.368	1.182.087	1.182.087	1.333.533	1.333.533	1.535.052
58.000.000	675.126	798.869	798.869	1.014.011	1.014.011	1.194.352	1.194.352	1.347.446	1.347.446	1.550.988
59.000.000	682.429	807.197	807.197	1.024.535	1.024.535	1.206.472	1.206.472	1.361.198	1.361.198	1.566.736
60.000.000	689.659	815.432	815.432	1.034.941	1.034.941	1.218.450	1.218.450	1.374.790	1.374.790	1.582.299
61.000.000	696.818	823.578	823.578	1.045.233	1.045.233	1.230.288	1.230.288	1.388.225	1.388.225	1.597.680
62.000.000	703.908	831.635	831.635	1.055.412	1.055.412	1.241.988	1.241.988	1.401.506	1.401.506	1.612.883
63.000.000	710.925	839.606	839.606	1.065.479	1.065.479	1.253.553	1.253.553	1.414.636	1.414.636	1.627.909
64.000.000	717.875	847.490	847.490	1.075.437	1.075.437	1.264.984	1.264.984	1.427.616	1.427.616	1.642.763
65.000.000	724.759	855.290	855.290	1.085.287	1.085.287	1.276.285	1.276.285	1.440.449	1.440.449	1.657.447
66.000.000	731.576	863.007	863.007	1.095.031	1.095.031	1.287.455	1.287.455	1.453.138	1.453.138	1.671.962
67.000.000	738.328	870.642	870.642	1.104.671	1.104.671	1.298.499	1.298.499	1.465.685	1.465.685	1.686.313
68.000.000	745.016	878.197	878.197	1.114.207	1.114.207	1.309.417	1.309.417	1.478.091	1.478.091	1.700.501
69.000.000	751.641	885.672	885.672	1.123.642	1.123.642	1.320.212	1.320.212	1.490.359	1.490.359	1.714.528
70.000.000	758.203	893.069	893.069	1.132.977	1.132.977	1.330.885	1.330.885	1.502.490	1.502.490	1.728.398
71.000.000	764.704	900.389	900.389	1.142.213	1.142.213	1.341.438	1.341.438	1.514.487	1.514.487	1.742.112
72.000.000	771.144	907.632	907.632	1.151.352	1.151.352	1.351.872	1.351.872	1.526.352	1.526.352	1.755.672
73.000.000	777.525	914.801	914.801	1.160.396	1.160.396	1.362.190	1.362.190	1.538.087	1.538.087	1.769.081
74.000.000	783.846	921.896	921.896	1.169.344	1.169.344	1.372.393	1.372.393	1.549.692	1.549.692	1.782.341
75.000.000	790.110	928.917	928.917	1.178.200	1.178.200	1.382.482	1.382.482	1.561.171	1.561.171	1.795.453

Honorartafel für die Grundleistungen der Projektsteuerung zu § 206 Abs. 1 (DM)

Anrechenbare Kosten DM	Zone I von DM	Zone I bis	Zone II von DM	Zone II bis	Zone III von DM	Zone III bis	Zone IV von DM	Zone IV bis	Zone V von DM	Zone V bis
76.000.000	796.316	935.867	935.867	1.186.963	1.186.963	1.392.460	1.392.460	1.572.524	1.572.524	1.808.421
77.000.000	802.466	942.746	942.746	1.195.636	1.195.636	1.402.327	1.402.327	1.583.754	1.583.754	1.821.244
78.000.000	808.560	949.554	949.554	1.204.219	1.204.219	1.412.084	1.412.084	1.594.861	1.594.861	1.833.926
79.000.000	814.599	956.294	956.294	1.212.714	1.212.714	1.421.734	1.421.734	1.605.848	1.605.848	1.846.468
80.000.000	820.583	962.964	962.964	1.221.121	1.221.121	1.431.278	1.431.278	1.616.716	1.616.716	1.858.873
81.000.000	826.513	969.568	969.568	1.229.442	1.229.442	1.440.717	1.440.717	1.627.466	1.627.466	1.871.141
82.000.000	832.391	976.105	976.105	1.237.678	1.237.678	1.450.052	1.450.052	1.638.101	1.638.101	1.883.274
83.000.000	838.216	982.576	982.576	1.245.830	1.245.830	1.459.284	1.459.284	1.648.621	1.648.621	1.895.275
84.000.000	843.989	988.982	988.982	1.253.899	1.253.899	1.468.416	1.468.416	1.659.027	1.659.027	1.907.144
85.000.000	849.711	995.323	995.323	1.261.885	1.261.885	1.477.447	1.477.447	1.669.322	1.669.322	1.918.884
86.000.000	855.382	1.001.601	1.001.601	1.269.790	1.269.790	1.486.380	1.486.380	1.679.506	1.679.506	1.930.495
87.000.000	861.004	1.007.816	1.007.816	1.277.615	1.277.615	1.495.214	1.495.214	1.689.580	1.689.580	1.941.979
88.000.000	866.576	1.013.970	1.013.970	1.285.361	1.285.361	1.503.953	1.503.953	1.699.547	1.699.547	1.953.339
89.000.000	872.099	1.020.061	1.020.061	1.293.028	1.293.028	1.512.595	1.512.595	1.709.407	1.709.407	1.964.574
90.000.000	877.574	1.026.093	1.026.093	1.300.618	1.300.618	1.521.144	1.521.144	1.719.161	1.719.161	1.975.687
91.000.000	883.001	1.032.064	1.032.064	1.308.131	1.308.131	1.529.599	1.529.599	1.728.811	1.728.811	1.986.678
92.000.000	888.380	1.037.975	1.037.975	1.315.569	1.315.569	1.537.962	1.537.962	1.738.357	1.738.357	1.997.550
93.000.000	893.713	1.043.829	1.043.829	1.322.931	1.322.931	1.546.233	1.546.233	1.747.802	1.747.802	2.008.304
94.000.000	899.000	1.049.624	1.049.624	1.330.219	1.330.219	1.554.414	1.554.414	1.757.145	1.757.145	2.018.940
95.000.000	904.241	1.055.361	1.055.361	1.337.434	1.337.434	1.562.506	1.562.506	1.766.388	1.766.388	2.029.460
96.000.000	909.437	1.061.042	1.061.042	1.344.576	1.344.576	1.570.510	1.570.510	1.775.532	1.775.532	2.039.866
97.000.000	914.588	1.066.666	1.066.666	1.351.646	1.351.646	1.578.425	1.578.425	1.784.579	1.784.579	2.050.158
98.000.000	919.695	1.072.235	1.072.235	1.358.645	1.358.645	1.586.255	1.586.255	1.793.528	1.793.528	2.060.338
99.000.000	924.757	1.077.749	1.077.749	1.365.574	1.365.574	1.593.998	1.593.998	1.802.381	1.802.381	2.070.406
100.000.000	929.777	1.083.208	1.083.208	1.372.433	1.372.433	1.601.657	1.601.657	1.811.140	1.811.140	2.080.364

Honorartafel für die Grundleistungen der Projektsteuerung zu § 206 Abs. 3 (DM)

Anrechenbare Kosten DM	Zone I von DM	Zone I bis DM	Zone II von DM	Zone II bis DM	Zone III von DM	Zone III bis DM	Zone IV von DM	Zone IV bis DM	Zone V von DM	Zone V bis DM
100.000.000				1.372.433	1.372.433	1.601.657	1.601.657			
150.000.000				1.939.389	1.939.389	2.268.911	2.268.911			
200.000.000				2.473.656	2.473.656	2.895.757	2.895.757			
250.000.000				2.983.288	2.983.288	3.494.178	3.494.178			
300.000.000				3.473.287	3.473.287	4.069.947	4.069.947			
350.000.000				3.946.961	3.946.961	4.626.878	4.626.878			
400.000.000				4.406.658	4.406.658	5.167.682	5.167.682			
450.000.000				4.854.135	4.854.135	5.694.387	5.694.387			
500.000.000				5.290.757	5.290.757	6.208.566	6.208.566			
550.000.000				5.717.613	5.717.613	6.711.476	6.711.476			
600.000.000				6.135.592	6.135.592	7.204.145	7.204.145			
650.000.000				6.545.438	6.545.438	7.687.428	7.687.428			
700.000.000				6.947.775	6.947.775	8.162.048	8.162.048			
750.000.000				7.343.143	7.343.143	8.628.626	8.628.626			
800.000.000				7.732.006	7.732.006	9.087.699	9.087.699			
850.000.000				8.114.771	8.114.771	9.539.735	9.539.735			
900.000.000				8.491.797	8.491.797	9.985.151	9.985.151			
950.000.000				8.863.404	8.863.404	10.424.313	10.424.313			
1.000.000.000				9.229.877	9.229.877	10.857.551	10.857.551			

anlagen zu § 56 (2) zu den Tafelwerten der Honorartafel für die Objektplanung zu § 16 (1) HOAI zu kürzen. Das Honorar für die Projektsteuerung der Altlastensanierung inkl. Abbruch, Rückbau, Wiederverwendung und Verwertung kann frei vereinbart werden.

(2) Das Honorar für Grundleistungen der Projektsteuerung bei anrechenbaren Kosten unter 1,0 Mio. DM kann als Pauschalhonorar oder als Zeithonorar nach § 6 HOAI berechnet werden, höchstens jedoch bis zu den in der Honorartafel nach § 206 (1) für anrechenbare Kosten von 1,0 Mio. DM festgesetzten Sätzen. Als Mindestsätze gelten die Stundensätze nach § 6 (2) HOAI.

(3) Für das Honorar für Grundleistungen der Projektsteuerung bei anrechenbaren Kosten über 100 Mio. DM bis 1.000 Mio. DM gelten folgende Honorarfunktionen:

$$y_{IIIunten} = 2{,}27 - 0{,}195 \cdot \ln x$$

$$y_{IIImitte} = 2{,}46 - 0{,}211 \cdot \ln x$$

$$y_{IIIoben} = 2{,}64 - 0{,}225 \cdot \ln x$$

x – anrechenbare Kosten in Mio. DM der Kostengruppen 100 bis 700 nach DIN 276 (Juni 1993) ohne die Kostengruppen 110, 710 und 760,
y – Honorar in v. H. der anrechenbaren Kosten.

Die Tafelwerte für anrechenbare Kosten zwischen 100 Mio. DM und 1.000 Mio. DM für die Honorarzonen III unten und III oben enthält die Honorartafel zu § 206 (3).

(4) Das Honorar für Grundleistungen der Projektsteuerung bei anrechenbaren Kosten über 1.000 Mio. DM kann frei vereinbart werden.

§ 207 Honorar für die Wahrnehmung der Projektleitung

(1) Das Honorar für die Wahrnehmung der Projektleitung mit dem Leistungsbild gem. § 205 beträgt bei gleichzeitig beauftragter Projektsteuerung mit den Grundleistungen nach § 204 ca. 50 v. H. des vereinbarten Honorars für die Projektsteuerung.
(2) Wird die Projektleitung ohne gleichzeitige Wahrnehmung der Projektsteuerung beauftragt, so kann auch ein höheres als das in § 207 (1) festgelegte Honorar frei vereinbart werden.

§ 208 Teilleistungen der Projektsteuerung als Einzelleistung

(1) Grundsätzlich sind die Grundleistungen der Projektsteuerung mit allen Handlungsbereichen und Projektstufen zu beauftragen.
(2) Werden ausnahmsweise einzelne vorangehende Projektstufen nicht beauftragt, so erhöht sich das Honorar für die beauftragten Projektstufen um max. 50 v. H. des Honorars dieser nicht beauftragten Projektstufen.

(3) Werden nicht alle Handlungsbereiche der Projektsteuerung übertragen, so werden die Grundhonorare der Honorartafel gem. § 206 (1) um folgende Prozentsätze gemindert:
- nur Handlungsbereiche Kosten und Termine   um 25 v. H.
- nur Handlungsbereiche Qualitäten und Kosten   um 25 v. H.
- nur Handlungsbereiche Qualitäten und Termine   um 25 v. H.
- nur Handlungsbereich Kosten   um 40 v. H.
- nur Handlungsbereich Termine   um 40 v. H.
- nur Handlungsbereich Qualitäten   um 50 v. H.
- nur Handlungsbereich Organisation   um 80 v. H.

§ 209 Wiederholte Projektsteuerungsleistungen

Für wiederholte Projektsteuerungsleistungen für dasselbe Projekt gilt § 20 HOAI analog für die Projektstufen 1 bis 3.

§ 210 Zeitliche Trennung der Leistungen

Für die zeitliche Trennung der Leistungen gilt § 21 HOAI analog.

§ 211 Auftrag für mehrere Projekte

Bei mehreren gleichen, spiegelgleichen oder im wesentlichen gleichartigen Projekten gilt § 22 HOAI analog.

§ 212 Umbauten und Modernisierungen

Bei Umbauten und Modernisierungen gilt § 24 HOAI analog.

§ 213 Instandhaltungen und Instandsetzungen

Bei Instandhaltungen und Instandsetzungen gilt § 27 HOAI analog.

§ 214 Einschaltung eines Generalplaners und/oder Generalunternehmers/-übernehmers

Bei Einschaltung eines Generalplaners und/oder eines Generalunternehmers/-übernehmers erfordert das Änderungsmanagement einen besonderen Aufwand. Daher ist in diesen Fällen das Änderungsmanagement im Rahmen des Handlungsbereiches Qualitäten und Quantitäten als besondere Leistung zu beauftragen. Unter dieser Voraussetzung kann bei Einschaltung eines Generalplaners das Honorar durch schriftliche Vereinbarung in den Projektstufen 2 Planung und 3 Ausführungsvorbereitung und bei Einschaltung eines Generalunternehmers/-übernehmers in der Projektstufe Ausführung jeweils um 10 v. H. gekürzt werden.

Dr.-Ing. Henry Portz
Dipl.-Ing. für Brandschutz
öffentlich bestellter und vereidigter Sachverständiger
für vorbeugenden Brandschutz, Brandbekämpfung
und Brandursachen

Ansprüche und Erwartungen an den Brandschutz steigen ständig.
Denn effizienter Brandschutz muss weit in die Zukunft hinein geplant und mit
Augenmaß für Sicherheit und Wirtschaftlichkeit optimiert und realisiert werden.

UNSER ANGEBOT

- Brandschutzgutachten
- Brandschutzkonzepte
- Brandschutznachweise
- Brandschutzberatungen
- Brandlastberechnungen
- Auslegung von Rauch- und Wärmeabzügen
- Brandsimulationen
- Berechnung von Brandverläufen
- Berechnung von Flucht- und Rettungsweglängen
- Berechnung von Evakuierungszeiten
- Brandverhütungsschauen
- brandschutztechnische Analyse von bestehenden Gebäuden
- Baubetreuung
- Bauabnahme
- Prüfung vorhandener Unterlagen zum Brandschutz (Konzepte u. Ä.)

IHR NUTZEN

- Erfüllung der gesetzlichen Aufgaben
- Planungssicherheit
- maßgeschneiderte Problemlösungen
- individuelle Brandschutzlösungen
- Brandschutzoptimierung

IHR VORTEIL

- Sie verbinden Sicherheit und Wirtschaftlichkeit.
- Sie sparen Kosten am richtigen Ende.
- Sie demonstrieren Ihre Verantwortung für Auftraggeber und Gemeinschaft.

Nennen Sie uns Ihre spezifischen Anforderungen in Sachen Brandschutz.
Wir freuen uns darauf, Ihnen partnerschaftlich zu helfen.
Mit Rat und Tat.

Sachverständigenbüro Dr. Portz
Hauptstraße 51
98530 Dillstädt
Telefon 03 68 46 / 6 05 68
Telefax 03 68 46 / 6 12 71

Sachverständigenbüro Dr. Portz
Benzstraße 45
70736 Fellbach-Oeffingen
Telefon 07 11 / 51 45 35
Telefax 07 11 / 51 15 64

www.dr-portz-brandschutz.de

VI
Aktuelle Honorarvorschläge

C
Ingenieurleistungen für den vorbeugenden baulichen Brandschutz

Dr.-Ing. Henry Portz
Dipl.-Ing. für Brandschutz
öffentlich bestellter und vereidigter Sachverständiger
für vorbeugenden Brandschutz, Brandbekämpfung
und Brandursachen

Sachverständigenbüro Dr. Portz
Benzstraße 45
70736 Fellbach-Oeffingen

Inhalt

1	**Allgemeines**	437
2	**Leistungsbild für den Brandschutz**	438
2.1	Darstellung der Leistungen	438
2.2	Honorare für Grundleistungen beim vorbeugenden Brandschutz	442
2.2.1	Honorarzonen	442
2..2.2	Honorartafel	444
3	**Brandschutzkonzepte**	444
3.1	Überblick	444
3.1.1	Grundsätzliches zum Brandschutzkonzept	444
3.1.2	Inhalt des Brandschutzkonzeptes nach vfdb-Richtlinie 01/01 (Stand Juli 1999)	446
3.2	Nordrhein-Westfalen	447
3.2.1	Gesetzliche Grundlagen	447
3.2.2	Ersteller und Inhalt des Branschutzkonzeptes	449
3.2.3	Honorar	450
3.3	Sachsen	452
3.3.1	Gesetzliche Grundlagen	452
3.3.2	Inhalt des Brandschutznachweises bzw. -konzeptes	452
3.3.3	Honorar	453
3.4	Baden-Württemberg	453
3.4.1	Gesetzliche Grundlagen	453
3.4.2	Inhalt des Brandschutzkonzeptes	454
3.4.3	Honorierung	458
3.5	Bayern	462
3.5.1	Gesetzliche Grundlagen	462
3.5.2	Inhalt des Brandschutznachweises bzw. Konzeptes	462
3.5.3	Honorar	463
3.6	Brandschutzkonzepte in anderen Bundesländern	463
4	**Prüfung von Brandschutzkonzepten**	467
4.1	Überblick	467
4.2	Staatlich anerkannte Sachverständige in Nordrhein-Westfalen	467
4.3	Verantwortliche Sachverständige für vorbeugenden Brandschutz in Bayern	467

4.4	Prüfingenieure für vorbeugenden baulichen Brandschutz in Sachsen	
4.5	Staatlich anerkannte Sachverständige in Rheinland-Pfalz	468
4.6	Baden-Württemberg	468
4.7	Andere Bundesländer	471

5	**Brandschutzgutachten**	471
5.1	Allgemeines	471
5.2	Honorierung von Brandschutzgutachten	472
5.2.1	Außergerichtliche Gutachten	472
5.2.2	Gerichtsgutachten	472

6	**Zusammenfassung/Ausblick**	473
	Literatur	473

1
Allgemeines

In den letzten Jahren hat sich das Brandschutzingenieurwesen in Deutschland sehr rasant entwickelt. Ingenieurleistungen für den vorbeugenden baulichen Brandschutz haben sich zu einem Dienstleistungszweig herausgebildet, der bei Sonderbauten nicht mehr wegzudenken ist.

Folgende ingenieurtechnische Dienstleistungen werden zurzeit am Markt angeboten:

- komplette brandschutztechnische Betreuung von Bauvorhaben nach dem Leistungsbild Brandschutz (siehe Abschnitt 2),
- Entwicklung von Brandschutzkonzepten (siehe Abschnitt 3),
- Prüfung von Brandschutzkonzepten (siehe Abschnitt 4),
- Erstellen von Brandschutzgutachten (siehe Abschnitt 5),
- Berechnungen nach ingenieurtechnischen Methoden,
- Brandschutzberatung,
- Baubetreuung und
- Durchführung von Brandverhütungsschauen.

Wegen der erforderlichen Spezialkenntnisse können diese Brandschutzdienstleistungen häufig nicht vom Objektplaner durchgeführt werden, sondern sollten einem Fachplaner übertragen werden, der

- mindestens 5 Jahre Erfahrung in der brandschutztechnischen Planung und Ausführung von baulichen Anlagen nachweisen kann,
- ausreichende Kenntnisse in der Baustofftechnologie und im chemisch/physikalischen Verhalten brandbeanspruchter Bauprodukte haben muss,
- die bauphysikalischen Randbedingungen des Lastfalles „Brand" mit Folgen für Risiko und Schutzziele im Bauwerk beherrscht,
- Grundkenntnisse im Bereich des abwehrenden Brandschutzes besitzt und
- über ausreichende Kenntnisse der baurechtlichen Vorschriften verfügt.

Folgende Personengruppen haben eine diesbezügliche Qualifikation nachgewiesen:

- öffentlich bestellte und vereidigte Sachverständige für vorbeugenden Brandschutz (in der Regel mit Prüfung an der IHK Darmstadt – bundesweit tätig),
- staatlich anerkannte Sachverständige für die Prüfung des Brandschutzes (NRW, RLPf),
- verantwortliche Sachverständige für vorbeugenden Brandschutz (Bayern) und
- Prüfingenieure für vorbeugenden baulichen Brandschutz (Sachsen).

Dieses Kapitel hat das Ziel, einen Überblick über die Ingenieurleistungen im vorbeugenden baulichen Brandschutz und deren Honorare darzustellen.

2 Leistungsbild für den Brandschutz

2.1 Darstellung der Leistungen

Das Leistungsbild „Brandschutz" wurde vom Verband Beratender Ingenieure VBI und der Baukammer Berlin in einem gemeinsamen Arbeitskreis erstellt [1]. Das Leistungsbild soll einen Beitrag sowohl zu einer risikogerechten als auch zu einer kostenbewussten Bearbeitung des Brandschutzes durch den Ingenieur/Architekten liefern.

	Grundleistungen	*Besondere Leistungen*
	1. Grundlagenermittlung	
1 Grundlagenermittlung	1 Klären der Aufgabenstellung und des Planungsumfangs, Klären inwieweit besondere Fachplaner einzubeziehen sind und Festlegungen der Aufgabenverteilung. 2 Zusammenfassen der Ergebnisse und aller Unterlagen	
	2. Vorplanung	
2 Vorplanung	1 Feststellen der einschlägigen Vorschriften und behördlichen Bestimmungen und der wesentlichen materiell-rechtlichen Anforderungen aufgrund der Art, Nutzung, Bauweise, Größe, Nachbarschaft und des gestalterischen Konzeptes sowie eventuell beanspruchte Abweichungen von diesen Vorschriften 2 Klärung der Möglichkeiten beim abwehrenden Brandschutz 3 Ermitteln der Voraussetzungen zur Genehmigungsfähigkeit 4 Erarbeitung der Grundzüge des Brandschutzkonzeptes 5 Untersuchung alternativer Lösungsmöglichkeiten	1 Qualitative Analyse des vorgesehenen Betriebs hinsichtlich besonderer Brand- und Explosionsgefahren, Bewerten der Folgen von Bränden und Explosionen hinsichtlich öffentlicher Belange oder Betriebsunterbrechung 2 Bei Anlagen, die unter das BImSchG bzw. die StörfallVO fallen: Festlegungen der Schnittstellen zur Störfall-/Sicherheitsanalyse 3 Erarbeiten eines Entrauchungs- und Rettungswegkonzeptes für spezielle Fragestellungen 4 Abschätzen von Brandlasten/Rauchlasten 5 Erarbeiten der Grundlagen eines Tragwerkskonzeptes zum Nachweis ausreichender Feuerwiderstandsfähigkeit

Grundleistungen | *Besondere Leistungen*

6 Erarbeitung der technischen Grundlagen für die Kostenschätzung 7 Mitwirken bei Vorabstimmungen mit Behörden, Vorabstimmung mit der Brandschutz-Dienststelle und/oder Feuerwehr 8 Zusammenstellen der Vorplanungsergebnisse	6 Klären absehbarer Änderungen bei Nutzung oder Betrieb und etwaiger Beschränkungen aufgrund des Brandschutzkonzeptes 7 Bewerten besonderer Maßnahmen für erhöhten Sachschutz oder notwendige Risikominderung 8 Werten von Maßnahmen bezüglich möglicher versicherungstechnischer Auswirkungen 9 Anpassung an Nutzungsänderungen

2 Vorplanung

3. Entwurfsplanung

1 Durcharbeiten des Brandschutzkonzeptes, Verfolgen der Wechselwirkung zwischen den verschiedenen baulichen und anlagentechnischen Maßnahmen 2 Konkretisieren von Anforderungen: • aufgrund des Abstandskonzeptes • hinsichtlich Feuerwehr-Zufahrt/Zugang • an den Löschwasserbedarf (Grundschutz) • aufgrund des Rettungswegkonzeptes • an die Abschnittsbildung • an das Tragwerk • an Baustoffe, Verkleidungen • Installationen (Schächte/Kanäle) und fallweise an • Löscheinrichtungen • Brandmeldeeinrichtungen, Hausalarm • die Sicherheitsbeleuchtung • die Aufzüge • Lüftungsanlagen 4 Vorgabe der technischen Grundlagen für die Kostenberechnung 5 Mitwirken bei Abstimmungen mit Behörden, Abstimmung mit der Brandschutz-Dienststelle und/oder Feuerwehr	1 Analyse der vorgesehenen Sicherheitstechnik und betrieblichen Infrastruktur hinsichtlich Wechselwirkungen mit dem Brandschutzkonzept 2 Ermitteln von Stoffwerten; Brandlastermittlung 3 Festlegen der maßgebenden Brandszenarien und numerische oder qualitative Analyse 4 Konkretisieren des Entrauchungskonzeptes in Abstimmung mit dem Lüftungskonzept 5 Erarbeitung eines Evakuierungskonzeptes 6 Zusammenstellen der Vorgaben für die Sicherheits-/Störfallanalyse und Umsetzen von Vorgaben aus der Sicherheits-/Störfallanalyse 7 Maßnahmen für Bereiche/Anlagen mit besonderen Anforderungen an Sachschutz oder Funktionserhalt 8 Konkretisieren des Überwachungskonzeptes mit automatischen Brandmelde-/Gefahrenmeldeeinrichtungen und erforderlicher Steuerfunktionen 9 Vorgabe für die Auslegung von Löschanlagen 10 Abschätzen des Löschwasserbedarfs und -bevorratung für den Objektschutz 11 Planung von Rückhalteeinrichtungen für Löschwasser und für brennbare Flüssigkeiten 12 Konkretisieren des Tagwerkskonzeptes für die „heiße Bemessung" in Abstimmung mit dem Tragwerksplaner

3 Entwurfsplanung

| Grundleistungen | Besondere Leistungen |

3 Entwurfsplanung

13 Mitwirken bei Verhandlungen mit dem Versicherer über rabattfähige technische Maßnahmen

4. Genehmigungsplanung

4 Genehmigungsplanung

1 Zusammenstellen der Vorgaben für die Erstellung von Brandschutzplänen/ Flucht- und Rettungswegplänen und Prüfen der zutreffenden Umsetzung
2 Erarbeiten des Erläuterungsberichtes mit Darstellung
- der Rechtsgrundlagen, die der Planung zugrunde liegen
- des Brandschutzkonzeptes und der baulichen, anlagentechnischen und betrieblichen Maßnahmen
- sonstiger für den Brandschutz relevanter Planungsinhalte
- Löschwasserversorgung
- vorgeschriebener Nachweise
3 Zusammenstellen dieser Unterlagen
4 Vervollständigen und Anpassen der Planungsunterlagen

1 Überprüfen sämtlicher Bauvorlagen auf zutreffende Umsetzung der Brandschutzplanung und auf Übereinstimmung mit dem Erläuterungsbericht
2 Erstellen von Brandschutzplänen/Flucht- und Rettungswegplänen
3 Beschreiben der Anlage hinsichtlich besonderer Brand- (und Ex)-Risiken; Darstellung der betrieblichen Infrastruktur und sicherheitstechnischer Maßnahmen und des hierauf abgestimmten Brandschutzkonzeptes
4 Zusammenstellen der brennbaren Stoffe, brennbaren Flüssigkeiten, Gefahrstoffe
5 Nachweis der Brandschutzklasse bei Industriebauten; Nachweis zulässiger Flächen
6 Nachweis zur Löschwasser-Rückhaltung
7 Beschreiben besonderer Maßnahmen zum Arbeitsschutz
8 Begründen des gewählten Tragwerkskonzepts für die „heiße Bemessung"
9 Begründen von Abweichungen

5. Ausführungsplanung

5 Ausführungsplanung

1 Durcharbeiten der Ergebnisse vorangegangener Leistungsphasen unter Berücksichtigung aller brandschutztechnischen Anforderungen und der konkreten Umsetzung der genehmigten Lösungen
2 Mitwirken bei der Objektplanung und den Fachplanungen hinsichtlich der integrierten Fachleistungen bis zu ausführungsreifen Leistungen
3 Mitwirken an der Koordination der Fachplanung an brandschutzrelevanten Schnittstellen
4 Fortschreiben des Erläuterungsberichtes, Mitwirken an der Erstellung des Raumbuches

1 Beraten der Objektplaner und Fachplaner bei ihrer Ausführungsplanung
2 Koordination von Regel- und Steuerfunktionen bei Gefahrenmeldungen
3 Prüfen von Ausführungsplänen und Montageplänen der Objekt- und Fachplaner hinsichtlich Brandschutz
4 Prüfen von Funktionsbeschreibungen
5 Prüfen des Raumbuches hinsichtlich der Vollständigkeit brandschutztechnischer Einrichtungen

2 Leistungsbild für den Brandschutz

Grundleistungen   *Besondere Leistungen*

6. Vorbereitung der Vorgaben

1. Liefern der Beiträge für die Erstellung der Leistungsverzeichnisse der Objekt- bzw. Fachplaner

1. Prüfen von definierten brandschutztechnischen Teilleistungen in Leistungsverzeichnissen
2. Anfertigen von Ausschreibungszeichnungen bei Leistungsbeschreibungen mit Leistungsprogramm
3. Ermitteln von Mengen als Grundlage für das Aufstellen von Leistungsverzeichnissen in Abstimmung mit Beiträgen anderer an der Planung fachlich Beteiligter
4. Aufstellung von Leistungsbeschreibungen mit Leistungsverzeichnissen nach Leistungsbereichen

6 Vorbereitung der Vergabe

7. Mitwirkung bei der Vergabe

1. Prüfen und Werten der Angebote hinsichtlich der gelieferten Beiträge aus fachtechnischer Sicht

1. Prüfen und Werten von Sondervorschlägen der Bieter zu als gleichwertig genannten Lösungen
2. Aufstellung eines Preisspiegels nach Teilleistung
3. Mitwirken bei der Verhandlung mit Bietern und Mitwirken am Erstellen eines Vergabevorschlags
4. Fortschreibung der Ausführungsplanung auf dem Stand der Ausschreibungsergebnisse

7 Mitwirkung bei der Vergabe

8. Objektüberwachung (Bauüberwachung)

1. Überwachen der Ausführung des Objektes auf spezielle Übereinstimmungen mit der Brandschutzplanung
2. Für Brandschutzmaßnahmen: Kontrolle auf Vollständigkeit der erforderlichen Unterlagen und Bescheinigungen
3. Fachtechnische Abnahme von Brandschutzmaßnahmen, an denen mehrere Gewerke beteiligt sind
4. Mitwirken bei der Vorbereitung des Antrags auf behördliche Abnahme und Teilnahme daran
5. Mitwirken bei der Überwachung der Beseitigung der bei der Abnahme festgestellten Mängel

1. Mitwirken bei Erstellung der Brandschutzordnung für die Baustelle
2. Vorgabe eines Zeitplanes für die Funktionsfähigkeit von Brandschutzeinrichtungen; Überwachen der Einhaltung des Zeitplanes
3. Abnahme von Rauch- und Wärmeabzugsanlagen
4. Ergänzend zur fachtechnischen Abnahme durch die Fachplanung; Brandschutztechnische Abnahme von Sonderbauteilen, Anlagen und Einrichtungen
5. Überprüfen von Linienplänen

8 Objektüberwachung (Bauüberwachung)

Grundleistungen	Besondere Leistungen
9. Objektbetreuung und Dokumentation	

	Grundleistungen	Besondere Leistungen
9 Objektbetreuung und Dokumentation	1 Zusammenstellen der gesetzlich vorge-schriebenen Wiederholungsprüfungen bei Brandschutzeinrichtungen 2 Zusammenstellen der Brandschutzpläne/ Flucht- und Rettungswegpläne bzw. Vorgabe für deren Aktualisierung 3 Aktualisierung des Erläuterungsberichts	1 Erstellen von Feuerwehr-(Einsatz)Plänen 2 Aktualisieren von Brandschutzplänen/ Flucht- und Rettungswegplänen 3 Mitwirken bei der Erstellung der Brandschutzordnung des Betriebs-handbuchs, des Alarm- und Gefahrenab-wehrplanes 4 Einweisen von Personal mit Brandschutz-aufgaben 5 Planen der wiederkehrenden Prüfungen, der Wartungs- und Pflegeleistungen, Überwachen der ordnungsgemäßen Durchführung 6 Überprüfen der Brandbelastung und anderer Planungsannahmen nach Inbe-triebnahme 7 Baubegehungen nach Übergabe, auch zur Mängelfeststellung während der Gewährleistungsfrist; Überwachen der Beseitigung von Mängeln 8 Durchführen der Wiederholungs-prüfungen bei Brandschutzeinrichtungen

2.2
Honorare für Grundleistungen beim vorbeugenden Brandschutz [1]

2.2.1
Honorarzonen

Honorarzone 1 – Vorhaben einfacherer Schwierigkeit
- einfache bauliche Anlagen,
- Wohngebäude geringer Höhe, auch in der Form von Doppelhäusern oder Hausgruppen,
- Gebäude geringer Höhe, die neben einer Wohnnutzung teilweise oder aus-schließlich freiberuflich oder gewerblich im Sinne § 13 der BauNVO genutzt werden,
- nicht oder nur zum vorübergehenden Aufenthalt einzelner Personen bestimmte eingeschossige Gebäude, soweit sie keine Sonderbauten sind,
- Zelte, soweit sie nicht fliegende Bauten sind,
- Campingplätze und Wochenendplätze.

Honorarzone 2 – Vorhaben mittlerer Schwierigkeit; Sonderbauten
- die nur aufgrund eines der nachfolgenden Kriterien 1–10 als Sonderbauten gelten
- und für die eine Sonderbauvorschrift (Verordnung oder Richtlinie) erlassen wurde oder die als Büro oder Verwaltungsgebäude durch die Landesbauordnung abgedeckt sind
- und die auch dem vorübergehenden Aufenthalt von höchstens 1.000 Personen dienen.

  Vorhaben im obigen Sinne sind insbesondere:
  1. Hochhäuser,
  2. Verkaufsstätten,
  3. Versammlungsstätten und Gaststätten,
  4. Büro- und Verwaltungsgebäude,
  5. Krankenhäuser, Altenpflege-, Entbindungs- und Säuglingsheime für den Bereich der Bettenhäuser,
  6. Schulen und Sportstätten,
  7. bauliche Anlagen und Räume von großer Ausdehnung und mit erhöhter Brandgefahr, Explosionsgefahr oder Verkehrsgefahr,
  8. bauliche Anlagen und Räume, die für gewerbliche Betriebe bestimmt sind,
  9. bauliche Anlagen und Räume, deren Nutzung mit einem starken Abgang unreiner Stoffe verbunden sind, und Anlagen, die in der 4. Verordnung zur Durchführung des Bundes-Immissionsschutzgesetzes enthalten waren, wenn nur die Einhaltung bauaufsichtlicher Vorschriften nachzuweisen ist,
  10. Garagen mit mehr als 1.000 m² Nutzfläche oder Garagen in Verbindung mit einem der o. g. Kriterien.

Honorarzone 3 – Vorhaben größerer Schwierigkeit
- die aufgrund mindestens zwei der Kriterien 1–10 von Honorarzone 2 einzuordnen sind
- oder für die keine Sonderbauverordnung erlassen wurde und die nicht als Büro- oder Verwaltungsgebäude durch die Landesbauordnung abgedeckt sind
- oder Krankenhäuser gemäß Ziffer 5 mit Intensivstation
- oder die dem auch nur vorübergehenden Aufenthalt von mehr als 1.000 Personen, in mehrgeschossigen Gebäuden höchstens 5.000, dienen.

Honorarzone 4 – Vorhaben mit großer Schwierigkeit
- Sonderbauten nach Punkt 9 der Honorarzone 2 in Bezug auf Einhaltung aller öffentlich-rechtlichen Vorschriften,
- mehrgeschossige Sonderbauten, die dem auch nur vorübergehenden Aufenthalt von mehr als 5.000 Personen dienen.

2.2.2
Honorartafel

Für Vorhaben der Honorarzone 1 erfolgt die Brandschutzplanung in der Regel als Teil der Objektplanung, gegebenenfalls ist für einzelne Leistungen ein Zeithonorar auf der Grundlage von Stundensätzen zu vereinbaren. Bei Umbau- und Modernisierungsvorhaben, die mit einer Nutzungsänderung verbunden sind, ist die jeweils nächst höhere Honorarzone anzusetzen, sofern nicht ein Zeithonorar vereinbart ist. Die Honorare und ihre prozentuale Aufteilung sind in Tabelle 1 dargestellt.

3
Brandschutzkonzepte

3.1
Überblick

3.1.1
Grundsätzliches zum Brandschutzkonzept

Der Schwerpunkt bei Ingenieurdienstleistungen für den vorbeugenden baulichen Brandschutz liegt in der Anfertigung von Brandschutzkonzepten für bauliche Anlagen. Teilweise werden diese Konzepte auch als Brandschutznachweise oder Brandschutzgutachten bezeichnet. Das Brandschutzkonzept muss auf den Einzelfall abgestimmt sein, wobei Ingenieurmethoden des vorbeugenden Brandschutzes hilfreich sein können. Sofern das Brandschutzkonzept als Begründung für Abweichungen von bauordnungsrechtlichen Vorschriften herangezogen werden soll, ist auf diese Abweichungen einzugehen. Der Bauherr/Betreiber des Gebäudes wendet das Brandschutzkonzept an als Grundlage bei:

- der Planung des Gebäudes,
- der Nutzung des Gebäudes,
- der Organisation des betrieblichen Brandschutzes,
- der Ausbildung der Mitarbeiter und
- der Planung von Umbauten und Nutzungsänderungen.

Es dient als Grundlage:
- für die bauaufsichtliche Beurteilung/Genehmigung,
- für die Fachplanung, Bauausführung und Koordinierung der Gewerke,
- für die Abnahme und die wiederkehrenden Prüfungen,
- für die privatrechtliche Risikobeurteilung,
- für die Brandsicherheitsschauen und
- für die Einsatzplanung der Feuerwehr.

Das Brandschutzkonzept kann im Baugenehmigungsverfahren, insbesondere bei Sonderbauten, als eigenständige Bauvorlage gefordert werden.

Honorartafel für das Leistungsbild Brandschutz

Tabelle 1: Honorarvorschlag „Beratende Ingenieure" [1]

Bruttogeschossfläche (BFG) in m²	Zone 2 DM	Zone 3 DM	Zone 4 DM
1.000	17.825	19.162	20.499
2.500	32.336	34.762	37.187
5.000	50.741	54.547	58.352
7.500	66.042	70.995	75.948
10.000	79.621	85.593	91.565
20.000	124.929	134.310	143.680
30.000	162.614	174.810	187.006
40.000	196.051	210.755	225.459
50.000	226.652	243.651	260.650
Zonenfaktor a	200	215	230

Gleichung des Honorarverlaufs: $(DM) = BGF \times a \times BGF^{0,35}$

Honorarvorschlag „Beratende Ingenieure" [1]

Bewertung der Grundleistung in v. H. der Honorare	
1. Grundlagenermittlung	1
2. Vorplanung	12
3. Entwurfsplanung	24
4. Genehmigungsplanung	16
5. Ausführungsplanung	18
6. Vorbereitung der Vergabe	3
7. Mitwirkung bei der Vergabe	1
8. Objektüberwachung (Bauüberwachung)	20
9. Objektbetreuung und Dokumentation	5

3.1.2
Inhalt des Brandschutzkonzeptes nach vfdb-Richtlinie 01/01 (Stand Juli 1999)

Allgemeine Angaben:

In der vfdb-Richtlinie 01/01 (Stand Juli 1999) [3] ist der konkrete Inhalt eines Brandschutzkonzeptes beispielhaft vorgegeben:
- Beschreibung des Gebäudes/der baulichen Anlage und der örtlichen Situation im Hinblick auf den Brandschutz,
- Art der Nutzung,
- Beurteilungsgrundlage (Planungsstand und Rechtsgrundlage),
- Anzahl und Art der die bauliche Anlage nutzende Personen,
- Brandlast der Nutz- und Lagerflächen,
- Darstellung der Schutzziele und insbesondere Beschreibung der Schwerpunkte der Schutzziele z. B. zum Personen-, Sachwert-, Denkmal-, Unfall- und Umweltschutz,
- Brandgefahren und besondere Zündquellen,
- Risikoanalyse und Benennung der Risikoschwerpunkte.

Vorbeugender baulicher Brandschutz

- Zugänglichkeit der baulichen Anlagen vom öffentlichen Straßenraum wie Zugänge, Zufahrten
- Erster und zweiter Rettungsweg und Rettungswegausbildung
- Anordnung von Brandabschnitten und anderen brandschutztechnischen Unterteilungen sowie die Ausführung deren trennender Bauteile einschließlich ihrer Aussteifung
- Abschluss von Öffnungen in abschnittsbildenden Bauteilen
- Anordnung und Ausführung von Rauchabschnitten (Rauchschürzen, Rauchschutztüren)
- Feuerwiderstand von Bauteilen (Standsicherheit, Raumabschluss, Isolierung usw.)
- Brennbarkeit der Baustoffe

Vorbeugender anlagentechnischer Brandschutz

- Brandmeldeanlagen mit Darstellung der überwachten Bereiche, der Brandkenngröße und der Stelle, auf die aufgeschaltet wird
- Alarmierungseinrichtungen mit Beschreibung der Auslösung und Funktionsweise
- Automatische Löschanlage mit Darstellung der Art der Anlage und der geschützten Bereiche
- Brandschutztechnischen Einrichtungen wie Steigleitern, Wandhydranten, Druckerhöhungsanlage, halbstationäre Löschanlagen und Einspeisstellen für die Feuerwehr
- Rauchableitung mit Darstellung der Anlage einschließlich der Zulufteinrichtungen und des zu entrauchenden Bereiches
- Einrichtungen zur Rauchfreihaltung mit Schutzbereichen
- Maßnahmen für den Wärmeabzug mit Darstellung der Art der Anlage
- Lüftungskonzept soweit es den Brandschutz berührt (z. B. Umsteuerung der Lüftungsanlagen von Um- auf Abluftbetrieb)
- Angabe zum Funktionserhalt von sicherheitsrelevanten Anlagen einschließlich der Netzersatzversorgung
- Blitz- und Überspannungsschutzanlage
- Sicherheits- und Notbeleuchtung

Vorbeugender baulicher Brandschutz

Vorbeugender anlagentechnischer Brandschutz

- Angaben zu Aufzügen (z. B. Brandfallsteuerung, Aufschaltung der Notrufabfrage, Feuerwehraufzüge)
- Beschreibung der Funktion und Ausführung von Gebäudefunkanlagen

Organisatorischer (betrieblicher) Brandschutz

- Angaben über das Erfordernis einer Brandschutzordnung nach DIN 14 096, einer Evakuierungsplanung und von Rettungswegplänen
- Kennzeichnung der Rettungswege und Sicherheitseinrichtungen
- Bereitstellung von Kleinlöschgeräten (Feuerlöschdecke, Brandschutzdecke)
- Hinweis auf die Ausbildung des Personals in der Handhabung von Kleinlöschgeräten und auf die jährliche Einweisung der Mitarbeiter in die Brandschutzordnung
- Einrichten einer Werkfeuerwehr

Abwehrender Brandschutz

- Löschwasserversorgung und -rückhaltung
- Erstellung eines Feuerwehrplanes nach DIN 14 095
- Flächen für die Feuerwehr (Aufstell- und Bewegungsflächen)
- Einrichtung von Schlüsseldepots (Feuerwehrschlüsselkästen)
- Festlegung zentraler Anlaufstellen für die Feuerwehr

3.2 Nordrhein-Westfalen

3.2.1 Gesetzliche Grundlagen

In NRW gibt es die Besonderheit, dass die Erstellung von schutzzielorientierten Brandschutzkonzepten für große Sonderbauten vom Gesetzgeber gefordert werden. Für Sonderbauten, die in der abschließenden Liste unter § 68 (1), Satz 3 BauO NRW aufgeführt sind (sogenannte „große Sonderbauten") ist gemäß § 69 (1) BauO NRW mit den Bauvorlagen ein Brandschutzkonzept einzureichen. Dies betrifft:

1. Hochhäuser,
2. Bauliche Anlagen mit mehr als 30 m Höhe,
3. Bauliche Anlagen und Räume mit mehr als 1.600 m² Grundfläche,
4. Verkaufsstätten mit mehr als 700 m² Verkaufsfläche,
5. Messe- und Ausstellungsbauten,
6. Büro- und Verwaltungsgebäude mit mehr als 3.000 m² Geschossfläche,
7. Kirchen und Versammlungsstätten mit Räumen für mehr als 200 Personen,
8. Sportstätten mit mehr als 1.600 m² Grundfläche oder mehr als 200 Zuschauerplätzen, Freisportanlagen mit mehr als 400 Tribünenplätzen,
9. Sanatorien und Krankenhäuser, Entbindungs-, Säuglings-, Kinder- und Pflegeheime,

10. Kindergärten und Horte mit mehr als zwei Gruppen oder mit dem Aufenthalt für Kinder dienenden Räumen außerhalb des Erdgeschosses sowie Tageseinrichtungen für Behinderte und alte Menschen,
11. Gaststätten mit mehr als 40 Sitzplätzen oder Beherbergungsbetriebe mit mehr als 30 Betten und Vergnügungsstätten,
12. Schulen, Hochschulen und ähnliche Einrichtungen,
13. Abfertigungsgebäude von Flughäfen und Bahnhöfen,
14. Justizvollzugsanstalten und bauliche Anlagen für den Maßregelvollzug,
15. Bauliche Anlagen und Räume, deren Nutzung mit Explosionsgefahr oder erhöhter Brand-, Gesundheits- oder Verkehrsgefahr verbunden ist und Anlagen, die am 1. Januar 1997 in der 4. Verordnung zur Durchführung des Bundesimmissionsschutzgesetzes enthalten waren,
16. Garagen mit mehr als 1.000 m² Nutzungsfläche,
17. Camping- und Wochenendplätze,
18. Regale mit mehr als 9 m Lagerhöhe (OK Lagergut),
19. Zelte, soweit sie nicht fliegende Bauten sind.

Auf die Vorlage eines Brandschutzkonzeptes bei Bauvorhaben nach § 68 (1) Satz 3 BauO NRW („große Sonderbauten") darf entsprechend § 1 (2) BauPrüfVO nicht verzichtet werden.

Mit der Ergänzung des Begriffs „bauliche Anlagen und Räume besonderer Art oder Nutzung" in § 54 (1) BauO NRW um den Klammerbegriff „Sonderbauten" werden diesen de facto alle Bauvorhaben zugeordnet, die nicht nach den Standard-Regelungen der Landesbauordnung, die im Wesentlichen auf Wohngebäude abgestellt sind, beurteilt werden können oder Abweichungen von diesen aufweisen. Somit entsteht nach der Liste des § 68 (1) Satz 3 eine Gruppe sogenannter „kleiner Sonderbauten", für welche gemäß § 54 (2) Ziff. 19 BauO NRW die Vorlage eines Brandschutzkonzeptes gefordert werden kann. Nach Ziff. 54.219 der vorgesehenen Verwaltungsvorschrift zur BauO NRW „sollte ein Brandschutzkonzept insbesondere in den Fällen verlangt werden, in denen wesentliche Erleichterungen von den sonst geltenden Vorschriften der BauO NRW gewünscht werden."

Verzichtet die Bauaufsichtsbehörde auf die Vorlage eines Brandschutzkonzeptes für einen Sonderbau entsprechend § 54, kann sie entweder die besonderen Anforderungen oder Erleichterungen entsprechend § 54 behördenseitig festlegen oder entsprechend § 61 (3) zur Erfüllung ihrer Aufgaben Sachverständige heranziehen. Die Vorlage von Bescheinigungen über die Prüfung des Brandschutzes von staatlich anerkannten Sachverständigen (die auf Grundlage der Sachverständigenverordnung SVVO unmittelbar im Auftrag des Bauherrn tätig würden) ist nach der Neufassung der Landesbauordnung in Nordrhein-Westfalen ausdrücklich ausgeschlossen. Dies ergibt sich aus § 72 (6) letzter Satz.

Es wird zukünftig erforderlich sein, für alle „kleinen Sonderbauten" im Vorfeld mit der Bauaufsichtsbehörde abzustimmen, ob die Vorlage eines Brandschutzkonzeptes oder die Einschaltung eines prüfenden Sachverständigen verlangt wird oder die Bauaufsichtsbehörden selbst die brandschutztechnische Bewertung und Prüfung vornehmen.

3.2.2
Ersteller und Inhalt des Brandschutzkonzeptes

Gemäß § 58 Abs. 3 BauO NRW soll das Brandschutzkonzept von staatlich anerkannten Sachverständigen für die Prüfung des Brandschutzes aufgestellt werden. Die gemäß § 36 der Gewerbeordnung öffentlich bestellten und vereidigten Sachverständigen für den baulichen Brandschutz sind ihnen insoweit gleichgestellt.

Nach Ziffer 58.3 der VVBauO NRW kommen im Einzelfall auch weitere Personen in Betracht, deren Brandschutzkonzept von den Bauaufsichtsbehörden akzeptiert werden. Es handelt sich um Personen, deren jeweilige Ausbildung und berufliche Erfahrung sie als hinreichend qualifiziert erscheinen lässt.

Das Brandschutzkonzept muss insbesondere folgende Angaben enthalten:

1. Zu- und Durchfahrten sowie Aufstell- und Bewegungsflächen für die Feuerwehr,
2. den Nachweis der erforderlichen Löschwassermenge sowie den Nachweis der Löschwasserversorgung,
3. Bemessung, Lage und Anordnung der Löschwasser-Rückhalteanlagen,
4. das System der äußeren und der inneren Abschottung in Brandabschnitte bzw. Brandbekämpfungsabschnitte sowie das System der Rauchabschnitte mit Angaben über die Lage und Anordnung und zum Verschluss von Öffnungen in abschottenden Bauteilen,
5. Lage, Anordnung, Bemessung (ggf. durch rechnerischen Nachweis) und Kennzeichnung der Rettungswege auf dem Baugrundstück und in Gebäuden mit Angaben zur Sicherheitsbeleuchtung, zu automatischen Schiebetüren und zu elektrischen Verriegelungen von Türen,
6. die höchstzulässige Zahl der Nutzer der baulichen Anlage,
7. Lage und Anordnung haustechnischer Anlagen, insbesondere der Leitungsanlagen, ggf. mit Angaben zum Brandverhalten im Bereich von Rettungswegen,
8. Lage und Anordnung der Lüftungsanlagen mit Angaben zur brandschutztechnischen Ausbildung,
9. Lage, Anordnung und Bemessung der Rauch- und Wärmeabzugsanlagen mit Eintragung der Querschnitte bzw. Luftwechselraten sowie der Überdruckanlagen zur Rauchfreihaltung von Rettungswegen,
10. die Alarmierungseinrichtungen und die Darstellung der elektro-akustischen Alarmierungsanlagen (ELA-Anlage),
11. Lage, Anordnung und ggf. Bemessung von Anlagen, Einrichtungen und Geräten zur Brandbekämpfung (wie Feuerlöschanlagen, Steigeleitungen, Wandhydranten, Schlauchanschlussleitungen, Feuerlöschgeräte) mit Angaben zur Bevorratung von Sonderlöschmitteln,
12. Sicherheitsstromversorgung mit Angaben zur Bemessung und zur Lage und brandschutztechnischen Ausbildung des Aufstellraumes, der Ersatzstromversorgungsanlage (Batterien, Stromerzeugungsaggregate) und zum Funktionserhalt der elektrischen Leitungsanlagen,
13. Hydrantenpläne mit Darstellung der Schutzbereiche,

14. Lage und Anordnung von Brandmeldeanlagen mit Unterzentralen und Feuerwehrtableaus, Auslösestellen,
15. Feuerwehrpläne,
16. betriebliche Maßnahmen zur Brandverhütung und Brandbekämpfung sowie zur Rettung von Personen (wie Werkfeuerwehr, Betriebsfeuerwehr, Hausfeuerwehr, Brandschutzordnung, Maßnahmen zur Räumung, Räumungssignale),
17. Angaben darüber, welche materiellen Anforderungen der Landesbauordnung oder in Vorschriften aufgrund der Landesbauordnung nicht entsprochen wird und welche ausgleichenden Maßnahmen statt dessen vorgesehen werden,
18. verwendete Rechenverfahren zur Ermittlung von Brandschutzklassen nach Methoden des Brandschutzingenieurwesens.

Gesetzlich geregelt ist Vorhergehendes in der BauPrüfVO vom 20.02.2000 und spezifiziert in der VVBauPrüfVO (Rd. Erl. d. Ministeriums für Bauen und Wohnen vom 08.03.2000-II A 2-111-MBl. NRW 2000 S. 478).

3.2.3
Honorar

Mit der Honorierung von Brandschutzkonzepten in NRW haben sich Kempe und Kirchner [2] ausführlich beschäftigt. Sie schlagen sinngemäß die folgende Vorgehensweise vor:

1. Grundlage für die Honorarermittlung bilden die anrechenbaren Kosten, die den Brandschutz betreffend mit den Kostengruppen 300 und 400 nach DIN 276 anzusetzen sind.
2. Zur Einteilung in Honorarzonen wurden die Sonderbauten gemäß Leistung nach § 68 (1) bzw. § 54 BauO NRW entsprechend dem Schwierigkeitsgrad für die brandschutztechnische Bearbeitung bewertet und zugeordnet.
3. Sofern ein Bauvorhaben den Kriterien für mehrere Sonderbauten entspricht, soll jeweils die höhere auftretende Honorarzone zugrunde gelegt werden. Damit ist dann zugleich der Aufwand abgegolten, der sich bei der Bearbeitung von Brandschutzkonzepten aus der objektspezifischen Abstimmung unterschiedlicher Sonderbau-Vorschriften ergibt.
4. Die ausgewiesenen Honorare beziehen sich auf die Erstellung von Brandschutzkonzepten mit den vorgeschriebenen Leistungsinhalten als Grundleistung; aufwendigere Simulationsberechnungen, Nachweise durch Brandversuche usw. sind als besondere Leistungen anzusehen und gesondert zu vergüten.
5. Die angegebenen Honorare verstehen sich zuzüglich gesetzlicher Mehrwertsteuer, betreffend Nebenkosten sollen die Regelungen der HOAI analog gelten.
6. In den Honoraren eingeschlossen ist die Teilnahme an Planungssitzungen und Behördengesprächen im üblichen Umfang. Als Anhaltswert hierfür kann angegeben werden ein Termin bei anrechenbaren Kosten bis 1 Mio. DM, drei Termine bei anrechenbaren Kosten bis 5 Mio. DM, fünf Termine bis 10 Mio. DM, acht

Honorartafel nach einem Vorschlag von Kempe und Kirchner

Tabelle 2: Honorarvorschlag Kempe und Kirchner [2]

bauliche Anlagen gemäß BauO NRW	Wohngebäude oder Mittelgaragen	§ 68 (1), Ziff. 3 oder 16	§ 68 (1), Ziff. 1, 2, 4, 5, 6, 7, 8, 10, 11, 18, 19 oder § 54	§ 68 (1), Ziff. 12, 14 oder 17	§ 68 (1), Ziff. 9, 13, 15
Zonenfaktor a	0,750	1,00	1,50	2,00	2,60
Kurvenexponent	0,625	0,615	0,605	0,595	0,585
	DM	DM	DM	DM	DM
100.000	1.000				
200.000	1.542				
300.000	1.987	2.336			
400.000	2.379	2.788			
500.000	2.735	3.198	4.207	4.919	5.609
600.000	3.065	3.577	4.698	5.483	6.240
700.000	3.375	3.933	5.157	6.010	6.829
800.000	3.669	4.270	5.591	6.507	7.384
900.000	3.949	4.590	6.004	6.979	7.911
1.000.000	4.218	4.898	6.399	7.431	8.413
2.000.000	6.504	7.501	9.732	11.224	12.620
3.000.000	8.380	9.626	12.438	14.286	15.999
4.000.000	10.031	11.489	14.803	16.953	18.931
5.000.000	11.532	13.179	16.942	19.361	21.571
6.000.000	12.924	14.742	18.918	21.579	23.999
7.000.000	14.231	16.208	20.767	23.652	26.264
8.000.000	15.470	17.595	22.514	25.608	28.398
9.000.000	16.652	18.917	24.177	27.467	30.423
10.000.000	17.785	20.184	25.769	29.244	32.357
11.000.000	18.877	21.402	27.298	30.950	34.213
12.000.000	19.932	22.579	28.774	32.594	35.999
13.000.000	20.954	23.718	30.201	34.184	37.725
14.000.000	21.948	24.824	31.586	35.725	39.397
15.000.000	22.915	25.900	32.933	37.222	41.019
16.000.000	23.858	26.948	34.244	38.680	42.597
17.000.000	24.779	27.972	35.523	40.100	44.135
18.000.000	25.681	28.973	36.773	41.487	45.636
19.000.000	26.563	29.953	37.996	42.844	47.103
20.000.000	27.429	30.912	39.194	44.172	48.537
25.000.000	31.534	35.460	44.859	50.443	55.305
30.000.000	35.340	39.667	50.090	56.223	61.530
35.000.000	38.914	43.612	54.986	61.624	67.337
40.000.000	42.301	47.344	59.613	66.720	72.808
45.000.000	45.532	50.901	64.015	71.563	78.001
50.000.000	48.631	54.308	68.229	76.193	82.960

Gleichung des Honorarverlaufs: Honorar [DM] = $B \times AK^c$

Honorarvorschlag Kempe und Kirchner [2]

Termine bis 20 Mio.DM bzw. 10 Termine bis 50 Mio DM.
7. Der Honorartafel liegt die Bearbeitung von Brandschutzkonzepten für Neubauten zugrunde. Bezüglich vorhandener Bausubstanz ist § 10 (3 a) HOAI analog anzuwenden. Für Umbauzuschläge wird auf die Regelungen des § 24 HOAI verwiesen. Eine gegebenenfalls erforderliche Bestandserfassung ist zusätzlich zu vergüten.

Die Honorartafel ist in der Tabelle 2 dargestellt.

3.3
Sachsen

3.3.1
Gesetzliche Grundlagen

In Sachsen sind nach der Verordnung des Sächsischen Staatsministeriums des Innern zur Durchführung der Sächsischen Bauordnung (Durchführungsverordnung zur SächsBO – SächsBO-DurchführVO) – vom 15. September 1999 GVBl. 1999, Nr. 19, S. 553 mit der Verordnung des Sächsischen Staatsministeriums des Innern zur Änderung der Verordnung zur Durchführung der Sächsischen Bauordnung vom 10. März 2000 nach § 12 (3) DVO Nachweise für den vorbeugenden baulichen Brandschutz notwendig. Bei Sonderbauten ist ein gesondertes Brandschutzkonzept vorzulegen.

3.3.2
Inhalt des Brandschutznachweises bzw. -konzeptes

Insbesondere sind anzugeben:

- die Art der Nutzung, insbesondere auch die Anzahl und Art der die bauliche Anlage nutzenden Personen, die Brandlasten und die Brandgefahren,
- der erste und zweite Rettungsweg,
- das Brandverhalten der Bauprodukte und der Bauteile,
- die Bauteile und Einrichtungen, die dem Brandschutz dienen, wie Brandwände, Trennwände, Unterdecken, Feuerschutzabschlüsse, Rauchschutztüren,
- die Zugänge, die Zufahrten und die Bewegungsflächen für die Feuerwehr sowie die Aufstellflächen für Hubrettungsfahrzeuge,
- die Löschwasserversorgung,
- die Abstandsfläche (brandschutztechnische Gebäudeabstände).

Für bauliche Anlagen besonderer Art oder Nutzung und bei Ausnahmen und Befreiungen sind, soweit für die Beurteilung erforderlich, zusätzlich anzugeben

- brandschutzrelevante Einzelheiten der Nutzung,
- Berechnung der Rettungswegbreiten und -längen,
- Sicherheitsbeleuchtung und Kennzeichnung der Rettungswege,
- Berechnung der Brandlast,
- technische Anlagen und Einrichtungen zur Branderkennung, Brandmeldung, Alarmierung, Personenrettung, Brandbekämpfung, Rauch- und Wärmeabführung,
- Löschwasserrückhaltung,
- betriebliche und organisatorische Vorkehrungen zum Brandschutz.

3.3.3
Honorar

Für die Erstellung von Brandschutzkonzepten bzw. -nachweisen sind Marktpreise von 100,– bis 180,– DM/Stunde üblich.

3.4
Baden-Württemberg

3.4.1
Gesetzliche Grundlagen

Die Einschaltung von Sachverständigen ist in Baden-Württemberg in der Verwaltungsvorschrift des Wirtschaftsministeriums über die brandschutztechnische Prüfung im baurechtlichen Verfahren (VwV Brandschutzprüfung) vom 22. August 1989 (GABl. S. 1067), geändert durch Verwaltungsvorschrift vom 21. November 1997 (GABl. S. 689) geregelt.

Ein besonderes Fachwissen für die brandschutztechnische Beurteilung ist danach regelmäßig erforderlich bei Vorhaben besonderer Art oder Nutzung, wenn für den Brandschutz bedeutsame Abweichungen, Ausnahmen oder Befreiungen oder besondere Anforderungen oder Erleichterungen vorgesehen sind und bei einem Brand eine große Zahl von Menschen gefährdet ist. Derartige Vorhaben sind z. B. Krankenanstalten, Altenpflegeheime, Behindertenheime, Beherbergungsbetriebe mit mehr als 20 Gastzimmern (ausgenommen Gebäude geringer Höhe), gemischt genutzte Hochhäuser mit Wohnungen, gewerbliche Anlagen von großer Ausdehnung mit übergroßen Brandabschnitten, erhöhter Brandgefahr oder erhöhter Gefahr für die Umgebung.

Als Sachverständige können beispielsweise herangezogen werden:

- Bauverständige nach LBO mit einer Berufserfahrung von 8 Jahren in dieser Tätigkeit,

- Personen, die mindestens die Befähigung für den gehobenen feuerwehrtechnischen Dienst haben, mit einer Berufserfahrung von mindestens 3 Jahren im vorbeugenden Brandschutz mit Einsatzdienst sowie Kreisbrandmeister, die den erforderlichen Sachverstand haben,
- Personen, die von einer Industrie- und Handelskammer nach § 7 des Gesetzes über die Industrie- und Handelskammer in Baden-Württemberg als Sachverständige für Brandschutz bestellt sind.

3.4.2
Inhalt des Brandschutzkonzeptes

Bisher werden Brandschutzkonzepte in Baden Württemberg in der Regel nach den Vorgaben der vfdB-Richtlinie 01/01 (Stand Juli 1999) erstellt oder zu Teilbereichen daraus Stellung genommen.

Bezüglich des Inhaltes und der Honorargestaltung von Brandschutzkonzepten hat die Ingenieurkammer Baden-Württemberg Empfehlungen mit dem Titel „Gebühren für Ingenieurleistungen des baulichen Brandschutzes" (Stand Mai 2001) [4] erarbeitet. In den Empfehlungen werden die Brandschutzdienstleistungen detailliert dargestellt.

Grundlage des Entwurfes bilden die vfdB-Richtlinie 01/01, die Industriebaurichtlinie und diesbezügliche Entwicklungen von Nordrhein-Westfalen. Im Folgenden werden die Leistungsinhalte und Schnittstellen auszugsweise beschrieben.

1. Zu- und Durchfahrt sowie Aufstell- und Bewegungsflächen für die Feuerwehr
In einem vom Entwurfsverfasser oder Bauherrn bereitgestellten Lageplan, Übersichtsplan oder Außenanlagenplan sind die Zu- und Durchfahrten sowie Aufstell- und Bewegungsflächen für die Feuerwehr durch geeignete Schraffuren oder farbige Kennzeichnung darzustellen. Der Plan kann weitere Angaben entsprechend den nachfolgenden Ziffern enthalten. Weiterhin ist die DIN 14 090 – Fläche für die Feuerwehr auf Grundstücken – zu beachten.

2. Nachweise der erforderlichen Löschwassermenge sowie Nachweis der Löschwasserversorgung
Die erforderliche Löschwassermenge ergibt sich aus den spezifischen schutzzielorientierten Anforderungen des Projektes sowie auf Grundlage des DVGW-Arbeitsblattes W 405. Der Nachweis der Löschwasserversorgung kann durch Vorlage einer Bescheinigung eines Versorgungsunternehmens oder rechnerisch geführt werden. Zu beachten sind z. B. die DIN 14 210 und DIN 14 220.

3. Bemessung, Lage und Anordnung der Löschwasser-Rückhalteanlagen
Das erforderliche Löschwasser-Rückhaltevolumen ist anhand der Richtlinie zur Bemessung von Löschwasser-Rückhalteanlagen beim Lagern wassergefährdender Stoffe

(LöRüRL) zu ermitteln. Lage und Anordnung der Löschwasser-Rückhalteanlagen sind textlich und zeichnerisch darzustellen. Ein Verzicht auf die Berechnung ist zu begründen.

4. *Das System der äußeren und inneren Abschottungen in Brandabschnitte bzw. Brandbekämpfungsabschnitte sowie das System der Rauchabschnitte mit Angaben über die Lage und Anordnung und zum Verschluss von Öffnungen in abschottenden Bauteilen*
Das geplante Abschottungssystem in Brandabschnitte, Brandbekämpfungsabschnitte und Rauchabschnitte ist textlich darzulegen. Hierzu gehören weiterhin die textlichen Erläuterungen des materiellen Brandschutzes. Weiterhin sind textliche Angaben über die Lage und Anordnung sowie den Verschluss von Öffnungen in den abschottenden Bauteilen erforderlich. Zentraler Bestandteil ist die zeichnerische Darstellung des Abschottungssystems, die durch geeignete Schraffuren oder farbliche Kennzeichnung geeigneterweise in beigefügten „Brandschutzplänen" erfolgt und die Grundlage für die Übernahme in die Bauantragspläne des Objektplaners bildet.

5. *Lage, Anordnung, Bemessung (ggf. durch rechnerischen Nachweis) und Kennzeichnung der Rettungswege auf dem Baugrundstück und in Gebäuden mit Angaben zur Sicherheitsbeleuchtung, zu automatischen Schiebetüren und zur elektrischen Verriegelung von Türen*
Das System der Rettungswege ist sowohl textlich zu beschreiben als auch zeichnerisch mit entsprechenden Nachweisen für Ausgangsbreiten, Fluchtweglängen usw. eindeutig darzustellen. Auch hier sind ergänzende Eintragungen in speziellen „Brandschutzplänen" zweckmäßig. Notausgänge und Fluchtrichtungen sind zu kennzeichnen. Es sind die Vorgaben zur Sicherheitsbeleuchtung, zu automatischen Schiebetüren und zur elektrischen Verriegelung von Türen textlich festzulegen und mit dem Fachingenieur für die technische Gebäudeausrüstung (TGA-Fachplaner) abzustimmen sowie ggf. dessen Angaben zu übernehmen. Zu beachten sind die VDE-Richtlinien 0108 und die Richtlinie über automatische Schiebetüren in Rettungswegen (AutschR).

6. *Höchstzulässige Zahl der Nutzung der baulichen Anlagen*
Anhand von spezifischen Kennzahlen und durch Recherche beim Bauherrn/Nutzer ist die höchstzulässige Zahl der Nutzer der baulichen Anlage zu ermitteln und eine Risikobewertung vorzunehmen.

7. *Lage und Anordnung haustechnischer Anlagen, insbesondere der Leitungsanlagen, ggf. mit Angaben zum Brandverhalten im Bereich von Rettungswegen*
Die Anlage der technischen Gebäudeausrüstungen und insbesondere die Leitungsanlagen werden vom Fachingenieur geplant. Die hierfür erforderlichen brandschutztechnischen Vorgaben sind textlich und, soweit im Einzelfall möglich und erforderlich, zeichnerisch darzulegen. Notwendig ist eine Abstimmung mit dem

Fachingenieur insbesondere bezüglich der Angaben zu Brandlasten und Anforderungen an haustechnische Anlagen und Leitungsanlagen im Bereich von Rettungswegen. Wesentliche Grundlage bei der Bearbeitung ist das Muster der Richtlinie über brandschutztechnische Anforderungen an Leitungsanlagen (MLAR).

8. Lage und Anordnung der Lüftungsanlagen mit Angaben zur brandschutztechnischen Ausbildung
Die Lüftungsanlagen werden ebenfalls vom TGA-Fachplaner geplant. Es sind die Vorgaben für das Konzept der Abschottung der Lüftungsanlagen und Lüftungsleitungen zu liefern und mit dem TGA-Fachplaner abzustimmen. Dies gilt insbesondere für die Durchdringung brand- und rauchabschnittsbildender Bauteile. Zu beachten ist hier insbesondere die bauaufsichtliche Richtlinie über die brandschutztechnischen Anforderungen an Lüftungsanlagen.

9. Lage, Anordnung und Bemessung von Rauch- und Wärmeabzugsanlagen mit Eintragung der Querschnitte bzw. Luftwechselraten sowie der Überdruckanlagen zur Rauchfreihaltung von Rettungswegen
RWA-Anlagen sind bezüglich ihrer Lage und Anordnung zu bemessen. Hierzu gehören in der Regel der rechnerische Nachweis sowie die zeichnerische Darstellung mit Angaben der Querschnitte bzw. Zu- und Abluftquerschnitte bzw. Volumenströme. Ggf. sind Vorgaben für Überdruckbelüftungsanlagen zu liefern und mit dem Fachingenieur für die Gebäudetechnik abzustimmen. Wesentliche Grundlage ist die DIN 18 232 – Rauch- und Wärmeabzugsanlagen.

10. Alarmierungseinrichtungen und Darstellung der elektroakustischen Alarmierungsanlage (ELA-Anlage)
Die brandschutztechnische Notwendigkeit einer elektro-akustischen Alarmierungsanlage ist textlich darzulegen. Die Planung der Anlage erfolgt durch den TGA-Fachplaner, mit dem ggf. notwendige Abstimmungen vorzunehmen sind.

11. Lage, Anordnung und ggf. Bemessung von Anlagen, Einrichtungen und Geräten zur Brandbekämpfung (wie Feuerlöschanlagen, Steigeleitungen, Wandhydraten, Schlauchanschlussleitungen, Feuerlöschgeräte) mit Angaben zu Schutzbereichen und zur Bevorratung von Sonderlöschmitteln
In Abstimmung mit der zuständigen Feuerwehr bzw. durch Anforderungen einer diesbezüglichen Stellungnahme der Feuerwehr, die in das Brandschutzkonzept integriert wird, sind Lage, Anordnung und Bemessung von Anlagen, Einrichtungen und Geräten zur Brandbekämpfung mit den geforderten Angaben zu Löschbereichen und zur Bevorratung von Sonderlöschmitteln festzulegen. Insbesondere sind Angaben über die Notwendigkeit und Grundlage zur Ausführung von automatischen Löschanlagen einzuarbeiten. Die Anlagenplanung erfolgt wiederum durch den Fachingenieur für die technische Gebäudeausrüstung.

Wesentliche Normen sind DIN 14 489 – Sprinkleranlagen, DIN 14 493 – Ortsfeste Schaumlöschanlagen und DIN 14 494 – Sprühwasser-Löschanlagen.

12. Sicherheitsstromversorgung mit Angaben zur Bemessung und zur Lage und brandschutztechnischen Ausbildung des Aufstellraumes, der Ersatzstromversorgungsanlagen (Batterien, Stromerzeugungsaggregate) und zum Funktionserhalt der elektrischen Leitungsanlagen

Textlich und ggf. zeichnerisch darzustellen ist das Erfordernis der Sicherheitsstromversorgung bzw. der Ersatzstromversorgungsanlagen sowie deren prinzipielle Lage und Anordnung. Erforderlich ist die Abstimmung mit dem Fachingenieur für die technische Gebäudeausrüstung, der die Fachplanung vornimmt.

13. Hydrantenpläne mit Darstellung der Schutzbereiche

In Abstimmung mit der zuständigen Feuerwehr ist die Anordnung der Hydranten festzulegen bzw. die Darstellung vorhandener Hydranten und deren Schutzbereiche vorzunehmen. Als Grundlage sind hier DIN 2 425 – Beiblatt, Richtlinie für Pläne der Wasserversorgung im Brandschutz, DIN 3 321 – Unterflurhydranten, DIN 3 222 – Überflurhydranten und DIN 1 988 – Trinkwasserleitungen in Grundstücken zu nennen.

14. Lage und Anordnung von Brandmeldeanlagen mit Unterzentralen, Feuerwehrtableaus, Auslösestellen

Die genannten Anlagen sind in Abstimmung mit der zuständigen Feuerwehr und dem Fachingenieur für die technische Gebäudeausrüstung hinsichtlich ihrer Lage und Anordnung textlich und zeichnerisch vom Aufsteller des Brandschutzkonzeptes darzustellen (DIN 14 678 – Nichtautomatische Brandmelder, DIN EN 54 Teil 1 – Bestandteil automatischer Brandmeldeanlagen, E DIN 14 661 – Feuerwehrbedienfeld für Brandmeldeanlagen).

15. Feuerwehrpläne

Gefordert sind zunächst Angaben darüber, ob Feuerwehrpläne anzufertigen sind. Nach DIN 14 095 – Feuerwehrpläne für bauliche Anlagen – dient die Norm dazu, die von der Feuerwehr für bestimmte bauliche und technische Anlagen (z. B. Werksgelände) benötigten Pläne zu vereinheitlichen. Die Feuerwehrpläne werden Einsatzpläne im Sinne der Begriffsbestimmung nach DIN 14 011-2, wenn sie zusätzliche Angaben für das taktische Vorgehen der Feuerwehr enthalten. Nach DIN 14 095 gehören Feuerwehrpläne nicht zu den Bauvorlagen, könnten jedoch von der Baugenehmigungsbehörde gefordert werden. Demnach ist mit der Feuerwehr und der Baugenehmigungsbehörde vor Aufstellung des Brandschutzkonzeptes abzustimmen, ob die Anfertigung von Feuerwehrplänen bzw. Feuerwehreinsatzplänen gefordert wird. Die Ausarbeitung und Anfertigung der Pläne ist nicht Bestandteil des Brandschutzkonzeptes.

16. Betriebliche Maßnahmen zur Brandverhütung und Brandbekämpfung sowie zur Rettung von Personen (wie Werkfeuerwehr, Betriebsfeuerwehr, Hausfeuerwehr, Brandschutzordnung, Maßnahmen zur Räumung, Räumungssignale)

Der Umfang der betrieblichen Maßnahmen zur Brandverhütung und Brandbekämpfung ist zu konzeptionieren und textlich darzulegen sowie mit der Feuerwehr abzustimmen. Ähnlich wie bei den Feuerwehrplänen kann die Ausarbeitung einer Brandschutzordnung (DIN 14 096) bzw. die Anfertigung von gestalteten Aushängen oder Hinweistafeln im Leistungsbild nicht enthalten sein.

17. Angaben darüber, welchen materiellen Anforderungen der Landesbauordnung oder in Vorschriften aufgrund der Landesbauordnung nicht entsprochen wird und welche ausgleichenden Maßnahmen statt dessen vorgesehen werden
Sämtliche Abweichungen sollten hier zusammenfassend textlich und – falls zum Verständnis erforderlich – auch zeichnerisch mit den einzelnen Kompensationsmaßnahmen dargestellt werden. Insbesondere ist an dieser Stelle gemäß LBO zu begründen und ggf. nachzuweisen, „sofern abweichend der LBO ausgleichende Maßnahmen nicht für erforderlich gehalten werden".

18. Verwendete Rechenverfahren zur Ermittlung von Brandschutzklassen nach Methoden des Brandschutzingenieurwesen
Aufzustellen sind die notwendigen Nachweise zur Ermittlung von Brandschutzklassen, insbesondere für die Einstufung von Gebäuden nach der Muster-Richtlinie über den baulichen Brandschutz im Industriebau (Muster-Industriebaurichtlinie/Muster-IndBauRL). Im Leistungsbild sind z. B. aufwendige Simulationsberechnungen oder Modellversuche nach Methoden des Brandschutzingenieurwesens, die im Einzelfall erforderlich werden können und „Besondere Leistungen" darzustellen.

Es hat sich in der Praxis als vorteilhaft herausgestellt, die Bearbeitung des Brandschutzkonzeptes in zwei Phasen vorzunehmen. Hierbei werden zunächst für die in der Regel erforderliche Abstimmung mit den Baugenehmigungsbehörden, der Feuerwehr und ggf. sonstigen beteiligten Behörden und Fachplanern die Grundzüge des Brandschutzkonzeptes tabellarisch oder stichwortartig als Diskussionsgrundlage oder Arbeitspapier aufgestellt. Nach erfolgter Abstimmung kann dann die detaillierte, ausformulierte und mit den entsprechenden Brandschutzplänen ergänzte Fassung angefertigt werden.

3.4.3
Honorierung

Honorierung bei staatlichen Auftraggebern
Auf kommunaler Ebene werden die Honorare in der Regel im Rahmen der HOAI verhandelt. Staatliche Vermögens- und Hochbauämter sind an sogenannte RifT-Sätze gebunden.
Sie liegen zurzeit bei:

- 75,– bis 160,– DM (i. d. R. 115,– DM)   für Auftragnehmer,
- 70,– bis 115,– DM (i. d. R. 100,– DM)   Dipl.-Ing., Bau-Ing.,
- 60,– bis 85,– DM (i. d. R. 80,– DM)   Technische Zeichner, Mitarbeiter.

Verhandlungshonorare
Die zwischen den Partnern verhandelten Honorare liegen derzeit bei 155,– DM bis 175,– DM pro Stunde.

Honorierung nach Gebührenempfehlung der Ingenieurkammer Baden-Württemberg (Stand Mai 2001) [4]
Das schutzzielorientierte Brandschutzkonzept geht erheblich über den Umfang der bisherigen Form sogenannter Brandschutzgutachten hinaus. Der Ersteller des Brandschutzkonzeptes ist hier Planungsbeteiligter.

In Zusammenarbeit mit verschiedenen Fachingenieurbüros und in Anlehnung an Ausarbeitungen in NRW hat die Ingenieurkammer Baden-Württemberg (AK Brandschutz) die nachfolgenden Gebührenordnungen erarbeitet:

1. Grundlage für die Gebührenermittlung bilden (analog den Regelungen der HOAI) die anrechenbaren Kosten, die den Brandschutz betreffend mit den Kostengruppen 300, 400 und 500 aus DIN 276: 1993-6 anzusetzen sind.
2. Zur Einteilung in Gebührenzonen wurden die Sonderbauten entsprechend dem Schwierigkeitsgrad für die brandschutztechnische Bearbeitung bewertet und zugeordnet. Je nach Bauart und Nutzung kann das Honorar in der jeweiligen Gebührenzone um maximal 15 % erhöht oder reduziert werden.
3. Sofern ein Bauvorhaben den Kriterien für mehrere Sonderbauten entspricht, ist jeweils die höhere auftretende Gebührenzone anzuwenden. Damit ist dann zugleich der Aufwand abgegolten, der sich bei der Bearbeitung von Brandschutzkonzepten aus der objektspezifischen Abstimmung unterschiedlicher Sonderbauvorschriften ergibt.
4. Die ausgewiesenen Gebühren beziehen sich auf die Erstellung von Brandschutzkonzepten mit den vorbeschriebenen Leistungsinhalten als Grundleistung; aufwendigere Simulationsberechnungen, Nachweise durch Brandversuche usw. sind als besondere Leistungen anzusehen und gesondert zu vergüten.
5. Die angegebenen Gebühren verstehen sich zuzüglich gesetzlicher Mehrwertsteuer; betreffend Nebenkosten sollten die Regelungen der HOAI analog gelten.
6. In Gebühren eingeschlossen ist die Teilnahme an Planungssitzungen und Behördengesprächen in üblichem Umfang. In den Gebühren sind die Nebenkosten enthalten. Bei anrechenbaren Baukosten bis 2 Mio. DM sind in der Regel 2 Ortstermine (OT), von 2 bis 5 Mio. DM sind 3 OT, von 5 bis 10 Mio. DM sind 4 OT, von 10 bis 20 Mio. DM sind 5 OT, von 20 bis 30 Mio. DM sind 6 OT, von 30 bis 40 Mio. DM sind 8 OT und von 40 bis 50 Mio. DM sind 10 OT in den Gebühren enthalten.
7. Der Gebührentabelle 1 (Tabelle 3) liegt die Bearbeitung von Brandschutzkonzepten für Neubauten zugrunde. Bezüglich vorhandener Bausubstanz ist § 10 (3 a) HOAI analog anzuwenden. Für Umbauzuschläge wird auf die Regelung des § 24 HOAI verwiesen. Eine ggf. erforderliche Bestandserfassung ist zusätzlich zu vergüten.
8. Die Gebührenzonen werden den Sondergebäuden wie folgt zugeordnet:
   Gebührenzone 1:
   Wohngebäude, Mittelgaragen, einfache Gewerbegebäude und Industriehallen bis

Gebühren für die Erstellung von Brandschutzkonzepten *

Tabelle 3: Gebührentabelle 1 zu Abschnitt 3.4.3; vorgestellt von der Ingenieurkammer Baden-Württemberg, Stand Mai 2001 [4]

Baukosten** (AK) DM	Gebührenzone 1 DM	‰	Gebührenzone 2 DM	‰	Gebührenzone 3 DM	‰	Gebührenzone 4 DM	‰	Gebührenzone 5 DM	‰
1.000.000	4.218	4,22	4.898	4,90	6.399	6,40	7.431	7,43	8.413	8,41
1.500.000	5.434	3,62	6.285	4,19	8.178	5,45	9.458	6,31	10.666	7,11
2.000.000	6.504	3,25	7.501	3,75	9.732	4,87	11.224	5,61	12.620	6,31
2.500.000	7.478	2,99	8.605	3,44	11.139	4,46	12.818	5,13	14.380	5,75
3.000.000	8.380	2,79	9.626	3,21	12.438	4,15	14.286	4,76	15.999	5,33
3.500.000	9.228	2,64	10.583	3,02	13.654	3,90	15.659	4,47	17.509	5,00
4.000.000	10.031	2,51	11.489	2,87	14.803	3,70	16.953	4,24	18.931	4,73
4.500.000	10.797	2,40	12.352	2,74	15.896	3,53	18.184	4,04	20.282	4,51
5.000.000	11.532	2,31	13.179	2,64	16.942	3,39	19.361	3,87	21.571	4,31
5.500.000	12.240	2,23	13.974	2,54	17.948	3,26	20.490	3,73	22.808	4,15
6.000.000	12.924	2,15	14.742	2,46	18.918	3,15	21.579	3,60	23.999	4,00
6.500.000	13.587	2,09	15.486	2,38	19.857	3,05	22.632	3,48	25.149	3,87
7.000.000	14.231	2,03	16.208	2,32	20.767	2,97	23.652	3,38	26.264	3,75
7.500.000	14.858	1,98	16.911	2,25	21.652	2,89	24.643	3,29	27.345	3,65
8.000.000	15.470	1,93	17.595	2,20	22.514	2,81	25.608	3,20	28.398	3,55
8.500.000	16.067	1,89	18.264	2,15	23.356	2,75	26.548	3,12	29.423	3,46
9.000.000	16.652	1,85	18.917	2,10	24.177	2,69	27.467	3,05	30.423	3,38
9.500.000	17.224	1,81	19.557	2,06	24.981	2,63	28.365	2,99	31.401	3,31
10.000.000	17.785	1,78	20.184	2,02	25.769	2,58	29.244	2,92	32.357	3,24
11.000.000	18.877	1,72	21.402	1,95	27.298	2,48	30.950	2,81	34.213	3,11
12.000.000	19.932	1,66	22.579	1,88	28.774	2,40	32.594	2,72	35.999	3,00
13.000.000	20.954	1,61	23.718	1,82	30.201	2,32	34.184	2,63	37.725	2,90
14.000.000	21.948	1,57	24.824	1,77	31.586	2,26	35.725	2,55	39.397	2,81
15.000.000	22.915	1,53	25.900	1,73	32.933	2,20	37.222	2,48	41.019	2,73
16.000.000	23.858	1,49	26.948	1,68	34.244	2,14	38.680	2,42	42.597	2,66
17.000.000	24.779	1,46	27.972	1,65	35.523	2,09	40.100	2,36	44.135	2,60
18.000.000	25.681	1,43	28.973	1,61	36.773	2,04	41.487	2,30	45.636	2,54
19.000.000	26.563	1,40	29.953	1,58	37.996	2,00	42.844	2,25	47.103	2,48
20.000.000	27.429	1,37	30.912	1,55	39.194	1,96	44.172	2,21	48.537	2,43
25.000.000	31.534	1,26	35.450	1,42	44.859	1,79	50.443	2,02	55.305	2,21
30.000.000	35.340	1,18	39.667	1,32	50.090	1,67	56.223	1,87	61.530	2,05
35.000.000	38.914	1,11	43.612	1,25	54.986	1,57	61.624	1,76	67.337	1,92
40.000.000	42.301	1,06	47.344	1,18	59.613	1,49	66.720	1,67	72.808	1,82
50.000.000	48.631	0,97	54.308	1,09	68.229	1,36	76.193	1,52	82.960	1,66

* ohne Zusatzleistungen (z. B. Feuerwehrplan, Entrauchungs- und Evakuierungsnachweis etc.)
** Baukosten (anrechenbare Herstellungskosten einschließlich Außenanlagen)

In den Gebühren sind die Nebenkosten enthalten. Bei Baukosten bis 2 Mio. DM sind i. d. R. 2 Ortstermine (OT), von 2–5 Mio. DM sind 3 OT, von 5–10 Mio. DM sind 4 OT, von 10–20 Mio. DM sind 5 OT, von 20–30 Mio. sind 6 OT, von 30–40 Mio. DM sind 8 OT und von 40–50 Mio. DM sind ca. 10 OT in den Gebühren enthalten.

Gleichung des Gebührenverlaufs [4]

$Gebühr(DM) = B \cdot AK^C$

Baukosten** DM	Gebührenzone 1		Gebührenzone 2		Gebührenzone 3		Gebührenzone 4		Gebührenzone 5	
	DM	‰	DM	‰	DM	‰	DM	‰	DM	‰
Zonenfaktor B	0,75	0,75	1,00	1,00	1,50	1,50	2,00	2,00	2,60	2,60
Kurven-exponent C	0,625	0,625	0,615	0,615	0,605	0,605	0,595	0,595	0,585	0,585

1.800 m². In der Gebührenzone 1 ist keine Brandlastberechnung bzw. RWA-Berechnung enthalten.
Gebührenzone 2:
Gewerbegebäude und Industriehallen ab 1.800 m², Großgaragen ab 1.000 m². In der Gebührenzone 2 sind die Brandlastberechnung und RWA-Berechnung enthalten. Die Brandschutzpläne nach der IndBauRL sind in der Gebührenzone 2 nicht enthalten. Bei der Erstellung der Brandschutzpläne ist die Gebührenzone 3 anzuwenden.
Gebührenzone 3:
Hochhäuser, bauliche Anlagen über 30 m Höhe, Verkaufsstätten über 700 m² Verkaufsfläche, Messe- und Ausstellungsbauten, Büro- und Verwaltungsgebäude, Kirchen, Versammlungsstätten mit mehr als 200 Personen, Kindergärten mit mehr als 2 Gruppen, Seniorenwohnanlagen, Tagesstätten für Menschen mit Behinderungen, Gaststätten mit mehr als 40 Gastplätzen, Beherbergungsbetriebe mit mehr als 30 Betten, Versammlungsstätten, Hochregallager ab 9,0 m Lagerhöhe (Oberkante Lagergut) und Sondergebäude gem. § 38 Abs. 2 LBO
Gebührenzone 4:
Schulen, Hochschulen und ähnliche Einrichtungen, Institutsgebäude, Justizvollzugsanstalten und bauliche Anlagen für den Maßregelvollzug, Camping- und Wochenendplätze
Gebührenzone 5:
Sanatorien, Krankenhäuser, Entbindungs-, Säuglings-, Kinder- und Altenpflegeheime, Laborgebäude von Hochschulen und der Industrie, Abfertigungsgebäude für Flughäfen und Bahnhöfe, bauliche Anlagen und Räume großer Ausdehnung, deren Nutzung aus einer erhöhten Brand-, Explosions-, Strahlen- oder Verkehrsgefahr besteht
9. Werden für bauliche Anlagen neben der LBO noch andere Rechtsgrundlagen (Sonderbauvorschriften) als Beurteilungsgrundlage herangezogen, dann ist die nächst höhere Gebührenzone anzuwenden. Als Beispiel folgende Darstellungen:
a) *Gebührenzone 1*
Beim Bau eines größeren Wohngebäudes mit verschiedenen Mieteinheiten, einer

Tiefgarage und einer Gaststätte ist die Gebührenzone 3 anzuwenden.
b) Gebührenzone 2
Beim Bau einer Industriehalle mit ca. 10.000 m², einer Lackieranlage und einem Hochregallager ist die Gebührenzone 4 anzuwenden.
c) Gebührenzone 3
Beim Bau eines Hochhauses mit Tiefgarage ist die Gebührenzone 4 anzuwenden.
d) Gebührenzone 4
Beim Bau eines Institutsgebäudes mit vorwiegender Labornutzung ist die Gebührenzone 5 anzuwenden.

Diese Vorgehensweise harmoniert auch mit den Leistungsbildern der „Honorarordnung für Architekten und Ingenieure" HOAI:

- Grobkonzept
  entsprechend Leistungsphase 1 Grundlagenermittlung und Leistungsphase 2 Vorplanung
- Genehmigungskonzept
  entsprechend Leistungsphase 3 Entwurfsplanung und Leistungsphase 4 Genehmigungsplanung

Im Brandschutzkonzept ist die Tätigkeit des Aufstellers als Berater, die Fachbauleitung und Abnahme nicht enthalten. Für die baubegleitende Beratung, Objektüberwachung und Abnahmen wird die Gebührentabelle 2 (Tabelle 4) beigefügt.

3.5
Bayern

3.5.1
Gesetzliche Grundlagen

In Bayern sind nach der Verordnung über Bauvorlagen im bauaufsichtlichen Verfahren, den Abgrabungsplan und die bautechnischen Nachweise (Bauvorlagenverordnung – BauVorlV) vom 8. Dezember 1997, zuletzt geändert am 28. Dezember 1999, nach § 14 Nachweise für den vorbeugenden Brandschutz notwendig. Bei Sonderbauten ist ein gesondertes Brandschutzkonzept vorzulegen.

3.5.2
Inhalt des Brandschutznachweises bzw. Konzeptes

Insbesondere sind anzugeben:

- die Art der Nutzung, insbesondere auch die Anzahl und Art der die bauliche Anlage nutzenden Personen, die Brandlasten und die Brandgefahren,
- der erste und zweite Rettungsweg,

- das Brandverhalten der Bauprodukte und der Bauteile,
- die Bauteile und Einrichtungen, die dem Brandschutz dienen, wie Brandwände, Trennwände, Unterdecken, Feuerschutzabschlüsse, Rauchschutztüren, Entrauchungsanlagen,
- die Zugänge, die Zufahrten und die Bewegungsflächen für die Feuerwehr sowie die Aufstellflächen für Hubrettungsfahrzeuge,
- die Löschwasserversorgung.

Für Sonderbauten und bei Abweichung sind, soweit für die Beurteilung erforderlich, zusätzlich anzugeben

- brandschutzrelevante Einzelheiten der Nutzung,
- Berechnung der Rettungswegbreiten und -längen,
- Einzelheiten der Rettungswegausbildung,
- Sicherheitsbeleuchtung und Kennzeichnung der Rettungswege,
- Berechnung von Brandlasten,
- technische Anlagen und Einrichtungen zur Branderkennung, Brandmeldung, Alarmierung, Personenrettung, Brandbekämpfung, Rauch- und Wärmeabführung,
- Löschwasserrückhaltung,
- betriebliche und organisatorische Vorkehrungen zum Brandschutz.

3.5.3
Honorar
Für die Erstellung von Brandschutzkonzepten bzw. -nachweisen sind Marktpreise von 140,- bis 180,- DM/Stunde üblich.

3.6
Brandschutzkonzepte in anderen Bundesländern

In den anderen Bundesländern gibt es zurzeit keine gesetzlichen Regelungen zur Notwendigkeit von Brandschutzkonzepten oder die Einschaltung von Sachverständigen. Dennoch werden am Markt Brandschutzsachverständige nachgefragt. Auch in diesen Bundesländern sind die Brandschutzexperten aktiv und helfen den Bauherren, Architekten, den Planern und Behörden bei der Entscheidungsfindung insbesondere im Baugenehmigungsverfahren.

In der Praxis haben sich Stundensätze durchgesetzt, die im Bereich der HOAI liegen, obwohl die HOAI zurzeit keine Stundensätze für Brandschutzleistungen erfasst. Bei staatlichen Auftraggebern gibt es meist interne Richtlinien, die den Preis im unteren Bereich der HOAI festlegen. Durch Verhandlungen mit den Auftraggebern lassen sich hier oft bessere Preise erzielen. Private Auftraggeber zahlen in der Regel die obere Grenze des HOAI-Rahmens oder darüber.

Gebühren für die brandschutztechnische Betreuung während der Bauphase gemäß der Leistungsphase 8 nach HOAI

Tabelle 4: Gebührentabelle 2 zu Abschnitt 3.4.3; vorgestellt von der Ingenieurkammer Baden-Württemberg, Stand Mai 2001 [4]

Baukosten** (AK) DM	Gebührenzone 1 DM	‰	Gebührenzone 2 DM	‰	Gebührenzone 3 DM	‰	Gebührenzone 4 DM	‰	Gebührenzone 5 DM	‰
1.000.000	5.248	5,25	6.856	6,86	7.962	7,96	9.015	9,02	10.570	10,57
1.500.000	6.748	4,50	8.780	5,85	10.155	6,77	11.452	7,63	13.372	8,91
2.000.000	8.066	4,03	10.465	5,23	12.068	6,03	13.570	6,79	15.800	7,90
2.500.000	9.262	3,70	11.990	4,80	13.797	5,52	15.480	6,19	17.983	7,19
3.000.000	10.371	3,46	13.401	4,47	15.392	5,13	17.238	5,75	19.989	6,66
3.500.000	11.411	3,26	14.722	4,21	16.884	4,82	18.879	5,39	21.859	6,25
4.000.000	12.396	3,10	15.972	3,99	18.292	4,57	20.426	5,11	23.619	5,90
4.500.000	13.335	2,96	17.161	3,81	19.632	4,36	21.896	4,87	25.289	5,62
5.000.000	14.235	2,85	18.301	3,66	20.913	4,18	23.301	4,66	26.883	5,38
5.500.000	15.102	2,75	19.396	3,53	22.144	4,03	24.648	4,48	28.410	5,17
6.000.000	15.939	2,66	20.453	3,41	23.330	3,89	25.947	4,32	29.881	4,98
6.500.000	16.750	2,58	21.477	3,30	24.478	3,77	27.201	4,18	31.301	4,82
7.000.000	17.537	2,51	22.470	3,21	25.591	3,66	28.417	4,06	32.676	4,67
7.500.000	18.304	2,44	23.436	3,12	26.673	3,56	29.598	3,95	34.010	4,53
8.000.000	19.051	2,38	24.377	3,05	27.726	3,47	30.747	3,84	35.307	4,41
8.500.000	19.781	2,33	25.295	2,98	28.753	3,38	31.866	3,75	36.571	4,30
9.000.000	20.494	2,28	26.193	2,91	29.756	3,31	32.959	3,66	37.803	4,20
9.500.000	21.193	2,23	27.071	2,85	30.737	3,24	34.028	3,58	39.007	4,11
10.000.000	21.878	2,19	27.931	2,79	31.698	3,17	35.073	3,51	40.185	4,02
11.000.000	23.209	2,11	29.603	2,69	33.563	3,05	37.102	3,37	42.469	3,86
12.000.000	24.496	2,04	31.217	2,60	35.362	2,95	39.056	3,25	44.668	3,72
13.000.000	25.742	1,98	32.779	2,52	37.102	2,85	40.945	3,15	46.790	3,60
14.000.000	26.953	1,93	34.295	2,45	38.789	2,77	42.775	3,06	48.845	3,49
15.000.000	28.130	1,88	35.769	2,38	40.428	2,70	44.552	2,97	50.839	3,39
16.000.000	29.279	1,83	37.205	2,33	42.024	2,63	46.281	2,89	52.779	3,30
17.000.000	30.400	1,79	38.607	2,27	43.581	2,56	47.967	2,82	54.667	3,22
18.000.000	31.497	1,75	39.977	2,22	45.102	2,51	49.612	2,76	56.510	3,14
19.000.000	32.571	1,71	41.317	2,17	46.589	2,45	51.220	2,70	58.310	3,07
20.000.000	33.623	1,68	42.630	2,13	48.045	2,40	52.794	2,64	60.071	3,00
25.000.000	38.612	1,54	48.847	1,95	54.928	2,20	60.222	2,41	68.371	2,73
30.000.000	43.233	1,44	54.593	1,82	61.278	2,04	67.062	2,24	75.997	2,53
35.000.000	47.569	1,36	59.975	1,71	67.216	1,92	73.447	2,10	83.105	2,37
40.000.000	51.675	1,29	65.065	1,63	72.823	1,82	79.467	1,99	89.797	2,24
50.000.000	59.342	1,19	74.553	1,49	83.255	1,67	90.650	1,81	102.205	2,04

* ohne Zusatzleistungen (z. B. Feuerwehrplan, Entrauchungs- und Evakuierungsnachweis etc.)
** Baukosten (anrechenbare Herstellungskosten einschließlich Außenanlagen)

In den Gebühren sind die Nebenkosten enthalten. Bei Baukosten bis 2 Mio. DM sind je nach Schwierigkeitsgrad i. d. R. ca. 2–6 Ortstermine (OT), von 2–5 Mio. DM sind 3–8 OT, von 5–10 Mio. DM sind 5–10 OT, von 10–20 Mio. DM sind 7–12 OT, von 20–30 Mio. DM sind 8–15 OT, von 30–40 Mio. DM sind 9–18 OT und von 40–50 Mio. DM sind ca. 10–20 OT in den Gebühren enthalten.

Gleichung des Gebührenverlaufs [4]

$Gebühr(DM) = B \cdot AK^C$

Baukosten** DM	Gebührenzone 1		Gebührenzone 2		Gebührenzone 3		Gebührenzone 4		Gebührenzone 5	
	DM	‰	DM	‰	DM	‰	DM	‰	DM	‰
Zonenfaktor B	1,00	1,00	1,50	1,50	2,00	2,00	2,60	2,60	3,50	3,50
Kurvenexponent C	0,620	0,620	0,610	0,610	0,600	0,600	0,590	0,590	0,580	0,580

In der HOAI sind die folgenden Stundensätze angegeben:
1. für den Auftragnehmer
   75,– bis 160,– DM,
2. für Mitarbeiter, die technische oder wirtschaftliche Aufgaben erfüllen, soweit sie nicht unter Nummer 3 fallen
   70,– bis 115,– DM,
3. für Technische Zeichner und sonstige Mitarbeiter mit vergleichbarer Qualifikation, die technische oder wirtschaftliche Aufgaben erfüllen
   60,– bis 85,– DM.

Beispielhaft sind in der Tabelle 5 die in verschiedenen Bundesländern üblichen Honorare dargestellt. (Die Stundensätze wurden aus Umfragen ermittelt. Eine Haftung kann nicht übernommen werden).

Außerdem sind z. B. die Bestimmungen des Bundes-Immisionschutzgesetzes zu berücksichtigen, nach denen für geplante Anlagen, die in der vierten Verordnung zur Durchführung des Bundes-Immisionschutzgesetzes i. d. F. der Bekanntmachung vom 14. März 1997, zuletzt geändert durch Artikel 2 der Verordnung vom 19. März 1997 (4. BImschV) genannt sind, der Nachweis des Brandschutzes durch ein Brandgutachten oder -konzept zu erbringen ist.

Zusammenstellung weiterer Stundensätze für die Erstellung von Brandschutzkonzepten

Tabelle 5: Stundensätze anderer Bundesländer

Bundesland	Stundensatz bei privaten Auftraggebern - DM -	Stundensatz bei staatlichen Auftraggebern - DM -	Bemerkung
Bayern	140,- ... 180,-		Die Untergrenze entspricht dem Stundensatz für die Prüfung von Brandschutzkonzepten (siehe Punkt 3.3)
Rheinland-Pfalz	140,- ... 180,-		
Schleswig-Holstein	150,- ... 180,-		
Mecklenburg-Vorpommern	100,- ... 180,-		
Niedersachsen	120,- ... 180,-		
Sachsen-Anhalt	110,- ... 180,-	90,- (Auftragnehmer)* 60,- (Technischer Zeichner)*	*Staatshochbauamt Halle Die staatlichen Stundensätze richten sich nach der Richtlinie für die Durchführung von Bauvorhaben des Landes und des Bundes im Zuständigkeitsbereich der Finanzverwaltung.
Brandenburg	100,- ... 180,-		
Hessen	140,- ... 200,-		
Thüringen	105,- ... 145,-	- kommunale Hochbauämter nach HOAI - Staatsbauämter 105,- (Auftragnehmer)* 87,- (Mitarbeiter, die technische und wirtschaftliche Aufgaben erfüllen)* 70,- (Technische Zeichner und sonstige Mitarbeiter)*	*Die Stundensätze richten sich nach dem Erlass der Landesregierung und der Oberfinanzdirektion an die Staatshochbauämter Gera, Erfurt, Suhl vom 25.10.1995 (gültig ab 1.1.1996).
Saarland	150,- ... 180,-		
Bremen	140,- ... 180,-		Brandschutzkonzepte werden in der Regel durch die Feuerwehr erstellt.
Hamburg	140,- ... 180,-		
Berlin	115,- ... 160,-	105,- (Auftragnehmer)* 87,- (Mitarbeiter, die technische oder wirtschaftliche Aufgaben erfüllen)* 70,- (Technische Zeichner und sonstige Mitarbeiter mit vergleichbarer Qualifikation, die technische oder wirtschaftliche Aufgaben erfüllen)*	*Diese Stundensätze richten sich nach dem Rundschreiben SenBauWohnenVerkehr, IV, Nr. 4/98 vom 18.3.98, Punkt 4, Zeithonorar.

4
Prüfung von Brandschutzkonzepten

4.1
Überblick

Zur Prüfung des Brandschutzes gibt es in den Bundesländern Nordrhein-Westfalen, Bayern, Sachsen und Rheinland-Pfalz spezielle gesetzliche Regelungen, nach denen teilweise Prüfaufgaben der Behörden an Sachverständige übertragen werden.

In Baden-Württemberg ist das Heranziehen von Sachverständigen durch die Behörde geregelt. In allen anderen Bundesländern gibt es keine speziellen Regelungen.

4.2
Staatlich anerkannte Sachverständige in Nordrhein-Westfalen

Staatlich anerkannte Sachverständige für die Prüfung des Brandschutzes prüfen entsprechend § 16 der Verordnung über staatlich anerkannte Sachverständige nach Landesbauordnung (SV-VO) vom 29. April 2000, ob das Vorhaben den Anforderungen an den baulichen Brandschutz entspricht und bescheinigen die Vollständigkeit und Richtigkeit der brandschutztechnischen Nachweise.

Sie stellen Bescheinigungen nach § 67 Abs. 4, § 68 Abs. 2 oder § 72 Abs. 6 BauO NRW aus. Die Ausstellung von Bescheinigungen ist für Sonderbauten ausgeschlossen (siehe Punkt 3.2.1). Die Honorierung für die Prüfung des Brandschutzes ist in der Anlage 2 der SV-VO vom 29. April 2000 festgelegt und in Tabelle 6 dargestellt.

4.3
Verantwortliche Sachverständige für vorbeugenden Brandschutz in Bayern

Verantwortliche Sachverständige für den vorbeugenden Brandschutz entsprechend Verordnung über die verantwortlichen Sachverständigen im Bauwesen (Sachverständigenverordnung Bau – SVBau) in der Fassung der Bekanntmachung vom 14. März 2000 stellen in ihrer Funktion Bescheinigungen aus. Legt der Bauherr Bescheinigungen eines solchen Sachverständigen vor, so gelten die bauaufsichtlichen Anforderungen als eingeholt.

Die Rechtswirkungen treten auch ein, wenn der Sachverständige bescheinigt, dass die Voraussetzungen für eine Abweichung von den Vorschriften dieses Gesetzes oder aufgrund dieses Gesetzes vorliegen. Die Bauaufsichtsbehörde kann die Vorlage solcher Bescheinigungen verlangen. Für Honorare, die ab 1. März 2001 vereinbart werden, beträgt der Stundensatz nach § 21 Abs. 9 Satz 5 SVBau 140,– DM. Der verantwortliche Sachverständige hat Anspruch auf Ersatz der auf sein Honorar und die Auslagen anfallenden Umsatzsteuer.

4.4
Prüfingenieure für vorbeugenden baulichen Brandschutz in Sachsen

Die untere Bauaufsichtsbehörde kann laut § 13 der Durchführungsverordnung zur SächsBO – SächsVO-DurchführVO vom 15. September 1999 in Verbindung mit der Verordnung des Sächsischen Staatsministeriums des Innern zur Änderung der Verordnung zur Durchführung der Sächsischen Bauordnung vom 10. März 2000 in den Fällen des § 62 SächsBO einen Prüfingenieur für vorbeugenden baulichen Brandschutz als Beliehenem die Prüfung übertragen, ob das Vorhaben den Anforderungen an den vorbeugenden baulichen Brandschutz entspricht, sowie die anteilig jeweils zugeordnete Bauüberwachung und Bauzustandsbesichtigung. Die Honorierung beträgt zurzeit 102,00 DM/Stunde zuzüglich Nebenkosten.

4.5
Staatlich anerkannte Sachverständige in Rheinland-Pfalz

Die nach Landesverordnung über Sachverständige für baulichen Brandschutz vom 25. März 1997 von der obersten Bauaufsichtsbehörde anerkannten Sachverständigen für baulichen Brandschutz sind berechtigt, Bescheinigungen nach § 64 Abs. 4 LBauO auszustellen.

Der Sachverständige für baulichen Brandschutz hat zu bescheinigen, dass die Nachweise über den baulichen Brandschutz vollständig und richtig sind und mit den im bauaufsichtlichen Verfahren vorzulegenden Bauunterlagen übereinstimmen und die Brandschutzbestimmungen der Landesbauordnung Rheinland-Pfalz und der aufgrund dieses Gesetzes erlassenen Vorschriften eingehalten werden. Über Erleichterungen oder besondere Anforderungen aufgrund von § 48 LBauO sowie über Abweichungen von Bestimmungen der Landesbauordnung Rheinland-Pfalz oder von aufgrund dieses Gesetzes erlassenen Vorschriften entscheidet die Bauaufsichtsbehörde.

Die Honorierung ergibt sich aus § 8 der Landesverordnung über Sachverständige für baulichen Brandschutz vom 25. März 1997. Sie erhalten für die Aufgaben nach § 7 Abs. 1 eine Vergütung in Höhe von 25 v. H. der nach Anlage 4 der Landesverordnung über die Gebühren für Amtshandlungen der Bauaufsichtsbehörde und über die Vergütung der Leistungen der Prüfingenieure für Baustatik (Besonderes Gebührenverzeichnis) vom 13. Juni 1995 (GVBl. S. 194, BS 2013-1-35) in der jeweils geltenden Fassung für die Klasse 3 zu ermittelnden Gebühr (siehe Tabelle 7). Auslagen und Umsatzsteuer sind in der Vergütung nicht enthalten.

4.6
Baden-Württemberg

In Baden-Württemberg kann die Einschaltung von Sachverständigen nach der Verwaltungsvorschrift des Wirtschaftsministeriums über die brandschutztechnische Prüfung im baurechtlichen Verfahren (VWV Brandschutzprüfung) vom 22. August 1989 (GABl. S. 1067), geändert durch Verwaltungsvorschrift vom 21. November

Honorartafel zur Sachverständigenverordnung – 2000, NRW (Anlage 2)

Tabelle 6: Honorartafel zur Sachverständigenverordnung, zu Abschnitt 4.2

Anrechenbare Kosten (AK) DM	DM	Euro	Anrechenbare Kosten (AK) DM	DM	Euro	Anrechenbare Kosten (AK) DM	DM	Euro
20.000	122	62	2.700.000	2.615	1.337	16.000.000	7.953	4.066
30.000	157	80	2.800.000	2.676	1.368	17.000.000	8.260	4.223
40.000	188	96	2.900.000	2.735	1.398	18.000.000	8.560	4.377
50.000	216	111	3.000.000	2.793	1.428	19.000.000	8.854	4.527
60.000	242	124	3.100.000	2.851	1.458	20.000.000	9.143	4.675
70.000	267	136	3.200.000	2.908	1.487	21.000.000	9.426	4.819
80.000	290	148	3.300.000	2.965	1.516	22.000.000	9.704	4.962
90.000	312	160	3.400.000	3.021	1.544	23.000.000	9.977	5.101
			3.500.000	3.076	1.573	24.000.000	10.246	5.239
100.000	333	170	3.600.000	3.131	1.601	25.000.000	10.511	5.374
200.000	514	263	3.700.000	3.185	1.628	26.000.000	10.772	5.508
300.000	662	339	3.800.000	3.238	1.656	27.000.000	11.029	5.639
400.000	793	405	3.900.000	3.291	1.683	28.000.000	11.283	5.769
500.000	912	466	4.000.000	3.344	1.710	29.000.000	11.533	5.897
600.000	1.022	522	4.100.000	3.396	1.736	30.000.000	11.780	6.023
700.000	1.125	575	4.200.000	3.447	1.763	31.000.000	12.024	6.148
800.000	1.223	625	4.300.000	3.498	1.789	32.000.000	12.265	6.271
900.000	1.316	673	4.400.000	3.549	1.815	33.000.000	12.503	6.393
1.000.000	1.406	719	4.500.000	3.599	1.840	34.000.000	12.738	6.513
1.100.000	1.492	763	4.600.000	3.649	1.866	35.000.000	12.971	6.632
1.200.000	1.576	806	4.700.000	3.698	1.891	36.000.000	13.202	6.750
1.300.000	1.656	847	4.800.000	3.747	1.916	37.000.000	13.430	6.866
1.400.000	1.735	887	4.900.000	3.796	1.941	38.000.000	13.655	6.982
1.500.000	1.811	926	5.000.000	3.844	1.965	39.000.000	13.879	7.096
1.600.000	1.886	964				40.000.000	14.100	7.209
1.700.000	1.959	1.001	6.000.000	4.308	2.203	41.000.000	14.320	7.321
1.800.000	2.030	1.038	7.000.000	4.744	2.425	42.000.000	14.537	7.433
1.900.000	2.100	1.074	8.000.000	5.157	2.637	43.000.000	14.752	7.543
2.000.000	2.168	1.109	9.000.000	5.551	2.838	44.000.000	14.966	7.652
2.100.000	2.235	1.143	10.000.000	5.928	3.031	45.000.000	15.177	7.760
2.200.000	2.301	1.177	11.000.000	6.292	3.217	46.000.000	15.387	7.867
2.300.000	2.366	1.210	12.000.000	6.644	3.397	47.000.000	15.596	7.974
2.400.000	2.430	1.242	13.000.000	6.985	3.571	48.000.000	15.802	8.080
2.500.000	2.493	1.274	14.000.000	7.316	3.741	49.000.000	16.007	8.184
2.600.000	2.554	1.306	15.000.000	7.638	3.905	50.000.000	16.210	8.288
Gleichung des Honorarverlaufs: Honorar (DM) = 0,25 x AK^0,625								

Honorarwerte für die Prüfung des Brandschutzes in Rheinland-Pfalz

Tabelle. 7: Honorartafel für die Prüfung des Brandschutzes in Rheinland-Pfalz (zu Abschnitt 4.5)

Rohbauwert in DM	Klasse 3 Tausendstel des Rohbauwertes	Brandschutzprüfung (25 % der Summe der Prüfingenieure für Baustatik) in DM
20.000	15,900	79,50
30.000	14,661	109,96
40.000	13,842	138,42
50.000	13,237	165,46
60.000	12,764	191,46
70.000	12,376	216,58
80.000	12,050	241,00
90.000	11,769	264,80
100.000	11,524	288,10
150.000	10,626	398,48
200.000	10,032	501,60
300.000	9,251	693,83
400.000	8,733	873,30
500.000	8,352	1.044,00
600.000	8,059	1.208,85
700.000	7,809	1.366,58
800.000	7,604	1.520,80
900.000	7,426	1.670,85
1.000.000	7,271	1.817,75
1.500.000	6,705	2.514,38
2.000.000	6,330	3.165,00
3.000.000	5,837	4.377,75
4.000.000	5,511	5.511,00
5.000.000	5,270	6.587,50
6.000.000	5,081	7.621,50
7.000.000	4,927	8.622,25
8.000.000	4,797	9.594,00
9.000.000	4,686	10.543,50
10.000.000	4,588	11.470,00
15.000.000	4,231	15.866,25
20.000.000	3,994	19.970,00
30.000.000	3,683	27.622,50
40.000.000	3,477	34.770,00
50.000.000	3,325	41.562,50

1997 (GABl. S. 689) von den Baurechtsbehörden gefordert werden (ausführliche Beschreibung siehe Punkt 3.4.1). Bei der Anforderung einer Stellungnahme ist der gewünschte Umfang der Begutachtung hinreichend bestimmt festzulegen.

Die Baurechtsbehörde ist an die Stellungnahme nicht gebunden, sie hat selbst zu entscheiden, ob sie den Anregungen und Bedenken folgt. Grundsätzlich ist die Stellungnahme jedoch nur auf Folgerichtigkeit und daraufhin zu prüfen, ob die vorgeschlagenen brandschutztechnischen Anforderungen in den baurechtlichen Vorschriften eine Rechtsgrundlage finden.

Die Honorierung erfolgt durch den Bauherrn nach frei verhandelbaren Preisen. Auf dem Markt werden Stundensätze von DM 155,– bis 175,– gezahlt.

4.7
Andere Bundesländer

In den anderen Bundesländern existieren für das Prüfen von Brandschutzkonzepten keine Regelungen.

5
Brandschutzgutachten

5.1
Allgemeines

Unter dem Begriff Brandschutzgutachten wurde früher und zum Teil heute auch noch die Erstellung eines normalen Brandschutzkonzeptes verstanden. Um künftig eindeutige Begriffe für die verschiedenen Sachverhalte zu erhalten wird vorgeschlagen, den Terminus Brandschutzgutachten nur noch zu verwenden, wenn:
- Abweichungen von den gesetzlichen Forderungen gutachterlich begründet werden müssen,
- Teilbereiche von Brandschutzkonzepten über das normale Maß hinaus gutachterlich untersucht werden,
- bei Gerichtsverfahren,
- bei Schiedsverfahren.

Brandschutzgutachten werden traditionell durch die öffentlich bestellten und vereidigten Sachverständigen der IHK erstellt.

5.2
Honorierung von Brandschutzgutachten

5.2.1
Außergerichtliche Gutachten

Der Schwerpunkt der außergerichtlichen Vergütung der öffentlich bestellten und vereidigten Sachverständigen liegt derzeit bei durchschnittlich 140,- bis 180,- DM pro Stunde. Das hat der Deutsche Industrie- und Handelstag DIHT bei einer Untersuchung unter 2406 öffentlich bestellten und vereidigten Sachverständigen für 150 Sachgebiete festgestellt.

Brandschutzsachverständige werden in dieser Statistik nicht separat erfasst. Tatsächlich am Markt durchgesetzt haben sich für Brandschutzgutachten Stundensätze, die denen für die Erstellung von Brandschutzkonzepten vergleichbar sind und je nach Bundesland differieren (siehe Punkt 2).

5.2.2
Gerichtsgutachten

Die Honorierung von Sachverständigen für Gerichtsgutachten ist im Gesetz über die Entschädigung von Zeugen und Sachverständigen (ZSEG) in der Fassung der Bekanntmachung vom 01. Oktober 1969 (BGBl. I S. 1756), zuletzt geändert durch das Begleitgesetz zum Telekommunikationsgesetz vom 17.12.1997 BGBl. I 3108, geregelt. Danach werden Sachverständige für ihre Leistungen mit 50,- bis 100,- DM je Stunde entschädigt. Die zu gewährende Entschädigung kann bis zu 50 vom Hundert überschritten werden

a) für ein Gutachten, in dem der Sachverständige sich für den Einzelfall eingehend mit der wissenschaftlichen Lehre auseinander zusetzen hat, oder
b) nach billigem Ermessen, wenn der Sachverständige durch die Dauer oder die Häufigkeit seiner Heranziehung einen nicht zumutbaren Erwerbsverlust erleiden würde oder wenn er seine Berufseinkünfte zu mindestens 70 vom Hundert als gerichtlicher oder außergerichtlicher Sachverständiger erzielt.

Dem Sachverständigen werden außerdem die Kosten, einschließlich der notwendigen Aufwendungen für Hilfskräfte, sowie die für eine Untersuchung verbrauchten Stoffe und Werkzeuge/Lichtbilder, die Seiten und die auf seine Entschädigung entfallende Umsatzsteuer ersetzt. Bei Benutzung eines eigenen oder unentgeltlich von einem Dritten zur Verfügung gestellten Kraftfahrzeugs sind dem Sachverständigen 0,52 Deutsche Mark zu erstatten für jeden gefahrenen Kilometer zuzüglich der durch die Benutzung des Kraftfahrzeugs aus Anlass der Reise regelmäßig anfallenden baren Auslagen, insbesondere der Parkgebühren. In den neuen Bundesländern wird bei den Stundensätzen ein Abschlag von 10 % erhoben.

6 Zusammenfassung/Ausblick

Die Honorare für Ingenieurleistungen im vorbeugenden baulichen Brandschutz variieren sowohl regional als auch in Abhängigkeit von der angebotenen Dienstleistung. Außerdem zeigen sich preisliche Veränderungen im Laufe der Zeit und in Abhängigkeit von der jeweiligen Gesetzeslage im betreffenden Bundesland. Generell gibt es aber einen klaren Trend zu komplexeren brandschutztechnischen Betrachtungen insbesondere im Bereich der Sonderbauten. Die Brandkatastrophen der letzten Jahre bestätigen die Notwendigkeit, dem Brandschutz mehr Aufmerksamkeit zu widmen.

Literatur:
[1] Ingenieurleistungen für den Brandschutz
    Beratende Ingenieure 28(1998) 6. S 54–57
[2] Kempe, Thomas; Kirchner, Udo
    Brandschutz komplett
    Das NRW-Konzept kann ein Beispiel für ganz Deutschland sein
    Deutsches Ingenieurblatt 8(2001) 5, S. 26–34
[3] vdfb-Richtlinie 01/01, Stand Juli 1999
[4] Ingenieurkammer Baden-Württemberg, Körperschaft des öffentlichen Rechts
    Gebühren für Ingenieurleistungen des baulichen Brandschutzes,
    Stand Mai 2001

VI
Aktuelle Honorarvorschläge

D
Städtebaulicher Entwurf als informelle Planung nach § 42 HOAI

Dieses Arbeitspapier stellt nach dem Beschluss des Landesvorstandes die Weiterentwicklung des vom 20. März 1990 veröffentlichten Städtebaulichen Entwurfs der Architektenkammer Baden-Württemberg dar.

Architektenkammer Baden-Württemberg
Arbeitskreis Stadt- und Landschaftsplanung
Danneckerstrasse 54
70182 Stuttgart

Inhalt

I.	**Inhalt und Zweck des Städtebaulichen Entwurfs**	479
	1. Anwendungsbereich	479
	2. Beschreibung der Leistung	480
	3. Honorar	481
II.	**Leistungs- und Honorarrahmen**	481
	1. Inhalt und Zweck des Städtebaulichen Entwurfs	481
	2. Anwendungsbereich	481
	3. Vereinbarung	482
	4. Beschreibung der Leistungen	482
	5. Honorar	484

I
Inhalt und Zweck des Städtebaulichen Entwurfs

1
Anwendungsbereich

Der Städtebauliche Entwurf zeigt die Tätigkeitsmerkmale und den komplexen Leistungsrahmen auf. Diese sind zurzeit gesetzlich nicht geregelt, jedoch überwiegend maßgebende Voraussetzung für die erfolgreiche Ausarbeitung von formellen Planarten nach dem BauGB. Die Tätigkeiten und Leistungen umfassen dabei das breite Spektrum des kreativen Entwerfens städtebaulicher Konzepte analog zu den originären Architektenleistungen im Hochbau.

Diese Definition des städtebaulichen Entwerfens ist nicht neu, hat sie doch eine lange Tradition im historischen Städtebau, wo formelle Pläne, insbesondere Bebauungspläne weithin von Ingenieuren des Vermessungswesens oder Verwaltungsfachleuten bearbeitet wurden, und zwar nach den Vorlagen Städtebaulicher Entwürfe von Architekten.

Seit der Zusammenfassung von Architekten und Ingenieurleistungen in der HOAI erbringen die Ingenieure die Leistungen für formelle Pläne (Bebauungspläne und Flächennutzungspläne) nach den Festlegungen des Teils V der HOAI ebenso wie Architekten und Stadtplaner. Aufgrund ihrer beruflichen Ausbildung in den Ingenieurwissenschaften werden die Ingenieure in aller Regel den notwendigen Leistungsrahmen für das städtebauliche Entwerfen nicht erbringen können. Diese Leistung ist auch richtigerweise in den formellen Planarten nicht gefordert. Insoweit kann ein Ingenieur das volle Honorar der §§ 37/38 und 40/4 1 der HOAI beanspruchen, auch wenn er einen Städtebaulichen Entwurf nicht erbracht hat. Diesen im Rahmen der formellen Planarten dagegen vom Architekten zu fordern, ist daher nicht möglich.

Die Tätigkeitsmerkmale und der Leistungsrahmen des Städtebaulichen Entwurfs sind in den formellen Planarten weder im BauGB noch in der HOAI Gegenstand der entsprechenden Bestimmungen. Die Architektenkammer hat sich daher bemüht, die Leistungen der nicht formalisierten Planungsbereiche zu systematisieren und für die Auftraggeber und Planer übersichtlich zu gliedern. Damit können im Bedarfsfall Honorarvorschläge sachlich vergleichbar gemacht werden.

Alle bisherigen Versuche, die informellen Pläne als Teile der formellen Planarten darzustellen zu wollen, scheiterten daran, dass die Eigenart, Vielfalt (auch interdisziplinär) und notwendige Konkretheit von Aussagen zur Entwicklung des Stadtraums, des Stadtbilds und der Stadtfunktion in das Schema des formellen Plans nicht eingebracht werden können. Der Städtebauliche Entwurf dient als informeller Plan vielmehr dazu, dieser Problematik zu begegnen, konkrete Konzeptionen darzustellen und die Aussagekraft der gesetzlichen formellen Pläne zu begründen und zu stärken.

Der Städtebauliche Entwurf muss zwar die gesetzlichen Rahmenbedingungen berücksichtigen, wie auch der Entwurf im Hochbau. Er kann jedoch kein rechtliches

Instrument sein, sondern entfaltet argumentativ Wirkung im Hinblick auf die Verdeutlichung des städtebaulichen Leistungsbildes. Dies stellt an seine Qualität sehr hohe Forderungen. Entsprechend den berechtigten gesellschaftlichen Erwartungen hat der Städtebauliche Entwurf in der Praxis ständig an Bedeutung gewonnen. Er stellt heute den zentralen städtebaulich-konzeptionellen Leitplan dar, vorwiegend auf kommunaler Ebene. Seine Aussagen sind für jedermann verständlich. Dies berücksichtigen auch die Leistungsbilder. Konsequenterweise fordern daher im ganzen Bundesgebiet bei Städtebaulichen Wettbewerben die Auslober den Leistungsrahmen des Städtebaulichen Entwurfs in seinen wesentlichen Teilen als Inhalt der Wettbewerbsleistung.

2
Beschreibung der Leistung

Der Leistungsumfang des Städtebaulichen Entwurfs ist im Leistungsbild des Kap. II. 4 umfassend beschrieben. Ziel der Leistungen ist es, nach einem detaillierten Leistungskatalog stufenweise eine Konzeption zu entwickeln, die übergreifende städtebauliche Gesichtspunkte, insbesondere für die spätere Bauleitplanung, Grünordnungsplanung oder Durchführungsplanung für Hochbauten und Freianlagen enthält. Davon unberührt bleiben die Leistungen von Sonderfachleuten, die für ihren jeweiligen Fachbereich tätig werden.

Der Bedeutungszuwachs des Städtebaulichen Entwurfs gründet sich u. a. auf viele negative Erfahrungen und Ergebnisse beim Vollzug der gesetzlichen Bauleitplanung ohne vorausgehenden Städtebaulichen Entwurf. Die Praxis hat dabei ergeben, dass durch den konsequenten Verzicht auf wichtige konzeptionelle und gestalterische Inhalte im formellen Plan dieser weithin nicht geeignet ist, dem Entstehen „gesichtsloser" Städte und Gemeinden angemessen entgegenzuwirken. Die durch Satzungen verordnete Gestaltung bringt in der Regel eher nur „aufgesetzte" Ergebnisse. Es werden meist nur Teilaspekte der Planung städtebaulicher Gesamtanlagen erfasst. In den vergangenen zehn Jahren hat in der Erkenntnis dieser Entwicklungen die öffentliche Kritik am Städtebau massiv zugenommen.

Es erscheint nötig, sich vor Augen zu führen, dass vorbildlich realisierter Städtebau meist nur dort entstanden ist, wo ein Städtebaulicher Entwurf im Sinne einer Zusammenfassung aller für die Planung bedeutsamen Belange als zentraler Leitplan wirksam wurde und durch seine Darstellungskonkretheit dazu geeignet war, die Planung auch dem Laien gegenüber verständlich zu machen. Der Städtebauliche Entwurf gibt hierbei sachbezogene Grundlagen für rechtliche Festsetzungen, die bei den gesetzlichen Plänen zur Absicherung der Planungsziele erforderlich sind. Je umfassender hierbei der Städtebauliche Entwurf als konkret dargestellte Planung erfolgt und mit Bürgern und Behörden erörtert wird, umso mehr vermag er über die rechtliche Leitlinie der formellen Planung hinaus, die Gestaltqualität hoheitlicher Planung darzustellen und ihr Geltung in der Öffentlichkeit zu schaffen.

3
Honorar

Die Vorschläge folgen den Flächenwerten des zu vereinbarenden Planbereichs, gestaffelt nach dem städtebaulich vertretbaren Maß der baulichen Nutzung. Die Tabellenwerte wurden aufgestellt nach Untersuchungen der Kommunalentwicklung (KE) Baden-Württemberg 1989 anhand von ausgewerteten Umfragen bei freien Planern und planenden Behörden und Gesellschaften, die fortgeschrieben wurden. Die Ableitung der Planungskosten von dem Maß der Nutzung begründet sich vor allem auf die zu erwartenden Steigerungen des Planungsaufwands infolge komplexer stadträumlicher, nutzungsrelevanter, rechtlicher und gestalterischer Zusammenhänge bei hoher Dichte.

In den Ansätzen der GFZ wird eine Beziehung zu den Investitionswerten des geplanten Ergebnisses hergestellt. Damit folgt die Bewertung den Grundsätzen der HOAI, wie sie bei allen Ingenieur- und Architektenleistungen gelten. Sollten diese im Rahmen von Novellierungsbemühungen aufgegeben werden, müsste eine entsprechende Neufassung folgen. Die Vorschläge lassen ausreichende Spielräume für die jeweilige Vertragsausgestaltung. Die Ermittlung des Basishonorars für die Festlegung von Wettbewerbskosten nach GRW kann auf einfache Art erfolgen.

II
Leistungs- und Honorarrahmen

1
Inhalt und Zweck des Städtebaulichen Entwurfs
Der Städtebauliche Entwurf umfasst Leistungen von Architekten und Landschaftsarchitekten zur Bearbeitung von städtebaulichen Einzelaufgaben und zur Neuplanung, Änderung und Erweiterung von städtebaulichen Anlagen als Werk der Architektur und des Städtebaus.

2
Anwendungsbereich
Der Städtebauliche Entwurf gehört zu den informellen Planungen, „die der Lösung und Veranschaulichung von Problemen dienen, die durch die formellen Planarten nicht oder nur unzureichend geklärt werden können, Sie können sich auf gesamte oder Teile von Gemeinden erstrecken" (§ 42 (1) Nr. 2 HOAI). Der Städtebauliche Entwurf ist die städtebauliche Konzeption, deren Aussagen in einem Bauleitplanverfahren zur Begründung heranzuziehen sind (§ 9 (8) BauGB + § 40 (2) Nr. 3, Satz 1 HOAI).

Er ist die geeignete, für Bürger verständliche planerische Grundlage, mit der eine öffentliche Unterrichtung und Erörterung bei der frühzeitigen Bürgerbeteiligung (§ 3 (1) BauGB) sinnvoll durchgeführt werden kann. Der Städtebauliche Entwurf wird unter Einbeziehung landschaftsplanerischer Überlegungen eine wichtige Grundlage zur Vorbereitung von Eingriffsregelungen nach § 8a BNatSchG.

Städtebauliche Wettbewerbe haben in der Regel wesentliche Teile des Leistungsbildes eines Städtebaulichen Entwurfs zum Inhalt. Der Städtebauliche Entwurf ist eine Entscheidungshilfe zur Beurteilung der „Eigenart einer näheren Umgebung" nach § 34 BauGB.

3
Vereinbarung

Auf der Grundlage eines detaillierten Leistungskataloges kann das Honorar frei vereinbart werden (§ 42 (2) HOAI). Seine Vereinbarung erfolgt schriftlich bei Auftragserteilung, andernfalls ist es nach § 6 HOAI als Zeithonorar zu berechnen.

Die vorliegende Ausarbeitung soll als Arbeitshilfe für Auftraggeber und Planer zur Klärung der Aufgabenstellung in bezug auf den Ablauf, den Inhalt und den Umfang der Leistungen sowie ihrer Vergütung dienen.

4
Beschreibung der Leistungen

4.1
Beratung zum Leistungsbedarf
- Festlegen des Planungsgebiets
- Ausarbeiten der Leistungsbeschreibung – Festlegen ergänzender Fachleistungen und ggf. notwendiger Voruntersuchungen.

4.2
Bestandsaufnahme
- Sichtung und Auswertung vorhandener Planungen, insbesondere kommunale Entwicklungsplanung, Flächennutzungsplan, Planungen der Träger öffentlicher Belange, sonstige Fachplanungen und Gutachten.
- Zustand des Untersuchungsgebiets, vor allem in bezug auf Topographie, Baustruktur und Nutzung, Bevölkerungs- und Wirtschaftsstruktur, Erschließung, ökologische Zusammenhänge, Denkmalschutz, Belange der Eigentümer und Nutzer.

4.3
Analyse des Zustands,
Formulierung der Planungsziele und des Planungsprogramms

4.4
Planung
Erarbeitung der Planungskonzeption mit alternativen Lösungsmöglichkeiten als

Grundlage für die Aufstellung von Bauleitplänen und für die Begründung der städtebaulichen Konzeption nach dem BauGB sowie als Grundlage sonstiger kommunaler Planungen und Maßnahmen, mit folgendem Inhalt:

4.4.1 Räumliches Konzept
Darstellung der Baukörper, ihrer Höhenentwicklung und Dachgestaltung, wichtiger Raumkanten, Einteilung der Grundstücke und deren Erschließung mit Zugang, Zufahrt, Andienung und Freibereichsorientierung. Berücksichtigung spezieller Hausformen für ein energie- und flächensparendes Bauen.

4.4.2 Freiflächenkonzept
Gestaltung der öffentlichen Flächen und Raumfolgen sowie grundsätzliche Vorschläge für die Gestaltung privater Flächen. Gestaltung von Aufschüttungen und Abgrabungen, von Immissionsschutzmaßnahmen. Darstellung von Ausgleichsflächen nach dem BNatSchG.

Bewertung: 65 v. H.

4.4.3 Verkehrskonzept
Darstellung der Fahrbahnen, Geh- und Radwege, der gemischten Verkehrsflächen, der öffentlichen und privaten Parkierung, Gestaltung der Verkehrsflächen. Berücksichtigung der Ver- und Entsorgungsmöglichkeit sowie notwendiger Immissionsschutzmaßnahmen.

4.4.4 Erläuterungsbericht
ggf. mit erläuternden Skizzen, Übersichtsplänen u. dgl.

4.4.5 Nutzungsnachweis
Ermittlung der Flächennutzung mit rechnerischem Nachweis, Darstellung von Art und Maß der baulichen Nutzung und von differenzierten Gebäudenutzurigen, soweit erforderlich.

Bewertung: 15 v. H.

4.4.6 Maßnahmenkatalog
Darstellung von Erschließungs- und Bauabschnitten, Hinweise zur Durchführung von planungs-, baurechtlichen und bodenordnenden Maßnahmen und Verfahren.

Bewertung: 10 v. H.

4.4.7 Kostenermittlung
Kostenaussage für die von der Gemeinde durchzuführenden Maßnahmen.

Bewertung: 5. v. H.

4.4.8 Abstimmen der Planung
mit den Ämtern des Auftraggebers und den Trägern öffentlicher Belange, soweit erforderlich.

Bewertung: 5 v. H.

4.4.9 Mitwirken

bei der frühzeitigen Bürgerbeteiligung sowie bei Stellungnahmen zu Bauvorhaben und bei Veröffentlichungen

Bewertung: bes. Vereinb.

4.4.10 Herstellung von Modellen

Bewertung: bes. Vereinb.

Die Ausarbeitung des Städtebaulichen Entwurfs erfolgt in der Regel in Plänen M. 1:1000 oder 1:500 auf Unterlagen, die vom Auftraggeber zu stellen sind.

5
Honorar

5.1
Die Leistungen der
Ziff. 4.1   Beratung zum Leistungsbedarf
Ziff. 4.2   Bestandsaufnahme
Ziff. 4.3   Analyse und Planungszielformulierung sowie
Ziff. 4.4.9   Mitwirkung bei Bürgerbeteiligung, Stellungnahmen und Veröffentlichungen werden nach dem vorausgeschätzten Zeitaufwand als Pauschalhonorar vereinbart oder nach dem nachzuweisenden Zeitaufwand abgerechnet (§ 6 HOAI).

5.2
Das Honorar
für die Leistungen der Ziff. 4.4 (ausgen. 4.4.9 und 4.4.10) wird durch Multiplikation des Einzelsatzes aus der Tabelle der Honorarzonen mit der Fläche des gesamten Plangebiets ermittelt. Zwischenwerte werden interpoliert. Bei der Berechnung einer durchschnittlichen GFZ wird das im Planungsergebnis erreichte Nettobauland zugrunde gelegt oder, vor Planungsbeginn, im Benehmen mit dem Auftraggeber geschätzt. Ändert sich danach die Bemessungsgrundlage in wesentlichem Umfang, wird das Honorar nach der vom Auftraggeber angenommenen Planfassung berechnet.

5.3
Werden Teilleistungen
der Ziff. 4.4 nicht in Auftrag gegeben, so ermäßigt sich das Honorar um die in der Bewertung genannten Anteile.

5.4
Städtebauliche Wettbewerbe
haben in der Regel Leistungen der Ziff. 4.4.1 bis 4.4.4 zum Inhalt (Räumliches Konzept, Freiflächen- und Verkehrskonzept, Erläuterungsbericht). Der entsprechen-

Fläche Plangebiet	Zone I		Zone II		Zone III		Zone IV		Zone V		Zone VI	
	von DM	bis DM	von DM	bis DM	von DM	bis DM	von DM	bis DM	von DM	bis DM	von DM	bis DM
bis 3 ha	3.700	5.200	5.300	8.600	8.700	13.700	13.800	19.200	19.300	24.200	24.300	30.500
5 ha	3.300	4.500	4.600	7.900	8.000	13.000	13.100	18.000	18.100	22.700	22.800	28.500
10 ha	2.900	4.000	4.100	7.200	7.300	12.000	12.100	16.200	16.300	20.100	20.200	24.600
15 ha	2.700	3.800	3.900	6.900	7.000	11.200	11.300	14.900	15.000	17.900	18.000	21.400
20 ha	2.500	3.700	3.800	6.600	6.700	10.600	10.700	13.700	13.750	16.000	16.100	18.600
30 ha	2.300	3.500	3.600	6.200	6.300	9.600	9.650	11.600	11.650	13.000	13.100	14.700
50 ha	2.100	3.300	3.400	5.600	5.700	7.700	7.750	8.800	8.900	9.500	9.550	10.100
100 ha	1.900	2.900	3.000	4.300	4.400	5.150	5.200	5.550	5.600	5.800	5.900	6.000

Tabelle 1:
Honorartabelle für Städtebaulichen Entwurf als informelle Planung nach § 42 HOAI

de Anteil am Gesamthonorar wird als Basishonorar zur Ermittlung der Preis- und Ankaufsumme (GRW 6.2, 6.3) angesetzt. Die Überarbeitung eines mit einem Preis ausgezeichneten Städtebaulichen Entwurfs erfordert eine gesonderte Vereinbarung.

5.5
Der höhere Planungsaufwand bei höherer Nutzungsdichte ist in den sechs Zonen der Tabelle für die Einzelsätze Ziff. 5.7 berücksichtigt. Die durchschnittliche Nutzungsdichte im Nettobauland ergibt die Einordnung in diese Zonen:

GFZ		bis	0,2	Zone I
GFZ	zwischen	0,21	und	0,5	Zone II
GFZ	zwischen	0,51	und	1,0	Zone III
GFZ	zwischen	1,1	und	1,5	Zone IV
GFZ	zwischen	1,6	und	2,0	Zone V
GFZ	ab	2,1			Zone VI

5.6
Für Städtebauliche Entwürfe,
1. für die eine umfassende Umstrukturierung in baulicher, verkehrlicher, sozioökonomischer und ökologischer Sicht vorgesehen ist,
2. für die die Erhaltung des Bestands bei besonders komplexen Gegebenheiten zu sichern ist,
3. deren Planbereich insgesamt oder zum überwiegenden Teil als Sanierungsgebiet nach dem Baugesetzbuch festgelegt ist oder werden soll, kann ein Zuschlag zum Honorar frei vereinbart werden.

5.7
Tabelle

(siehe Tabelle 1) der Einzelsätze in DM, je Hektar Gesamtgebiet *).
Zwischenwerte werden interpoliert. Das Honorar für Plangebiete über 100 ha ist frei zu vereinbaren.

5.8
Nebenkosten

Die Teilnahme an erforderlichen Sitzungen und Besprechungen im Zusammenhang mit den Planungsleistungen der Ziff. 4.4.1 bis 4.4.8 ist im Honorar nach Ziff. 5.7 enthalten. § 7 HOAI bleibt unberührt.

5.9
Mehrwertsteuer

Die gesetzliche Mehrwertsteuer ist dem Honorar und den Nebenkosten hinzuzurechnen. Architektenkammer

*) Auf der Grundlage der Untersuchung der Kommunalentwicklung (KE) Baden-Württemberg August 1989 mit Fortschreibung auf der Grundlage Baukostenberatungsdienst (BKB) der Architektenkammer.

VI
Aktuelle Honorarvorschläge

E
Dorfentwicklungsplanung im Freistaat Thüringen

Architektenkammer Thüringen
Körperschaft des öffentlichen Rechts
Bahnhofstraße 39
99084 Erfurt

Inhalt

1	**Leistungsanforderungen an die Dorfentwicklungsplanung in Thüringen**	*491*
1.1	Planungsergebnisse und Planungsprozess	*491*
1.2	Planungsebenen und -aussagen	*492*
1.3	Anforderungen an Verfahrensablauf und Planer	*492*
2	**Planungstheoretische Einordnung**	*494*
3	**Problematik und Ziel einer Honorarbemessung**	*495*
3.1	Die Einordnung einer integrierten Entwicklungsplanung in die HOAI	*495*
3.2	Grenzen der freien Vereinbarung und die Notwendigkeit von Leistungsbildern und Honorarrichtwerten	*495*
3.3	Rahmenbedingungen der Honorarbemessung	*496*
3.3.1	Antrag zur Aufnahme ins Dorferneuerungsprogramm	*496*
3.3.2	Leistungsbild DE-Planung nach Grundleistungen und Besonderen Leistungen	*497*
4	**Verfahren zur Bemessung des Grundhonorars**	*501*
4.1	Gliederung des Grundhonorars	*501*
4.2	Die Bestimmung der Flächengrößen	*502*
4.3	Kriterien zur Einordnung in die Schwierigkeitsstufen	*502*
4.4	Schwierigkeitsstufentabelle	*505*
4.5	Honorartabelle für Dorfentwicklungsplanung in Thüringen (Grundleistungen)	*506*
4.6	Verfahrensmodalitäten	*507*
5	**Umsetzungsorientierte bzw. projektbezogene Beratungstätigkeit**	*507*
6	**Fortschreibung des DE-Konzeptes**	*508*
7	**Inkrafttreten**	*508*

Honorarregelung Dorfentwicklungsplanung

Auf der Grundlage einer Arbeitsgruppentätigkeit bei der Architektenkammer Thüringen wurde die vorliegende Honorarregelung erarbeitet und im Jahr 2000 fortgeschrieben.
Die folgenden Regelungen gelten für die Festlegung des Leistungsumfanges und die Honorarermittlung bei Dorfentwicklungsplanungen (DE-Planungen).

1
Leistungsanforderungen an die Dorfentwicklungsplanung in Thüringen

1.1
Planungsergebnisse und Planungsprozess

Die Dorfentwicklungsplanung ist eine umfassende Planung für das Dorf. Sie ist zum einen Planungsgrundlage für die künftige Weiterentwicklung im Sinne von dargestellten Plänen, zum anderen aber auch ein prozesshafter Ablauf einer gemeinsamen Lernphase von Bürgern, Gremien und Planern.

Der Begriff „Dorfentwicklung" zeigt an, dass nicht nur eine Aussage über die Verbesserung oder Erneuerung des Bestehenden getroffen wird, sondern auch über eine Weiterentwicklung des Vorhandenen. Der Zeitraum, für den die Aussage Geltung haben soll, reicht weit über die Laufzeit einer Dorferneuerungsmaßnahme hinaus.

Die Dorfentwicklungsplanung soll also folgende Aufgaben erfüllen:
  Das gemeinsame Erarbeiten einer Gesamtentwicklungskonzeption und deren anschauliche Darstellung in Plänen, Zeichnungen und anderen Instrumenten als Grundlage für den Einsatz planungsrechtlicher Instrumente und zielgerichteter Investitionen.
  Herstellung einer qualitätvollen ortsweisen Selbstbestimmung in einem gemeinsamen Prozess der Bewusstseinsbildung von Planern, Bürgern und Gremien mit Entwicklung der dörflichen Eigeninitiative.
  Der Prozess zur Erarbeitung der Dorfentwicklungsplanung und die Beratungsarbeiten zu ihrer Umsetzung gliedern sich in drei Phasen:

I. Vorphase zur Festlegung der Aufgabenstellung der städtebaulichen Planung,
II. Dorfentwicklungsplanung als städtebauliche Aufgabe,
III. Umsetzungsorientierte bzw. projektbezogene Beratungstätigkeiten

Die Honorarregelung und die dazu gemachten Erläuterungen beziehen sich auf die Phase II.

Die Phasen I und III werden nach HOAI, § 6, geregelt. Inhalte und Honorierung der Phase III sind unter Punkt 5 dargestellt und im „Beratungsvertrag zur Dorferneuerung" [1] geregelt.

1.2
Planungsebenen und -aussagen

Die Dorfentwicklungsplanung soll mit steigender Intensität Aussagen über drei verschiedene Planungsebenen treffen:

- Gesamtentwicklung
- Ortskernentwicklung
- Teilbereichsplanung

In der Ebene der Gesamtentwicklung, die der Planungsebene des Flächennutzungsplanes zugeordnet werden kann, werden kommunale Entwicklungsschwerpunkte und räumlich-strukturelle Auswirkungen benannt.

Es werden Vorschläge für neue Siedlungsflächen, Standorte von Infrastruktureinrichtungen oder Verkehrskonzepte erarbeitet. Besondere Bedeutung haben die Einbindung des Ortes in die umgebende Landschaft und die Berücksichtigung derer natürlichen Eigenschaften.

Die Planungsaussage über den historischen Ortskern (Ortskernentwicklung) ist das Kernstück der Dorfentwicklungsplanung. Grundstücksbezogen werden Vorschläge für Nutzung, Verkehr, bauliche Entwicklung sowie Grünordnung und Freiflächen erarbeitet. Auf grundstücksbezogene Aussagen kann dort verzichtet werden, wo Veränderungspotentiale nicht erkennbar sind. In einer zusammenfassenden Aussage werden sie aufeinander abgestimmt und als Vorstufe eines Bebauungsplanes ohne planungsrechtliche Festsetzungen dargestellt.

Der Dorfentwicklungsplan ist im Sinne eines städtebaulichen Rahmenplanes zu verstehen. In den Teilbereichsplanungen werden besonders wichtige Bereiche einer intensiven Betrachtung unterzogen. Die Planungsvorschläge werden in Skizzen, Isometrien oder Modellen besonders anschaulich dargestellt und mit Vorher-/Nachher-Darstellung der Situation verdeutlicht (z. B. Gestaltung des Dorfplatzes mit Neubau eines Gemeindezentrums).

Das Durchführungskonzept der Dorfentwicklungsplanung ist mit Angabe einzelner Maßnahmen gemeinsam mit Bürgern und Gemeinde vor dem Hintergrund eines realisierbaren finanziellen Rahmens zu erstellen.

1.3
Anforderungen an Verfahrensablauf und Planer

Träger der Dorfentwicklungsplanung ist die Gemeinde. Sie beauftragt ein Planungsbüro mit der Durchführung der Planung. Das Flurneuordnungsamt steht zur fachlichen Beratung zur Verfügung. In den Fällen, in denen eine Dorfentwicklungsplanung aus Landesmitteln gefördert wird, ist diese Förderung an das im Leistungsbild einer Dorfentwicklungsplanung Pkt. 3.3.2. vorgegebene Verfahren gebunden.

Die wichtigsten Abschnitte des Verfahrensablaufs sind:
Frühzeitige Beteiligung der in ihren Belangen berührten Behörden und Koordination der Behördeninteressen im Planungsablauf, eine weit über das übliche Maß (z. B. Bauleitplanung und Planfeststellung) hinausgehende Beteiligung der Bürger.

Die Koordination der behördlichen Interessen bedeutet, dass hier eine Anpassung der Vorhaben sämtlicher Landesbehörden an die Leitlinien der Dorferneuerung und eine zeitliche Koordination herbeigeführt werden sollen. Widerstrebende Absichten von Behörden, Kommune und Bürgern müssen solange verhandelt werden, bis eine gemeinsame Aussage gefunden ist.

Dieses Verfahren ist völlig unabhängig vom Verfahren der so genannten „Beteiligung Träger öffentlicher Belange", das lediglich eine Anhörung verschiedener Behördenpositionen in einem gesetzlichen Verfahren mit abschließender Entscheidung ist. Hier wird gemeinschaftliches Planen und Handeln von Behörden und Bürgern mit dem Ziel der Erneuerung der thüringischen Dörfer angestrebt.

Die Bürgerbeteiligung in der Dorfentwicklungsplanung ist keine „Beteiligung" im herkömmlichen Sinne. Sie soll zur Wiederentdeckung der ortsteilweisen Selbstbestimmung über die künftige Entwicklung des Dorfes führen. Die Mitwirkung eines Beirates am Planungsentwurf und die Herstellung breiter Öffentlichkeit in der Diskussion der Planung sind unumgänglich und Voraussetzung für eine Förderung nach dem Dorferneuerungsprogramm. Das Planungsverständnis der thüringischen Dorferneuerung stellt an den Planer zwei grundsätzliche Anforderungen, die in herkömmlichen Planungen nicht zwingend vorgesehen sind:

a) Der Planungsprozess als transparente Konfliktentscheidung
Jede fundierte städtebauliche Planung ist eine Vorbereitung für politische Konfliktentscheidungen. Dies gilt auch und in besonderer Weise für Planungen im Dorf. Die Überschaubarkeit des Dorfes macht jede Planungsentscheidung – und sei sie noch so „unbedeutend" – zur „Dorfpolitik".

„Entwurf" einer Planung ist deshalb Problemlösungsstrategie vor politischem Hintergrund. Dieser Hintergrund der Dorfpolitik, in der widerstrebende Interessen leichter erkennbar sind, oft auch schonungslos offengelegt werden, erfordert die völlige Nachvollziehbarkeit der Entwurfsentscheidungen in ihrer politischen Bedeutung für das Gemeinwesen, d. h. Transparenz in allen Planungsphasen.

Mit der Dorfentwicklungsplanung soll die Eigenständigkeit der Gemeinde gefördert werden. Sie ist Grundlage für eine bewusste und gezielte Entwicklung des Dorfes, bei der die Bürger beträchtlich am Gelingen mitwirken können.

In der Dorfplanung ist nicht nur der reine Fachplaner als Architekt, Stadt- oder Landschaftsplaner gefordert. Darüber hinaus ist eine intensive und engagierte Beratungsarbeit zu leisten, die den Dorfplaner teilweise als sozialen und politischen „Gemeinwesenarbeiter" versteht. Oft ist der Dorfplaner über lange Zeit unverzichtbare Vertrauensperson und fachlicher Berater der Gemeinde.

Diese Tätigkeit fällt nur zu einem Teil in die Einarbeitungsphase und in das Leistungsbild der Dorfentwicklungsplanung. Die „Beratungstätigkeit" wird unabhängig vom Leistungsbild der Dorfentwicklungsplanung berechnet und vergütet. Der Leistungsumfang und die Honorierung der „Beratungstätigkeit" sind im Punkt 5 dieser Honorarregelung erläutert.

b) Die ganzheitliche Betrachtung als integrierte Entwicklungsplanung
Unverzichtbare Grundlage eines solchen Planungsverständnisses ist die Notwendigkeit einer ganzheitlichen Betrachtung. Die Vielzahl der Probleme in den Dörfern sind auf die langjährige Vernachlässigung der baulichen Strukturen, der technischen Infrastruktur und die Veränderung der wirtschaftlichen Strukturen zurückzuführen. Weitgehend wurde den Bewohnern keine Unterstützung bei der Vorbereitung ihrer baulichen Maßnahmen zuteil. Die Probleme wurden durch Materialmangel und oft unzureichende Bauausführung exponiert. Die Mangelerscheinungen gehen soweit, dass oft Teile der dörflichen Strukturen zerstört oder bis zur Unkenntlichkeit verändert wurden.

Die gegenwärtig komplizierte wirtschaftliche Situation der Gemeinden und sozialen Probleme ihrer Bewohner ermöglichen nur eine schrittweise Bewältigung der Probleme, wobei die Beratung der Bürger eine Schlüsselposition einnimmt.

Die Leistungsphasen I und II sind an einen Planer zu binden.

Der zu beauftragende Planer soll seine fachliche Befähigung nachweisen. Es wird empfohlen, in den Vertrag aufzunehmen, dass der Planer innerhalb des Planungsgebietes keine privaten Aufträge über die Dauer des Vertrages annimmt.

Die relative Überschaubarkeit des Dorfes wird bei der Dorfentwicklungsplanung zum Vorteil. Sie ermöglicht das Erkennen vernetzter Zusammenhänge und das Begreifen dieser Vernetzungen durch die Bürger. Der Dorfplaner hat die Aufgabe, den Bürgern die Verknüpfungen einzelner Planungsprobleme zu vermitteln und ihnen die Bedeutung ihres Anwesens und ihrer Maßnahme im Zusammenhang darzustellen. Wenn dies gelingt, ist auch die Transparenz des Entwurfes gewährleistet, und die Mitwirkung der Bürger hat gute Voraussetzungen.

2
Planungstheoretische Einordnung

Im Gegensatz zur rechtsgestalteten Planung oder zur technischen Fachplanung setzt die Aussage der integrierten Entwicklungsplanung die Abstimmung verschiedenster Fachplanungen voraus.

Sie enthält starke Elemente horizontaler Koordination (Querschnittsplanung) der hierarchisch (vertikal) aufgebauten Fachplanungen. Die Dorfentwicklungsplanung ist darüber hinausgehend mehr als ein funktionales Planungsmodell anzusehen, weil sie von einem ganzheitlichen Planungsansatz ausgeht, Ziele und Maßnahmen aus den örtlichen Gegebenheiten heraus entwickelt, prozesshaft abläuft und aktive Mitwirkung der Bürger voraussetzt. Funktionale Planungen sind auch in besonderer

Weise geeignet, ökologischen Belangen Rechnung zu tragen, weil sie funktionale Zusammenhänge (Eingriff-Auswirkung) quer durch die Fachplanungen aufzeigen und erörtern. Wegen der Überschaubarkeit ländlicher Siedlungen und der sie bestimmenden Einflussgrößen ist eine ganzheitliche Sicht des Planungsgegenstandes „Dorf" möglich und nachvollziehbar.

3
Problematik und Ziel einer Honorarbemessung

3.1
Die Einordnung einer integrierten Entwicklungsplanung in die HOAI

Die integrierte Entwicklungsplanung ist in der HOAI nicht vorgesehen. Betrachtet man die drei Planungsebenen einer Dorfentwicklung, so ist in den Planungsleistungen neben anderen Leistungen eine größere Anzahl von Anteilen der verschiedensten HOAI-Leistungen enthalten. Darin wird die Vielschichtigkeit der Planungsaufgabe deutlich.

Der größte Teil dieser einzelnen Leistungen wird jedoch nicht vollständig erbracht, und es gibt zahlreiche Überschneidungen der einzelnen HOAI-Leistungen. Daher führt ein Aufsummieren der Honoraranteile tatsächlich nicht automatisch zu leistungsbezogenen Honoraren, außerdem wäre eine solche Honorarermittlung kompliziert und in vielen Fällen nicht nachvollziehbar.

Deshalb besteht die Möglichkeit, eine solche Planung als „städtebauliche Leistung" anzusehen und das Honorar nach § 42, Abs. (1) Pkt. 1–6 und § 50, Abs. (1) Pkt. 1–5 frei zu vereinbaren.

3.2
Grenzen der freien Vereinbarung und die Notwendigkeit von Leistungsbildern und Honorarrichtwerten

Eine freie Vereinbarung von Planungshonoraren darf nicht zu einer Vergabepraxis auf der Grundlage eines reinen Preiswettbewerbes führen, da für die Bewertung der Vergleichbarkeit von Leistungen keine quantitativen Maßstäbe herangezogen werden können. Ein Preiswettbewerb und der daraus resultierende Preisverfall kann den qualitativen Standard nicht sichern, der im Abschnitt 1 beschrieben wurde. Dies ist weder im Interesse des Auftraggebers noch der fördernden Behörde.

DE-Planungen sind außerdem vom Ablauf und von den Anforderungen her ausreichend klar definiert, um pauschalisierungsfähig im Sinne einer Gebührenregelung zu sein. Ausgenommen davon sind besondere Leistungen, die zur Klärung der Aufgabenstellung oder zur Schaffung von Planungsgrundlagen erforderlich sind.

Oft sind die Ausgangspositionen in den Gemeinden sehr unterschiedlich und bedürfen einer besonderen Vereinbarung. Dies gilt ebenso für die Erstellung eines

„qualifizierten Programmantrages". Zur Ermittlung der Grundleistungen und „Besonderen Leistungen" dient das Leistungsbild der DE-Planung Thüringen, was unter Punkt 3.3.2 dargestellt ist.

Der hierin enthaltene Leistungskatalog beschreibt alle denkbaren Tätigkeitsfelder, geht jedoch davon aus, dass nicht anzunehmen ist, dass jemals alle Leistungen bei einer einzigen Planung erforderlich sein könnten. Es ist daher Aufgabe der „Festlegung des Leistungsumfangs einer DE-Planung", die möglichen Tätigkeitsfelder aufgabenbezogen und sinnvoll einzugrenzen, um damit eine Grundlage für die Einordnung der Aufgabe nach Schwierigkeitsstufen und Leistungsumfang zu ermöglichen. Diese Festlegung ist ebenfalls Bestandteil der vertraglichen Vereinbarung zwischen Gemeinde und Planungsbüro zur Vergabe des Planungsauftrages. Dieses Verfahren stellt hohe Anforderungen an die Qualität der Festlegung des Leistungsumfanges zur inhaltlich sinnvollen Abgrenzung der Aufgabenstellung.

Auch besteht die Notwendigkeit, in dieser Festlegung des Leistungsumfanges die Aufgabe in Bezug auf Leistungsbild und Einordnung in die Honorartabelle hinreichend eindeutig ablesbar zu machen.

Entsprechend den Möglichkeiten der HOAI schließt auch die Honorarermittlung für DE-Pläne eine unterschiedliche Einordnung der Aufgabe nach Schwierigkeitsgraden und damit innerhalb einer Bandbreite unterschiedliche Honorarhöhen nicht aus.

Die Nachvollziehbarkeit der Honorarermittlung macht es dem Auftraggeber möglich, die Angemessenheit eines Honorars im Rahmen einer solchen Bandbreite zu überprüfen, außerdem ist es möglich, „Tiefpreis-Verträge" auszuschalten, bei denen eine Planungsqualität entsprechend den im Grundvermerk (Pkt. 4.6) festgelegten Anforderungen an die Planung nicht erbracht werden kann.

Honorare für Dorfentwicklungsplanungen, die nach dem vereinbarten Verfahren berechnet und nachvollziehbar sind, werden vom Thüringer Ministerium für Landwirtschaft, Naturschutz und Umwelt und seinen nachgeordneten Behörden als angemessen bewertet und als förderfähig anerkannt.

3.3
Rahmenbedingungen der Honorarbemessung

Die Honorarbemessung soll dazu dienen, dass ein Richtpreis für die Erbringung der festgelegten Basisleistungen eingehalten wird. Eine Erweiterung/Reduzierung der Basisleistungen (z. B. durch zusätzliche Leistungen oder vertiefende Fachplanungen) ist grundsätzlich möglich und soll aus der Honorarermittlung ersichtlich sein.

3.3.1
Antrag zur Aufnahme ins Dorferneuerungsprogramm

Die Leistungen dieser Leistungsphase werden gemäß § 6 Zeithonorar HOAI vergütet. Der Antrag ist gemäß der jeweils gültigen Förderrichtlinie zu erstellen.

3.3.2
Leistungsbild DE-Planung nach Grundleistungen und Besonderen Leistungen

Grundleistungen	*Besondere Leistungen*	
1. Klären der Aufgabenstellung		
Zusammenstellen der zur Verfügung gestellten Daten, Planungen und Kartenunterlagen nach Eignung für die Planungsaufgabe		*1* *Klären der Aufgabenstellung*
Ermitteln des Leistungsumfanges und der Schwierigkeitsmerkmale		
Ortsbesichtigung		
Ausarbeitung eines Leistungskataloges nach dem Leistungsbild DE-Planung Thüringen		
Benennung weiterer Fachleistungen und Unterlagen; Werten des vorhandenen Grundlagenmaterials		
2. Ermitteln der Planungsvorgaben		
a) Bestandsaufnahme		
Erfassen der Ziele der überörtlichen und örtlichen Planungen, der Planungen und Maßnahmen der Gemeinde und Träger öffentlicher Belange	Erstellen von vervielfältigungsfähigen Bestandskartenmaterial, Katasterkarte mit Gebäudesubstanz; Scannen, Digitalisieren der Kartengrundlage	*2* *Ermitteln der Planungsvorgaben*
Kleinere Ergänzungen vorhandener Karten nach örtlichen Feststellungen unter Berücksichtigung von Gegebenheiten, die die Planung beeinflussen	Erarbeiten einer Planungsgrundlage aus unterschiedlichem Kartenmaterial und durch Auswertung von Luftaufnahmen	
Beschreiben des Entwicklungsstandes der Gemeinde mit verfügbaren statistischen Angaben in Text, Zahlen sowie zeichnerischen und graphischen Darstellungen, die den letzten Stand der Entwicklung zeigen im Hinblick auf • regionale Einordnung • naturräumliche Grundlagen, • Landschaftsstruktur, Lagerstätten,	Befragungsaktion für Primärstatistik	

	Grundleistungen	**Besondere Leistungen**

2
Ermitteln der
Planungsvorgaben
	• siedlungsstrukturelle Merkmale (landwirtschaftlich geprägte Siedlungsstruktur),
	• Ortsgeschichte,
	• Bevölkerung und Gemeinwesen
	• Merkmale der Bebauungsstruktur,
	• vorhandene Bebauung und ihre Nutzung,
	• Denkmal- und Milieuschutz,
	• Freiflächen und ihre Nutzung,
	• Wirtschaftsstruktur
	  – land- und forstwirtschaftliche Struktur
	  – gewerbliche Nutzungen mit Erhebung und Darstellung der Standorte
	  – Arbeitsplatzsituation
	• bevölkerungsnahe Infrastruktur (Dienstleistungseinrichtungen öffentlicher und privater Art)
	• Verkehrs-, Ver- und Entsorgungsanlagen
	• Umweltschutz und ökologische Belange
		Landschaftspflegerische Ermittlungen im Außenbereich

	Gestaltungsanalyse (Typik in Gestaltung, Konstruktion, Materialeinsatz) und Entwicklungsempfehlungen in Text und Zeichnung	Gebäudekartei für ausgewählte Ortsbereiche
	b) Analyse und Bewertung des in der Bestandsaufnahme erfassten Zustandes und vorgegebener Planungen, insbesondere eine kritische Bewertung der bestehenden und/oder realisierten Bauleitplanungen	
	c) Darstellen der Konfliktsituationen (bauliche, funktionelle und strukturelle Mängel)	
	d) Abschätzen der dörflichen Entwicklungsmöglichkeiten	
	e) Mitwirken an der Beteiligung der an der Planung Interessierten oder ihrer Vertreter/Ortsbeirat z. B. Agenda-21-Gruppen	
	f) Mitwirken beim Formulieren der allgemeinen Ziele der Dorfentwicklung und Darstellung der Zukunftsperspektive der Gemeinde, – Erarbeitung eines Leitbildes	

Grundleistungen *Besondere Leistungen*

3. Vorläufige Planfassung (Vorentwurf)

Vorschläge zur Lösung der wesentlichen Teile der Aufgabe in zeichnerischer Darstellung mit textlicher Begründung

Mitwirkung an der Beteiligung der an der Planung Interessierten oder ihrer Vertreter sowie der Behörden und der Träger öffentlicher Belange

Mitwirken an der Beteiligung der an der Planung Interessierten oder ihrer Vertreter über die Grundleistungen hinaus und an der Öffentlichkeitsarbeit des Auftraggebers einschließlich der Mitwirkung an Informationsschriften, textliche Darstellung der Anregungen der Interessierten

3 Vorläufige Planfassung (Vorentwurf)

4. Endgültige Planfassung (Entwurf)

Entwurf des Dorfentwicklungsplanes (Rahmenplan) in Karte und Text für den Beschluss der Gemeinde, mit Darstellung und besonderer Berücksichtigung der geschichtlichen Siedlungsentwicklung, mit Teilplänen für Nutzung, Verkehr, Landschaftsstruktur, Freiflächen und ihre Nutzung, siedlungsstruktureller Merkmale, vorhandener Bebauung sowie sozioimmanenter Gegebenheiten

Teilbereichsplanung, z. B. Platzgestaltungen, Planung von verkehrsberuhigenden Maßnahmen, Ortsrandbegrünung, ökologische Teilaufgaben (in der Regel im Maßstab 1:500 bzw. 1:200)

Mitwirkung bei der Aufstellung von Maßnahmeplan und Maßnahmenliste, nach Dringlichkeit, Rangfolge der Realisierung, Wege der Umsetzung, mit textlicher Begründung unter besonderer Berücksichtigung von Maßnahmen der Landwirtschaft

Mitwirkung bei der Erstellung eines mittelfristigen Finanzierungskonzeptes unter Berücksichtigung der finanziellen Leistungsfähigkeit der Gemeinde

Beteiligung der an der Planung interessierten oder ihrer Vertreter über die Grundleistungen hinaus und an der Öffentlichkeitsarbeit des Auftraggebers einschließlich der Mitwirkung an Informationsschriften

Anfertigen von Beiplänen, Objektplanung, Bauleitplanung, Satzungen, etc.

Wesentliche Änderung der endgültigen Planfassung nach Beschluss der Gemeinde

4 Endgültige Planfassung (Entwurf)

Grundleistungen	Besondere Leistungen

5
Planfassung nach
Beschluss

5. Planfassung nach Beschluss

Grundleistungen	Besondere Leistungen
Einarbeitung kleinerer Ergänzungen in die Dorfentwicklungsplanung nach Beschlussfassung	Herstellen von zusätzlichen farbigen und schwarz-weißen Ausfertigungen des Dorfentwicklungsplanes
Lieferung von zwei* Exemplaren des DE-Planes (Plan und Text)	Ausarbeitung und Herstellung von Broschüren, Faltblättern, Ausstellungstafeln u. ä.
Feststellung der Notwendigkeiten weiterer Planungen	

*) Anmerkung: Die Anzahl der Exemplare richtet sich nach dem Hauptvertrag

Die Grundsystematik der HOAI soll eingehalten werden.
Dies bedeutet eine Aufteilung des Gesamthonorars in:
- Grundhonorar nach Tabelle unter Pkt. 4.4 (Basisleistungen und eventuell zusätzliche Leistungen), § 42 (1) 3, 4; § 50 (1), (2) HOAI,
- sonstige Leistungen
- Nebenkosten gemäß § 7 HOAI
- Mehrwertsteuer.

Der Richtpreis für die Honorarbemessung bezieht sich auf das Grundhonorar. Er ist das Ergebnis der Honorarermittlung nach einem „detaillierten Leistungskatalog" gemäß § 42 HOAI nach landesweit einheitlichen Kriterien. Dieser Richtpreis für das Grundhonorar ist gleichzeitig Ausgangswert für das frei zu vereinbarende Gesamthonorar.

Als „sonstige Leistungen" gelten hier alle konkret zu beschreibenden Arbeiten, die zur Vertiefung bestimmter Problembereiche erforderlich sind oder die mit der Planungsarbeit nicht zwangsläufig als deren Bestandteil verbunden sind.

Mit dieser Aufzählung soll nicht ausgeschlossen werden, dass Teile solcher Leistungen auch in den zu den Grundleistungen zählenden Teilbereichsplanungen enthalten sein können. Dies ist jedoch nur bei Leistungsteilen möglich, die als Teil der komplexen Aufgabe „DE-Planung honorarmäßig nach HOAI" Bestandteile des Grundhonorars und keine besonderen Leistungen sind und zum Beispiel die Vorlage druckfähiger Planungsunterlagen oder die zum Leistungsbild gehörenden Termine für Bürgerbeteiligung sowie Behörden- und Sitzungstermine.

4
Verfahren zur Bemessung des Grundhonorars

4.1
Gliederung des Grundhonorars

Das Grundhonorar wird aufgegliedert in Leistungen zur:

- Gesamtentwicklung
- Ortskernentwicklung
- Teilbereichsplanung

und damit in der Maßstabsebene an die Planungsebenen der folgenden städtebaulichen Leistungen gemäß HOAI Teil V, VI angelehnt:

- Ebene Flächennutzungsplan
- Ebene Bebauungsplan und Grünordnungsplan
- Ebene sonstige städtebauliche Leistungen.

Dies erfordert eindeutige topographische Abgrenzungen der verschiedenen Planungsbereiche in den jeweiligen Planungsebenen, damit eine Flächebestimmung möglich ist. Die Fläche geht dann als objektive Größe in die Honorarbemessung ein.
Um realistische Honorarwerte ermitteln zu können, werden die erforderlichen Planungsleistungen für die Planungsbereiche (Ortskernentwicklung und Teilbereichsplanung) nach Schwierigkeitsstufen bewertet. Hierfür sind Kriterien genannt, mit deren Hilfe Umfang und Komplexität der jeweiligen Planungsaufgaben annähernd realistisch ermittelt werden können.
Den Schwierigkeitsstufen ist ein ha-Satz in DM/ha zugeordnet, der nochmals nach drei Größenklassen differenziert ist.
Daraus ergibt sich für die Ortskernentwicklung eine Honorartabelle mit den variablen Schwierigkeitsstufen und Größenklassen.
Das Teilhonorar für die einzelnen Planungsebenen wird auf der Grundlage des ha-Satzes errechnet. Ausnahmen bilden die Teilbereichsplanungen. Ihre Honorartabelle weist den Größenklassen einer Teilbereichsplanung direkt einen DM-Betrag zu.
Insgesamt gehen die Variablen

- Flächengröße
- Schwierigkeitsstufe (außer Gesamtentwicklung)
- Größenklasse

in die Honorarermittlung ein.

4.2
Die Bestimmung der Flächengrößen

Die Ermittlung der Flächengrößen erfolgt durch räumliche Abgrenzung der einzelnen Planungsebenen, die in einer Übersichtskarte festgelegt werden, nach folgenden Kriterien:

Gesamtentwicklungsbereich
Die Gesamtentwicklungsaussage beinhaltet alle raumbezogenen Entwicklungsperspektiven im besiedelten Bereich mit Übergangszonen zwischen Landschaft und Siedlung. Diese sind aus allgemeinen Dorfentwicklungsszenarien zu entwickeln.
Hierbei ist eine inhaltliche Abstimmung mit den oft in Aufstellung befindlichen Bauleitplanungen zu führen, wobei der inneren Entwicklung der Siedlung gegenüber einer extensiven Flächenausweisung der Vorrang zu geben ist.
Funktionsbezogene Trendszenarien und -debatten sind nicht Gegenstand flächenbezogener Honorierung, sondern wegen der erforderlichen Bürgerbeteiligung im Gesamthonorar enthalten. Falls gesonderte Erhebungen für die Entscheidungsfindung notwendig sind, werden diese als „sonstige Leistungen" gemäß Pkt. 3.3 gekennzeichnet.

Ortskernbereich
Umfasst im Wesentlichen den historischen Ortskern sowie angrenzende oder räumlich getrennt liegende Bereiche, die historisch wertvolle Siedlungsstrukturen aufweisen. Kriterium der Abgrenzung ist die ganzheitliche Erfassung und Bearbeitung der in ihrer Gesamtheit noch erhaltenen Strukturtypen.

Teilbereich
Teilbereichsplanungen bzw. Vertiefungen sollen Entwurfsansätze für die städtebauliche/räumliche Lösung bestimmter Schwerpunkte in funktioneller und gestalterischer Hinsicht darstellen. Sie beinhalten Teile einer Vorentwurfsplanung, sind jedoch nicht die Vorentwurfsplanung entsprechend HOAI selbst.
Sie stellen eine Prinziplösung für das zu bearbeitende Problem dar und können für die weitere Bearbeitung in einem gesondert zu vergebenden Auftrag nach HOAI als Aufgabenstellung dienen.
Jeder Teilbereich ist grundstücksbezogen festzulegen, der entsprechenden Größenklasse und dem jeweiligen Schwierigkeitsgrad zuzuordnen:

< 0,25 ha
0,25 ha – 0,5 ha,
> 0,5 ha.

4.3
Kriterien zur Einordnung in die Schwierigkeitsstufen

Die Schwierigkeit der Planungsarbeit wird für die Planungsebenen Ortskernentwicklung und Teilbereiche mit sechs bzw. drei Kriteriengruppen eingeschätzt. In der nachstehenden Tabelle sind Bewertungsgrundlagen und Arbeitsanforderungen (Beurteilungsmerkmale) zur Einschätzung des Schwierigkeitsgrades der einzelnen Kriteriengruppen aufgelistet.

Die Aufzählungen sind an den wichtigsten, wiederkehrenden Problemsituationen orientiert und nicht abgeschlossen.

Ziel ist dabei nicht eine exakte mathematische Berechnung, sondern die Bewertung transparenter, nachvollziehbarer und damit objektiver zu machen.

Gesamtentwicklungskonzept

Eine Einordnung der Gesamtentwicklung in Schwierigkeitsstufen soll nicht erfolgen, in der Gesamtentwicklungsaussage werden mögliche Potentiale der Dorfentwicklung erörtert und abgeklärt.

Ortskernentwicklungskonzept

Kriteriengruppe 1: Bebauungsdichte in Verbindung mit Grundstückszuschnitten

Beurteilungsmerkmale: Beurteilung der Schwierigkeit nicht nach GFZ und GRZ. Abschätzung der Problem- bzw. Informationsdichte aus der Baustruktur und ihrer zugehörigen Freiflächen

Kriteriengruppe 2: Nutzungsprobleme aus Funktionsvielfalt oder Funktionsschwäche, demographische Probleme

Beurteilungsmerkmale: Beurteilung der Notwendigkeit von Planungsaussagen zur Verbesserung der Funktions- und Nutzungsstrukturen. Nutzungskonkurrenzen und -verträglichkeiten, Unterversorgung, Beurteilung des Maßes der „Überalterung" sowie der Sozialstruktur; Einwohnerdichte

Kriteriengruppe 3: Grad des Verlustes historischer Bau- und Raumstrukturen und für die Region typischer Haus- und Hofformen

Beurteilungsmerkmale: Beurteilung der Überformung durch neue Raumstrukturen oder zerstörte räumliche Zusammenhänge, Verluste historischer Haus- und Hofformen, Schädigung des Ortsbildes durch falschen Materialeinsatz an Gebäuden

Kriteriengruppe 4: Bauzustand der Bausubstanz von Haupt- und Nebengebäuden sowie Zustand und Ausbaugrad der Oberflächen im öffentlichen Raum

Beurteilungsmerkmale: Beurteilung und Nutzungsverluste ehemaliger landwirtschaftlicher Anwesen sowie der damit in Zusammenhang stehende Verfall, allgemeiner Bauzustand der im Ortskern befindlichen Gebäude und Anlagen sowie der Oberflächen im öffentlichen Raum (Vorhandensein historischer

Pflasterformen und -materialien)

Kriteriengruppe 5: Grünordnung, Biotopschutz, Entsiegelung, Renaturierung
Beurteilungsmerkmale: Aussagen auf der Ebene der Grünordnungsplanung, wie innerörtliche Biotopvernetzung, Standortsicherung, Ortsdurchgrünung, Vorschläge zur Verbesserung des ökologischen Gesamtgefüges

Kriteriengruppe 6: Überprägung des Ortskerns durch geänderte Randbedingungen aus Raumordnung und Infrastrukturplanung in Ballungsräumen
Beurteilungsmerkmale: Feststellen des Aufwandes zur Sicherung der dörflichen Siedlungsstrukturen gegenüber dem sich abzeichnenden Nutzungsdruck-Alternativlösungen

Teilbereichskonzepte
Kriteriengruppe T.1: Anzahl der Funktionsbereiche, Funktionsdichte, Funktionsvielfalt
Beurteilungsmerkmale: Menge und Komplexität sich überlagernder Ansprüche an einen Bereich; Bedeutung des Bereiches im Ortsgefüge bezüglich sozialräumlicher Wechselwirkungen

Kriteriengruppe T.2: Gestalterische, soziale und ökologische Anforderungen
Beurteilungsmerkmale: Schwierigkeitsgrad und Notwendigkeit von Raumbildungen, Reaktion auf die gebaute Umgebung, baugeschichtliche und allgemeine historische Aspekte, Anforderungen von Naturschutz- und Landschaftspflege, Sozialprobleme, Sorgfalt der Materialwahl

Kriteriengruppe T.3: Aussagedichte und Menge von Detailangaben; Nutzungskonzepte und Baumassenanordnung
Beurteilungsmerkmale: Anreicherung mit abstimmungsbedürftigen Einzelaussagen, Bauten und Detailausführungen, Umgang der Abstimmung mit Beteiligten etc.

Die Problemeinschätzungen erfolgen in den Kategorien von leicht (1), mittel (2) bis schwierig (3), Tendenzen können als Zwischenwerte angegeben werden. Hier geht es in erster Linie darum, die Schlüsselprobleme einer Gemeinde zu erfassen und damit auch die Schwerpunkte einer Planung festzulegen.
– „leicht"   = 1 P
– „mittel"   = 2 P
– „schwer" = 3 P

4.4
Schwierigkeitsstufentabelle

In der nachstehenden Tabelle sind Bewertungsgrundlagen und Arbeitsanforderungen (Beurteilungsmerkmale) zur Beurteilung des Schwierigkeitsgrades der einzelnen

Kriterien-gruppen	Honorarermittlung: Schwierigkeitsgrad der Planung	Schwierigkeitsstufe			Korrektur/ entw. Problem	
		1	2	3	K	E
01	Bebauungsdichte in Verbindung mit Grundstückszuschnitten					
02	Nutzungsprobleme aus Funktionsvielfalt oder -schwächen, demographische Probleme					
03	Verluste historischer Bau- und Raumstrukturen					
04	Bauzustand der Bausubstanz und Oberflächen im öffentlichen Raum					
05	Grünordnung, Biotopschutz, Entsiegelung					
06	Überprägung des Ortskerns durch Bedingungen aus Raumordnung und Infrastruktur					
	Schwierigkeitsstufe insgesamt:	1–6 7–12 13–18	Pkt. = Pkt. = Pkt. =	I II III		
	Teilbereichsplanung					
T1	Funktionsdichte, Funktionsvielfalt					
T2	Landespflegerische und gestalterische Anforderungen					
T3	Detailaussagen, Baumassenanordnung, Raumkonzepte					
	Schwierigkeitsstufe insgesamt:	1–3 4–6 7–9	Pkt. = Pkt. = Pkt. =	I II III		

Tabelle 1: Schwierigkeitsstufentabelle

Kriteriengruppen aufgelistet. Die Problemzuordnung in die Kategorien Korrekturproblem (K) und/oder Entwicklungsproblem (E) gibt bereits einen Hinweis, wie zeitaufwendig die Bearbeitung eines Problems sein und über welchen Zeitraum sie sich erstrecken kann.

Die Aufsummierung der jeweiligen Kriteriengruppen ergibt die Gesamtpunktzahl für die entsprechende Planungsebene Teilbereichsplanung. Aus dieser Gesamtpunktzahl wird die Schwierigkeitsstufe der jeweiligen Planungsebene abgeleitet.

4.5
Honorartabelle für Dorfentwicklungsplanung in Thüringen (Grundleistungen)

Gesamtentwicklung DM/ha

Größenklasse		< 50 ha	50–100 ha	> 100 ha
		250	225	170

Ortskernentwicklung DM/ha

Größenklasse		< 8 ha	8–12 ha	> 12 ha
Schwierigkeitsstufe	I	3.846	3.459	3.077
	II	4.997	4.604	4.234
	III	6.120	5.772	5.390

Teilbereichsplanung DM/Planung

Größenklasse		< 0,25 ha	0,25–0,5 ha	> 0,5 ha
Schwierigkeitsstufe	I	2.268	3.975	6.232
	II	2.560	4.245	6.513
	III	2.830	4.525	6.794

Tabelle 2:
Honorartabelle (DM) für Dorfentwicklungsplanung in Thüringen (Grundleistungen)

Diese Honorarsätze sind bei sich ändernden Inhalten des Leistungsbildes und gegenüber der allgemeinen Kostenentwicklung zu überprüfen und der Honorarentwicklung laut HOAI anzupassen.

Gesamtentwicklung €/ha					Tabelle 2 in Euro umgerechnet
Größenklasse		< 50 ha	50–100 ha	> 100 ha	
		250	225	170	
Ortskernentwicklung DM/ha					
Größenklasse		< 8 ha	8–12 ha	> 12 ha	
Schwierigkeitsstufe	I	1.966	1.769	1.537	
	II	2.555	2.354	2.165	
	III	3.129	2.951	2.756	
Teilbereichsplanung DM/Planung					
Größenklasse		< 0,25 ha	0,25–0,5 ha	> 0,5 ha	
Schwierigkeitsstufe	I	1.160	2.032	3.186	
	II	1.309	2.170	3.330	
	III	1.447	2.314	3.474	

Tabelle 2a:
Honorartabelle (€) für Dorfentwicklungsplanung in Thüringen (Grundleistungen)

4.6
Verfahrensmodalitäten

Für alle Dorfentwicklungsplanungen gilt folgender Ablauf:
1. Aufstellung eines Vermerkes zur Festlegung des Leistungsumfanges einer Dorfentwicklungsplanung, der Grundlage der Honorarberechnung und der späteren vertraglichen Vergabe ist.
2. Dieser Vermerk wird inkl. Schwierigkeitsberechnung durch die Gemeinde an die Planer weitergegeben zur allgemeinen Problemdiskussion und Honorarermittlung.
3. Die Auftragsvergabe erfolgt durch die Gemeinde nach den Kriterien der fachlichen Eignung.

5
Umsetzungsorientierte bzw. projektbezogene Beratungstätigkeit

Damit auf der Grundlage des Dorfentwicklungskonzeptes die angestrebten Maßnahmen umgesetzt werden können, bedarf es einer intensiven Betreuung sowohl der Gemeinde als auch der privaten Bauherren und Investoren, Beratung und Durchführungsmanagement sind hier die geeigneten Instrumente, um Ortsentwicklung in Gang zu halten und manchmal auch anzuschieben.

6
Fortschreibung des DE-Konzeptes

Soll das DE-Konzept der Gemeinde eine Entscheidungshilfe sein, muss es aktuell sein und bleiben. Verändern sich Rahmenbedingungen (zum Beispiel neue Aspekte bei der Verkehrsplanung, zunehmende Nachfrage nach Gewerbe- oder Wohnflächen, Diskussion von Standortfragen), muss die Planung angepasst werden. Im günstigsten Fall schreibt der Planer das von ihm gefertigte Konzept selbst fort.

Da der Umfang einer Fortschreibung entscheidend vom Einzelfall abhängt, muss auch hier die Vergütung nach § 6 Zeithonorar HOAI berechnet werden. In diesem Fall kann eine Honorarpauschale, die auf einer Vorausschätzung des Leistungsaufwandes beruht, die adäquate Lösung sein.

7
Inkrafttreten

Diese Honorarregelung tritt am 01. Januar 2000 in Kraft.

gez.
Architektenkammer Thüringen
Körperschaft des öffentlichen Rechts

Thüringer Ministerium
für Landwirtschaft, Naturschutz
und Umwelt

der Präsident

der Minister

Erfurt, den 01. Januar 2000

Literatur:

[1] Vertragsmuster „Beratungsvertrag zur Dorferneuerung", Architektenkammer Thüringen, Körperschaft des öffentlichen Rechts, Bahnhofstraße 39, 99084 Erfurt

VI
Aktuelle Honorarvorschläge

F
Vermessungstechnische Leistungen bei der Errichtung, der Änderung und dem Abbruch baulicher Anlagen nach der LBO Baden-Württemberg und Empfehlungen zu ihrer Honorierung

Ingenieurkammer Baden-Württemberg
Körperschaft des öffentlichen Rechts
Zellerstraße 26
70180 Stuttgart

Inhalt

1	Sachverhalt	513
2	Vermessungstechnische Leistungen zur Erstellung eines Lageplans im Sinne des § 4 LBOVVO im Kenntnisgabe- und Genehmigungsverfahren	513
3	Erstellung eines Lageplans im Sinne des § 4 LBOVVO i. V. m. einer Beauftragung vermessungstechnischer Lage- und Höhenpläne im Sinne des § 97b Abs. 1 Nr. 3 HOAI	514
4	Vermessungstechnische Leistungen zur Beurteilung der Höhenlage des Baugrundstücks nach § 10 LBO	515
5	Übertragung von Grundriss und Höhenlage der baulichen Anlage auf das Baugrundstück nach § 59 Abs. 3 und Abs. 5 Nr. 2 LBO Baden-Württemberg	516
5.1	Vor Baubeginn	516
5.2	Bei der Bauausführung	516
6	Honorare bei anrechenbaren Kosten unter 100 TDM	517
7	Ergänzende Hinweise	518
7.1	Honorarvereinbarung	518
7.2	Anrechenbare Kosten	518

1
Sachverhalt

Die Errichtung, die Änderung und der Abbruch baulicher Anlagen, für welche bauordnungsrechtlich ein Genehmigungsverfahren oder Kenntnisgabeverfahren nach den §§ 49 und 51 Landesbauordnung für Baden-Württemberg (LBO) erfolgt, erfordern einige vermessungstechnische Leistungen, deren Umfang und Honorierung in der Honorarordnung für Architekten und Ingenieure (HOAI) in der vom 01.01.1996 an geltenden Fassung nur teilweise oder nicht geregelt sind. Dies ist vornehmlich darauf zurückzuführen, dass es sich dabei um landesrechtliche Anforderungen an diese Leistungen handelt, die HOAI aber eine bundesgesetzliche Regelung darstellt.

Im Jahre 1992 hat die Ingenieurkammer Baden-Württemberg im Einvernehmen mit der Oberfinanzdirektion Stuttgart, der RifT-Kommission, der Gemeindeprüfungsanstalt, dem Wirtschaftsministerium, der Arbeitsgemeinschaft der Stadtmessungsämter im Städtetag Baden-Württemberg, den Ingenieurverbänden und dem HOAI-Ausschuss der Ingenieurkammer Baden-Württemberg die erstmals 1991 herausgegebenen Empfehlungen zur Honorierung dieser speziell im Land Baden-Württemberg erforderlichen vermessungstechnischen Leistungen fortgeschrieben. Die mit den Anwendungsempfehlungen in der Praxis gesammelten Erfahrungen lassen es dennoch als geraten erscheinen, die Empfehlungen noch anwendungsfreundlicher, aber auch rechtssicherer zu gestalten. Gleichzeitig wird damit die Harmonisierung mit dem Vertragsmuster Vermessung und den entsprechenden Hinweisen (RifT-Muster 313) der Staatlichen Vermögens- und Hochbauverwaltung vom Dezember 1992 erreicht. Die unter Anwendung der bisherigen Kammerempfehlungen ermittelten Honorare sind angemessen und stellen eine für die hier zu erbringenden Leistungen übliche Vergütung im werkvertraglichen Sinne dar, sofern nicht ohnehin Grundleistungen der HOAI als Honorartatbestände erfüllt sind.

2
Vermessungstechnische Leistungen zur Erstellung eines Lageplans im Sinne des § 4 LBOVVO im Kenntnisgabe- und Genehmigungsverfahren

Art, Umfang und Inhalt des Lageplans für die Bauvorlagen sind in § 4 Verfahrensverordnung zur Landesbauordnung – LBOVVO – vom 13.11.1995 im Einzelnen festgelegt. Die Leistungen sind honorarrechtlich dem Leistungsbild Entwurfsvermessung nach § 97 b HOAI zuzuordnen. Allerdings kommen als Leistungsphasen nur die Phase 1 (Grundlagenermittlung) ungemindert und die Phase 3 (Vermessungstechnische Lage- und Höhenpläne) teilweise in Betracht.

Der Inhalt des vermessungstechnischen Lage- und Höhenplanes im Sinne des § 97 b Abs. 2 Nr. 3 HOAI ist nicht mit dem Inhalt des nach § 4 LBOVVO zu fertigenden Lageplanes identisch. Daher sind auch die hierfür notwendigen Ingenieurleistungen nicht identisch. Die für die Erstellung eines Lageplanes nach § 4 LBOVVO notwendigen Leistungen entsprechen einem Teil der dem § 97 b Abs. 2 Nr. 3 HOAI zugeordneten Besonderen Leistungen und erfüllen honorarrechtlich nicht die Grundleistungen der Leistungsphase 3 des § 97 b Abs. 2 Nr. 3 HOAI. Sie treten vielmehr als Besondere Leistungen an die Stelle eines Teils der in § 97 Abs. 2 Nr. 3 HOAI beschriebenen Grundleistungen, nämlich der Grundleistungen „Erstellen von Plänen mit Darstellen der Situation im Planungsbereich einschließlich der Einarbeitung der Katasterinformationen" und „Eintragen der bestehenden öffentlich-rechtlichen Festsetzungen". Somit ist für die die Grundleistungen teilweise ersetzenden Besonderen Leistungen ein Honorar zu berechnen, das dem Honorar für die ersetzten Grundleistungen entspricht (§ 5 Abs. 5 HOAI).

Die in Leistungsphase 3 zu erbringenden vollständigen Grundleistungen sind gemäß § 97 b Abs. 1 HOAI mit 52 v. H. bewertet. Die Besonderen Leistungen, also die ersetzten Grundleistungen, sind jedoch mit einem geringeren Prozentsatz zu bewerten (vgl. § 5 Abs. 2 HOAI). Dabei sind insbesondere die Anforderungen durch die Geometrie des Objektes (z. B. Grundriss, verschiedene Ebenen, Einpassung in das Baugrundstück) und die öffentlich-rechtlichen Festsetzungen (z. B altes/neues Baurecht, Schwierigkeit der Berechnung des Maßes der baulichen Nutzung, Schwierigkeit der Ermittlung von Name und Anschrift der Eigentümer von Nachbargrundstücken) zu berücksichtigen. Die bisher gesammelten praktischen Erfahrungen haben bestätigt, dass ein Honorar für die Besonderen Leistungen mit einer Bewertung in Höhe von 20 bis 40 v. H. des Honorars nach § 99 HOAI angemessen ist.

Unter Berücksichtigung der Vergütung für die Grundleistung der Leistungsphase 1 in Höhe von 3 v. H. nach § 97b Abs. 2 Nr. 1 HOAI ergibt sich somit ein angemessenes Gesamthonorar für die Erstellung eines Lageplanes gemäß § 4 LBOVVO mit 23 bis 43 v. H. des Honorars nach § 99 HOAI in Abhängigkeit von den Anforderungen des Objekts an die oben beschriebenen Kriterien. Dabei sollte in Anlehnung an § 97 a HOAI bei sehr geringen Anforderungen an die vermessungstechnischen Leistungen der untere Satz und bei sehr hohen der obere Satz zur Anwendung kommen. Zwischenwerte können mit Hilfe von § 97 a HOAI ermittelt werden.

Übersicht zur Honorierung: siehe Tabelle 3

3
Erstellung eines Lageplans im Sinne des § 4 LBOVVO i.V.m. einer Beauftragung vermessungstechnischer Lage- und Höhenpläne im Sinne des § 97b Abs. 1 Nr. 3 HOAI

Werden vermessungstechnische Lage- und Höhenpläne im Sinne des § 97 b Abs. 2 Nr. 3 HOAI gleichzeitig mit Lageplänen im Sinne des § 4 LBOVVO beauftragt, sind im werkvertraglichen Sinne zwei verschiedene Werke beauftragt, die auch honorarrechtlich getrennt voneinander abgerechnet werden müssen.

Im Einzelnen gilt:
- Die Leistungen für einen vermessungstechnischen Lage- und Höhenplan im Sinne des § 97 b Abs. 2 Nr. 3 HOAI erfüllen die diesbezüglichen Honorartatbestände in Form der dort genannten Grundleistungen vollumfänglich; die Bewertung des hierfür zu berechnenden Honorars ist in § 97 b Abs. 1 HOAI mit 52 v. H. der Honorare des § 99 Abs. 1 HOAI festgelegt.
- Ein angemessenes Honorar zur zusätzlichen Erstellung eines Lageplans im Sinne des § 4 LBOVVO für behördliche Genehmigungs- oder Kenntnisgabeverfahren ist gemäß Ziffer 2 mit einer Bewertung in Höhe von 20 bis 40 v. H. des Honorars nach § 99 Abs. 1 HOAI zu erreichen.
- Soweit sich der Umfang jeder einzelnen Vermessungsleistung durch die Erbringung beider Leistungen mindert, ist dies bei der Berechnung des Honorars entsprechend zu berücksichtigen.

4
Vermessungstechnische Leistungen zur Beurteilung der Höhenlage des Baugrundstücks nach § 10 LBO

Bei der Errichtung baulicher Anlagen können gemäß § 10 LBO durch die Baubehörde besondere Forderungen wegen der Oberfläche oder Höhenlage des Baugrundstücks gestellt werden. Hierzu sind im Allgemeinen folgende Grundleistungen aus dem Leistungsbild Entwurfsvermessung (§ 97 b Abs. 2 HOAI) zu erbringen:

Leistungsphase 3: Topographische Geländeaufnahme,
Leistungsphase 6: Geländeschnitte, d.h. das Ermitteln und Darstellen von Längs- und Querprofilen aus terrestrischen/photogrammetrischen Aufnahmen

Die erstgenannte Leistung ist eine Teil-Grundleistung aus der Leistungsphase 3, so dass § 5 Abs. 2 HOAI Anwendung findet. Die Bewertung dieser Leistung ist insbesondere abhängig von den Anforderungen an die Einpassung des Objekts ins Gelände und seiner Anbindung an die Erschließungsanlagen. Aufgrund von praktischen Erfahrungen wird ein angemessenes Honorar für diese Leistungen dann erreicht, wenn Vermessungen mit sehr geringen Anforderungen mit 5 v. H. und Vermessungen mit sehr hohen Anforderungen mit bis zu 15 v. H. des Honorars gemäß § 99 HOAI berechnet werden. Zwischenwerte können mit Hilfe der Festlegungen in § 97 a HOAI ermittelt werden.

Die in Leistungsphase 6 genannten Leistungen sind die vollständigen Grundleistungen; sie sind gemäß § 97 b Abs. 1 HOAI mit 10 v. H. des Honorars nach § 99 HOAI zu bewerten.

Übersicht zur Honorierung: siehe Tabelle 4

5
Übertragung von Grundriss und Höhenlage der baulichen Anlage auf das Baugrundstück nach § 59 Abs. 3 und Abs. 5 Nr. 2 LBO Baden-Württemberg

5.1
Vor Baubeginn

Vor Baubeginn müssen nach § 59 Abs. 3 und Abs. 5 Nr. 2 LBO der Grundriss und die Höhenlage der baulichen Anlage auf dem Baugrundstück festgelegt werden. Dies geschieht regelmäßig durch einen Sachverständigen (Vermessungsingenieur). Dazu notwendig sind die Grundleistungen der Leistungsphase 4 des Leistungsbildes Entwurfsvermessung (§ 97 b HOAI). Danach erfolgt hier insbesondere das Berechnen der Detailgeometrie anhand des Entwurfes und das Erstellen von Absteckungsunterlagen. Voraussetzung für die hier zu erbringenden Leistungen der Bauvermessung nach § 98b HOAI ist das Ergebnis der Leistungsphase 4 des § 97 b HOAI. Die Leistungsphase 4 des § 97b HOAI ist mit 15 v. H. des Honorars nach § 99 HOAI bewertet. Auf die unterschiedliche Ermittlung der anrechenbaren Kosten nach § 97 Abs. 4 HOAI und § 98 Abs. 3 HOAI wird hingewiesen. Die Beauftragung zur Erstellung von Absteckungsunterlagen erfolgt in der Regel im Rahmen der Beauftragung der Übertragung der Objekte in die Örtlichkeit nach § 59 Abs. 3 und Abs. 5 Nr. 2 LBO, sofern diese Leistung nicht von anderer Seite beigebracht wird.

5.2
Bei der Bauausführung

Im Rahmen der Bauausführung erfolgt in Baden-Württemberg die Übertragung der Projektgeometrie in die Örtlichkeit üblicherweise in den folgenden weiteren beiden Arbeitsgängen:

a) Absteckung des Bauvorhabens für den Erdaushub einschließlich Höhenangaben, d. h. Markierung der dafür relevanten Gebäudeeckpunkte durch Verpflockung. Hierbei handelt es sich um eine Besondere Leistung der Bauvermessung nach § 98 b HOAI. Ein angemessenes Honorar kann in Abhängigkeit von der Anzahl der geometriebestimmenden Bauwerkspunkte, der Anzahl der Achsen und der Häufigkeit der Arbeitsgänge mit 7 bis 14 v. H. des Honorars nach § 99 HOAI ermittelt werden. In Anlehnung an § 97a HOAI sollte der untere Satz bei sehr geringen und der obere Satz bei sehr hohen Anforderungen an die vermessungstechnischen Leistungen gewählt werden. Zwischenwerte können mit Hilfe von § 97 a HOAI ermittelt werden. Auf die Anwendung des § 5 Abs. 4 HOAI ist zu achten.

b) Absteckung für die Bauausführung (vollständige Grundleistungen der Leistungsphase 2 des Leistungsbildes Bauvermessung § 98 b HOAI). Hierbei handelt es sich um das Einschneiden eines Schnurgerüstes, d.h. das Markieren der Gebäudeumrisse durch Nägel auf dem bauseits erstellten Schnurgerüst einschließlich aller notwendigen Höhenangaben. Diese Leistungsphase ist nach § 98 b Abs. 1 Nr. 2 HOAI mit 14 v. H. des Honorars nach § 99 HOAI bewertet.

Werden bereits zu Beginn oder im Verlauf der Bauausführung Bauausführungsvermessungen notwendig, d.h. baubegleitende Absteckungen der geometriebestimmenden Bauwerkspunkte nach Lage und Höhe und somit das Einschneiden weiterer Achsen auf dem Schnurgerüst, kann dieser Teil der Leistungsphase 3 des Leistungsbildes Bauvermessung nach § 98 b HOAI mit 5 bis 26 v. H. des Honorars nach § 99 HOAI bewertet werden (§ 5 Abs. 2 HOAI). Die Bewertung orientiert sich insbesondere an den Anforderungen an die vermessungstechnischen Leistungen durch die Anzahl der geometriebestimmenden Bauwerkspunkte, die Anzahl der Achsen und die Häufigkeit der Arbeitsgänge (§ 97 a HOAI).

Übersicht zur Honorierung: siehe Tabelle 5

6
Honorare bei anrechenbaren Kosten unter 100 TDM

Angemessene Honorare für vollständige vermessungstechnische Leistungen bei Gebäuden, deren anrechenbare Kosten unter 100.000 DM (51.129 €) betragen, können mit Hilfe der nachfolgenden Honorartafel als Pauschalhonorar gemäß § 99 Abs. 2 in Verbindung mit § 16 Abs. 2 HOAI ermittelt werden.

Anrechenbare Kosten DM	Zone I DM	Zone II DM	Zone III DM	Zone IV DM	Zone V DM
≤ 4.000	1.000–2.200	2.200–2.900	2.900–3.600	3.600–4.300	4.300–5.000
≤ 100.000	4.000–4.700	4.700–5.400	5.400–6.100	6.100–6.800	6.800–7.500

Tabelle 1: Honorartafel für vermessungstechnische Leistungen bei Gebäuden (DM)

Zwischenwerte sind gemäß § 5 a HOAI linear zu interpolieren

Anrechenbare Kosten €	Zone I €	Zone II €	Zone III €	Zone IV €	Zone V €
≤ 2.045	767–1.125	1.125–1.483	1.483–1.841	1.841–2.199	2.199–2.556
≤ 51.129	2.045–2.403	2.403–2.761	2.761–3.119	3.119–3.476	3.476–3.835

Tabelle 2: Honorartafel für vermessungstechnische Leistungen bei Gebäuden (€)

7
Ergänzende Hinweise

7.1
Honorarvereinbarung

Gemäß § 4 Abs. 1 HOAI richtet sich das Honorar nach der schriftlichen Vereinbarung, die die Vertragsparteien bei Auftragserteilung im Rahmen der durch die HOAI festgesetzten Mindest- und Höchstsätze treffen. Sofern keine schriftliche Honorarvereinbarung bei Auftragserteilung getroffen wurde, gelten die jeweiligen Mindestsätze als vereinbart (§ 4 Abs. 4 HOAI).

In § 5 Abs. 2 HOAI ist die Honorarberechnung allgemein für den Fall geregelt, dass der Auftraggeber nur einige Grundleistungen einer Leistungsphase überträgt oder wesentliche Teile von Grundleistungen dem Auftragnehmer nicht überträgt. Dies geschieht regelmäßig bei Übertragung einiger der in den Kapiteln 2. bis 5. genannten vermessungstechnischen Leistungen. Für diese Leistungen darf nur ein Honorar berechnet werden, das dem Anteil der übertragenen Leistungen an der gesamten Leistungsphase entspricht. Empfehlungen für ein angemessenes Honorar sind in den genannten Kapiteln gemacht worden.

Die Vereinbarung des Honorars für die Besondere Leistung bei der Absteckung des Bauvorhabens für den Erdaushub nach Lage und Höhe nach Kapitel 5.2 a) muss gemäß § 5 Abs. 4 HOAI erfolgen. Ein Honoraranspruch für den Auftragnehmer ist im Gegensatz zu der erläuterten Honorierung der Grundleistungen nur dann gegeben, wenn das Honorar für die Besondere Leistung schriftlich vereinbart worden ist. Auf die in Kapitel 5.2 a) gegebenen Bewertungsempfehlungen wird hingewiesen.

7.2
Anrechenbare Kosten

Das Honorar für die vermessungstechnischen Grundleistungen richtet sich nach den anrechenbaren Kosten des Objekts. Maßgebend für deren Definition ist bei der Entwurfsvermessung (Kapitel 2, 3, 4 und 5.1) § 97 Abs. 2 HOAI, für Leistungen bei der Bauvermessung (Kapitel 5.2) § 98 Abs. 1 HOAI. Die Ermittlung der anrechenbaren Kosten ist Sache des Auftraggebers bzw. des vom Auftraggeber beauftragten Objektplaners; der Auftraggeber hat dem Auftragnehmer gegenüber die Pflicht, die anrechenbaren Kosten prüfbar mitzuteilen. Ist der Auftraggeber hierzu nicht in der Lage, kann der Auftragnehmer für die Berechnung seines Honorars die anrechenbaren Kosten schätzen.

7 Ergänzende Hinweise 519

Übersicht zur Honorierung

Tabelle 3:

Zu 2.: Vermessungstechnische Leistungen zur Erstellung eines Lageplans im Sinne des § 4 LBOVVO im Kenntnisgabe- und Genehmigungsverfahren

§ 97 b HOAI Leistungsphase	Leistungsphasen/Grundleistungen	% des Honorars	Besondere Leistungen	% des Honorars
1	Grundlagenermittlung	3 %		
3	Vermessungstechnische Lage- und Höhenpläne		Besondere Leistungen, die Grundleistungen ersetzen: Ausarbeiten der Lagepläne entsprechend der rechtlichen Bedingungen für behördliche Genehmigungsverfahren Eintragen von Eigentümerangaben u. a.	20–40 %[1]

[1] Bei der Vereinbarung des v. H.-Satzes des Honorars innerhalb dieses Rahmens sind insbesondere die Anforderungen durch die Geometrie des Objektes (z. B. Grundriss, verschiedene Ebenen, Einpassung in das Baugrundstück), durch die öffentlich-rechtlichen Festsetzungen (z. B. altes/neues Baurecht, Schwierigkeit der Berechnung des Maßes der baulichen Nutzung) und bei der Ermittlung der zu berücksichtigenden Eigentümer der Nachbargrundstücke zu berücksichtigen. Die besonderen Anforderungen im Kenntnisgabeverfahren sind in diesem Rahmen ergänzend zu berücksichtigen. Auf die Anwendung des § 5 Abs. 5 HOAI sowie § 5 Abs. 2 HOAI (im Hinblick auf die ersetzten Grundleistungen) wird hingewiesen.

Tabelle 4:

Zu 4.: Vermessungstechnische Leistungen zur Beurteilung der Höhenlage des Baugrundstücks nach § 10 LBO

§ 97 b HOAI Leistungsphase	Leistungsphasen/Grundleistungen	% des Honorars	Besondere Leistungen	% des Honorars
3	Vermessungstechnische Lage- und Höhenpläne Topographische Geländeaufnahme	Leistungsanteil 5–15 %[2]		
6	Geländeschnitte Ermitteln und Darstellen von Längs- und Querprofilen aus terrestrischen/photogrammetrischen Aufnahmen	10 %		

[2] Bei der Vereinbarung des v. H.-Satzes des Honorars innerhalb dieses Rahmens sind insbesondere die Anforderungen an die Einpassung des Objekts in das Gelände und seine Anbindung an die Erschließungsanlagen zu berücksichtigen. Auf die Anwendung des § 5 Abs. 2 HOAI wird hingewiesen.

Tabelle 5:

Zu 5.: Übertragung von Grundriss und Höhenlange der baulichen Anlage auf das Baugrundstück nach § 59 Abs. 3 und Abs. 5 Nr. 2 LBO Baden-Württemberg

§ 97 b HOAI Leistungsphase	Leistungsphasen/Grundleistungen	% des Honorars	Besondere Leistungen	% des Honorars
4	**Absteckungsunterlagen** Berechnen der Detailgeometrie anhand des Entwurfes und Erstellen von Absteckungsunterlagen	15 %		

§ 98 b HOAI Leistungsphase	Leistungsphasen/Grundleistungen	% des Honorars	Besondere Leistungen	% des Honorars
2	**Absteckung für Bauausführung** Übertragen der Projektgeometrie (Hauptpunk-te) in die Örtlichkeit ["Einschneiden des Schnurgerüstes"] Übergabe der Lage- und Höhenfestpunkte und der Absteckungsunterlagen an das bauausführende Unternehmen	14 %	Absteckung des Bauvorhabens für den Erdaushub nach Lage und Höhe	7–14 % [3]
3	**Bauausführungsvermessung** Baubegleitende Absteckungen der geometrie-bestimmenden Bauwerkspunkte nach Lage und Höhe ["Einschneiden weiterer Achsen auf dem Schnurgerüst"]	Leistungsanteil 5–15 % [3]		

Voraussetzung für die hier zu erbringenden Leistungen der Bauvermessung nach § 98 b HOAI ist das Ergebnis der Leistungsphase 4 des § 97 b HOAI. Auf die unterschiedliche Ermittlung der anrechenbaren Kosten nach § 97 Abs. 4 HOAI und § 98 Abs. 3 HOAI wird hingewiesen

[3]) Bei der Vereinbarung des v. H.-Satzes des Honorars innerhalb dieses Rahmens sind insbesondere die Anforderungen durch die Anzahl der geometriebestimmenden Bauwerkspunkte, die Anzahl der Achsen und die Häufigkeit der Arbeitsgänge zu berücksichtigen. Auf die Anwendung des § 5 Abs. 4 HOAI bzw. des § 5 Abs. 2 HOAI wird hingewiesen.

VI
Aktuelle Honorarvorschläge

G
Leistungen nach der Baustellenverordnung – Ergebnisse einer Marktuntersuchung zur Vergütungssituation

Dr.-Ing. B. Sc.-Arch. Maged Monerr Gad
Prof. Dr.-Ing. Manfred Helmus

Bergische Universität
Gesamthochschule Wuppertal
Fachbereich 11 - Bauingenieurwesen
Pauluskirchstraße 7
42285 Wuppertal

Inhalt

1	**Einleitung**	525
1.1	Baustellenverordnung	525
1.2	Erläuterung zur Baustellenverordnung	525
1.3	Leistungsbild des Koordinators	526
1.3.1	Leistungsbild des Koordinators in der Planungsphase	526
1.3.2	Leistungsbild des Koordinators in der Ausführungsphase	529
1.3.3	Nicht planmäßige Leistungen	530
1.3.4	Besondere Leistungen	531
1.3.5	Zusätzlicher Aufwand	531
1.3.6	Aktivitäten nach der Baustellenverordnung	531
2	**Derzeitige Honorarempfehlungen für Leistungen nach Baustellenverordnung**	532
2.1	Aussagen der Baustellenverordnung zur Honorierung	532
2.2	Die zurzeit bestehenden Honorarermittlungsgrundlagen	532
3	**Ergebnisse einer Marktuntersuchung zur Vergütungssituation**	533
3.1	Die Faktoren, die Einfluss auf die Honorierung des Koordinators haben	533
3.2	Marktuntersuchung zur Vergütungssituation	535
3.2.1	Ziel der Umfrage	535
3.2.2	Fragebögen	535
3.2.3	Erläuterung einzelner Aspekte des Fragebogens	536
3.2.4	Auswertungsmethode der Fragebögen	537
3.2.5	Auswertungskriterien	537
3.2.6	Auswertung der Fragebögen	540
3.3	Auswertung der Umfrage	541
3.3.1	Projektgruppe 1	541
3.3.2	Projektgruppe 2	546
3.3.3	Projektgruppe 3	549
3.3.4	Projektgruppe 4	549
3.3.5	Ergebnisse der Marktuntersuchung	552
3.3.6	Ausblick	552
	Begriffserläuterung	554

1
Einleitung

Die Grundgedanken der neuen Baustellenverordnung stehen schon in der Bibel:

"Wenn du ein neues Haus baust, sollst du um die Dachterrasse eine Brüstung ziehen. Du sollst nicht dadurch, dass jemand herunterfällt, Blutschuld auf dein Haus legen."
5. Mose 22.8

Die Verordnung zum Sicherheits- und Gesundheitsschutz auf Baustellen wurde am 10. Juni 1998 im Bundesgesetzblatt Teil 1 Nr. 35 S. 1283 ff. veröffentlicht und trat am 01. Juli 1998 in Kraft. Die Baustellenverordnung (BaustellV) dient der Umsetzung der Mindestvorschriften der EG-Richtlinie 92/57/EWG des Rates vom 24. Juni 1992. Mit der Baustellenverordnung besteht ein Instrument, das den Bauherrn in die Pflicht nimmt, schon frühzeitig in der Planungsphase den Sicherheits- und Gesundheitsschutz auf Baustellen zu koordinieren.

In diesem Zusammenhang tauchten schon zu einem sehr frühen Zeitpunkt Fragen bezüglich einer angemessenen Honorierung der Leistungen nach der BaustellV auf. Verschiedene Institutionen brachten Honorarvorschläge mit sehr unterschiedlichen Honorarwerten auf den Markt, deren Höhe fast immer von der Bausumme abhängig ist. Sowohl die Grundlage der Vorschläge als auch die Differenzen der Honorare geben Anlass zur Diskussion unter den Beteiligten. Diese Situation war für das Lehr- und Forschungsgebiet Baubetriebslehre der Bergischen Universität GH Wuppertal der Anlass sich näher mit dieser Thematik zu beschäftigen. Hier werden maßgebliche Einflussfaktoren für die Kalkulation des tatsächlichen Aufwandes für Leistungen nach der BaustellV dargestellt, sowie die Ergebnisse einer Umfrage zur tatsächlichen Vergütungssituation am Markt vorgestellt.

1.1
Baustellenverordnung

Der Text der Baustellenverordnung kann bei Bedarf auf der beiliegenden CD-ROM nachgelesen werden.

1.2
Erläuterung zur Baustellenverordnung

Die BaustellV ist die Umsetzung der Mindestvorschriften der EU-Richtlinie 92/57/EWG des Rates vom 24. Juni 1992. Die Baustellenverordnung dient der Verbesserung der Sicherheit und des Gesundheitsschutzes der Beschäftigten auf Baustellen. In Deutschland liegt die Unfallquote (Unfälle pro 1000 Vollbeschäftigte) sowohl bei den gemeldeten als auch bei den besonders schweren Arbeitsunfällen im Bausektor mehr als doppelt so hoch wie im Durchschnitt der gewerblichen Wirtschaft ([3] S. 4). Die BaustellV kann nicht isoliert betrachtet werden, sie ist vielmehr ein Bestandteil des Gesamtkomplexes „Arbeitsschutzgesetz". Bei Vorliegen der entsprechenden Voraussetzungen sind die Instrumente der BaustellV z. B. der „SiGe-Plan" und die „Unterlage" für jede einzelne Baustelle separat zu erstellen. Dabei werden die Besonderheiten der Baustelle berücksichtigt.

Durch die BaustellV wird der Bauherr nun als zusätzliche Person verpflichtet, für die Sicherheit und den Gesundheitsschutz auf der Baustelle zu sorgen. Der Bauherr als Veranlasser eines Bauvorhabens trägt die Verantwortung für das Bauvorhaben. Deshalb ist er zur Umsetzung der in der Baustellenverordnung verankerten baustellenspezifischen Arbeitsschutzmaßnahmen sowohl in der Planungsphase als auch in der Ausführungsphase verpflichtet. Der Bauherr oder der von ihm nach § 4 BaustellV beauftragte Dritte kann die Aufgaben des Koordinators selbst wahrnehmen. Er kann ebenso einen Sicherheits- und Gesundheitsschutzkoordinator bestellen.

1.3
Leistungsbild des Koordinators

Die BaustellV unterscheidet zwischen der neu geschaffenen Tätigkeit des Koordinators in der Planungs- und in der Ausführungsphase.

„Geeignete Koordinatoren im Sinn der Baustellenverordnung verfügen grundsätzlich über baufachliche Kenntnisse sowie Kenntnisse auf dem Gebiet der Sicherheit und des Gesundheitsschutzes und über entsprechende Erfahrungen auf Baustellen" ([3] S. 27).

Der Sicherheits- und Gesundheitsschutzkoordinator koordiniert auf der Baustelle die Zusammenarbeit aller am Bau Beteiligten – sowohl in der Planungsphase als auch in der Ausführungsphase hinsichtlich der Sicherheit und des Gesundheitsschutzes.

1.3.1
Leistungsbild des Koordinators in der Planungsphase

Europaweite Untersuchungen haben ergeben, dass ca. 35 % der Unfälle am Bau auf Planungsfehler zurück zu führen sind. Dies verdeutlicht die Wichtigkeit der Aufgabe des Koordinators besonders in der Planungsphase. Zu einem umfassenden Leistungsbild nach der BaustellV gehören im Wesentlichen folgende Punkte:

Mitwirken bei der Erstellung des Bauzeitenplans (§ 2 Abs. 1 BaustellV)
Bei der Bemessung der Ausführungszeiten sind die allgemeinen Grundsätze nach § 4 des Arbeitsschutzgesetzes zu berücksichtigen. Es kommt häufig vor, dass die Ausführungszeiten nicht ausreichend bemessen werden. So entstehen oft Zeitdruck und Hektik auf der Baustelle, was verstärkt zu Unfällen führt.

1 Einleitung

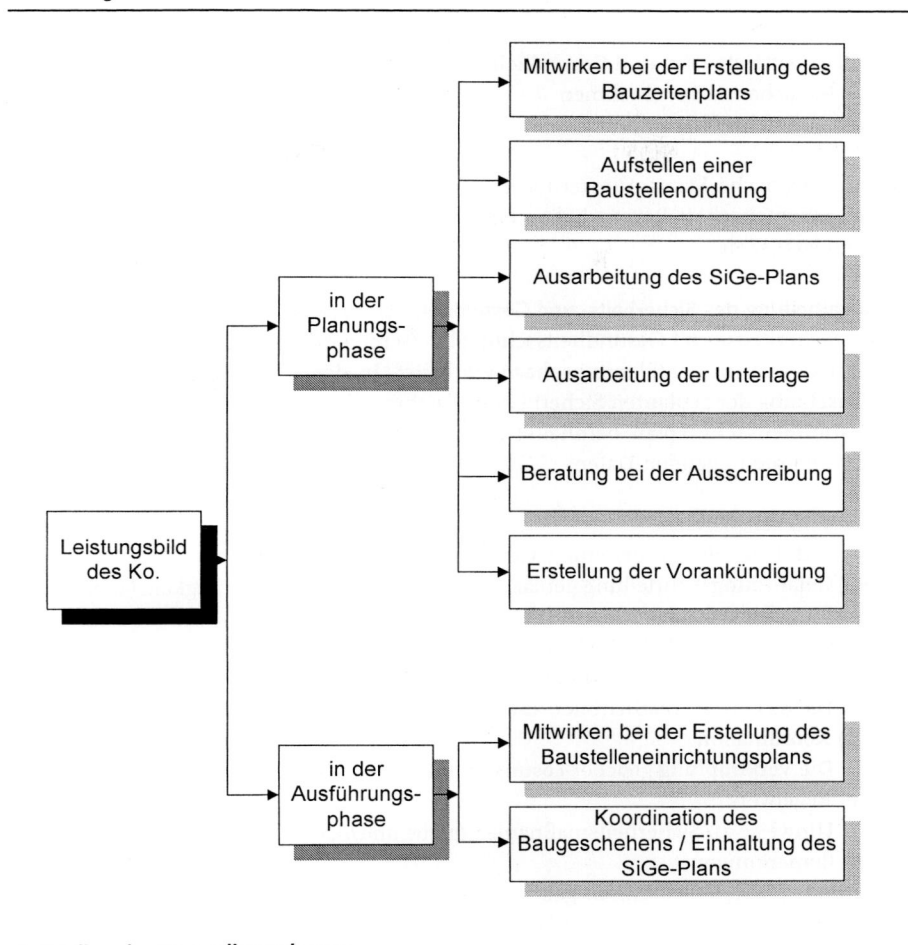

Abbildung 1:

Leistungbild des Koordinators

- Leistungsbild des Ko.
  - in der Planungsphase
    - Mitwirken bei der Erstellung des Bauzeitenplans
    - Aufstellen einer Baustellenordnung
    - Ausarbeitung des SiGe-Plans
    - Ausarbeitung der Unterlage
    - Beratung bei der Ausschreibung
    - Erstellung der Vorankündigung
  - in der Ausführungsphase
    - Mitwirken bei der Erstellung des Baustelleneinrichtungsplans
    - Koordination des Baugeschehens / Einhaltung des SiGe-Plans

Aufstellen der Baustellenordnung

Diese Ordnung dient dem Ziel der BaustellV: „wesentliche Verbesserung von Sicherheit und Gesundheitsschutz der Beschäftigten auf Baustellen" (§ 2 BaustellV). Die Baustellenordnung enthält z. B. die folgenden Punkte:

a) Organisation
   - Verantwortliche Personen
   - Personal
   - Arbeitszeit
b) Arbeitsstätte
   - Unterkünfte
c) Baustelleneinrichtung
   - Verkehr
   - Einsatzmittel
   - Begehbare und Verbotsbereiche
   - Baustellenzugang

d) Arbeitssicherheit und Gesundheitsschutz
- Sicherheitsmaßnahmen
- Gefahrenbekämpfung

Das Bayerische Staatsministerium für Arbeit und Sozialordnung und die Bau-Berufsgenossenschaft Bayern haben eine Muster-Baustellenordnung (Ausgabe 1986) herausgegeben.

Ausarbeitung des Sicherheits- und Gesundheitsschutzplans (§ 2 Abs. 3 BaustellV)
Im Sicherheits- und Gesundheitsschutzplan werden die Sicherheitsmaßnahmen für die Baustelle in der Planungsphase erarbeitet. In der Ausführungsphase wird die Umsetzung der geplanten Sicherheitsmaßnahmen kontrolliert. Der Sicherheits- und Gesundheitsschutzplan beinhaltet nach der Gliederung der Bauberufsgenossenschaften die folgenden Daten:

a) Tätigkeitsbereiche
z. B. Baustellenvorbereitung, Gewerke
b) Gefährdungsbeurteilung gemäß §§ 5, 6 ArbSchG für jeden Tätigkeitsbereich bzw. für jedes Gewerk
z. B. Dach- und/oder Bodenöffnungen
c) Geplante Sicherheitsmaßnahmen
Die Sicherheitsmaßnahmen zur Vermeidung der zu erwarteten Gefährdungen
d) Koordination
Die Verknüpfung gleicher Lösungen untereinander
e) Regelwerk
Hinweise zu Sicherheitsmaßnamen (gelbe und/oder blaue Mappe)
f) Bemerkungen
g) Ausgewählte Bestimmungen
Hinweise z. B. aus UVV, DIN-Normen
h) Bauablauf
Terminplan des Bauvorhabens
i) Gemeinsam genutzte Sicherheitseinrichtungen
Gemeinsam genutzte Sicherheitseinrichtungen auf Grundlage der Koordination (der Verknüpfung) und des Terminplans

Die geplanten Sicherheitsmaßnahmen müssen von allen beteiligten Unternehmen am Bau eingehalten werden. Aus diesem Grunde haben die entsprechenden Maßnahmen inklusive deren örtliche und zeitliche Daten deutlich in einem Plan vermerkt zu werden. Der Koordinator kontrolliert in der Ausführungsphase die Einhaltung des SiGe-Plans.

Nach der Größe des Bauwerkes und der Anzahl der Gewerke hat der Koordinator zu entscheiden, welche Darstellung für den SiGe-Plan sinnvoll ist (Ablaufplan, Tabelle, Loseblatt-Sammlung), um den Zweck optimal zu erfüllen bzw. zu gewährleisten.

Ausarbeitung der Unterlage (§ 3 Abs. 2 Satz 3 BaustellV)
Gemäß § 3 Abs. 2 der Baustellenverordnung ist während der Planung der Ausführung eines Bauvorhabens eine Unterlage zu erstellen. Die Unterlage enthält Überlegungen zu den Sicherheits- und Gesundheitsschutzmaßnahmen für die späteren Arbeiten am Bauwerk.

In der Unterlage wird Folgendes aufgeführt:

  a) Spätere Arbeiten an der baulichen Anlage
  b) Gefährdungen bei den ermittelten späteren Arbeiten
  c) Sicherheitsmaßnahmen für die ermittelten Gefährdungen

Die Unterlage dient als Beitrag für die Bewirtschaftung des Bauwerkes. In diesem Zusammenhang zeigt die Praxis einen erheblichen Bedarf an der Unterlage für spätere Arbeiten [5]. Daher ist es notwendig, schon während der Ausschreibung die geplanten Sicherheitsmaßnahmen für die individuell ermittelten Gefährdungen zu berücksichtigen. Es ist ebenso darauf zuachten, die während der Planungsphase eintretenden baulichen Veränderungen, welche die späteren Arbeiten beeinflussen, stets zu überprüfen und sukzessive in die Unterlage einzuarbeiten.

Mitwirken bei der Ausschreibung
Die Ausschreibung ist auch ein Instrument der Sicherheit und des Gesundheitsschutzes auf Baustellen. Die verschiedenen Gewerke müssen die Vorgaben beachten und umsetzen. Als Kontrolle dient der SiGe-Plan auf der Baustelle. Tatsächlich sind oft die Sicherheitseinrichtungen das erste Opfer des starken Konkurrenzdrucks und Preiskampfes in der Bauwirtschaft. Eben deshalb ist es wichtig, in der Ausschreibung genaue Angaben zu Art und Umfang der Sicherheitseinrichtungen zu treffen, wodurch nachträgliche, unangenehme Überraschungen verhindert werden können.

Erstellung der Vorankündigung (§ 2 Abs. 2 Satz 2 BaustellV)
Der Begriff der „Vorankündigung" wird in § 2 Abs. 2 Satz 2 in Verbindung mit Anhang I genau definiert. Die Vorankündigung hat den Zweck, die Hauptinformationen des Bauvorhabens und die beteiligten Personen der zuständigen Behörde bekannt zu geben. Die Mindestangaben der Vorankündigung sind in Anhang I der Baustellenverordnung zu finden.

1.3.2
Leistungsbild des Koordinators in der Ausführungsphase

Der Sicherheits- und Gesundheitsschutzkoordinator koordiniert während der Ausführungsphase die Zusammenarbeit aller am Bau Beteiligten hinsichtlich Sicherheit und Gesundheitsschutz auf der Baustelle.

Mitwirken bei der Erstellung des Baustelleneinrichtungsplans
Der Baustelleneinrichtungsplan ist ebenfalls ein Instrument zur Gewährleistung der Sicherheit und des Gesundheitsschutzes auf Baustellen. Dies gilt insbesondere für

gemeinsam genutzte Arbeitsbereiche, Verkehrswege, Einrichtungen (z. B. Gerüste, Krane, Treppentürme, Baustellenunterkünfte, Toiletten und Waschanlagen, Sanitätsräume), sowie Einrichtungen für die Untersuchung und Entsorgung kontaminierter Böden und Bauteile ([4] S. 61). Auf der Basis des Arbeitsschutzgesetzes wirkt der Koordinator bei der Erstellung des Baustelleneinrichtungsplans mit.

Koordination des Baugeschehens/Einhaltung des SiGe-Plans (§ 3 BaustellV)
Hier muss man zwischen der Tätigkeit des Koordinators und der Sicherheitsfachkraft oder des Sicherheitsingenieurs unterscheiden. Der Koordinator hat die Anwendung der allgemeinen Grundsätze § 4 des Arbeitsschutzgesetzes zu koordinieren. Er hat die Anwendung und Verwendung der im SiGe-Plan geplanten Sicherheitsmaßnahmen durch die Arbeitgeber zu koordinieren und zu überwachen.
Insbesondere gehören zu seinen Aufgaben:

– Einweisung der Arbeitgeber und Unternehmer ohne Beschäftigte in den SiGe-Plan
– Organisation der Zusammenarbeit der Arbeitgeber und Unternehmer ohne Beschäftigte
– Stichprobenartige Überprüfung der gemeinsam genutzten Sicherheitseinrichtungen auf ihren ordnungsgemäßen Zustand
– Sicherheitsbegehungen / -besprechungen
– Dokumentation

Weitere Aufgabefelder kann man als besondere Leistungen betrachten (siehe besondere Leistungen 1.3.4).

1.3.3
Nicht planmäßige Leistungen

Bei manchen Leistungen lässt sich der Zeitaufwand nicht im Voraus bestimmen, z. B. bei Arbeiten, die aus Ereignissen oder Änderungen des Planungskonzeptes resultieren:

Anpassung des SiGe-Plans an Änderungen (§ 3 Abs. 3 Satz 3)
Bei erheblichen Änderungen muss der SiGe-Plan angepasst werden, damit seine Wirkung aufrecht erhalten wird.

Anpassung der Vorankündigung an Änderungen (§ 3 Abs. 2)
Ebenso muss die Vorankündigung bei erheblichen Änderungen angepasst werden.

Unvorhersehbare Ereignisse (z. B. Unfälle bzw. Todesfälle)

1.3.4
Besondere Leistungen

Weitere Aufgaben, die nicht zum Leistungsbild des Koordinators gehören sind z. B.:
- Kostenanalysen für sicherheitstechnische Lösungen
- Erstellen eines Fluchtplans (z. B. bei Umbau mit paralleler Weiternutzung)
- Entwickeln eines Organisationskonzepts zu Sicherheitsfragen auf der Baustelle

1.3.5
Zusätzlicher Aufwand

Wenn die Tätigkeit der SiGe-Koordination durch mehrere Koordinatoren ausgeführt wird, erhöht sich dadurch der Einarbeitungsaufwand. Dieser hängt maßgeblich von der Qualität der vorhandenen oder erarbeiteten Unterlagen zum Zeitpunkt der Übergabe/Beauftragung der Koordinatoren sowie vom Umfang des Leistungsbildes ab.

1.3.6
Aktivitäten nach der Baustellenverordnung

Tabelle 1: Aktivitäten nach der Baustellenverordnung [3]

Baustellenbedingungen		Berücksichtigung allg. Grundsätze nach § 4 ArbSchG bei der Planung	Voran-kündigung	Koordi-nator	SiGe-Plan	Unterlage (§ 3 Abs. 2 Nr. 3)
Arbeitnehmer	Umfang und Art der Arbeiten					
eines Arbeitgebers	kleiner 31 Arbeitstage und 21 Beschäftigte oder 501 Personentage	ja	nein	nein	nein	nein
eines Arbeitgebers	kleiner 31 Arbeitstage und 21 Beschäftigte oder 501 Personentage und gefährliche Arbeiten	ja	nein	nein	nein	nein
eines Arbeitgebers	größer 30 Arbeitstage und 20 Beschäftigte oder 501 Personentage	ja	ja	nein	nein	nein
eines Arbeitgebers	größer 30 Arbeitstage und 20 Beschäftigte oder 501 Personentage und gefährliche Arbeiten	ja	ja	nein	nein	nein
mehrerer Arbeitgeber	kleiner 31 Arbeitstage und 21 Beschäftigte oder 501 Personentage	ja	nein	ja	nein	ja
mehrerer Arbeitgeber	kleiner 31 Arbeitstage und 21 Beschäftigte oder 501 Personentage und gefährliche Arbeiten	ja	nein	ja	ja	ja
mehrerer Arbeitgeber	größer 30 Arbeitstage und 20 Beschäftigte oder 501 Personentage	ja	ja	ja	ja	ja
mehrerer Arbeitgeber	größer 30 Arbeitstage und 20 Beschäftigte oder 501 Personentage und gefährliche Arbeite	ja	ja	ja	ja	ja

2
Derzeitige Honorarempfehlungen für Leistungen nach Baustellenverordnung

2.1
Aussagen der Baustellenverordnung zur Honorierung

Die Baustellenverordnung trifft für die neu geschaffene Tätigkeit des Sicherheits- und Gesundheitsschutzkoordinators bezüglich der Honorierung keine Aussagen. Lediglich die Bauberufsgenossenschaften (BG) äußern sich in § 5 ihres für die Praxis empfohlenen Vertragsmusters:

„Die Vergütung einschließlich eines Zahlungsplanes ist jeweils einzelfallbezogen zu regeln. Da es derzeit noch keine Erfahrungswerte für diese Leistungserbringung gibt, wird vorgeschlagen, eine Vergütung auf der Grundlage eines Stundensatzes zu vereinbaren."

Die von der BG empfohlene Honorierung auf Stundenbasis wird zur Zeit jedoch nur in Ausnahmefällen durchgeführt. Dieses kann auch nur eine provisorische Lösung sein. Es besteht demzufolge hoher Bedarf an einer Honorarempfehlung für Leistungen nach der Baustellenverordnung.

2.2
Die zurzeit bestehenden Honorarermittlungsgrundlagen

Seit Einführung der BaustellV sind verschiedene Honorarvorschläge veröffentlicht worden. Die folgenden Institutionen haben sich mit der Thematik beschäftigt:

– Architektenkammer Nordrhein-Westfalen
– Ingenieurkammer Baden-Württemberg
– Bau-Atelier, BVKSG e. V.
– Ingenieurgruppe Tepasse [7]
– AHO (Veröffentlichung 2001)

Zurzeit stehen Tabellen der ersten vier Institutionen zur Verfügung. Das Diagramm 1 zeigt den Verlauf der Vergütungen nach den Tabellen der ersten drei Institutionen. Die Werte der Honorarvorschläge der Architektenkammer NRW gelten für einen mittleren Schwierigkeitsgrad, für einen geringen oder hohen Schwierigkeitsgrad ist ein Ab- oder Zuschlag von bis zu 30 % möglich. Der Vorschlag der Architektenkammer NRW zur Vergütung des Koordinators unterscheidet zwischen getrennter und mit Architektenleistungen kombinierter Beauftragung. Aus Sicht des Bauherrn ist die kombinierte Beauftragung kostengünstiger und daher sinnvoll. Im Sinne der Baustellenverordnung sollte jedoch zur Vermeidung von Interessenkonflikten ein Sicherheits- und Gesundheitsschutzkoordinator getrennt beauftragt werden.

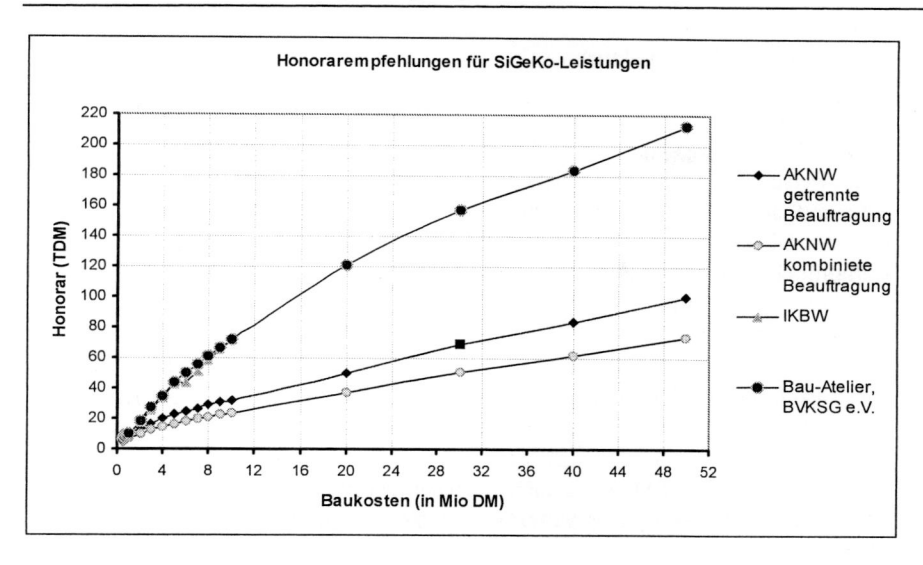

Diagramm 1:
Honorarempfehlungen für SiGeKo-Leistungen

Nach Meinung vieler in der Praxis tätiger Sicherheits- und Gesundheitsschutzkoordinatoren liegen die Honorarwerte in der Tabelle der Architektenkammer NRW unterhalb der tatsächlichen Kosten. Dies gilt insbesondere für kleine Bauvorhaben, bei denen der Aufwand nicht direkt proportional zu den Baukosten ist. Die Honorarvorschläge der Ingenieurkammer BW und des Bau-Atelier, BVKSG e.V. sind ungefähr gleich, abgesehen davon, dass sich die Honorarvorschläge der Ingenieurkammer BW auf Baukosten bis 10 Mio. DM beschränken. Beide Vorschläge liegen deutlich über den Werten der Empfehlung der Architektenkammer NRW. Analog zur HOAI sind die Baukosten bei allen Tabellen der einzige Faktor für die Honorarhöhe. Neben den Baukosten gibt es jedoch eine Reihe weiterer Faktoren, die einen deutlichen Einfluss auf die Höhe des tatsächlich entstehenden Aufwandes für Leistungen nach BaustellV haben. Daher müssen zunächst einmal alle beeinflussenden Faktoren ermittelt werden.

3
Ergebnisse einer Marktuntersuchung zur Vergütungssituation

3.1
Die Faktoren, die Einfluss auf die Honorierung des Koordinators haben

Vor der Ermittlung eines kostendeckenden Honorars für den Koordinator ist es nötig die Frage zu stellen, auf welcher Grundlage dieses berechnet werden soll. Wesentlichen Einfluss auf die Kalkulation eines auskömmlichen Honorars haben Zeitaufwand, fachliche Erfordernisse, Risiko und sonstige Umstände. Abbildung 2 zeigt diejenigen Einflussfaktoren, welche Auswirkungen auf den Zeitaufwand haben.

- Baugestaltung (Architektur)
- Bauvolumen
- Baufläche
- Bauart
- Bauweise (z. B. Stahlbeton, Ortbeton, Fertigbauteile)
- Bauaufgabe (Neubau, Umbau oder/und Abbruch)
- Bauverfahren
- Manntage
- Unternehmenszahl
- Lage der Baustelle

Diese Faktoren werden im Zusammenhang mit der Marktanalyse im Kap. (3.2.5) behandelt.

Abbildung 2:
Faktoren, die Einfluss auf den Zeitaufwand haben

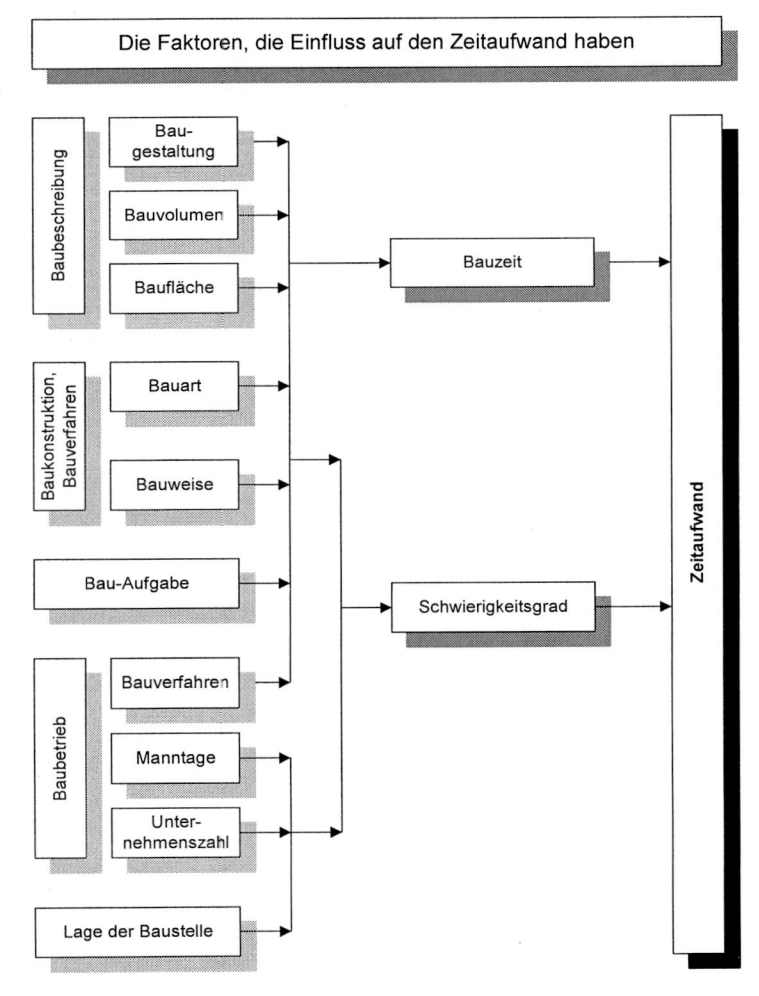

3.2
Marktuntersuchung zur Vergütungssituation

Im Rahmen der Forschungstätigkeit des Lehrgebietes Baubetriebslehre der Bergischen Universität GH Wuppertal wird eine Kalkulationsmethode zur Aufwandsermittlung für den Sicherheits- und Gesundheitsschutzkoordinator erarbeitet. Der Forschungsbereich beschränkt sich allerdings auf den Hochbau. Zur Einordnung der Honorarproblematik in die Berufspraxis wurde eine Umfrage mittels Fragebogen zur Untersuchung der Vergütungssituation durchgeführt. Diese richtete sich an Ingenieure und Architekten, die als Sicherheits- und Gesundheitsschutzkoordinator tätig sind.

3.2.1
Ziel der Umfrage

Um eine Kalkulationsmethode für ein kostendeckendes Honorar zu ermitteln, sind neben der Untersuchung der wirtschaftlichen Aspekte möglichst alle Faktoren zu berücksichtigen, die sich aus der praktischen Arbeit ergeben. Ziel der Umfrage war es, ein möglichst breites Bild über die derzeit erzielten Honorare für den Sicherheits- und Gesundheitsschutzkoordinator und eine Aussage über den realen Zeitaufwand zu bekommen.

3.2.2
Fragebögen

Um das Ziel zu erreichen, wurden zwei Fragebögen entwickelt. Durch den ersten Fragebogen wurde die Bereitschaft zur Mitwirkung abgefragt. Etwa 200 von 1.200 Befragten haben Interesse gezeigt, an der Arbeit durch Bereitstellung von Daten teilzunehmen. Im zweiten Fragebogen wurden dann die Fakten zur SiGeKo-Tätigkeit erhoben. Mit dem vorliegenden Fragebogen (siehe CD-ROM) wurde eine Recherche in der Praxis durchgeführt.

Der erste Fragebogen
Im ersten Fragebogen ging es um die Situation der Unternehmen, ihre Erfahrung mit der Koordination auf Baustellen nach der Baustellenverordnung und ob der Koordinator an einem Fortbildungsseminar nach den Grundsätzen der Bauberufsgenossenschaft teilgenommen hat. Außerdem wurde nach Interesse und Bereitschaft gefragt, für die Erarbeitung von praktikablen Grundsätzen zur Honorierung eigene Daten bereit zu stellen.

Der zweite Fragebogen
Der Aufbau des Fragebogens ist so gestaltet, dass er einerseits nicht zu lang wird, um seine Akzeptanz zu erhöhen, andererseits ist er so aufgebaut, dass ein vollständiges

und korrektes Bild über das jeweilige Projekt und die Aufgabe des Koordinators entsteht. Die wichtigen Projektdaten und -informationen, die für die Vergütungs-Rahmenbedingungen Relevanz haben, sind diejenigen Faktoren, die Einfluss auf die Tätigkeit des Koordinators (Schwierigkeit oder/und Zeitaufwand der Tätigkeit) haben, in Einzelfällen auch Vertragsinformationen. Zusätzlich ist die Frage nach der Tätigkeit des Koordinators in Bezug auf das Leistungsbild von Bedeutung. Die genannten Rahmenbedingungen sind in Abb. 3 dargestellt.

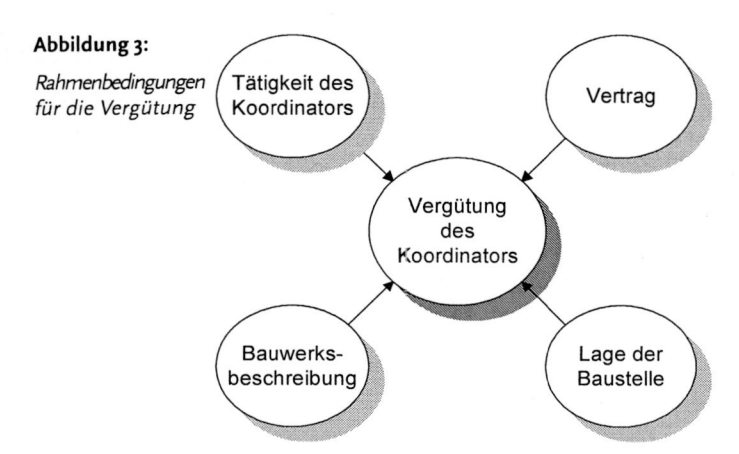

Abbildung 3:

Rahmenbedingungen für die Vergütung

3.2.3
Erläuterung einzelner Aspekte des Fragebogens

Bauwerksbeschreibung
Hier werden einige grundlegende Daten erfasst, da von den Projekten weder Pläne noch ausführliche Leistungsbeschreibungen vorliegen. Insbesondere wurde gefragt nach:

– Baugröße und Beschreibung
– Baunutzung
– Bauaufgabe (Neubau, Umbau oder/und Abbruch)
– Baukonstruktion (Baumaterial und Bauverfahren)
– Baukosten
– Bauzeit

Die verschiedenen Aufgaben (Neubau, Umbau und Abbruch) haben unterschiedliche Bauzeiten zur Folge. Auch durch die Baukonstruktion (z. B. Fertigbauteile, konventionelle Bauweise) ergeben sich Unterschiede bezüglich Bauzeit, Baukosten und Gefährdungen.

Lage der Baustelle
Um ein komplettes Bild über das Projekt zu bekommen, ist die Information über die

Lage der Baustelle notwendig, da dies eine Rolle bei den Gefährdungen spielt.

Vertragliche Bedingungen und Informationen
Im Fragebogen wird der Bauherrentyp (öffentlich oder privat) sowie die Vertragsdauer der Sicherheits- und Gesundheitsschutzkoordination abgefragt, da beides Einfluss auf die Kalkulation der Vergütung hat.

Tätigkeitsumfang des Koordinators
Unter diesem Punkt wird erfragt, welche Teilaufgaben vom Koordinator ausgeführt werden, sowie deren Zeitaufwand und die erzielte zugehörige Vergütung. Da die meisten Koordinatoren über wenig oder noch gar keine Erfahrung mit dem erforderlichen Zeitaufwand und der erzielbaren Vergütung haben, gibt es Unsicherheiten bei diesen Punkten. Daher wird zusätzlich gefragt, ob der tatsächliche Aufwand durch die Honorarschätzung abgedeckt wird oder ob Differenzen entstanden und wie hoch diese sind.

3.2.4
Auswertungsmethode der Fragebögen

Die zurück gesandten Fragebögen wurden zu Gruppen zusammengefasst. Das Ziel sollte eine Mittelwertbildung für die Vergütung der Sicherheits- und Gesundheitsschutzkoordination sein. Im Idealfall könnte sich ein Zusammenhang zwischen dem Umfang der Tätigkeit, der Bauwerkssituation, den Vertragsbedingungen und der Vergütung bezogen auf das Leistungsbild ergeben. Eine weiter gehende Aufteilung kam nicht in Frage, da hierfür die Datenbasis nicht ausreichte. Bei der Auswertung der Fragebögen wird angenommen:

– dass der Koordinator seine Leistung in optimaler Weise erbracht hat
– die Tätigkeit von allen Koordinatoren mit demselben Leistungsniveau durchgeführt wurde.

Alle beteiligten Koordinatoren besitzen dieselbe Leistungsfähigkeit. Für die Auswertung wurden unterschiedliche Projekte miteinander verglichen, wobei die Projektdaten als Kriterien einander gegenübergestellt worden sind.

3.2.5
Auswertungskriterien

Die Vergütung ist von verschiedenen Randbedingungen abhängig, die den Zeitaufwand des Koordinators beeinflussen. Die verschiedenen Kriterien werden ausgewertet, miteinander verglichen und in Beziehung zur Vergütung gesetzt. So werden erst die Daten der Fragebögen ausgewertet, die eine komplette Leistung der Koordination nach der Baustellenverordnung enthalten. Anschließend werden Fragebögen bzw. Projekte miteinander verglichen, die einander ähnlich oder von dem selben Koordinator betreut wurden. Ein sehr wichtiges Kriterium ist der Zeitaufwand für jede einzelne Teilleistung des Koordinators. Es ist jedoch nicht gelungen, eine Relation zwischen Zeitaufwand und Vergütung für einzelne Teilleistungen des Koordinators zu ermitteln, da dieser Teil des Fragebogens von keinem der Befragten beantwortet wurde. Die Fragebögen werden daher nach folgenden Kriterien ausgewertet:

Gesamtbaukosten

Hier wird die Beziehung zwischen den Kosten des Projektes und der Vergütung dargestellt, Einheit ist eine Deutsche Mark. Die Baukosten sollten nicht die Grundlage für die Kalkulation der Vergütung sein, sie spielen eine indirekte Rolle; denn sie haben Einfluss auf den Zeitaufwand, sind einerseits abhängig von Fläche und Volumen des Bauwerks, andererseits von Baumaterial (und Qualität) und Löhnen, die aber keinen Einfluss auf den Zeitaufwand des Koordinators haben. Daher kann man auf den Faktor Baukosten verzichten oder ihm eine kleine Gewichtung geben.

Abbildung 4:

Baukosten als Resultat anderer Kriterien

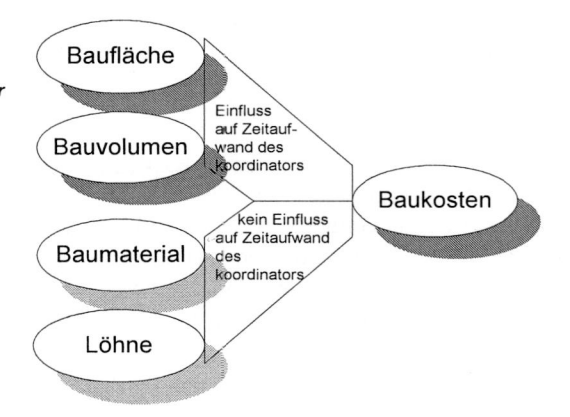

Bauzeit

Hier ist die Ausführungszeit des Bauvorhabens in Monaten gemeint. Die Bauzeit wird von der Fläche bzw. dem Volumen, der Bauart und Bauweise des Bauwerks beeinflusst. Deshalb wird auch in diesem Falle auf die Ursachen (Fläche, Volumen, Bauart und Bauweise) zurückgegriffen. Die Bauzeit wird nur vereinzelt gewichtet, wenn z. B. Verzögerungen eintreten.

Baufläche

Mit Baufläche ist die Brutto-Grundfläche (BGF) gemeint, die Einheit ist ein Quadratmeter.

Umbauter Raum

Unter umbauter Raum ist der Brutto Rauminhalt (BRI) zu verstehen, Einheit ist ein Kubikmeter. Die Kriterien Baufläche und umbauter Raum sind unproportional miteinander verbunden, sie sind die Grundlage für die Baukosten und die Bauzeit. Die beiden Faktoren haben Einfluss auf den Zeitaufwand der Tätigkeit des Koordinators, dieser Einfluss ist jedoch auch nicht proportional. Wenn zwei Bauwerke das gleiche Bauvolumen aber unterschiedliche Flächen haben, können sie sehr unterschiedliche Baukosten, aber einen annähernd gleichen Zeitaufwand der SiGe-Koordination aufweisen.

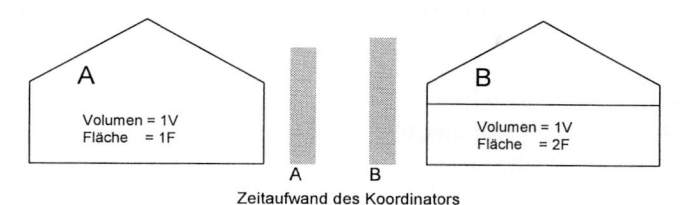

Abbildung 5:
Verhältnis von Baufläche und Bauvolumen

Erbrachte Teilleistungen des Koordinators

Die erbrachten Teilleistungen des Koordinators in der Planungs- und/oder Ausführungsphase spielen für den Zeitaufwand eine wesentliche Rolle. Die Teilleistungen haben variable, unterschiedliche Gewichtungen und werden prozentual zum Gesamtleistungsbild betrachtet. Bei Projekten, bei denen ein Koordinator nicht das ganze Leistungsbild erbrachte, oder mehrere Koordinatoren zusammen arbeiteten, wird die Einarbeitung als zusätzlicher Aufwand bewertet. Als nicht planmäßige Leistung gilt auch das Anpassen des SiGe-Plans, oder die Vorankündigungen, welche vom Koordinator ausgeführt werden. Die Auswertung der Fragebögen zeigt, dass der Aufwand in der Planungsphase etwa 30 bis 50 % und in der Ausführungsphase 50 bis 70 % beträgt.

Schwierigkeitsgrad

Der Schwierigkeitsgrad ist ein sehr wichtiger Faktor, der einen direkten Einfluss auf den Zeitaufwand des Koordinators hat. Hierbei werden jedoch nicht fachliche Schwierigkeiten bei der Realisierung des Bauwerks vom Koordinator betrachtet, sondern solche, die die Arbeitssicherheit und den Gesundheitsschutz betreffen. So könnte es z. B. sein, dass die Tätigkeit vom Bauleiter permanente Anwesenheit auf der Baustelle verlangt und/oder der Bauablaufplan kritisch ist, die Baustelle aber gleichzeitig für den Koordinator als „harmlos" gilt, da es für die Beschäftigten nur geringe Gefährdungen gibt. Der Schwierigkeitsgrad wird mit Punkten bewertet, die entsprechend der Anforderungen gewichtet werden. Die maximale Punktezahl des Schwierigkeitsgrads sind 30, die minimale 9 Punkte. Die Punkte werden nach den Faktoren, die Einfluss auf den Schwierigkeitsgrad haben, verteilt. (siehe Abb. 2)

Manntage

Die Anzahl Manntage hat ebenfalls einen hohen Einfluss auf den Zeitaufwand des Koordinators. Je mehr Personen auf der Baustelle beschäftigt sind, desto schwieriger ist die Koordination und die Unfallhäufigkeit. Arbeiten in ruhiger Atmosphäre bzw. mit einer geringen Beschäftigtenzahl sind bekannter Weise leichter zu koordinieren und zu kontrollieren als große Baustellen.

Unternehmenszahl

Die Aussage zu Manntagen gilt analog für die Anzahl beteiligter Unternehmen und den damit verbundenen Koordinationsaufwand. Die Kriterien Manntage und Unternehmenszahl beeinflussen die Schwierigkeit eines Bauvorhabens. Sie werden als separat betrachtet, um bei der Auswertung der Fragebögen eine direkte Beziehung zwischen Manntagen bzw. Unternehmenszahl und Vergütung des Koordinators beurteilen zu können.

Kostendeckung

Der Koordinator äußert sich hier, ob die vereinbarte Vergütung seine tatsächlichen Kosten abgedeckt hat oder nicht.

Weitere Kriterien

Zusätzlich gibt es noch folgende Kriterien, die zur Bewertung des Aufwandes herangezogen werden können:

– Bauherrentyp (öffentlich, privat)
– Anteil der Ausbaukosten an den Baukosten

Wegen mangelnder Daten zu diesen Punkten muss auf die Untersuchung dieser Kriterien zum jetzigen Zeitpunkt verzichtet werden. Um den Vergleich zwischen den Projekten realistisch durchführen zu können, mussten einige Projektdaten kalibriert werden.

3.2.6
Auswertung der Fragebögen

Die Projekte haben unterschiedliche nicht variable Daten. Die Auswertung hat das Ziel, die Relation zwischen den verschiedenen Daten (Kriterien) und der Vergütung des Koordinators zu zeigen. Die Vergütung hängt von der erbrachten Leistung des Koordinators ab. Sind Projekte nicht miteinander vergleichbar, so wird die Vergütung anhand der Leistungsbasis prozentual umgerechnet. Bei Teilleistungen verfährt man analog, um die Auswertung auf Basis der Gesamtvergütung durchführen zu können. Die nicht planmäßigen Leistungen und der zusätzliche Aufwand sind hier nicht berücksichtigt. (siehe 1.3.3 und 1.3.5)

Beispiel:
Vergütung 3.000 DM für 75 % des Gesamtleistungsbildes => 4.000 DM für das Gesamtleistungsbild.

Um eine Vergleichsbasis zu schaffen, werden projektweise für Teilaufgaben Punkte (Prozente) vergeben. Die Voraussetzungen Bauzeit und Baukosten werden in diesem Stadium der Betrachtung nicht berücksichtigt. Eine weitere Voraussetzung besagt, dass bei 4 Baustellen-Begehungen/Monat bei einer Bauzeit von einem Jahr das Projekt mit 61 % (Ausführungsphase) bewertet wird. Bei weniger oder mehr Auf-

3 Ergebnisse einer Marktuntersuchung zur Vergütungssituation

wand sind entsprechend weniger oder mehr Punkte angemessen. Die Planungsphase wird mit 39 % bewertet. Dadurch kann es sein, dass für das Projekt mehr als 100 % (Punkte) angesetzt werden. Um den Vergleich der Projekte miteinander durchführen zu können, werden die Gesamtpunkte auf 100 Punkte umgerechnet. Die Relation der Vergütung zur Aufgabe des Koordinators wird nicht umgerechnet. Die Prozentpunkte der Teilaufgaben werden nach der vorgegebenen Prozentverteilung berechnet, sie liegen zwischen 29 und 155 Punkten.

3.3
Auswertung der Umfrage

Die Auswertung der Fragebögen erfolgt in mehreren Gruppen. Sie folgt in jeder Gruppe den genannten Kriterien und stellt das Ergebnis in 8 Diagrammen dar.

3.3.1
Projektgruppe 1

Hier werden alle Projekte gemäß den Kriterien (3.2.5) miteinander verglichen.

Gesamtbaukosten
Im Diagramm 2 wird die Vergütung (prozentual zu den Baukosten) in Verbindung zu den Baukosten gebracht. Im ersten Drittel des Diagramms ist keine Stetigkeit zu erkennen, das zeigt, dass es kein allgemeines Schema für die Festlegung der Vergütung gibt. Es wurde angenommen, dass die starken Schwankungen in diesem Bereich ihre Ursache darin haben könnten, dass der Koordinator für sein Honorar andere Faktoren berücksichtigt hat, die die Vergütung beeinflussen. Das ist jedoch nicht der Fall, wie die Auswertung dieser Kriterien nachfolgend zeigt.
Die Trendlinie der Vergütung prozentual zu den Baukosten folgt der Logik, je

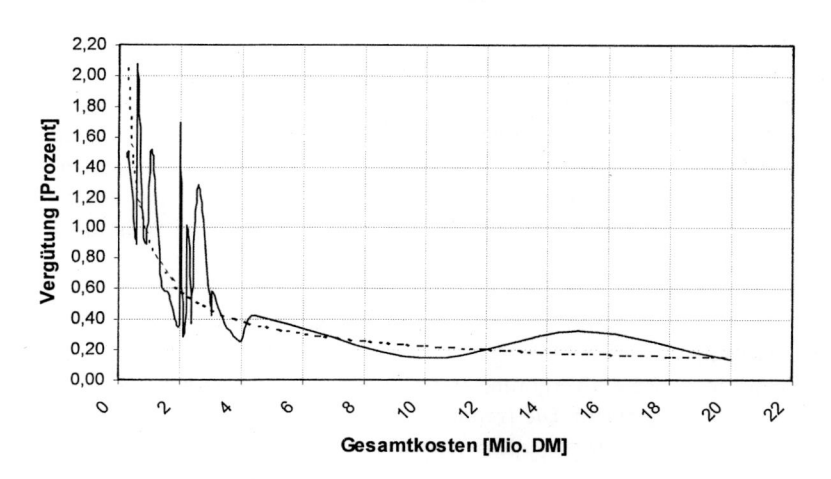

Diagramm 2:

Prozentuale Vergütung in Abhängigkeit von den Baukosten

höher die Baukosten sind desto niedriger wird die prozentuale Vergütung. Der sehr starke Abfall der Vergütung im Bereich bis 4 Mio. DM Baukosten ist jedoch von der Quantität her nicht nachvollziehbar.

Die Kosten der Projekte liegen zwischen 0,25 und 20 Mio. DM und die Vergütung des Koordinators liegt zwischen 2,07% und 0,14 % der Baukosten. Zunächst erscheint diese Spannweite der Vergütung sehr groß. Bei Betrachtung weiterer Kriterien wird dieses relativiert. In 40 % der Projekte wurde die Vergütung als Kosten deckend bezeichnet, 30 % der Projekte haben keine Kostendeckung und bei weiteren 30 % der Projekte gibt es hierzu keine Aussage.

Bauzeit

Im Diagramm 3 wird die Vergütung (prozentual zu den Baukosten) in Verbindung zur Bauzeit gebracht. Obwohl die Projektdaten sehr unterschiedliche Ausgangswerte haben, hat die Trendlinie einen logischen Verlauf, der sich von 1,26 % zu 0,32 % bewegt bei einer Bauzeit von 2 bis 24 Monaten.

Diagramm 3:

Die Relation der Vergütung (prozentual zu den Baukosten) zur Bauzeit

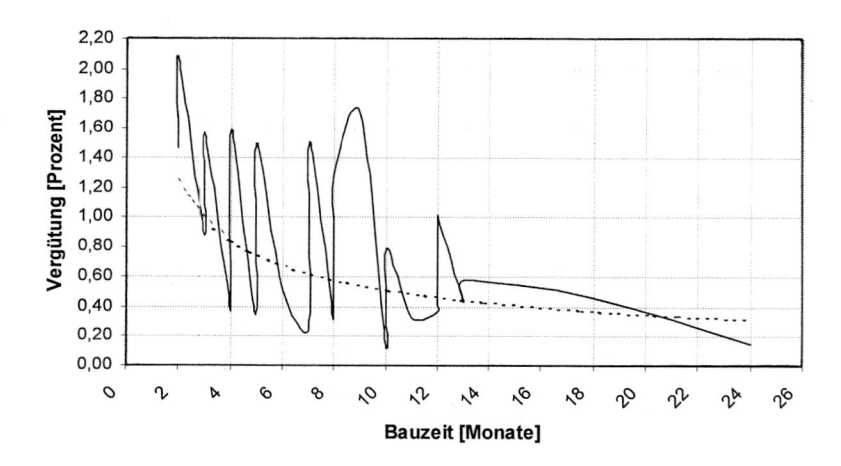

Baufläche

Im Diagramm 4 wird die Vergütung (prozentual zu den Baukosten) in Verbindung zur Baufläche gebracht. Die Trendlinie ist qualitativ logisch aber nicht quantitativ, dies wird deutlich im ersten Viertel des Diagramms, in dem ein sehr starker Abfall von 0,94 % zu 0,32 bei einer Grundfläche zwischen 500 m² und 2000 m² zu beobachten ist. Der Rest der Trendlinie zwischen 0,32 und 0,18 % ist quantitativ relativ logisch.

Umbauter Raum

Im Diagramm 5 wird die Vergütung (prozentual zu den Baukosten) in Verbindung zum Bauvolumen gebracht. Die Trendlinie folgt qualitativ und quantitativ dem gleichen Prinzip wie die vorherige. Im ersten Fünftel des Diagramms liegt die Vergütung der Projekte zwischen 1,10 % und 0,35 % bei umbautem Raum zwischen etwa 1.700 m³ und 15.000 m³.

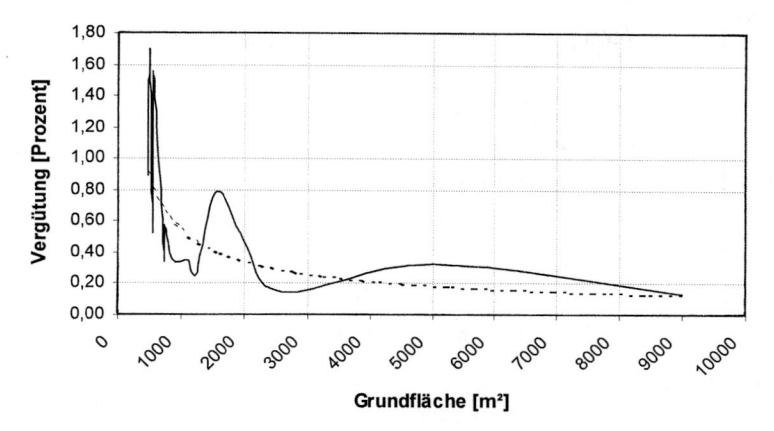

Diagramm 4:
Die Relation der Vergütung (prozentual zu den Baukosten) zur Baufläche

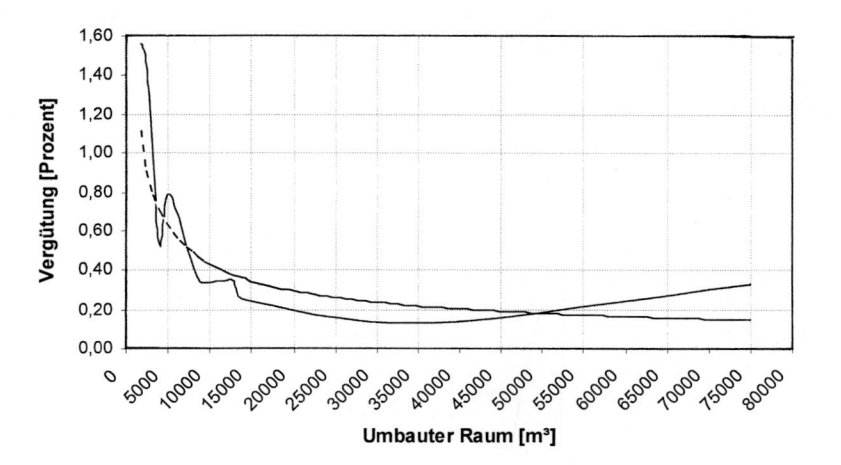

Diagramm 5:
Die Relation der Vergütung (prozentual zu den Baukosten) zum Bauvolumen

Teilleistungen des Koordinators

Im Diagramm 6 wird die Vergütung (prozentual zu den Baukosten) in Verbindung zum prozentualen Anteil der Teilleistungen gebracht. Das Diagramm weist keine Stetigkeit auf, das zeigt, dass es kein allgemeines Schema für die festgelegte Vergütung gibt. Die Trendlinie ist weder qualitativ noch quantitativ aussagefähig, sie verläuft fast horizontal bei einem Wert von 0,4 %. Unabhängig vom Umfang der Aufgabe wurde immer der gleiche Prozentsatz der Baukosten für das Honorar des Koordinators angesetzt, daraus folgt, dass dieses Kriterium keinen Einfluss auf die Ermittlung der Vergütung gehabt haben kann. Der Einarbeitungseffekt müsste sich bei unterschiedlichem Aufgabenumfang auswirken. Da aber die vorliegenden Projekte verschiedene Randbedingungen aufweisen, kann dies nicht verifiziert werden.

Diagramm 6:

Die Relation der Vergütung (prozentual zu den Baukosten) zur Aufgabe

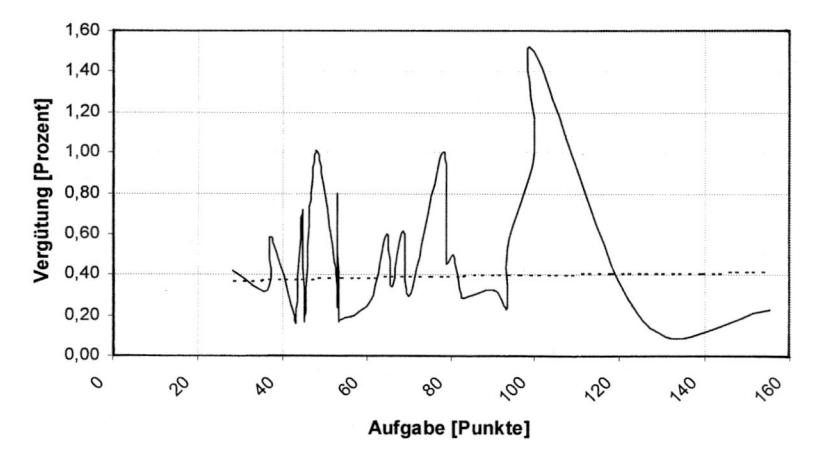

Schwierigkeitsgrad

Im Diagramm 7 wird die Vergütung (prozentual zu den Baukosten) in Verbindung zum Schwierigkeitsgrad der Projekte gebracht. Das Diagramm läuft nicht auf eine Stetigkeit hinaus. Logischerweise sollte die Vergütung mit der Höhe des Schwierigkeitsgrades ansteigen, da der Koordinator einen größeren Zeitaufwand bei einem schwierigeren Bauwerk hat. Die Trendlinie ist fast horizontal, also gibt es keinen Zusammenhang zwischen dem Schwierigkeitsgrad und dem kalkulierten Honorar.

Diagramm 7:

Die Relation der Vergütung (prozentual zu den Baukosten) zum Schwierigkeitsgrad

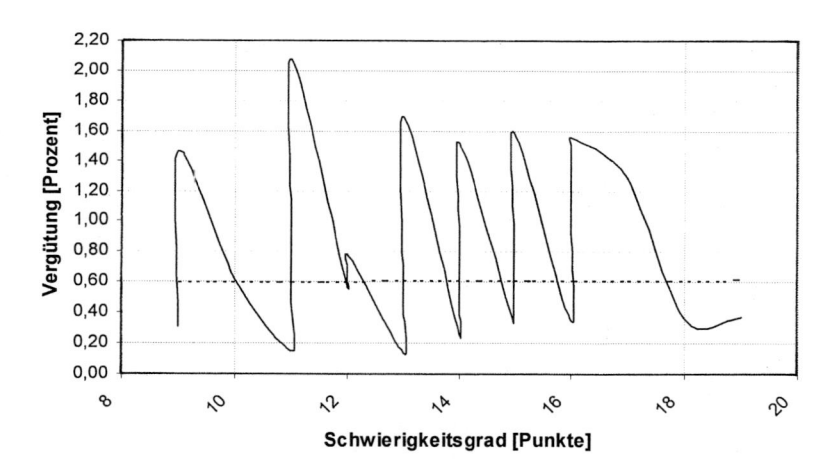

Manntage

Im Diagramm 8 wird die Vergütung (prozentual zu den Baukosten) in Verbindung zur Anzahl der Manntage gebracht. Das Diagramm zeigt, je mehr Manntage desto geringer ist der Vergütungsprozentsatz. Es sollte aber genau umgekehrt sein, je mehr Manntage auf der Baustelle anfallen desto größer müsste der Zeitaufwand des Koordinators sein, um die Koordination durchzuführen.

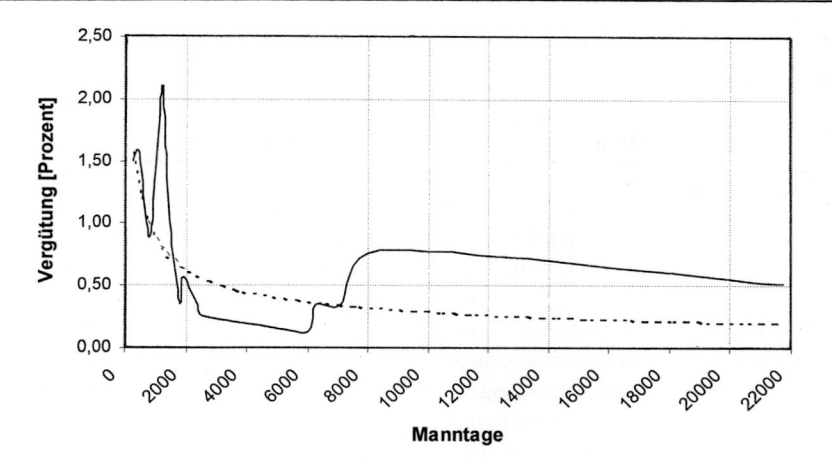

3 Ergebnisse einer Marktuntersuchung zur Vergütungssituation

Diagramm 8:
Die Relation der Vergütung (prozentual zu den Baukosten) zu Manntagen

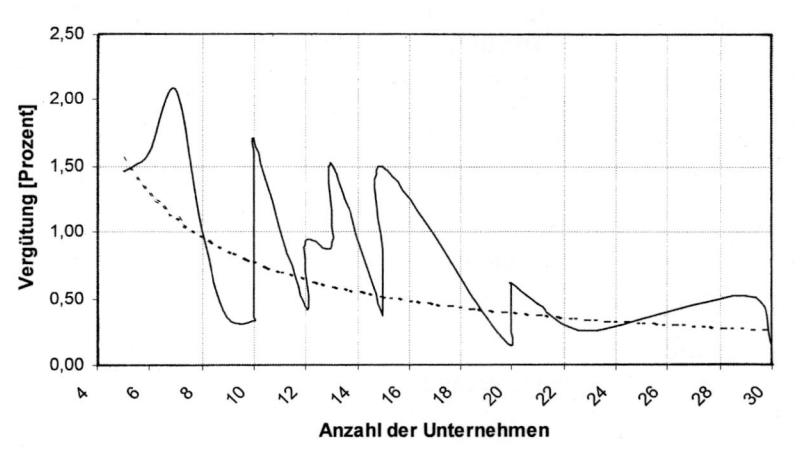

Diagramm 9:
Die Relation der Vergütung (prozentual zu den Baukosten) zur Anzahl der Unternehmen

Unternehmenszahl
Im Diagramm 9 wird die Vergütung (prozentual zu den Baukosten) in Verbindung zur Unternehmenszahl gebracht. Auch hier zeigen die ausgewerteten Daten das genaue Gegenteil der logischen Überlegung. Der Koordinationsaufwand sollte mit der Unternehmenszahl ansteigen, die prozentuale Vergütung nimmt jedoch ab (siehe Trendlinie).

Zusammenfassung der Auswertung Projektgruppe 1:
Die vorliegende Auswertung der Vergütungen zeigt keine deutlich erkennbaren Einflüsse der Kriterien auf das tatsächlich erzielte Honorar. Die Trendlinie der Vergütung prozentual zu den Baukosten folgt der Logik, je höher die Baukosten sind, desto niedriger wird die prozentuale Vergütung. Einige Institutionen haben ihre Honorarempfehlungen auf der Grundlage von Projektdaten aus der Praxis erstellt. Betrachtet man aber die Faktoren Schwierigkeitsgrad, Manntage und Unternehmenszahl dieser Projekte, so stellt sich heraus, dass diese Faktoren nicht berücksichtigt worden sind.

3.3.2
Projektgruppe 2

Die folgende Auswahl bezieht sich auf jeweils mehrere Projekte eines Koordinators. Als Beispiel für diese Gruppe werden 7 Projekte eines Koordinators analysiert. Hauptsächlich handelt es sich um Neubauten, teilweise Umbau- und Abbrucharbeiten eingeschlossen. Um Wiederholungen zu vermeiden, werden die Ergebnisse der einzelnen Diagramme nur zusammenfassend kommentiert.

Auswertung der Projektgruppe 2:
Die Auswertung der Kriterien Gesamtbaukosten, Bauzeit, Baufläche, Umbauter Raum, Manntage, Unternehmenszahl zeigen das gleiche Bild wie bei der Projektgruppe 1. Das Diagramm 10 zeigt hier ein neues und logisches Ergebnis, je größer der Aufgaben-Umfang des Koordinators ist, desto niedriger ist der Vergütungsprozentsatz, die Vergütung für die Prozentpunkte der Teilaufgaben von 38 bis 155 (siehe 3.2.6) bewegt sich von 0,78 % zu 0,23 %. Das Diagramm 11 zeigt hier auch ein neues und logisches Ergebnis: bei Projekten, deren Schwierigkeitsgrade größer sind, bekommt der Koordinator eine höhere Vergütung. Hier erscheint aber der Anstieg der Vergütungsprozente zu groß, da sich die Trendlinie der Vergütung in Abhängigkeit vom Schwierigkeitsgrad (11 bis 16 Punkte) von 0,16 % auf 1,20 % der Baukosten bewegt.

Teilleistungen des Koordinators
Die Relation der Vergütung (prozentual zu den Baukosten) zur Aufgabe stellt Diagramm 10 dar.

Schwierigkeitsgrad
Die Relation der Vergütung (prozentual zu den Baukosten) zum Schwierigkeitsgrad stellt Diagramm 11 dar.

Diagramm 10:
Die Relation der Vergütung (prozentual zu den Baukosten) zur Aufgabe

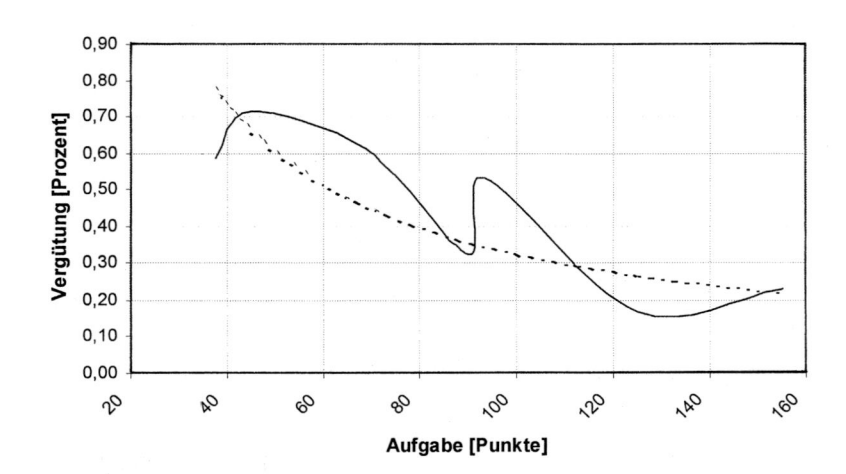

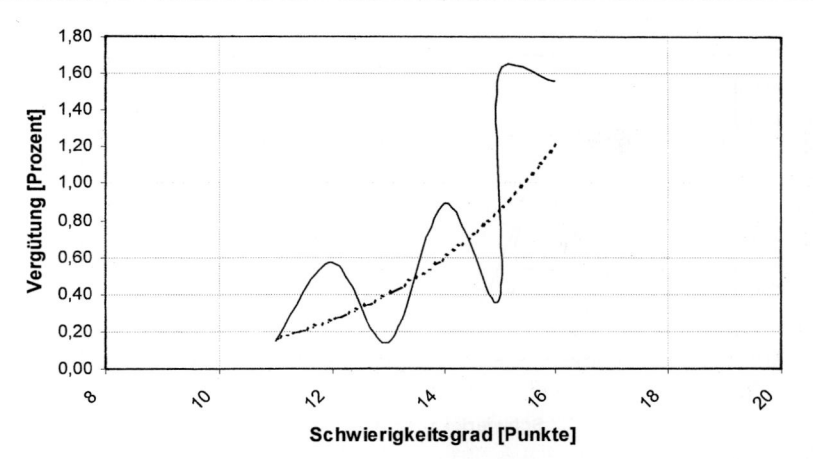

3 Ergebnisse einer Marktuntersuchung zur Vergütungssituation   547

Diagramm 11:

Die Relation der Vergütung (prozentual zu den Baukosten) zum Schwierigkeitsgrad

Die Auswertung von Projekten weiterer 3 Koordinatoren ergibt das gleiche Bild wie vorher dargestellt. Lediglich zwei Abweichungen werden in den nachfolgenden Diagrammen 12 und 13 veranschaulicht.

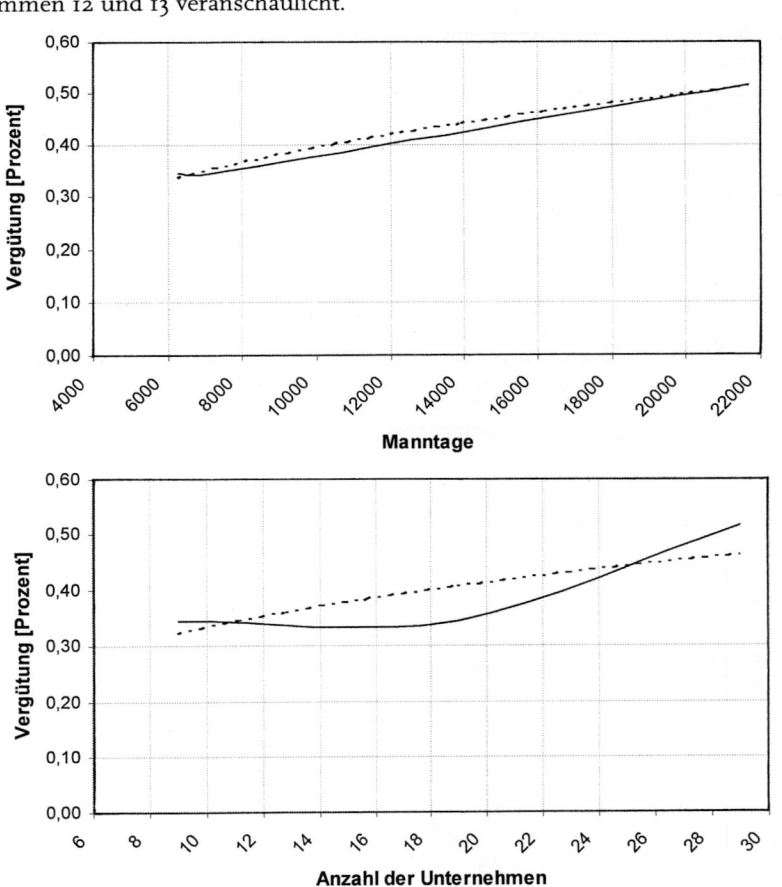

Diagramm 12:

Die Relation der Vergütung (prozentual zu den Baukosten) zu Manntagen

Diagramm 13:

Die Relation der Vergütung (prozentual zu den Baukosten) zur Anzahl der Unternehmen

Diagramm 14:

Die Relation der Vergütung (prozentual zu den Baukosten) zum Schwierigkeitsgrad

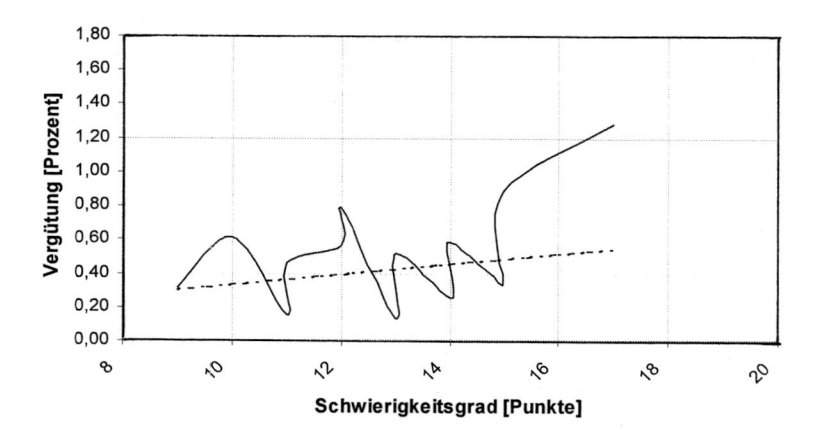

Diagramm 15:

Die prozentuale Vergütung in Abhängigkeit von den Baukosten

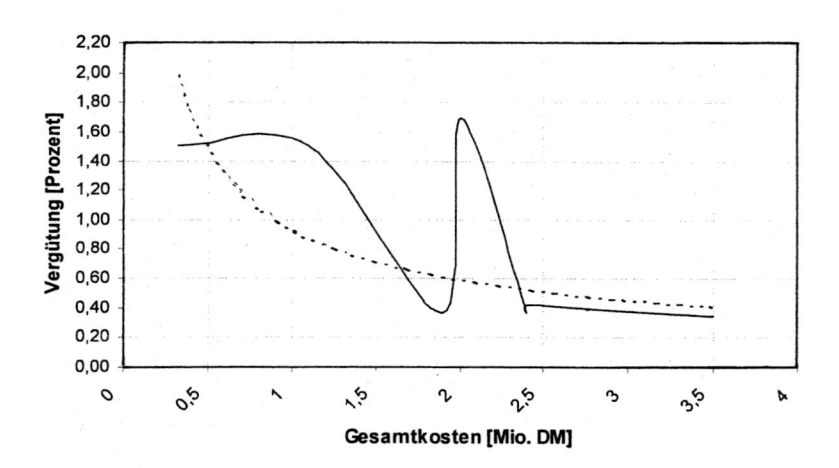

Diagragmm 16:

Die Relation der Vergütung (prozentual zu den Baukosten) zur Bauzeit

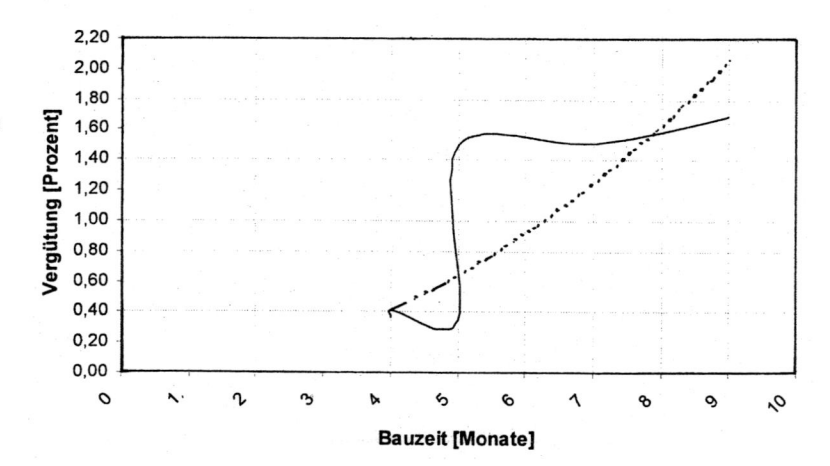

Bei den Vergleichen der Diagramme 12 und 13 deckt sich der Verlauf der Trendlinie mit den logischen Überlegungen.

3.3.3
Projektgruppe 3

Für die Projektgruppe 3 wurden alle Projekte ausgewählt, die die Bauaufgabe „Neubau" darstellen.

Auswertung der Projektgruppe 3:
Analog zur der Projektgruppe 1 gilt auch hier, dass außer beim Schwierigkeitsgrad (Diagramm 14) kein Schema der Honorarkalkulation deutlich erkennbar ist.

Schwierigkeitsgrad
Erstmalig in dieser Gruppe entspricht der Verlauf der Trendlinie des Schwierigkeitsgrads qualitativ und quantitativ den logischen Überlegungen!
Die Relation der Vergütung (prozentual zu den Baukosten) zum Schwierigkeitsgrad gibt Diagramm 14 wieder.

3.3.4
Projektgruppe 4

Für die Projektgruppe 4 wurden diejenigen Projekte ausgewählt, die die Bauaufgabe „Umbau" aufweisen.

Gesamtbaukosten
Die Trendlinie zeigt auch hier dasselbe Prinzip wie bei den vorherigen Gruppen, die Baukosten der Projekte bewegen sich zwischen 0,32 Mio. DM bis 3,50 Mio. DM, die Vergütungssätze wurden mit 1,98 % bis 0,42 % berechnet. Die Vergütungssätze der Umbauprojekte sind ziemlich hoch im Vergleich zu Neubauprojekten, das ist nachvollziehbar, da Bauzeit und Schwierigkeitsgrad im Vergleich zu den Baukosten des Projektes höher sind.
Die prozentuale Vergütung in Abhängigkeit von den Baukosten zeigt Diagramm 15.

Bauzeit
Das Diagramm 16 zeigt, dass Bauzeit und Baukosten meistens nicht direkt miteinander verbunden sind. Gerade bei Umbauten kommt dieses häufig vor.

Baufläche
Die Baufläche ist mit den Baukosten verbunden, die Trendlinie hat hier einen ähnlichen Verlauf. Im Diagramm 17 wird die Relation der Vergütung (prozentual zu den Baukosten) zur Baufläche dargestellt.

Diagramm 17:

Die Relation der Vergütung (prozentual zu den Baukosten) zur Baufläche

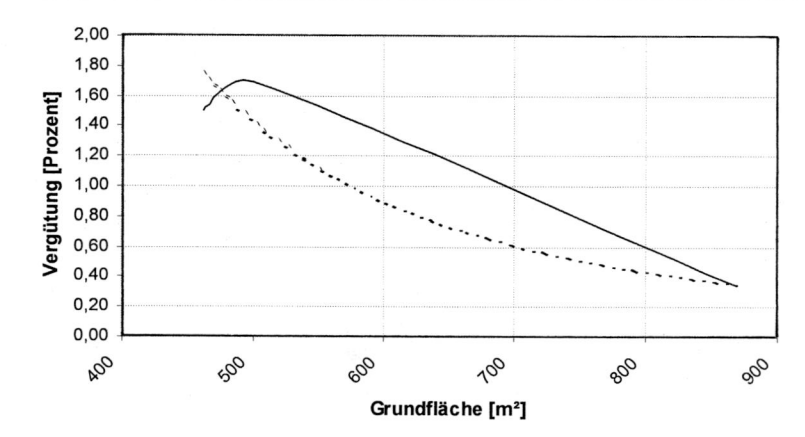

Diagramm 18:

Die Relation der Vergütung (prozentual zu den Baukosten) zum Bauvolumen

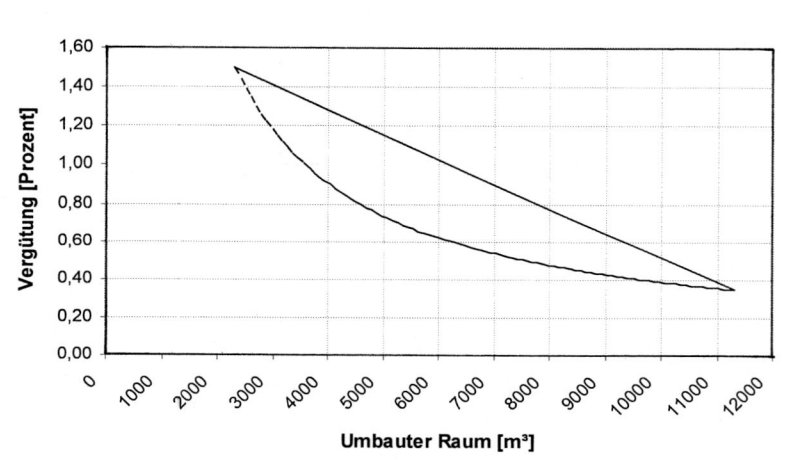

Diagragmm 19:

Die Relation der Vergütung (prozentual zu den Baukosten) zu Manntagen

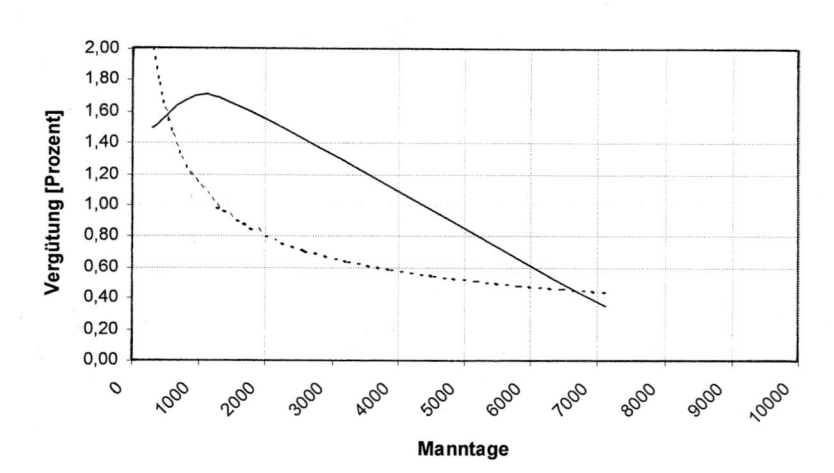

Umbauter Raum

Der umbaute Raum steht ebenfalls in Relation zu den Baukosten, daher hat die Trendlinie auch hier einen ähnlichen Verlauf.

Diagramm 18:
Die Relation der Vergütung (prozentual zu den Baukosten) zum Bauvolumen

Manntage

Siehe Erläuterung zum Diagramm Nr. 8 Gruppe 1
Diagramm 19:
Die Relation der Vergütung (prozentual zu den Baukosten) zu Manntagen

Unternehmenszahl

Die Trendlinie der Unternehmenszahl verläuft anders als die Trendlinie der Manntage, da die Anzahl der Manntage und der Unternehmen sich nicht unbedingt proportional entwickeln. Der Verlauf der Trendlinie steigt entsprechend den logischen Überlegungen an. Das Diagramm 20 selber zeigt aber, dass die Überlegungen zum Honorar nicht eindeutig sind.

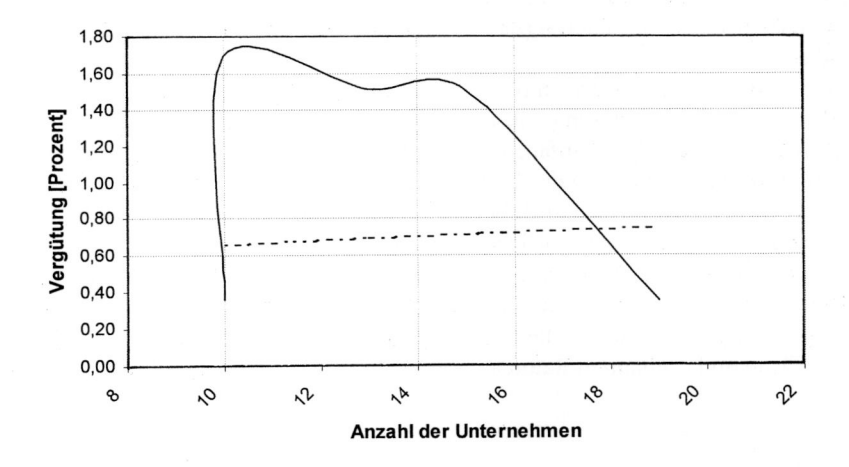

Diagramm 20:

Die Relation der Vergütung (prozentual zu den Baukosten) zur Anzahl der Unternehmen

Auswertung der Projektgruppe 4

Analog zu den Projektgruppen 1 und 3 gilt auch hier, dass kein Schema der Honorarkalkulation deutlich erkennbar ist.

Besondere Merkmale bei der Projektgruppe 4 sind:
– Niedrige Baukosten mit relativ hohem Vergütungsprozentsatz (Diagramm 15)
– Baukosten geben keinen Hinweis auf die Bauzeit (Diagramm 16)
– Einfluss von Baufläche und umbautem Raum auf die Vergütung ist höher als bei Neubauten (Diagramm 17, 18)
– Die Kriterien Manntage und Unternehmenszahl sind unproportional zueinander (Diagramm 19, 20)

3.4
Ergebnisse der Marktuntersuchung

Die Auswertung der Umfrage hat im Hinblick auf die derzeit am Markt erzielten Honorare folgende Situation ergeben:

- Je höher die Baukosten sind, desto niedriger wird die prozentuale Vergütung. Die Kalkulationen sollten jedoch nicht auf der Grundlage der Baukosten, sondern auf den wesentlichen Faktoren, die Tätigkeit und Zeitaufwand beeinflussen, basieren.
- Die Faktoren Schwierigkeitsgrad, Manntage und Unternehmenszahl werden nicht berücksichtigt. Da die Kalkulationen auf den Baukosten basieren, sind teilweise Vergütungen für Projekte mit höherem Schwierigkeitsgrad, größerer Zahl Manntage und/oder Unternehmen niedriger als die Vergütungen bei Projekten mit niedrigem Schwierigkeitsgrad, kleinerer Manntage- und/oder Unternehmenszahl.
- Die Baukosten sind ein Ergebnis von Baufläche und Bauvolumen, die Relation zwischen Baukosten und Baufläche bzw. Bauvolumen ist aber nicht proportional, da zusätzlich andere Faktoren (Baumaterial und Löhne) Einfluss auf die Kosten haben.
- Bauzeit und Baukosten haben nicht immer den selben Verlauf, da die Bauzeit auch von anderen Faktoren (z. B. Bauart und Bauweise) beeinflusst wird.
- Je größer der Aufgaben-Umfang des Koordinators ist, desto niedriger ist der Vergütungsprozentsatz, da der Einarbeitungsfaktor einen geringeren Einfluss hat. Dieser Aspekt wird deutlich bei der Projektgruppe 2, welche die von einem Koordinator bearbeiteten Projekte umfasst.
- Ein weiterer Aspekt ist die Bauaufgabe und ihr Einfluss auf den Zeitaufwand. Die Umbauprojekte zeichnen sich durch niedrige Baukosten mit relativ hohem Vergütungsprozentsatz aus. Bei Umbaumaßnahmen ist der Einfluss von Baufläche und umbautem Raum auf die Vergütung höher als bei Neubauten.

4
Ausblick

Der Koordinator soll eine angemessene Vergütung bekommen, die seinen Aufwand komplett abdeckt. Für eine genaue und angemessene Kalkulation der Vergütung der Tätigkeit nach der Baustellenverordnung müssten die folgenden Aspekte berücksichtigt werden:

Baukosten

Es ist allgemein üblich, die Vergütung als Prozentsatz der Gesamtbaukosten zu ermitteln, was jedoch meistens nicht die richtige Lösung darstellt. Die Baukosten

sind ein Resultat aus anderen Faktoren, daher sollten statt des Resultates gleich die ursächlichen Faktoren betrachtet werden, die die Vergütung beeinflussen.
Die Baukosten als Betrag sollten nicht in die Kalkulation einfließen.

Bauzeit
Hier geht es nicht um die absolute Länge der Bauzeit. Vielmehr kann die Dauer einer Bauausführung durch Bauart, Bauweise und Bauverfahren variieren und so Koordinationsprobleme hervorrufen und den Zeitaufwand des Koordinators bestimmen. Auch Verzögerungen des planmäßigen Bauablaufes wirken sich auf die Arbeit des Koordinators aus, was in der Vergütung berücksichtigt werden muss.
Die Bauzeit sollte bei der Vergütungskalkulation berücksichtigt werden.

Baugestaltung
Die Baugestaltung (Architektur) beeinflusst die Bauzeit sowie den Schwierigkeitsgrad. Je komplizierter eine bauliche Anlage ist, desto mehr Bauzeit wird benötigt. Bei Ausbauarbeiten spielen die Raumgrößen eine Rolle, was sich wiederum auf den Aufwand des Koordinators auswirkt. Laut Unfallstatistiken steigt die Unfallquote in engen Räumen an. [4]
Die Baugestaltung des Bauwerks sollte bei der Vergütungskalkulationen berücksichtigt werden.

Bauvolumen, Baufläche
Beide Faktoren haben auf jeden Fall einen Einfluss auf den Aufwand der Koordination auf der Baustelle, da mit der Größe der Baustelle die Anzahl der Bauarbeiter ansteigt.
Da beide Faktoren nicht proportional zueinander sind, müssen sie separat berücksichtigt werden.

Bauart (Material)
Der Umgang mit unterschiedlichen Baumaterialien birgt für die Mitarbeiter unterschiedliche Gefährdungsgrade. Außerdem erhöht der Einsatz von Maschinen die Unfallgefahr sowie den Schwierigkeitsgrad der Tätigkeit und führt zu höherem Aufwand des Koordinators.
Die Bauart beeinflusst den Zeitaufwand des Koordinators.

Bauweise
Nicht alle Bauweisen haben den selben Einfluss auf den Aufwand des Koordinators. Durch das Bauen mit Fertigbauteilen werden Zeitaufwand und Schwierigkeitsgrad der Tätigkeit des Koordinators erhöht.
Die Bauweise beeinflusst den Zeitaufwand des Koordinators.

Bauaufgabe
Hier sollte unterschieden werden, ob es sich um Neubau, Umbau oder Abbrucharbeiten handelt, da jede Bauaufgabe mit anderen Abläufen und Arbeitsbedingungen

bzw. Gefährdungen verbunden ist. Außerdem spielt die Bausparte (Hoch- oder Tiefbau) eine Rolle.
Die Bauaufgabe beeinflusst den Zeitaufwand des Koordinators.

Bauverfahren
Die rasante Entwicklung der Technologie ist ebenfalls eine mögliche Unfallursache, da der Mensch Zeit benötigt sich mit neuen Technologien vertraut zu machen. Das Bauverfahren hat Einfluss auf die Bauzeit, da durch die Zeitersparnis gleichzeitig die Gefährdungen ansteigen.
Das Bauverfahren beeinflusst den Zeitaufwand des Koordinators.

Manntage, Unternehmenszahl
Jede Baustelle benötigt eine bestimmte Zahl Manntage und eine bestimmte Zahl beteiligter Unternehmen. Je mehr Manntage und/oder je größer die Unternehmenszahl auf einer Baustelle sind desto schwieriger ist es die Arbeiten zu koordinieren.
Die Manntage und Unternehmenszahl beeinflussen den Zeitaufwand des Koordinators.

Lage der Baustelle
Bei manchen Bauvorhaben gibt es Einflüsse von außen, z. B. durch die Verkehrssituation oder die Nachbarschaft, die zu unterschiedlichen Gefährdungen führen.
Gefährdungen, die aus der Umgebung auf eine Baustelle einwirken, beeinflussen den Zeitaufwand des Koordinators.

Besonders gefährliche Arbeiten
Besonders gefährliche Arbeiten, die auf den Schwierigkeitsgrad Einfluss haben, sind z. B. explosionsgefährliche, hochentzündliche, krebserzeugende Tätigkeiten (BaustellV Anhang II Abs. 2).
Solche Besonderheiten beeinflussen den Zeitaufwand des Koordinators.

Gefahrklasse des Bauwerkes
Durch die Gewerke, die in einem Bauwerk vertreten sind, gibt es nach den Unfallstatistiken große Unterschiede in den Gefahrklassen [4].
Gefahrklassen des Bauwerkes beeinflussen den Zeitaufwand des Koordinators.

Begriffserläuterung
Bauart (Baumaterial), kennzeichnet die Art, in der Baustoffe und Bauteile zusammengefügt werden, z. B. Betonbauart, Holzbauart usw.
Bauweise, charakterisiert des Konstruktionsprinzip eines Bauwerkes, z. B. Fertigbauteile, Tafelbauweise, Skelettbauweise usw.
Bauaufgabe, kennzeichnet die Aufgabe der Arbeit, z. B. Neubau, Umbau, Abbrucharbeit usw.
Bauverfahren, ist die Technologie, die zur Erstellung einzelner Teile eines Bauwerkes oder des Gesamtbauwerkes angewendet wird.
Baugestaltung, bezieht sich auf Kriterien der Architektur, besondere Gebäudeformen bzw. Raumgrößen

Literatur

[1] Architektenkammer Nordrhein-Westfalen (2000), http://www.ahnw.de/service/honoraravorschlag.htm.
[2] Bau-Atelier-Vereinigung der Koordinatoren für Sicherheit und Gesundheitsschutz BVKSG e.V., Leipzig, Der Koordinator
[3] Bundesministerium für Arbeit und Sozialordnung, Verordnung über Sicherheit und Gesundheitsschutz auf Baustellen, April 1999.
[4] Gad, M.; Helmus, M., Effiziente Sicherheits- und Gesundheitsschutzkoordination und Honorargestaltung durch Analyse der Unfallstatistiken, Bauwirtschaft Februar 2001 Nr. 2.
[5] Gemerith, H.; Maydl, P.; Sternad, B., Sicherheit von Fassadenverankerungen, Kurzberichte aus der Bauforschung 41(2000) S. 507
[6] Kollmer, N., Baustellenverordnung, Verlag C. H. Beck München 2000
[7] Tepasse, R., Handbuch Sicherheits- und Gesundheitsschutzkoordination auf Baustellen, Erich Schmitt Verlag Berlin 1999
[8] Paul, W., Honorierung des SiGeKo, http://www.uni-stuttgart.de/ibl/veroeffentlichungen/honorierung_sigeko
[9] V.S.G.K., Fortbildungsseminar „Sicherheits- und Gesundheitsschutzkoordinator" nach Baustellenverordnung

VI
Aktuelle Honorarvorschläge

H.1
Honorarvorschlag der Architektenkammer Nordrhein-Westfalen für die Honorierung der Tätigkeit als Sicherheits- und Gesundheitsschutz-Koordinator

Dipl.-Ing. Herbert Lintz

Überarbeiteter und ergänzter Auszug aus dem Praxishinweis der Architektenkammer Nordrhein-Westfalen zur Baustellenverordnung
Stand Juni 2001

Architektenkammer
Nordrhein-Westfalen
Inselstraße 27
40479 Düsseldorf

Inhalt

1 Einleitung 561

2 Honorarvorschlag 562

3 Leistungsbild 563

4 **Honorarvorschlag der AK NW für die Tätigkeit als Sicherheits- und Gesundheitsschutzkoordinator nach der Baustellenverordnung (DM)** 567

5 **Honorarvorschlag der AK NW für die Tätigkeit als Sicherheits- und Gesundheitsschutzkoordinator nach der Baustellenverordnung (€)** 569

1
Einleitung

Seit dem 01.07.1998 ist die Verordnung über Sicherheits- und Gesundheitsschutz auf Baustellen (Baustellenverordnung) in Kraft. Sie stellt die Umsetzung der europäischen Baustellensicherheitsrichtlinie in deutsches Recht dar.

Die Verordnung verpflichtet den Bauherrn als den Veranlasser eines Bauvorhabens, die Grundsätze des Arbeits- und Gesundheitsschutzes zu beachten und zu koordinieren. Dieser kann jedoch – und davon wird regelmäßig Gebrauch gemacht – die Wahrnehmung dieser Verpflichtungen an einen Dritten übertragen. Dies hat erhebliche Auswirkungen auf die Tätigkeit des Architekten, entweder weil er die erforderlichen zusätzlichen Leistungen selber übernimmt oder weil ein externes Büro Einfluss auf die sicherheitstechnischen Aspekte der Planung und Bauüberwachung ausüben wird. *Übertragung der Bauherrenpflichten auf den Architekten*

Die Baustellenverordnung lässt viele Fragen der bauwirtschaftlichen Praxis unbeantwortet, so auch, wie die Tätigkeit des Sicherheits- und Gesundheitsschutz-Koordinators (SiGeKo) zu honorieren ist. Häufig wird berichtet, dass Architekten zwar von ihren Bauherren aufgefordert wurden, die Leistungen zu übernehmen, dass die Bauherren aber nicht bereit waren, die Tätigkeit angemessen zu vergüten. Ferner besteht bei allen Beteiligten das Bedürfnis, für die Abschätzung des erforderlichen Aufwands der Tätigkeit Anhaltswerte verfügbar zu haben.

Wird die Aufgabe des Sicherheits- und Gesundheitsschutzkoordinator von einem Architekten bzw. einer Architektin übernommen, ist diese Leistung nicht in den Grundleistungen der HOAI enthalten. Da nicht zu erwarten ist, dass der Gesetzgeber eine Regelung zur Honorierung herbeiführen wird, hat die Architektenkammer Nordrhein-Westfalen (AK NW) bereits sehr früh einen unverbindlichen Honorarvorschlag erarbeitet, der als Anhalt dienen kann, in Abhängigkeit von den anrechenbaren Kosten mit dem Bauherren ein Honorar zu vereinbaren. Dieser 1999 veröffentlichte Honorarvorschlag konnte 2000 bei einer ersten Überarbeitung Erfahrungsberichte aufgreifen, die von der AK NW ausgewertet worden sind. *SiGeKo Leistungen sind keine Grundleistungen der HOAI*

Dem Honorarvorschlägen lag bislang ein Leistungsbild zu Grunde, das sich in seinen Formulierungen sehr eng an den Wortlaut von § 3 Abs. 2 und Abs. 3 der Baustellenverordnung anlehnte. Dieses Leistungsbild konnte zwischenzeitlich konkreter gefasst werden.

Der in diesem Buch veröffentlichte Honorarvorschlag datiert aus Juni 2001 und bezieht das neu formulierte Leistungsbild der AK NW zur Baustellenverordnung ein. Bei der Überarbeitung wurde die Honorarempfehlung der AK NW nunmehr auch in Euro dargestellt. Die Tafelwerte sind gegenüber der Fassung aus 2000 unverändert geblieben. Die Regelungen zu den anrechenbaren Kosten wurden den praktischen Erfordernissen angepasst.

2
Honorarvorschlag

Zuschlag für erhöhte Schwierigkeit

Der Honorarvorschlag wurde für durchschnittliche Neubaumaßnahmen im Hochbau mit mittlerem Schwierigkeitsgrad entwickelt. Für einen höheren Schwierigkeitsgrad kann ein Zuschlag von bis zu 30 % vereinbart werden. Der Schwierigkeitsgrad kann sich dabei sowohl aus der Komplexität der Projektorganisation, den Projektinhalten oder dem Gefährdungspotenzial des Projektes ergeben, ebenso aus der beabsichtigten Bauzeit oder aus Besonderheiten der Bauaufgabe, wie sie sich z. B. bei Baubestandsmaßnahmen ergeben.

Anrechenbar sind die Kosten (ohne Umsatzsteuer) von Leistungen, für die der Sicherheits- und Gesundheitsschutz zu koordinieren ist. Bei üblichen Hochbaumaßnahmen sind dies in der Regel in vollem Umfang die Kosten der Kostengruppen 300, 400 und 500 sowie anteilige Kosten der Kostengruppe 200 und 600, soweit sie zu koordinieren sind. (Anrechenbare Kosten: DIN 276: 1993-6 „Kosten im Hochbau").

Kostenstand vertraglich vereinbaren

Es sollte vertraglich vereinbart werden, welcher Kostenstand der Abrechnung zu Grunde zu legen ist. Um dem Bauherren frühzeitig Kostensicherheit zu geben empfiehlt die AK NW, auf die Ergebnisse der Kostenberechnung aus der Entwurfsplanung zurückzugreifen und diesen Kostenstand als Vertragsgrundlage zu vereinbaren.

In den angegebenen Werten ist die Umsatzsteuer nicht enthalten. Ebenso ist die Erstattung von Nebenkosten im Sinne von § 7 der HOAI in der Tafel nicht enthalten und muss zusätzlich vereinbart werden.

Architekten als SiGeKo

Aus dem Honorarvorschlag ist abzulesen, dass es für den Bauherrn am günstigsten ist, den mit der Planung und Überwachung beauftragten Architekten auch mit der Aufgabe des Sicherheits- und Gesundheitsschutz-Koordinators zu betrauen. Der Honorarvorschlag berücksichtigt, dass die Tätigkeit als SiGe-Koordinator bei einer kombinierten Beauftragung im Zusammenhang mit der Planung und der Objektüberwachung im Vergleich zu einer getrennten Beauftragung wesentlich günstiger übernommen werden kann, z. B. weil die Einarbeitung in das Projekt entfällt oder Abstimmungen mit den anderen am Bau Beteiligten bereits organisiert sind. Dies trifft insbesondere auf die Tätigkeit in der Ausführungsphase zu, weil hier ein Externer einen wesentlich größeren Aufwand hat als ein ohnehin in der Objektüberwachung tätiger Architekt.

Die AK NW spricht sich dafür aus, die Aufgabe eines Sicherheits- und Gesundheitsschutz-Koordinators in der Regel dem Architekten zu übertragen und empfiehlt ihren Mitgliedern, diese Aufgaben bei ihren Baumaßnahmen auch zu übernehmen.

3 Leistungsbild

Die Leistungen, die der Koordinator zu erbringen hat, sind in § 3 Abs. 2 und Abs. 3 der Baustellenverordnung beschrieben. Die Architektenkammer Nordrhein-Westfalen hat aus den allgemeinen Anforderungen ein Leistungsbild entwickelt, das dem Honorarvorschlag zu Grunde liegt. Es unterscheidet Leistungen, die im Honorarvorschlag der AK NW berücksichtigt sind und Einflüsse und Anforderungen, die bei der Honorarermittlung im Einzelfall zu beachten sind. *Zwingend erforderliche Leistungen*

Die Darstellung der dem Honorarvorschlag zugeordneten Leistungen konzentriert sich auf die nach der Baustellenverordnung zwingend erforderlichen Tätigkeiten. Dies sind bei der Planung der Ausführung des Bauvorhabens nach § 3 Abs. 2 die Vorankündigung, das Einbinden von Sicherheits- und Gesundheitsschutz, der Sicherheits- und Gesundheitsschutzplan sowie das Erstellen der Unterlage für spätere Arbeiten. In der Ausführungsphase des Bauvorhabens gemäß § 3 Abs. 3 der Baustellenverordnung betrifft dies die Vorankündigung, das Einbinden von Sicherheits- und Gesundheitsschutz sowie die Fortschreibung des Sicherheits- und Gesundheitsschutzplans.

Häufig werden Architekten, die als SiGeKo tätig sind, von ihren Bauherren aber auch mit Leistungen beauftragt, die über die zwingenden Erfordernisse der Baustellenverordnung hinausgehen, so z. B. die zeichnerische Darstellung von Schutzeinrichtungen, die Mitwirkung bei der Ausschreibung und der Vergabe, das Erstellen einer Baustellenordnung oder die regelmäßige Teilnahme an Baubesprechungen. Solche Leistungen sind im Honorarvorschlag der AK NW nicht enthalten. Dies gilt auch für gesondert zu bewertende Einflüsse, die sich aus dem Gefährdungsgrad oder anderen Faktoren des Projekts ergeben. Nicht nur vergütungs- sondern auch haftungsrelevant ist es, ob die Weisungsbefugnis des Bauherren auf den SiGeKo übertragen wird. Für die Aufgabenerfüllung des Koordinators ist die Weisungsbefugnis nicht erforderlich. *Weitere Leistungen und Einflüsse*

Leistungen, die der Koordinator für Sicherheits- und Gesundheitsschutz (SiGeKo) nach der Baustellenverordnung (BaustellV vom 10. 06. 1998) zu erbringen hat:

Leistungen gemäß Honorarvorschlag der AK NW	Einflüsse und Anforderungen, die bei der Honorarermittlung im Einzelfall zu berücksichtigen sind. (beispielhafte, nicht abschließende Aufzählung)
Bei der Planung der Ausführung des Bauvorhabens nach § 3 Nr. 2 BaustellV	
Vorankündigung Erstellen und Übermitteln an die zuständige Behörde Anpassen bei erheblicher Änderung	
Einbinden von Sicherheits- und Gesundheitsschutz Analysieren der architektonischen, technischen und organisatorischen Planung auf Sicherheits- und Gesundheitsschutzrisiken:	Die Analyse erfolgt anhand der Ausführungsplanung und vor Erstellung der Ausschreibungen
• Beurteilen und Bewerten von Einflüssen aus dem Baugrundstück, aus der Nachbarschaft und der Wechselwirkungen zwischen Arbeiten auf der Baustelle und anderen betrieblichen Tätigkeiten.	Verkehrstechnisch exponierte Lage des Baugrundstücks, besondere Gefährdungen aus der Nachbarschaft, der Erschließung, durch Altlasten, Kampfmittelverdacht. Besondere Einflüsse aus dem Bau- oder Nutzungsprogramm.
• Prüfen der Ausführungsplanung und der Ablauf-/Terminplanung aus der Sicht von Sicherheits- und Gesundheitsschutz und ggf. Hinwirken auf Anpassungen	Terminzwänge für die Fertigstellung des Bauvorhabens
Beraten von Auftraggeber und Planungsbeteiligten auf Grundlage der Analyse	Ausarbeiten von Varianten zu Sicherheits- und Gesundheitsschutzmaßnahmen Beraten zur Wirtschaftlichkeit von Schutzmaßnahmen Zeichnerisches Darstellen von Schutzeinrichtungen
Koordinieren der Maßnahmen der Planungsbeteiligten in Hinblick auf Sicherheits- und Gesundheitsschutz unter Berücksichtigung der allgemeinen Grundsätze nach § 4 ArbSchG, insbesondere • bei der Einteilung der Arbeiten, die gleichzeitig oder nacheinander durchgeführt werden und • bei der Bemessung der Ausführungszeiten für diese Arbeiten.	Die Terminplanung als Grundlage für den SiGe-Plan ist vom Auftraggeber rechtzeitig in der Planungsphase zu liefern.

Leistungen, die der Koordinator für Sicherheits- und Gesundheitsschutz (SiGeKo) nach der Baustellenverordnung (BaustellV vom 10. 06. 1998) zu erbringen hat:

Leistungen gemäß Honorarvorschlag der AK NW	Einflüsse und Anforderungen, die bei der Honorarermittlung im Einzelfall zu berücksichtigen sind. (beispielhafte, nicht abschließende Aufzählung)
Bei der Planung der Ausführung des Bauvorhabens nach § 3 Nr. 2 BaustellV	
Hinwirken auf das Berücksichtigen der Sicherheits- und Gesundheitsschutzmaßnahmen in Ausschreibungs- und Vergabeunterlagen,	Mitwirken bei der Ausschreibung und Vergabe ist nicht vorgesehen
Baustelleneinrichtungsplan,	Der Baustelleneinrichtungsplan ist vom Auftraggeber rechtzeitig in der Planungsphase zu liefern
Baustellenordnung,	Erstellen einer Baustellenordnung für Sicherheits- und Gesundheitsschutz
	Einweisen des Koordinators für die Ausführungsphase (nur erforderlich, wenn für die Ausführungsphase ein gesonderter SiGeKo tätig werden soll)
Sicherheits- und Gesundheitsschutzplan	
Erstellen des Sicherheits- und Gesundheitsschutzplans (SiGe-Plan)	
Hinwirken auf die Aufnahme des SiGePlans in die Ausschreibungs- und Vertragsunterlagen	Darstellen in einer Fremdsprache Überarbeiten des SiGe-Plans bei Planungsänderungen
Bekanntmachen des SiGePlans beim Auftraggeber und den Planungsbeteiligten	
Unterlage für spätere Arbeiten	
Analysieren der architektonischen und technischen Planung auf Sicherheits- und Gesundheitsschutzrisiken für spätere Arbeiten an der baulichen Anlage	Beraten bei der Planung bleibender sicherheitstechnischer Einrichtungen für die spätere Wartung und Instandsetzung
Zusammenstellen der Unterlage mit den erforderlichen, bei möglichen späteren Arbeiten an der baulichen Anlage zu berücksichtigenden Angaben zu Sicherheits- und Gesundheitsschutz	Überarbeiten der Unterlage bei Planungsänderungen
	Dokumentieren von Wartungshinweisen und Betriebsanleitungen unter Sicherheits- und Gesundheitsschutzaspekten

**Leistungen, die der Koordinator für Sicherheits- und Gesundheitsschutz (SiGeKo)
nach der Baustellenverordnung (BaustellV vom 10. 06. 1998) zu erbringen hat:**

Leistungen gemäß Honorarvorschlag der AK NW	Einflüsse und Anforderungen, die bei der Honorarermittlung im Einzelfall zu berücksichtigen sind. *(beispielhafte, nicht abschließende Aufzählung)*
In der Ausführungsphase des Bauvorhabens gemäß § 3 Nr. 3 BaustellV	
Vorankündigung Aushängen der Vorankündigung an der Baustelle Fortschreiben und Anpassen der Vorankündigung bei erheblichen Änderungen	
Einbinden von Sicherheits- und Gesundheitsschutz Koordinieren der Zusammenarbeit der bauausführenden Unternehmen hinsichtlich Sicherheits- und Gesundheitsschutz im Bauablauf unter Anwendung der allgemeinen Grundsätze nach § 4 ArbSchG	
Achten auf Einhaltung von Sicherheits- und Gesundheitsschutzmaßnahmen bei der Zusammenarbeit der bauausführenden Unternehmen	Die Weisungsbefugnis auf der Baustelle obliegt nach der Baustellenverordnung dem Auftraggeber. Sie ist für die Aufgabenerfüllung des SiGeKo nicht erforderlich
Hinwirken, dass Arbeitgeber und Unternehmer ohne Beschäftigte ihre Pflichten nach der BaustellV erfüllen	
Sicherstellen der Informationen über sicherheitsrelevante Änderungen	Das regelmäßige Teilnehmen an Baubesprechungen ist hierfür nicht Voraussetzung
Organisieren, Durchführen und Dokumentieren von Baustellensicherheitsbegehungen	Dokumentieren mit besonderen Anforderungen (Fotodokumentation, Ablaufdokumentation) unter Sicherheits- und Gesundheitsschutzaspekten
Hinwirken auf die Einhaltung der Baustellenordnung und des Baustelleneinrichtungsplans	Mehraufwendungen aus Bauzeitenverlängerung
Sicherheits- und Gesundheitsschutzplan Fortschreiben und Anpassen des SiGe-Plans bei Änderungen	Überarbeiten des SiGe-Plans nach § 3 Abs. 3 Nr. 3 BaustellV ist hiervon nicht erfasst
Bekanntmachen des SiGe-Plans und Einführen der Baubeteiligten in den SiGe-Plan	
Hinwirken auf Berücksichtigung des SiGe-Plans.	

Honorarvorschlag der AK NW für die Tätigkeit als Sicherheits- und Gesundheitsschutzkoordinator nach der Baustellenverordnung (DM)

Tabelle 1: Honorar SiGeKo AK NW (DM)

Anrechenbare Kosten in DM		kombinierte Beauftragung	getrennte Beauftragung
500.000	Planungsphase	2.250	2.810
	Ausführungsphase	2.380	3.440
	Summe	4.630	6.250
600.000	Planungsphase	2.610	3.270
	Ausführungsphase	2.760	3.990
	Summe	5.370	7.260
700.000	Planungsphase	2.900	3.620
	Ausführungsphase	3.060	4.430
	Summe	5.960	8.050
800.000	Planungsphase	3.170	3.960
	Ausführungsphase	3.340	4.840
	Summe	6.510	8.800
900.000	Planungsphase	3.370	4.210
	Ausführungsphase	3.560	5.150
	Summe	6.930	9.360
1.000.000	Planungsphase	3.560	4.450
	Ausführungsphase	3.700	5.350
	Summe	7.260	9.800
2.000.000	Planungsphase	4.480	5.600
	Ausführungsphase	5.880	8.400
	Summe	10.360	14.000
3.000.000	Planungsphase	5.380	6.720
	Ausführungsphase	7.060	10.080
	Summe	12.440	16.800
4.000.000	Planungsphase	6.400	8.000
	Ausführungsphase	8.400	12.000
	Summe	14.800	20.000
5.000.000	Planungsphase	6.640	8.300
	Ausführungsphase	10.010	14.210
	Summe	16.650	22.510
6.000.000	Planungsphase	6.890	8.610
	Ausführungsphase	11.320	15.990
	Summe	18.210	24.600
7.000.000	Planungsphase	7.450	9.310
	Ausführungsphase	12.240	17.290
	Summe	19.690	26.600
8.000.000	Planungsphase	8.060	10.080
	Ausführungsphase	13.250	18.720
	Summe	21.310	28.800

Honorarvorschlag der AK NW für die Tätigkeit als Sicherheits- und Gesundheitsschutz-koordinator nach der Baustellenverordnung (DM)

Fortsetzung Tabelle 1:

Honorar SiGeKo AK NW (DM)

Anrechenbare Kosten in DM		kombinierte Beauftragung	getrennte Beauftragung
9.000.000	Planungsphase	8.570	10.710
	Ausführungsphase	14.080	19.890
	Summe	22.650	30.600
10.000.000	Planungsphase	8.960	11.200
	Ausführungsphase	14.720	20.800
	Summe	23.680	32.000
20.000.000	Planungsphase	12.000	15.000
	Ausführungsphase	25.000	35.000
	Summe	37.000	50.000
30.000.000	Planungsphase	16.560	20.700
	Ausführungsphase	34.500	48.300
	Summe	51.060	69.000
40.000.000	Planungsphase	20.160	25.200
	Ausführungsphase	42.000	58.800
	Summe	62.160	84.000
50.000.000	Planungsphase	24.000	30.000
	Ausführungsphase	50.000	70.000
	Summe	74.000	100.000

Anmerkungen:

Die Tabelle stellt einen unverbindlichen Honorarvorschlag dar. Es handelt sich um die zweite Überarbeitung, Stand Juli 2001. Die Tafelwerte sind gegenüber der Fassung März 2000 unverändert. Die Angaben erfolgen nunmehr auch in Euro (siehe Tabelle 2).

Wird die Leistung der Sicherheits- und Gesundheitsschutz-Koordination im Zusammenhang mit Leistungen der Objektplanung und/oder der Objektüberwachung nach § 15 HOAI erbracht, sollte Spalte 3 (kombinierte Beauftragung) vereinbart werden. Wird die Leistung der Sicherheits- und Gesundheitsschutz-Koordination nicht im Zusammenhang mit Leistungen der Objektplanung und/oder der Objektüberwachung nach § 15 HOAI erbracht, sollte Spalte 4 (getrennte Beauftragung) vereinbart werden.

Anrechenbar sind die Kosten der Bauleistungen (ohne Umsatzsteuer), die zu koordinieren sind. (i. d. R. Kostengruppen 300, 400 und 500 der DIN 276-1993 sowie Kosten der Kostengruppen 200 und 600, soweit es sich um zu koordinierende Leistungen handelt.) Die AK NW empfiehlt die Kostenberechnung als Grundlage für den vertraglich zu vereinbarenden Kostenstand.

Fortsetzung der Anmerkungen nach der Tabelle 2

Die Tabelle wurde für übliche Neubaumaßnahmen im Hochbau entwickelt. Für Erschwernisse kann ein Zuschlag von bis zu 30 % vereinbart werden oder eine

Honorarvorschlag der AK NW für die Tätigkeit als Sicherheits- und Gesundheitsschutzkoordinator nach der Baustellenverordnung (€)

Anrechenbare Kosten in €		kombinierte Beauftragung	getrennte Beauftragung
255.646	Planungsphase	1.150	1.437
	Ausführungsphase	1.217	1.759
	Summe	2.367	3.196
300.000	Planungsphase	1.310	1.641
	Ausführungsphase	1.385	2.003
	Summe	2.695	3.644
350.000	Planungsphase	1.460	1.823
	Ausführungsphase	1.541	2.230
	Summe	3.001	4.053
400.000	Planungsphase	1.597	1.994
	Ausführungsphase	1.683	2.438
	Summe	3.280	4.432
450.000	Planungsphase	1.703	2.128
	Ausführungsphase	1.798	2.602
	Summe	3.501	4.730
500.000	Planungsphase	1.799	2.248
	Ausführungsphase	1.876	2.712
	Summe	3.675	4.960
1.000.000	Planungsphase	2.270	2.837
	Ausführungsphase	2.957	4.226
	Summe	5.227	7.063
1.500.000	Planungsphase	2.721	3.398
	Ausführungsphase	3.570	5.097
	Summe	6.291	8.495
2.000.000	Planungsphase	3.226	4.032
	Ausführungsphase	4.234	6.049
	Summe	7.460	10.081
2.500.000	Planungsphase	3.381	4.227
	Ausführungsphase	5.027	7.140
	Summe	8.408	11.367
3.000.000	Planungsphase	3.506	4.381
	Ausführungsphase	5.699	8.055
	Summe	9.205	12.436
3.500.000	Planungsphase	3.765	4.705
	Ausführungsphase	6.185	8.737
	Summe	9.950	13.442
4.000.000	Planungsphase	4.066	5.084
	Ausführungsphase	6.684	9.442
	Summe	10.750	14.526

Tabelle 2:
Honorar SiGeKo AK NW (€)

Honorarvorschlag der AK NW für die Tätigkeit als Sicherheits- und Gesundheitsschutzkoordinator nach der Baustellenverordnung (€)

Fortsetzung Tabelle 2:

Honorar SiGeKo AK NW (€)

Anrechenbare Kosten in €		kombinierte Beauftragung	getrennte Beauftragung
4.500.000	Planungsphase	4.330	5.412
	Ausführungsphase	7.115	10.051
	Summe	11.445	15.463
5.000.000	Planungsphase	4.537	5.671
	Ausführungsphase	7.454	10.532
	Summe	11.991	16.203
10.000.000	Planungsphase	6.067	7.583
	Ausführungsphase	12.550	17.574
	Summe	18.617	25.157
15.000.000	Planungsphase	8.313	10.391
	Ausführungsphase	17.318	24.244
	Summe	25.631	34.635
20.000.000	Planungsphase	10.145	12.682
	Ausführungsphase	21.135	29.590
	Summe	31.280	42.272
25.000.000	Planungsphase	12.054	15.068
	Ausführungsphase	25.113	35.158
	Summe	37.167	50.226
25.564.594	Planungsphase	12.271	15.339
	Ausführungsphase	25.565	35.790
	Summe	37.836	51.129

Fortsetzung der Anmerkungen individuelle Vereinbarungen erfolgen. Erschwernisse können sich z. B. aus der Komplexität der Bauaufgabe, aus dem Gefährdungspotenzial des Projekts, aus der Bauzeit oder bei Baubestandsmaßnahmen ergeben.

Bestandteil des Honorarvorschlags ist das im Praxishinweis der AK NW enthaltene Leistungsbild für die Tätigkeit.

Bauzeitverlängerungen, die von den vertraglich vereinbarten Bauzeiten abweichen, sind entsprechend zu honorieren.

In den Werten ist die Umsatzsteuer nicht enthalten.

Die Erstattung von Nebenkosten im Sinne von § 7 HOAI ist in der Tafel nicht enthalten und muss zusätzlich vereinbart werden.

Es sollten Abschlagszahlungen vereinbart werden. Für Leistungen, die nach Bekanntgabe dieses Honorarvorschlags noch nicht erbracht sind, sollte eine Vergütung nach diesem Honorarvorschlag vereinbart werden.

VI
Aktuelle Honorarvorschläge

H.2
Orientierungshilfe zum Vergütungsanspruch für Leistungen gemäß Verordnung über Sicherheit und Gesundheitsschutz auf Baustellen (Baustellenverordnung)

Architektenkammer Hessen
Mainzer Straße 10
65185 Wiesbaden
Internet: www.akh.de

Inhalt

1 **Allgemeines** 575

2 **Welche Vergütung ist richtig?** 575

3 **Empfehlung zur Vergütung** 576

1
Allgemeines

Seit 10. Juni 1998 ist die Baustellenverordnung (BaustellV) in Kraft. Sie dient der wesentlichen Verbesserung von Sicherheit und Gesundheitsschutz der Beschäftigten auf Baustellen (§ 1 Abs. 1 BaustellV).

Adressat der BaustellV ist der Bauherr, und zwar sowohl der Private als auch der Öffentliche.

Der Verordnungsgeber gibt dem Bauherrn jedoch die Möglichkeit, die Koordinationsmaßnahmen, die er gemäß BaustellV zu treffen hat, einem Koordinator zu übertragen. Wenn der Bauherr hiervon Gebrauch macht, so ist der Koordinator für diese Leistungen vom Bauherrn zu vergüten. Für die Festlegung von Inhalt und Umfang der beauftragten Leistung und die Vergütung ist ein Vertrag zu schließen. Schriftform ist hierfür nicht vorgeschrieben, aber dringend zu empfehlen. Wenn der Koordinator auch der planende und/oder bauleitende Architekt ist, sollten für die Koordinatorenleistung und die Architektenleistung getrennte Verträge abgeschlossen werden.

2
Welche Vergütung ist richtig?

Während sich das Leistungsbild aus der Baustellenverordnung und den in Bezug genommenen sonstigen gesetzlichen Regelungen ergibt, trifft die BaustellV zur Vergütung keine Aussagen.
Allen Überlegungen hierzu liegen zwei Feststellungen zu Grunde:

- Die Vergütung der Tätigkeit des Koordinators ist nicht in der HOAI geregelt. Sie unterfällt weder einem der Leistungsbilder noch ist sie Besondere Leistung gemäß HOAI.
- Das bedeutet, dass die Vergütung des Koordinators frei vereinbart werden muss.

Um den Koordinatoren für die freie Vereinbarung der Vergütung eine Orientierungshilfe zu geben, wurden von verschiedenen Seiten in Anlehnung an die HOAI Honorarempfehlungstabellen aufgestellt, aus denen mit Hilfe des Parameters Baukosten ein vermeintlich angemessenes Honorar abzulesen sein soll. Daneben gibt es auch Empfehlungen zu Prozentsätzen der Baukosten.

Derartige Tabellen sind jedoch nicht nur wegen der fehlenden Erfahrungswerte zum Leistungsumfang und der benötigten Arbeitszeit zur Ermittlung der angemessenen Vergütung des Koordinators wenig geeignet. Deshalb verwundert es auch nicht, dass diese Honorartabellen erhebliche Abweichungen voneinander aufweisen. Die ausschließliche Anlehnung an die Baukosten als Grundlage zur Berechnung der Vergütung des Koordinators ist ein ungeeignetes Mittel, da im Wesentlichen andere Faktoren zur Bewertung des Gefährdungsgrades den Leistungsumfang und damit die Höhe der Vergütung des Koordinators bestimmen. Diese Faktoren sind z. B.:

- Art und Umfang der baulichen Maßnahme
- Lage der baulichen Maßnahme
- Einflüsse aus Grundstück und Nachbarschaft
- Dauer der Bauzeit
- Dauer der Bauzeit in Personentagen der Beschäftigten
- Anzahl der vor Ort tätigen Beschäftigten
- Anzahl der beteiligten Sonderfachleute
- Anzahl der Gewerke, die auf der Baustelle gleichzeitig oder zeitversetzt tätig sind
- Anforderungsgrad an den Gesundheitsschutz in Bezug auf Bauzeit und Intensität
- Grad des Detaillierungsanspruchs an den Sicherheits- und Gesundheitsschutzplan und die Unterlage
- Umfang der besonders gefährlichen Arbeiten gemäß Anhang zur BaustellV/Schwierigkeitsgrad der Arbeit
- für die Baumaßnahme erforderliche fachliche Qualifikation
- Erteilung oder Nichterteilung einer Weisungsbefugnis
  (Die Baustellenverordnung sieht für den Koordinator keine Weisungsbefugnis vor. Lässt sich der Koordinator vertraglich dennoch eine Weisungsbefugnis übertragen, ist dieses haftungsrelevant sowie risikoerhöhend und bei der Kalkulation weitergehend zu berücksichtigen. In der anliegenden Tabelle bleibt dieser Faktor unberücksichtigt).

Um zu einer auskömmlichen und für Koordinator wie auch Bauherrn „angemessenen" Vergütung zu gelangen, ist es deshalb notwendig, die Vergütung nach Stundensätzen zu ermitteln. Hierbei ist zu beachten, dass auch § 6 HOAI für das Zeithonorar nicht gilt. Es können deshalb ohne Bindung an Höchst- und Mindestsätze der HOAI Stundensätze vereinbart werden, wie sie auch von anderen technischen Dienstleistern, z. B. Sachverständigen der technischen Überwachungsvereine, berechnet werden.

3
Empfehlung zur Vergütung

Die Abrechnung der Koordinatorenleistung erfolgt nach dem realen Zeitaufwand. Um dem Bauherrn finanzielle Planungssicherheit zu geben, sollte eine Kalkulation der Vergütung erfolgen, die bei ausreichender Sicherheit und Voraussehbarkeit der Grundlagen auch zu einer Pauschalierung der Vergütung führen kann. Im Falle einer solchen Pauschalierung ist es von überragender Bedeutung, den Umfang der Koordinatorentätigkeit exakt festzulegen und sich darüber zu vereinbaren, welche

3 Empfehlung zur Vergütung

Tätigkeiten mit einer vertraglichen Pauschalvergütung abgegolten sind und unter welchen Umständen welche etwaige Zusatzvergütung zu bezahlen ist.

Es liegt in der Natur der Sache, dass nur derjenige eine zutreffende Kalkulation der Vergütung erstellen kann, der umfassende Kenntnisse zum Leistungsbild des Koordinators hat. Da die BaustellV jedoch voraussetzt, dass geeignete Koordinatoren vom Bauherrn zu benennen sind, ist davon auszugehen, dass diese auch die für das Bauvorhaben erforderlichen Maßnahmen und Leistungsumfänge abschätzen können.

Als Hilfe zur Ermittlung der Vergütung für die Koordination eines durchschnittlichen Bauvorhabens kann die anliegende Tabelle herangezogen werden.

Tabelle 1: Vorschlag zur Honorarermittlung SiGe-Koordination

Planungsphase	Tätigkeit	geschätzter Zeitaufwand Stunden	Stundensatz €/Stunde	geschätzte Kosten €
Vorankündigung*	Erstellen.			
	Übermittlung an die zuständige Behörde.			
	Aushängen an der Baustelle.			
	Anpassung bei erheblicher Änderung.			
Einbinden von Sicherheit und Gesundheitsschutz in das Organisations- und Führungskonzept zur Bauausführung	Bestandsaufnahme/Analyse der architektonischen, technischen und organisatorischen Planung im Hinblick auf Sicherheits- und Gesundheitsschutzrisiken. Im Einzelnen bedeutet das insbesondere:			
	a) Baugrundstück besichtigen, Feststellen von Einflüssen aus dem Baugrundstück und aus der Nachbarschaft.			
	b) Werkplanung aus der Sicht von Sicherheit und Gesundheitsschutz prüfen und ggf. Anpassungen selbst vornehmen (bei eigener Planung) oder Anpassung veranlassen (bei Fremdplanung).			
	c) Ablauf-/Terminplanung im Hinblick auf Sicherheit und Gesundheitsschutz prüfen, ggf. Änderungen und Ergänzungen veranlassen.			
	d) Feststellen sicherheits- und gesundheitsschutzrelevanter Wechselwirkungen zwischen Arbeiten auf der Baustelle und anderen betrieblichen Tätigkeiten.			
	Koordination der Maßnahmen der Planungsbeteiligten im Hinblick auf Sicherheits- und Gesundheitsschutz unter Berücksichtigung der			

Planungsphase	Tätigkeit	geschätzter Zeitaufwand Stunden	Stundensatz €/Stunde	geschätzte Kosten €
Einbinden von Sicherheit und Gesundheitsschutz in das Organisations- und Führungskonzept zur Bauausführung (Fortsetzung)	Allgemeinen Grundsätze nach § 4 ArbschG, insbesondere • bei der Einteilung der Arbeiten, die gleichzeitig oder nacheinander durchgeführt werden und • bei der Bemessung der Ausführungszeiten für diese Arbeiten. Hinwirken auf das Berücksichtigen der Sicherheits- und Gesundheitsschutz-maßnahmen in • Ausschreibungs- und Vergabeunterlagen, • Baustelleneinrichtungsplan, • Baustellenordnung. Beratung bei der Prüfung der Angebote*.			
SiGe Plan	Entwickeln von Maßnahmen a) zum Schutz vor Gefährdungen durch und bei der Zusammenarbeit mehrerer Arbeitgeber, b) zur gemeinsamen Nutzung sicherheitstechnischer und dem Gesundheitsschutz dienender Einrichtungen. SiGePlan ausarbeiten oder ausarbeiten lassen. Beratung bei der Aufnahme SiGe Plan in die Ausschreibung. Einführung der Planungsbeteiligten in den SiGe Plan.			
Unterlage	Einordnen von Sicherheit und Gesundheitsschutz in ein Konzept für spätere Arbeiten an der baulichen Anlage. Beraten bei der Planung bleibender sicherheitstechnischer Einrichtungen für die spätere Wartung und Instandsetzung und Unterlage erstellen. Unterlage fortschreiben bzw. anpassen.			
Sonstige Leistungen*				
Summe				
+ Nebenkosten				

3 Empfehlung zur Vergütung

Ausführungsphase	Tätigkeit	geschätzter Zeitaufwand Stunden	Stundensatz €/Stunde	geschätzte Kosten €
Vorankündigung*	Fortschreiben und Anpassen der Vorankündigung bei erheblichen Änderungen.			
Einbinden von Sicherheit und Gesundheitsschutz bei der Ausführung einer baulichen Anlage	Koordinieren der Zusammenarbeit der bauausführenden Unternehmen hinsichtlich Sicherheit und Gesundheitsschutz im Bauablauf unter Anwendung der allgemeinen Grundsätze nach § 4 ArbSchG. Beobachtung der Einhaltung von Sicherheits- und Gesundheitsschutzmaßnahmen bei der Zusammenarbeit der bauausführenden Unternehmen. Hinwirken, dass Arbeitgeber und Unternehmer ohne Beschäftigte ihre Pflichten nach der BaustellV erfüllen. Teilnahme an Baustellenbesprechungen. Einladung zu und Durchführung von Baustellensicherheitsbegehungen (BSB). Dokumentation der BSB, Hinweise zur Berücksichtigung. Hinwirken auf die Einhaltung von Baustellenordnung und Baustelleneinrichtungsplan.			
SiGe Plan	Fortschreiben und Anpassen des SiGe Plans. Bekanntmachen des SiGe Plans und Einführung der Baubeteiligten in den SiGePlan. Hinwirken auf Berücksichtigung des SiGe Plans.			
Unterlage	Fortschreiben und Anpassen der Unterlage. Dokumentation von Wartungshinweisen und Betriebsanleitungen*.			
Sonstige Leistungen*				
Summe				
+ Nebenkosten				
*über die Pflichtaufgaben des Koordinators gem. § 3 BaustellV hinausgehende Leistungen				

VI
Aktuelle Honorarvorschläge

H.3
Vorschlag der Architektenkammer Thüringen und der Ingenieurkammer Thüringen zur Vergütung von SiGeKo-Leistungen

Rechtsanwalt Dirk Weber
Dipl.-Ing. Ulf-J. Schappman

Architektenkammer Thüringen
Bahnhofstraße 39
99084 Erfurt
Internet: www.architekten-thueringen.org

Ingenieurkammer Thüringen
Flughafenstr. 4
99092 Erfurt
Internet: www.ingenieurkammer-thüringen.de

1
Allgemeines

Die Verbindung zwischen Bauherren und SiGeKo erfolgt auf privatvertraglicher Grundlage. Die Honorarordnung für Architekten und Ingenieure ist für die Bemessung der Vergütung des SiGeKo nicht anwendbar. In den Leistungsbildern der HOAI sind die Grundleistungen des SiGeKo nicht erfasst.

Zur Bestimmung und Vereinbarung eines auskömmlichen Honorars bedarf es zunächst einer objektspezifischen Vorkalkulationen zur Erfassung des zu erwarteten Zeit- und Kostenaufwandes. Durch die jahrzehntelang geübte Praxis der Abrechnung der Leistung der Objekt- und Fachplaner nach der HOAI wird es notwendig, die Bürokalkulation weiter zu entwickeln.

Mit Einführung der Baustellenverordnung lagen weder Empfehlungen, noch Erfahrungen zur Bemessung einer auskömmlichen Vergütung vor. Gestützt auf die These, dass SiGeKo-Leistungen ausschließlich dem Schutz des Lebens und der Gesundheit dient, sollte der Preiswettbewerb nicht zu Lasten der Qualität dieser Leistung gehen. Dem entgegen zu wirken, wäre eine Preisvorschrift vergleichbar mit der der HOAI wünschenswert, bedarf jedoch zunächst einer Ermächtigungsgrundlage des Verordnungsgebers.

Sowohl von Seiten der Mitglieder als auch auf Anfrage der öffentlichen Auftraggeber und privaten Bauherren wurden von den Architekten- sowie Ingenieurkammern Empfehlungen zur Ermittlung eines auskömmlichen Honorars und der Bedarf einer möglichst einheitlichen und handhabbaren Honorarregelung erwartet. Durch die Lehrbeauftragten des gemeinsamen Bildungswerkes der Thüringer Kammern, Herrn Dipl.-Ing. Ulf-J. Schappmann, Sicherheitsingenieur und SiGeKo, SIMEBU Thüringen GmbH, als Vertreter der Ingenieurkammer Thüringen und Herrn Rechtsanwalt Dirk Werber, Justitiar der Architektenkammer Thüringen, Kanzlei Weber See Glock, Erfurt, wurde ein Modell zur Honorarberechnung der SiGeKo-Leistungen entwickelt und durch die Architekten- und Ingenieurkammer in Thüringen zunächst als Kalkulationsgrundlage vorgeschlagen.

Dem Modell lag die Überlegung zu Grunde, dass die Abrechnung nach Zeithonorar in der Praxis nicht selten zu Konflikten hinsichtlich der Nachweisführung und Akzeptanz führt. Basis waren Erfahrungen auf dem Gebiet des Safety-Managements sowie Analysen der Kalkulation von SiGeKo-Leistungen.

Grundlage des Vergütungsvorschlags bilden die anrechenbaren Baukosten, die Bestimmung der Gefährdungszone sowie Bewertungsfaktoren zur Art des Bauvorhabens. Die Einstufung in die zutreffenden Bewertungsfaktoren soll die Art, der Umfang und insbesondere den Gefährdungsgrad des Vorhabens klassifizieren helfen, welche den zu erwartenden Aufwand des SiGeKo maßgeblich beeinflussen.

Nach dem Leistungsbild der Baustellenverordnung wurde in die Planungs- und Ausführungskoordination differenziert. In Anlehnung an die geübte Praxis der Bewertung der anteiligen Koordinationsleistung des Objektplaners an der Gesamtleistung nach HOAI wurden für das Leistungsbild der Planungskoordination des SiGeKo ein Faktor von 0,0075 und für das Leistungsbild der Ausführungskoordination ein

Faktor von 0,0055 bestimmt. Die Bauzeit und damit der zu kalkulierende Aufwand des SiGeKo steht proportional im Verhältnis zu den Baukosten, so dass als Grundlage der Honorarermittlung die seit Jahrzehnten geübte Praxis der anrechenbaren Baukosten beibehalten wurde.

Wesentlich erscheint bei der Honorarermittlung als weiteren Faktor, den für die Baumaßnahme zu erwartenden Gefährdungsgrad zu bestimmen. Die Einstufung erfolgt in eine der fünf Gefährdungszonen, wobei hilfsweise auf die HOAI-Objektliste und Bewertungsmerkmale zur Einstufung in die Honorarzone zurückgegriffen werden kann.

Eine weitere Differenzierung sollte nach der Art des Bauvorhabens vorgenommen werden, da der zu erwartende Leistungsumfang bei Hoch- und Tiefbauarbeiten anders ausfällt als bei reinen Straßen- und Tiefbauarbeiten oder Ingenieurbau- und Sanierungsarbeiten. Die Art des Bauvorhabens beeinflusst ebenfalls maßgeblich den Umfang der Leistung des SiGeKo.

Zusammengefasst sind bei der Honorarkalkulation nachfolgende Grundlagen des Honorars zu berücksichtigen:

A – anrechenbare Baukosten – netto (in Anlehnung § 10 Abs. II ff. HOAI)
(zu berücksichtigende Kostengruppen nach DIN 276: 1993-6
210, 300–500, 610)

b – Bewertungsfaktor für die Gefährdungszone

Zone I	einfache Baustelle, sehr geringer Gefährdungsgrad 0,6
Zone II	einfache Baustelle, geringer Gefährdungsgrad 0,8
Zone III	durchschnittliche Baustelle und Gefährdungsgrad 1,0
Zone IV	überdurchschnittliche Baustelle, hoher Gefährungsgrad 1,4
Zone V	höchste Ansprüche, äußerst schwierige Baustelle, sehr hoher Gefährdungsgrad 1,6

c – Bewertungsfaktor für die Art des Bauvorhabens
- normaler Hochbau und Tiefbau 1,0
- reiner Tief- und Straßenbau 0,8
- Ingenieurbau- und Sanierungsarbeiten 1,3

Die Honorarermittlung ergibt sich nach folgender Gleichung:

Planungskoordination:

$$H_P = A \cdot 0{,}0025 \cdot b \cdot c$$

Ausführungskoordination:

$$H_A = A \cdot 0{,}0075 \cdot b \cdot c$$

Die Interpolationsregeln sind zu berücksichtigen. Hiernach ergibt sich z. B. für den Bau einer geschlossenen Industriehalle mit anrechenbaren Baukosten – netto – von 5,0 Mio. DM (2.556.459,00 €) der Einstufung in die Zone III für durchschnittlichen Gefährdungsgrad und nach der Art des Bauvorhabens im Ingenieurbau ein Faktor von 1,3 eine Vergütung für die Planungskoordination in Höhe von 16 250,00 DM (8.308,00 €) netto und für die Ausführunskoordination in Höhe von 48.750,00 DM (24.925,00 €) netto, mithin eine Gesamtvergütung von 65.000,00 DM (33.233,00 €) netto.

Die Vergütung des SiGeKo sind Baunebenkosten und durch den Objektplaner in der jeweiligen Planungsphase bei der Kostenermittlung zu berücksichtigen. Im vorgenannten Beispiel beläuft sich die Vergütung des SiGeKo im Verhältnis zu den Gesamtbaukosten mit 1,3 %.

Neben der Honorarempfehlung auf der Grundlage verschiedener Bewertungsfaktoren wurde auch die Abrechnung nach Zeithonorar als mögliche Abrechnungsmethode als Empfehlung aufgenommen. In Anlehnung an die Stundensätze der HOAI wurde für die Planungskoordination 110,00–120,00 DM/Stunde (56,00 – 61,00 €/Stunde) und für die Ausführungskoordination 95,00–120,00 DM/Stunde (49,00 – 61,00 €/Stunde) empfohlen. Die Auswahl innerhalb des Honorarrahmens ergibt sich nach Einstufung in die Gefährdungszone und dem Bewertungsfaktor für die Art des Bauvorhabens.

Die Autoren der vorgenannten Berechnungsempfehlung sind der Auffassung, dass eine Honorarberechnung nach vorgegebenen Bewertungskriterien sowohl für den SiGeKo, als auch den Bauherren eine nachvollziehbare Vergütungsregelung darstellt. Die subjektiven Einflussmöglichkeiten bei der Nachweisführung und späteren Rechnungsprüfung wie beim Zeithonorar und ein damit verbundenes Konfliktpotential werden weitestgehend reduziert.

Das vorliegende Honorarberechnungsmodell soll neben bereits vorliegenden Honorarempfehlungen dazu beitragen, die Diskussion in den Fachkreisen anzuregen und den Vertragsparteien zur Ermittlung eines auskömmlichen an dem Leistungsbild angemessenen Honorars einen Kalkulationsvorschlag in die Hand zu geben.

Nachfolgend die unter Berücksichtigung der Bewertungsfaktoren in Stufen der anrechenbaren Kosten bereits ermittelten Honorartabellen für die Planungs- und Ausführungskoordination:

2
Tabellen

Tabelle 1: Hochbau- und Tiefbauarbeiten

Tabelle 2: Reine Tief- und Straßenbauarbeiten

Tabelle 3: Ingenieurbau- und Sanierungsarbeiten

Hochbau- und Tiefbauarbeiten

Anrechenbare Kosten DM	Zone I		Zone II		Zone III		Zone IV		Zone V	
	Planung €	Ausführung €	Planung €	Ausführung €	Planung €	Ausführung €	Planung €	Ausführung €	Planung €	Ausführung €
25.000	38	113	50	150	63	188	88	263	100	300
50.000	75	225	100	300	125	375	175	525	200	600
100.000	150	450	200	600	250	750	350	1.050	400	1.200
150.000	225	675	300	900	375	1.125	525	1.575	600	1.800
200.000	300	900	400	1.200	500	1.500	700	2.100	800	2.400
250.000	375	1.125	500	1.500	625	1.875	875	2.625	1.000	3.000
300.000	450	1.350	600	1.800	750	2.250	1.050	3.150	1.200	3.600
350.000	525	1.575	700	2.100	875	2.625	1.225	3.675	1.400	4.200
400.000	600	1.800	800	2.400	1.000	3.000	1.400	4.200	1.600	4.800
450.000	675	2.025	900	2.700	1.125	3.375	1.575	4.725	1.800	5.400
500.000	750	2.250	1.000	3.000	1.250	3.750	1.750	5.250	2.000	6.000
1.000.000	1.500	4.500	2.000	6.000	2.500	7.500	3.500	10.500	4.000	12.000
1.500.000	2.250	6.750	3.000	9.000	3.750	11.250	5.250	15.750	6.000	18.000
2.000.000	3.000	9.000	4.000	12.000	5.000	15.000	7.000	21.000	8.000	24.000
2.500.000	3.750	11.250	5.000	15.000	6.250	18.750	8.750	26.250	10.000	30.000
3.000.000	4.500	13.500	6.000	18.000	7.500	22.500	10.500	31.500	12.000	36.000
3.500.000	5.250	15.750	7.000	21.000	8.750	26.250	12.250	36.750	14.000	42.000
4.000.000	6.000	18.000	8.000	24.000	10.000	30.000	14.000	42.000	16.000	48.000
4.500.000	6.750	20.250	9.000	27.000	11.250	33.750	15.750	47.250	18.000	54.000
5.000.000	7.500	22.500	10.000	30.000	12.500	37.500	17.500	52.500	20.000	60.000
10.000.000	15.000	45.000	20.000	60.000	25.000	75.000	35.000	105.000	40.000	120.000
15.000.000	22.500	67.500	30.000	90.000	37.500	112.500	52.500	157.500	60.000	180.000
20.000.000	30.000	90.000	40.000	120.000	50.000	150.000	70.000	210.000	80.000	240.000
25.000.000	37.500	112.500	50.000	150.000	62.500	187.500	87.500	262.500	100.000	300.000

Tief- und Straßenbauarbeiten

Anrechenbare Kosten DM	Zone I		Zone II		Zone III		Zone IV		Zone V	
	Planung	Ausführung €	Planung	Ausführung €	Planung	Ausführung €	Planung	Ausführung €	Planung	Ausführung €
25.000	30	90	40	120	50	150	70	210	80	240
50.000	60	180	80	240	100	300	140	420	160	480
100.000	120	360	160	480	200	600	280	840	320	960
150.000	180	540	240	720	300	900	420	1.260	480	1.440
200.000	240	720	320	960	400	1.200	560	1.680	640	1.920
250.000	300	900	400	1.200	500	1.500	700	2.100	800	2.400
300.000	360	1.080	480	1.440	600	1.800	840	2.520	960	2.880
350.000	420	1.260	560	1.680	700	2.100	980	2.940	1.120	3.360
400.000	480	1.440	640	1.920	800	2.400	1.120	3.360	1.280	3.840
450.000	540	1.620	720	2.160	900	2.700	1.260	3.780	1.440	4.320
500.000	600	1.800	800	2.400	1.000	3.000	1.400	4.200	1.600	4.800
1.000.000	1.200	3.600	1.600	4.800	2.000	6.000	2.800	8.400	3.200	9.600
1.500.000	1.800	5.400	2.400	7.200	3.000	9.000	4.200	12.600	4.800	14.400
2.000.000	2.400	7.200	3.200	9.600	4.000	12.000	5.600	16.800	6.400	19.200
2.500.000	3.000	9.000	4.000	12.000	5.000	15.000	7.000	21.000	8.000	24.000
3.000.000	3.600	10.800	4.800	14.400	6.000	18.000	8.400	25.200	9.600	28.800
3.500.000	4.200	12.600	5.600	16.800	7.000	21.000	9.800	29.400	11.200	33.600
4.000.000	4.800	14.400	6.400	19.200	8.000	24.000	11.200	33.600	12.800	38.400
4.500.000	5.400	16.200	7.200	21.600	9.000	27.000	12.600	37.800	14.400	43.200
5.000.000	6.000	18.000	8.000	24.000	10.000	30.000	14.000	42.000	16.000	48.000
10.000.000	12.000	36.000	16.000	48.000	20.000	60.000	28.000	84.000	32.000	96.000
15.000.000	18.000	54.000	24.000	72.000	30.000	90.000	42.000	126.000	48.000	144.000
20.000.000	24.000	72.000	32.000	96.000	40.000	120.000	56.000	168.000	64.000	192.000
25.000.000	30.000	90.000	40.000	120.000	50.000	150.000	70.000	210.000	80.000	240.000

Ingenieurbau- und Sanierungsarbeiten

Anrechenbare Kosten DM	Zone I Planung €	Zone I Ausführung €	Zone II Planung €	Zone II Ausführung €	Zone III Planung €	Zone III Ausführung €	Zone IV Planung €	Zone IV Ausführung €	Zone V Planung €	Zone V Ausführung €
25.000	49	146	65	195	81	244	114	341	130	390
50.000	98	293	130	390	163	488	228	683	260	780
100.000	195	585	260	780	325	975	455	1.365	520	1.560
150.000	293	878	390	1.170	488	1.463	683	2.048	780	2.340
200.000	390	1.170	520	1.560	650	1.950	910	2.730	1.040	3.120
250.000	488	1.463	650	1.950	813	2.438	1.138	3.413	1.300	3.900
300.000	585	1.755	780	2.340	975	2.925	1.365	4.095	1.560	4.680
350.000	683	2.048	910	2.730	1.138	3.413	1.593	4.778	1.820	5.460
400.000	780	2.340	1.040	3.120	1.300	3.900	1.820	5.460	2.080	6.240
450.000	878	2.633	1.170	3.510	1.463	4.388	2.048	6.143	2.340	7.020
500.000	975	2.925	1.300	3.900	1.625	4.875	2.275	6.825	2.600	7.800
1.000.000	1.950	5.850	2.600	7.800	3.250	9.750	4.550	13.650	5.200	15.600
1.500.000	2.925	8.775	3.900	11.700	4.875	14.625	6.825	20.475	7.800	23.400
2.000.000	3.900	11.700	5.200	15.600	6.500	19.500	9.100	27.300	10.400	31.200
2.500.000	4.875	14.625	6.500	19.500	8.125	24.375	11.375	34.125	13.000	39.000
3.000.000	5.850	17.550	7.800	23.400	9.750	29.250	13.650	40.950	15.600	46.800
3.500.000	6.825	20.475	9.100	27.300	11.375	34.125	15.925	47.775	18.200	54.600
4.000.000	7.800	23.400	10.400	31.200	13.000	39.000	18.200	54.600	20.800	62.400
4.500.000	8.775	26.325	11.700	35.100	14.625	43.875	20.475	61.425	23.400	70.200
5.000.000	9.750	29.250	13.000	39.000	16.250	48.750	22.750	68.250	26.000	78.000
10.000.000	19.500	58.500	26.000	78.000	32.500	97.500	45.500	136.500	52.000	156.000
15.000.000	29.250	87.750	39.000	117.000	48.750	146.250	68.250	204.750	78.000	234.000
20.000.000	39.000	117.000	52.000	156.000	65.000	195.000	91.000	273.000	104.000	312.000
25.000.000	48.750	146.250	65.000	195.000	81.250	243.750	113.750	341.250	130.000	390.000

VI
Aktuelle Honorarvorschläge

H.4
**Sicherheits- und Gesundheitsschutz auf den Baustellen –
Honorierung der Leistungen gemäß der Baustellenverordung**

Dipl.-Ing. (FH) Bertolt Edin
Beratender Ingenieur, SiGe-Koordinator

Ingenieurkammer Baden-Württemberg
Körperschaft des öffentlichen Rechts
Zellerstraße 26
70180 Stuttgart

1
Anmerkungen

Der Sicherheits- und Gesundheitsschutz auf Baustellen sind unabdingbare Voraussetzungen für das Bauen unserer Zeit. Sie gehören zu den Grundpflichten des Bauherrn. Im Blick auf die Anforderungen der Baustellenverordnung ist es zweckmäßig und hilfreich, Beratende Ingenieure mit der Wahrnehmung der Leistungen gemäß Baustellenverordnung zu beauftragen.

Erste Erfahrungen zu Aufwand und Nutzen der Instrumente der BaustellV wurden in Deutschland auf Musterbaustellen, bei denen die EG-Baustellenrichtlinie angewandt wurde (z. B. Bau der Landesgewerbeanstalt Nürnberg, Friedrichstadtpassage Berlin, Verwaltungsgebäude der IG Bauen–Agrar–Umwelt Frankfurt/Main und in Sachsen-Anhalt), gesammelt.

Gemäß Erlass des Finanzministeriums Baden-Württemberg vom 26.06.1998 wurden die Staatlichen Vermögens- und Hochbauverwaltung angewiesen, bei Bundes- und Landesbaumaßnahmen, für die ausnahmsweise die Aufgaben von einem freiberuflich tätigen Ingenieur wahrgenommen werden, einen entsprechenden Vertrag abzuschließen und die Höhe der Vergütung mit dem freiberuflich Tätigen vor Erbringen der Leistung zu vereinbaren. Dieses Vorgehen empfehlen wir auch privaten Auftraggebern.

Die Übernahme eines Auftrages als SiGe-Koordinator bedarf einer gesonderten Honorierung. Auf keinem Fall lässt sich die HOAI anwenden. Ihre (gesetzliche) Zielsetzung und Struktur geht von anderen Voraussetzungen aus, als sie für die Honorierung von Leistungen nach der BaustellV gegeben sind. Die Honorierung muss die Leistungen für die Erstellung eines SiGe-Planes und dessen Umsetzung auf der Baustelle angemessen berücksichtigen.

Die Tabelle 1 entspricht ersten Erfahrungen und wird zur Anwendung für Nettobaukosten zwischen 500.000,- DM und 10 Mio. DM empfohlen, zumindest bis bundesweit einheitliche Empfehlungen bzw. Regelungen eingeführt sind.

Nach ersten Erfahrungen lassen sich die genannten Sätze nur annähernd genau verwenden.

Die vertragliche Gestaltung hängt sehr wesentlich vom Schwierigkeitsgrad der zu vereinbarenden Leistung ab, von der Ausgestaltung des Sicherheits- und Gesundheitsschutzplanes, den Leistungen in Bezug auf die Erstellung der Unterlage und von der tatsächlichen Kontrolle der Baustellenabläufe.

Denkbare Alternativen liegen in der Abrechnung nach vereinbarten Stundensätzen. Diese Honorierungssätze wurden an alle Städte und Gemeinden in Baden-Württemberg versandt.

Fortbildungen zum Sicherheits- und Gesundheitskoordinator auf Baustellen gemäß BaustellV und RAB 30 können u. a. bei der Ingenieurakademie Baden-Württemberg, Plochinger Straße 3, 73730 Esslingen absolviert werden.

Dieser Honorarvorschlag wurde in einer Beilage des „Deutschen Ingenieurblattes" Heft 11/1999 veröffentlicht.

Tabelle 1:

Honorartabelle Ingenieurkammer Baden-Württemberg (DM)

Baukosten	Planungsphase		Ausführungsphase		Gesamt	
	%	DM	%	DM	%	DM
500.000	0,50	2.500	0,75	3.750	1,25	6.250
700.000	0,50	3.500	0,75	5.250	1,25	8.750
800.000	0,49	3.900	0,74	5.900	1,23	9.800
900.000	0,49	4.400	0,74	6.700	1,23	11.100
1.000.000	0,49	4.900	0,74	7.400	1,23	12.300
2.000.000	0,48	9.600	0,72	14.400	1,20	24.000
3.000.000	0,46	13.800	0,69	20.700	1,15	34.500
4.000.000	0,44	17.600	0,66	26.400	1,10	44.000
5.000.000	0,42	21.000	0,61	30.500	1,03	51.500
6.000.000	0,39	23.400	0,56	33.600	0,95	57.000
7.000.000	0,36	25.200	0,51	35.700	0,87	60.900
8.000.000	0,34	27.200	0,46	36.800	0,80	64.000
9.000.000	0,32	28.800	0,42	37.800	0,74	66.600
10.000.000	0,30	30.000	0,40	40.000	0,70	70.000

Tabelle 2:

Honorartabelle Ingenieurkammer Baden-Württemberg (EURO)

Baukosten	Planungsphase		Ausführungsphase		Gesamt	
	%	€	%	€	%	€
250.000	0,50	1.250	0,75	1.875	1,25	3.125
350.000	0,50	1.750	0,75	2.625	1,25	4.375
400.000	0,49	2.950	0,74	1.950	1,23	4.900
450.000	0,49	2.200	0,74	3.350	1,23	5.550
500.000	0,49	2.450	0,74	3.700	1,23	6.150
1.000.000	0,48	4.800	0,72	7.200	1,20	12.000
1.500.000	0,46	6.900	0,69	10.350	1,15	17.250
2.000.000	0,44	8.800	0,66	13.200	1,10	22.000
2.500.000	0,42	10.500	0,61	15.250	1,03	25.750
3.000.000	0,39	11.700	0,56	16.800	0,95	28.500
3.500.000	0,36	12.600	0,51	17.850	0,87	30.450
4.000.000	0,34	13.600	0,46	18.400	0,80	32.000
4.500.000	0,32	14.400	0,42	18.900	0,74	33.300
5.000.000	0,30	15.000	0,40	20.000	0,70	35.000

VI
Aktuelle Honorarvorschläge

H.5
Honorarvorschlag des Bau-Atelier®
Vereinigung der Koordinatoren für Sicherheit und Gesundheitsschutz BVKSG e. V.

Dipl.-Ing. Aribert Just
Dipl.-Bauingenieur
Zertifizierter Sicherheit und Gesundheitsschutz Koordinator
Prüfingenieur für Arbeitssicherheit am Bau

Bau-Atelier®
Vereinigung der Koordinatoren für Sicherheit und Gesundheitsschutz
BVKSG e. V.
Sperlingsgrund 15 a
04148 Leipzig
Internet: www.bau-atelier.de

1 Einleitung

Als die BaustellV 1998 in Kraft trat, war die Frage der Vergütung der Tätigkeit des SiGe-Koordinators ungeklärt. Um den Kollegen einen Anhaltspunkt zu geben, wie eine praxisgerechte Ermittlung des Honorars durchzuführen sei und der Aufwand in Zahlen fassbar gemacht werden kann, haben wir uns in einer Arbeitsgruppe zusammengesetzt und unsere Erfahrungen aus laufenden Projekten in die Diskussion eingebracht. Dabei stellte sich sehr schnell heraus, dass eine Aufwandsverteilung über die gesamte Dauer des Projektes einer Kurve (Abb. 1) folgt.

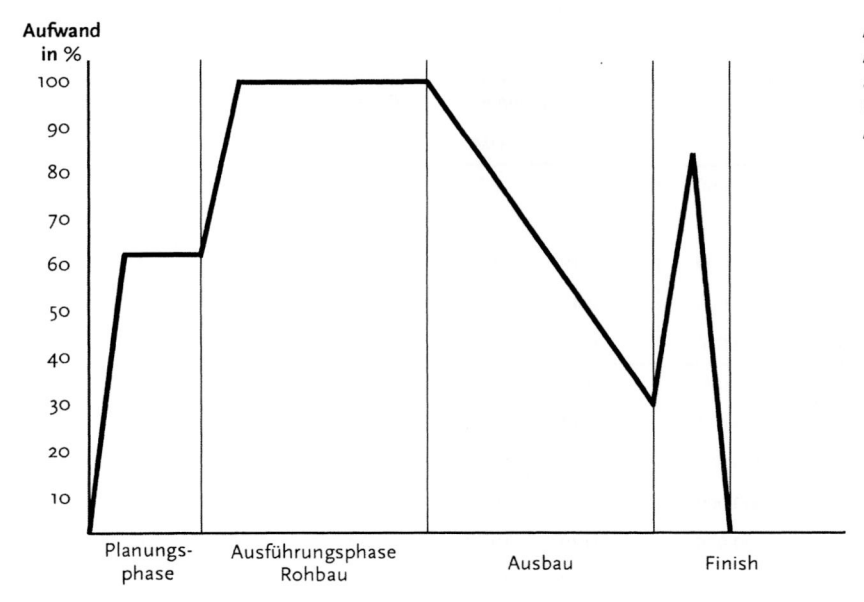

Abb. 1: Aufwandskurven am Beispiel Erweiterung Altenheim

2 Grundlagen

Nach sorgfältiger Betrachtung mussten noch verschiedene Einflussfaktoren in die Ermittlung eingebracht werden:

- der Schwierigkeitsgrad der Baumaßnahme
- die Baukosten (im direkten Zusammenhang mit dem Schwierigkeitsgrad und der Komplexität) und
- die Bauzeit

Bei näherer Betrachtung des von uns publizierten Honorarvorschlags findet man die Berücksichtigung der vorgenannten Parameter in den angesetzten Prozenten der

Planungs- und Ausführungsphase wieder. Es würde den Rahmen des Handbuches sprengen, wenn die einzelnen Schritte, die zur Ermittlung der Prozentsätze führten, im Einzelnen nachvollziehbar beschrieben werden.

3
Fazit

Die von uns 1998 publizierte Honorartabelle (Tabelle 1) hat an Aktualität nicht verloren und brauchte bis heute noch nicht überarbeitet zu werden.

Der sich aus dem Honorar berechnende Stundensatz sollte nicht unter 125,00 DM liegen. Eine Vereinabarung über Spesen, Fahrtkosten etc. sollte immer individuell getroffen werden.

Tabelle 1: Honorartabelle
erstellt: Bauatelier, BVSK e. V.
Stand: Januar 1999

Baukosten	Planungsphase		Ausführungsphase		Gesamt	
	%	DM	%	DM	%	DM
500.000	0,50	2.500	0,75	3.750	1,25	6.250
600.000	0,49	2.940	0,72	4.290	1,21	7.230
700.000	0,48	3.360	0,67	4.655	1,15	8.015
800.000	0,47	3.760	0,63	5.000	1,10	8.760
900.000	0,46	4.140	0,58	5.175	1,04	9.315
1.000.000	0,45	4.500	0,53	5.250	0,98	9.750
2.000.000	0,42	8.500	0,50	10.000	0,92	18.500
3.000.000	0,41	12.375	0,48	14.550	0,89	26.925
4.000.000	0,40	16.000	0,47	18.400	0,87	34.400
5.000.000	0,39	19.375	0,46	24.250	0,85	43.625
6.000.000	0,37	22.500	0,45	27.300	0,82	49.800
7.000.000	0,36	25.375	0,43	30.100	0,79	55.475
8.000.000	0,35	28.000	0,41	33.200	0,76	61.200
9.000.000	0,34	30.375	0,40	36.000	0,74	66.375
10.000.000	0,32	32.500	0,39	39.000	0,71	71.500
15.000.000	0,29	43.500	0,37	56.250	0,66	99.750
20.000.000	0,25	51.000	0,35	70.000	0,60	121.000
25.000.000	0,24	60.000	0,32	81.250	0,56	141.250
30.000.000	0,22	67.500	0,30	90.000	0,52	157.500
40.000.000	0,20	80.000	0,26	104.000	0,46	184.000
50.000.000	0,17	87.500	0,25	125.000	0,42	212.500

VI
Aktuelle Honorarvorschläge

I.1
Erweiterte RifT-Honorartabellen

Herausgegeben vom
Finanzministerium Baden-Württemberg

Die RifT können direkt bei der

Staatsanzeiger für Baden-Württemberg GmbH
Breitscheidstraße 69
70176 Stuttgart

bezogen werden.
Internet: www.rift-online.de

Inhalt

1	**Hinweise zu den RifT-Honorartabellen**	601
2	**Honorar bei anrechenbaren Kosten über den Höchstwerten der Honorartabellen der HOAI**	601
3	**Die fortgeschriebenen Honorartabellen (DM)**	601
	Erweiterte Honorartabelle zu § 16 Abs. 1	602
	Erweiterte Honorartabelle zu § 17 Abs. 1	603
	Erweiterte Honorartabelle zu § 56 Abs. 1	604
	Erweiterte Honorartabelle zu § 65 Abs. 1	605
	Erweiterte Honorartabelle zu § 74 Abs. 1	606
	Erweiterte Honorartabelle zu § 78 Abs. 3	607
	Erweiterte Honorartabelle zu § 83 Abs. 1	608
	Erweiterte Honorartabelle zu § 94 Abs. 1	609
	Erweiterte Honorartabelle zu § 99 Abs. 1	610

1
Hinweise zu den RifT-Honorartabellen

Die **R**ichtlinien der **S**taatlichen Vermögens- und Hochbauverwaltung Baden-Württemberg für die Beteiligung freiberuflich **T**ätiger (RifT) regeln das Vertragswesen bei der Beauftragung freiberuflich Tätiger für Planungs- und Ausführungsleistungen bei staatlichen Hochbaumaßnahmen. Sie bestehen aus Weisungen zum Vertragswesen, allgemeinen Vertragsbestimmungen und Vertragsmustern mit den entsprechenden Hinweisen. Weisungen von zeitlich begrenzter Dauer oder erläuternde Hinweise werden in einem Begleitwerk, den sogenannten RifT-Briefen, veröffentlicht. Mit den RifT-Briefen werden auch Ergänzungslieferungen zu den RifT übersandt.

RifT
Richtlinien der Staatlichen Vermögens- und Hochbauverwaltung Baden-Württemberg für die Beteiligung freiberuflich Tätiger

2
Honorar bei anrechenbaren Kosten über den Höchstwerten der Honorartabellen der HOAI

Wenn die anrechenbaren Kosten für Architekten- und Ingenieurleistungen über den Höchstwerten der Honorartabellen der HOAI liegen, kann das Honorar frei vereinbart werden. Eine Bindung an die Höchst- und Mindestsätze sowie an die Einordung in die verschiedenen Honorarzonen der HOAI besteht in diesen Fällen nicht. Haben sich die Parteien nicht über die Höhe des Honorars geeinigt, so gilt gem. § 632 Abs. 2 BGB die übliche Vergütung als vereinbart. Es stellt sich in der Praxis jedoch als schwierig heraus, die übliche Vergütung zu bestimmen. Als Orientierungshilfe haben sich mittlerweile unter anderem die von der Staatlichen Vermögens- und Hochbauverwaltung Baden-Württemberg in ihren Richtlinien für freiberuflich Tätige (RifT) fortgeschriebenen Honorartabellen bewährt. Das Landgericht Nürnberg-Fürth hat in einem Urteil vom 27. April 1992 (Az.: 12 O 10202/90 – nicht veröffentlicht) festgestellt, daß die erweiterte baden-württembergische Honorartabelle für Architektenleistungen bei anrechenbaren Kosten über 50 Millionen bis zu 100 Millionen DM als übliche und zutreffende Honorarermittlungsmethode anzusehen ist.

3
Die fortgeschriebenen Honorartabellen

In den RifT-Briefen werden folgende Honorartabellen fortgeschrieben:
- § 16 Abs. 1   HOAI – Gebäude und raumbildenden Ausbauten
- § 17 Abs. 1   HOAI – Freianlagen
- § 56 Abs. 1   HOAI – Ingenieurbauwerke
- § 65 Abs. 1   HOAI – Tragwerksplanung
- § 74 Abs. 1   HOAI – Technische Ausrüstung
- § 78 Abs. 3   HOAI – Thermische Bauphysik
- § 83 Abs. 1   HOAI – Bauakustik
- § 94 Abs. 1   HOAI – Baugrundbeurteilung und Gründungsberatung
- § 99 Abs. 1   HOAI – Vermessung

Erweiterte Honorartabelle zu § 16 Abs. 1

Grundleistungen bei Gebäuden und raumbildenden Ausbauten (DM)

Anrechenbare Kosten DM	Zone I		Zone II		Zone III		Zone IV		Zone V	
	von DM	bis DM	von DM	bis DM	von DM	bis DM	von DM	bis DM	von DM	bis DM
60.000.000	3.064.100	3.405.700	3.405.700	3.860.100	3.860.100	4.541.800	4.541.800	4.996.300	4.996.300	5.336.400
70.000.000	3.527.100	3.920.300	3.920.300	4.443.400	4.443.400	5.228.100	5.228.100	5.751.200	5.751.200	6.142.700
80.000.000	3.984.300	4.428.400	4.428.400	5.019.400	5.019.400	5.905.800	5.905.800	6.496.700	6.496.700	6.939.000
90.000.000	4.436.600	4.931.100	4.931.100	5.589.100	5.589.100	6.576.100	6.576.100	7.234.200	7.234.200	7.726.700
100.000.000	4.884.500	5.428.900	5.428.900	6.153.400	6.153.400	7.240.000	7.240.000	7.964.500	7.964.500	8.506.700
110.000.000	5.328.500	5.922.400	5.922.400	6.712.700	6.712.700	7.898.200	7.898.200	8.688.400	8.688.400	9.280.000
120.000.000	5.769.000	6.412.000	6.412.000	7.267.600	7.267.600	8.551.100	8.551.100	9.406.700	9.406.700	10.047.100
130.000.000	6.206.300	6.898.000	6.898.000	7.815.500	7.815.500	9.199.300	9.199.300	10.119.700	10.119.700	10.808.700
140.000.000	6.640.700	7.380.800	7.380.800	8.365.700	8.365.700	9.843.100	9.843.100	10.828.000	10.828.000	11.565.200
150.000.000	7.072.300	7.860.600	7.860.600	8.909.600	8.909.600	10.483.000	10.483.000	11.531.900	11.531.900	12.317.000

Erweiterte Honorartabelle zu § 17 Abs. 1
Grundleistungen bei Freianlagen (DM)

Anrechenbare Kosten DM	Zone I		Zone II		Zone III		Zone IV		Zone V	
	von DM	bis	von DM	bis	von DM	bis	von DM	bis	von DM	bis
4.000.000	340.200	374.000	374.000	418.900	418.900	486.400	486.400	531.300	531.300	565.100
5.000.000	414.100	455.200	455.200	509.900	509.900	592.000	592.000	646.600	646.600	687.800
6.000.000	486.200	534.500	534.500	598.600	598.600	695.000	695.000	759.200	759.200	807.500
7.000.000	556.800	612.200	612.200	685.700	685.700	796.000	796.000	869.600	869.600	924.900
8.000.000	626.300	688.500	688.500	771.200	771.200	895.400	895.400	978.000	978.000	1.040.200
9.000.000	694.700	763.700	763.700	855.500	855.500	993.200	993.200	1.084.900	1.084.900	1.153.900
10.000.000	762.300	838.000	838.000	938.600	938.600	1.089.700	1.089.700	1.190.300	1.190.300	1.266.100
20.000.000	1.403.200	1.542.600	1.542.600	1.727.900	1.727.900	2.006.000	2.006.000	2.191.300	2.191.300	2.330.700
30.000.000	2.005.200	2.204.400	2.204.400	2.469.100	2.469.100	2.866.600	2.866.600	3.131.300	3.131.300	3.330.500
40.000.000	2.583.200	2.839.800	2.839.800	3.180.800	3.180.800	3.692.800	3.692.800	4.033.800	4.033.800	4.290.400
50.000.000	3.143.900	3.456.200	3.456.200	3.871.200	3.871.200	4.494.500	4.494.500	4.909.500	4.909.500	5.221.800

Erweiterte Honorartabelle zu § 56 Abs. 1
Grundleistungen bei Ingenieurbauwerken (DM)

Anrechenbare Kosten DM	Zone I		Zone II		Zone III		Zone IV		Zone V	
	von DM	bis DM	von DM	bis DM	von DM	bis DM	von DM	bis DM	von DM	bis DM
60.000.000	1.408.400	1.584.700	1.584.700	1.761.000	1.761.000	1.937.400	1.937.400	2.113.700	2.113.700	2.290.000
70.000.000	1.587.700	1.786.500	1.786.500	1.985.300	1.985.300	2.184.100	2.184.100	2.382.900	2.382.900	2.581.700
80.000.000	1.761.400	1.982.000	1.982.000	2.202.500	2.202.500	2.423.100	2.423.100	2.643.600	2.643.600	2.864.100
90.000.000	1.930.400	2.172.100	2.172.100	2.413.800	2.413.800	2.655.500	2.655.500	2.897.200	2.897.200	3.138.900
100.000.000	2.095.200	2.357.500	2.357.500	2.619.900	2.619.900	2.882.200	2.882.200	3.144.500	3.144.500	3.406.900
110.000.000	2.256.400	2.538.900	2.538.900	2.821.400	2.821.400	3.103.900	3.103.900	3.386.400	3.386.400	3.668.900
120.000.000	2.414.300	2.716.600	2.716.600	3.018.900	3.018.900	3.321.200	3.321.200	3.626.500	3.626.500	3.925.800
130.000.000	2.569.400	2.891.100	2.891.100	3.212.800	3.212.800	3.534.500	3.534.500	3.856.200	3.856.200	4.177.900
140.000.000	2.721.800	3.062.600	3.062.600	3.403.400	3.403.400	3.744.100	3.744.100	4.084.900	4.084.900	4.425.700
150.000.000	2.871.800	3.231.400	3.231.400	3.590.900	3.590.900	3.950.500	3.950.500	4.310.100	4.310.100	4.669.600

Erweiterte Honorartabelle zu § 65 Abs. 1
Grundleistungen bei der Tragwerksplanung (DM)

Anrechenbare Kosten DM	Zone I von DM	Zone I bis DM	Zone II von DM	Zone II bis DM	Zone III von DM	Zone III bis DM	Zone IV von DM	Zone IV bis DM	Zone V von DM	Zone V bis DM
40.000.000	1.010.000	1.096.100	1.096.100	1.310.700	1.310.700	1.569.000	1.569.000	1.783.400	1.783.400	1.869.400
50.000.000	1.205.400	1.308.200	1.308.200	1.564.400	1.564.400	1.872.600	1.872.600	2.128.600	2.128.600	2.231.200
60.000.000	1.392.900	1.511.600	1.511.600	1.807.700	1.807.700	2.163.900	2.163.900	2.459.600	2.459.600	2.578.200
70.000.000	1.574.000	1.708.100	1.708.100	2.042.700	2.042.700	2.445.200	2.445.200	2.779.300	2.779.300	2.913.300
80.000.000	1.749.700	1.898.900	1.898.900	2.270.800	2.270.800	2.718.200	2.718.200	3.089.700	3.089.700	3.238.700
90.000.000	1.921.000	2.084.700	2.084.700	2.493.100	2.493.100	2.984.300	2.984.300	3.392.100	3.392.100	3.555.700
100.000.000	2.088.300	2.266.300	2.266.300	2.710.300	2.710.300	3.244.300	3.244.300	3.687.700	3.687.700	3.865.400
110.000.000	2.252.300	2.444.200	2.444.200	2.923.000	2.923.000	3.498.900	3.498.900	3.977.100	3.977.100	4.168.800
120.000.000	2.413.100	2.618.800	2.618.800	3.131.800	3.131.800	3.748.800	3.748.800	4.261.100	4.261.100	4.466.600
130.000.000	2.571.200	2.790.400	2.790.400	3.336.900	3.336.900	3.994.400	3.994.400	4.540.300	4.540.300	4.759.200
140.000.000	2.726.800	2.959.200	2.959.200	3.538.900	3.538.900	4.236.100	4.236.100	4.815.100	4.815.100	5.047.200
150.000.000	2.880.100	3.125.600	3.125.600	3.737.800	3.737.800	4.474.300	4.474.300	5.085.800	5.085.800	5.331.000

Erweiterte Honorartabelle zu § 74 Abs. 1
Grundleistungen bei der Technischen Ausrüstung (DM)

Anrechenbare Kosten DM	Zone I von DM	Zone I bis DM	Zone II von DM	Zone II bis DM	Zone III von DM	Zone III bis DM
10.000.000	913.800	971.500	971.500	1.029.300	1.029.300	1.087.100
12.500.000	1.091.500	1.160.500	1.160.500	1.229.500	1.229.500	1.298.500
15.000.000	1.262.200	1.341.900	1.341.900	1.421.700	1.421.700	1.501.500
17.500.000	1.427.100	1.517.300	1.517.300	1.607.500	1.607.500	1.697.700
20.000.000	1.587.300	1.687.600	1.687.600	1.787.900	1.787.900	1.888.300
25.000.000	1.896.000	2.015.900	2.015.900	2.135.800	2.135.800	2.255.600
30.000.000	2.192.400	2.331.000	2.331.000	2.469.600	2.469.600	2.608.200
35.000.000	2.478.900	2.635.500	2.635.500	2.792.300	2.792.300	2.949.000
40.000.000	2.757.100	2.931.400	2.931.400	3.105.700	3.105.700	3.280.000
45.000.000	3.028.300	3.219.700	3.219.700	3.411.200	3.411.200	3.602.700
50.000.000	3.293.500	3.501.600	3.501.600	3.709.900	3.709.900	3.918.100
60.000.000	3.808.300	4.049.000	4.049.000	4.289.800	4.289.800	4.530.600
70.000.000	4.305.900	4.578.000	4.578.000	4.850.400	4.850.400	5.122.500
80.000.000	4.789.200	5.091.900	5.091.900	5.394.800	5.394.800	5.697.500
90.000.000	5.260.400	5.592.800	5.592.800	5.925.400	5.925.400	6.258.000
100.000.000	5.720.900	6.082.500	6.082.500	6.444.300	6.444.300	6.805.900
110.000.000	6.172.200	6.562.300	6.562.300	6.952.600	6.952.600	7.342.700
120.000.000	6.615.200	7.033.300	7.033.300	7.451.600	7.451.600	7.869.800
130.000.000	7.050.800	7.496.400	7.496.400	7.942.200	7.942.200	8.387.900
140.000.000	7.479.600	7.952.200	7.952.200	8.425.200	8.425.200	8.898.000
150.000.000	7.902.200	8.401.500	8.401.500	8.901.300	8.901.300	9.400.800

Erweiterte Honorartabelle zu § 78 Abs. 3
Leistungen für den Wärmeschutz (DM)

Anrechenbare Kosten DM	Zone I		Zone II		Zone III		Zone IV		Zone V	
	von DM	bis	von DM	bis	von DM	bis	von DM	bis	von DM	bis
60.000.000	26.600	29.500	29.500	35.500	35.500	39.400	39.400	43.300	43.300	46.300
70.000.000	29.400	32.700	32.700	37.000	37.000	43.600	43.600	48.000	48.000	51.200
80.000.000	32.100	35.700	35.700	40.400	40.400	47.600	47.600	52.300	52.300	55.900
90.000.000	34.700	38.500	38.500	43.700	43.700	51.400	51.400	56.500	56.500	60.400
100.000.000	37.200	41.300	41.300	46.800	46.800	55.100	55.100	60.600	60.600	64.700
110.000.000	39.600	44.000	44.000	49.800	49.800	58.600	58.600	64.500	64.500	68.900
120.000.000	41.900	46.500	46.500	52.800	52.800	62.100	62.100	68.300	68.300	72.900
130.000.000	44.100	49.000	49.000	55.600	55.600	65.400	65.400	72.000	72.000	76.900
140.000.000	46.300	51.500	51.500	58.400	58.400	68.700	68.700	75.500	75.500	80.700
150.000.000	48.500	53.900	53.900	61.100	61.100	71.800	71.800	79.000	79.000	84.400

Erweiterte Honorartabelle zu § 83 Abs. 1

Leistungen der Bauakustik (DM)

Anrechenbare Kosten DM	Zone I von DM	Zone I bis	Zone II von DM	Zone II bis	Zone III von DM	Zone III bis
60.000.000	71.300	81.900	81.900	94.300	94.300	108.800
70.000.000	78.900	90.500	90.500	104.300	104.300	120.300
80.000.000	86.100	98.800	98.800	113.800	113.800	131.300
90.000.000	93.000	106.700	106.700	122.900	122.900	141.800
100.000.000	99.600	114.300	114.300	131.700	131.700	151.900
110.000.000	106.000	121.600	121.600	140.200	140.200	161.600
120.000.000	112.200	128.700	128.700	148.300	148.300	171.100
130.000.000	118.200	135.600	135.600	156.300	156.300	180.200
140.000.000	124.000	142.400	142.400	164.100	164.100	189.200
150.000.000	129.800	148.900	148.900	171.600	171.600	197.900

3 Die fortgeschriebenen Honorartabellen

Erweiterte Honorartabelle zu § 94 Abs. 1
Leistungen bei der Baugrundbeurteilung und Gründungsberatung (DM)

Anrechenbare Kosten DM	Zone I von DM	Zone I bis	Zone II von DM	Zone II bis	Zone III von DM	Zone III bis	Zone IV von DM	Zone IV bis	Zone V von DM	Zone V bis
60.000.000	26.700	37.400	37.400	48.000	48.000	58.700	58.700	69.400	69.400	80.000
70.000.000	28.700	40.200	40.200	51.600	51.600	63.100	63.100	74.600	74.600	86.100
80.000.000	30.600	42.800	42.800	55.000	55.000	67.200	67.200	79.400	79.400	91.700
90.000.000	32.300	45.200	45.200	58.100	58.100	71.100	71.100	84.000	84.000	96.900
100.000.000	33.900	47.500	47.500	61.100	61.100	74.700	74.700	88.200	88.200	101.800
110.000.000	35.500	49.700	49.700	63.900	63.900	78.100	78.100	92.300	92.300	106.500
120.000.000	37.000	51.800	51.800	66.600	66.600	81.400	81.400	96.200	96.200	110.900
130.000.000	38.400	53.800	53.800	69.100	69.100	84.500	84.500	99.800	99.800	115.200
140.000.000	39.800	55.700	55.700	71.600	71.600	87.500	87.500	103.400	103.400	119.300
150.000.000	41.100	57.500	57.500	73.900	73.900	90.400	90.400	106.800	106.800	123.200

Erweiterte Honorartabelle zu § 99 Abs. 1
Leistungen bei der Vermessung (DM)

Anrechenbare Kosten DM	Zone I von DM	Zone I bis	Zone II von DM	Zone II bis	Zone III von DM	Zone III bis	Zone IV von DM	Zone IV bis	Zone V von DM	Zone V bis
30.000.000	211.800	234.400	234.400	257.000	257.000	279.600	279.600	302.200	302.200	324.900
40.000.000	257.200	284.700	284.700	312.200	312.200	339.600	339.600	367.100	367.100	394.600
50.000.000	299.100	331.000	331.000	363.000	363.000	394.900	394.900	426.900	426.900	458.800
60.000.000	338.300	374.400	374.400	410.600	410.600	446.700	446.700	482.800	482.800	519.000
70.000.000	375.400	415.500	415.500	455.600	455.600	495.800	495.800	535.900	535.900	576.000
80.000.000	410.900	454.800	454.800	498.700	498.700	542.600	542.600	586.500	586.500	630.400
90.000.000	444.900	492.500	492.500	540.000	540.000	587.500	587.500	635.100	635.100	682.600
100.000.000	477.800	528.800	528.800	579.900	579.900	630.900	630.900	681.900	681.900	733.000
110.000.000	509.600	564.000	564.000	618.400	618.400	672.900	672.900	727.300	727.300	781.100
120.000.000	540.400	598.200	598.200	655.900	655.900	713.600	713.600	771.400	771.400	829.100
130.000.000	570.500	631.400	631.400	692.400	692.400	753.300	753.300	814.200	814.200	875.200
140.000.000	599.800	663.800	663.800	727.900	727.900	792.000	792.000	856.100	856.100	920.100
150.000.000	628.400	695.500	695.500	762.700	762.700	829.800	829.800	896.900	896.900	954.100

VI
Aktuelle Honorarvorschläge

I.2
Erweiterte Honorartabellen des Landes Nordrhein-Westfalen (DM)

Herausgegeben vom
Ministerium für Bauen und Wohnen
des Landes Nordrhein-Westfalen

Ministerium für Bauen und Wohnen
des Landes Nordrhein-Westfalen
Elisabethstraße 5-11
40217 Düsseldorf

VI. I.2 Erweiterte Honorartabellen des Landes Nordrhein-Westfalen

Inhalt

1	**Hinweise zu den Honorartabellen**	615
2	**Die fortgeschriebenen Honorartabellen**	615
3	**Gültigkeit der fortgeschriebenen Honorartabellen**	615
4	**Erweiterte Honorartabellen**	616
	Erweiterte Honorartabelle zu § 16 Abs. 1 (DM)	616
	Erweiterte Honorartabelle zu § 17 Abs. 1 (DM)	618
	Erweiterte Honorartabelle zu § 34 Abs. 1 (DM)	621
	Erweiterte Honorartabelle zu § 56 Abs. 1 (DM)	623
	Erweiterte Honorartabelle zu § 56 Abs. 2 (DM)	625
	Erweiterte Honorartabelle zu § 65 Abs. 1 (DM)	627
	Erweiterte Honorartabelle zu § 74 Abs. 1 (DM)	629
	Erweiterte Honorartabelle zu § 78 Abs. 3 (DM)	631

1
Hinweise zu den Honorartabellen

Architekten- und Ingenieurhonorare für Objekte mit anrechenbaren Kosten oberhalb der in den Honorartabellen der HOAI erfaßten Werte können frei vereinbart werden (vgl. § 16 Abs. 3 HOAI). Dabei ist zu beachten, daß sich eine solche Vereinbarung unter Wahrung der Grundsätze der Wirtschaftlichkeit und Sparsamkeit (§ 7 LHO) an der Art und dem Umfang der Aufgabe sowie an der Leistung und dem notwendigen Aufwand der Auftragnehmer und Auftragnehmerinnen ausrichten muß. Es bleibt zu betonen, daß die Fortschreibung der HOAI-Honorartabellen nur dann **eine** mögliche Methode zur Ermittlung und Vereinbarung von angemessenen Honoraren ist, wenn die anrechenbaren Kosten oberhalb der Tabellenwerte liegen. Für diese Fälle gibt es keine „übliche Vergütung" im Sinne des Werkvertragrechts (§ 632 Abs. 2 BGB), so daß eine Vergütung in jedem Einzelfall unter Berücksichtigung der jeweiligen Besonderheiten **im Verhandlungsweg** zu bestimmen und im Vertrag mit der Auftragnehmerin oder dem Auftragnehmer schriftlich festzulegen ist.

2
Die fortgeschriebenen Honorartabellen

Als Orientierungshilfe für eine sachgerechte Honorarvereinbarung können die beigefügten Tabellen herangezogen werden. Es handelt sich um Fortschreibungen der Honorartabellen (in der seit 1. Januar 1996 geltenden Fassung) oberhalb der dort erfaßten anrechenbaren Kosten, und zwar für die Bereiche:

§ 16 Abs. 1	Honorartabelle für Grundleistungen bei Gebäuden und raumbildenden Ausbauten
§ 17 Abs. 1	Honorartabelle für Grundleistungen bei Freianlagen
§ 34 Abs. 1	Honorartabelle für Wertermittlungen
§ 56 Abs. 1	Honorartabelle für Grundleistungen bei Ingenieurbauwerken
§ 56 Abs. 2	Honorartabelle für Grundleistungen bei Verkehrsanlagen
§ 65 Abs. 1	Honorartabelle für Grundleistungen bei der Tragwerksplanung
§ 74 Abs. 1	Honorartabelle für Grundleistungen bei der Technischen Ausrüstung
§ 78 Abs. 3	Honorartabelle für Leistungen der Thermischen Bauphysik

3
Gültigkeit der fortgeschriebenen Honorartabellen

Der Runderlaß des Ministeriums gilt bis zum Inkrafttreten etwaiger Änderungen der Honorartabellen der HOAI, längstens bis zum 31.12.2002.

Erweiterte Honorartabelle zu § 16 Abs. 1 (DM)
Grundleistungen bei Gebäuden und raumbildenden Ausbauten

Anrechenbare Kosten DM	Zone I DM	Zone II DM	Zone III DM	Zone IV DM	Zone V DM
55.000.000	2.837.980	3.149.736	3.565.726	4.190.260	4.606.789
60.000.000	3.080.322	3.414.804	3.861.454	4.532.578	4.980.357
65.000.000	3.321.488	3.678.298	4.155.108	4.872.123	5.350.701
70.000.000	3.561.575	3.940.349	4.446.863	5.209.129	5.718.093
75.000.000	3.800.663	4.201.065	4.736.864	5.543.793	6.082.766
80.000.000	4.038.824	4.460.544	5.025.239	5.876.288	6.444.920
85.000.000	4.276.119	4.718.866	5.312.098	6.206.761	6.804.728
90.000.000	4.512.601	4.976.106	5.597.536	6.535.344	7.162.343
95.000.000	4.748.318	5.232.327	5.881.641	6.862.150	7.517.898
100.000.000	4.983.314	5.487.587	6.164.486	7.187.283	7.871.513
105.000.000	5.217.625	5.741.938	6.446.142	7.510.834	8.223.294
110.000.000	5.451.287	5.995.425	6.726.669	7.832.886	8.573.339
115.000.000	5.684.331	6.248.091	7.006.122	8.153.514	8.921.734
120.000.000	5.916.785	6.499.974	7.284.552	8.472.784	9.268.558
125.000.000	6.148.675	6.751.109	7.562.006	8.790.760	9.613.883
130.000.000	6.380.025	7.001.528	7.838.526	9.107.498	9.957.776
135.000.000	6.610.857	7.251.260	8.114.150	9.423.051	10.300.297
140.000.000	6.841.191	7.500.332	8.388.915	9.737.465	10.641.502
145.000.000	7.071.046	7.748.771	8.662.854	10.050.787	10.981.442
150.000.000	7.300.440	7.996.598	8.935.997	10.363.056	11.320.167
155.000.000	7.529.389	8.243.837	9.208.374	10.674.312	11.657.720
160.000.000	7.757.908	8.490.507	9.480.010	10.984.591	11.994.144
165.000.000	7.986.011	8.736.628	9.750.932	11.293.926	12.329.477
170.000.000	8.213.711	8.982.216	10.021.163	11.602.348	12.663.755
175.000.000	8.441.021	9.227.290	10.290.724	11.909.886	12.997.014
180.000.000	8.667.954	9.471.864	10.559.637	12.216.569	13.329.284
185.000.000	8.894.519	9.715.954	10.827.921	12.522.423	13.660.596
190.000.000	9.120.728	9.959.574	11.095.594	12.827.471	13.990.980
195.000.000	9.346.590	10.202.736	11.362.673	13.131.738	14.320.461
200.000.000	9.572.115	10.445.453	11.629.176	13.435.245	14.649.065

Erweiterte Honorartabelle zu § 16 Abs. 1 (DM)
Grundleistungen bei Gebäuden und raumbildenden Ausbauten

Anrechenbare Kosten DM	Zone I DM	Zone II DM	Zone III DM	Zone IV DM	Zone V DM
205.000.000	9.797.311	10.687.738	11.895.118	13.738.013	14.976.817
210.000.000	10.022.188	10.929.602	12.160.514	14.040.062	15.303.739
215.000.000	10.246.753	11.171.055	12.425.377	14.341.410	15.629.853
220.000.000	10.471.014	11.412.107	12.689.721	14.642.076	15.955.181
225.000.000	10.694.978	11.652.769	12.953.560	14.942.076	16.279.740
230.000.000	10.918.652	11.893.049	13.216.904	15.241.427	16.603.551
235.000.000	11.142.043	12.132.957	13.479.767	15.540.145	16.926.632
240.000.000	11.365.157	12.372.500	13.742.158	15.838.243	17.248.999
245.000.000	11.588.000	12.611.688	14.004.089	16.135.736	17.570.669
250.000.000	11.810.579	12.850.528	14.265.569	16.432.638	17.891.657
255.000.000	12.032.898	13.089.026	14.526.609	16.728.961	18.211.979
260.000.000	12.254.964	13.327.192	14.787.218	17.024.718	18.531.649
265.000.000	12.476.780	13.565.031	15.047.404	17.319.922	18.850.681
270.000.000	12.698.353	13.802.549	15.307.177	17.614.583	19.169.088
275.000.000	12.919.688	14.039.754	15.566.545	17.908.712	19.486.883
280.000.000	13.140.787	14.276.651	15.825.515	18.202.320	19.804.078
285.000.000	13.361.657	14.513.247	16.084.096	18.495.418	20.120.685
290.000.000	13.582.301	14.749.546	16.342.295	18.788.014	20.436.716
295.000.000	13.802.724	14.985.555	16.600.119	19.080.120	20.752.180
300.000.000	14.022.928	15.221.279	16.857.574	19.371.742	21.067.090

Die Tabellenwerte wurden mit folgender Formel ermittelt:

$$Honorar = a \cdot Kosten^b$$

Faktoren	Honorarzone				
	I	II	III	IV	V
a	0,1457672600	0,2043298600	0,2912904920	0,4330431990	0,5336934000
b	0,9417322800	0,9286312020	0,9156963230	0,9025041910	0,8960957960

Erweiterte Honorartabelle zu § 17 Abs. 1 (DM)
Grundleistungen bei Freianlagen

Anrechenbare Kosten DM	Zone I DM	Zone II DM	Zone III DM	Zone IV DM	Zone V DM
4.000.000	345.670	377.184	419.610	483.659	526.532
5.000.000	425.923	462.141	511.349	586.090	636.312
6.000.000	505.142	545.578	601.007	685.689	742.795
7.000.000	583.511	627.770	688.971	782.994	846.613
8.000.000	661.160	708.914	775.511	878.376	948.203
9.000.000	738.185	789.150	860.823	972.109	1.047.884
10.000.000	814.659	868.589	945.061	1.064.401	1.145.899
11.000.000	890.642	947.318	1.028.343	1.155.415	1.242.440
12.000.000	966.181	1.025.407	1.110.765	1.245.284	1.337.659
13.000.000	1.041.315	1.102.913	1.192.408	1.334.115	1.431.684
14.000.000	1.116.077	1.179.887	1.273.338	1.421.999	1.524.620
15.000.000	1.190.496	1.256.369	1.353.612	1.509.013	1.616.556
16.000.000	1.264.595	1.332.394	1.433.278	1.595.224	1.707.568
17.000.000	1.338.397	1.407.995	1.512.378	1.680.687	1.797.722
18.000.000	1.411.920	1.483.197	1.590.950	1.765.453	1.887.078
19.000.000	1.485.180	1.558.026	1.669.027	1.849.566	1.975.685
20.000.000	1.558.192	1.632.502	1.746.636	1.933.065	2.063.588
21.000.000	1.630.969	1.706.645	1.823.804	2.015.984	2.150.829
22.000.000	1.703.524	1.780.472	1.900.555	2.098.356	2.237.443
23.000.000	1.775.866	1.853.999	1.976.909	2.180.209	2.323.463
24.000.000	1.848.006	1.927.239	2.052.886	2.261.567	2.408.919
25.000.000	1.919.952	2.000.206	2.128.503	2.342.455	2.493.837
26.000.000	1.991.714	2.072.912	2.203.776	2.422.894	2.578.243
27.000.000	2.063.297	2.145.368	2.278.720	2.502.903	2.662.159
28.000.000	2.134.711	2.217.583	2.353.349	2.582.501	2.745.606
29.000.000	2.205.960	2.289.567	2.427.675	2.661.704	2.828.603
30.000.000	2.277.051	2.361.329	2.501.709	2.740.528	2.911.168
31.000.000	2.347.990	2.432.877	2.575.462	2.818.987	2.993.317
32.000.000	2.418.781	2.504.219	2.648.945	2.897.095	3.075.067
33.000.000	2.489.430	2.575.360	2.722.167	2.974.864	3.156.430

Erweiterte Honorartabelle zu § 17 Abs. 1 (DM)

Grundleistungen bei Freianlagen

Anrechenbare Kosten DM	Zone I DM	Zone II DM	Zone III DM	Zone IV DM	Zone V DM
34.000.000	2.559.941	2.646.309	2.795.137	3.052.305	3.237.421
35.000.000	2.630.319	2.717.070	2.867.862	3.129.430	3.318.053
36.000.000	2.700.568	2.787.651	2.940.351	3.206.250	3.398.336
37.000.000	2.770.691	2.858.056	3.012.611	3.282.772	3.478.283
38.000.000	2.840.691	2.928.290	3.084.649	3.359.008	3.557.904
39.000.000	2.910.574	2.998.360	3.156.472	3.434.964	3.637.208
40.000.000	2.980.341	3.068.268	3.228.084	3.510.650	3.716.205
41.000.000	3.049.996	3.138.019	3.299.494	3.586.074	3.794.903
42.000.000	3.119.541	3.207.618	3.370.705	3.661.241	3.873.312
43.000.000	3.188.980	3.277.069	3.441.723	3.736.160	3.951.438
44.000.000	3.258.316	3.346.375	3.512.553	3.810.837	4.029.290
45.000.000	3.327.549	3.415.540	3.583.201	3.885.278	4.106.875
46.000.000	3.396.684	3.484.567	3.653.669	3.959.490	4.184.199
47.000.000	3.465.722	3.553.460	3.723.964	4.033.477	4.261.269
48.000.000	3.534.665	3.622.222	3.794.088	4.107.245	4.338.092
49.000.000	3.603.516	3.690.855	3.864.046	4.180.800	4.414.672
50.000.000	3.672.277	3.759.363	3.933.841	4.254.146	4.491.017
51.000.000	3.740.949	3.827.748	4.003.478	4.327.288	4.567.131
52.000.000	3.809.534	3.896.013	4.072.959	4.400.231	4.643.019
53.000.000	3.878.034	3.964.160	4.142.288	4.472.979	4.718.687
54.000.000	3.946.452	4.032.192	4.211.469	4.545.537	4.794.139
55.000.000	4.014.788	4.100.111	4.280.503	4.617.907	4.869.380
56.000.000	4.083.043	4.167.920	4.349.395	4.690.095	4.944.414
57.000.000	4.151.221	4.235.620	4.418.147	4.762.104	5.019.245
58.000.000	4.219.321	4.303.214	4.486.762	4.833.937	5.093.878
59.000.000	4.287.346	4.370.703	4.555.242	4.905.597	5.168.317
60.000.000	4.355.296	4.438.090	4.623.590	4.977.089	5.242.565
61.000.000	4.423.174	4.505.376	4.691.808	5.048.416	5.316.626
62.000.000	4.490.980	4.572.563	4.759.899	5.119.580	5.390.504
63.000.000	4.558.716	4.639.653	4.827.865	5.190.584	5.464.201

Erweiterte Honorartabelle zu § 17 Abs. 1 (DM)
Grundleistungen bei Freianlagen

Anrechenbare Kosten DM	Zone I DM	Zone II DM	Zone III DM	Zone IV DM	Zone V DM
64.000.000	4.626.382	4.706.648	4.895.708	5.261.431	5.537.721
65.000.000	4.693.981	4.773.549	4.963.431	5.332.125	5.611.068
66.000.000	4.761.512	4.840.358	5.031.035	5.402.668	5.684.245
67.000.000	4.828.978	4.907.076	5.098.522	5.473.062	5.757.253
68.000.000	4.896.378	4.973.705	5.165.895	5.543.310	5.830.097
69.000.000	4.963.715	5.040.246	5.233.155	5.613.414	5.902.780
70.000.000	5.030.990	5.106.700	5.300.304	5.683.377	5.975.302
71.000.000	5.098.202	5.173.070	5.367.344	5.753.201	6.047.669
72.000.000	5.165.353	5.239.356	5.434.277	5.822.889	6.119.881
73.000.000	5.232.445	5.305.559	5.501.103	5.892.441	6.191.941
74.000.000	5.299.477	5.371.681	5.567.826	5.961.862	6.263.853
75.000.000	5.366.451	5.437.723	5.634.446	6.031.152	6.335.617
76.000.000	5.433.367	5.503.686	5.700.964	6.100.313	6.407.237
77.000.000	5.500.227	5.569.571	5.767.384	6.169.348	6.478.714
78.000.000	5.567.031	5.635.380	5.833.705	6.238.259	6.550.051
79.000.000	5.633.779	5.701.113	5.899.929	6.307.046	6.621.250
80.000.000	5.700.473	5.766.771	5.966.058	6.375.713	6.692.312

Die Tabellenwerte wurden mit folgender Formel ermittelt

$$Honorar = a \cdot Kosten^b$$

Faktoren	Honorarzone				
	I	II	III	IV	V
a	0,2300094450	0,3685004700	0,5926017580	1,0026911290	1,3134765060
b	0,9356043360	0,9103394600	0,8860995530	0,8608482970	0,8486748730

Erweiterte Honorartabelle zu § 34 Abs. 1 (DM)
Honorare für die Ermittlung des Wertes von Grundstücken

Anrechenbare Kosten DM	Normalstufe		Schwierigkeitsstufe	
	DM	DM	DM	DM
55.000.000	28.342	34.986	33.878	47.694
60.000.000	29.847	36.823	35.657	50.141
65.000.000	31.303	38.597	37.377	52.503
70.000.000	32.713	40.316	39.043	54.789
75.000.000	34.084	41.985	40.660	57.006
80.000.000	35.418	43.608	42.234	59.162
85.000.000	36.718	45.190	43.768	61.261
90.000.000	37.988	46.735	45.265	63.308
95.000.000	39.229	48.244	46.728	65.308
100.000.000	40.444	49.721	48.160	67.263
105.000.000	41.635	51.168	49.562	69.177
110.000.000	42.803	52.587	50.938	71.052
115.000.000	43.950	53.979	52.287	72.892
120.000.000	45.077	55.347	53.613	74.698
125.000.000	46.185	56.691	54.917	76.472
130.000.000	47.275	58.013	56.199	78.217
135.000.000	48.348	59.315	57.461	79.933
140.000.000	49.405	60.597	58.703	81.622
145.000.000	50.447	61.860	59.928	83.286
150.000.000	51.475	63.105	61.136	84.926
155.000.000	52.489	64.333	62.327	86.543
160.000.000	53.489	65.545	63.502	88.137
165.000.000	54.477	66.742	64.662	89.711
170.000.000	55.453	67.924	65.808	91.264
175.000.000	56.418	69.091	66.940	92.798
180.000.000	57.371	70.245	68.059	94.314
185.000.000	58.313	71.385	69.165	95.812
190.000.000	59.246	72.513	70.259	97.293
195.000.000	60.168	73.629	71.341	98.757
200.000.000	61.081	74.733	72.412	100.205

Erweiterte Honorartabelle zu § 34 Abs. 1 (DM)
Honorare für die Ermittlung des Wertes von Grundstücken

Anrechenbare Kosten DM	Normalstufe DM	DM	Schwierigkeitsstufe DM	DM
205.000.000	61.985	75.826	73.471	101.638
210.000.000	62.880	76.908	74.520	103.057
215.000.000	63.766	77.979	75.559	104.461
220.000.000	64.644	79.040	76.588	105.851
225.000.000	65.514	80.092	77.608	107.228
230.000.000	66.376	81.133	78.618	108.592
235.000.000	67.230	82.166	79.619	109.943
240.000.000	68.077	83.189	80.612	111.282
245.000.000	68.917	84.203	81.596	112.610
250.000.000	69.751	85.209	82.571	113.926
255.000.000	70.577	86.207	83.539	115.230
260.000.000	71.397	87.197	84.499	116.524
265.000.000	72.210	88.179	85.451	117.808
270.000.000	73.018	89.153	86.396	119.081
275.000.000	73.819	90.120	87.334	120.344
280.000.000	74.614	91.080	88.265	121.598
285.000.000	75.404	92.033	89.189	122.842
290.000.000	76.188	92.978	90.107	124.077
295.000.000	76.967	93.918	91.017	125.302
300.000.000	77.740	94.850	91.922	126.519

Die Tabellenwerte wurden mit folgender Formel ermittelt:

$$\text{Honorar} = a \cdot \text{Kosten}^b$$

Faktoren	Normalstufe von	bis	Schwierigkeitsstufe von	bis
a	0,7056206240	0,9848385560	0,9451434880	1,6870854890
b	0,5947859650	0,5878968820	0,5883980830	0,5750796100

Erweiterte Honorartabelle zu § 56 Abs. 1 (DM)
Grundleistungen bei Ingenieurbauwerken

Anrechenbare Kosten DM	Zone I DM	Zone II DM	Zone III DM	Zone IV DM	Zone V DM
55.000.000	1.319.861	1.482.833	1.646.016	1.809.291	1.972.661
60.000.000	1.415.816	1.588.403	1.761.435	1.934.648	2.108.068
65.000.000	1.510.236	1.692.142	1.874.744	2.057.622	2.240.823
70.000.000	1.603.259	1.794.221	1.986.139	2.178.435	2.371.177
75.000.000	1.695.005	1.894.781	2.095.788	2.297.278	2.499.341
80.000.000	1.785.574	1.993.945	2.203.830	2.414.309	2.625.494
85.000.000	1.875.054	2.091.817	2.310.389	2.529.669	2.749.791
90.000.000	1.963.522	2.188.489	2.415.569	2.643.476	2.872.366
95.000.000	2.051.042	2.284.042	2.519.465	2.755.838	2.993.336
100.000.000	2.137.676	2.378.545	2.622.158	2.866.846	3.112.806
105.000.000	2.223.476	2.472.063	2.723.721	2.976.583	3.230.868
110.000.000	2.308.489	2.564.652	2.824.220	3.085.125	3.347.605
115.000.000	2.392.757	2.656.363	2.923.713	3.192.536	3.463.090
120.000.000	2.476.319	2.747.241	3.022.254	3.298.878	3.577.390
125.000.000	2.559.211	2.837.329	3.119.892	3.404.205	3.690.567
130.000.000	2.641.463	2.926.665	3.216.669	3.508.567	3.802.676
135.000.000	2.723.105	3.015.283	3.312.626	3.612.009	3.913.767
140.000.000	2.804.164	3.103.216	3.407.800	3.714.573	4.023.887
145.000.000	2.884.665	3.190.492	3.502.226	3.816.298	4.133.079
150.000.000	2.964.631	3.277.141	3.595.934	3.917.218	4.241.381
155.000.000	3.044.083	3.363.185	3.688.954	4.017.367	4.348.831
160.000.000	3.123.041	3.448.650	3.781.312	4.116.775	4.455.463
165.000.000	3.201.522	3.533.557	3.873.035	4.215.471	4.561.308
170.000.000	3.279.545	3.617.926	3.964.144	4.313.481	4.666.395
175.000.000	3.357.125	3.701.777	4.054.663	4.410.830	4.770.751
180.000.000	3.434.277	3.785.127	4.144.612	4.507.541	4.874.404
185.000.000	3.511.016	3.867.993	4.234.010	4.603.636	4.977.376
190.000.000	3.587.355	3.950.391	4.322.875	4.699.135	5.079.691
195.000.000	3.663.306	4.032.335	4.411.225	4.794.057	5.181.369
200.000.000	3.738.881	4.113.841	4.499.075	4.888.421	5.282.431

Erweiterte Honorartabelle zu § 56 Abs. 1 (DM)
Grundleistungen bei Ingenieurbauwerken

Die Tabellenwerte wurden mit folgender Formel ermittelt:

$Honorar = a \cdot Kosten^b$

Faktoren	Honorarzone				
	I	II	III	IV	V
a	0,7541141640	1,1299506490	1,5405205460	1,9868729700	2,4505429030
b	0,8065631090	0,7904064910	0,7788739150	0,7699042780	0,7629862240

Erweiterte Honorartabelle zu § 56 Abs. 2 (DM)
Grundleistungen bei Verkehrsanlagen

Anrechenbare Kosten DM	Zone I DM	Zone II DM	Zone III DM	Zone IV DM	Zone V DM
55.000.000	1.203.671	1.352.319	1.501.124	1.650.018	1.798.995
60.000.000	1.288.191	1.445.269	1.602.682	1.760.269	1.918.039
65.000.000	1.371.174	1.536.406	1.702.163	1.868.184	2.034.492
70.000.000	1.452.762	1.625.901	1.799.765	1.973.987	2.148.606
75.000.000	1.533.077	1.713.899	1.895.654	2.077.867	2.260.589
80.000.000	1.612.220	1.800.522	1.989.971	2.179.983	2.370.619
85.000.000	1.690.282	1.885.876	2.082.839	2.280.473	2.478.850
90.000.000	1.767.340	1.970.052	2.174.364	2.379.456	2.585.415
95.000.000	1.843.460	2.053.131	2.264.637	2.477.037	2.690.430
100.000.000	1.918.704	2.135.183	2.353.740	2.573.308	2.793.997
105.000.000	1.993.123	2.216.273	2.441.747	2.668.351	2.896.208
110.000.000	2.066.767	2.296.456	2.528.721	2.762.239	2.997.142
115.000.000	2.139.677	2.375.783	2.614.721	2.855.038	3.096.875
120.000.000	2.211.893	2.454.300	2.699.801	2.946.807	3.195.470
125.000.000	2.283.449	2.532.048	2.784.006	3.037.599	3.292.988
130.000.000	2.354.378	2.609.065	2.867.382	3.127.464	3.389.483
135.000.000	2.424.709	2.685.386	2.949.966	3.216.446	3.485.004
140.000.000	2.494.469	2.761.043	3.031.797	3.304.586	3.579.597
145.000.000	2.563.683	2.836.065	3.112.907	3.391.921	3.673.303
150.000.000	2.632.374	2.910.478	3.193.327	3.478.487	3.766.161
155.000.000	2.700.562	2.984.308	3.273.086	3.564.316	3.858.207
160.000.000	2.768.268	3.057.578	3.352.210	3.649.436	3.949.473
165.000.000	2.835.509	3.130.309	3.430.724	3.733.877	4.039.990
170.000.000	2.902.304	3.202.522	3.508.651	3.817.663	4.129.787
175.000.000	2.968.668	3.274.235	3.586.013	3.900.819	4.218.891
180.000.000	3.034.616	3.345.466	3.662.828	3.983.367	4.307.326
185.000.000	3.100.161	3.416.232	3.739.118	4.065.329	4.395.115
190.000.000	3.165.318	3.486.548	3.814.898	4.146.724	4.482.281
195.000.000	3.230.099	3.556.428	3.890.186	4.227.572	4.568.845
200.000.000	3.294.515	3.625.886	3.964.997	4.307.889	4.654.825

Erweiterte Honorartabelle zu § 56 Abs. 2 (DM)

Grundleistungen bei Verkehrsanlagen

Die Tabellenwerte wurden mit folgender Formel ermittelt:

$Honorar = a \cdot Kosten^b$

Faktoren	Honorarzone				
	I	II	III	IV	V
a	1,1054328640	1,6506136670	2,2534063560	2,9082860750	3,5896798420
b	0,7799344380	0,7639737190	0,7523648750	0,7433568320	0,7363962820

Erweiterte Honorartabelle zu § 65 Abs. 1 (DM)
Grundleistungen bei der Tragwerksplanung

Anrechenbare Kosten DM	Zone I DM	Zone II DM	Zone III DM	Zone IV DM	Zone V DM
35.000.000	912.420	988.570	1.179.384	1.408.684	1.599.815
40.000.000	1.018.087	1.101.611	1.311.357	1.563.733	1.774.154
45.000.000	1.121.404	1.212.004	1.439.972	1.714.603	1.943.635
50.000.000	1.222.679	1.320.094	1.565.675	1.861.854	2.108.915
55.000.000	1.322.149	1.426.156	1.688.814	2.005.923	2.270.505
60.000.000	1.420.009	1.530.406	1.809.670	2.147.161	2.428.813
65.000.000	1.516.414	1.633.024	1.928.469	2.285.853	2.584.172
70.000.000	1.611.498	1.734.157	2.045.401	2.422.236	2.736.857
75.000.000	1.705.369	1.833.932	2.160.627	2.556.510	2.887.101
80.000.000	1.798.124	1.932.455	2.274.283	2.688.845	3.035.103
85.000.000	1.889.845	2.029.820	2.386.486	2.819.387	3.181.034
90.000.000	1.980.602	2.126.106	2.497.339	2.948.265	3.325.041
95.000.000	2.070.458	2.221.385	2.606.933	3.075.591	3.467.255
100.000.000	2.159.470	2.315.720	2.715.345	3.201.463	3.607.791
105.000.000	2.247.687	2.409.166	2.822.649	3.325.971	3.746.752
110.000.000	2.335.153	2.501.774	2.928.906	3.449.191	3.884.229
115.000.000	2.421.909	2.593.588	3.034.174	3.571.197	4.020.304
120.000.000	2.507.991	2.684.651	3.138.505	3.692.051	4.155.051
125.000.000	2.593.431	2.774.998	3.241.945	3.811.811	4.288.539
130.000.000	2.678.260	2.864.663	3.344.538	3.930.532	4.420.828
135.000.000	2.762.507	2.953.679	3.446.322	4.048.261	4.551.975
140.000.000	2.846.195	3.042.072	3.547.334	4.165.043	4.682.031
145.000.000	2.929.348	3.129.871	3.647.606	4.280.919	4.811.045
150.000.000	3.011.989	3.217.098	3.747.170	4.395.927	4.939.060

Erweiterte Honorartabelle zu § 65 Abs. 1 (DM)
Grundleistungen bei der Tragwerksplanung

Die Tabellenwerte wurden mit folgender Formel ermittelt:

$Honorar = a \cdot Kosten^b$

Faktoren	Honorarzone				
	I	II	III	IV	V
a	0,5878805310	0,7553144150	1,1995451200	1,7758779310	2,2925790430
b	0,8206322680	0,8108197840	0,7943510630	0,7819919300	0,7746146360

Erweiterte Honorartabelle zu § 74 Abs. 1 (DM)
Grundleistungen bei der Technischen Ausrüstung

Anrechenbare Kosten DM	Zone I DM	Zone II DM	Zone III DM
8.000.000	765.156	813.738	861.442
9.000.000	840.830	894.650	945.723
10.000.000	914.844	973.821	1.028.079
11.000.000	987.394	1.051.460	1.108.740
12.000.000	1.058.639	1.127.731	1.187.892
13.000.000	1.128.710	1.202.770	1.265.685
14.000.000	1.197.713	1.276.690	1.342.244
15.000.000	1.265.740	1.349.585	1.417.677
16.000.000	1.332.869	1.421.538	1.492.072
17.000.000	1.399.166	1.492.617	1.565.508
18.000.000	1.464.690	1.562.884	1.638.052
19.000.000	1.529.492	1.632.393	1.709.764
20.000.000	1.593.618	1.701.191	1.780.697
21.000.000	1.657.107	1.769.321	1.850.898
22.000.000	1.719.997	1.836.820	1.920.408
23.000.000	1.782.319	1.903.723	1.989.265
24.000.000	1.844.103	1.970.060	2.057.503
25.000.000	1.905.377	2.035.859	2.125.154
26.000.000	1.966.163	2.101.147	2.192.246
27.000.000	2.026.485	2.165.947	2.258.804
28.000.000	2.086.364	2.230.279	2.324.852
29.000.000	2.145.818	2.294.165	2.390.413
30.000.000	2.204.865	2.357.622	2.455.506
31.000.000	2.263.520	2.420.667	2.520.150
32.000.000	2.321.800	2.483.317	2.584.363
33.000.000	2.379.717	2.545.585	2.648.161
34.000.000	2.437.286	2.607.486	2.711.558
35.000.000	2.494.519	2.669.033	2.774.570

Erweiterte Honorartabelle zu § 74 Abs. 1 (DM)
Grundleistungen bei der Technischen Ausrüstung

Anrechenbare Kosten DM	Zone I DM	Zone II DM	Zone III DM
36.000.000	2.551.426	2.730.238	2.837.210
37.000.000	2.608.019	2.791.111	2.899.489
38.000.000	2.664.309	2.851.664	2.961.420
39.000.000	2.720.303	2.911.907	3.023.014
40.000.000	2.776.012	2.971.849	3.084.281
41.000.000	2.831.445	3.031.500	3.145.230
42.000.000	2.886.608	3.090.867	3.205.872
43.000.000	2.941.511	3.149.959	3.266.215
44.000.000	2.996.159	3.208.783	3.326.268
45.000.000	3.050.561	3.267.346	3.386.038
46.000.000	3.104.722	3.325.657	3.445.533
47.000.000	3.158.649	3.383.720	3.504.760
48.000.000	3.212.347	3.441.543	3.563.726
49.000.000	3.265.824	3.499.131	3.622.438
50.000.000	3.319.083	3.556.490	3.680.902

Die Tabellenwerte wurden mit folgender Formel ermittelt:

$$Honorar = a \cdot Kosten^b$$

Faktoren	Honorarzone		
	I	II	III
a	2,27188993	2,26343087	2,91463419
b	0,80070851	0,80481601	0,79249175

Erweiterte Honorartabelle zu § 78 Abs. 3 (DM)
Leistungen für den Wärmeschutz

Anrechenbare Kosten DM	Zone I DM	Zone II DM	Zone III DM	Zone IV DM	Zone V DM
55.000.000	25.154	27.928	31.631	37.191	40.895
60.000.000	26.673	29.594	33.492	39.352	43.253
65.000.000	28.151	31.215	35.302	41.450	45.542
70.000.000	29.592	32.794	37.064	43.492	47.768
75.000.000	31.000	34.336	38.783	45.484	49.939
80.000.000	32.378	35.844	40.464	47.430	52.059
85.000.000	33.727	37.321	42.109	49.333	54.132
90.000.000	35.052	38.770	43.721	51.198	56.163
95.000.000	36.352	40.191	45.302	53.026	58.153
100.000.000	37.630	41.588	46.856	54.821	60.107

Die Tabellenwerte wurden mit folgender Formel ermittelt:

$Honorar = a \cdot Kosten^b$

| Faktoren | Honorarzone | | | | |
	I	II	III	IV	V
a	0,1534075980	0,1952272200	0,2585830310	0,3521386620	0,4222289710
b	0,6737110380	0,6660535950	0,6572700800	0,6490293780	0,6441720450

VI
Aktuelle Honorarvorschläge

**I.3
Fortschreibungsvorschlag der Architektenkammer
Baden-Württemberg zur Honorartabelle des
§ 17 HOAI – Freianlagen unter Einbeziehung des EURO**

Dipl.-Ing. (FH) Dieter Pfrommer
Referent der Architektenkammer Baden-Württemberg
für Freianlagen, Verkehrsanlagen und landschaftsplanerische Leistungen

Architektenkammer Baden-Württemberg
Danneckerstrasse 54
70182 Stuttgart
Internet: www.akbw.de

Inhalt

1 Vorbemerkungen 637

2 Zur Notwendigkeit der Fortschreibung von Honorartabellen 637

3 Bedarf nach Regelungsklarheit 638

4 Zum mathematischen Prinzip des Fortschreibungsvorschlags 638

5 Fortschreibungsvorschlag der Architektenkammer
   Baden-Württemberg 639

1
Vorbemerkungen

Die Honorare von Planungsleistungen sind nach dem Willen des Verordnungsgebers bei hohen Bauvolumen ab einer Tafelobergrenze frei zu vereinbaren. Damit öffnete er den mit der HOAI betriebenen Verbraucherschutz mit Mindest- und Höchstsätzen oberhalb der nachfolgenden Werte der anrechenbaren Kosten hin zur freien marktwirtschaftlichen Preisbemessung:

- § 16 Gebäude und raumbildender Ausbau   50,0 Mio. DM   ca.   25,5 Mio. €
- § 17 Freianlagen   3,0 Mio. DM   ca.   1,5 Mio. €
- § 34 Wertermittlungen   50,0 Mio. DM   ca.   25,5 Mio. €
- § 56 Ingenieurbauwerke und Verkehrsanlagen   50,0 Mio. DM   ca.   25,5 Mio. €
- § 65 Tragwerksplanungen   30,0 Mio. DM   ca.   15,3 Mio. €
- § 74 Technische Ausrüstung   7,5 Mio. DM   ca.   3,8 Mio. €
- § 78 Thermische Bauphysik   50,0 Mio. DM   ca.   25,5 Mio. €
- § 83 Bauakustik   50,0 Mio. DM   ca.   25,5 Mio. €
- § 89 Raumakustik   15,0 Mio. DM   ca.   7,6 Mio. €
- § 94 Bodenmechanik, Erd- und Grundbau   50,0 Mio. DM   ca.   25,5 Mio. €
- § 99 Vermessungstechnische Leistungen   20,0 Mio. DM   ca.   10,2 Mio. €

Die Honorartabelle des § 17 Abs. 1 HOAI endet derzeit bei den anrechenbaren Kosten von 3 Mio. DM. Viele größere Freianlagen übersteigen diese Höchstgrenze. Tabellenerweiterungen, wie sie im Zuge von HOAI-Änderungsnovellen gefordert wurden, lehnte der Verordnungsgeber bisher ab.

Statt dessen werden Fortschreibungen der Honorartabellen zur Anwendung empfohlen. Derzeit sind zu § 17 Abs. 1 HOAI mehrere solcher Fortschreibungs-Tabellen mit unterschiedlichen Ansätzen und Werten auf dem Markt (siehe hierzu Franken HOAI-Kommentar Leistungen für Landschaftsarchitekten § 17 Rdnr 3) [1].

2
Zur Notwendigkeit der Fortschreibung von Honorartabellen

Eine Fortschreibung der Honorartabellen über die Tabellenhöchstgrenzen hinaus ist nach dem erklärten Willen des Verordnungsgebers nicht gewollt (so z. B. §§ 17 Abs. 2, 16 Abs. 3 HOAI).

Der Grund für die Existenz solcher „Empfehlungen" kann nur darin bestehen, mangels sonstiger Erfahrungen oder Werte eine Grundlage für die Ermittlung der „üblichen Vergütung" im Sinne des § 632 BGB zu erhalten.

Das in der Praxis der Objektplanung immer wieder auftretende Problem des sukzessiven Erhöhens der anrechenbaren Kosten mit der Folge des Überschreitens dieser Honorartabellen-Höchstgrenze, z. B. durch Änderungen, zusätzliche Planungswünsche oder Standarderhöhungen, kann nämlich in der Folge zu einem Regelungsnotstand führen, weil die getroffene Vertragsvereinbarung der Parteien mangels Bezugswerten zur Honorartafel nicht mehr greift, eine „freie Vereinbarung" aber nicht getroffen worden ist und mangels Einvernehmen ggf. nicht mehr nachgeholt werden kann.

Der Wille des Verordnungsgebers kann in solchen Fällen jedoch nicht sein, daß oberhalb der Honorartabellen-Höchstgrenze ein Vergütungsanspruch durch Kontraktverweigerung des Auftraggebers blockiert werden kann. In solchen und ähnlichen Streitfällen ist deshalb die in § 632 BGB dargelegte Regelung der „üblichen Vergütung" heranzuziehen. Nach der von Eich nachvollziehbar vertretenen Auffassung definiert sich die übliche Vergütung in solchen Fällen in der Anwendung gegebener Empfehlungen zur Fortschreibung von Honorartafeln der HOAI [2].

3
Bedarf nach Regelungsklarheit

Angesichts der bestehenden Vielfalt an Fortschreibungstafeln und deren Differenzen (Bayr. Obere Baubehörde, RifT-Ausschuß der Staatlichen Hochbauverwaltung Baden-Württemberg, Hochrechnungen von Tafeln der RBBau und des BDLA) hat die Architektenkammer Baden-Württemberg die den jeweiligen Tabellen zugrundegelegte Degression mathematisch aufarbeiten lassen. Im Ergebnis war festzustellen, daß keine Fortschreibungsempfehlung vorzufinden war, die unter Kontinuität der degressiven Entwicklung der bestehenden Werte fortschreibt (Freund 1998) [3].

Im Eindruck dieser verschiedenen „Fortschreibungen" der Honorartafel des § 17 Abs. 1 HOAI und deren „geknickten" Degressionskurven hat die Architektenkammer Baden-Württemberg entschieden, zur Klarheit und Objektivierung der Diskussion beizutragen. Mit dem nachfolgend erläuterten Prinzip wurde dargelegt, wie jede vorhandene Honorartabelle bei fortführender Degression fortgeschrieben werden kann und dabei die jeweils bestehende Degressionskurve für jede Honorarzone mathematisch nachvollziehbar bleibt.

4
Zum mathematischen Prinzip des Fortschreibungsvorschlags

Als Ausgangswerte für die Fortschreibung sind zunächst die zugrundezulegenden Ansätze aus der gültigen Honorartabelle definiert worden. Weil eine konstante Steigerung der anrechenbaren Kosten in § 17 Abs. 1 HOAI nur in den 3 letzten Werten der Tabelle gegeben ist, wurden diese Steigerung und diese Tabellenwerte für das Fortschreibungsprinzip herangezogen.

Zur Fortschreibung wurde folgendes Berechnungssystem zugrundegelegt:

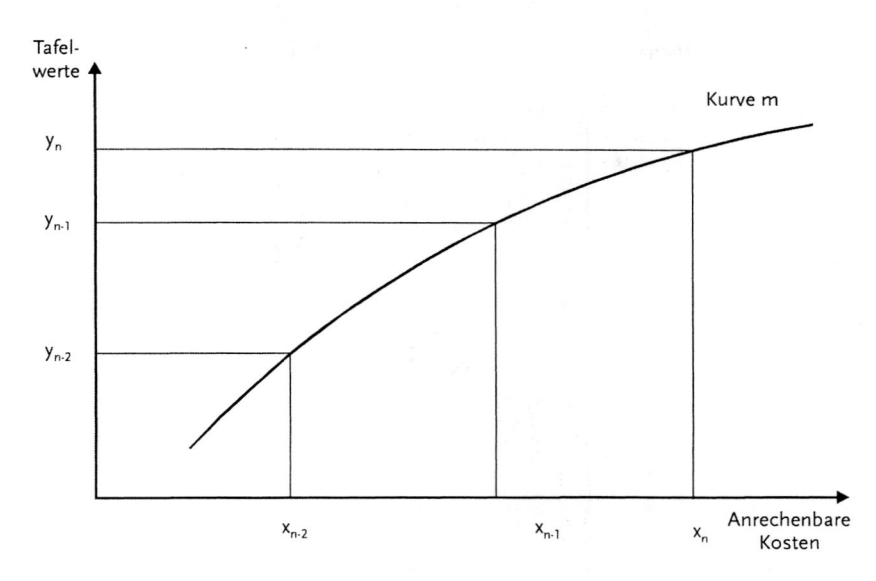

Steigung der degressiven Kurve: $\quad m_n = \dfrac{y_n - y_{n-1}}{x_n - x_{n-1}}$

Ermittlung des Tabellenwerts: $\quad y_n = (x_n - x_{n-1}) \cdot \dfrac{m_{n-1} + m_{n-2}}{2} + y_{n-1}$

Zur Gegenprüfung der sich abzeichnenden Degression wurden sämtliche Fortschreibungswerte nach dem Verhältnis der anrechenbaren Kosten/Tabellenwert in Prozent errechnet und verglichen. Die der Berechnung zugrundegelegte Degressionskurve wird sich bei weiterer Fortschreibung weiter abflachen, aber nie in einen (unlogischen) Negativverlauf gelangen.

5
Fortschreibungsvorschlag der Architektenkammer Baden-Württemberg

Die Honorartabelle der Freianlagen in § 17 Abs 1 HOAI wurde auf Basis des geschilderten Prinzips bis auf 10 Mio. DM fortgeschrieben. Für Planungsvorhaben, deren Bearbeitungslaufzeit über den 01.01.2002 hinaus gehen, wurde die Tafel mit einer EURO-Umrechnung ergänzt.

Die Architektenkammer Baden-Württemberg hat die Anwendung dieser Fortschreibungstafel mit der Veröffentlichung im Deutschen Architektenblatt, Heft 3/99 – Regionalausgabe Baden-Württemberg, Seite BW 85 ff. empfohlen [4].

Fortschreibungsvorschlag der Architektenkammer Baden-Württemberg zur Honorartabelle des § 17 Abs 1 HOAI – Freianlagen

Die Letzten 3 Tabellenwerte vom § 17 Abs. 1 HOAI (Ausgabe 1996)

Anrechenbare Kosten	Währung	Zone I		Zone II		Zone III		Zone IV		Zone V	
		von	bis	von	bis	von	bis	von	bis	von	bis
1.000.000	DM	88.030	99.940	99.940	115.820	115.820	139.650	139.650	155.530	155.530	167.440
511.292	€	45.009	51.099	51.099	59.218	59.218	71.402	71.402	79.521	79.521	85.611
2.000.000	DM	176.070	194.470	194.470	219.000	219.000	255.800	255.800	280.330	280.330	298.730
1.022.584	€	90.023	99.431	99.431	111.973	111.973	130.788	130.788	143.330	143.330	152.738
3.000.000	DM	264.100	290.280	290.280	325.190	325.190	377.560	377.560	412.470	412.470	438.650
1.533.876	€	135.032	148.418	148.418	166.267	166.267	193.043	193.043	210.893	210.893	224.278

Fortschreibungsempfehlung der Architektenkammer Baden-Württemberg zur Honorartabelle des § 17 Abs 1 HOAI – Freianlagen

Veröffentlicht im „Deutsches Architektenblatt" Heft 3/1999 – Ausgabe Baden-Württemberg, Seite BW 85 ff.
(Umrechnung: 1 EURO = 1,95583 DM)

Anrechenbare Kosten	Währung	Zone I von	Zone I bis	Zone II von	Zone II bis	Zone III von	Zone III bis	Zone IV von	Zone IV bis	Zone V von	Zone V bis
4.000.000	DM	352.135	385.450	385.450	429.875	429.875	496.515	496.515	540.940	540.940	574.255
2.045.168	€	180.044	197.077	197.077	219.792	219.792	253.864	253.864	276.578	276.578	293.612
5.000.000	DM	440.168	480.940	480.940	535.313	535.313	616.873	616.873	671.245	671.245	712.018
2.556.459	€	225.054	245.901	245.901	273.701	273.701	315.402	315.402	343.202	343.202	364.049
6.000.000	DM	528.201	576.270	576.270	640.374	640.374	736.529	736.529	800.633	800.633	848.701
3.067.751	€	270.065	294.642	294.642	327.418	327.418	376.581	376.581	409.357	409.357	433.934
7.000.000	DM	616.234	671.680	671.680	745.623	745.623	856.536	856.536	930.479	930.479	985.924
3.579.043	€	315.076	343.425	343.425	381.231	381.231	437.940	437.940	475.746	475.746	504.095
8.000.000	DM	704.268	767.050	767.050	850.778	850.778	976.367	976.367	1.060.096	1.060.096	1.122.878
4.090.335	€	360.086	392.186	392.186	434.996	434.996	499.209	499.209	542.018	542.018	574.118
9.000.000	DM	792.301	862.440	862.440	955.981	955.981	1.096.286	1.096.286	1.189.827	1.189.827	1.259.966
4.601.627	€	405.097	440.959	440.959	488.785	488.785	560.522	560.522	608.349	608.349	644.210
10.000.000	DM	880.334	957.820	957.820	1.061.160	1.061.160	1.216.162	1.216.162	1.319.501	1.319.501	1.396.987
5.112.919	€	450.108	489.726	489.726	542.562	542.562	621.814	621.814	674.650	674.650	714.268

Literatur:

[1] Franken, HOAI-Kommentar Leistungen für Landschaftsarchitekten
[2] Eich, Immobilien und Baurecht (1995) S. 346)
[3] Freund (1998)
[4] Deutsches Architektenblatt, Heft 3/99 – Regionalausgabe Baden-Württemberg, Seite BW 85 ff.

Stichwortverzeichnis

A
Abbrucharbeiten 355
Ablehnungsschreiben 315
Abschlagsrechnungen 246
Abschlagszahlung 570
    Rückforderung 248
Akquisition 162
    Darlegungs- und Beweislast 168
    kostenlose 167
Akquisitionstätigkeit 288
Änderungsleistungen
    nach § 20 HOAI 234
Angaben
    fehlende 342
Anwendungsbereich
    persönlicher 159
Architekteneigenschaft
    fehlende 168
Aufklärungspflicht 169
Auftragserteilung 162, 292
Ausforschung 299
Ausführungskoordination 584
Ausführungsphase 529
Auskunftsanspruch 211
Auskunftsbegehren 307
Auskunftsklage 307
Ausnahmefall 181

B
Bauen im Bestand 345
Bauschild 341
Bauschlussreinigung 361
Baustellen
    Sicherheit und Gesundheitsschutz 571
Baustellenverordnung 525
    Leistungsbild 583
Baustoffe 344
Bausubstanz
    Kosten der mitverarbeiteten vorhandenen 348
    mitverarbeiten 346
    mitverarbeitende 214
    vorhandene 345
Bauteile 344
Bauwerksbeschreibung 536
Bauzeitverlängerung 359

Beauftragung
    getrennte 568
    kombinierte 568
    Umfang 166
Beibringungsmaxime 296
Beweislast 176, 258, 300, 305
Beweissicherung 320
Bindungswirkung 301, 312

D
Dispositionsmaxime 296
Doppelverpflichtung 293

E
Eigenleistungen 339, 340
Einbehalte 341
Einheitsarchitektenvertrag 314
Einspruch 302
Entwurfsplanung 289, 290, 306
Erhaltungszustand 351
Ermittlungsverfahren zu § 10 (3 a) 349
Ersatzansprüche 169
Erschließung
    nichtöffentliche 365
Erweiterungsbauten 344

F
Fälligkeit 298, 304, 305, 311

G
Gebäude
    mehrere 236
Gefährdungszone 584
Genehmigungsplanung 289, 290
Gerichtsbezirk 302
Gewährleistung 301
Grundlagenermittlung 289, 290, 347

H
Herausgabeansprüche 279
HOAI
    Anwendungsbereich 159
    erfaßte Leistungen 161
    Gutachterverfahren 160
    nicht erfaßte Leistungen 161
    Hochbau- und Tiefbauarbeiten 585

Höchstsatzüberschreitung 182, 186
Honorar
  AGB 273
  Anpassung 187
  Anspruch 188
  Aufklärung 188
  Kürzung 191, 192, 194, 195, 197
  Prozeß 305
  Wettbewerbsrecht 277
Honorarsatz 290
Honorarschlußrechnung 252
Honorartabellen
  erweitert, NRW 613
Honorarvereinbarung 170, 199, 291
  Anforderungen 172
  bei Auftragserteilung 175
  unzulässiges Berufen 177
Honorarvorschlag
  AK Hessen 571
  der AK NW (DM) 567
  der AK NW (EURO) 569
  SiGeKo (AK BW) 589
  SiGeKo (AK Thüringen) 581
Honorarzone 241

I
Ingenieurbau- und Sanierungsarbeiten 585

K
Kapitalgesellschaft 292
Kirchen 173
Kommunen 173
Koordinatorenleistung
  Abrechnung 576
Kosten
  anrechenbare 204, 231, 562
  ortsübliche 339
Kostenanschlag 333
Kostenberechnung 332
  genehmigte 343, 344
Kostenermittlung 207, 306
  Kürzungen 343
Kostenermittlungsarten 330
Kostenfeststellung 334
Kostengruppen
  teilweise anrechenbar 215
Kostenschätzung 332
Kostenstand 562
Kündigung 249, 262

L
Leistungen
  beauftragen 164
  besondere 198
  gekündigte 291
  nicht planmäßige 530
Leistungsabgrenzungen 364
Leistungsbild 219, 288, 289
  § 15 219
  Koordinator 526
  der AK NW 564
Leistungserbringung 189
Leistungsinhalt 316

M
Mahnbescheidsformular 302
Mahngericht 302
Mahnverfahren 302
Marktuntersuchung
  SiGeKo 533
Maschinentechnik 365
Mehrstufige Ermittlung 331
Mindestsatzhonorar 292
Mindestsatzunterschreitung
  179, 183, 184
Mitverarbeitung von Bausubstanz 346
Mündlichkeit 299

N
Nachlass 341
Nachträge 315
Nachweiserleichterung 321
Nebenkosten 562
Nebenkostenvereinbarungen 203
non liquet 300
Nutzwert 351

O
Oberleitung
  künstlerische 228

P
Partnerschaften 292
Partnerschaftsgesellschaft
  eingetragene 293
Pauschalhonorar 170, 291, 335
Pauschalhonorarvereinbarung 260
Personengesellschaften 292, 294
Planbereiche 354
Planungsänderungen 339

Planungsfehler 301
Planungskoordination 584
Planungsphase 526
Planungsstand 306
Preise
    ortsübliche 214
Preisnachlässe 340
Preisrecht 288, 289, 290
Prüffähigkeit 329

R
Raum
    umbauter 538
Rechtsfolgen 169
Rückforderung
    Honorar 269

S
Schadloshaltung 301
Schätzung
    anrechenbare Kosten 211
Schlüssigkeit 297
Schlußrechnung
    290–294, 298, 304, 305, 312, 318
    zweite 312
Schriftform 172, 200
Schriftformerfordernis 347
Schriftsätze 299
Schwierigkeitsgrad 562
SiGeKo-Leistungen 581
Skonto 341
Streitverkündung 301
Stufenklage 307
Substantiierung 297, 298

T
Technische Ausrüstung 363
Teilbeauftragung
    von Grundleistungen 331
Tief- und Straßenbauarbeiten 585
Tragwerkplanung 362
    anrechenbare Kosten 216

U
Umbauten 344

V
Vereinbarungszeitpunkt 240
Verfügungsrecht 296
Vergütung
    288, 290, 295, 304, 305, 307, 312, 313
    Empfehlung (SiGeKo) AK Hessen 576
    SiGeKo-Leistungen 581
    übliche 290
Vergütungssituation 535
Verjährung 294, 295, 302
Verjährungsunterbrechung 302, 303
Verspätung 299
Verträge
    Kommunen und Kirchen 173
Vertragserfüllung 249
Vertragsrecht 289, 290
Vertragsunterlagen 315, 316
Vertrauenstatbestand 312
Vollstreckungsbescheid 302
Vorplanung 289, 290

W
Weisungsbefugnis 563
Werkvertrag 287
Werkvertragsrecht 288
Wettbewerbsrecht 277
Widerspruch 302, 303
Winterbau-Schutzmaßnahmen 360
Wohnungseigentümergemeinschaft 293

Z
Zeithonorar 291
Zeuge 300, 316, 320
Zuschlag 240
    bei Instandsetzungen 243
    bei raumbildenden Ausbauten 242
    bei technischer Ausrüstung 242
Zuschlagshöhe 240
Zwischenrechnung 307